DEUTSCHE DEMOKRATISCHE REPUBLIK
DEUTSCHE AKADEMIE DER LANDWIRTSCHAFTSWISSENSCHAFTEN ZU BERLIN
INSTITUT FÜR LANDWIRTSCHAFTLICHE INFORMATION UND DOKUMENTATION

Landwirtschaftliches Zentralblatt

ABTEILUNG II

PFLANZLICHE PRODUKTION

13. JAHRGANG

1968

AKADEMIE-VERLAG · BERLIN

LZ. II PFLANZLICHE PRODUKTION · JG. 1968 · NR. 9 · SEITE 1993—2248 · BERLIN, SEPTEMBER 1968

LANDWIRTSCHAFTLICHES ZENTRALBLATT

ABTEILUNG PFLANZLICHE PRODUKTION

LANDWIRTSCHAFTLICHES ZENTRALBLATT
ABTEILUNG PFLANZLICHE PRODUKTION

1968 **NR. 9** **SEPTEMBER**

ALLGEMEINES

C. Ausstellungen, Tagungen, Mitteilungen aus den Instituten

2-68/09-0001 Land- und forstwirtschaftliche Forschungsvorhaben in Österreich. Hrsg. vom Bundesmin. für Land- u. Forstwirtsch. Wien: Österr. Agrarverl. 1968. (46 S.) 8°.
Für die Zusammenstellung der land- und forstwirtsch. Forschungsvorhaben wurden einerseits die Fragebogen, andererseits die jährlichen Berichte und die Zwischenberichte über Forschungsvorhaben derjenigen Institute verwendet, die im Rahmen des arbeitsteiligen Versuchs- und Forschungsprogramm aus Mitteln des Grünen Planes gefördert wurden. Die Forschungsvorhaben wurden unterteilt in Vorhaben auf dem Gebiet der Landwirtschaft und in solche im Bereiche der Forst- und Holzwirtschaft. Innerhalb dieser beiden Gruppen wurde von einer Unterteilung nach Fachgebieten vorerst einmal abgesehen. Es erfolgte eine Ordnung der Institute nach dem Gesichtspunkt der jeweiligen Trägerschaft. An erster Stelle stehen die Institute der Hochschule für Bodenkultur, dann die Institute der Tierärztlichen Hochschule, gefolgt von den Landwirtschaftlichen Bundesversuchsanstalten, den Bundeslehr- und Versuchsanstalten, den sonstigen Bundesinstituten und den sonstigen Instituten: zuletzt folgen private Institute und Forscher. Am Schluß wurde ein Orts- und Namensregister beigefügt, um dem Benützer das Auffinden des Gesuchten noch zu erleichtern. 100.

2-68/09-0002 Liebenberg, Otto. **Zum III. Kongreß der DAG.** Kooperation, Berlin 1968 Nr. 2. S. 36–37. 100.

E. Statistik, Länderberichte, Dokumentation u. a.

2-68/09-0003 Petzold, Heinz. **Die Bearbeitung von Forschungs- und Entwicklungsthemen.** Leipzig: Inst. für Polygr. Maschinen. 1967. (282 S.)
In der Broschüre werden methodische Hinweise gegeben zur Planung und Durchführung der neuzeitlichen Forschung und Entwicklung. Sie dient der technischen und ökonom. Vorbereitung zur Schaffung weltmarktfähiger Erzeugnisse. Mit den angegebenen Richtlinien lassen sich die wiss.-techn. Arbeiten rationalisieren. Ihr allgemeingültiger Aufbau ermöglicht es, sie für die einzelnen vorkommenden Arbeiten sinngemäß anzuwenden. Die Abschnittsnummerierung gibt an, wie die jeweiligen Themen zu gliedern sind. Die Broschüre enthält folgendeAbschnitte: Einleitung, Planung und Durchführung von Forschungs- und Entwicklungsarbeiten, Verteidigung wichtiger Vorhaben, Ermittlung des ökonomischen Nutzens neuer Erzeugnisse des polygraphischen Maschinenbaues während ihrer Entwicklung, Ermittlung des Standes der Technik als Grundlage für die Planung und Durchführung der Forschung und Entwicklung. Patent- und Literaturrecherchen, Eröffnungsantrag für die Aufnahme von Themen in den Plan Neue Technik, volkswirtsch. und wiss.-technisch-ökonom. Aufgabenstellung, volkswirtsch. und wiss.-technisch-ökonom. Studienentwurf, wissenschaftlich-technische Forderung, technischer Entwurf für die Entwicklung polygraphischer Maschinen, Abschlußberichte für Forschungs-, Konstruktions-, Verfahrens-(V) und Standardisierungsthemen, Labor- und Funktionsmuster, Forderungen an Fertigungsmuster und Nullserie, Fertigungsreife von Fertigungsmustern und Erzeugnisse der Nullserie, Anfertigungen von Gutachten, Erprobungsprogramme, Erprobungsverträge, Erprobung von Fertigungsmustern, Untersuchung und Prüfung polygraphischer Maschinen, Unterlagen für den Abschluß eines Forschungs- und Entwicklungsthemas, Entwicklungsakten und Maschinenstammbücher, Verteidigung von Themen der Forschung und Entwicklung des Instituts, Verteiler und Durchlauf von Abschlußberichten, Studienentwürfen, wissenschaftlich-technischen Forderungen, Technischen Entwürfen einschl. Berichten für Vertragsarbeiten, Behandlung des ökonom. Teils eines Themas, Arbeitszeitaufwand für Forschungs- und Entwicklungsthemen und Leistungsvermögen einer Forschungs- und Entwicklungsstelle. 150.

2-68/09-0004 Schlicht, Hans. **Die Prognostik als Führungsaufgabe in der Landwirtschaft und Nahrungsgüterwirtschaft.** Kooperation, Berlin **1968** Nr. 2. S. 14-19. — 1 Abb. 150.

2-68/09-0005 Saur, Karl-Otto, Bearb. **Internationale Bibliographie der Fachzeitschriften.** T. 1. 5. Ausg. München-Pullach: Verl. Dokumentation. 1967. 1. (XV, 815 S.; 2. XXX, S. 817-1488; 3. XV, 784 S.) 8° = Handbuch der Techn. Dokumentat. u. Bibliogr. Bd. 6. (1968 A 473, 6) 150.

2-68/09-0006 List of publications of Swedish Research Institutions in agriculture, horticulture, forestry and related fields. **(Liste der Publikationen der schwedischen Forschungsinstitutionen für Landwirtschaft, Gartenbau, Forstwirtschaft und verwandte Gebiete.)** Medd. Kungl. Skogs- o. Lantbruksakad. Bibliotek **106** (1967) (29 S.) 150.

II. NATURWISSENSCHAFTLICHE GRUNDLAGEN

2-68/09-0007 Nitschiporowitsch, A. A. **Das Internationale Biologische Programm und die Photosyntheseforschung in der UdSSR.** Wiss. Welt, Berlin **11** (1967) Nr. 3. S. 11-16. 200.

2-68/09-0008 Rangaswami, G. Agricultural microbiology. **(Landwirtschaftliche Mikrobiologie.)** Bombay: Asia Publ. House. 1966. (XVI, 413 S.) 8°. (1968 A 353) 200.

A. Systematik der Pflanzen

2-68/09-0009 Magoon, M. L., Tayyab, M. A. und Sadasivaiah, R. S. A cytomorphological study of the genus Sorghum. **(Eine zytomorphologische Untersuchung der Gattung Sorghum.)** Bot. Mag., Tokyo **80** (1967) Nr. 953. S. 427-439. — 15 Abb., 2 Tab., 19 Lit. Orig.: engl. 201.

B. Morphologie und Histologie der Pflanzen

2-68/09-0010 Bonnett, O. T. Inflorescences of maize, wheat, rye, barley and oats. **(Die Infloreszenzen von Mais, Weizen, Roggen, Gerste und Hafer.)** Urbana: Univ. of Illinois. 1966. (105 S.) 8° = Univ. Illinois, agric. Exper. Stat., Bull. 721. (SR 257, 721) 211.

C. Physiologie der Pflanzen

2-68/09-0011 Wuttke, W. **Morphologische und physiologische Untersuchungen an der Jugend- und Altersform des Apfels.** Dtsch. Akad. Landwirtsch.-Wiss. Berlin, Tag.-Ber. **1969** Nr. 96. — 1 Abb., 2 Tab., 13 Lit. Zus. in Russ., Engl. — nach Zus.
An Jugend- und an Altersformtrieben adulter Apfelsämlinge wurden Dimensionsquotienten, Struktur, Atmung, Säurehaushalt und N-Gehalt der Blätter untersucht. Das Blatt des Jugendformtriebes ist flächenkleiner, dünner, wasserreicher und trockensubstanzärmer und unterscheidet sich vom Altersformblatt im anatom. Bau. Das Jugendformblatt besitzt eine schattenblattähnliche, das Altersformblatt eine sonnenblattähnliche Struktur. Im Blattgewebe der Jugendformtriebe traten Unterschiede in einigen physiol. Kenngrößen auf. Basistriebe atmeten intensiver und hatten höheren Gehalt an Äpfel- und Zitronensäure, löslichen N-Subst. und niedrigeren an Gesamt-N. Bei der vegetativen Vermehrung wurden morphol. und anatom. Merkmale bei graduell unterschiedlicher Verminderung des Unterschiedes zwischen Jugend- und Altersformtrieben übertragen. Ein Teil der physiol. Kenngrößen zeigte nach der Veredlung der Stammaustriebe ähnliche Unterschiede zwischen Basis- und Kronentrieben wie am Sämling an, während sich die Unterschiede in anderen Merkmalen ausglichen. Die Ergebnisse werden im Zusammenhang mit entwicklungsphysiol. Problemen beim Apfelsämling erörtert. An den Altersveränderungen des Apfelsämlings sind sowohl Zustandsänderungen des Apikalmeristems als auch ernährungsphysiol. Faktoren beteiligt, zwischen denen aber offenbar keine scharfen Grenzen bestehen. 220.

2-68/09-0012 Larcher, Walter. **Die Temperaturresistenz als Konstitutionsmerkmal der Pflanzen.** Dtsch. Akad. Landwirtsch.-Wiss. Berlin, Tag.-Ber. **1968** Nr. 100. — 6 Abb., 31 Lit. Zus. in Russ., Engl. — nach Zus.
Gegenstand der Temperaturresistenzforschung können sein: 1. der Resistenzvorgang selbst (kausalanalytische Resistenzforschung), 2. eine bestimmte Pflanze (Art, Sorte, Provenienz, Ökotyp), deren Temperaturresistenz beschrieben werden soll; die Resistenz wird hier als

ein Konstitutionsmerkmal der betr. Pflanze gewertet (vergleichende Resistenzforschung). Vergleichende Temperaturresistenzuntersuchungen sollen umfassend geplant und angelegt sein. Sie können sich in der Regel nicht auf die Bestimmung des Resistenzmaximums der Blätter beschränken, sondern sollten eine volle Analyse des Resistenzverhaltens (Dynamik, Beeinflußbarkeit) aller Organe und Entwicklungsphasen einschließen. Erst die ganze Breite der Temperaturtoleranz kennzeichnet den Resistenzcharakter einer Pflanze. Im Gegensatz zur Resistenzursachenforschung muß sich die vergleichende Temperaturresistenzforschung verfahrenstechnische Normen auferlegen. In diesem Sinne sollten einige Arbeitsschritte standardisiert werden. So vor allem der Temperierungsvorgang, die Expositionsdauer, die Schadensbemessung und die Schadensbeurteilung. Nur so kann die mühevolle Arbeit jedes einzelnen einem großen Kreis von Interessenten zugute kommen. 221.

2-68/09-0013 Krasavcev, O. A. **Über die Gefriervorgänge bei pflanzlichen Geweben.** Dtsch. Akad. Landwirtsch.-Wiss. Berlin, Tag.-Ber. **1968** Nr. 100. — 4 Abb., 29 Lit. Zus. in Russ., Engl. — nach Zus.
Der Abhärtungsvorgang unter dem Einfluß niedriger Temperaturen vollzieht sich bei Holzgewächsen in mehreren Stufen. Im Klimaraum wurde der Verlauf der Abhärtung unter Frosteinfluß untersucht (2. Abhärtungsphase nach Tumanov. Mit Hilfe von Calvets Kalorimeter wird festgestellt, daß in pflanzlichen Geweben mit der Temperaturabnahme Eismenge und Zellentwässerung zunehmen und daß die Geschwindigkeit der interzellulären Eisbildung von der Wasserpermeabilität des Protoplasmas abhängt. Bei 10···15 °C ist zwar das meiste Wasser in den Geweben bereits gefroren, jedoch ist rasches Auftauen ungefährlich. Erst bei tieferen Temperaturen wächst die Gefahr des Erfrierens mit dem Anwachsen der Zahl der Plasmamoleküle in aktivem Anregungszustand. Frostharte Pflanzen unterscheiden sich von frostempfindlichen dadurch, daß bei ihnen der Wasserabfluß aus den Zellen rechtzeitig geschieht, wodurch das Erfrieren verhindert wird. Frostharte Baumarten zeichnen sich deshalb durch einen hohen Koeffizienten der Zellentwässerungsgeschwindigkeit aus. Bei Temperaturen wenig über oder unter dem Gefrierpunkt erfolgen in den Zellen chem. und strukturelle Veränderungen, mit deren Hilfe die Pflanze die für ihre Frosthärte maßgebenden Eigenschaften erwirbt. Während des Gefrierens verändern sich auch bestimmte physikal.-chem. Eigenschaften der Zellen, bes. deren Fluoreszenz. Die Austriebsgeschwindigkeit hängt eng mit den Frostbedingungen zusammen. Rasches Gefrieren bewirkt eine Austriebs- und Keimbeschleunigung. 221.

2-68/09-0014 Mittelstädt, Horst. **Gefriervorgänge an Pflanzenzellen.** Dtsch. Akad. Landwirtsch.-Wiss. Berlin, Tag.-Ber. **1969** Nr. 96. — 12 Abb., 7 Tab., 25 Lit. Zus. in Russ., Engl. — nach Zus.
Gefriervorgänge an Gewebeschnitten verschiedener Pflanzenarten wurden mikroskopisch beobachtet. Während des Versuchs befanden sich die Gewebeschnitte in Wasser, Silikonöl oder Sebazinsäure-2-diäthylhexylester. Kurze Zeit nach der Eisbildung im Gewebe schrumpften die Zellen, indem die tangentialen Zellwände sich näherten. Die Verringerung der Zellhöhe betrug 20···30%. Von Silikonöl oder Sebazinsäure-2-diäthylhexylester umgebene Gewebeschnitte konnten bis < -10 °C unterkühlt werden. Die Folge war eine Vereisung fast aller Zellen. Die Zahl der überlebenden Zellen verringerte sich mit zunehmender Unterkühlung. Die Vereisung der Zellen erfolgt von außen nach innen (Eisinokulation). Während des Auftauens zeigten die unvereisten Zellen „Pseudoplasmolyse“ (Iljin 1934). Eine Zunahme des extrazellulären Eises, die Schrumpfung der Zellen und die Pseudoplasmolyse beim Auftauen gelten übereinstimmend mit anderen Autoren als Anzeichen einer Dehydratation der Zellen. Abgehärtete Rindenzellen des Apfels konnten dagegen ohne irreversible Schäden bis < -15 °C unterkühlt werden. Sie zeigten beim Auftauen keine Pseudoplasmolyse sowie Schrumpfungen, und das extrazelluläre Eiswachstum war deutlich vermindert. Unsere Befunde sprechen daher für eine gesteigerte Wasserretention abgehärteter Zellen. 221.

2-68/09-0015 Rammelt, R. **Frostresistenz von Getreidekeimlingen und ihr Purin- und Pyrimidin-Stoffwechsel unter besonderer Berücksichtigung der Adenin-Derivate.** Dtsch. Akad. Landwirtsch.-Wiss. Berlin, Tag.-Ber. **1969** Nr. 96. — 4 Abb., 2 Tab., 24 Lit. Zus. in Russ., Engl. — nach Zus.
Die Konz. einiger Purin- und Pyrimidin-Verbindungen (Di- und Triphosphate, Monophosphate, Riboside, freie Basen) in Keimlingen von So.- und Wi.-Weizen mit unterschiedlicher

Winterfestigkeit wurden ohne und nach Kälteabhärtung quantitativ bestimmt. Zwischen dem Stoffgehalt und der Winterfestigkeit der Sorten besteht eine positive Korrelation: ohne Abhärtung ist der Gehalt bei den resistenten Sorten am höchsten. Im Verlaufe einer Abhärtung steigen die Mengen der untersuchten Verbindungen und die Frostresistenz der Keimlinge parallel miteinander an. Bei Wi.-Weizen ist die Resistenzsteigerung viel stärker und vollzieht sich rascher als bei den So.-Sorten; letztere weisen aber rel. viel größeren Anstieg im Stoffgehalt auf, so daß sich nach 15 d Kältebehandlung bei allen Sorten ein ungefähr gleiches Konz.-Niveau der verschiedenen Stoffgruppen einstellte. Die Ergebnisse bestätigen Angaben in der Literatur, wonach zwischen den Resistenz-Eigenschaften von Pflanzen und ihrem Nukleotid-Stoffwechsel Beziehungen angenommen werden. 221.

2-68/09-0016 Salzer, Josef. **Beziehungen zwischen Temperatur-Resistenz und verschiedenen Arten der Abhärtung bei Weizen.** Dtsch. Akad. Landwirtsch.-Wiss. Berlin, Tag.-Ber. **1969** Nr. 96. — 5 Abb., 3 Tab., 18 Lit. Zus. in Russ., Engl. — nach Zus.

Bei nicht abgehärteten Weizenkeimlingen steigt die Temperaturempfindlichkeit mit zunehmender Koleoptilenlänge in Form einer Exponentialfunktion an. Diese Abhängigkeit der Resistenz vom Entwicklungszustand der Keimlinge wird durch ausreichende Abhärtung aufgehoben; durch Wärmebehandlung oder Austrocknung (Dürrewirkung) kann ihre Hitzeresistenz, durch Kältebehandlung oder Austrocknung ihre Frostresistenz so stark gesteigert werden, daß sich ein gleichmäßig hohes Resistenzniveau ergibt. Durch Wärmebehandlung wird jedoch die Frostresistenz und durch Kältebehandlung die Hitzeresistenz gegenüber unbehandelten Keimlingen stark vermindert. Bei 7 Weizensorten mit verschieden großer Abhärtungsfähigkeit ergaben sich reziproke Beziehungen zwischen der Erhöhung der Frostresistenz durch Kältebehandlung und ihrer Verminderung durch Wärmebehandlung. Zwischen Behandlungsdauer einerseits und Verlauf und Größe der Abhärtung andererseits bestehen bestimmte Beziehungen. Eine auf verschiedene Weise induzierte erhöhte Temperaturresistenz geht unter Normalbedingungen in wenigen Tagen auf das Niveau nicht abgehärteter Keimlinge zurück, wobei die Enthärtungsgeschwindigkeit von der vorausgegangenen Abhärtungsart abhängt. Bei kombinierter Behandlung mit Wärme + Dürre, verbunden mit Frostbelastung, und Kälte + Dürre, verbunden mit Hitzebelastung, wird die Temperaturresistenz durch die Dürrebehandlung bestimmt. 221.

2-68/09-0017 Trunova, T. I. Izmenenija v soderžanii kislotorastvorimych fosforsoderžaščich veščestv pri zakalivanii ozimoj pšenicy. (**Variation des Inhalts an säurelöslichen phosphorhaltigen Substanzen während der Härtung von Winterweizen.**) Fiziologija rastenij, Moskva 15 (1968) Nr. 1. S. 103–109. — 6 Abb., 2 Tab., 15 Lit.

Die Menge von anorg. P ist geringer und die des säurelöslichen org. P (von dem der meiste offenbar als Phosphorsäurezuckerester existiert) ist in frostgehärtetem Wi.-Weizen höher. Die gehärteten Pflanzen enthalten mehr hochenergetischen P, bezogen auf gleiche oder sogar höhere Mengen des Gesamt-Nukleotid-P. Eine notwendige Bedingung für Änderungen dieses Typs während der Härtung ist niedrige Temperatur. Variationen in der Menge des säurelöslichen org. P sind in schwach abgehärteten So.-Weizen weniger ausgeprägt als in Wi.-Weizen, wogegen die Akkumulation von labilem P überhaupt nicht auftritt. Der hohe Spiegel makroenergetischer P-Verbindungen zeigt einen hohen Grad von Kupplung zwischen Oxydation und Phosphorylierung bei niedrigen positiven Temperaturen bei frostresistenten Pflanzen. Die Akkumulation energiereicher Verbindungen kann auch bedingt sein durch ihren geringen Verbrauch bei Temperaturen nahe null. Energiereiche Nukleotide werden offenbar benötigt für die Rekonstruktion der submikroskopischen Struktur des Protoplasten während der Härtungsperiode ebenso wie für die Aufrechterhaltung der Struktur im gefrorenen Zustand. E.-M. Ardelt. 221.

2-68/09-0018 Krasavcev, Oleg. **Die Abhärtung von Gehölzen gegenüber Frost und die Bestimmung ihrer Frostresistenz.** Dtsch. Akad. Landwirtsch.-Wiss. Berlin, Tag.-Ber. **1969** Nr. 96. — Zus. in Russ., Engl. — nach Zus.

Nach Tumanov wird der frostresistente Zustand in 3 Etappen erreicht: a) Eintritt in die Ruheperiode, b) 1. Phase der Abhärtung durch niedrige Temperaturen, c) 2. Phase der Abhärtung durch Temperaturen unter 0 °C. Arteigene Besonderheiten spielen hierbei eine große Rolle. Im Verlaufe der Abhärtung nimmt die Zuckermenge (Mono-, Di-, Oligosaccharide) zu und die Eiweiß- und Lipoproteidmenge ab. Während der Abhärtung verändert sich der mikroskopische (starkes protoplasmatisches Retikulum, Vakuolenkontraktion) und submikroskopische Aufbau des Protoplasmas. Vorrangige Bedeutung für die Frostresistenz wird der Wassermenge in den Geweben und der Wasserbewegung (Permeabilität) beigemessen. Es werden verschiedene Formen der Eisbildung und die möglichen Eisbildungsorte und ihre Folgen besprochen. Die zuverlässigste Bewertung der Frostresistenz erzielt man mit Hilfe der direkten Gefriermethode. Es folgt die Schilderung einer automatischen Kälteanlage. Verschiedene Versuchsmethoden werden erörtert. 221.

2-68/09-0019 Tjurina, M. M. **Untersuchungen zur Frostresistenz von Holzgewächsen bei künstlicher Frostung.** Dtsch. Akad. Landwirtsch.-Wiss. Berlin, Tag.-Ber. **1968** Nr. 100. — 7 Abb., 7 Lit. Zus. in Russ., Engl. — nach Zus.
Die Methoden der Schadensbewertung bei künstlicher Frostung abgeschnittener Pflanzenteile werden diskutiert. Außer der Schadensbewertung einzelner Teile nach natürlicher Zellbräunung und der Reaktion auf 2, 3, 5-TTC ist auch eine Schadensdiagnostik anhand der bei der Regeneration neu gebildeten Gewebestrukturen möglich. Für die Gesamtbewertung der Frostresistenz wird das Verfahren der Winterpfropfung gefrosteter Triebe auf Sämlingswurzeln empfohlen. Um den Pfropferfolg zu sichern, ist es zweckmäßig, die unteren Triebteile vor dem Kälteeinfluß zu schützen. Die Ergebnisse vergleichender Untersuchungen an 2 Apfelsorten über die Frosthärtung und -enthärtung während des Winters unter Berücksichtigung von Tauwettereinflüssen werden dargelegt. 221.

2-68/09-0020 Mittelstädt, Horst. **Zellphysiologische Aspekte zur Frostresistenz beim Apfel.** Dtsch. Akad. Landwirtsch.-Wiss. Berlin, Tag.-Ber. **1968** Nr. 100. — 7 Abb., 2 Tab., 8 Lit. Zus. in Russ., Engl. — nach Zus.
Mit Hilfe vergleichender Untersuchungen an den Apfelsorten 'Hibernal' und 'Ontario' konnten einige Merkmale ermittelt werden, die eine sortenspezifische Frostresistenz kennzeichnen. Die frosthärtere Sorte 'Hibernal' unterscheidet sich von der frostempfindlicheren 'Ontario' durch das stärker viskose Plasma und dessen größere Wasserbindungskapazität sowie durch eine stärkere „Kappenbildung" bei Salzaufnahme. Auch das Permeabilitätsverhalten gibt Hinweise auf sortenbedingte Frostresistenz. Eine geringere Wasserpermeabilität korreliert offenbar ebenso wie eine höhere Harnstoff- und Glyzerinpermeabilität allgemein mit der größeren Frosthärte. Die bei natürlicher wie künstlicher Abhärtung zu beobachtenden Entmischungsvorgänge im Plasma — zu erkennen an der Bildung von „Sekundärvakuolen" — vollziehen sich bei sortengebundener größerer Frostresistenz mit deutlicher Verzögerung, sind aber kein allg. Kriterium frostresistenter Sorten. Frostresistenz ist ein größeres Beharrungsvermögen im gehärteten Zustand. Frostempfindliche Sorten enthärten sich sehr rasch, wobei die Entmischungsvorgänge in den Rindenparenchymzellen beschleunigt verlaufen. 221.

2-68/09-0021 Gricenko, V. V. O značenii vodnogo režima v prisposobitel'nom metabolizme, ustojčivosti i produktivnosti rastenija. (**Die Bedeutung des Wasserhaushaltes für den Anpassungsmetabolismus, die Resistenz und die Leistung der Pflanze.**) V kn.: Učen. zapiski Tartuskogo gos. un-ta **1966** Nr. 185. S. 155–164.
In Nordkaukasien wurden verschiedene Pflanzengruppen mit verschieden langer Vegetationsperiode und ungleicher Dürreresistenz untersucht. Die Fähigkeit zur falschen Umgestaltung der Zellelemente bei Veränderung des Niveaus und der Richtung der biochem. Prozesse bildet die Grundlage für die Widerstandsfähigkeit einer Pflanze. Bei der Erdbeere nahm zu Beginn zunehmender Trockenheit die wasserhaltende Kraft der Zellen zu, während später die Fähigkeit zur Regelung der Wasserbilanz verlorenging und Absterben durch Wassermangel eintrat. Bei der Anpassung an die Trockenheit veränderten sich die Elastizität, die Hydrophilie und die strukturelle Bindigkeit des Protoplasmas. Bei einer thermischen Prüfung der Gewebe der Erdbeerpflanze ergab sich die erste thermische Schwelle von 39···40 °C; sie rief eine Dehydration der am wenigsten stabilen Verbindungen hervor; die letzte thermische Schwelle liegt zwischen 53 und 54 °C. Durch Dürre wurde eine Verschiebung der ersten Schwelle auf 50 °C, der zweiten auf 65 °C bewirkt, was mit dem Max. der wasserhaltenden Kräfte in der Zelle zusammenfiel. Bei Bewässerung wurde die Fähigkeit der Pflanze zu Schutzreaktionen wiederhergestellt und die Synthese von Kohlenhydraten verstärkte sich. Die Tr.-Subst.-Masse einer Pflanze war bei Bewässerung 5mal so groß wie ohne Bewässerung. SSSR/VINTISCh. 221.

2-68/09-0022 Grassi, Carlos J. und Chambouleyron, Jorge. Influencia de la altura del ultivo en la evapotranspiración relativa de la alfalfa. (**Einfluß der Höhe des Bestandes auf**

die relative Evapotranspiration der Luzerne.) Rev. Fac. Cie. agrarias, Mendoza/Argentina 12 (1965) Nr. 1. S. 15-23. — 3 Abb., 2 Tab., 15 Lit. Zus. in Engl. — nach engl. Zus.

Drei unterschiedliche Behandlungen der Fruchthöhe wurden vorgenommen: A) volle Pflanzenhöhe (vor dem Schnitt); B) Entwicklung der Pflanze bis zur halben Höhe und C) geringe Pflanzenhöhe (nach dem Schnitt). Die gesamte Evapotranspiration der Versuchsperiode war bei B größer als bei C. Die Werte für die Evapotranspiration betrugen im Durchschnitt bei A 4,90, bei B 3,86 und bei C 3,17 mm/d. Evaporation-Evapotranspiration standen in folgendem Verhältnis: A 1,06, B 0,835 und C 0,867. Die Versuche zeigen, daß auch bei einer winterharten Kultur wie Luzerne, die völlig den Boden bedeckt, die rel. Evapotranspiration sehr unterschiedlich sein kann. Von der Periode nach dem Schnitt bis zur Entwicklungsstufe des vollen Blattes und der ganzen Pflanzenhöhe steigt der Transpirationskoeffizient an. Diese Veränderung der Koeffizienten der Kultur sollte bei der Anwendung von Formeln zur Bewertung der Rate der Evapotranspiration eines Luzernebestandes für spezifische Perioden zwischen den Schnitten berücksichtigt werden. 221.

2-68/09-0023 Grassi, Carlos J. und Mihajlovich, Dario L. E. Algunas relaciones entre velocidad de crecimiento y evapotranspiratión. **(Einige Beziehungen zwischen der Wachstumsgeschwindigkeit und der Evapotranspiration.)** Rev. Fac. Cie. agrarias, Mendoza/Argentina 12 (1965) Nr. 1. S. 25-44. — 10 Abb., 1 Tab., 16 Lit. Zus. in Engl. — nach engl. Zus.

Ein Weizenbestand wurde etwa Mitte November ausgesät; der Versuch dauerte bis zum Beginn des Ährenschiebens. Alle 7 d wurde an den Pflanzen die Höhe der Pflanzen (H.), die Tiefe der Wurzelzone (T.) und die Tr.-Subst.-Masse der Pflanzen (Tr.) bestimmt. Der Bestand wurde regelmäßig bewässert. Z. Z. der Probenahme der Pflanzen erhielt man die wirkliche Evapotranspiration durch Messung des Bodenwassergehaltes in der von den Pflanzenwurzeln erreichten Bodenschicht. Die rel. Evapotranspiration Ea/Ep wurde als Funktion von H., T. und Tr. untersucht. Aus der Analyse jener Beziehungen während der „Periode des starken Wachstums" kann abgeleitet werden, daß sich die rel. Evapotranspiration potentiell und exponential mit H. und Tr. und linear mit T. verändert. Das Verhältnis tatsächliche: potentielle Evapotranspiration steigt bei T., selbst wenn das Bodenwasserpotential sehr geringe Werte in der Wurzelzone erreicht. Dies ist auf die Tatsache des Ansteigens des von den Wurzeln eingenommenen Bodenvolumens und die leichte Verfügbarkeit des Wassers für die Wurzeln beim Wachstum in den unteren Teilen zurückzuführen. 221.

2-68/09-0024 Genkel', P. A. und Pronina, N. D. O pričinach, obuslovlivajuščich sposobnost' pojkilokserofitov vynosit' obezvoživanie. **(Der Dürreresistenz von Poikiloxerophyten zugrundeliegende Faktoren.)** Fiziologija rastenij, Moskva 15 (1968) Nr. 1. S. 84 bis 92. — 5 Abb., 2 Tab., 30 Lit.

Die Dehydrierung ist bei Poikiloxerophyten kein pathologisches, sondern ein normales Phänomen. Bei Wasserverlust geht das Protoplasma in den Gelzustand über. Im Gegensatz zu anderen Pflanzen ist bei Poikiloxerophyten bei Beginn der Dehydrierung kein Ansteigen der synthetischen Aktivität zu beobachten. So zeigen sie nicht den Brilliant-Effekt (Steigerung der Photosyntheserate) oder ein Ansteigen der Respirationsrate. Bei der Entwässerung der Pflanze tritt eine gleichmäßige Abnahme der Respirationsrate ein. Die Möglichkeit des Übergangs des Protoplasmas zum Gel ist mit Aufrechterhaltung der normalen Respiration verbunden. Zuletzt werden energiereiche Verbindungen in der Respiration gebildet, und der Mechanismus des Energietransfers zu den submikroskopischen Strukturen wird nicht bis zur Beendigung der Dehydrierung gehemmt. Ein sehr wichtiger Faktor, der die Fähigkeit der Pflanzen zur Überdauerung der Entwässerung bestimmt, ist das Fehlen von Vakuolen oder die Fähigkeit des Vakuoleninhalts, in den Gelzustand überzugehen. Die meristematischen Zellen der höheren Pflanzen, die keine Vakuolen haben oder nur sehr kleine, sind stabil hinsichtlich der Entwässerung bis zum lufttrockenen Zustand. Die Entwässerung führt bei den Poikiloxerophyten zu einem anabiotischen Zustand, als dessen Folge der Stoffwechsel zur Ruhe kommt, aber die Zellularstruktur intakt bleibt. Es ist gerade die totale Ruhe des Stoffwechsels, die die Anabiose von der Triebruhe unterscheidet. E.-M. Ardelt. 221.

2-68/09-0025 Benada, J. The effect of wilting on the redox potential of cereal leaves. **(Einfluß des Welkens auf das Redoxpotential der Getreideblätter.)** Biol. Plantarum, Praha 9 (1967) Nr. 6. S. 447-453. — 2 Tab., 19 Lit. Zus. in Russ., Tschech.

Das Welken erhöhte das Redoxpotential der Blätter junger Gewächshauspflanzen. In den Blättern der halmbildenden Getreidepflanzen verringerte sich dagegen das Redoxpotential. Die Gerstensorte 'Japan 2003', welche zur Gruppe *dunar-beyi* Zhuk. gehört, reagierte unterschiedlich. In der Arbeit wird die Bedeutung der durch das Welken der Blätter verursachten Redoxpotentialveränderung für die Ontogenese der Getreidearten und vom Gesichtspunkt der Resistenz der Getreidepflanzen gegen die hauptsächlichsten Parasiten erörtert. ČSSR/ÚVTI. 221.

2-68/09-0026 Achundova, V. A. Potencial'naja i real'naja semennaja produktivnost' kormovych bobov raznych sortov. (**Potentielle und reale Samenleistung verschiedener Sorten von Ackerbohnen.**) Naučnye doklady vysšej školy. Biologičeskie nauki, Moskva **10** (1967) Nr. 11. S. 80–83. — 3 Tab., 8 Lit.
Ein Vergleich der potentiellen Samenbildung und der realen Samenleistung ergab, daß letztere sehr niedrig ist. Dies konnte an 14 verschiedenen Ackerbohnensorten an Hand intensiver Beobachtungen der Organgenese gezeigt werden. Der große Unterschied in der Anzahl der angelegten Blüten und der reifen Samen bei Futterbohnen ist vor allem auf das frühzeitige Abfallen der Knospen, Blüten und jungen Hülsen zurückzuführen. Das Studium der potentiellen Leistung ist Grundlage für eine Erhöhung der realen. H. Weber. 221.

2-68/09-0027 Zauralov, O. A. und Zauralova, R. F. Vlijanie kletočnych jadov na kolloidno-chimičeskie svojstva kletki. (**Einfluß von Zellgiften auf die kolloidchemischen Eigenschaften der Zelle.**) Fiziologija rastenij, Moskva **15** (1968) Nr. 1. S. 152–158. — 8 Tab., 23 Lit.
Die Zellgifte NaF und 2,4-Dinitrophenol verschoben die intrazelluläre Reaktion in alkalische Richtung, senkten die Plasmapermeabilität und steigerten die Viskosität des Plasmas und senkten so die Stoffwechselrate. Unter dem Einfluß von NaF finden die Änderungen der kolloidchem. Eigenschaften des Plasmas bei niedrigeren Konz. und nach kürzerer Zeit statt als die Schädigung der Respiration. Es wird deshalb vermutet, daß in einigen Fällen die primäre Wirkung der Zellgifte in einer Änderung der kolloidchem. Eigenschaften der Zellen bestehen können. In anderen Fällen treten die Schädigung dieser Eigenschaften und die Variation der Respiration gleichzeitig auf. E.-M. Ardelt. 221.

2-68/09-0028 Šatilov, F. V. und Trifonova, M. F. Vlijanie električeskogo polja postojannogo toka na nabuchanie i prorastvanie semjan jačmenja. (**Der Einfluß eines elektrischen Gleichstromfeldes auf Quellung und Keimung von Gerstensamen.**) Selekcija i semenovodstvo, Moskva **32** (1967) Nr. 6. S. 59–62. — 1 Abb., 3 Tab.
Samen der So.-Gerste 'Doneckij 650' wurden 6 Mon. nach der Ernte vor der Aussaat mit Stromstärke (Gleichstrom) von $15 \cdot 10^{-9} \ldots 8 \cdot 10^{-5}$ A/cm² jeweils 5, 15 und 30 min behandelt. Getestet wurde auf Keimenergie, Aufgang und Quellfähigkeit. Stromstärken bis zu $15 \cdot 10^{-7}$ A/cm² hatten unterschiedlich auf alle 3 Faktoren positiven Einfluß, höhere dagegen negativen. Auch die Dauer der Stromeinwirkung variierte die Faktoren, jedoch ohne Gesetzmäßigkeit. Die durch Elektrizität geförderte Ferment- und Atmungsaktivität wäre bes. für Braugersten von Bedeutung, da diese bei schneller und gleichmäßiger Keimung bessere Malzqualität liefern. U. Bandlow/Kleinwanzleben. 221.

2-68/09-0029 Orinštejn, Z. A. Ocenka dejstvija fizičeskich i chimičeskich faktorov na ustojčivost' kukuruzy k puzyračatoj golovne v god obrabotki. (**Die Beurteilung der Wirkung physikalischer und chemischer Faktoren auf die Resistenz des Maises gegen Maisbeulenbrand im Behandlungsjahr.**) V kn: Materialy IV konferencii molodych učenych Moldavii. Sekcija fiziologii, biochemii i genetiki rastenij, Kišinev **1966** S. 126–128.
Saatgut der Sorten (a) 'Selekti Rani' b) 'VIR-44' und c) 'Gelber Landmais' wurde in Lösungen von 10 chem. Mutagenen 24 h eingeweicht. Das Saatgut wurde mit γ-Strahlen (5000 bis 20000 r) kombiniert sowie mit chem. Mutagenen und γ-Strahlen behandelt. Keimende Pilzsporen wurden in die Pflanzen injiziert. Bei der Registrierung wurden die gesunden Pflanzen ausgezählt. Der höchste Anteil an resistenten Formen wurde bei folgender Einwirkung erzielt: I. 0,01%iges 5-Bromurazil (15,4% bei a, 20,0% bei b und 26,4% bei c) und 0,0066%ige Lösung von Nitrosoäthylharnstoff (7,5%, 23,5% und 15,0%); bei der Kontrolle waren nur 0,0, 2,8 bzw. 5,0% der Pflanzen ohne Befall. II. γ-Strahlen von 10000 r (bei a 20,5%, b 13,2%, c 10,0%) und 1200 r (18,2; 17,1 bzw. 12,5%); bei der Kontrolle 2,5; 5,0 bzw. 5,5%. III. Nitrosoäthylharnstoff + 3000 r (13,8; 15,0% bzw. 20,0%) und IV. Diäthylkulrat + 3000 r (11,1%, 15,0%, 10,5%);

bei der Kontrolle 0,0%, 5,0%, 6,6%. Bei allen übrigen Varianten war keine deutliche Wirkung der Mutagene auf die Resistenz der Sorten zu beobachten. Unter der Wirkung von 0,2%iger Dimethylsulfatlösung betrug der Anteil an resistenten Pflanzen bei a 2,8%, bei b 17,5% bei c 7,5%, unter der Wirkung von 0,05%iger Äthyleniminlösung 6,6%, 18,4% bzw. 9,4%. SSSR/VINTISCh. 221.

2-68/09-0030 Boardman, N. K. und Thorne, S. W. Studies on a barley mutant lacking chlorophyll b. II. Fluorescence properties of isolated chloroplasts. **(Untersuchungen über eine Gerstenmutante ohne Chlorophyll b. 2. Mitt. Fluoreszenzeigenschaften isolierter Chloroplasten.)** Biochim. biophysica Acta, Amsterdam **153** (1958) Nr. 2. S. 448-458. — 5 Abb., 4 Tab., 26 Lit. 221.

2-68/09-0031 Booth, E. **Der Einfluß von Hormonen auf die Kälteresistenz der Pflanzen.** Aus: Sel'skoe chozjajstvo za rubežom **1966** Nr. 7. S. 4. (Übers. aus d. Russ.) (TO 1527) 221.

2-68/09-0032 Morris, D. A. Intersprout competition in the potato. II. Competition for nutrients during pre-emergence growth after planting. **(Konkurrenz zwischen den Keimen an Kartoffeln. 2. Mitt. Konkurrenz um die Nährstoffe während des Vorauflaufstadiums nach dem Auspflanzen.)** Europ. Potato J., Wageningen **10** (1967) Nr. 4. S. 296-311.
Vf. untersuchte die Keimung der Knollen von 'Arran Pilot' mit Unterschieden in der Keimzahl je Knolle und in der Knollenmasse bei verschiedenen Temperaturen und Nährstoffmedien. Bei nährstoffreichem Medium war die Auflaufrate der Keime eine positive lineare Funktion der Temperatur im untersuchten Bereich (7···25 °C) . Die Zahl der Keime beeinflußte diese nicht signifikant. Bei vielkeimigen Knollen nahm die Konkurrenz zwischen den Keimen mit der Temperatur zu. Eine Erhöhung des Nährstoffgehaltes des Mediums (Nährlösung) verkürzte die Auflaufzeit und steigerte die Tr.-Subst.-Masse der Keime unabhängig von der Keimzahl je Knolle. Die Konkurrenz zwischen den Stengeln oder die Wirksamkeit des „Knollenfaktors", der das Keimwachstum begrenzt, wurde geschwächt. Die Temperatur hatte Einfluß auf die Tr.-Subst.-Verteilung innerhalb des Stengelsystems. Anzahl, Länge und Tr.-Subst.-Masse der Stolonen je Keim sowie das Verhältnis von Stolonen-Tr.-Subst.-Masse zur gesamten Tr.-Subst.-Masse der Stengel standen zur Temperatur in umgekehrter Beziehung. Vf. kommt zu dem Schluß, daß neben der Temperatur ein spezifischer Faktor in der Mutterknolle auf das Stolonenwachstum einwirkt und daß dieser nicht durch eine mineral. Nährstofflösung von außen ersetzt werden kann. Das Stengel-Wurzel-Verhältnis erweiterte sich mit steigender Nährstoffkonz., wurde aber von der Keimzahl je Knolle nicht signifikant beeinflußt.
W. Neubauer/Groß-Lüsewitz. 222.

2-68/09-0033 Hartmann, C. Contribution à l'étude de la crise climactérique des fruits. Recherches sur quelques aspects du métabolisme respiratoire. **(Beitrag zur Kenntnis der klimakterischen Krise der Früchte. Untersuchungen über einige Aspekte des respiratorischen Stoffwechsels.)** Ann. Sci. natur., Bot. Biol. végétale [12] 7 (1966) Nr. 1. S.131-214. — 48 Abb., 7 Tab., 119 Lit.
Im Fruchtfleisch und in der Schale von Birnen ('Williams', 'Passe Crassane') und Äpfeln ('Calville blanc') wurden eine Reihe von Stoffwechselvorgängen in ihrer Beziehung zum Verlauf der CO_2-Ausscheidung während des Lebens der Frucht (+ 15 °C) untersucht. Der Gesamt-P-Gehalt verändert sich nicht. Bes. stabil sind vor allem bei Äpfeln die org. P-Verbindungen. So bleibt der ATP/ADP-Gehalt konstant, nur in der Schale von Birnen wurde ein Maximum in der respiratorischen Krise beobachtet. Dinitrophenol (optimal $5 \cdot 10^{-6}$ mol.) wirkt vor dem CO_2-Maximum stimulierend, danach hemmend. Am Abbau der phosphorylierten Monosaccharide ist in der Hauptsache die Glykolyse beteiligt. Die Aktivität der Glukose-6-Phosphat-Dehydrogenase (Pentosephosphat-Zyklus) nimmt während der Reife stark ab, während die Aldolaseaktivität (Glykolyse) mit der CO_2-Abgabe parallel läuft. Brenztraubensäure-Dekarboxylase zeigt kurz nach dem respiratorischen Maximum ein Aktivitätsmaximum. Die Aktivitäten von Malat- und Bernsteinsäure-Dehydrogenase, Zytochromoxydase, Phenoloxydasen, Katalase und Peroxydase ergaben keine Korrelationen mit dem Verlauf der CO_2-Ausscheidung. Während der Endphase der Reife erhöht sich die Zytochromoxydaseaktivität etwas. K. Arlt. 222.

2-68/09-0034 Possingham, J. V., Chambers, T. C., Radler, F. und Grncarevic, M.; Glen Osmond, S. A., C.S.I.R.O., Div. of Horticult Res. Cuticular transpiration and wax structure and composition of leaves and fruit of Vitis vinifera. **(Kutikuläre Transpira-**

tion sowie die Wachsstruktur und -zusammensetzung der Blätter und Früchte von Vitis vinifera.) Austral. J. biol. Sci. **20** (1967) Nr. 6. S. 1149–1153. — 9 Abb., 1 Tab., 9 Lit.

Die Wachsschichten auf Blättern und Früchten sind in ihrer Struktur und chem. Zusammensetzung sehr ähnlich. Das Wachs ist in Form von überlappenden Plättchen aufgelagert. Die Struktur dieser hydrophoben Schicht wird bei Einwirkung von Dämpfen kochenden Petroleums bereits nach 10 s beeinträchtigt und nach 60 s stark geschädigt. Die Wasserabgabe steigt nach 60 s Einwirkung bei Blättern auf das 20···25fache, bei Früchten auf das 4fache der Kontrollen an. Die Wachsschicht ist bei Früchten pro Flächeneinheit 10mal stärker als bei Blättern. Die Untersuchungen sind im Hinblick auf Schädigungen der Wachsschicht durch Pflanzenschutzmittel interessant. K. Arlt. 222.

2-68/09-0035 Mielke, L. N. und Peck, N. H.; Geneva, Cornell Univ., New York State Agric. Exper. Stat. Evapotranspiration by snap beans grown in sand nutrient culture. **(Evapotranspiration von Buschbohnen in Sand-Nährlösungskultur.)** Agronomy J. **59** (1967) Nr. 6. S. 602–604. — 5 Abb., 1 Tab., 4 Lit.

Die Evapotranspiration stieg mit zunehmender Pflanzenmasse solange, bis ein geschlossenes Blätterdach vorhanden war. Danach blieb sie konstant. Die max. Evapotranspiration lag bei höchster Strahlungsintensität, auch durch die Wasserversorgung und das Dampfdruckdefizit wurde sie stark beeinflußt, weniger dagegen durch die Lufttemperatur. Zur Windgeschwindigkeit bestand keine Korrelation. — Zur Technik der Sand-Nährlösungskultur s. Peck und Mitarb. 1967. I. Frommhold. 222.

2-68/09-0036 Govindjee; Urbana, Univ., of Illinois, Dep. of Bot. Transformation of light energy into chemical energy: photochemical aspects of photosynthesis. **(Umbildung von Lichtenergie in chemische Energie. Photochemische Aspekte der Photosynthese.)** Crop Sci. **7** (1967) Nr. 6. S. 551–560. — 9 Abb., 170 Lit.

Bei photosynthetisierenden Pflanzen enthält eine photosynthetische Einheit 200···300 Pigmentmoleküle und ein Reaktionszentrum. Die durch 1 Molekül absorbierte Lichtenergie wird zum Reaktionszentrum übertragen. In den Zentren erfolgt die Redoxreaktion, und die Lichtenergie wird in chem. Energie umgebildet. Nach neueren Untersuchungen gibt es in der Photosynthese vermutlich 2 Lichtreaktionen. Die Lichtreaktion II bildet ein starkes Oxydans, das H_2O zu O_2 oxydiert, und ein schwaches Reduktans. Die Lichtreaktion I bildet ein schwaches und ein starkes Reduktans, das Nikotinamidadenindinukleotidphosphat (NADP) in die reduzierte Verbindung (NADPH) umbildet. Bei der gekuppelten Reaktion des schwachen Oxydans entsteht Adenosintriphosphat (ATP). ATP und $NADPH_2$ sind die Endprodukte der Lichtreaktionen, die zur Reduktion von CO_2 benötigt werden. W. Hiller. 222.

2-68/09-0037 Vartapetjan, B. B., Andreeva, I. N., Davtjan, N. G., Maslova, I. P. Ul'trastruktura kletok kornja Cucurbita pepo v svjazi s transportom kisloroda. **(Ultrastruktur der Wurzeln von Cucurbita pepo in Verbindung mit dem Sauerstofftransport.)** Fiziologija rastenij, Moskva **15** (1968) Nr. 1. S. 19–25. — 6 Abb., 18 Lit.

Die Möglichkeit der Bewegung molekularen Sauerstoffs aus den oberirdischen Teilen der Pflanze in die die Wurzeln umgebende Lösung wurde mit einer Pt-Elektrode untersucht. Wenn die Zufuhr von atmosphärischem O_2 zu den Wurzeln erschwert wurde, wurde der O_2 in der Lösung vollständig verbraucht. O_2 aus den oberirdischen Pflanzenteilen tritt nicht in die die Wurzeln umgebende Lösung ein. Kein in die Wurzeln eingetretener O_2 aus den oberirdischen Organen konnte entdeckt werden, wenn die Elektrode direkt in das Wurzelgewebe eingesetzt wurde. Elektronenmikroskopische Beobachtungen zeigten, daß die Ultrastruktur der Wurzelzellen nach 50 h Aufenthalt in einem unbelüfteten Medium zerstört wurde. Dies zeigt offenbar, daß die Anwesenheit der oberirdischen Pflanzen in diesen Versuchen allein nicht ausreichend dafür ist, daß die normalen aeroben Prozesse in den Wurzelgeweben ablaufen können. E.-M. Ardelt. 222.

2-68/09-0038 Tranquillini, Walter. **CO_2-Gaswechsel und Umwelt.** Dtsch. Akad. Landwirtsch.-Wiss. Berlin, Tag.-Ber. **1968** Nr. 100. — 13 Abb., 38 Lit. Zus. in Russ., Engl. — nach Zus.

Zur Charakterisierung des Einflusses der Umweltfaktoren auf den Gaswechsel dienen das Freiland- und das Laboratoriumsexperiment. Beide Möglichkeiten haben ihre Vorzüge und Mängel. Im Freiland wird der Gaswechsel je nach den momentanen Bedingungen von den einzelnen Faktoren unterschiedlich beeinflußt. Für Faktorenanalysen benötigt man lange Meßperioden oder eine große Zahl von Meßwerten. Selbst bei Einsatz von Datenverarbeitungsanlagen bleiben diese Analysen wegen der seltenen Wiederkehr gleicher Umweltkonstellationen und der natürlichen Faktorenkoppelung fragmentarisch. Der Faktorenanalyse im Laboratorium kommen die großen Fortschritte zugute, die auf dem Gebiet der Klimatisierungs- und Regeltechnik erzielt wurden. Mit dem „Phytocyclon" lassen sich z. B. alle für den Gaswechsel ausschlaggebenden Faktoren der Luft- und Bodenzone der Pflanzen im ökolog. Bereich variieren; so vor allem Faktoren, die für den Wasserhaushalt von Bedeutung sind. Es zeigte sich, daß Luft- und Bodentrockenheit die Photosynthese junger Forstpflanzen entscheidend hemmen. Auch mit Hilfe der verbesserten Technik sind die Zusammenhänge im Laborversuch nicht immer klar erfaßbar, da die Pflanze ihren physiol. Zustand kurzfristig verändern und auf gleiche Umweltbedingungen verschieden reagieren kann. Erst durch die sinnvolle Verbindung von Labor- und Freilandversuchen ist ein volles Erkennen der für den C-Haushalt und die Stoffproduktion der Bäume wichtigen Zusammenhänge zu erwarten. 222.

2-68/09-0039 Nikolaevskij, V. S. Rol' nekotorych okislitel'nych sistem v dychanii i gazoustojčivosti rastenij. (**Die Rolle einiger oxydativer Systeme bei der Respiration und der Gasstabilität der Pflanzen.**) Fiziologija rastenij, Moskva 15 (1968) Nr. 1. S. 110–115. — 4 Tab., 14 Lit.
Die Rolle einiger oxydativer Systeme bei der Atmung der Pflanzen, die hinsichtlich der Gasresistenz differieren, wurde untersucht unter Bedingungen subletaler SO_2-Konzentrationen. Bei den Kontrollpflanzen war die Beziehung zwischen dem Pentosephosphatzyklus und der Glykolyse fast das gleiche bei verschiedenen Spezies mit unterschiedlichem Grad von Gasresistenz. Die Aktivität des oxydativen Weges des Pentosephosphats blieb gleich oder nahm zu, und die Teilnahme der Glykolyse und des Krebs-Zyklus nahm ab in Pflanzen, die SO_2 ausgesetzt wurden, die Pflanzen waren resistent gegen dieses Gas. Im Gegensatz dazu nahm der oyxdative Verlauf des Pentosephosphats ab (um 68···94%), und die Glykolyse trat mehr hervor. Belichtung erhält und verstärkt die durch SO_2 verursachten Schäden. E.-M. Ardelt. 222.

2-68/09-0040 Buschbeck, Rolf; Güstrow, Pädagog. Inst., Abt. Bot. **Spezifische Wirkung einer kurzfristigen Kältebehandlung auf die Atmungsintensität von Keimwurzeln winterannueller Brassicaceen.** Flora, Jena, Abt. A. Physiol. u. Biochem. 158 (1967) Nr. 6. S. 594–598. — 3 Tab., 4 Lit.
Einstündige Kältebehandlung der Keimlinge oder der isolierten Wurzeln bei 2 °C senkte den O_2-Verbrauch in abgeschnittenen Keimwurzeln von *Brassica napus* und *B. rapa* (Wintersorten) um 15···25%. Diese Depression hielt 4···5 h an. Nur 2 d alte Wurzeln reagierten stark, ältere kaum noch. Das Schütteln der Versuchswurzeln während der Kältebehandlung führte zu noch stärkeren Atmungsdepressionen. Der Atmungsstoffwechsel der Hypokotyle und Kotyledonen blieb unverändert. Keimwurzeln von So.-Raps und Rettich zeigten eine weitaus schwächere Reaktion; unempfindlich waren Erbsen, Sojabohnen und 2 Wi.-Weizensorten. G. Ballin. 222.

2-68/09-0041 Downes, R. W. und Hesketh, J. D.; Canberra, C.S.I.R.O., Div. of Plant Ind. Enhanced photosynthesis at low oxygen concentrations: differential response of temperate and tropical grasses. (**Gesteigerte Photosynthese bei niedrigen Sauerstoffkonzentrationen: unterschiedliche Reaktion bei Gramineen der gemäßigten und tropischen Zone.**) Planta, Berlin 78 (1968) Nr. 1. S. 79–84. — 1 Tab., 19 Lit.
Die Photosyntheserate wurde in CO_2-haltiger N_2-Atmosphäre bei Gramineen der gemäßigten Zone (*Festuceae, Hordeae, Aveneae, Phalarideae, Agrostideae, Stipeae*) und bei *Oryzeae* um 23···60% erhöht, blieb dagegen bei tropischen Gramineen (*Paniceae Andropogoneae, Maydeae, Zoisieae, Chlorideae* und *Eragrosteae*) unverändert. Die Steigerung der Photosynthese bei niedrigem O_2-Gehalt wurde mit der Verringerung der Lichtatmung erklärt. Tropische Gräser zeigen keine Lichtatmung. Dies hängt offensichtlich mit dem C_4-Weg der CO_2-Fixierung bei diesen Pflanzen zusammen. Gramineen der gemäßigten Zone dagegen besitzen die normale *Calvin*-Reaktionsfolge. Die Bedeutung von Photosynthesemessungen bei niedrigem O_2-Gehalt für biochem. und taxonom. Probleme wird diskutiert. H. Ripperger. 222.

2-68/09-0042 Smirnova, N. P. Nekotorye osobennosti fotosintetičeskogo apparata inbrednoj i gibridnoj kukuruzy. (**Einige Besonderheiten der Photosynthese bei Inzucht- und Hybridmais.**) V kn.: Geterozis v rastenievodstve, Stavropol' **1966** S. 82–90.

Der Chlorophyllgehalt der Inzuchtlinien 'VIR-29' und 'VIR-116', der Einfachhybride 'Orel (29 × 116)' und der Doppelhybride 'VIR 267' ('Otrada' × 'Orel') wurde untersucht. Die Chlorophyllkonz. war 1962 bei einer großen Zahl klarer Sonnentage im Vergleich zu 1964 stärker. Die Hybriden hatten einen höheren Chlorophyllgehalt als die Ausgangslinien (1964 etwa 1,5mal so viel). Die Überlegenheit der Hybriden ist während des Blühens und der Samenentwicklung stärker ausgeprägt. Die heterozygoten Hybriden haben eine höhere Photosyntheseleistung als die I-Linien. Die CO_2-Aufnahme pro dm^2 Blattoberfläche pro h erreichte bei den Hybriden bis zu 75···90 mg und war bei den Linien um das 2···2,5fache niedriger. Vf. erwähnt die besseren Anpassungsmöglichkeiten der Hybriden, die auch weniger von der Umwelt beeinflußt werden als die I-Linien. SSSR/VINTISCh. 222.

2-68/09-0043 Keller, Theodor. **Nettoassimilation, Sproß- und Wurzelatmung junger Pappeln bei unterschiedlicher Ernährung.** Dtsch. Akad. Landwirtsch.-Wiss. Berlin, Tag.-Ber. **1968** Nr. 100. — 7 Abb., 4 Tab., 15 Lit. Zus. in Russ., Engl. — nach Zus.
Der Gasstoffwechsel kann als empfindlicher Indikator für die Wirkung von Umwelteinflüssen, wie z. B. die Bodenfruchtbarkeit, angesehen werden, die durch den Nährstoffgehalt der Assimilationsorgane charakterisiert wird. Die Arbeit befaßt sich mit dem Einfluß von Makronährstoffen auf Photosynthese und Atmung junger Pappelpflanzen, die in Sandkulturen in Steigerungsreihen mit N, P und K bei Variation eines der Elemente angezogen wurden. N erwies sich als Nährstoff mit der stärksten Wirkung auf den Gasstoffwechsel. Es ergaben sich enge Beziehungen zwischen N- und Chlorophyllgehalt sowie zwischen letzterem und der Assimilationsintensität. N-Mangelpflanzen erreichen die Lichtsättigung sehr früh und assimilieren bei günstigen Lichtbedingungen im Vergleich zu optimal ernährten nur etwa 40%. Die Atmung von Sproß und Wurzel wird bei N-Mangel gehemmt, durch Überschuß gesteigert. Der P-Einfluß ist bei Fehlen akuter Mangelsymptome gering. Leichter Mangel wie Überschuß senken die Assimilation von Blättern um etwa 20% gegenüber dem Optimum; bei akutem Mangel fällt die Assimilation stark, während die Atmung steigt. K verhält sich ähnlich wie P. Assimilation und Atmung werden rel. wenig beeinflußt, ausgenommen bei Bezug auf die Blatt-Tr.-Subst.-Masse. Der Anteil der Wurzelatmung am CO_2-Haushalt ist bei Nährstoffmangel am größten. Die Wurzelatmung der Pappel beträgt aber auch in diesem Falle nur etwa $^1/_4$ der Nettoassimilation, während Koniferensämlinge dafür $^1/_3$ bis $^1/_2$ des CO_2-Gewinnes verbrauchen. Die Pappel zeigt damit eine äußerst ökonom. Atmung. 222.

2-68/09-0044 Kumakov, V. A. und Kuźmina, K. M. Nekotorye osobennosti fotosintetičeskoj dejatel'nosti i struktury urožaja različnych po skorospelosti rastenij prosa i jarovoj pšenicy. **(Einige Fakten zur photosynthetischen Aktivität und zur Ertragsstruktur von Hirse- und Sommerweizenpflanzen, die sich in der Reifezeit unterscheiden.)** Fiziologija rastenij, Moskva **15** (1968) Nr. 1. S. 41–46. — 6 Tab., 6 Lit.
Die photosynthetischen Potentiale, Netto-Assimilation der Photosynthese und die Dichte verschiedener Pflanzen unterschiedlicher Reifezeit in Hybridpopulationen von So.-Weizen und Hirse wurden bestimmt. Schnellreifende Weizen sowie Hirse ergaben höhere Kornerträge als die mittelspäten und späten Typen. Die frühreifen Pflanzen erzeugten auch mehr Gesamt-Tr.-Subst. und besaßen höhere photosynthetische Potentiale. Ihre Netto-Photosyntheseleistung war jedoch die gleiche wie bei den spätreifen Formen. Der Gesamt.-Tr.-Subst.-Ertrag und die Photosynthesepotentiale waren bei den frühreifen Pflanzen geringer als bei den mittelspäten und unterschieden sich nur wenig von denen der spätreifen Typen. Jedoch waren die Nettophotosyntheseleistung und der Anteil des Korns an der Gesamt-Tr.-Subst. bei den frühesten Typen am höchsten und nahmen regelmäßig in Richtung mittelspäte und späte Formen ab. E.-M. Ardelt. 222.

2-68/09-0045 Berežnaja, Z. G. Fotosintetičeskaja dejatel'nost' skorospelych sortov belogo ljupina. **(Die photosynthetische Aktivität von frühreifen Sorten der Weißen Lupine.)** Doklady TSChA. Moskovskaja ordena Lenina sel'skochozjajstvennaja akademija imeni K. A. Timirjazeva **1967** Nr. 131. S. 85–91. — 2 Abb., 3 Tab.
In den Jahren 1965–1966 wurde die photosynthetische Leistung von 2 Sorten der Weißen Lupine in Verbindung mit verschiedenen Aussaatnormen und Pflanzenabständen untersucht. Der unterschiedliche Witterungsverlauf beider Jahre spiegelte sich deutlich in der photosynthetischen Leistung wider. Mit Steigerung der Aussaatnorm vergrößert

sich die Assimilationsfläche je Flächeneinheit; die Produktivität der Photosynthese sinkt jedoch. Zur Grünsubstanzerzeugung war die Aussaat von 0,7 Mill. Samen/ha am günstigsten. W. Schäfer. 222.

2-68/09-0046 Stoll, U. **Beeinflussung des Kohlenhydrat- und Säurestoffwechsels bei Früchten durch Lagerung in kontrollierter Atmosphäre.** Erwerbsobstbau 9 (1967) Nr. 12. S. 223–226.

Früchte von 'Golden Delicious' und 'Cox Orange' (Unterlage M IV) wurden in kontrollierter Atmosphäre (k. A.) bei 5% CO_2 und 3% O_2 und zum Vergleich im Kühllager bei 4 °C und 92% rel. Luftfeuchtigkeit gelagert. Während der Entwicklung am Baum und bei der 6mon. Lagerung wurden qualitativ und quantitativ die freien Zucker, die neutralen Polysaccharide des alkoholunlöslichen Rückstandes und die Säuren bestimmt. Der während der Baumentwicklung stark ansteigende Gehalt an reduzierenden Zuckern verringerte sich auf dem Lager wieder, geht aber in k. A. wesentlich langesamer zurück. Im Kühllager verschiebt sich dabei das Zuckerverhältnis stärker zugunsten der Fruktose (max. 1:4,7), was durch Lagerung in k. A. bedeutend verzögert werden kann. Der im Kühllager beobachtete Saccharoseanstieg (bezogen auf Frischsubst.-Masse) konnte bei 'Golden Delicious' in k. A. erniedrigt, bei 'Cox' dagegen nur zeitlich verzögert werden. Der Gehalt an Xylose steigt während der Lagerung in 3 Phasen an und wird in k. A. nur etwas verzögert. Die Veränderungen der Polysaccharide, die aus Arabinose, Galaktose, Xylose, Glukose, Mannose und Rhamnose bestehen, waren bei 'Cox' größer als bei 'Golden Delicious'. Dabei ging der Arabinosegehalt zurück, der Xylosegehalt stieg an, aber beide Veränderungen wurden in k. A. verzögert. Der kontinuierliche Säureabbau schon während der Fruchtentwicklung am Baum setzt sich auf dem Lager fort, ist aber in k. A. bedeutend geringer als im Kühllager, so daß nach Beendigung der Lagerung in Früchten von 'Golden Delicious' der Säuregehalt um 90% und in denen von 'Cox' um 34% höher war.
G. Sandke/Pillnitz. 222.

2-68/09-0047 Anisimov, A. A. K voprosu o putjach vozdejstvija azotnogo pitanija na peredviženie assimiljatov u kartofelja. (**Über die Arten der Wirkung der Stickstoffernährung auf die Translokation von Assimilaten in Kartoffelpflanzen.**) Fiziologija rastenij, Moskva 15 (1968) Nr. 1. S. 13–18. — 4 Tab., 28 Lit.

Das Ansteigen der Rate des Assimilatflusses von den Blättern der mittleren und unteren Positionen der Pflanze nach N-Düngung wird begleitet von einem Ansteigen der Respirationsrate und der Absorptionskraft der Leitbündel, von einem Ansteigen des Auxingehalts, Verlegung der enzymatischen Transformationen der Stärke in den Blättern in Richtung Hydrolyse. Die Abnahme der rel. Rate des Assimilatflusses zu den Knollen, d. i. eine Abnahme des Knollenwachstums rel. zu der gesamten Zunahme der Pflanzenmasse, kann (in der N-Variante) der starken Zunahme der Auxine in den Pflanzenspitzen im Vergleich zu den Kontrollen und auch einer Erniedrigung der Aktivität der stärkeaufbauenden Enzyme in den Knollen zugeschrieben werden. E.-M. Ardelt. 222.

2-68/09-0048 Imamaliev, A. I., Bańetas, P. K. und Rizaeva, M. I. Vlijanie defoliantov na uglevodnyj i azotistyj obmen v list'jach chlopčatnika. (**Einfluß von Defoliationsmitteln auf den Kohlenhydrat- und den Stickstoffmetabolismus in Baumwollblättern.**) Fiziologija rastenij, Moskva 15 (1968) Nr. 1. S. 74–83. — 5 Abb., 2 Tab., 29 Lit.

Chem. Defoliantien, zur vorgeschriebenen Zeit angewendet, ändern signifikant den Kohlenhydrat- und den N-Stoffwechsel in Baumwollblättern. Saccharose und hochmolekulare Kohlenhydrate sowie Proteinsubst. in den Blättern werden unter dem Einfluß der Defoliantien abgebaut. Zugleich steigen die Mengen an Monosacchariden und an Aminosäuren an. Diese Änderungen zeigen, daß die chem. Defoliationsmittel die normale Lebenstätigkeit der Pflanzen schädigen durch Schwächung der Syntheseprozesse und durch Beschleunigung der Abbauvorgänge. Die letzteren sind bes. bedeutungsvoll für den Defoliationsmechanismus. E.-M. Ardelt. 222.

2-68/09-0049 Pate, J. S. und O'Brien, T. P.; Belfast, Queen's Univ., Bot. Dep. Microautoradiographic study of the incorporation of labelled amino acids into insoluble compounds of the shoot of a higher plant. (**Mikroautoradiographische Untersuchung des Einbaus markierter Aminosäuren in unlösliche Verbindungen des Sprosses einer höheren Pflanze.**) Planta, Berlin 78 (1968) Nr. 1. S. 60–71. — 7 Abb., 1 Tab., 34 Lit.

Lösungen markierter Aminosäuren in verdünntem Blutungssaft wurden dem Sproß von *Pisum arvense* L. über das Xylem zugeführt. Nach 4 h waren 5···20% der Radioaktivität in unlösliche Verbindungen, die über 50% Proteine enthielten, eingebaut. Die zytolog. Untersuchung (Verteilung unlöslicher markierter Verbindungen) zeigte, daß die meisten Zellen am Stoffwechsel der Aminosäuren beteiligt sind. Einige Zellen (Stengel- und Blattstielchlorenchym, Xylemparenchym, Phloem, Kambium, Blattmesophyll) erwiesen sich als bes. aktiv. Hohe Aktivität wurde in Chloroplasten der Mesophyllzellen nachgewiesen, während Zellwände allg. nur wenig markiert waren. H. Ripperger. 222.

2-68/09-0050 Johnson, V. A., Mattern, P. J. und Schmidt, J. W.; Lincoln, Univ. of Nebraska, A. R. S., Crops Res. Div., U. S. Dep. of Agric.; Dep. of Agron. Nitrogen relations during spring growth in varieties of Triticum aestivum L. differing in grain protein content. **(Stickstoffverhältnisse während des Frühjahrswachstums in verschiedenen Varietäten von Triticum aestivum L., die im Proteingehalt des Kornes variieren.)** Crop Sci. 7 (1967) Nr. 6. S. 664-667. — 4 Abb., 2 Tab., 8 Lit.

In den Jahren 1962/65 wurden 6 Hartweizensorten und 5 Linien mit hohem Kornproteingehalt in 2- bzw. 4facher Wiederholung angebaut. Auf Grund wöchentlicher Probenahmen, die in Halm, Blatt, Ähre und Korn getrennt wurden, bestimmten Vff. den Gesamt-N-Gehalt nach Kjeldahl. Es ließ sich kein prinzipieller Zusammenhang zwischen dem Gehalt an N in den vegetativen Teilen während der Entwicklung und dem späteren Gehalt der Körner nachweisen. So war die Sorte 'Warrion' mit geringem N-Gehalt im Korn in den vegetativen Teilen wesentlich N-reicher als die Formen mit einem hohen N-Anteil des Kornes. Umgekehrt fanden sich Formen, die trotz niedrigen N-Gehaltes im Blatt sehr hohen N-Gehalt im Korn aufwiesen. Während der Fruchtbildung und Ausreife ließ sich bei allen Formen nach anfänglichem Anstieg des N-Gehaltes ein deutlicher, aber bei den Formen unterschiedlich intensiver Abfall des N-Gehaltes beobachten. Im Laufe des Ausreifens der Karyopsen stieg er jedoch auf das sorteneigentümliche Niveau an.
G. Meinl/Groß-Lüsewitz. 222.

2-68/09-0051 Pálfi, Gábor; Szeged, Univ., Pflanzenphysiol. Inst. **Die Wirkung von Kinetin, 2,4-DNP und Antimetaboliten auf die Veränderungen im Aminosäurengehalt welkender Pflanzenblätter.** Planta, Berlin 78 (1968) Nr. 2. S. 196-199. — 2 Tab., 6 Lit. Zus. in Engl.

In intakten Pflanzen unter Wassermangel sowie in isolierten, welkenden Blättern nahm der Prolingehalt beträchtlich zu. Er stieg in isolierten Blättern beim Welken in Dunkelheit nur für einige Tage an und sank mit zunehmender Erschöpfung der Kohlenhydratreserven ab. Die Prolinsynthese während des Welkens isolierter Blätter konnte durch 2,4-DNP gehemmt werden. Unwirksam war Besprühen mit Kinetin, 2,4-D, Maleinsäurehydrazid oder Chloramphenikol. Die Prolinbildung erfolgt wahrscheinlich aus Kohlenhydraten via α-Ketoglutarsäure. Bei den untersuchten 5 Pflanzenarten kann die Änderung im Prolingehalt der Blätter als Indikator für ein Wasserdefizit gelten. G. Ballin. 222.

2-68/09-0052 Bolli, Heinz Karl. **Absorption und Transport markierter Aminosäuren durch Wurzeln von Zea mays.** Ber. schweiz. bot. Ges. 77 (1967) S. 61-102. — 35 Abb., 5 Tab., 53 Lit. Zus. in Engl. — nach Zus.

Absorptions- und Transportvorgänge in Wurzeln von *Zea mays* wurden mit Hilfe von ^{14}C- oder ^{3}H-markierten natürlichen und unnatürlichen Aminosäuren untersucht. Die Auswertung erfolgt auf mikroautoradiographischem Weg und durch Aktivitätsbestimmungen im Flüssigkeits-Szintillationsspektrometer. Die erste Phase der Absorption von Aminosäuren, die Besetzung des FS (free space), erfolgt in wenigen Minuten. Wahrscheinlich sind am FS neben den Zellwandräumen auch zytoplasmatische Strukturen beteiligt. Zentral gelegene Wurzelgewebe werden aus der Außenlösung in erster Linie über den FS mit Aminosäuren versorgt. In Wurzelhaarzonen vergrößern sich die Absorption durch die Anwesenheit gut entwickelter Wurzelhaare rel. wenig. Die Größe der Wurzeloberfläche ist offenbar für die Absorption von Aminosäuren aus einer Lösung von untergeordneter Bedeutung. Zonen nahe der Wurzelspitze weisen ein hohes Absorptions- und Speichervermögen sowohl für Protein- als auch für Nichtproteinaminosäuren auf. Aus diesen Zonen erfolgt nur geringer Abtransport. Ähnlich verhalten sich Seitenwurzelanlagen. Innerhalb verschiedener Gewebe der gleichen Zone zeigen nach erfolgter Absorption von markierten Protein- als auch von Nichtproteinaminosäuren das Prokambium, in älteren Wurzelteilchen der Perizykel und benachbartes Parenchym die höchste Aktivität. Zonen mit hoher Stoffwechseltätigkeit und Zonen mit hohem Aminosäuregehalt fallen zusammen. L-Leuzin wird in höherer Rate als D-Leuzin absorbiert. Eine wenn auch breite Spezifität des Transportsystems ist offenbar vorhanden. D-Leuzin läßt sich im Gegensatz zu 2-Aminoisobuttersäure nicht mehr vollständig aus dem Wurzelgewebe auswaschen oder extrahieren. Die Produktion von $^{14}CO_2$ nach Fütterung mit D-Leuzin-1-^{14}C kann festgestellt werden. D-Leuzin, nicht aber 2-Aminoisobuttersäure können offenbar assimiliert werden. In jungen Wurzelteilen sind Phloem und Xylem auf Grund von Autoradiographien nicht aktiver als die Nachbargewebe. Im Gegensatz dazu können im Sproß nach kurzzeitiger Fütterung der Wurzel mit 2-Aminoisobuttersäure-^{3}H oder mit L-Leuzin-^{3}H in Phloem und teilweise auch im Xylem regelmäßig starke Aktivitäten gefunden werden, was darauf hinweist, daß für den Ferntransport beide Transportwege benutzt werden. 222.

2-68/09-0053 Soldatenkov, S. V., Magomedov, I. M. und Bykov, O. D. K voprosu o metabolizme kislot pervičnogo okislenija sacharov v list'jach fasoli. **(Über den Stoffwechsel der Säuren der primären Oxydation der Zucker in Bohnenblättern.)** Fiziologija rastenij, Moskva **15** (1968) Nr. 1. S. 145–151. — 5 Tab., 19 Lit.
Radioaktive Säuren der primären Oxydation von Zucker, $CH_2OH(CHOH)_3CH_2COOH$, $COOH(CHOH)_3CH_2COOH$, Glyzerinsäure, Di- und Trikarboxylsäuren, Aminosäuren und Zucker wurden innerhalb 15 s in Bohnenblättern gebildet bei Photosynthese in einer $^{14}CO_2$-haltigen Atmosphäre. Die Radioaktivität war am geringsten in den Zuckern. Mit ansteigender Dauer der Photosynthese bis zu 30…60 s stieg die Radioaktivität in den Zuckern auf das 10fache, blieb jedoch geringer als die in den Säuren der primären Oxydation von Zuckern. Malein-, Malon-, Zitronen- und Bernsteinsäure wurden im Dunklen markiert, wenn radioaktive Säuren der primären Oxydation der Zucker in die Blätter eingeführt wurden. Zucker und $^{14}CO_2$ werden zugleich produziert. Blätter in einer Kammer mit $^{14}CO_2$ assimilieren das Gas und bilden Säuren der primären Oxydation von Zuckern, Di- und Trikarboxylsäuren und Aminosäuren. Es wird vermutet, daß die gegenseitige Transformation der Zucker und ihrer Säuren der primären Oxydation, die während der Respiration der Bohnenblätter im Dunkeln stattfindet, von zyklischer Natur ist. E.-M. Ardelt. 222.

2-68/09-0054 Bukovac, M. J. und Norris, R. F. Foliar penetration of plant growth substances with special reference to binding by cuticular surfaces of pear leaves. **(Eindringen von Pflanzenwuchsstoffen durch das Blatt mit besonderer Berücksichtigung der Bindung durch die Kutikularoberflächen von Birnenblättern.)** Agrochimica, Pisa **12** (1968) Nr. 2/3. S. 217–230. — 5 Abb., 5 Tab., 11 Lit. Zus. in Franz., Ital., Span., Dtsch. — nach Zus.
Die Oberflächengestalt der Kutikularmembran von *Pyrus communis* L., die intakt auf enzymatischem Wege erhalten wurden, sowie die Bindung der Naphthylessigsäure (NES) und der essigsauren Naphthylamide (NEAm) werden beschrieben. Die oberen Kutikularmembranen zeigen eine rel. glatte Oberfläche ohne Öffnungen, während die unteren, rauhen Partien Spaltöffnungen aufwiesen. Beide Membranen sind von einer epikutikularen Wachsschicht bekleidet. Die äußeren Oberflächen weisen Karbon-Siliziumgruppen auf, die zur Dissoziation fähig sind, wenn die Dissoziation 50% erreicht und der pH-Wert sich zwischen 2,8 und 3,2 hält. Eine rasche Initialfixierung von NES und NEAm tritt binnen 2 min ein, gefolgt von einer leichten Abnahme und einer allmählichen Stetigkeit der Reaktion; nach 30 min handelt es sich um größere Mengen. Die festgelegte Menge nimmt linear mit der Konz. innerhalb eines Intervalls von $10^{-5}…10^{-3}$ Mol/l zu. Die Festlegung der NES erwies sich als abhängig vom pH-Wert und war im pH-Intervall von 3…4 eher größer als in jenem von 5…6, während die Bindung der NEAm abhängig vom pH-Wert war. Die Kutikularmembran der unteren Seite band mehr NES als die der Oberseite und die isolierten Membranen mehr als die intakten. Es wurden keine gesicherten Unterschiede zum NEAm festgestellt. Die jungen, wachsenden Blätter fixierten mehr NES und NEAm als die alten. Die Festlegung hing hauptsächlich von einem Absorptionsvorgang irgendeiner Komponente der Kutikularmembran ab, wobei elektrostatische Kräfte eine sekundäre Rolle spielten. Zu verallgemeinern sowie von Resultaten, aus isolierten Systemen erhalten, auf intakte zu extrapolieren, wird für gewagt gehalten. 222.

2-68/09-0055 Sargent, J. A. Penetration of chlorinated phenoxyacetic and benzoic acids into leaves. **(Eindringen chlorierter Phenoxyessigsäuren und Benzoesäuren in die Blätter.)** Agrochimica, Pisa 12 (1968) Nr. 2/3. S. 166–172. — 4 Abb., 6 Lit. Zus. in Franz., Ital., Span., Dtsch. — nach Zus.

Das Auftreten markierter Verbindungen in den Blattgeweben wurde mittels einer Technik studiert, die erlaubt, das Eindringen zu verfolgen, während der Transport blockiert ist. Die Geschwindigkeit des Eindringens einiger chlorierter Phenolessigsäuren durch die Unterseite der Blätter von *Phaseolus vulgaris* zeigte wesentliche Unterschiede. Sowohl bei Licht als auch bei Dunkelheit nahmen die Geschwindigkeiten des Eindringens mit dem Grad der Chlorierung der Moleküle zu. Bei Dunkelheit drang die 2,4,5-Trichlorphenoxyessigsäure und bei Licht die 2,4,6-Trichlorphenoxyessigsäure rascher ein. Die Serie der chlorierten Benzoesäuren zeigte entgegengesetztes Verhalten. Die Benzoesäure dringt sowohl bei Licht als auch bei Dunkelheit wesentlich rascher ein. Die progressive Chlorierung vermindert die Geschwindigkeit des Eindringens. 222.

2-68/09-0056 Raju, P. V. und Das, V. S. R. Natural and GA-induced changes in levels of gibberellin-like substances and nucleic acids during growth and development of the pepper fruit. (**Natürliche und GS-induzierte Änderungen des Spiegels der gibberellinartigen Substanzen und Nukleinsäuren während Wachstum und Entwicklung der Paprikafrucht.**) Z. Pflanzenphysiol. 58 (1968) Nr. 3. S. 266–276. — 7 Abb., 1 Tab., 19 Lit. Zus. in Dtsch. — nach Zus.
Der Gehalt der gibberellinartigen Subst. in den Samen von *Capsicum annuum* L. zeigte während der Reife zwei Maxima. Die Maxima laufen dem max. Wachstum und der Ausreifung voraus. Änderungen im Gehalt der gesamten Nukleinsäuren laufen zur Änderung im Gibberellingehalt parallel und zeigen ebenfalls zwei Maxima während der entspr. Entwicklungsstadien. Exogene Gibberellsäure erhöht merklich den endogenen Gibberellingehalt sowohl der Samen als auch der Fruchtwand. Auch der Nukleinsäuregehalt spricht deutlich auf exogene Giberellsäure an. 222.

2-68/09-0057 Turkina, M. V. und Sokolova, S. V. Indukcija invertazy v porvodjaščich tkanjach sacharnoj svekly. (**Induktion von Invertase in den Leitgeweben der Zuckerrübe.**) Fiziologija rastenij, Moskva 15 (1968) Nr. 1. S. 5–12. — 3 Abb., 6 Tab., 24 Lit.
Die Invertase-Aktivität (I.) in den Leitbündeln der Blattstiele von Zuckerrüben ist niedrig. Herauspräparierte und 20 h in Wasser gewaschene Leitbündel haben die Fähigkeit, Saccharose aktiv zu spalten. Die Temperatur beeinflußt die Invertase-Aktivität in diesen Geweben. Bei Anwesenheit von Glukose in der externen Lösung ist die I. im Mittel um 50% niedriger. Die Entwicklung der I. wird durch Waschen der Leitbündel in einer Lösung von 8-Azaguanin gehemmt. Diese Hemmwirkung kann durch Guanin beseitigt werden, das auch die I. in den Bündeln aktiviert. Nach diesen Befunden ist die Entwicklung der I. in den Leitbündeln mit den Nukleinsäuren verknüpft. Nach den Ergebnissen wird vermutet, daß die Invertasesynthese in den Leitbündeln induziert werden kann. Eine niedrige I., die normal ist für die Leitbündel, ist wahrscheinlich das Ergebnis einer Repression der Synthese dieses Enzyms in den Geweben, welche sich während ihrer Spezialisierung als an den Zuckertransport über große Entfernung angepaßte Gewebe entwickelten. Die Invertase-Induktion und der Repressionsmechanismus spielen offenbar eine große Rolle im Phloem, indem sie ein bestimmtes Verhältnis zwischen der wandernden Saccharose und der für den Stoffwechsel des Leitgewebes selbst benötigten Glukose schaffen.
E.-M. Ardelt. 222.

2-68/09-0058 Pilet, Paul-Emile und Lance-Nougarède, Arlette. Structure histologique et catabolisme auxinique des méristèmes radiculaires de Lens, Pisum et Zea. (**Histologische Struktur und Auxinkatabolismus in den Wurzelmeristemen von Linse, Pisum und Zea.**) Ber. schweiz. bot. Ges. 77 (1967) S. 156–172. — 7 Abb., 3 Tab., 25 Lit. Zus. in Engl., Dtsch. — nach Zus.
In einer 500 μm langen Apikalzone der Wurzelspitzen von *Lens culinaris*, *Pisum sativum* und *Zea mays* lassen sich histolog. Eigenschaften mit der Aktivität der IES-Oxydase in Beziehung bringen. Die Aktivität dieses Enzyms bestimmt die Konz. der endogenen IES-artigen Substanzen. Die Abbaurate der IES ist in der Wurzelhaube größer (und der Auxingehalt entspr. geringer) als in den meristematischen Zellen. 222.

2-68/09-0059 Oritani, Takashi und Yoshida, Ryuzi. Studies on nitrogen metabolism in crop plants. I. Quantitative extraction and estimation of nucleic acids in crop plants. (**Untersuchungen über den Stickstoffmetabolismus bei Nutzpflanzen. 1. Mitt. Quantitative Extraktion und Bestimmung der Nukleinsäuren in Nutzpflanzen.**) Proc. Crop Sci. Soc. Japan 36 (1967) Nr. 4. S. 503–508. — 5 Abb., 3 Tab., 11 Lit. Orig.: jap., Ausz.: engl. 222.

2-68/09-0060 Oritani, Takashi und Yoshida, Ryuzi. Studies on nitrogen metabolism in crop plants. II. Effect of kinetin on nitrogen metabolism in detached leaves of rice plant and Italian ryegrass. (**Untersuchungen über den Stickstoffmetabolismus bei Nutzpflanzen. 2. Mitt. Einfluß von Kinetin auf den Stickstoffmetabolismus in abgetrennten Blättern von Reis und von Welschem Weidelgras.**) Proc. Crop Sci. Soc. Japan **36** (1967) Nr. 4. S. 509 bis 513. — 3 Abb., 3 Tab., 18 Lit. Orig.: jap., Ausz.: engl. 222.

2-68/09-0061 Swardt, G. H. de, Maxie, E. C. und Singleton, V. L. Some relationships between enzyme activities and phenolic components in banana fruit tissues. (**Einige Beziehungen zwischen Enzymaktivitäten und phenolischen Komponenten in Geweben der Bananenfrucht.**) South African. J. agric. Sci. **10** (1967) Nr. 3. S. 641-650. — 2 Tab., 23 Lit. 222.

2-68/09-0062 Stout, M. und Spikes, J. **Der Einfluß ionisierender Strahlungen auf den Metabolismus und das Wachstum der Pflanzen.** Aus: Sel'skoe chozjajstvo za rubežom **1966** Nr. 7. S. 27. (Übers. aus d. Russ.) (TO 1525) 222.

2-68/09-0063 Konovalov, Ju. B. O raznovremennom sozrevanii zeren v kolose zlakov. (**Über die unterschiedliche Reife der Körner in der Getreideähre.**) Doklady TSChA. Moskovskaja ordena Lenina sel'skochozjajstvennaja akademija imeni K. A. Timirjazeva **1967** Nr. 131. S. 215-220. — 2 Abb., 2 Tab., 5 Lit.
Von einer zweizeiligen Gerste (var. *nudideficiens*) wurden 1962 Körner aus der Basis, der Mitte und der Spitze untersucht. Die Kornfeuchte war zu verschiedenen Terminen und zwischen den Ährenteilen unterschiedlich. Die Kornfeuchte verminderte sich in der Basis langsamer und lag am 8. 8. etwa um 8% höher als in der Mitte und in der Spitze. Die 2malige Untersuchung an einem Tage von Körnern aus der Mitte und der Spitze zeigte nur geringe Unterschiede in der täglichen Feuchtedynamik in diesen Teilen. Körner mit höchster Masse befanden sich in der Ährenmitte. Sie waren am 21. 8. etwa 15 mg schwerer als die aus der Basis und etwa 20 mg schwerer als die aus der Spitze. G. Pannicke. 230.

2-68/09-0064 Kolovu, M. Izučavane pojavata na listata, prodŭlžitelnostta na narastvane na listnata plošt, prodŭlžitelnostta na životа na otdelnite lista na pšenica sort Jubilejna III. (**Untersuchung des Erscheinens der Blätter sowie ihrer Wachstums- und Lebensdauer bei der Weizensorte 'Jubilejna III'.**) Rastenievŭdni nauki, Sofija 4 (1967) Nr. 10. S. 15 bis 21. — 4 Abb., 2 Tab., 9 Lit. Zus. in Russ., Engl.
Die Entwicklung, die Wachstums- und Lebensdauer der einzelnen Blätter bei Weizenpflanzen der Sorte 'Jubilejna III' wurden anhand täglicher Beobachtungen und Messungen untersucht. Die Fläche der einzelnen Blätter wurde aus Länge mal Breite mal 0,65 bestimmt. Die Lebensdauer der einzelnen Blätter wurde vom Zeitpunkt des Erscheinens der Blätter bis zum Vertrocknen von $^2/_3$ ihrer Spreite bestimmt. Die Versuchspflanzen wurden in 16/16 cm großen Tontöpfen aufgezogen, wobei alle 40 d eine Kopfdüngung vorgenommen wurde. Bei der Weizensorte 'Jubilejna III' erscheinen die Blätter vom 13…17 d an. Die Wachstumsdauer der Blätter variiert zwischen 23…35 d. Den höchsten Zuwachs hatte das 12. Blatt. Das gleiche Blatt hat auch eine größere Fläche. Die Lebensdauer der einzelnen Blätter variiert zwischen 47 und 90 d. NRB/CSNTI. 230.

2-68/09-0065 Kŭdrev, T., Kacarov, A. und Šopova, K. Izučavane formiraneto na fotosinteziraštata listna plošt pri carevnicata vŭv vrŭzka s cheterozisa. (**Die Untersuchung der Ausbildung der photosynthetisch tätigen Blattfläche bei Mais im Zusammenhang mit der Heterosis.**) Rastenievŭdni nauki, Sofija 4 (1967) Nr. 10. S. 3-13. — 6 Abb., 4 Tab., 20 Lit. Zus. in Russ., Engl.
Die Untersuchungen erfolgten an der einfachen Hybride 'Slava' und ihren Elternformen 'VIR-44' und 'VIR-38. Die Blattfläche der Hybride 'Slava' entwickelte sich schneller als die Blattfläche ihrer Elternformen. Die ersten 7…8 Blätter erschienen bes. schnell. Der Vorteil der Hybride 'Slava' besteht in dem beschleunigten und länger anhaltenden Wachstum der Blätter, und demzufolge ist ihre Fläche größer als die der Elternlinien. Bei der Hybride entwickelt sich ein höheres photosynthetisches Potential. Diese Besonderheiten der Hybride ermöglichen offenbar eine höhere Leistung bei der Akkumulation der biol. Subst. und der Kornsubstanz. NRB/CSNTI. 230.

2-68/09-0066 Nigond, J. (unter techn. Mitarb. von Marger, L.); Versailles, Stat. Centr. de Bioklimatol. Recherches sur la dormance des bourgeons de la vigne. I. Caractères généraux de l'évolution des bourgeons. (**Untersuchungen über die Knospenruhe bei der Rebe. 1. Mitt. Allgemeine Wesenszüge der Knospenentwicklung.**) Ann. Physiol. végétale **9** (1967) Nr. 1. S. 107-152. — 14 Abb., 5 Tab.

Die für die Knospenbildung erforderliche Temperatur wird mit 25 °C angegeben. Die korrelativen Hemmungen beginnen Ende Juli. Ruheerscheinungen treten zunächst zögernd auf, verstärken sich aber nach Einwirkung von 25 °C über 300 h bedeutend. Bei Knospen der Spitzenregion des Triebes ist die max. Ruhe geringer und wird später erreicht als bei basalen Knospen. Im Okt. beginnt das Abbrechen der Ruheperiode. Für kurze Zeit gibt es keine positionsbedingten Unterschiede zwischen den Knospen. Später ist jedoch die Förderung der Spitzenregion des Triebes eindeutig. Dort beginnt auch zuerst die letzte Entwicklungsphase, die durch die Organdifferenzierung in der Knospe gekennzeichnet ist. Damit ist die Ruheperiode endgültig abgeschlossen. K. Arlt. 230.

2-68/09-0067 Nigond, J. (unter techn. Mitarb. von Marger, L.); Versailles, Stat. Centr. de Bioklimatol. Recherches sur la dormance des bourgeons de la vigne. II. Rôle des facteurs biologiques dans l'évolution de la dormance. (**Untersuchungen über die Knospenruhe bei der Rebe. 2. Mitt. Rolle der biologischen Faktoren in der Entwicklung des Ruhezustandes.**) Ann. Physiol. végétale **9** (1967) Nr. 2. S. 197-232. — 28 Abb., 12 Tab. 1. Mitt. vgl. vorst. Ref.

Die Ruhe tritt ein, sobald das vegetative, apikale Wachstum auf ein Minimum herabgesetzt wurde. Adulte Blätter wirken ebenso ruheinduzierend. Mit diesen Erscheinungen im Zusammenhang stehende absteigende Stoffverlagerungen konnten nachgewiesen werden. Der ruhefördernde Einfluß adulter Blätter ist nur kurzfristig, er hat nur induzierende Funktion. Dagegen wird die Ausbildung des Ruhezustandes durch verbleibende Weintrauben langdauernd gehemmt. Die Einflüsse der biol. Faktoren werden höher bewertet als die klimatischen Unterschiede der einzelnen Jahre, zumindest im mediterranen Bereich. K. Arlt. 230.

2-68/09-0068 Kočeržcnko, I. E. und Majko, T. K. Fotoperiodizm i osobennosti anatomičeskoj struktury sejancev drevesnych rastenij. (**Photoperiodismus und einige Fakten der anatomischen Struktur junger Gehölzpflanzen.**) Fiziologija rastenij, Moskva **15** (1968) Nr. 1. S. 63-73. — 5 Abb., 6 Tab., 17 Lit.

Junge Bäumchen von Pfirsich, Mandel und Dattelpflaume sowie junge Weinreben wurden bei verschiedener Tageslänge gezogen und auf ihre anatom. Struktur untersucht. Langtag (L.) steigerte die Kambialaktivität in den Stengeln und Wurzeln mit dem Ergebnis schnelleren Wachstums der Holzelemente. Kurztag (K.) führte zur Bildung kleiner Zellen in den Leit- und den Stützgeweben des Xylems. Dies führt zur Abnahme der Gefäßanzahl sowie früherer Beendigung des Wachstums und fördert die Lignifizierung der Zellularmembranen des Holzes. Die Frostresistenz der Junggehölze nahm in diesem Falle nicht zu. Die Zellen der Blattepidermis und die Stomata waren bei L. kleiner, während die Leitbündel besser entwickelt waren als bei K., d. h. mit zunehmender Tageslänge steigen die Zahl der Stomata sowie die Dicke und Länge der Fibrovaskularbündel je Blattflächeneinheit. Das Verhältnis des Palisaden- zum Schwammgewebe ist bei K. größer infolge besserer Entwicklung des letzteren. Das Ansteigen des Chlorophyllgehalts in den Blättern der K.-Pflanzen ist von einer Förderung der Photosynthese begleitet. Die Intensivierung des Wachstums bei L. und die entspr. Änderungen der anatom. Struktur der vegetativen Organe sind in mancher Hinsicht ähnlich den Änderungen, die durch Gibberellinbehandlung hervorgerufen werden. Es wird deshalb vermutet, daß das schnellere und länger andauernde Wachstum der jungen Gehölze bei L. zu der Anhäufung physiol. aktiver Substanzen in ihnen, wie Gibberelline, in Beziehung steht. E.-M. Ardelt. 230.

2-68/09-0069 Nagai, M. Growth of the onion in summer crop. II. Fresh weight and dry matter content of the leaves for indications of the growth and maturity. (**Wachstum der Zwiebel im Sommeranbau. 2. Mitt. Frischmasse und Trockensubstanzgehalt der Blätter als Anzeichen des Wachstums und der Reife.**) J. Jap. horticult. Sci. **36** (1967) Nr. 3. S. 299 bis 305. — 2 Abb., 4 Tab., 35 Lit. Orig.: jap., Ausz.: engl.

Um den Wachstumsverlauf und die Reifeprozesse bei der Zwiebelpflanze zu klären, wurden in den Jahren 1960, 1964 und 1965 die Frisch- und Trockensubst.-Masse und der Tr.-Subst.-Gehalt von Blättern (Schlotten) und Blattscheiden an Einzelblättern festgestellt. Während des vegetativen Wachstums hatten die Blätter jeweils zwei Stadien, die durch niedrigen Tr.-Subst.-Gehalt charakterisiert waren; einmal während der Entwicklung des Blattes bis zu einem Max. der Tr.-Subst.-Masse des Blattes und zum anderen während des Stadiums des Alterns, wenn die Inhaltsstoffe in die Blattscheiden transportiert werden. Nach dem Beginn der Zwiebelbildung wurde der Tr.-Subst.-Gehalt in den Blättern und oberen Teilen der Blattscheiden insgesamt zugunsten des Gehaltes in den Scheiden vermindert, verursacht durch Umlagerung der Inhaltsstoffe (Kohlenhydrate u. a. Nährstoffe) für die Zwiebelbildung. Bei Steckzwiebeln zeigten sich etwas andere Tendenzen, bedingt durch die Neubildung des Wurzelsystems. B. Spender. 230.

2-68/09-0070 Côme, Daniel. L'inhibition de germination des graines de pommier (Pirus malus L.) non dormantes. Rôle possible des phénols tégumentaires. (**Die Hemmung der Keimung von nichtruhenden Samen des Apfelbaumes [Pirus malus L.]. Mögliche Rolle der Samenschalen-Phenole.**) Ann. Sci. natur., Bot. Biol. végétale [12] **8** (1967) Nr 3. S. 371 bis 478. — 45 Abb., 18 Tab., 203 Lit.

Die nach der primären Ruhe bei Apfelsamen auftretende Keimhemmung wird durch eine Hypothese erklärt. Danach entsteht für den Embryo O_2-Mangel durch Fixierung des O_2 bei der Oxydation von Phenolen in der Samenschale. Die erzielten Ergebnisse der vielfältigen Versuche stützen diese Hypothese (u. a. quantitative Messungen des O_2-Durchtritts durch die Samenschale). Die Samenschalen sind z. Z. der Ernte der Früchte reich an Phenolen (u. a. Phlorrhizin, Chlorogensäure). Während der Vorbehandlung der Samen außerhalb der Frucht (feuchte Baumwolle, niedere Temperaturen) verringert sich bei einigen Sorten der Phlorrhizingehalt der Samenschale. Bleiben die Samen in der Frucht, erhöht sich die Keimhemmung mit steigender Temperatur (10···22 °C) und Lagerdauer. Unter gleichen Bedingungen vergrößert sich auch in der Samenschale die Kapazität zur O_2-Fixierung. Das Perikarp ist offenbar für die Aufrechterhaltung der Hemmung wesentlich, jedoch liefert es nicht die Phenole der Samenschale. K. Arlt. 230.

2-68/09-0071 Vartanian, Nicole; Gif-sur-Yvette, C.N.R.S., Labor. de Phytotron. Influence des facteurs hydriques du milieu sur la croissance racinaire. (**Einfluß von Milieufeuchtigkeit auf das Wurzelwachstum.**) C. R. Acad. Sci., Paris, Sér. D **265** (1967) Nr. 3. S. 216–219. — 1 Abb., 1 Tab., 5 Lit.

Das Längenwachstum der Pfahlwurzel von *Sinapis-alba*-Sämlingen wurde auf sandigem, nährstoffarmem Substrat, dessen Feuchtigkeit zwischen Dauerwelkepunkt und voller Sättigung der WK variiert wurde, bei rel. Luftfeuchtigkeiten von 50, 70 und 100% im Phytotron beobachtet. Mit steigender Luftfeuchte verschob sich die optimale Bodenfeuchtigkeit zum Welkepunkt hin. Das bei 70% rel. Luftfeuchte beobachtete Bodenfeuchteoptimum lag zwischen den bei 50 und 100% ermittelten Werten. Der Pfahlwurzelzuwachs wurde mit steigender Bodenfeuchtigkeit geringer. Im Bereich der vollen Sättigung der WK waren die Wurzellängen bei allen Luftfeuchtigkeiten fast gleich. K. Arlt. 230.

2-68/09-0072 Chetram, R. S. und Heydecker, Walter. Moisture sensitivity, mechanical injury and gibberellin treatment of Beta vulgaris seeds. (**Feuchteempfindlichkeit, mechanische Beschädigung und Gibberellinbehandlung von Beta-vulgaris-Saatgut.**) Nature, London **215** (1967) Nr. 5097. S. 210–211. — 1 Abb., 3 Tab., 4 Lit.

Die Ergebnisse von Versuchen mit nach verschiedenen physikal. und chem. Methoden vorbehandeltem Zuckerrübensaatgut bestätigen, daß natürliche Rübenknäuel einen wasserlöslichen Hemmstoff enthalten, dessen Wirkung durch Auslaugung oder durch Abrieb entspr. Knäuelbestandteile verringert wird. Die Resultate weisen außerdem auf Beziehungen zu Atmung, Sauerstoffvorrat, Dehydrogenase-Aktivität und Gibberellinwirkung hin. Der Chemismus dieser Wechselwirkungen ist gegenwärtig noch unklar.
P. Curth/Kleinwanzleben. 230.

2-68/09-0073 Milthorpe, F. L. und Terry, N. The influence of temperature and light on the growth of sugar beet. (**Einfluß von Temperatur und Licht auf das Wachstum der Zuckerrübe.**) J. internat. Inst. Sugar Beet Res., Tienen **2** (1967) Nr. 4. S. 216–224. — 3 Abb., 2 Tab., 5 Lit. Zus. in Franz., Dtsch. — nach Zus.

Die erste Wachstumsphase der Zuckerrübe ist durch rasche Entwicklung der Blattfläche gekennzeichnet. Schnell entwickeln sich die sekundären Kambiumzonen, und die Wurzel wächst langsam heran, bis sie 30···40 g Frischmasse erreicht hat. Danach ist das Wurzelwachstum mehr oder weniger konstant, während die Blattfläche — wenn auch sehr langsam — wieder kleiner wird. Den größten Einfluß haben Licht und Temperatur während der ersten Phase der Entwicklung. Zunahme der Lichtintensität führt zu größeren Wachstumsraten, jedoch ändert sich der Entwicklungsverlauf nicht grundsätzlich; unabhängig von der Lichtintensität werden die Assimilate auf die verbrauchenden Organe, wobei auch die Zuckerspeicherung eingeschlossen ist, in unverändertem Verhältnis verteilt. Die optimale Temperatur beträgt 20···24 °C, jedoch ist der Anteil an Photosyntheseprodukten, die für das Wurzelwachstum und für die Zuckerspeicherung verbraucht werden, bei niedrigen Temperaturen größer als bei höheren. Während der späteren Wachstumsstadien haben Licht und Temperatur in weiten Grenzen nur geringen Einfluß; die Entwicklung wird hier in erster Linie von einem Komplex innerer Faktoren gesteuert. 230.

2-68/09-0074 Guljaeva, Z. B. Vlijanie temperatury vozducha na process oplopotvorenija u kukuruzy. (**Der Einfluß der Lufttemperatur auf den Befruchtungsprozeß bei Mais.**) B kn.: Zapiski LSChI **105** (1966) Nr. 3. S. 36–41.
Unter den Bedingungen des Gebietes Leningrad wurde der Befruchtungsprozeß beim Mais der Sorte 'Voronežskaja 80' untersucht, deren Kolben die Milch-Wachs-Reife erreichen. Im Jahr 1962 betrug die Temperatur z. Z. der Blüte und Befruchtung auf dem Felde 9 °C, im Gewächshaus 16,6 °C, im Jahre 1963 entspr. 16,5 und 23 °C. Die rel. Luftfeuchte betrug im Jahre 1962 86 bzw. 78%. Isolierte Kolben wurden künstlich bestäubt, als die Länge, der Griffel über den Lieschblättern des Kolbens 10···11 cm erreichte. Nach den Ergebnissen verläuft die Befruchtung beim Mais bei erhöhter Temperatur (23 °C) normal und endet 24 h nach der Bestäubung. 30 h nach der Befruchtung erscheinen die ersten Kerne des Endosperms, nach 48 h beginnt die Teilung der Zygote. Bei 16,5 °C ist der Befruchtungsprozeß auch normal, aber sein Verlauf ist verzögert; er endet erst 48 h nach der Bestäubung. Bei 9 °C wurden keine Pollenschläuche im Embryosack gefunden, Samen wurden nicht angesetzt, obgleich die Entwicklung des Embryosackes und des Pollens normal verlief. Bei frühen Maissorten verlaufen Blüte und Befruchtung unter den Bedingungen Leningrads in der 2. Augustdekade bei 15 °C mittlerer Tagestemperatur, d. h., die Bedingungen für eine normale Befruchtung sind vorhanden. SSSR/VINTISCh. 230.

2-68/09-0075 Said, H., Hegazy, T. und Imam, R. M.; Cairo, Nat. Res. Centre, Plant Metabolism and Growth Regulators Unit. Growth, productivity and compositional contents of bean (Vicia faba) seeds as affected by different night-temperatures. (**Der Einfluß verschiedener Nachttemperaturen auf Wachstum, Ertrag und Zusammensetzung von Ackerbohnensamen [Vicia faba].**) Flora, Jena, Abt. A. Physiol. u. Biochem. **158** (1967) Nr. 6. S. 569–576. — 1 Abb., 3 Tab., 26 Lit.
Nachttemperaturen von 15 und 20 °C (tags immer 20 °C) förderten die Stengelstreckung der *Vicia*-Pflanzen in den ersten Wachstumsstadien. Vom 6-Blattstadium an sank die optimale Nachttemperatur auf niedrigere Werte ab. Die Blütenbildung wurde durch 15 °C Nachttemperatur beschleunigt, durch höhere oder tiefere Temperaturen verzögert. Die Pflanzen brachten bei 10 °C Nachttemperatur den höchsten Samenertrag. Bei dieser Temperatur hatten die Samen auch den höchsten Gehalt an Kohlenhydraten und N-Verbindungen.
G. Ballin. 230.

2-68/09-0076 Bljandur, O. V. und Lysikov, V. N. Izučenie vlijanija na kukuruzu nekotorych chimičeskich veščestv, predloženych akademikom G. V. Lazuřevskim. (**Untersuchung des Einflusses einiger von Akademiemitgliedern G. V. Lazuřevskij vorgeschlagener chemischer Stoffe auf Mais.**) V. kn.: Tr. Kišinevskogo SChI **1966** Nr. 45. S. 164–170.
Der Einfluß folgender Verbindungen auf Mais ('VIR 44', 'Hybrid VIR 40 × VIR 38', 'Činkvantin') unter Laboratoriumsbedingungen wurde untersucht: a) Brevikolinchlorhydrat 0,1% und 0,2%; b) Brevikarin-Chlorhydrat 0,01% und 0,001%; Brevikallinon-Chlorhydrat 0,1% und 0,01%; d) Taliktrimin-Chlorhydrat 0,1% und 0,2%; e) die Präparate TSAI 0,01% und 0,001% und f) Sklaramin 0,01% und 0,001%. Es wurden die Keimfähigkeit, die Höhe der Pflanzen sowie die Masse der Grün- und der Tr.-Subst. bestimmt. Bei der Linie 'VIR 44' wurde eine Veränderung der Keimfähigkeit in die eine und andere Richtung (±4) beobachtet, aber in den meisten Fällen nahm die Keimfähigkeit zu. Die Höhe der Pflanzen war meist unwesentlich größer (um 0,4···1,9 cm). Die Masse der Grün- und die der Tr.-Subst. stiegen um 10···19% bzw. 2···7% bei Anfeuchten des Saatgutes in den Lösungen von a und um 40···58% bzw. 27···75% bei Einwirkung von e. Bei 'Činkvantin' erhöhte sich in Abhängigkeit von dem ausgewählten Präparat — die Keimfähigkeit im Vergleich zur Kontrolle um 3···10, Grün- und Tr.-Subst.-Masse nahmen um 2···22% bzw. 17···58% zu. Der größte Effekt wurde mit a, d und e erzielt. Bei der Hybride wirkten a und d am stärksten. (75···82% Tr.-Subst.-Masse, 15···29% Grünsubst.-Masse). Bei 'VIR 44'

und 'VIR 38' unter Feldbedingungen (Aussaat des Saatgutes nach der Behandlung mit Brevikolin, Chlorhydrattaliktrimin und NN [2-Chloräthyl]-15-Aminosklerodien) war eine Verkürzung der Vegetationsperiode um 5···10 oder 1···4 d zu beobachten. Es wurde keine Gesetzmäßigkeit in der Veränderung der morphol. Merkmale festgestellt. Bei 'VIR 44' wurden nach der Behandlung mit NN in der 2. Generation 5 Pflanzen mit Zwergwuchs isoliert. SSSR/VINTISCh. 230.

2-68/09-0077 Kovoor, Aries. Recherches sur l'action de quelques extraits d'origine naturelle sur la croissance et le développement des tissus végétaux cultivés in vitro. (**Untersuchungen über die Wirkungen einiger Extrakte natürlicher Herkunft auf das Wachstum und die Entwicklung in vitro kultivierter Pflanzengewebe.**) Ann. Sci. natur., Bot. Biol. végétale [12] 7 (1966) Nr. 2. S. 215-352. — 82 Abb., 4 Tab., 147 Lit.
Rohextrakte von Blüten (Kelchblattsekret von *Spathodea campanulata* Beauv.), Früchten (u. a. *Artocarpus integrifolia* L. f., *Annona muricata* L., Pfirsich, Birne, Tomate, Weintraube, Orange) und Samen (*Passiflora edulis* Sims., *Allanblackia floribunda* Oliv., *Borassus flabellifer* L., *Elaeis guineensis* Jacq., *Jubea spectabilis* HBK) sowie Fraktionen der Extrakte der Sprosse einiger *Parthenocissus*-Arten, des Kelchblattsekrets von *Spathodea*, der *Allanblackia*, des Orangensaftes und der Kokosmilch wurden in ihrer Wirkung auf Topinambur-Xylem-Fragmente, Möhrengewebe und crown-gall-Gewebe von *Scorzonera* untersucht. Die Ergebnisse zeigen, daß in höheren Pflanzen Auxine allgemein verbreitet sind und das Wachstum von auxinempfindlichen Gewebekulturen stimulieren. Ferner wurde das Zusammenwirken von Auxinen und Kininen in den Extrakten nachgewiesen. In der Kokosmilch wurde ein purinähnlicher Körper gefunden, der als Kininvorstufe gelten kann. Die Spezifität der Kininwirkung hängt offenbar von der Herkunft des Kinins und dem beeinflußten Gewebe ab. Neben Kinin wurden auch andere Wachstumsregulatoren gefunden.
K. Arlt. 230.

2-68/09-0078 Morris, D. A. The influence of light, gibberellic acid and CCC on sprout growth and mobilization of tuber reserves in the potato (Solanum tuberosum L.). (**Der Einfluß von Licht, Gibberellsäure und CCC auf das Keimwachstum und die Mobilisierung von Knollenreservestoffen bei der Kartoffel [S. tuberosum L.].**) Planta, Berlin 77 (1967) Nr. 3: S. 224-232.
Knollen von 'Arran Pilot' keimten bei künstlichem Licht oder Dunkelheit und wurden mit 1 ml 200 ppm GS-Lösung, 1 ml 10^{-3} mol. CCC-Lösung oder 1 ml dest. Wasser je Auge durch Bohrlöcher, 10 mm vom Auge entfernt, behandelt. Das Licht hemmte die Keimverlängerung und die Mobilisierung der Knollenreservestoffe. Der Lichteinfluß auf die Mobilisierung war unabhängig vom Effekt des Lichtes auf die Stärke des Rückganges der Umsetzungen in den Keimen. Die Dunkelkeime zeigten eine größere, gerichtete Beeinflussung als die Lichtkeime. Die Reaktion verschieden behandelter Keime einer Knolle war voneinander unabhängig. Die Keimverlängerung und die Tr.-Subst.-Masse der Keime wurde durch GS unabhängig von der Lichtwirkung vergrößert. Das Fehlen von Effekten dieser Art bei CCC-Behandlung wird damit erklärt, daß die Lichtwirkung nicht über die Veränderung des endogegen GS-Gehaltes erfolgt. Weder GS noch CCC beeinflußten die Lichtwirkung. Keimwachstum in Dunkelheit und bei GS-Behandlung unterscheiden sich also qualitativ. Die Lichtwirkung auf die Mobilisierung der Knollenreservestoffe erfolgt über hormonelle Stoffe der Einzelkeime selbst. W. Neubauer/Groß-Lüsewitz. 230.

2-68/09-0079 Jakuškina, N. I. und Kulakova, I. A. O nekotorych osobennostjach dejstvija geteroauksina na rost kletok v faze rastjaženija. (**Über einige Fakten zur Wirkung von Heteroauxin auf das Wachstum von Zellen in der Streckungsphase.**) Fiziologija rastenij, Moskva 15 (1968) Nr. 1. S. 47-51. — 1 Abb., 3 Tab., 23 Lit.
Der Einfluß von IES und 2,4-Dinitrophenol einzeln und kombiniert auf die oxydative Phosphorylierung und das Wachstum von Segmenten etiolierter Erbsenstengel wurde untersucht. Vorherige Behandlung der Stengel mit IES ergab ebenso wie dessen Einführung in das Inkubationsmedium der Mitochondrien ein Ansteigen der Rate der Phosphorylierung. Das DNP wirkte gegenteilig. Dessen negativer Einfluß auf die Phosphorylierung und auf das Stengelwachstum konnte annähernd neutralisiert werden durch gleichzeitige IES-Zufuhr. Es wird geschlossen, daß IES und DNP gegensätzlich wirken und daß eine direkte Beziehung besteht zwischen der oxydativen Phosphorylierung und dem Wachstum.
E.-M. Ardelt. 230

2-68/09-0080 Kulakova, I. A. und Puškina, G. P. Nekotorye osobennosti fiziologičeskogo dejstvija geteroauksina i chloramfenikola na rost otrezkov meždouzlij ètiolirovannych prorostkov gorocha. **(Einige Besonderheiten der physiologischen Wirkung des Heteroauxins und Chloramphenikols auf das Wachstum von Internodienstücken etiolierter Erbsenkeimlinge.)** Naučnye doklady vysšej školy. Biologičeskie nauki, Moskva **10** (1967) Nr. 11. S. 84–88. — 4 Tab., 23 Lit.

Zur Klärung der Frage, inwieweit Chloramphenikol (C.) die Proteinsynthese und das Zellwachstum in der Streckungsphase beeinflussen, wurden Stückchen des 3. Internodiums 10 d alter Erbsenkeimlinge der Wirkung von C. und IES ausgesetzt und der Proteingehalt, P-Aufnahme, ATPase-Aktivität, Gehalt an leicht hydrolysierbarem P bestimmt. C. hemmte (1 g/l) eindeutig das Wachstum der Internodien, der Proteingehalt unterschied sich jedoch nach 24 h von dem der Kontrolle nicht. Eine Intensivierung des Wachstums durch IES führte ebenfalls zu keinem Anstieg des Proteingehaltes. Dagegen war unter dem Einfluß von C. (1 g/l) die P-Absorption gehemmt und die ATPase-Aktivität erhöht. Der Gehalt an makroergischem Phosphat verringerte sich unter diesen Bedingungen. Eine entgegengesetzte Wirkung auf die Ionenabsorption äußerte IES, die bes. zur Erhöhung des Gehaltes an leicht hydrolysierbarem P führte. Das Verhältnis von P/C_5 betrug unter Einwirkung von C. 0,9, von 2,4-Dinitrophenol 0,9, IES 2,02, Kontrolle 1,45. Die Ergebnisse lassen den Schluß zu, daß IES und DNP auf die ATP-Synthese eine entgegengesetzte Wirkung ausüben: In Gegenwart von IES wird die Hemmwirkung des DNP auf die ATP-Synthese abgeschwächt. Die wachstumsfördernde Wirkung des Auxins hängt demnach stark vom energetischen Niveau der Zelle ab und ist nicht immer mit einer erhöhten Proteinsynthese gekoppelt. H. Weber. 230.

2-68/09-0081 Margara, J. Recherches sur les gibbérellines et le développement floral chez la betterave. **(Wirkung von Gibberellinen beim Blühvorgang von Beta-Rüben.)** J. internat. Inst. Sugar Beet Res., Tienen **2** (1967) Nr. 4. S. 242–254. — 6 Tab., 7 Lit. Zus. in Engl., Dtsch. — nach Zus.

Aus apikalen Sproßspitzen und verschieden alten Blättern von Rüben wurden Substanzen extrahiert, die im biol. Test mit Mais und Wicken ähnlich wirkten wie Gibberelline. Unter kontrollierten Bedingungen durchgeführte Behandlungen mit Gibberellin A_3 bewirkten eine eindeutige Förderung des Blühvorganges bei der Rübe, jedoch nur, wenn die photo-thermalen Verhältnisse sich der Induktionsschwelle näherten. Wiederholte Behandlung mit Allyltrimethylammoniumbromid (das wahrscheinlich als Hemmstoff der Synthese endogener Gibberelline wirkt) verhinderte die Sproßstreckung und Blütenbildung, auch nach Vernalisation und unter Langtagbedingungen. 230.

2-68/09-0082 Hayase, Hiroshi und Tanaka, Masakatsu. Experimental modification of sex expression in the cucumber plant. IV. Induction of staminate flowers in the gynoecious MSU-713-5 cucumber when applied with gibberellin and CCC (2-chloroethyl trimethyl ammonium chloride) as their mixture and alternatively applied at the definite intervals. **(Experimentelle Änderung der Geschlechtsausprägung bei der Gurkenpflanze. 4. Mitt. Induktion von Blüten mit Staubgefäßen bei der weiblichen Gurkenpflanze MSU-713-5 nach wechselnder Behandlung mit Gibberellin, CCC und einer Mischung beider Substanzen in bestimmten Zeitabständen.)** Res. Bull. Hokkaido nat. agric. Exper. Stat. **1967** Nr. 91. S. 26–30. — 3 Abb., 13 Lit. Orig.: jap., Ausz.: engl.

3 verschiedene Mischungen CCC + Gibberellin führten zu einer Verlängerung des 1. Internodiums sowie der Blattstiele und induzierten Blüten mit Staubgefäßen an den unteren Nodien. Die Mischung der beiden Subst. hatte bessere Wirkung als die Anwendung einer Subst. allein. Antagonistische Wirkung zwischen CCC und Gibberellin wurde nicht beobachtet. E.-M. Ardelt. 230.

2-68/09-0083 Terabun, M. Studies on the bulb formation in onion plants. III. Effects of plant growth regulators on the swelling of sheaths. **(Studien über die Zwiebelbildung bei Zwiebelpflanzen. 3. Mitt. Wirkungen von Wachstumsregulatoren auf das Schwellen der Blattscheiden.)** J. Jap. Soc. horticult. Sci. **36** (1967) Nr. 3. S. 306–314. — 7 Abb., 10 Tab., 20 Lit. Orig.: jap., Ausz.: engl.

Die Wirkung von IES, NES, 2,4-D, Kinetin, TJBS und MH auf die Zwiebelbildung wurde an der Sorte 'Kaizuka-Wase' unter Kurz- (K.) und Langtagbedingungen untersucht. Die Mittel wurden auf die Blätter junger Pflanzen gespritzt. Unter K. bewirkte nur MH ein

Schwellen der Basalteile der Blattscheiden (Vergrößerung der Parenchymzellen). Mit steigender MH-Konz. von 500 auf 5000 ppm wurde die Schwellung verstärkt. MH rief ähnliche Wirkungen wie L. hervor, sie können als Substitution des L.-Effektes angesehen werden. Die Zwiebelbildung konnte unter L. (16 h) durch 2,4-D-Spritzungen von mindestens 20 ppm aufgehalten werden. Je höher die Konz., um so weniger verdickten sich die Blattscheiden, sie verlängerten sich. Zwiebelpflanzen, die verschieden lange (5, 7, 9 d L. [24 h]) ausgesetzt waren, wurden mit 2,4-D behandelt und dann K. (24 h) ausgesetzt. Obgleich die Zwiebelbildung durch 200 ppm 2,4-D verzögert wurde, und zwar um so stärker, je kürzer die L.-Einwirkung vorher war, wurde sie doch nicht ganz aufgehoben.

B. Spender. 230.

2-68/09-0084 Byrka, S. G. Stimuljacija semjan kukuruzy ul'trazvukom. (**Stimulieren von Maissaatgut mit Ultraschall.**) V kn.: Tr. Kišinevskogo SChI **1966** Nr. 45. S. 218–221.

Maissaatgut (Sorten 'Moldavskaja [M.] gelb', 'M. orange', 'M. weiß', 'Dnepopetrovskaja', 'Sterling', 'Kišinevskaja risovaja' u. a.) wurden mit Ultraschall von 19,7 kHz und 1,5 V/cm² 1,5 h bearbeitet. Die Keimfähigkeit des Saatgutes im von 'Sterling' Laboratorium stieg um 12,6% bei 1 min Behandlung und um 25,39% bei 30 min Behandlung. Die gleichen Kennzahlen wurden erzielt für 'M. gelb' 10,95 bzw. 8,21%; 'M. weiß' 8,97 bzw. 12,82%; 'MV5' 12 bzw. 8%; Kišinevskaja risovaja' 5,95% bzw. 14,28 %. Die Höhe der Pflanzen wurde mit Ausnahme von zwei Fällen pro Variante (1 min und 30 min Behandlung) um 2,5···31,1% bei 1 min Behandlung und um 3,9···33,8% bei 30 min Behandlung gesteigert, wobei eine erhöhte Stimulation bei den Hybriden zu beobachten war. Die Pflanzengrünmasse stieg bei den Versuchsvarianten im Vergleich zur Kontrolle (mit Ausnahme von 3 Fällen) bes. bei den Hybriden. Somit betrug die Steigerung der Masse bei der Hybride 'Kišenevskij 109 TS', 8,77 bzw. 30,7% (Behandlung 1 min und 30 min), bei 'VIR 42' 9 bzw. 14,4%, 'MV 5' 24,6 bzw. 8%, 'Kišinevskij 150' 28,8 bzw. 20,3%, 'Kišinevskij 109 M' 13,5 bzw. 6,25%, 'M. gelb' 25 bzw. 15,5% und bei Dnepopetrovskaja' 23,9 bzw. 21,4%. In den übrigen Fällen war die Zunahme der Grünmasse geringfügiger.

SSSR/VINTISCh. 230.

2-68/09-0085 Bradbeer, J. W. Studies in seed dormancy. IV. The role of endogenous inhibitors and gibberellin in the dormancy and germination of Corylus avellana L. seeds. (**Untersuchungen über die Keimruhe. 4. Mitt. Die Rolle der endogenen Inhibitoren und des Gibberellins bei der Keimruhe und der Keimung der Samen von Corylus avellana L.**) Planta, Berlin **78** (1968) Nr. 3. S. 266–276. — 4 Abb., 1 Tab., 14 Lit. 230.

2-68/09-0086 Morgan, D. G. Interactions between ethylene-bis-nitrourethane and gibberellic acid during the germination of lettuce seed. (**Interaktionen zwischen Äthylen-bis-nitrourethan und Gibberellsäure während der Keimung von Salatsamen.**) Planta, Berlin **78** (1968) Nr. 3. S. 262–265. — 2 Abb., 7 Lit. 230.

2-68/09-0087 Sheldrake, A. R. und Northcote, D. H. The production of auxin by tobacco internode tissues. (**Die Bildung von Auxin durch Tabak-Internodiengewebe.**) New Phytologist **67** (1968) Nr. 1. S. 1–13. — 30 Abb., 1 Tab., 36 Lit. 230.

2-68/09-0088 Michael, Gerda. **Prüfung der Lebensfähigkeit geschädigter Pflanzen mit Hilfe der kolorimetrischen Methode nach Kauko/Ålvik.** Dtsch. Akad. Landwirtsch.-Wiss. Berlin, Tag.-Ber. **1968** Nr. 100. — 1 Abb., 18 Lit. Zus. in Russ., Engl. — nach Zus.

Das Erkennen kritischer Austrocknungsgrenzen ist bei Nadelgehölzen äußerst schwierig. Bisher übliche und auch neuere Verfahren erwiesen sich für ökolog. Untersuchungen der winterlichen Dürreresistenz als unbrauchbar. Daher wird für die Ermittlung die kolorimetrische Methode nach Kauko (1934) in der zur quantitativen Bestimmung des Gasaustausches stark verbesserten Form nach Lieth (1958, 1960) benutzt. Die mit Hilfe dieser Methode bei Koniferenarten ermittelte kritische Austrocknungsgrenze hat sich zur Schadensbeurteilung an immergrünen Pflanzen als geeignet erwiesen. Die Ergebnisse von einzelnen geprüften Zweigen ließen sich auf die gesamte Pflanze übertragen. 239.

2-68/09-0089 Scheumann, Werner. **Die Dynamik der Frostresistenz und ihre Bestimmung an Gehölzen im Massentest.** Dtsch. Akad. Landwirtsch.-Wiss. Berlin, Tag.-Ber. **1968** Nr. 100. — 5 Abb., 9 Lit. Zus. in Russ., Engl. — nach Zus.

Die Untersuchungsverfahren zur Prüfung der Frostresistenz müssen von einer auf die Dynamik der Frosthärte gerichteten Betrachtungsweise ausgehen. Eine einmalige Bestimmung der kritischen Erfriertemperatur genügt nicht, sie kann zu falschen Einschätzungen führen. Die für die Frostresistenz ausschlaggebenden Reaktionsweisen der Pflanzen können in einem kurzfristigen Test erkannt werden. Hierbei erfolgen Abhärtung und Enthärtung unter programmierten Klimaraumbedingungen. Die Dynamik der Frosthärte wird durch wiederholte Bestimmungen der kritischen Erfriertemperatur im Kühlschranktest erfaßt. Diese Prüfung kann an abgeschnittenen Pflanzenteilen älterer Bäume wie auch an einjährigen Sämlingen durchgeführt werden. Der Test ist für Massenuntersuchungen geeignet und wird bereits in der Praxis der Gehölzzüchtung erfolgreich eingesetzt. 239.

2-68/09-0090 Strebeyko, Paul. **Eine einfache Methode zur Bestimmung des Wasserdefizits in pflanzlichen Geweben.** Dtsch. Akad. Landwirtsch.-Wiss. Berlin, Tag.-Ber. **1968** Nr. 100. — 1 Tab., 3 Lit. Zus. in Russ., Engl. — nach Zus.
Die Bestimmung des Wasserdefizits in pflanzlichen Geweben ist für die Ermittlung der Dürreresistenz von besonderer Bedeutung. Die bekanntesten Methoden sind jedoch für ökolog. Untersuchungen, bes. an land- und forstwirtsch. Kulturpflanzen, zu kompliziert. Es wird eine Methode vorgeschlagen, die auf einer bereits 1929 von Stocker entwickelten Konzeption aufbaut, jedoch deren Nachteile ausschaltet. Mit Hilfe einer einfachen Gleichung wird das Wasserdefizit hierbei auf der Grundlage des Wassergehaltes pflanzlicher Gewebe lediglich anhand der Größen Z_1 („Wasserprozent" bei voller Sättigung) und Z_2 (aktuelles „Wasserprozent") ermittelt. Zur Bestimmung des Z_1-Wertes dient die Methode von Czerski (1964), die auf der Vakuuminfiltration des Blattgewebes beruht. Eine Tabelle gestattet die Ablesung der Z_1- und Z_2-Werte ohne rechnerischen Aufwand.
239.

2-68/09-0091 Lapina, L. P. Dekstran kak osmotičeskij agent pri issledovanii soleustojčivosti rastenij. (**Dextran als osmotisches Reagens bei der Untersuchung der Salzresistenz der Pflanzen.**) Fiziologija rastenij, Moskva **15** (1968) Nr. 1. S. 182–187. — 1 Abb., 4 Tab., 18 Lit.
Die Wirkung isoosmotischer Konz. von Lösungen eines osmotisch wirksamen Agens (Dextran) und NaCl wurde zum Zwecke der Trennung der osmotischen und der toxischen Effekte der Salze auf Pflanzen verglichen. Der kombinierte Einfluß von Dextran und NaCl wurde außerdem untersucht, um die Möglichkeit der Anwendung der letzteren als Mittel zur Angleichung des osmotischen Drucks verschiedener Salzlösungen zu prüfen. Es wird gezeigt, daß Dextran ein zuverlässiges, indifferentes osmotisches Agens bei der Unterscheidung der osmotischen und der toxischen Wirkung der Salze auf Pflanzen ist. Jedoch kann es nicht zum Ausgleichen der osmotischen Konz. der Salzlösungen empfohlen werden, da die Toxizität der Salze in den Lösungen durch Zugabe von Dextran höher wird.
E.-M. Ardelt. 239.

2-68/09-0092 Brach, E. J. und Mack, A. R.; Ottawa, Canada, Dep. of Agric., Res. Branch. A radiant energy meter and integrator for plant growth studies. (**Ein Strahlungsenergiemesser und -integrator für pflanzenökologische Untersuchungen.**) Canad. J. Bot. **45** (1967) Nr. 11. S. 2081–2085. — 4 Abb., 1 Tab., 6 Lit.
Das beschriebene Gerät ist batteriegespeist und eignet sich bes. für den Einsatz im Freiland. Die durch ein Eppley-Pyranometer aufgenommene Strahlungsenergie wird in elektrische Energie umgewandelt, die einem Verstärker zugeführt wird. Die Meßwerte können direkt abgelesen oder von einem Schreiber aufgezeichnet werden. Die Integration wird erreicht, indem ein Zählgerät die meßwertabhängigen Umdrehungszahlen eines speziellen Permanentmagnet-Motors summiert. Die Eichung erfolgt in ly/min. Die Empfindlichkeit ist größer als 0,02 ly/min (1 ly = 1 cal/cm² = 4,1868 γ/cm²). K. Arlt. 239.

2-68/09-0093 Hoffmann, Guenter. **Botanische Fragen, Wurzellaboratorium, Klimakammern, Anwendung von Abscisin.** Bericht über eine Studienreise in die Volksrepublik Polen. Reisebericht. 1967. (5 S.) 4°. (G 430) 239.

D. Chemie der Pflanzen

2-68/09-0094 Cunningham, Helen H., Zaehringer, Mary V. und Le Tourneau, Duane J. Potato extractives and the sloughing of potato tissue. (**Kartoffelextrakte und das Zerkochen des Kartoffelgewebes.**) Amer. Potato J. **44** (1967) Nr. 11. S. 393–401. — 3 Abb., 1 Tab., 12 Lit.
Kartoffeln der Sorte 'Russet Burbank' aus der Ernte 1963, 1964 und 1965 wurden nach ihrer Dichte gruppiert und bei 38, 42, 45 und 52 °F gelagert. Dünne Scheiben des Kartof-

felgewebes wurden nach einer früher beschriebenen Methode zubereitet und gekocht. Allerdings wurden bei diesem Versuch die Scheiben vor dem Mischen nicht gewaschen, um mögliche Verluste an löslichen Bestandteilen zu vermeiden. Beim Kochen wurden die Scheiben durch ein Rührwerk bewegt. Nach dem Kochen wurden die unversehrten Teile abgetrocknet und gewogen. Die bei der Rückwage ermittelte Masse wurde als CPW (cooked potato weight) bezeichnet. Der Grad des Zerkochens ist zum CPW umgekehrt proportional. Die Standardextrakte wurden durch 2 h Wässern bei Raumtemperatur von 100 g Kartoffelscheiben in 200 ml Wasser gewonnen. Wurden die Kartoffelscheiben in Extrakten von Kartoffelkronenden gekocht, zerkochten sie stärker als in Extrakten vom Nabelende. Zwischen Extrakten aus inneren und äußeren Gewebeteilen der Knolle bestand bezüglich des Zerkochens der Scheiben kein Unterschied. Extrakte von kühl gelagerten Kartoffeln verursachten stärkeres Zerkochen als Extrakte von Kartoffeln, die zwar bei gleicher Temperatur gelagert hatten, aber vor ihrer Verwendung 1 Woche bei 70···75 °F gelagert worden waren. Auch Extrakte von Kartoffeln, bei 45 oder 52 °F gelagert, riefen geringeres Zerkochen hervor. Frisch hergestellte Extrakte waren wirkungsvoller. Wurden sie bei 0 °F aufbewahrt, konnte die Stabilität über einen längeren Zeitraum erhalten werden. Die Extraktstoffe, die für das Zerkochen verantwortlich zu machen sind, waren im Wasser leicht löslich, etwas weniger löslich in Alkohol und unlöslich in Azeton.

J. Vogel/Groß-Lüsewitz. 240.

2-68/09-0095 Aladžajkov, Lazar. Pridones kon poznavanjeto na količestvata na suvite materii (refraktometriskiot broj) vo sokot od plodovite na domatot. **(Nachtrag zur Kenntnis der Menge an Trockensubstanz [Refraktometerzahl] im Tomatensaft [Lycopersicon esculnetum Mill.].)** Godišen zbornik na zemjodelsko-šumarskiot fakultet na univerzitetot. Zemjodelstvo, Skopje **18** (1964, hrsg. 1965) S. 679–687. — 3 Tab., 7 Lit. Zus. in Engl. — nach engl. Zus.

An 3 Sorten wurde der Gehalt an Tr.-Subst. (Refraktometerwert) im Tomatensaft untersucht, wenn die Früchte in weißer oder künstlich roter Reife waren und frisch geerntet oder 48 h gelagert waren. Außerdem wurden der distale, der mittlere und der proximale Teil der Früchte getrennt untersucht. Der Gehalt an Tr.-Subst. im Saft weißer und künstlich roter Früchte war fast gleich. Früchte, die beschädigt und 48 h bei Zimmertemperatur gelagert wurden, verloren max. 47,01% Tr.-Substanz. Der Saft an der Fruchtspitze enthält die meiste Tr.-Substanz, der des Nabelteils die wenigste. 240.

2-68/09-0096 Thier, Hans-Peter; Erlangen, Univ., Inst. für Angew. Chem. **Wertvolle und unerwünschte Inhaltsstoffe des Spinats.** Naturwiss. Rdsch. **20** (1967) Nr. 12. S. 525 bis 529. — 29 Lit.

Der Gehalt an wertgebenden Inhaltsstoffen in Spinat weist je nach Sorte, Pflanzenteil sowie den Wachstumsbedingungen große Schwankungen auf. Der EAS-Index liegt im Vergleich mit Volleiprotein bei 65···69 und fällt mit steigenden N-Gaben durch Verschiebungen der Aminosäureverhältnisse ab. Bedeutungsvoll ist der Gehalt an Vitaminen (β-Karotin 30···50 mg/kg, Vitamin C im Mittel 500 mg/kg). Weitere wichtige Inhaltsstoffe des Spinats sind Kohlenhydrate (ca. 2,4 %), Fett (ca. 0,4%), org. Säuren und Mineralstoffe. Unerwünscht ist der rel. hohe Oxalatgehalt (im Mittel 0,4···0,8%). Zu vermeiden ist zu starke N-Düngung, die zu einer Nitratanreicherung im Spinat führt (bis 2640 mg NO_3/kg wurden bereits festgestellt). Durch bakterielle Reduktion, bes. beim längeren Stehen nach haushaltsmäßiger Verarbeitung, können für Kleinstkinder toxisch wirkende Nitritmengen gebildet werden. Aus diesen Gründen soll Spinat für Säuglingsnahrung max. 300 mg NO_3/kg enthalten und Säuglingen nicht vor dem 4. Lebensmonat verabreicht werden.

H. Ackermann. 240.

2-68/09-0097 Lebküchler, Ferdynand. Chemia rolna. **(Landwirtschaftliche Chemie.)** Katowice. 1967. (103 S.) 4°. (1967 B 263) 240.

2-68/09-0098 Portjanko, V. F. und Kostina, A. E. Soderžanie joda v vegetativnych i generativnych organach rastenij. **(Der Jodgehalt in den vegetativen und in den generativen Organen der Pflanze.)** Fiziologija rastenij, Moskva **15** (1968) Nr. 1. S. 135–138. — 1 Tab., 27 Lit.

Der J-Gehalt in verschiedenen Organen und Geweben von Quitte, Aprikose, Zimtrose, Kirsche, Kiefer, Pappel, Sonnenblume, Roggen und Mais wurde untersucht. Es wurde eine sehr ungleiche Verteilung des J in der Pflanze festgestellt. Unter den vegetativen Organen zeichnen sich die Blätter durch ihren hohen J-Gehalt aus (8,87 mg/kg). Die generativen

Organe mit dem höchsten J-Gehalt sind die Stamina (17,65 mg/kg) und die Pistille (16,36 mg/kg). E.-M. Ardelt. 241.

2-68/09-0099 Görlitz, Hans. **Untersuchungen über den Einfluß der Düngung auf den Anteil von Amylose und Amylopektin in der Kartoffelstärke.** Thaer-Arch. 12 (1968) Nr. 7. S. 649–655. — 4 Tab., 12 Lit. Zus. in Russ., Engl. — nach Zus.
Die Untersuchungen wurden an Knollen jeweils gleicher Größe (3···5 cm, > 5 cm, z. T. < 3 cm Dmr.) aus einjähr. und aus Dauerdüngungsversuchen durchgeführt. Mit steigender P-Ernährung nahm der Amylosegehalt der Stärke zu. Zwischen extremem P-Mangel und hoher P-Zufuhr betrug die Differenz 2···4%. Unter den praktisch vorkommenden Bedingungen ist mit keiner oder nur einer ganz geringen Reaktion zu rechnen. N-, K-, oder Mg-Düngung sowie die Bodenreaktion und org. Düngung (Stalldung, Gründüngung) hatten keinen direkten Einfluß auf den Amyloseanteil. Beziehungen zum Standort oder zum Witterungsverlauf sowie Unterschiede zwischen den Knollengrößen wurden nicht festgestellt. 242.

2-68/09-0100 Rutherford, P. P. und Weston, E. W.; Ashford, Kent, Univ. of London. Carbohydrate changes during cold storage of some inulin-containing roots and tubers. **(Kohlenhydratveränderungen während der Kaltlagerung von einigen Inulin enthaltenden Wurzeln und Knollen.)** Phytochemistry 7 (1968) Nr. 2. S. 175–180. — 2 Abb., 2 Tab., 19 Lit.
Die Wurzeln bzw. Knollen von *Cichorium intybus* L., *Taraxacum officinale* Weber und *Helianthus tuberosus* L. wurden bei 3 ± 1 °C 24 Wochen gelagert und der Gehalt an unlöslichen, löslichen und reduzierenden Kohlenhydraten an 13 Terminen bestimmt. Außerdem wurde zu einigen Terminen die Zusammensetzung der löslichen Kohlenhydratfraktion ermittelt und ihr Gehalt an Glukose, Fruktose, Saccharose sowie Tri-, Tetra-, Penta-, Hexa- und Heptasacchariden und höheren Zuckern nach chromatographischer Trennung quantitativ bestimmt. Die Kaltlagerung bewirkte bei Zichorien- und Löwenzahnwurzeln einen Abbau des Inulins und der Oligosaccharide mit hoher rel. Molekularmasse zu Oligosacchariden geringeren Polymerisationsgrades. Der Abbau war in den ersten 6 Wochen nahezu vollständig, und die Gehaltskurven der Zuckerfraktionen zeigten einen exponentiellen Verlauf. Die Spaltung der hochmolekularen Oligosaccharide war bei *H. tuberosus* am geringsten. Eine Lagerung der Zichorienwurzeln bei 15···20 °C ergab einen geringeren Abbau von Inulin und Oligosacchariden als bei der Kaltlagerung. W. Franzke. 242.

2-68/09-0101 Jellum, M. D. Fatty acid composition of corn (Zea mays L.). Oil as influenced by kernel position on ear. **(Fettsäurezusammensetzung des Maises [Zea mays L.]. Beeinflussung des Öls durch die Lage der Körner im Kolben.)** Crop Sci. 7 (1967) Nr. 6. S. 593–595. — 4 Tab., 6 Lit.
Die Ölanalyse von je 5 Kolben bei 12 Inzuchtlinien des Maises ergab im Mittel eine geringe Steigerung des Palmitin- und Linolsäuregehaltes der Körner von der Kolbenbasis zur Spitze hin (Basis 13,89% bzw. 49,26%, Spitze 14,11% bzw. 50,85%). Umgekehrt lag das Verhältnis bei der Ölsäure (Basis 33,3%, Spitze 31,7%), während Stearin- und Linolensäure keine Veränderungen zeigten. Am stärksten war der Einfluß des Sitzes der Körner im Kolben bei der Linol- und Ölsäure. Wesentlich ausgeprägt waren die Unterschiede im Fettsäuregehalt der verschiedenen Kolbenzonen bei den Linien 'T 202' und 'Tx 39-16', überhaupt nicht bei den Linien 'Mp 428' und 'R 196'. Zur Analyse einzelner Körner auf Ölgehalt wird der mittlere Teil des Kolbens empfohlen. W. Merfert. 243.

2-68/09-0102 Robinson, D. W. und Sageman, R.; Kununurra, Western Australia, C. S. I.R.O., Div. of Land Res., Kimberley Res. Stat. Amino acid composition of South African and Australian wheat varieties as a function of their nitrogen content. **(Aminosäurezusammensetzung südafrikanischer und australischer Weizensorten als Funktion ihres Stickstoffgehaltes.)** J. Sci. Food Agric. 19 (1968) Nr. 1. S. 9–11. — 1 Abb., 2 Tab., 16 Lit.
Die Aussaat südafrikan. ('Gondveld', 'Pencop', 'Wit Spitkop') und austral. Weizensorten ('Gabo', 'Gamenya', 'Gala') in NW-Australien zu 4 Terminen (24. 4., 30. 5., 4. 7. und 6. 8.) ergab Weizenkörner mit 2,42···3,86% N-Gehalt. Die Proteine wurden 21 h mit 6 n HCl hydrolysiert und die Aminosäuren automatisch mit dem Technikon Aminosäure-analyzer bestimmt. Es wurden keine größeren Unterschiede in der Aminosäurezusammensetzung gefunden und die in der Literatur wiederholt beschriebene negative Korrelation zwischen Protein- und Lysingehalt konnte nicht beobachtet werden. W. Franzke. 244.

2-68/09-0103 Míča, B. Vliv přípravy půdy na obsah síry v čisté bílkovině u brambor. **(Einfluß der Bodenbearbeitung auf den Schwefelgehalt des Reinproteins bei Kartoffeln.)** Rostlinná Výroba **13**(40) (1967) Nr. 11. S. 1155–1158. – 2 Tab., 5 Lit. Zus. in Russ., Engl.
Der Einfluß der Bodenvorbereitung ist allg. unsignifikant. Signifikanten Einfluß auf den S-Gehalt haben die Vegetationsphasen; der Unterschied zwischen der Vollblüte sowie der Periode nach der Blüte und der Reife ist signifikant. Das Vegetationsjahr beeinflußt hochsignifikant den S-Gehalt des Reinproteins. Der höchste Durchschnittswert wurde im Jahre 1963, der niedrigste im Jahre 1961 festgestellt. Ferner wurde der S-Gehalt des Reinproteins zweier Sorten statistisch verglichen. Vorhandene Unterschiede im Durchschnittswert waren nicht signifikant, wenn auch an der Grenze der Signifikanz. Man kann darin einen bestimmten Einfluß der Sorte auf den S-Gehalt des Reinproteins sehen. ČSSR/ÚVTI. 244.

2-68/09-0104 Možaeva, K. A. Izmenenie soderžanija svobodnych aminokislot v klubnjach i rostkach kartofelja pri jarovizacii. **(Veränderungen des Gehaltes an freien Aminosäuren in den Knollen und Keimen der Kartoffel beim Vorkeimen.)** Doklady TSChA. Moskovskaja ordena Lenina sel'skochozjajstvennaja akademija imeni K. A. Timirjazeva **1967** Nr. 131. S. 27–31.
Knollen der Sorte 'Priekul'skij' wurden am 15. 4. zum Vorkeimen aufgesetzt und pentadenweise auf Aminosäuregehalt mittels Elektrophorese und Chromatographie untersucht. Am 15., 25. und 44. Tag nach Versuchsbeginn traten Maxima in den Knollen auf. Außer der 4. Fraktion waren alle daran beteiligt, wenngleich die Relationen sich etwas verschoben. Nach 14 d setzte eine leicht fallende Tendenz ein. Folgende Fraktionen wurden differenziert: a) Lysin, Arginin, Histidin; b + c) Zystine, Asparagin, Glutamin, Serin, Glyzin, Threonin, Alanin, Leuzin; d) Glutaminsäure; e) Asparaginsäure. Fraktion a umfaßte ca. 30% der Aminosäuren, b + c ca. 30%, d ca. 10% und e ca. 10%. Der Saft der Keime zeigte ähnliche Tendenzen. H. Grieß/Groß-Lüsewitz. 244.

2-68/09-0105 Friml, M. und Tichá, B. Enzymatické stanovení kyseliny glutamové v cukrovarnických produktech. **(Enzymatische Glutaminsäurebestimmung in Produkten der Zuckerindustrie.)** Listy Cukrovarnické **83** (1967) Nr. 12. S. 275–279. – 6 Tab., 21 Lit. Zus. in Russ., Engl., Dtsch.
Wegen der zunehmenden Anforderungen der pharmazeutischen und der Lebensmittelindustrie an reine Glutaminsäure werden auf der ganzen Welt Versuche zur Herstellung dieser Säure aus Melasse und Schlempe durchgeführt. In der Arbeit wird eine spezifische Methode der Bestimmung der Glutaminsäure in der Melasse auf Grund der enzymatischen Dekarboxylierung beschrieben. Der Vorgang ist im Vergleich zu anderen Methoden experimentell leicht durchführbar. Es wurde festgestellt, daß der Zustand der Zuckerrübe den Glutaminsäuregehalt der Melasse wesentlich beeinflußt. Bei Verwendung langer gelagerter oder alterierter Rüben erhält man Melasse mit wesentlich niedrigerem Gehalt an freier Glutaminsäure. ČSSR/ÚVTI. 244.

2-68/09-0106 Kubicz, A. Różnice gatunkowe we frakcjach glikoproteidowych nasion cebuli (Allium cepa L.) oraz pora (Allium porrum L.). **(Artenunterschiede in den Glykoproteid-Fraktionen von Zwiebel- [Allium cepa L.] und Porreesamen [Allium porrum L.].)** Biul. Inst. Hodowli Aklimatyzacji Roślin **1967** Nr. 1/2. S. 27–29. – 1 Abb., 2 Tab., 7 Lit. PRL/CBR. 244.

2-68/09-0107 Karanov, E. N., Vassilev, G. N. und Tancheva, S. N.; Sofia, Bulg. Acad. of Sci., Popoff Inst. of Plant Physiol.; Chem. Ind. Res. Inst. Chemical structure and growth-regulating activity of some esters of meta and para allylthioureidobenzoic and phenylthioureidobenzoic acids. **(Chemische Struktur und wachstumsregulierende Aktivität einiger Ester von meta- und para-Allylthioureidobenzoesäure und -Phenylthioureidobenzoesäure.)** Doklady Bolgarskoj akademii nauk, Sofija **20** (1967) Nr. 11. S. 1197–1200. – 1 Abb., 1 Tab., 5 Lit.
Die wachstumsregulierende Wirkung der aus Allylthioisozyanat oder Phenylthioisozyanat und dem Methyl-, Äthyl-, Propyl-, i-Propyl-, Butyl- und i-Butylester von m- und p-Aminobenzoesäure synthetisierten Verbindungen wurde an keimenden Gurken und Weizen geprüft. Die Ester der m-Allylthioureidobenzoesäure waren bei Gurken aktiver als die freie Säure, während gegenüber Weizen der Methyl- und Isobutylester eine Ausnahme bildeten. Die p-Verbindungen waren wirksamer als die entspr. m-Isomeren (Ausnahme Propyl-

und Butylester bei Weizen), wobei die Ester (außer Butylester) die wachstumsfördernde Aktivität der freien Säure bei beiden Testobjekten übertraf. Die Ester der m-Phenylthioureidobenzoesäure waren gegenüber Gurken und Weizen aktiver als die freie Säure, während es bei den p-Isomeren nur gegenüber Weizen der Fall war. W. Franzke. 245.

2-68/09-0108 Vassilev, G. N. und Karanov, E. N.; Sofia, Bulg. Acad. of Sci., Popoff Inst. of Plant Physiol.; Chem. Ind. Res. Inst. Chemical structure and growth-regulating activity of N-(2-chlorethyl)-trimethylammonium and 3-amino-1,2,4-triasol salts of allylthioureidobenzoic and phenylthioureidobenzoic acids. **(Chemische Struktur und wachstumsregulierende Aktivität der N-[2-Chloräthyl]-trimethylammonium- und 3-Amino-1,2,4-triazolsalze von Allylthioureidobenzoesäure und Phenylthioureidobenzoesäure.)** Doklady Bolgarskoj akademii nauk, Sofija **20** (1967) Nr. 11. S. 1201–1204. — 1 Abb., 1 Tab., 11 Lit.
Geprüft wurde die Aktivität der N-(2-Chloräthyl)-trimethylammoniumsalze (Chlorcholinsalze) und der 3-Amino-1,2,4-triazolsalze (Amitrolsalze), der o-, p- und m-Isomeren von Allylthioureidobenzoesäure (I) und von Phenylthioureidobenzoesäure (II) an keimenden Gurken- und Weizensamen. — Die Phenylthioureidobenzoesäuren waren bei Gurken wirksamer als die Allylderivate. Die Wirksamkeit der Isomeren von I und II fiel bei Gurken in der Reihenfolge $p > o > m$ ab, während sie gegenüber Weizen $o > p > m$ lautete. — Die Amitrolsalze von I sowie II (außer p-Form) wirkten bei Gurken stärker als die freien Säuren, und der Aktivitätsabfall der Isomeren zeigte in beiden Fällen die gleiche Tendenz ($o > p > m$). Gegenüber Weizen waren die Salze ebenfalls aktiver als die Säuren, aber die Isomeren von I zeigten keine Aktivitätsunterschiede, und bei II war die Reihenfolge $o > p > m$. — Die Chlorcholinsalze von I ($o > p \geq m$) waren bei Gurken ebenfalls aktiver als die freien Säuren, jedoch weniger wirksam als die analogen Amitrolsalze, während die Chlorcholinsalze von II ($p > o \geq m$) stärker als die entspr. Säuren und ihre Amitrolsalze wirkten. Gegenüber Weizen war nur die wachstumsregulierende Aktivität des o-Isomeren von I ($o > p \geq m$) größer als die der freien Säure, indes die Chlorcholinsalze von II ($p > o \geq m$) aller Isomeren aktiver als die Säuren waren. W. Franzke. 245.

2-68/09-0109 Tamura, Saburo, Takahashi, Nobutaka, Yokota, Takao, Murofushi, Noboru und Ogawa, Yukiyoshi; Tokyo, Univ., Dep. of Agric. Chem. Isolation of water-soluble gibberellins from immature seeds of Pharbitis nil. **(Isolierung wasserlöslicher Gibberelline aus unreifen Samen von Pharbitis nil.)** Planta, Berlin **78** (1968) Nr. 2. S. 208–212. — 3 Abb., 8 Lit.
Die Isolierung von 3 wasserlöslichen Gibberellinen wird schematisch dargestellt. Durch IR- und Kernresonanzspektroskopie konnte die Hauptkomponente als 2-0-β-glukosylgibberellin identifiziert werden. Sie zeigte die gleiche stimulierende Wirkung auf das Wachstum von Reiskeimpflanzen wie GA_3, wirkte aber viel schwächer gegenüber den Zwergmaismutanten d_1, d_2 und d_3. W. Franzke. 245.

2-68/09-0110 Harel, E., Mayer, A. M., Markus, Z. und Avigad, G.; Jerusalem, Univ., Dep. of Bot. Inhibition of apple catechol oxidase by a galactose oxidase inhibitor from Dactylium dendroides. **(Hemmung der Apfel-Katechol-Oxydase durch einen Oxydase-Inhibitor bei Dactylium dendroides.)** Israel J. Bot. **16** (1967) Nr. 1. S. 38–41. — 3 Abb., 14 Lit.
Galaktose-Oxydase ist ein Kupferproteid, das aus Myzel von *Dactylium dendroides* gewonnen wird. Seine Struktur ist noch nicht vollständig aufgeklärt. Die Hemmung der Katechol-Oxydase bei Äpfeln kann auch durch eine starke Bräunungshemmung bei Apfelscheiben demonstriert werden. K. Arlt. 245.

2-68/09-0111 Ashton, F. M. und Dahmen, W. J.; Davis, Calif., Univ., Dep. of Bot. Purification and characterization of an aminopeptidase from Cucurbita maxima cotyledons. **(Reinigung und Charakterisierung einer Aminopeptidase aus den Kotyledonen von Cucurbita maxima.)** Phytochemistry 7 (1968) Nr. 2. S. 189–197. — 5 Abb., 4 Tab., 9 Lit.
Die Isolierung und Reinigung einer Aminopeptidase aus den Kotyledonen von *Cucurbita maxima* Duch. wird schematisch dargestellt, und die Eigenschaften des Enzyms werden beschrieben. Als Testsubstrat diente Glyzylglyzylglyzin. Das Enzym spaltete keine Dipeptide und besaß geringe Hydrolysewirkung gegenüber L-Leuzinamid, L-Phenylalaninamid und L-Tyrosinamid. Nicht hydrolysiert wurden Chlorazetylglyzylglyzin, Hippuryl-L-leuzinamid und das Karboxypeptidase-Substrat Hippuryl-DL-phenylmilchsäure. Tetraglyzin wurde schnell, Pentaglyzin wesentlich langsamer, und Polyglyzine wurden gar nicht

hydrolysiert. Die Spaltung von Glyzylglyzylglyzin wurde durch Mg^{2+} nicht aktiviert und durch Zusatz von Mn^{2+}, Co^{2+}, Zn^{2+}, EDTA oder Zystein gehemmt. Das pH-Optimum des Enzyms lag bei 8,0. Gegen 45 °C war das Enzympräparat 5 min stabil, während die Aktivität bei höheren Temperaturen rasch abfiel. W. Franzke. 245.

2-68/09-0112 Bentley-Mowat, J. A. und Reid, S. M. Investigation of the radish leaf bioassay for kinetins, and demonstration of kinetinlike substances in algae. **(Untersuchungen des Rettichblatt-Biotests auf Kinetine und der Nachweis kinetinartiger Substanzen in Algen.)** Ann. Bot., London (N. S.) **32** (1968) Nr. 125. S. 23–32. — 5 Abb., 3 Tab., 11 Lit. 245.

2-68/09-0113 Jones, Kenneth C., West, Charles A. und Phinney, Bernard O. Isolation, identification and biological properties of gibberellin A_{14} from Gibberella fujikuroi. **(Isolierung, Identifizierung und biologische Eigenschaften von Gibberellin A_{14} aus Gibberella fujikuroi.)** Phytochemistry 7 (1968) Nr. 2. S. 283–291. — 2 Abb., 2 Tab., 22 Lit. 245.

2-68/09-0114 Schwimmer, Sigmund. Enzymatic conversion of trans-(+)-S-1-propenyl-L-cysteine S-oxide to the bitter and odor-bearing components of onion. **(Enzymatische Umwandlung von Trans-[+]-S-1-propenyl-L-zystein-S-oxid in die bitteren und geruchführenden Komponenten der Küchenzwiebel.)** Phytochemistry 7 (1968) Nr. 3. S. 401–404. — 1 Abb., 3 Tab., 14 Lit. 245.

2-68/09-0115 Ugochukwu, E. N. und Wain, R. L. Studies on plant growth-regulating substances. XXV. The plant growth-regulating activity of cinnamic acids. **(Untersuchungen über wachstumsregulierende Substanzen. 25. Mitt. Die pflanzenwachstumsregulierende Wirkung der Zimtsäuren.)** Ann. appl. Biol. **61** (1968) Nr. 1. S. 121–130. — 4 Abb., 4 Tab., 35 Lit. 245.

2-68/09-0116 Leach, David G. The ancient curse of the rhododendron. **(Der alte Makel der Rhododendron.)** Rhododendron & Camellia Year Book **22** (1968, hrsg. 1967) S. 98–114.
Die bemerkenswerte Arbeit, die ein umfangreiches Quellenstudium vermuten läßt, beschäftigt sich mit der Giftigkeit der *Rhododendron* und des von ihnen gebildeten Honigs. Die Kenntnis von der Giftigkeit reicht bis in die Zeit v. u. Zeitrechnung. Hierfür werden mehrere Belege gebracht. Durch Zitate wird belegt, wie die Kenntnisse zunehmen, bis 1899 das Gift als Andromedotoxin bestimmt wird. Nach Darstellung der Strukturformel und weiterer Einzelheiten ist heute bekannt, daß es sich bei dem Gift um Azetylandromedol handelt, das gleichzeitig als ausgezeichnetes Heilmittel gegen hohen Blutdruck erkannt wurde. In einem Anhang werden u. a. die Arten und Sorten mit stark giftigem Pollen genannt, nämlich *Rhododendron thomsonii*, *R. arboreum*, *R. niveum*, *R. pratti* 'Red Admiral', 'Fiery Cross', *R. barclayi*, 'Red Star', 'J. G. Millais', 'Ascont Brilliant'. F. U. Pfützner. 246.

2-68/09-0117 Bradner, N. R. und Brink, V. C. A new flavonoid in alfalfa. **(Ein neues Flavonoid in Luzerne.)** Canad. J. Plant Sci. 48 (1968) Nr. 1. S. 97–99. — 1 Abb., 10 Lit. 246.

2-68/09-0118 Fairbairn, J. W. und El-Masry, S. The alkaloids of Papaver somniferum L. VI. „Bound" morphine and seed development. **(Die Alkaloide von papaver somniferum. 6. Mitt. „Gebundenes" Morphin und die Samenentwicklung.)** Phytochemistry 7 (1968) Nr. 2. S. 181–187. — 2 Tab., 11 Lit. 246.

2-68/09-0119 Hoffmann, Hartmut. **Beitrag zur Kenntnis der Riechstoffbestandteile der Zuckerrübe.** Diss. TU Berlin (W.), Fak. für Landbau. 1966. (16 S.) 4 °. (Diss. 12820) 246.

2-68/09-0120 Weaver, M. L. und Steen, H. A. Quantitative determination of tyrosinase activity using paper discs and a recording densitometer. **(Quantitative Bestimmung der Tyrosinaseaktivität unter Verwendung von Papierscheiben und einem Registrierdensitometer.)** Amer. Potato J. 44 (1967) Nr. 11. S. 387–392.
20 min. nach Applizierung des Enzyms auf die Papierscheiben in einem Plastzylinder mit wassergesättigter Atmosphäre wurde die Tyrosinaseaktivität über die Farbreaktion bestimmt. Weitere Einzelheiten s. Original. H. Grieß/Groß-Lüsewitz. 248.

E. Pflanzenökologie

2-68/09-0121 Dolgov, S. I. O zemledel'českich zonach i provincijach SSSR. **(Über die landwirtschaftlichen Zonen und Provinzen der UdSSR.)** Doklady TSChA. Moskovskaja ordena Lenina sel'skochozjajstvennaja akademija imeni K. A. Timirjazeva **1967** Nr. 131. S. 143–153. — 3 Abb., 1 Tab., 9 Lit.

Alle agrotechnischen Maßnahmen werden entscheidend von den bodenklimatischen Bedingungen bestimmt. Aufbauend auf den Erkenntnissen A. Humboldt's, bes. aber auf denen Dokučaev's wurde 1962 für das Territorium der UdSSR eine bodengeographische, landwirtschaftliche Rayonierung ausgearbeitet. Schon 1959 wurde eine Rayonierung durchgeführt, die jedoch mehr den administrativen Grenzen als den natürlichen Grenzen Rechnung trug. Bei der Rayonierung von 1962 wurde das Territorium der UdSSR in 11 landwirtsch. Zonen und 33 Provinzen aufgeteilt. Während sich die Zonen in ihren boden-bioklimatischen Bedingungen unterscheiden, bilden die Provinzen Untergruppen innerhalb dieser Zonen. Der Charakter der Provinzen ist geprägt von den Wechselbeziehungen zwischen den Böden, ihren morphol. Besonderheiten, den edaphischen Faktoren und der landwirtsch. Produktion. Ein Schema und eine kurze Charakteristik der Zonen und Provinzen sind im Bericht enthalten. W. Schäfer. 249.

2-68/09-0122 Nikolaevsky, V. O. und Nikolaevskaya, L. D. Ecologically based differences in the structure of grass stem. **(Ökologische Differenzen in der Struktur des Halmes von Gräsern.)** Biol. Plantarum, Praha **9** (1967) Nr. 5. S. 321–329. — 3 Tab., 31 Lit. Zus. in Russ., Tschech.

Es wurden quantitative anatom. Untersuchungen angestellt über die Halme von Gräsern verschiedener ökolog. Typen (Xerophyten, Mesophyten, Ephemerophyten, Hydrophyten und Psammophyten), insgesamt 30 Arten. Das Verhältnis zwischen den Halmgeweben wurde durch den Anteil der Fläche des Halmwand-Querschnittes ausgedrückt. Der Halm der Hydrophyten zeigt eine schwache Entwicklung der mechanischen (4···8%) und der Leitgewebe (2···5%). Dagegen ist aber das Parenchym einschließlich der primären Rinde des Grundparenchyms und der Interzellularen (38···40%) stark entwickelt. Die Halme der Xerophyten enthalten ein stark entwickeltes Sklerenchym (30···50%) und Leitbündel (6···13%). Das Parenchym ist weniger stark vertreten (36···60%). Bei den Hydrophyten bilden sich in den Halmen größere Zellen als bei den Xerophyten, die Wanddicke steht aber im umgekehrten Verhältnis. Eine mittlere Stellung in bezug auf die Struktur nehmen zwischen den Hydrophyten und Xerophyten die Mesophyten ein. Die Halmstruktur bei den Ephemerophyten ist der Mesophyten sehr ähnlich. Die Psammophyten unterscheiden sich von den Xerophyten durch stärkere Entwicklung der mesomorphen Merkmale. Nach Ansicht des Vf. hängen die Unterschiede in der Halmstruktur ökolog. verschiedener Gräsergruppen mit den ökolog.-physiol. Besonderheiten der Repräsentanten dieser Gruppen zusammen und sie sind ein Ausdruck des Charakters und der Richtung ihrer ökolog. Evolution. ČSSR/ÚVTI. 249.

2-68/09-0123 Bidabe, B. (unter techn. Mitarb. von Le Lezec, M. und Babin, J.); Angers, Stat. de Rech. d'Arboricult. Fruit. Action de la température sur l'évolution des bourgeons de pommer et comparaison de méthodes de contrôle de l'époque de floraison. **(Wirkung der Temperatur auf die Entwicklung der Knospen des Apfelbaumes und Vergleich der Methoden zur Bestimmung der Blühzeit.)** Ann. Physiol. végétale **9** (1967) Nr. 1. S. 65–86. — 3 Abb., 9 Tab., 15 Lit.

Gegenüber der linearen Temperatursummenmethode bietet die exponentielle Q_{10}-Summenmethode die besseren Möglichkeiten zur Bestimmung des Blühtermins, obwohl sich die Genauigkeit dieses Verfahrens mit der Größe des Beobachtungsgebietes verringert. Für jeden Klimabereich werden spezielle Anfangsdaten empfohlen. Schwellenwert der Temperaturwirkung und Q_{10} korrelieren mit der sortenspezifischen Frühzeitigkeit. Für Gebiete mit milden Wintern wird eine Methode zur Bestimmung des Blühtermins dargelegt. Kühle Temperaturen haben wesentliche qualitative und quantitative Wirkung auf das Abbrechen der Ruheperiode. Die Knospenöffnung benötigte bei 'Golden Delicious' nach Einwirkung von + 6 °C eine größere Zeitspanne als nach + 1 °C. K. Arlt. 249.

2-68/09-0124 Rastitel'nyj pokrov i sreda. **(Pflanzendecke und Umwelt.)** Leningrad: Izd. Leningradskogo univ. 1967. (234 S.) 8° = Učenye zapiski Leningradskogo ordena Lenina gosud. univ. im. A. A. Ždanova Nr. 327. Geografičeskij fak. Ser. geografičeskich nauk Nr. 19. (SR 1471, 19) 249.

K. Agrarmeteorologie

2-68/09-0125 Schleusener, Richard A. Evolution of uses of cloud-seeding technology. **(Entwicklung der Anwendung des Wolkenimpfverfahrens.)** J. Irrigation & Drainage Div. **93** (1967) Nr. IR 3. S. 187-197. — 6 Abb., 10 Lit.
Die Entwicklung der Anwendung des Wolkenimpfverfahrens wird dargestellt, um die notwendigen Faktoren für die Einführung dieses neuen Verfahrens in das System der Wasserquellenbewirtschaftung anzugeben. Es besteht eine Zeitverzögerung zwischen dem Auffinden der möglichen vorteilhaften Anwendung des Verfahrens und seiner allg. Anerkennung. Faktoren, die diese Zeitverzögerung begünstigen, sind nicht nur physikal. und ökonom. Rechenaufwand, sondern auch das Verhalten von Verwaltungen und deren Bereitwilligkeit, neue Technologien einzuführen. Im Gegensatz zu vergangenen Jahren besteht jetzt die Einsicht in die Wichtigkeit der Wolkenimpfung als Mittel zur Bewirtschaftung der Wasserquellen. Dadurch vergrößert sich die Möglichkeit der Wettergestaltung, und es wird versucht, ein System der Wettergestaltung zu entwickeln, um das Verfahren zur Wasserquellenbewirtschaftung auszunutzen. Experimente weisen die Bedeutung der von den Neuerern gezeigten Initiative für die Entwicklung des Verfahrens nach.
A. Jäger. 290.

2-68/09-0126 Schneider, Maximilian, Bearb. **Agrarmeteorologische Bibliographie.** Offenbach a. M.: Selbstverl. des Dtsch. Wetterdienstes. 1967. (XIII, 208 S.) 4° = Bibliogr. Dtsch. Wetterdienstes Nr. 20. (SR 1074, 20) 290.

2-68/09-0127 Pejml, K. K předpovědi minimálních teplot v jarním vegetačním období. **(Zur Voraussage minimaler Temperaturen während des Frühjahrs.)** Rostlinná Výroba, 13 (40) (1967) Nr. 11. S. 1187-1200. — 2 Abb., 5 Tab., 4 Lit. Zus. in Russ., Engl.
Die Arbeit befaßt sich mit Korrektionen für eine erfolgreiche Funktion der Bilanzvoraussage bes. in bezug auf gegliedertes, von der Advektion bedrohtes Terrain und typische, mit starken Frösten verbundene Situationen in der ČSSR. ČSSR/ÚVTI. 293.

2-68/09-0128 Davenport, D. C. und Hudson, J. P.; Sutton Bonington, Leicestershire, Univ. of Nottingham, School of Agric. Local advection over crops and fallow. II. Meteorological observations and Penman estimates along a 17 km transect in the Sudan Gezira. **(Meteorologische Beobachtungen und Berechnungen nach Penman entlang einem 17-km-Streifen in der Sudan-Gezira.)** Agric. Meteorol., Amsterdam 4 (1967) Nr. 6. S. 405-414. — 4 Abb., 3 Tab., 12 Lit.
Es werden tägliche geländeklimatische Messungen ausgewertet, die man an luv- und leewärts gelegenen Enden von Baumwollstreifen vorgenommen hatte, welche durch unbewachsene Streifen unterbrochen waren. Mitteltemperaturen, Dampfdruckdefizit und Windgeschwindigkeit waren im Lee geringer als im Luv. Diese Faktoren nahmen auch mit abnehmender Höhe über dem Bestande ab, was auf die Wirkung der Aufwinde dicht über dem Bestande zurückgeführt wird. Nach Penman berechnete Verdunstungswerte veränderten sich bei Vorhandensein von Aufwind über den mit Baumwolle bestandenen, 300 m breiten Streifen ebenfalls mit der Höhe, wie im Luv und Lee. — Für die Steuerung der Beregnung sollten solche unterschiedlichen Verhältnisse an Beständen beachtet werden. — Die Methoden der Beobachtung wie der Auswertung werden eingehend dargestellt.
T. v. Wilamowitz-Moellendorff. 293.

2-68/09-0129 Mrose, H. und Zier, M. **Staubausfall und Luftverunreinigung.** Z. Meteorol. 19 (1967) Nr. 7/8. S. 253-255. — 2 Abb., 8 Lit. Zus. in Engl. — nach Zus.
Am Meteorologischen Observatorium Wahnsdorf bei Dresden wurden mit zwei gleichartigen Staubsammeltrichtern ein Jahr lang Staubausfallsmessungen ausgeführt. Die Auffangfläche betrug 0,25 m^2, der Boden war stets mit Wasser bedeckt. Der Ausfall ($g \cdot m^{-2} \cdot 30\ d^{-1}$) wurde mit den Monatsmitteln der Staubgehalts- und SO_2-Messungen ($mg \cdot m^{-3}$) verglichen. Der Jahresgang im Staubausfall, der vorwiegend von größeren Teilchen bestimmt wird, läuft mit dem Feinstaubgehalt und der SO_2-Konz. nicht parallel. Abseits von Grobstaub-Emittenten ist der Staubausfall als Maß der Luftverunreinigung kaum brauchbar. 293.

2-68/09-0130 Unter d. Red. von Gol'cberg, I. A. Mikroklimat SSSR. **(Das Mikroklima der UdSSR.)** Leningrad: Gimiz. 1967. (285 S.) 8 °. (1968 A 196) 293.

2-68/09-0131 Pasák, V. Faktory ovlivňující větrnou erozi půdy. **(Die Winderosion des Bodens beeinflussende Faktoren.)** Vědecké Práce výzkumného Ústavu Meliorací v Praze 9 (1967) S. 143-149. — 1 Abb., 14 Lit. Zus. in Russ., Engl., Dtsch.

Durch experimentelle Untersuchungen über die durch Wind verursachte Bodenabtragung im aerodynamischen Tunnel wurde eine statistische Abhängigkeit der Erodierbarkeit des Bodens von der Struktur und Feuchtigkeit des Bodens festgestellt. Es wurde ein Versuch durchgeführt zur Bestimmung des Grades der Beziehung zwischen der Erodierbarkeit des Bodens und mehreren Faktoren, welche die Erosion beeinflussen, wobei die Methode der multiplen Korrelation benutzt wurde. Mit Hilfe der Methode der kleinsten Quadrate wurde eine Gleichung für Böden mit einem kleineren Gehalt an nichterodierbaren Partikeln als 60% berechnet. Es wurde ein Verbindungsnomogramm zur Feststellung der Winderosionsfähigkeit des Bodens konstruiert. Zur leichteren praktischen Anwendung des Nomogramms wurde die Windschnelligkeit an der Bodenoberfläche auf die Windschnelligkeit in 8 m Höhe, wie sie in der Regel auf der meteorol. Station gemessen wird, umgerechnet. Die Erodierbarkeit des Bodens wurde auf der rechten Seite der betr. Skala durch die abgetragene Bodenpartikelmenge in kg/ha ausgedrückt, während auf der linken Seite der Erosionsindex vermerkt wurde. ČSSR/ÚVTI. 295.

2-68/09-0132 Müller, A. von. **Schwankungen im Rüben- und Zuckerzuwachs in Abhängigkeit von der Witterung in Göttingen 1963–66.** J. internat. Inst. Sugar Beet Res., Tienen 2 (1967) Nr. 4. S. 232–241. — 6 Abb., 1 Tab., 4 Lit. Zus. in Engl., Franz. — nach Zus. Nachdem über die Untersuchung von Zusammenhängen zwischen Witterungs- und Wachstumsabschnitten 1953–1962 auf dem 26. Winterkongreß berichtet wurde, folgt hier eine Ergänzung über die letzten 4 Jahre (1962–66), deren Bedingungen zum Teil sehr extrem waren: 1963 und 1964 warm und trocken, 1965 kalt und naß, 1966 warm und naß. 1964 hat in Göttingen zu dem bisher höchsten Rüben- und Zuckerertrag geführt, obgleich die Aussaat erst 3 Wochen später als in dem Rekordjahr 1953 erfolgen konnte. Eine graphische und rechnerische Gegenüberstellung des in kurzfristigen Perioden gemessenen Zuwachses mit den zugehörigen Witterungsverhältnissen zeigt den bes. Einfluß von Temperaturen zwischen 15 und 20 °C. Die Wasserversorgung gerät auf tiefgründigen Böden hoher Kapazität für das Rübenwachstum nur sehr selten ins Minimum; im Gegenteil ist eine gewisse Austrocknung schwerer Böden durch Erhöhung der Luftkapazität dem Wachstum günstig. Auf Grund der langen Vegetationszeit der Zuckerrübe können die günstigen Witterungsabschnitte zu beliebigen Zeiten unterbrochen sein, da der Zuwachs in seiner Höhe keine Kontinuität verlangt, sondern jederzeit zum weiteren Ansteigen belebt werden kann, sofern vorher keine ausgesprochenen Nässe- oder Welkeschäden vorgelegen haben. Es kommt i. allg. hauptsächlich auf das Erreichen einer gewissen Mindest-Wärmesumme an. Da die Witterungsverhältnisse im Göttinger Raum vielfach sehr wechselvoll sind, erscheint daher eine zuverlässige langfristige Vorausschätzung der Erträge kaum möglich. 296.

2-68/09-0133 Weller, Friedrich. **Standortskundliche Überlegungen zur Bewässerung von Apfelbäumen im mitteleuropäischen Raum.** Dtsch. Akad. Landwirtsch.-Wiss. Berlin, Tag.-Ber. **1967** Nr. 93. S. 15–31. — 11 Abb., 2 Tab., 15 Lit. Zus. in Russ., Engl. — nach Zus. Aus einer vergleichenden Betrachtung der Klimaverhältnisse verschiedener europäischer Obstbaugebiete und aus den Ergebnissen eigener Untersuchungen über den Wurzeltiefgang und die Wasserversorgung von Apfelbäumen in verschiedenen südwestdeutschen Böden sowie über die Verteilung pflanzenverfügbarer Nährstoffe im Boden werden folgende Schlüsse gezogen: Dank einer günstigen jahreszeitlichen Verteilung der Niederschläge weisen selbst die niederschlagsärmsten mitteleuropäischen Obstbaugebiete (Teile des Oberrheinischen Tieflandes, Wallis, Vinschgau, Mitteldeutsche Trockengebiete, Moldau–Elbe-Mulde, Ungarische Tiefebene) im Gegensatz zu den Gebieten des submediterranen Klimabereichs (Südfrankreich, Ferrara) im langjähr. Durchschnitt keine eigentliche Dürrezeit auf. Die Bäume sind in Mitteleuropa auf Böden gleicher Speicherleistung in der Regel während der Sommermonate erheblich besser mit Wasser versorgt als an Orten mit wesentlich höheren, aber ungünstiger verteilten Jahresniederschlagsmengen des submediterranen Bereichs. Die Notwendigkeit und die Möglichkeit einer Ertragssteigerung durch Bewässerung ist daher in Mitteleuropa allgemein geringer. In Jahren mit bes. niederschlagsarmen Sommern können aber auch in Mitteleuropa Dürrezeiten auftreten. Es scheint, daß selbst in solchen Dürresommern die Apfelbäume nur auf Böden mit geringer nutzbarer Wasserkapazität (Sandböden, Tonböden, allgemein flachgründige Böden) stärkeren Wassermangel leiden, während in tiefgründigen Lehmböden die Vorräte des Unterbodens und Untergrundes für die ausreichende Wasserversorgung genügen. Eine Bewässerung allein zur Deckung des Wasserbedarfs der Bäume dürfte deshalb auch in solchen Dürrezeiten auf tiefgründigen

Böden nicht erforderlich sein. Wenn trotzdem auch auf tiefgründigen Böden in Mitteleuropa durch zusätzliche Bewässerung Ertragssteigerungen beobachtet werden, so dürfte dies weniger in einer Verbesserung des Wasserhaushaltes als vielmehr in einer Verbesserung der Nährstoffversorgung seine Ursache haben, indem die gegenüber dem Untergrund meist viel höheren Nährstoffvorräte des Oberbodens bei Durchfeuchtung für die Bäume verfügbar bleiben, bei Trockenheit dagegen blockiert sind. 296.

2-68/09-0134 Stenz, Sigwart. **Transpirationsmessungen am Apfelbaum nach dem Schwimmwaagenprinzip.** Dtsch. Akad. Landwirtsch.-Wiss. Berlin, Tag.-Ber. **1967** Nr. 93. S. 83–91. — 6 Abb., 1 Tab., 2 Lit. Zus. in Russ., Engl. — nach Zus.

Für die Erfassung des Transpirationsverlaufes bei Apfelgehölzen ist der von Pfeifer entwickelte, nach dem Schwimmwaagenprinzip arbeitende Transpirograph geeignet, wenn das Vegetationsgefäß ausreichend dimensioniert und der Schwimmkörper anstelle des starren Übertragungsgestänges mit einer drehbaren Aufhängung zur weitgehenden Eliminierung störender Windeinflüsse versehen wird. Die an einem 7jähr. fruchttragenden Baum der Sorte 'Cox'/M IV gewonnenen Meßergebnisse werden besprochen und die Zusammenhänge mit einzelnen meterol. Faktoren untersucht. Der Tagesgang der Transpiration wird durch die atmosphärischen Verdunstungsbedingungen und das sich einstellende Wasserdefizit im Gehölz bestimmt. Er verläuft nach sprunghaftem Anstieg (2 h nach Sonnenaufgang) unregelmäßig und bildet häufig mehrgipfelige Transpirationskurven. Das mittlere Max. der Transpiration im Jahresgang wird mit 3,8 l/d (6 bis 20 h) im Juli erreicht; die Monate Juli und August bilden die Zeit des größten Wasserverbrauches. Die im Untersuchungsjahr transpirierte Gesamtmenge beträgt mehr als 375 l. Die tägliche Wasserabgabe steht in engerBeziehung zur Lufttemperatur und korreliert auf Grund der meterol.Zusammenhänge ebenfalls statistisch gesichert mit anderen atmosphärischen Faktoren. 296.

III. BODENKUNDE

A. Allgemeine Literatur, Berichte, Statistiken u. a.

2-68/09-0135 Dmitriev, E. A.; Moskau, Lomonosov-Univ., Lehrstuhl für Physik und Meliorat. des Bodens. O matematičeskich metodach v počvovedenii. (**Über mathematische Methoden in der Bodenkunde.**) Naučnye doklady vysšej školy. Biologičeskie nauki, Moskva **10** (1967) Nr. 11. S. 127-135. — 26 Lit.]

Vf. gab einen Überblick über die Möglichkeiten der Anwendung mathematischer Methoden, vornehmlich der Biostatistik, bei der Lösung bodenkundlicher Probleme. Im Gegensatz zu anderen naturwiss. Disziplinen, z. B. der Biologie, handelt es sich in der Bodenkunde weniger um die Berechnung von Einzelgrößen, sondern im Regelfall um die Behandlung komplexer Faktoren und deren gegenseitige Beeinflussung. Die mathematischen Verfahren dürfen deshalb nicht losgelöst vom Untersuchungsobjekt Boden betrachtet werden, sondern müssen sich mit den bewährten klassischen Methoden der Bodenkunde wirksam ergänzen. Abschließend wurde auf die Notwendigkeit einer verstärkten mathematischen Ausbildung für Bodenkundler und Agronomen und auf die evtl. Errichtung einer gemischt bodenkundlich-mathematischen Aspirantur hingewiesen. H. Nürnberger. 301.

2-68/09-0136 Dobrzański, B. Gleby i ich wartość użytkowa. (**Die Böden und ihr Nutzwert.**) 2. Aufl. Warszawa: PWRiL. 1966. (367 S. m. zahlr. Abb., Tab. u. Lit.)

Das Buch gliedert sich wie folgt: Der Boden als grundsätzliches Produktionsmittel; Aufbau Zusammensetzung und Entwicklungsgeschichte der Erde; Entstehung und Evolution der Böden; Verwitterung der Gesteine und Minerale; morphol. Eigenschaften der Böden (Farbe, Bindigkeit, Gefüge, mechanische Zusammensetzung, neue Bodenbildungen, Beimengungen und Beimischungen); mineral. und org. Bestandteile; Lösungen, Luft und Organismen; Sorptionseigenschaften; Bodenreaktion; phys. Eigenschaften (Dichte und scheinbare Dichte [Raumgewicht], Porosität, Bindigkeit, Plastizität, Haftvermögen [Viskosität], Quellung und Kontraktion, hydrol. Eigenschaften, Durchlüftungs- und Wärmeeigenschaften); Dynamik der Bodeneigenschaften und Bodenfruchtbarkeit; Klassifizierung und Geographie der Böden; Genese, Charakteristik und Nutzwert der polnischen Böden in den Gebieten des Tieflandes und Berglandes, des anfänglichen Entwicklungsstadiums der Podsolböden, Braunerden, Schwarzerden, Rendzinen, Aueböden und Sumpfböden; gebrauchstechnische Charakteristik; Methodik der Geländeuntersuchungen; Laboratoriumsuntersuchungen;

Herstellung von Bodenkarten; Verwertung von bodenkundlichen Arbeiten in der Landwirtschaft. PRL/CBR. 307.

2-68/09-0137 Tamhane, R. V., Motiramani, D. P., Bali, Y. P. (unter Mitarb. von Donahue, Ryo L.). Soils: Their chemistry and fertility in tropical Asia. **(Böden: Ihre Chemie und Fruchtbarkeit im tropischen Asien.)** 2. Aufl. New Delhi: Prentice-Hall of India. 1966. (475 S.) 8°. (1968 A 335) 301.

B. Grundlagen zur Bodenkunde

2-68/09-0138 Werner, Dietrich. **Periglaziale Deckschichten im Mittleren Buntsandstein Südostthüringens und ihre Bedeutung für die Abgrenzung der anthropogenen Formungskomponente.** Arch. Naturschutz Landschaftsforsch. 7 (1967) Nr. 3/4. S. 247-280. — 21 Abb., 1 Tab., 22 Lit. Zus. in Russ., Engl. — nach Zus.
Lagerungsverhältnisse, Ausbildungszustand und Verbreitungsregeln jungpleistozäner periglazialer Deckschichten wurden im Verbreitungsgebiet des Mittleren Buntsandsteins in Südostthüringen untersucht und zur Charakterisierung und Abgrenzung der anthropogenen Denudations- und Akkumulationsprozesse herangezogen. Auf Grund des hohen Zeigerwertes der deckschichteneigenen Profilmerkmale konnte die Wirkung der Bodenabtragung im Denudationsgebiet an Hand der Verkürzung des hangenden Deckschichtengliedes und im Akkumulationsbereich an Hand der Verschüttung der hangenden, verschiedentlich auch der liegenden Deckschicht oder des Anstehenden bestimmt werden. Die qualitative Kennzeichnung des Kolluviums erfolgte nach dem stofflichen Habitus der Herkunftsdeckschicht. Durch Anwendung der Ergebnisse der Deckschichtenanalyse kann in dafür geeigneten Gebieten die auf pedogenen Kriterien beruhende Kartierungsmethodik (Lage des Ap-Horizontes innerhalb der natürlichen Horizontfolge) ergänzt und auf eine breitere Grundlage gestellt werden. 320.

C. Bodenchemie

2-68/09-0139 Lenz, K., Johannemann, R. und Hagemann, O. **Einfluß hoher Mineraldüngergaben auf chemische und physikalische Eigenschaften des Bodens und auf das Bodenprofil.** Halle, Inst. für Pflanzenernähr. u. Bodenkunde der Martin-Luther-Univ. Plan-Nr.: 4503 26/7-30/2. 104 S. Abschlußber. (13/3. 1968).
3 Dauerdüngungsversuche (80jähr. Roggenbau; K-Düngungsversuch — Formen und Aufwandmengen [1949 angelegt]; Düngungsversuch mit Düngesalzen unterschiedlicher physiol. Reaktion [1949 angelegt]) des Inst. für Pflanzenernährung und Bodenkunde in Halle werden hinsichtlich der Veränderungen chem. und phys. Bodeneigenschaften ausgewertet. Der Einfluß der langjähr. angewendeten Düngungskombination wird über pH-Werte, $CaCO_3$-, C-, N-Gehalt, verschiedene K-, P- und Mg-Fraktionen in der Krume und im Unterboden nachgewiesen. 330.

2-68/09-0140 Jorgensen, J. R.; Asheville, N. C., U. S. Dep. of Agric., Forest Serv. Fractionation of nitrogen in three forest soils. **(Fraktionierung von Stickstoff in drei Waldböden.)** Proc. Soil Sci. Soc. America **31** (1967) Nr. 5. S. 707-708. — 2 Tab., 2 Lit.
In 3 untersuchten Waldböden Nord-Carolinas betrug der Anteil von Aminosäure-N am Gesamt-N über 50%. Der Gehalt an fixiertem NH_4^+ und lösl. Huminstoff-N war bei allen 3 Böden etwa gleich. Die Anteile an hydrolysierbarem NH_4^+ + Aminozucker-N (19···27%), an austauschbarem $NH_4^+ + NO_3^-$ sowie an unlösl. Huminstoff-N waren dagegen unterschiedlich und zeigten eine Abhängigkeit von der Basensättigung und dem pH der Böden. Zur Bodenkörnung wies nur der Gesamt-N-Gehalt eine Beziehung auf.
K. Koepke. 330.

2-68/09-0141 Baldovinos, Francisco und Thomas, Grant W. The effect of soil clay content on phosphorus uptake. **(Der Einfluß des Bodentongehalts auf die Phosphoraufnahme.)** Proc. Soil Sci. Soc. America **31** (1967) Nr. 5. S. 680-682. — 2 Abb., 3 Tab., 7 Lit.
Je 1,5 kg dreier Oberböden (Davidson-Ton, Congaree-feinsandiger Lehm, Wellston-sandiger schwerer Lehm) wurden in Gefäßen mit $CaCO_3$ auf pH 6 aufgekalkt, mit 0; 20; 40; 80; 160 und 320 ppm P als $Ca(H_2PO_4)_2 \cdot H_2O$ und mit 100 ppm K als KCl sowie 100 ppm N als NH_4NO_3 gedüngt. Die Pflanzen (*Phaseolus vulgaris*, 5 je Gefäß) wurden unter bestimmten Licht- und Temperaturbedingungen gehalten und nach 30 d geerntet. — Bei gegebenem P-Dargebot stieg die P-Aufnahme der oberirdischen Pflanzenteile mit dem Tongehalt der

Böden an, dasselbe traf für den mit 0,5 n NH_4F-Lösung austauschbaren P zu. Dafür ergaben sich in Anlehnung an Olsen und Watanabe folgende Kurvenanstiegswerte: Davidson (63% Ton): 543; Wellston (22,4% Ton): 214 und Congaree (10% Ton): 125. Unter Bezugnahme auf Literatur kommen Vff. zu dem Schluß, daß der gefundene Einfluß des Tons auf die P-Aufnahme sowohl für saure als auch für kalkhaltige Böden zutrifft.
H. Kretschmer. 330.

2-68/09-0142 Dormaar, J. F.; Alberta, Canada Dep. of Agric. Distribution of inositol phosphates in some chernozemic soils of Southern Alberta. **(Verteilung von Inositol-Phosphaten in einigen Tschernosem-Böden von Süd-Alberta.)** Soil Sci. **104** (1967) Nr. 1. S. 17 bis 24. — 3 Abb., 2 Tab., 20 Lit.

Proben aus dem Ah- und Bm-Horizont einiger Tschernoseme werden auf die Verteilung des Inositol-Phosphates untersucht. Zur Extraktion und Fraktionierung werden 2 Methoden beschrieben: die Methode nach Caldwell und Black (I) unter Verwendung eines De-Acidite-Anionenaustauschharzes und eine kombinierte Methode nach Cosgrove und Anderson (II), wobei die Auftrennung mit Hilfe der Gradienteneluation an Dowex AG 1-X2 erfolgt. Die Menge an eluiertem Phosphat betrug nach I 37,0…74,5 μg/g Boden aus dem Ah-Horizont und 40,8…95,8 μg/g Boden für den Bm-Horizont. Das entspricht etwa 19…21 bzw. 22…29% des gesamten org. Phosphates. Bei Anwendung von II werden nur 8…12 bzw. 8…11% des gesamten org. Phosphates eluiert. Es wird eine scharfe Auftrennung in 7 Komponenten erreicht. J. Lehfeldt. 330.

2-68/09-0143 Marchesini, Augusto. Azione delle sostanze chelanti sulla solubilizzazione del fosforo del terreno. IV. Rapporto tra disponibilità di fosforo ed accrescimento dell' Aspergillus niger. **(Wirkung chelatisierender Stoffe auf die Phosphorlöslichkeit im Boden. 4. Mitt. Bericht über die Phosphorverfügbarkeit hinsichtlich Wachstum von Aspergillus niger.)** Ann. Microbiol. Enzimol. **16** (1966) Nr. 3/6. S. 147–151. — 1 Tab., 7 Lit. Zus. in Engl., Dtsch. — nach Zus.

Die P-Fraktion des Bodens, die durch Zitronensäure und EDTA aufgelöst wird, ist von *Aspergillus niger* assimilierbar und kann daher als pflanzenverfügbar angesehen werden.
330.

2-68/09-0144 Kudejarova, A. Ju. O fosfatnom potenciale počv. **(Über das Phosphatpotential der Böden.)** Agrochimija, Moskva **1968** Nr. 1. S. 60–67. — 4 Abb., 4 Tab., 10 Lit.

Mit einem lehmigen Rasenpodsol (I), einem Tschernosem (II) und einer typischen Grauerde (III) wurden Vegetationsgefäßversuche durchgeführt, bei I und II mit Gerste, bei III mit Weizen. Gedüngt wurde mit Doppelsuperphosphat, entfluoriertem Phosphat und mit einem mit Phosphat gesättigten Anionenaustauscher mit Mengen von je 0,4; 1,6; 8 und 16 g P_2O_5 pro Gefäß (4 kg Boden). Für die einzelnen Varianten wurde das Phosphatpotential IV 0,5 pCa + pH_2PO_4 und für III auch noch das Potential V 0,5 pCa + $p(H_2PO_4$ + 0,5 $HPO_4)$ bestimmt. Die gefundenen Phosphatpotentiale entsprachen gut dem P-Entzug durch die Pflanzen. Mit Hilfe von IV bzw. V und des Kalkpotentials pH —0,5 pCa kann die Löslichkeit der Ca-Phosphate, die sich bei der Wechselwirkung der P-Düngemittel mit dem Boden bilden, beurteilt werden. Im Rasenpodsol kann frisch gefällter Hydroxylapatit als P-Quelle für die Pflanzen dienen, während bei II und III der P-Gehalt im Wasser- bzw. 0,01 mol. $CaCl_2$-Extrakt nur von den leichter lösl. P-Verbindungen vom Typ des $CaHPO_4$ und des $Ca_4H_2(PO_4)_3OH$ bestimmt wird. Th. Schikora. 330.

2-68/09-0145 Mackenzie, A. F., Delong, W. A. und Ghanem, I. S. Total sulfur, acetate-extractable sulfur and isotopically exchangeable sulfate in some Eastern Canadian soils. **(Gesamtschwefel, mit Azetat extrahierbarer Schwefel und isotopisch austauschbarer Schwefel in einigen ostkanadischen Böden.)** Plant & Soil, The Hague **27** (1967) Nr. 3. S. 408–414. — 4 Tab., 16 Lit.

Um zu prüfen, ob in Ostkanada S-Mangel auftreten kann, wurden einige ausgewählte Böden untersucht. Der Gehalt an Gesamt-S lag zwischen 0,008 und 0,207%, wobei keine Beziehungen zur geograph. Lage oder zur Bodennutzung bestanden. Der Gehalt des extrahierbaren S betrug 11…144 ppm, er war am höchsten in B- und kalkhaltigen C-Horizonten. Isotopisch austauschbares Sulfat wurde in Konz. zwischen 0,64 und 9,9 ppm S bestimmt, wobei die größeren Werte in B-Horizonten auftraten. Der Gehalt ist größer als auf Böden mit S-Mangel. F. Hoffmann. 330.

2-68/09-0146 Unamba-Oparah, Igbo, Pagel, Hans und Ramadan, Hasson Aziz. **Beiträge zur Kenntnis des Nährstoffhaushaltes wichtiger Böden der humiden Tropen. 4. Mitt. Gehalt an „verfügbarer" Phosphorsäure.** Thaer-Arch. 12 (1968) Nr. 7. — S. 591–605. 7 Tab., 35 Lit. Zus. in Russ., Engl. — nach Zus.

In fersiallitischen und ferrallitischen, vertisolartigen und grundwasserbeeinflußten Böden wurden folgende Ergebnisse erzielt: 1. Durch 0,1 n NaOH werden die größten (Mittel: 69,4 mg P_2O_5/100 g Boden), durch Ca-Laktat die niedrigsten (Mittel: 6 mg/100 g Boden) P-Mengen extrahiert. Die Truog-Methode erlaubt die genaueste Differenzierung (2…492 mg/100 g); die Laktat-Methode gestattet dagegen nur eine sehr geringe Differenzierung (0…17 mg/100 g) der untersuchten Böden. 2. Während durch die Truog-Lösung nahezu ausschl. Ca-Phosphate erfaßt werden, lösen 0,1 n NaOH und Ca-Laktat-Lösung vorwiegend Al- und Fe-Phosphate in freier und okkludierter Form sowie org. P-Verbindungen. 3. Zwischen den Saunder-Werten und den Laktat-Werten ergab sich eine positive Korrelation ($r = +0{,}449^{***}$), keine Beziehung ließ sich dagegen zwischen diesen Methoden und den Truog-Werten ermitteln. Durch Ableitung eines geeigneten Grenzwertes für die Laktat-Methode (vorläufig 3,5 mg P_2O_5/100 g Boden) ergab sich zwischen dieser und der Truog-Methode in 92% der Fälle eine übereinstimmende Beurteilung. 4. Alle nach verschiedenen Methoden ermittelten Werte des verfügbaren P stiegen mit dem Total-P-Gehalt des Bodens an. Alle vertisolartigen Böden und der größte Teil der fersiallitischen und ferrallitischen Böden können als „gut mit P versorgt" eingestuft werden; der untersuchte Reisfeldboden weist dagegen deutlichen P-Mangel auf. 330.

2-68/09-0147 Ponnamperuma, F. N., Tianco, Estrella M. und Loy, Teresita; Los Banos, Laguna, Philippines, Internat. Rice Res. Inst. Redox equilibria in flooded soils. I. The iron hydroxide systems. (**Redoxgleichgewichte in überfluteten Böden. 1. Mitt. Die Eisenhydroxid-Systeme.**) Soil Sci. **103** (1967) Nr. 6. S. 374-382. — 1 Abb., 1 Tab., 36 Lit.

Auf Grund einer Literaturübersicht sowie eigener thermodynamischer Berechnungen weisen Vff. nach, daß in o. g. Böden theoretisch die Fe-Hydroxid-Redox-Systeme $Fe(OH)_3$ — Fe^{2+}; $Fe(OH_3)$ — $Fe_3(OH)_8$; $Fe_3(OH)_8$ — Fe^{2+}; $Fe(OH)_3$ — $Fe(OH)_2$ und $Fe_3(OH)_8$ — $Fe(OH)_2$ möglich sind, von denen die 3 erstgenannten und unter ihnen wiederum die metastabile Verbindung $Fe_3(OH)_8$ in der Hauptsache vorkommen dürften. Diese mathematisch-theoretische Ableitung wird durch Untersuchungen an 33 Böden, die hinsichtlich systematischer Stellung, Körnung, pH und org. Subst. beträchtlich voneinander differieren, bestätigt. Die Bildung von $FeCO_3$, $Fe_3(PO_4)_2 \cdot 8\,H_2O$ und FeS kann ebenfalls erfolgen, sofern größere Mengen dieser Anionen vorhanden sind. H. Kretschmer. 330.

2-68/09-0148 Turner, R. C.; Ottawa, Ontario, Canada Dep. of Agric. Aluminium removed from solution by montmorillonite. (**Aluminiumentzug aus Lösung durch Montmorillonit.**) Canad. J. Soil Sci. **47** (1967) Nr. 3. S. 217-222. — 3 Abb., 1 Tab., 11 Lit.

Spez. vorbehandelte Fraktionen $< 2\,\mu m$ von Wyoming- und Arizona-Bentoniten wurden in wäßrigen Suspensionen mit Lösungen von $AlCl_3$ und $Ca(OH)_2$ so gemischt, daß die Cl-Endkonz. stets 0,02 n betrug. Nach gestaffelter Reaktionszeit bis zu 4 d (in wenigen Varianten bis zu 270 d) wurde der Ton abzentrifugiert, gewaschen und mit 2 n NaCl-Lösung extrahiert. Ein Aliquot des Extrakts wurde auf Al untersucht, ein weiteres Aliquot mit 0,01 n NaOH-Lösung bis pH 8,3 titriert. — Die Titrationskurven enthielten zwischen pH 4 und 5 eine deutliche Pufferzone. Wurden $AlCl_3$ und $Ca(OH)_2$ vor Zugabe des Tons gemischt, erschien eine weitere Pufferzone um pH 6. Vf. folgert, daß es sich hierbei um positiv geladene polymere Al-Ionen handelt. H. Kretschmer. 330.

2-68/09-0149 Černavina, I. A. Sovremennye predstavlenija o fiziologo-biochimičeskoj roli mikroėlementov. (**Moderne Anschauungen über die physiologisch-biochemische Rolle der Spurenelemente.**) Naučnye doklady vysšej školy. Biologičeskie nauki, Moskva **10** (1967) Nr. 11. S. 136-151. — 2 Abb., 21 Lit.

Ausgehend von der Feststellung, daß das Wesen eines wichtigen biochem. Prozesses nicht ohne allseitige Untersuchung der Spurenelemente (Sp.) bis zu Ende gelöst werden kann, gibt Vf. einen Überblick über den Wirkungsmechanismus und die biochem. physiol. Rolle der Sp. Insbes. werden die Bindungsformen der Sp. und ihre Rolle bez. wichtiger Fermentsysteme behandelt. Ausführlich diskutiert Vf. die Bedeutung von B, Mo, Mn, Cu und Fe für verschiedene physiol. Prozesse und den damit verbundenen Fermentsystemen. G. Graul. 330.

2-68/09-0150 Porter, Lynn K.; Fort Collins, Colo., U. S. Dep. of Agric., A.R.S. Factors affecting the solubility and possible fractionation of organic colloids extracted from soil and leonardite with an acetone-H_2O-HCl solvent. (**Faktoren, die die Löslichkeit und mögliche Fraktionierung von organischen Kolloiden, die aus dem Boden und Leonardit mit Azeton-Wasser-Salzsäure extrahiert werden, beeinflussen.**) J. agric. Food Chem. 15 (1967) Nr. 5. S. 807–811. — 1 Abb., 3 Tab., 29 Lit.

Es wird der Versuch unternommen, die Löslichkeitseigenschaften kolloidaler org. Bodensubst. mit denen von chem., hochpolymeren Verbindungen zu vergleichen. Dazu werden zunächst Löslichkeitsparameter für Lösungsmittel theoretisch abgeleitet und die Begriffe polare bzw. unpolare Lösungsmittel und Wasserstoff-Bindung erklärt. Die kolloidalen org. Säuren eines Loveland-Bodens und aus Leonardit (eine kohleähnliche Subst.) werden mit einer Mischung aus Azeton-H_2O-HCl extrahiert. Bei Anwendung dieses Gemisches tritt keine Alterung der Kolloide ein. Der Extrakt wird dialysiert. Durch Abdampfen des Lösungsmittels werden die reinen Kolloide gewonnen. Ihr Löslichkeitsverhalten wird in vielen org. Lösungsmitteln und -gemischen untersucht. Die Leonardit-Kolloide werden am besten durch Lösungsmittel mit einer mittleren Anzahl an H-Bindungen und einem Löslichkeitsparameter von 10,8···12,1 gelöst. Die Bodenkolloide zeigen eine ähnliche Tendenz, sind jedoch auf Grund ihres höheren Aschegehaltes etwas weniger gut löslich. Durch Zusatz von Wasser bzw. Äthanol und HCl nimmt die Löslichkeit beider Kolloidarten zu, da sich wahrscheinlich die Kapazität der Wasserstoff-Bindungen erhöht. Die verschiedenen org. Lösungsmittel bzw. ihre Gemische können auch zur Fraktionierung der Kolloide verwendet werden. J. Lehfeldt. 330.

2-68/09-0151 Abueva, A. A. Dejstvie 2,4-D na počvu i rastenija pri vnesenii udobrenij. (**Die Wirkung von 2,4-D auf Boden und Pflanze bei Düngemittelverabreichung.**) Izvestija, Timirjazevskoj sel'skochozjajstvennoj akademii, Moskva **1967** Nr. 6. S. 103–113. — 7 Abb., 6 Tab., 26 Lit. Zus. in Engl.

Vf. berichtet über Labor-, Gewächshaus- und Freilandversuche mit 2,4-D zu Gerste, Hafer und Lein, über die durch Düngung (0,6 g N + 0,8 g P_2O_5 + 0,5 g K_2O/7 kg Boden im Gefäßversuch; 3,0 dt/ha Superphosphat + 1,5 dt/ha KCl + 1,0 dt/ha NH_4NO_3 im Freilandversuch) beeinflußte Wirkungsdauer und Einwirkung auf die Dynamik der N-Verbindungen im Boden. Die Toxizität gegenüber Lein ging unter optimalen Aufzuchtbedingungen und Düngung nach 1 Woche (3,0 kg/ha 2,4-D) bzw. nach 3 Wochen (5 kg/ha 2,4-D) verloren. Im Freilandversuch hing die Wirkungsdauer stark von Bodenfeuchtigkeit, Temperatur u. a. Bedingungen ab. Auch hier beeinträchtigte die Düngung ebenfalls die Herbizidwirksamkeit bedeutend. Frühzeitige Applikation (19 d vor Aussaat) vernichtete die Unkräuter zu 80···90%, wobei die toxische Wirkung von 2,4-D (3,0 und 5,0 kg/ha) nach NPK-Düngung größer als nach PK-Düngung war. Die Entwicklung der ammonifizierenden und nitrifizierenden Bodenmikroorganismen verstärkte sich unter dem Einfluß von 2,4-D, gleichzeitig erhöhte sich der Gehalt an verfügbarem N im Boden zu Lasten schwer abbaubarer N-Verbindungen. Bes. intensive N-Mineralisierung wurde bei gleichzeitiger Zugabe von 2,4-D und $(NH_4)_2SO_4$ beobachtet. Der verabreichte N blieb längere Zeit für die Pflanzen verfügbar. P. Stoß. 330.

2-68/09-0152 Guljakin, I. V., Dergunov, I. D. und Moroz, V. D. Povedenie radioaktivnych produktov delenija v nekotorych počvach serozemnoj zony Uzbekistana. (**Das Verhalten der radioaktiven Spaltprodukte in einigen Böden der Grauerdezone von Usbekistan.**) Izvestija Timirjazevskoj sel'skochozjastvennoj akademii, Moskva **1968** Nr. 1. S. 84–93. — 10 Tab., 14 Lit. 330.

2-68/09-0153 Vinayak, C. P., Mehta, K. M. und Seth, S. P. Manganese status of Rajasthan soils. (**Manganhaushalt von Rajasthan-Böden.**) Soil Sci. Plant Nutrit., Tokyo **13** (1967) Nr. 6. S. 201–205. — 3 Tab., 15 Lit. Orig.: engl. 330.

2-68/09-0154 Bladel, Robert van und Laudelout, Henri; Löwen, Belgium, Univ. Apparent irreversibility of ion-exchange reactions in clay suspensions. (**Scheinbare Irreversibilität von Ionenaustauschreaktionen in Tonsuspensionen.**) Soil Sci. **104** (1967) Nr. 2. S. 134–137. — 4 Abb., 10 Lit.

Mit Hilfe der Gleichgewichtsdialyse-Methode wiesen Vff. an 1%igen Suspensionen von Camp-Berteau-Montmorillonit nach, daß bei Austausch von Ammonium am homoionischen Tonmineral gegen Mg oder Ba die Gestalt der Austauschisotherme durch die Konz. der austauschenden Ionen verändert wird. Mit zunehmender Konz. der Ionen (5···25 mval/l) nahmen die Isothermen mehr und mehr eine geradlinige Form an, wobei zwischen Mg und Ba keine grundsätzlichen Unterschiede bestanden. — Vff. deuten diese Ergebnisse dahingehend aus, daß die gefundene scheinbare Irreversibilität bei derartigen Austauschreaktionen eine Berechnung der Ionenaktivitäten in solchen Elektrolytmischlösungen überflüssig macht. H. Kretschmer. 332.

2-68/09-0155 Shainberg, I. und Dawson, J. E.; Ithaca, N. Y., Cornell Univ., Dep. of Agronomy. Titration of H-clay suspensions with salt solutions. (**Titration von H-Tonsuspensionen mit Salzlösungen.**) Proc. Soil Sci. Soc. America **31** (1967) Nr. 5. S. 619–626. — 5 Abb., 16 Lit.

Vff. gehen davon aus, daß hinsichtlich potentiometrischer und konduktometrischer Titrationen saurer Tonsuspensionen in der Lit. über eine Reihe experimenteller Anomalien berichtet wird. Sie weisen nach, daß diese Anomalien durch Titration von bes. präpariertem H-Bentonit (KWK-Volclay) mit 0,15 n Lösungen von NaOH bzw. $Na_2B_4O_7$, $NaOOCCH_3$, NaOOCH und $NaNO_2$ vermieden werden können. Während der kontinuierlichen Titration werden pH und Leitfähigkeit abgelesen, wenn Konstanz dieser Werte für 3 min vorliegt. Jede Titration ist innerhalb von 30 min abzuschließen bei Temperaturschwankungen < 1 °C. — Die Titration mit $Na_2B_4O_7$ führte zu dem Wert für die permanente negative Nettoladung, gleichgültig, ob austauschbares Al zugegen war oder nicht. Aus OH-Gruppen abspaltbare H-Ionen wurden damit nicht erfaßt. Austauschbares Al wurde, wenn es zugegen war, titriert, jedoch wurde kein Aluminat gebildet. Die Titration mit den anderen Agenzien ergab die negative Nettoladung nur bei Abwesenheit von austauschbarem Al. — Vff. besprechen nun die Eigenheiten aller Agenzien. Z. B. werden durch $NaOOCCH_3$-Titration austauschbare Al-Ionen nicht erfaßt, so daß aus der Differenz zur $Na_2B_4O_7$-Titration auf den Gehalt an austauschbarem Al geschlossen werden kann. H. Kretschmer. 332.

2-68/09-0156 Villiers, J. M. de und Jackson, M. L.; Madison, Wis., Univ., Dep. of Soil Sci. Aluminous chlorite origin of pH-dependent cation exchange capacity variations. (**Bildung aluminierten Chlorits auf Grund pH-abhängiger Kationenaustauschkapazitätsänderungen.**) Proc. Soil Sci. Soc. America **31** (1967) Nr. 5. S. 614–619. — 3 Abb., 3 Tab., 23 Lit.

Die Fraktion $< 2\,\mu m$ von gereinigtem südafrikanischem Vermikulit wurde in 0,4%iger wäßriger Suspension mit 0,02···0,04 mol. Hydroxy-Al-Lösungen (OH/Al-Verhältnis 2,0 bis 2,5) portionsweise (5 ml/min) versetzt (insgesamt 1 l). Nach 2 d wurde in einer Suspension mit dem OH/Al-Verhältnis 2,0 durch NaOH-Zugabe dieses Verhältnis auf 2,5 gebracht. In einer weiteren Variante wurde Vermikulit sofort mit 1 l Hydroxy-Al-Lösung zusammengebracht. Nach 5 Wochen wurden alle Suspensionen gewaschen (mit n NaCl-Lösung zur Entfernung eines Teils des leicht austauschbaren Al, mit H_2O und mit Methanol-Azeton) und in H_2O suspendiert. In Teilproben wurden bei pH 4; 5; 6; 7; 8,5 und 11 Kationenaustauschkapazität und K-Fixierung bestimmt. — Je nach Vorbehandlung des Vermikulits waren 20···50% der Kationenaustauschkapazität durch Hydroxy-Al-Polymere blockiert (bes. bei der letztgenannten Variante), wobei mit steigendem pH allg. eine Abnahme der Al-Blockierung eintrat. Die Kationenaustauschkapazität stieg mit dem pH an (max. Wert von 117 mval/100 g wurde durch kurze Behandlung mit 2%iger Na_2CO_3-Lösung erhalten). Vff. führen dies bes. auf „Depronotation" eckständiger $AlOH_2$-Gruppen zurück und sehen in diesen Befunden eine Erklärung für die von Böden her bekannte pH-abhängige Veränderung der Kationenaustauschkapazität. H. Kretschmer. 332.

2-68/09-0157 Barnhisel, R. I. und Rich, C. I.; Lexington, Ky., Univ., Agronomy Dep. Clay mineral formation in different rock types of a weathering boulder conglomerate. (**Tonmineralbildung in verschiedenen Gesteinstypen eines verwitternden Gesteinskonglomerats.**) Proc. Soil Sci. Soc. America 31 (1967) Nr. 5. S. 627–631. — 4 Abb., 2 Tab., 22 Lit.

Im Gebiet der Staatsstraßen 621 und 360 in Chesterfield County, Virginia, wird der Einfluß des Muttergesteins (Konglomerate aus Quarzit, Granite, Gneis und Gabbro) unter weitgehend einheitlichen Umweltbedingungen (Klima, Vegetation, Relief, Alter) auf die Tonmineralbildung untersucht. Das Bodenprofil wird als Mayodan fine sandy loam, Typic Hapludult, clayey, mixed, thermic bezeichnet (700 mm Niederschlag, 4 °C Januartemperatur, 25 °C Julitemperatur). Die Proben stammen aus 140···160 cm Tiefe (C2-Horizont). — Korngrößenzusammensetzung, chem. Kenndaten und Tonmineralzusammensetzung von

5 aufgeführten Proben sind außerordentlich heterogen. Bei den Tonmineralen dominieren i. allg. Kaolin (Kaolinit + Halloysit) und teils Montmorillonit. Quarz ist in jeder Probe enthalten (10···45%). Na- und K-Feldspäte der Granite und Gneise verwittern allg. zu Kaolinen, während die Minerale des Gabbros sich in Richtung Montmorillonit entwickeln. Dementspr. ergeben sich signifikante Differenzen in der Kationenaustauschkapazität. Das dominierende Kation ist Al^{3+}. H. Kretschmer. 332.

2-68/09-0158 Gardiner, M. J. und O'Callaghan, J. P.; Kinsealy, Malahide, An Foras Taluntais, Soils Div. Studies of the clay minerals of Irish soils. Influence of pedogenic factors on the clay minerals status of County Wexford soils. (**Untersuchungen über Tonminerale irischer Böden. Einfluß pedogener Faktoren auf den Tonmineralzustand von County-Wexford-Böden.**) Sci. Proc. Roy. Dublin Soc., Ser. B **2** (1967) Nr. 11. S. 87-97. — 3 Tab., 17 Lit.

Der Einfluß des Muttergesteins und der Durchlässigkeitsverhältnisse auf Zustand und Verteilung von Tonmineralen im Profil wurde an Böden der Assoziationen Clonroche (saalekaltzeitlich verlagertes ordovizisches Material, saure Braunerden, lehmig bis tonig-lehmig), Kiltealy (saalekaltzeitlich verlagertes granitisches Material, braune, podsolige Böden und Gleie, grobsandiger Lehm), Old Ross (saalekaltzeitlich verlagertes ordovizisches und granitisches Material, saure Braunerden und Gleie, grobsandiger Lehm bis sandiger Lehm), Ballindaggan (saalekaltzeitlich verlagerte Glimmer, saure Braunerden und Gleie, toniger Lehm, schluffiger Lehm), Screen (grobe Sande der Weichselkaltzeit, braune, podsolige Böden und Gleie), Hook Head (saalekaltzeitlich verlagerter Kalkstein, graubraune, podsolige Böden, Lehm), Rathangan (saalekaltzeitlich verlagertes kambrisches und anderes, feuersteinhaltiges Material, Pseudogleie, sandig-toniger Lehm) und Macamore (saalekaltzeitlich verlagertes, kalkhaltiges, marines Material, Pseudogleie, Lehm) untersucht. In allen Proben wurden illitische und kaolinitische Minerale gefunden. Chloritische, vermikulitische und montmorillonitische Minerale konnten in einigen Proben nicht nachgewiesen werden. Montmorillonitische Minerale traten stets bei basenhaltigem Ausgangsmaterial, schlechter Durchlässigkeit und bei Böden mit hohem Anteil an austauschbarem Mg auf. Das Vorhandensein von Kaolinit wird sowohl auf primäre Anwesenheit im Muttergestein als auch auf Verwitterungsneubildung zurückgeführt. H. Kretschmer. 332.

2-68/09-0159 Kornbljum, É. A. Izmenenija glinistych mineralov pri obrazovanii počv Volgo-Achtubinskoj pojmy. (**Veränderung der Tonminerale bei der Bodenbildung in der Wolga-Achtuba-Aue.**) Počvovedenie, Moskva **1967** Nr. 11. S. 107-122. — 4 Abb., 3 Tab., 42 Lit.

Vf. untersucht mit thermoanalytischen, röntgenograph., phys.-chem. und chem. Methoden die Fraktion $<$ 0,001 mm der wichtigsten Böden im o. g. Gebiet. Die Veränderungen der Tonminerale im Prozeß der Bodenbildung sind verhältnismäßig gering und beschränken sich auf eine gewisse Chloritisierung der Vorkolloidfraktion sowie eine Veränderung des Kristallisationsgrades. Ohne Zweifel sind die Veränderungen pedogenetisch bedingt. Morphol. sind diese Veränderungen an einer Verbraunung bzw. „Olivisierung" erkennbar. Das umfangreiche experimentelle Material wird in genetischer und tonmineralog. Hinsicht diskutiert. G. Graul. 332.

2-68/09-0160 Schnitzer, M. und Kodama, H.; Ottawa, Canada Dep. of Agric. Reactions between a podzol fulvic acid and Na-montmorillonite. (**Reaktionen zwischen einer Podsol-Fulvosäure und Na-Montmorillonit.**) Proc. Soil Sci. Soc. America **31** (1967) Nr. 5. S. 632-636. — 3 Abb., 3 Tab., 14 Lit.

Als Untersuchungsmaterialien dienten Montmorillonit $< 0{,}2\,\mu m$ aus Na-gesättigtem Wyoming-Bentonit und Fulvosäure aus dem Bh-Horizont eines sandig-lehmigen Podsols (Armdale soil) von der Prince-Edward-Insel, Kanada. Die Fulvosäure enthielt nach der Reinigung 2% Asche; ihr Na-Gehalt lag bei 0,22 und ihr Al-Gehalt bei 0,02%. Das Tonpräparat war schwach mit Kristobalit verunreinigt. 10···140 mg Fulvosäure wurden in 10 ml Wasser gelöst, mit 40 mg Ton versetzt (pH 2,3···2,5) und verschiedene pH-Bereiche mit NaOH eingestellt (Endvolumen 15 ml). Nach Schütteln bei Raumtemperatur wurde zentrifugiert und überstehende Lösung sowie Bodenkörper getrennt analysiert. — Die Fulvosäure-Adsorption verlief schnell und stieg mit dem Angebot an. Bei pH 2,5 adsorbierten 40 mg Ton bei 140 mg Fulvosäurezugabe max. 40,4 mg. Die $d_{0,01}$-Abstände des Montmorillonits erweiterten sich dabei von 9,9 auf 18,5 Å. Durch H_2O konnten 24, durch 0,1 n NaOH-

Lösung dagegen 93% wieder extrahiert werden. Aus weiteren experimentellen Befunden leiten Vff. ab, daß die Adsorption an inneren und äußeren Oberflächen erfolgte und daß die Fulvosäure meist undissoziiert oder schwach dissoziiert und nur zum geringen Teil als Na-Salz sorbiert wurde. Desorptionsversuche zeigten, daß mit der Verringerung des Zwischenschichtabstands um 1 Å etwa 3 mg Fulvosäure frei wurden. Bei pH 7 hingegen war kaum Fulvosäure adsorbiert worden; die Schichtabstände bewegten sich hier lediglich zwischen 9,9 und 10,5 Å. Vff. betonen deshalb, daß bei solchen Versuchen das pH berücksichtigt werden muß. An Hand von IR-Spektren diskutieren sie die möglichen Formen der Montmorilllonyt-Fulvosäure-Komplexe. H. Kretschmer. 332.

2-68/09-0161 Schnitzer, M.; Ottawa, Ontario, Canada Dep. of Agric., Soil Res. Inst. Humic-fulvic acid relationships in organic soils and humification of the organic matter in these soils. (**Das Verhältnis Humin-: Fulvosäuren in organischen Böden und die Humifizierung der organischen Substanz in diesen Böden.**) Canada. J. Soil Sci. 47 (1967) Nr. 3. S. 245-250. — 3 Tab., 5 Lit.

Extrahiert man die org. Subst. unterschiedlichen Zersetzungsgrades aus verschiedenen Bodenproben mit 0,5 n NaOH unter N_2, so korrelieren die nach dem Ansäuern erhaltenen Humin- und Fulvosäuren nicht signifikant mit der Pyrosphosphat-Löslichkeit. Ursache ist der hohe Salzgehalt im Extrakt, der ein Aussalzen der höhermol. Huminsäuren nach sich zieht. Um den Salzgehalt des Extraktes zu erniedrigen, werden die Proben erst mit einer verd. HCL-HF-Lösung vorbehandelt und dann mit 0,1 n NaOH extrahiert. Durch einen phys. Quelleffekt oder die Entfernung anorg. Bestandteile aus den Huminstoffen bewirkt die Vorbehandlung gleichzeitig die Extraktion einer größeren Menge an org. Substanz. Die nach Ansäuerung erhaltenen Fulvosäuren zeigen eine signifikant positive Korrelation (r = 0,52), die Huminsäuren eine negative Korrelation (r = 0,57) zur Pyrophosphat-Löslichkeit. Die Ergebnisse weisen darauf hin, daß ein Anwachsen der Humifizierung mit einer Zunahme des Fulvosäuregehaltes und einer Abnahme der Huminsäurekonz. verbunden ist. Der Hauptmechanismus der Humifizierung ist der oxydative Abbau, woraus letztlich die Bildung von Fulvosäuren aus Huminsäuren resultiert. J. Lehfeldt. 333.

2-68/09-0162 Schnitzer, M. und Hoffman, I.; Ottawa, Canada Dep. of Agric. Significance of cellulose components in the thermogravimetry of organic soils. (**Bedeutung von Zellulose-Komponenten bei der Thermogravimetrie von organischen Böden.**) Proc. Soil Sci. Soc. America **31** (1967) Nr. 5. S. 708-709. — 2 Abb., 4 Lit.

Von 9 unterschiedlich stark zersetzten Torfböden sowie aus daraus isolierter Holozellulose (= Gesamt-Kohlenhydrate), Zellulose und Lignin wurden thermogravimetrische Kurven aufgenommen. Ein Vergleich brachte signifikante Korrelationen zwischen der Höhe des 280 °C-Peaks für die Böden und ihren Zellulose- und Holozellulosegehalten. Dieser Peak wird auf die Pyrolyse der Zellulose-Komponenten der Böden zurückgeführt. K. Koepke. 333.

2-68/09-0163 Martin, J. P., Richards, S. J. und Haider, K.; Riverside, Calif., Univ.; Braunschweig, Landwirtsch. Forsch.-Anst. Properties and decomposition and binding action in soil of „humic acid" synthesized by Epicoccum nigrum. (**Eigenschaften und Abbau sowie Bindevermögen im Boden der durch Epicoccum nigrum synthetisierten „Huminsäure".**) Proc. Soil Sci. Soc. America **31** (1967) Nr. 5. S. 657-662. — 2 Abb., 2 Tab., 31 Lit.

Durch *Epicoccum nigrum* in Glukose-Asparagin oder Glukose-Pepton synthetisierte Huminsäure (HS) war im Boden weitgehend abbauresistent und verbesserte in Konz. von 0,1 bis 0,5% die Krümelbildung und die Wasserleitfähigkeit. Der C-Gehalt lag zwischen 53 und 59%. Der 6…8,5% betragende N-Gehalt war abhängig vom pH des Nährbodens. Gesamtazidität, COOH-Gruppen, phenolische OH-Gruppen, KUK und Molekulargewicht glichen denen von HS aus Boden und Torf. Nach reduktivem Abbau mit Na-Amalgam und Ansäuern bis pH 1 konnten im Ätherextrakt-Substanzmengen gewonnen werden, die 15…20% der säurehydrolysierbaren HS entsprachen. Darin konnten chromatograph. 14 Phenole aufgetrennt werden. Von dem HS-N wurden 30…48% durch Proteasen oder HCl-Hydrolyse freigesetzt. K. Koepke. 333.

2-68/09-0164 Orlov, D. S., Dubin, V. N. und El'kina, D. M. Piroliz i differencial'nyj termoanaliz gumusovych veščestv počvy. (**Pyrolyse und Differential-Thermoanalyse der Humusstoffe des Bodens.**) Agrochimija, Moskva **1968** Nr. 1. S. 68-77.

Die Untersuchungen wurden an Huminsäuren durchgeführt, die aus verschiedenen Bodentypen (Tschernosemen, Rasenpodsolboden, Grauerden, Aueböden) extrahiert wurden. Sie ergaben, daß es mit Hilfe der Differential-Thermoanalyse möglich ist, die Charakterisierung der Huminsäuren vorzunehmen und aliphatische Seitenketten, funktionelle Gruppen und aromatische Kerne zu unterscheiden. Bei der Pyrolyse konnte die rel. Beständigkeit der einzelnen Strukturelemente der Huminsäuren ermittelt werden. Die Huminsäuren zeichnen sich durch einen starken endothermen Effekt (bis 200 °C) aus, der von einem ersten exothermen Effekt bei 310···370 °C begleitet ist, wobei eine teilweise Dehydrierung und Dehydration eintritt. Exoeffekte bei niedrigen Temperaturen (400···500 °C) entsprechen der Zerstörung beständigerer Seitenketten, funktioneller Gruppen und einzelner zyklischer Gruppen. Reaktionen bei hohen Temperaturen werden durch die Pyrolyse der aromatischen Kerne hervorgerufen und sind mit der Abscheidung von C und dessen Oxydation verbunden. Huminsäuren aus Tschernosemen hatten eine höhere Beständigkeit gegen die Pyrolyse als Huminsäuren aus Rasenpodsolen. An Hand der Thermogramme konnten auch Veränderungen der Huminsäuren in den Horizonten eines Bodenprofiles verfolgt werden.
H. Winkler. 333.

2-68/09-0165 Wang, Thomas S. C., Cheng, San-Yao und Tung, Helen; Tainan, Taiwan Sugar Exper. Stat. Dynamics of soil organic acids. (**Dynamik der organischen Säuren im Boden.**) Soil Sci. **104** (1967) Nr. 2. S. 138–144. — 26 Tab., 24 Lit.
Vff. untersuchten die Dynamik der org. Säuren in verschiedenen Böden unter aeroben und anaeroben (stark wassergesättigten) Bedingungen nach Zufuhr frischer Blätter von *Crotalaria juncea* (5 g/100 g Boden) und von Zuckerrohrblättern (1,5 g/100 g Boden). Die org. Säuren wurden mit einem Extraktionsmittel nach Wang und Shickluna extrahiert, die aliphatischen Säuren mit Hilfe eines Gaschromatographen bzw. der Hochspannungselektrophorese und die phenolischen Säuren papierchromatograph. bestimmt. Bewurzelten, in Nährlösung wachsenden Zuckerrohrstecklingen wurden aliphatische Säuren in unterschiedlicher Konz. appliziert, um ihre Wirkung auf das Pflanzenwachstum zu testen. Die Konz. flüchtiger org. Säuren (insbes. Essigsäure, Propionsäure, Buttersäure) stieg bes. unter anaeroben Bedingungen nach Zufuhr von *C. juncea* an, war aber bereits nach 28täg. Inkubation stark zurückgegangen. Auf die Bildung nichtflüchtiger aliphatischer und phenolischer Säuren übten sowohl die Bodenart, das Pflanzenmaterial als auch die Belüftung einen unterschiedlich starken Einfluß aus. Diese Verbindungen wurden während der 2mon. Inkubationszeit wenig oder gar nicht abgebaut. Das Wachstum des Zuckerrohrs in der Nährlösung wurde etwas gehemmt durch Monokarbonsäuren und gefördert durch Hydroxy- und Dikarbonsäuren. H. Igel. 333.

2-68/09-0166 Paruškov, Georgi; Sofia, Dimitrov-Hochschule für Landwirtsch., Lehrstuhl für Kleintierzucht. Vlijanie na carevicata i njakoi okopni bobovi rastenija vŭrchu izmenonijata na organičnoto veštestvo v smolnicata. (**Einfluß des Maises und einiger Hülsenhackfrüchte auf die Veränderung der organischen Substanz in Smolnitza-Böden.**) Naučni trudove. Visš selskostopanski institut „Georgi Dimitrov". Zootechničeski fakultet, Sofija **18** (1967) S. 221–229. — 1 Abb., 3 Tab., 27 Lit. Zus. in Russ., Dtsch. — nach Zus.
1961–62 wurden Feld- und Laboruntersuchungen im Zusammenhang mit den Veränderungen der org. Subst. in Smolnitza-Böden beim Anbau einiger Hülsenhackfrüchte unter den klimatischen Verhältnissen der Sofioter Gebietes ausgeführt. Es wurde festgestellt: 1. Die org. Subst. ist aus 3 Fraktionen zusammengesetzt, deren Anteile im Boden unterschiedlich sind. 2. Beim Anbau von Hackfrüchten ändert sich die org. Subst.; diese Veränderungen weisen bei verschiedenen Pflanzenarten die gleichen Tendenzen auf, treten jedoch unterschiedlich stark in Erscheinung. 333.

2-68/09-0167 Yuan, T. L., Gammon jun., Nathan und Leighty, R. G.; Gainesville, Florida Agric. Exper. Stat. Relative contribution of organic and clay. fractions to cation-exchange capacity of sandy soils from several soil groups. (**Der relative Anteil der organischen Fraktion und der Tonfraktion an der Kationenaustauschkapazität von Sandböden verschiedener Bodentypen [Soil groups].**) Soil Sci. **104** (1967) Nr. 2. S. 123–128. — 4 Tab., 12 Lit.
Mit Hilfe der einfachen und multiplen Regression bestimmten Vff. den Anteil der org. Subst. und der Tonfraktion an der Kationenaustauschkapazität (I) in verschiedenen Sandböden (der "7th Approximation" entspr. unterteilt in Soil Order, Suborder, Group und Family). Es ergaben sich in allen Gruppen hochsignifikante Korrelationen sowohl zwischen dem Gehalt

an org. Subst. und der I als auch zwischen dem Tongehalt und der I, wobei im ersten Fall der Korrelationskoeffizient bedeutend höher lag. Aus der multiplen Regressionsgleichung ergab sich, daß je g org. Subst. die I in den Inceptisols, Spodosols, Entisols und Mollisols um 1,38; 1,50; 1,87 und 1,97 mval zunahm, je g Ton dagegen nur um 0,90; 0,21; 0,58 und 1,28 mval. H. Igel. 335.

2-68/09-0168 Gančev, S. Silno kiselinnijat charakter na počvenija adsorbent i pH na počvata. **(Stark säurehaltiger Charakter des Bodenadsorbenten und der pH-Wert des Bodens.** Počvoznanie i agrochimija, Sofija **2** (1967) Nr. 5. S. 11–20. — 5 Abb., 2 Tab., 18 Lit. Zus. in Russ., Engl.
Im Bodenadsorptionskomplex bestehen stark saure Austauschpositionen neben schwach sauren Hydrooxiden. Dieser Doppelcharakter säureähnlicher Reaktion des Adsorbenten erscheint differenziert in Korrelationen zwischen pH des Bodens und Grad der Basensättigung. Der Mechanismus dieser Korrelation drückt sich auf dem Gebiete des starken Azidoids in der Titrationskurve seines hydrolytischen sauren Salzes mit Austausch-Al und im Gebiete des schwachen Azidoids im Puffersystem seiner Wasserstoff- und Basenform aus. Infolge des unterschiedlichen Mechanismus der Korrelationen wird der Ablauf von den Mengenanteilen stark azidoider und schwach azidoider Austauschpositionen und durch sie von den Strukturen der Tonminerale bestimmt. Auf dieser Grundlage wurden in B-Horizonten podsolierter Böden des Landes stärker azidoide Positionen gefunden als im A-Horizont. NRB/CSNTI. 335.

2-68/09-0169 Beckett, P. H. T. und Nafady, M. H. M.; Oxford, England, Soil Sci. Labor. Effect of K release and fixation on the ion-exchange properties of illite. (**Wirkung der K-Freisetzung und -Fixierung auf die Ionenaustauscheigenschaften von Illit.**) Soil Sci. **103** (1967) Nr. 6. S. 410–416. — 4 Abb., 4 Tab., 23 Lit.
Vff. verwenden als Ausdruck für die Intensität (Verfügbarkeit) von K den Ausdruck $a_K/\sqrt{a_{Ca}}$ und als Ausdruck der Quantität den Quotienten K_{ex}/Ca_{ex}. Da in den meisten landwirtsch. Böden $K_{ex} \ll Ca_{ex}$ ist, ziehen Änderungen von K_{ex} nur insignifikante Änderungen von Ca_{ex} nach sich, das deshalb vernachlässigt werden kann. Zur Erstellung der Austauschisotherme kann demzufolge K_{ex} gegen $a_K/\sqrt{a_{Ca}}$ aufgetragen werden (Q/I-Verhältnis). Vff. stellen nun fest, inwieweit K-Freisetzung und -Fixierung bei einem Standard-Ca-Illit Einfluß auf das Q/I-Verhältnis haben. K-Freisetzung, die einem 5···15jähr. Ernteentzug entsprach, veränderte das Q/I-Verhältnis nur unwesentlich. Dagegen führte Entfernung von Illit-Zwischenschicht-K entspr. ca. 100 Ernten zu erheblichen Änderungen des Q/I-Verhältnisses. Diese Änderungen glichen etwa dem Unterschied im Q/I-Verhältnis zwischen K-gedüngten und K-ungedüngten Parzellen des 120jähr. Broadbalk-Dauerversuches.
H. Kretschmer. 335.

D. Bodenphysik

2-68/09-0170 Zajcev, B. D. Opyt ustanovlenija količestvennoj zavisimosti meždu veličinami soderžanija organičeskogo veščestva i ob-emnogo vesa verchnich gorizontov lesnoj podzolistoj počvy. (**Versuch zur Aufstellung einer quantitativen Abhängigkeit zwischen den Werten für den Gehalt an organischer Substanz und denen der Dichte in oberen Horizonten des Waldpodsolbodens.**) Počvovedenie, Moskva **1967** Nr. 12. S. 136–138. — 1 Tab. Zus. in Engl.
Von Waldpodsolboden auf schwerem moränigem mit Sand vermischtem Lehmboden in der Nähe von Fichtenanpflanzungen wurden vom Vf. 45 Proben zur Bestimmung des Gehalts an org. Subst. (x) und Dichte (y) aus den Horizonten A_0 (grober Humus) und A_1 entnommen. Bei Ähnlichkeit der wesentlichen Bodenbildungsfaktoren wurden auf begrenzten Territorien dieses Bodentyps bedeutende Schwankungen in den Gehalten für x festgestellt. x wurde im A_0- durch Glühverlust und im A_1-Horizont nach der Methode von Knop ermittelt. — Quantitativer Ausdruck des gefundenen Abhängigkeitsverhältnisses wird in den Werten für die Korrelationskoeffizienten (R) und den Größen der Regressionsgleichungen gesehen, die aus x und y errechnet wurden. — A_0-Horizont: $R = -0{,}73$; Regressionsgleichung: $y = 0{,}32 - 0{,}002\ A_1$. A_1-Horizont: $R = -0{,}81$; Regressionsgleichung: $y = 1{,}42 - 0{,}093\ x$. E. Schikora. 344.

2-68/09-0171 Varnavskaja, N. V., Ilovajskaja, N. N. und Moldavanova, E. Ch. Nekotorye dannye opyta s iskusstvennymi strukturoobrazovateljami počvy. (**Einige Ver-**

suchsangaben über künstliche Bodenstrukturbildner [BVM].) Doklady Akademii nauk Tadžikskoj SSR, Dušanbe **10** (1967) Nr. 7. S. 46–48. — 2 Tab., Orig.: russ.

Vff. berichten über 3jähr. Feldversuche zur Wirksamkeit von BVM auf ausgelaugtem Salzboden. Als BVM wurden Polyakrylamid (PAA) und ein schwach paraffinäres Erdölprodukt „Kim" mit hohem Anteil an Teer, Asphalt und aromatischen Kohlenwasserstoffverbindungen verwendet. PAA wurde in 3 verschiedenen Konz. auf Versuchsparzellen mit schweren Lehmböden, „Kim" in ebenfalls 3 verschiedenen Konz. auf Parzellen mit mittleren Lehmböden ausgebracht. Die Parzellen wurden mit Baumwolle, Sorte 108F, bestellt. Nach dem geschlossenen Aufgang entwickelten sich die Pflanzen auf den behandelten Parzellen bedeutend besser als auf den Kontrollparzellen. Große Unterschiede traten in Pflanzenhöhe (5···25 cm), Anzahl der Samenkapseln pro Pflanze (2··6 Stck.) und mittlerem Gewicht der Samenkapseln (0,4···1,4 g) auf. Auch die lufttrockene Wurzelmasse war größer. Diese Unterschiede waren bei den hohen Konz. der BVM am größten. Das Bodengefüge blieb über die 3 Versuchsjahre konstant, aber ihre Dynamik änderte sich. PAA ergab mehr wasserhaltende Bodenkrümel als das Erdölprodukt, aber „Kim" erzeugte stabilere Krümel. A. Jäger. 344.

2-68/09-0172 Taylor, H. M., Roberson, G. M. und Parker jun., J. J. Cotton seedling taproot elongation as affected by soil strength changes induced by slurrying and water extraction. **(Beeinflussung der Pfahlwurzelverlängerung von Baumwollsämlingen durch Bodendichteveränderungen, die durch Aufschlämmen und Wasserbehandlung erzeugt wurden.)** Proc. Soil Sci. Soc. America **31** (1967) Nr. 5. S. 700–704. — 3 Abb., 3 Tab., 12 Lit. 344.

2-68/09-0173 Chung, T. J. und Parcher, J. V. Effect of anisotrophy on soil strength parameters. **(Einfluß der Anisotropie auf Bodenwiderstandskennwerte.)** Stillwater: Oklahoma State Univ. 1967. (VI, 21 S.) 4° = Engng. Res. Bull., Oklahoma State Univ., Publ. No. 151. (SR 3491, 151) 344.

2-68/09-0174 Kulik, V. Ja. Issledovanie vpityvanija vody v počvu na osnove teorii razmernosti. **(Erforschung der Wasserbewegung im ungesättigten Boden in der Theorie und in Experimenten.)** Gosudarstvennyj gidrologičeskij institut. Trudy, Leningrad **146** (1967) S. 74–100. — 2 Abb., 27 Lit.

Die Ergebnisse der aus Meßreihen im Laboratorium (an gestörten Proben) abgeleiteten mathematischen Berechnungen (insges. 129 Formeln) der Bodenwasserbewegung durch Über- und Unterdruck deckten sich mit den im ungestörten Ackerboden bestimmten Werten. Daraus wird eine Infiltrationstheorie abgeleitet, die die Parameter Kapillarität und Durchlässigkeit benötigt. Die Arbeit gliedert sich in 2 Abschnitte, in denen jeweils die freie Infiltration und die Infiltration bei Überdruck im gestörten und ungestörten Boden berechnet werden. R. Teipel. 346.

2-68/09-0175 Blagoveščenskij, È. N. Vlijanie rastitel'nosti na vlažnost' serozemnych i koričnevych počv. **(Einfluß des Pflanzenwachstums auf die Feuchtigkeit von Serosem- und braunen Böden.)** Doklady Akademii nauk Tadžikskoj SSR, Dušanbe **10** (1967) Nr. 6. S. 51–56. — 3 Abb., 2 Tab., 2 Lit. Orig.: russ.

Vf. führte Feuchtigkeitsmessungen auf Parzellen mit natürlicher Vegetation und mit Schwarzbrache durch. Die Versuchsparzellen lagen in der Serosem-Zone im Ljaur-Dangara-Gebiet und in der Zone des braunen Bodens nahe Tawil-Dar. Die Ljaurer Parzelle war vorwiegend mit Rispengras (*Poa blubosa*) und *Carex physoden* bewachsen, die den Boden zu 40···50% bedeckten. Die Vegetation auf der Tawil-Darer Parzelle war vom südlichen Steppentyp. Bartgras (*Andropogon ischaemum*) und Schmetterlingsblütler (*Glycirrhiza glabra*) bedeckten den Boden zu 90···100%. Jede Parzelle wurde in 2 Stücke aufgeteilt. Auf dem einen blieb der natürliche Bewuchs erhalten, auf dem anderen installierte man Kontrollblöcke, um die Migration der Bodenfeuchte zu untersuchen. Die Bestimmung der Bodenfeuchte nach der Wägemethode wurde in Ljaur 4mal und in Tawil-Dar 5mal im Jahr durchgeführt. Der Verlauf der Bodenfeuchte in den unberührten Parzellen und in den Parzellen mit den Kontrollblöcken wird angegeben. Der Feuchtevorrat der brachliegenden Parzellen war größer als der der bewachsenen. Die Feuchtewerte auf der Braunerde waren bedeutend größer. Der sommerliche Feuchteverlust durch das Pflanzenwachstum war doppelt so hoch. Der Bodenfeuchteverlust im feuchten europäischen Steppenklima geht im wesentlichen auf die Transpiration der Pflanzen zurück, unter den Bedingungen Mittel-

asiens herrscht die Bodenverdunstung vor. Der Bodenfeuchteverlust der brachliegenden Parzelle betrug bei braunem Boden 70% des Verlustes der bewachsenen Parzelle.
A. Jäger. 346.

2-68/09-0176 Glet, O. Hydrologické vlastnosti genetické řady hrědozemních půd na sprašovych substrátů. **(Hydrologische Eigenschaften der genetischen Reihe der Parabraunerden auf Lößbodensubstraten.)** Rostlinná Výroba **13** (40) (1967) Nr. 9. S. 917-934. — 1 Abb., 3 Tab., 12 Lit. Zus. in Russ., Engl., Dtsch.
Die vom pflanzenphysiol. Standpunkt aus betrachteten hydrophys. Eigenschaften der tonreichen Horizonte (nach Vf. Illuvialhorizonte) von typischen und gebleichten Parabraunerden, mäßigen Pseudoglei- und Pseudoglei-Parabraunerden von 9 Standorten Böhmens und Mährens erwiesen sich ungünstiger als die der tonarmen Horizonte (Eluvialhorizonte) (höhere Bodendichte, geringere Durchlüftung usw.). Vf. teilt noch Ergebnisse zur Wasserkapazität und Wasserkapillarität mit. ČSSR/ÚVTI. 346.

2-68/09-0177 Doneen, L. D. Quality of percolating waters. I. Properties of deep substrata materials in the West side of the San Joaquin Valley, California. **(Qualität von Sickerwässern. 1. Mitt. Eigenschaften des tiefen Untergrundmaterials im Westen des San-Joaquin-Tales, Kalifornien.)** Hilgardia, Berkeley/Calif. **38** (1967) Nr. 9. S. 285-305. — 9 Abb., 12 Tab., 10 Lit.
Vf. beschreibt die geol. und hydrol. Verhältnisse des untersuchten Gebietes und geht dabei auf die Veränderungen des natürlichen Wasserhaushaltes durch den stetig steigenden Bedarf ein. Es wird die Notwendigkeit erörtert, durch Kanäle und durch Ausnutzen unterirdischer Wasserreservoirs die Menge des zur Verfügung stehenden Wassers zu erhöhen. Man legte 19 Bohrungen in der Nähe des geplanten San-Luis-Kanals an und entnahm Proben aus Tiefen von 15···150 m (50···500 ft.), um die Zusammensetzung des Untergrundes, soweit sie Einfluß auf die Qualität des Perkolationswassers in den unterirdischen Speichern hat, zu studieren. Dabei stellte man einen Gehalt an lösl. Salzen von 0,2···10,4 mval/100 g Untergrundmaterial fest. Die Werte schwankten je nach Entnahmeort und -tiefe. Bes. große Unterschiede ergaben sich zwischen den Proben aus der Talachse und den Schwemmlandgebieten sowie zwischen Proben aus von der Kultivierung unberührten Gebieten und Kulturflächen. Ähnliche Differenzen in der Verteilung fand man für den Na-, Gips-, B- und Kalkgehalt sowie für die Kationenaustauschkapazität. G. Kley. 346.

2-68/09-0178 Tanji, K. K., Dutt, G. R., Paul, J. L. und Doneen, L. D. Quality of percolating waters. II. A computer method for predicting salt concentrations in soils at variable moisture contents. **(Qualität von Sickerwässern. 2. Mitt. Eine Computer-Methode zur Vorausberechnung der Salzkonzentration in Böden bei unterschiedlichen Feuchtigkeitsgehalten.)** Hilgardia, Berkeley/Calif. **38** (1967) Nr. 9. S. 307-318. — 1 Abb., 3 Tab., 15 Lit. 1. Mitt. vgl. vorst. Ref.
Es wird ein Computer-Programm entwickelt, das gestattet, aus bekannten Anfangswerten die theoretischen Gleichgewichtskonz. von Lösungen, undissoziiertem $CaSO_4$, der festen Phase des $CaSO_4 \cdot 2\,H_2O$ und die austauschbaren Kationen für beliebigen Feuchtigkeitsgehalt im Boden zu berechnen. Bisher existierte noch keine ausreichende Methode, um die Daten in einem Boden-Salz-System bei hohem Wassergehalt für Feldbedingungen umzurechnen. Das Programm benutzt als Grundlage die Ionenaktivität, das Löslichkeitsprodukt von $CaSO_4 \cdot 2\,H_2O$, die Dissoziationskonstante von $CaSO_4$ und die Kationenaustauschgleichungen. Die schnelle Durchführung des Programms erfolgt mit Hilfe von Iterationsmethoden. Obwohl das vorgestellte Programm noch auf die bisher genannten Aussagen beschränkt ist, läßt es sich leicht erweitern, um auch Aussagen über andere im Boden-Wasser-System ablaufende chem. Reaktionen zu machen. G. Kley. 346.

2-68/09-0179 Tanji, K. K., Doneen, L. D. und Paul, J. L. Quality of percolating waters. III. The quality of waters percolating through stratified substrata, as predicted by computer analyses. **(Qualität von Sickerwässern. 3. Mitt. Die Qualität von durch einen geschichteten Untergrund gesickerten Wassersorten, wie sie mit Hilfe einer Computer-Analyse vorausgesagt wurde.)** Hilgardia, Berkeley/Calif. **38** (1967) Nr. 9. S. 319-353. — 17 Abb., 11 Tab., 14 Lit. 2. Mitt. vgl. vorst. Ref.
Ein von Dutt und Tanji (1962) entwickeltes Programm zur Berechnung der Zusammensetzung des durch eine ungeschichtete, anfänglich lufttrockene Bodensäule gesickerten Wassers wird erweitert und den spez. Bedingungen des Untersuchungsgebietes angepaßt

(geschichteter Untergrund, bestimmter Anfangs- und Endgehalt an Wasser). Vff. beschreiben ausführlich die theoretischen Grundlagen und Voraussetzungen, die zur Aufstellung des Programms führten. Menge und Art der gelösten Stoffe im Perkolat hängen ab von der Salzverteilung in den verschiedenen Tiefen, der Löslichkeit der amorphen Salze und Minerale, dem Ionenaustausch und der Hydrolyse der weniger lösl. Substanzen. Das für den Computer IBM 7070 entwickelte Programm besteht aus 2 Unterprogrammen. Im 1. Unterprogramm werden die Prozesse untersucht, die während der Bewässerung der Bodensäule von oben in Abhängigkeit vom jeweiligen Feuchtigkeitsgehalt ablaufen, noch bevor das Perkolat aus dem Boden ausfließt. Das 2. Unterprogramm enthält die phys.-chem. Prozesse. Hiermit lassen sich Zusammensetzung des Wassers im Profil und Endkonz. des Sickerwassers voraussagen. Es werden die Ergebnisse der Untersuchungen an 3 Untergrundprofilen des San-Joaquin-Tales mit den vorausberechneten Werten verglichen und diskutiert.

G. Kley. 346.

2-68/09-0180 Bojanov, P., Tatarova-Krŭsteva, V. und Koleva, S. Vodno-vŭzdušen režim na izluženite kaneleni gorski počvi v Bŭlgarija. **(Der Wasser-Lufthaushalt ausgelaugter brauner Waldböden Bulgariens.)** Počvoznanie i agrochimija, Sofija 2 (1967) Nr. 5. S. 21–29. — 1 Abb., 9 Lit. Zus. in Russ., Engl.

Für die untersuchten braunen Waldböden ist vor allem charakteristisch, daß sie einen unterschiedlichen Wasserhaushalt besitzen. Vom pflanzenphysiol. Gesichtspunkt aus ist der konvergent-divergente Typ des Wasser-Lufthaushaltes günstig. Die Untersuchungen besitzen vorerst Orientierungscharakter und müssen fortgesetzt werden.

NRB/CSNTI. 346.

2-68/09-0181 Bugakov, P. S. und Šugalej, L. S. Peredviženie vlagi v vyščeločennom černozeme Krasnojarskoj lesostepi. **(Veränderung der Feuchtigkeit in ausgelaugtem Tschernosemboden der Krasnojarsker Waldsteppe.)** Naučnye doklady vysšej školy. Biologičeskie nauki, Moskva 11 (1968) Nr. 1. S. 116–123. — 3 Abb., 2 Tab., 10 Lit. 346.

E. Bodenbiologie

2-68/09-0182 Rawald, Wolfgang und Niemann, Eberhard. **Über bodenmikrobiologische und vegetationskundliche Untersuchungen im Naturschutzgebiet „Prinzenschneise“ bei Weimar.** Arch. Naturschutz Landschaftsforsch. 7 (1967) Nr. 3/4. S. 191–246. — 15 Abb., 8 Tab., 89 Lit. Zus. in Russ., Engl. — nach Zus.

In typischen Beständen zweier für Mittelthüringen repräsentativer Waldges. (*Galio-Carpinetum luzuletosum* und *Galio-Carpinetum primuletosum*) wurden unter klimatisch gleichen Bedingungen 5 bodenmikrobiol. Untersuchungsflächen angelegt, wobei neben naturnahen Formen der betr. Vegetationseinheiten jeweils eine anthropogen stark abgewandelte Form (Buchenforst, Fichtenforst) erfaßt worden ist. Ergänzend wurde ein Ackerstandort (*Caucalion*) hinzugezogen. An allen 6 Untersuchungsflächen wurden neben allg. ökol. Daten (Bodenaufbau, bes. Bodenkörnung; Dynamik der Bodenfeuchte und -temperatur; Humusgehalt, Humusqualität; Stickstoffhaushalt; Lufttemperaturen; Niederschläge) die bodenmikrobiol. Verhältnisse über mehrere Untersuchungsjahre erfaßt: Gesamtkeimzahlen, Keimzahlen physiol. und systematischer Gruppen von Bodenmikroorganismen, qualitative und quantitative Zusammensetzung der Mykofloren, bodenbiol. Aktivitäten (Atmungsintensität und enzymatische Aktivitäten) sowie der Abbau schwer lösl. und vor allem org. Subst. in den Böden. Im Ergebnis zeigen sich vielfach positive Beziehungen zur Differenzierung der Makrovegetation und zu verschiedenen Ebenen der Gesamt-Biogeozönosen, deren schärfere Fassung und Interpretation durch derartige Untersuchungen ermöglicht wird.

350.

2-68/09-0183 Vladimirova, O. V. Fosfatazna aktivnist' gruntovych aktynomicetiv. **(Die Phosphatase-Aktivität von Boden-Aktinomyceten.)** Mikrobiologičnyj žurnal, Kyïv **30** (1968) Nr. 1. S. 16–21. — Orig.: ukr.

Untersucht wurde diePhosphatase-Aktivität (I) von 38 aus verschiedenen Bodentypen isolierten Aktinomyzeten und deren Beeinflussung durch Medium, Alter und pH. Eine gewisse Fähigkeit zum Abbau org. P-Verbindungen konnte bei allen Vertretern beobachtet werden, wodurch I nicht als Kriterium für die taxonomische Einstufung in Frage kommt. Dessen ungeachtet traten jedoch erhebliche Unterschiede zwischen den einzelnen Stämmen auf. Die aktivsten Vertreter waren bei *Actinomyces globisporus* zu finden. Der optimale pH-Wert für das Erscheinen von Phosphatasen war i. allg. 7,0. Pepton und Phytin hatten eine starke Stimulation von I zur Folge. I war generell bei 7 Tage alten Kulturen am größten. H. Winkler. 350.

2-68/09-0184 Vedenjapina, P. Biologičeskaja toksičnost' svetlo-kaštanovych počv i ėffektivnost' azotobakterina. **(Die biologische Toxizität hellkastanienfarbiger Böden und die Effektivität von Azotobakterin.)** Kratkie izloženija dokladov k konferencii po itogam n.-i. raboty za 1965 g. **1965** S. 103–105.

Vieljährige Beobachtungen des Landw. Inst. Wolgograd ergaben, daß die Effektivität des Azotobakterins mit der Ökologie von *Azotobacter* in Zusammenhang steht. Dort, wo *A.* nicht nachzuweisen ist und folglich keine Voraussetzungen für seine Entwicklung bestehen, ist es nicht zweckmäßig, den Impfdünger anzuwenden, auch nicht in niederschlagsreichen Jahren. Die Entwicklung von *A.* im Boden hängt nicht nur von bodenklimatischen Bedingungen ab, sondern auch vom Vorhandensein von Mikroben-Antagonisten. Die antagonistischen Beziehungen ändern sich während des Jahresablaufs: In den wenig kultivierten Neulandböden der Transwolga findet man im Sommer und im Herbst bei geringer Feuchtigkeit eine hohe Stufe des Antagonismus. Mit Erhöhung der Feuchtigkeit verringert sich der Antagonismus. Auf Parzellen ohne Bewässerung waren im Herbst nur die Pilzantagonisten bemerkenswert, in der Variante mit Bewässerung waren es 57…65% (aus der allg. Anzahl ausgesonderter Stämme). Festgestellt wurde, daß Vergrößerung der Bodenfeuchtigkeit in hellkastanienfarbigen Böden bis 18% und Einbringung von Gründünger die Antagonisten einschränkt, ja sogar gänzlich verdrängt. In Feldversuchen zu Kartoffeln mit eingepflügter Gründüngung wurde *A.* geimpft und ergab zusätzlichen Ernteertrag von 19…31%. Bakterisierung ohne Düngung gab keine Erhöhung. SSSR/VINTISCh. 350.

2-68/09-0185 Il'ina, T. K. Vlijanie medi na razvitie azotfiksirujuščich mikobakterij pri ispol'zovanii molekuljarnogo i svjazannogo azota. **(Einfluß von Kupfer auf die Entwicklung von stickstoffbindenden Mykobakterien bei der Nutzung von molekularem und gebundenem Stickstoff.)** Mikrobiologija, Moskva **36** (1967) Nr. 6. S. 964–969.

Untersucht wurden der Einfluß von 13 bzw. 26 mcg Cu/l Medium in Gegenwart einer Mischung von Spurenelementen (Zn, Mn und B) bzw. von Mo und die N-Bindung durch *Mycobacterium flavum* 301 und *Mycobacterium roseo-album* 368. Während Cu in den angewendeten Mengen bei 301 die N-Bindung stimulierte, war das bei 368 nicht der Fall. Es trat teilweise eine Herabsetzung der fixierten N-Menge ein. In Gegenwart von $(NH_4)_2SO_4$ im Medium wurde der N-Gehalt der Zellen bei keinem Stamm durch keines der Spurenelemente beeinflußt. Vf. kommt zu der Schlußfolgerung, daß die Wirkung von bestimmten Mengen Cu auf die N-Bindung durch verschiedene Mikroorganismen unterschiedlich sein kann. Ein stimulierender Effekt von Cu ist nur dann zu beobachten, wenn das Wachstum auf N-freien Medien erfolgt, d. h. wenn mol. N ausgenutzt wird. Weiter wird festgestellt, daß Cu für die N-Bindung nicht essentiell ist. Cu kann Mo nicht ersetzen und ist offenbar auch keine Komponente des N-aktivierenden Fermentsystems der Mykobakterien. H. Winkler. 352.

2-68/09-0186 Mal'ceva, N. M. und Izžcurova, V. V. Azotfiksujuča zdatnist' oligonitrofil'nich bakterij. **(Die Fähigkeit zur Stickstoffbindung bei oligonitrophilen Bakterien.)** Mikrobiologičnyj žurnal, Kyïv **30** (1968) Nr. 1. S. 3–7. — Orig.: ukr., Ausz: russ.

363 Stämme von oligonitrophilen Bakterien wurden auf ihre Fähigkeit geprüft, auf N-freien flüssigen und festen Medien zu wachsen und N zu binden. Den Nährsubstraten wurden geringe Mengen von Hefeautolysat zugesetzt (15 mg N/l). Es wurden 2 Gruppen von oligonitrophilen Bakterien gefunden: N-bindende und N-nichtbindende. Bei der Mehrzahl der N-bindenden Vertreter ist diese Fähigkeit an das Vorhandensein einer geringen Menge von Start-N in Form von Hefeautolysat gebunden. H. Winkler. 352.

2-68/09-0187 Vojnova-Rajkova, Ž. Chranitelni iztočnici za razvitieto na azotobakter. **(Nährstoffquellen für die Entwicklung von Azotobakter.)** Počvoznanie i agrochimija, Sofija **2** (1967) Nr. 5. S. 55–60. — 6 Abb., 2 Tab., 6 Lit. Zus. in Russ., Engl.

Bei Anwendung unterschiedlicher Phosphate wurde eine stimulierende Wirkung von Nukleinsäure und mineralisch lösl. Phosphate auf die N-Fixierung festgestellt. Bei Spurenelementen besitzen B und Mo den stärksten Einfluß auf die N-Fixierungsaktivität, Zn und J erhöhen die Fähigkeit zur Ausscheidung von Wuchsstoff. Auf der Grundlage der Untersuchungen wird empfohlen, Komposte mit Ammoniumsulfat bei der Anwendung von

Azotogenen als Agrogrundlage zu verwenden, die entspr. Spurenelemente und Heteroauxin beizufügen, wenn für die Herstellung des Azotogens Stämme verwendet werden, die lange auf synthetischer Nährbasis gehalten wurden. NRB/CSNTI. 352.

2-68/09-0188 Carini, Sandra; Lodi, Ital., Staz. Sperimentale di Praticolt. Influenza della durata di colture foraggere poliennali o a breve ciclo sulla microflora del terreno. (**Der Einfluß ausdauernder und einjähriger Futterpflanzenkultur auf die Mikroflora des Bodens.**) Ann. Microbiol. Enzimol. **16** (1966) Nr. 3/6. — S. 101–109. — 4 Tab., 13 Lit. Zus. in Engl.

Zur Erfassung des Einflusses verschiedener Futterpflanzenarten auf die Bodenmikroorganismen wurden Bodenproben aus den Tiefen 0…10 cm und 10…20 cm auf Gesamtkeimzahlen (I), Eiweiß- (II) und aerobe Zellulosezersetzer (III), Nitrifikanten (IV) sowie *Azotobacter* (V) untersucht. Es wird nachgewiesen, daß unter ausdauernden Futterpflanzen, wie *Agropyrum intermedium*, *A. sibiricum* und *A. tricophorum* bei hohen Gesamtkeimzahlen die II dominierten, während III, IV und V kaum vorkamen. Unter einjähr. Futterpflanzen und deren Gemischen bot sich ein völlig anderes Bild: III, IV und V stellten die höchsten Anteile an der Gesamtpopulation. Als Ursache werden der Bodenbearbeitungs- und Belüftungseffekt genannt. H. Unger. 352.

2-68/09-0189 Materassi, R., Florenzano, G., Balloni, W. und Favilli, F.; Firenze, Ital., Univ., Ist. Microbiol. Agrar. e Tecn. Su una nuova specie di Beijerinckia (Beijerinckia venezuelae nov. sp.) isolata da terreni venezuelani. (**Über eine neue Art von Beijerinckia [Beijerinckia venezuelae nov. sp.], aus Böden Venezuelas isoliert.**) Ann. Microbiol. Enzimol. **16** (1966) Nr. 3/6. S. 201–215. — 9 Abb., 4 Tab., 22 Lit. Zus. in Engl.

In alkalischen Böden (pH 7,5…8,0) Venezuelas wurden N-bindende Bakterien der Gattung *Beijerinckia* gefunden, die eine ungewöhnliche Anpassung an alkalische Bedingungen aufwiesen. Die morphol. Ähnlichkeit der Isolate mit *B.*-Stämmen und die physiol. Unterschiede zu den bekannten Arten veranlaßten Vff., eine neue Art, *B. venezuelae* nov. sp., zu beschreiben. H. Unger. 352.

2-68/09-0190 Craveri, R., Guicciardi, A. und Pacini, N.; Milano, Italia, Gen. Agric. e Tecn. Univ., Ist. di Microbiol. Distribution of thermophilic Actinomycetes in compost for mushroom production. (**Verteilung von thermophilen Aktinomyzeten in Kompost für die Champignon-Produktion.**) Ann. Microbiol. Enzimol. **16** (1966) Nr. 3/6. S. 111–113. — 1 Tab., 9 Lit. Zus. in Ital.

Während des Kompostierungsprozesses von Stroh und Pferdedung wurde in 5 Phasen der Anteil thermophiler Aktinomyzeten bestimmt. Die Zahl der Thermophilen erhöhte sich mit steigenden Temperaturen (25 °C auf max. 80,5 °C) auf das 10fache (6,6 Mill./g Trockenmasse). Weiße *Thermoactinomyces*-Stämme dominierten. Seltener konnten Stämme der Gattungen *Streptomyces*, *Thermomonospora* und *Thermopolyspora* nachgewiesen werden. 20 isolierte und identifizierte Stämme gehörten zur Art *Thermoactinomyces vulgaris*. Sie waren gegen grampositive Bakterien antibiotisch aktiv, ohne in Reinkulturen Zellulose verwerten zu können. H. Unger. 352.

2-68/09-0191 Craveri, R., Manachini, P. L. und Pacini, N.; Milano, Italia, Gen. Agric. e Tecn. Univ., Ist. di Microbiol. Deoxyribonucleic acid base composition of Actinomycetes with different temperature requirements for growth. (**Desoxyribonucleinsäure — Grundzusammensetzung von Aktinomyzeten mit unterschiedlichen Wachstumstemperaturen.**) Ann. Microbiol. Enzimol. **16** (1966) Nr. 3/6. S. 115–117. — 3 Tab., 8 Lit. Zus. in Ital.

Zur Klärung der Beziehungen zwischen DNS-Grundzusammensetzung und Temperaturbedarf einiger Aktinomyzeten wurden 2 mesophile (I), 3 thermofakultative (II) und 2 thermophile (III) Aktinomyzeten-Stämme in Kulturversuchen getestet. Es wurde nachgewiesen, daß die DNS der I + II-Stämme über 70% Guanin und Cytosin (G C) enthielt, während der G C-Anteil von III mit 54% wesentlich niedriger lag. H. Unger. 352.

2-68/09-0192 Chang, Yung und Hudson, H. J.; London, Canada, Univ. of Western Ontario; Cambridge, Univ., Bot. School. The fungi of wheat straw compost. I. Ecological studies. (**Die Pilze von Weizenstrohkompost. 1. Mitt. Ökologische Untersuchungen.**) Trans. Brit. mycol. Soc. **50** (1967) Nr. 4. S. 649–666. — 7 Abb., 1 Tab., 31 Lit.

In hölzernen Kompostierungsbehältern (Fassungsvermögen 57 kg) wurde zerkleinertes Weizenstroh kompostiert. Neben der Messung von Temperatur, Feuchtigkeit und pH

wurde in 2-, 3-, 4- oder 5täg. Intervallen 6 Wochen lang die Pilzbesiedlung nach 3 verschiedenen Methoden (Direktbeobachtung, Aussaat gewaschener Partikel auf Agar, Verdünnungsmethode) ermittelt. Nach der letzten Methode wurde auch in einem Falle die Bakterien- und Aktinomyzetenbesiedlung erfaßt. — In Abhängigkeit vom Temperaturverlauf während des Kompostierungsprozesses (nach 48 h 20 °C; nach 5 d 67···72 °C; dann langsamer Abfall) kam es zu einem Absinken der Zahl der mesophilen Pilze, während sich die thermophilen Pilze vermehrten. Nach der Intensität der Vermehrung stellen Vff. 3 Pilzgruppen zusammen, die im Verlauf des Kompostierungsprozesses einander ablösen.
K. Bernhard. 352.

2-68/09-0193 Chang, Yung; London, Canada, Univ. of Western Ontario. The fungi of wheat straw compost. II. Biochemical and physiological studies. **(Die Pilze von Weizenstrohkompost. 2. Mitt. Biochemische und physiologische Untersuchungen.)** Trans. Brit. mycol. Soc. **50** (1967) Nr. 4. S. 667-677. — 3 Abb., 3 Tab., 22 Lit. 1. Mitt. vgl. vorst. Ref.
Neben der Untersuchung der biochem. Veränderungen des Komposts während des Kompostierungsprozesses wurden die Temperaturansprüche der isolierten Pilze und ihre Bedürfnisse an Kohlenhydraten ermittelt. Bei der Kompostuntersuchung wurden nach 0, 5, 16, 34 und 60 Tagen die Veränderungen der äthanol- und diastaselösl. Fraktionen, des Gehalts an Zellulose, Hemizellulosen, Lignin und des lösl. und Gesamt-N festgestellt. Die Fähigkeit der isolierten Pilze, verschiedene C-Quellen zu verwerten, wird in Abhängigkeit von den Ergebnissen der biochem. Analysen des Komposts diskutiert. K. Bernhard. 352.

2-68/09-0194 Graff, O. **Über die Verlagerung von Nährelementen in den Unterboden durch Regenwurmtätigkeit.** Landwirtsch. Forsch. **20** (1967) Nr. 2/3. S. 117-127. — 1 Abb., 3 Tab., 11 Lit. Zus. in Engl., Franz. — nach Zus.
Die in Kulturböden Mittel- und Nordeuropas weitverbreitete Regenwurmart *Lumbricus terrestris* Linnaeus 1758 legt tiefe, senkrecht verlaufende Wohnröhren an. Diese werden von den Tieren mit ihren Exkrementen ausgekleidet, wodurch eine größere Festigkeit der Bauten erreicht wird. Die Nahrungsaufnahme der Würmer erfolgt an der Bodenoberfläche oder im Krumenbereich, die Röhren gehen aber 2 m und tiefer in den Unterboden hinab. Somit findet durch die Exkrementenauskleidung ein Stofftransport von oben nach unten statt. Frühere Autoren haben auf die Bedeutung der in den Auskleidungen („Tapeten") enthaltenen Nährelemente hingewiesen. Im vorstehenden Bericht wird erstmalig die Menge der auf diese Weise in den Unterboden verlagerten Elemente N, P, K und Ca angegeben. Die Ergebnisse wurden auf dem Versuchsfeld „Südgelände" in Völkenrode gewonnen und dürfen aus verschiedenen Gründen nicht verallgemeinert werden. 352.

2-68/09-0195 Bortels, H. und Henkel, H. G. **Über die Farbstoffbildung durch Azotobacter chroococcum. II. Das Chromogen.** Arch. Mikrobiol. **60** (1968) Nr. 2. S. 99-110. — 2 Abb., 22 Lit. 352.

2-68/09-0196 Massoud, Zaher und Vannier, Guy. Révision du genre Neelus Folsom 1896 (Collembola) et description de Neelus labralisetosus n. sp. des Îles Salomon. **(Durchforschung der Gattung Neelus Folsom 1896 [Collembola] und Beschreibung von Neelus labralisetosus n. sp. der Salomon-Inseln.)** Rev. Écol. Biol. Sol **4** (1967) Nr. 4. S. 625-637. — 3 Abb., 11 Lit. Zus. in Engl., Dtsch. 352.

2-68/09-0197 Boullard, Bernhard. Vie intense et cachée du sol. Essai de pédobiologie végétale. **(Lebensintensität und Bodenstandort. Beitrag zur Bodenflora.)** Paris: Flammarion. 1967. (309 S.) 8°. (1968 A 259) 352.

2-68/09-0198 Wang, Thomas S. C. und Chuang, Tze-Tang; Taiwan, Taiwan Sugar Exper. Stat. Soil alcohols, their dynamics and their effect upon plant growth. **(Bodenalkohole, ihre Dynamik und ihr Einfluß auf das Pflanzenwachstum.)** Soil Sci. **104** (1967) Nr. 1. S. 40-45. — 4 Tab., 15 Lit.
In 4 Böden wird nach Zusatz von org. Subst. (Zuckerrohr und *Crotalaria Juncea*) die mikrobiol. Bildung von niedrigen aliphatischen Alkoholen unter wassergesättigten und aeroben Bedingungen verfolgt. Die Alkohole werden mit Benzol extrahiert, in 3,5-Dinitrobenzoate übergeführt und dünnschichtchromatograph. aufgetrennt. Unter wassergesättigten und auch aeroben Bedingungen nimmt mit zunehmender Inkubationszeit der Gesamtalkoholgehalt ab. Lediglich bei der Betrachtung einzelner Alkohole zeigen sich Unterschiede. So wird Methanol meist in der 1. Woche, Butanol erst später gefunden. Weiterhin wird

der Einfluß der niedrigen aliphatischen Alkohole auf das Wachstum von jungem Zuckerrohr, Mais- und Reissämlingen untersucht. Da gleichzeitig noch andere org. Verbindungen anwesend sind, ist eine Erklärung des Effektes schwierig. J. Lehfeldt. 354.

2-68/09-0199 Skipper, H. D., Gilmour, C. M. und Furtick, W. R.; Corvallis, Oregon State Univ. Microbial versus chemical degradation of atrazine in soils. (**Mikrobieller kontra chemischen Abbau von Atrazin in Böden.**) Proc. Soil Sci. Soc. America **31** (1967) Nr. 5. S. 653–656. — 2 Abb., 5 Tab., 18 Lit.
Die $^{14}CO_2$-Entwicklung aus am Ring (I) bzw. an der Äthylamin-Kette (II) markiertem Atrazin wurde in sterilem, unbeimpftem Boden, in sterisiertem und mit Bakterien- und Pilz-Reinkulturen beimpftem Boden sowie in natürlichem Boden (jeweils sandiger Lehm und schluffiger Ton) verfolgt. Durch Bakterien-Reinkulturen wurden innerhalb von 2 Wochen 0,4…0,7% und durch *Aspergillus fumigatus* 4,0% von II als $^{14}CO_2$ veratmet, aus I wurde durch keine der Kulturen $^{14}CO_2$ freigesetzt. Im natürlichen Boden entwickelte sich in 2 Wochen $^{14}CO_2$ aus 1,4 bzw. 1,6% von II und aus 0,4…0,5% von I. In sterilem Boden wurde aus I kein $^{14}CO_2$ freigesetzt, wohl aber 1,1…1,6% ringmarkiertes Hydroxyatrazin gebildet. 20% der nach 2…4 Wochen extrahierten ^{14}C-Aktivität war in sterilen wie nichtsterilen Böden auf Hydroxyatrazin zurückzuführen. — In einem Gewächshausversuch mit Hafer in nichtsterilem Boden war die Inaktivierung von Atrazin 33mal größer als bei den Respirationsversuchen, nach 3…4 Wochen waren 73% des eingegebenen Atrazins verschwunden. Aus den Ergebnissen folgt, daß Atrazin durch chem. Hydrolyse in Hydroxyatrazin übergeführt wird. Der mikrobielle Abbau setzt hauptsächlich an der Seitenkette, in geringem Umfang am Ring der Hydroxyatrazins an. K. Koepke. 354.

2-68/09-0200 Vágner, M. und Šroubková, E. Mineralizace uhlíku a přeměny dusíku při rozkladu organických látek v modelových pokusech různými zeminami. (**Kohlenstoffmineralisierung und Stickstoffumsetzungen bei der Zersetzung organischer Stoffe in Modellversuchen mit verschiedenen Böden.**) Sborník Vysoké Školy zemědělské v Brně, Řada A **15** (1967) Nr. 1. S. 63–73. — 6 Abb., 8 Tab., 21 Lit. Zus. in Russ., Franz., Dtsch.
Die C-Umsetzungen verliefen bei den untersuchten Luzerne- und Strohvarianten für alle Böden sehr ähnlich. Der N-Umsetzungsverlauf war einheitlich. ČSSR/ÚVTI. 354.

2-68/09-0201 Broadbent, F. E. und Nakashima, T.; Davis, Calif., Univ. Reversion of fertilizer nitrogen in soils. (**Reversion von Düngemittelstickstoff in Böden.**) Proc. Soil Sci. Soc. America **31** (1967) Nr. 5. S. 648–652. — 3 Abb., 6 Tab., 11 Lit.
Als Reversion bezeichnen Vff. die Umwandlung von mineral. Dünger-N in org. Formen, deren Verfügbarkeit mit der Zeit zunehmend geringer wird. In Gefäßversuchen mit einem Ton- und einem Lehmboden wurde der für Sudangras im Verlauf von fast 2 Jahren verfügbar werdende Anteil des zu Versuchsbeginn zugesetzten und durch die Pflanzen noch nicht absorbierten ^{15}N zunehmend geringer. Die zur Mineralisation von 1% des Rest-^{15}N erforderliche Zeit nahm von Schnitt zu Schnitt zu. Zusatz von Stroh zum Boden erhöhte den Anteil des nicht aufnehmbaren ^{15}N. Vff. folgern, daß die Festlegung von mineral. N im Boden in stabile, für Mikroorganismen nicht zugängliche Formen durch nichtbiol. Reaktionen erfolgt. K. Koepke. 356.

2-68/09-0202 Maaß, G. **Einfluß von wechselnder Trockenheit und Feuchte auf die Nettomineralisation an Stickstoff im Boden.** Thaer-Arch. **12** (1968) Nr. 7. S. 641–647. — 2 Tab., 20 Lit. Zus. in Russ., Engl. — nach Zus.
Als Boden diente ein diluvialer, sandiger Lehm, der ohne org. Zusatz verblieb oder mit Grünroggenstroh unterschiedlichen N-Gehaltes angereichert war. Durch die mäßige Trocknung (24% der FK) und bes. durch die Lufttrocknung (7% der FK) wurde bei nachfolgender Befeuchtung im Vergleich zu ständig feuchten Bedingungen eine erhebliche Steigerung der Netto-Mineralisation festgestellt (Rückbefeuchtungseffekt). Gegenwart von Grünroggenstroh im Boden schwächte den Rückbefeuchtungseffekt ab. Die Folge feucht-trocken-feucht steigerte den Mineral-N-Gehalt des Bodens bedeutend stärker als ständig ausreichende Feuchte (70% der FK). Im Ackerland ist dem Wechsel zwischen Trockenheit und Feuchtigkeit erhöhte Bedeutung für die bodenbürtige N-Nachlieferung beizumessen. 356.

2-68/09-0203 Maaß, G. **Wirkung steigender Ammonium- und Nitratgaben auf das Aufkommen an Mineralstickstoff und CO_2 im Boden in Gegenwart unzersetzter organischer Stoffe.** Thaer-Arch. **12** (1968) Nr. 7. S. 633–639. — 5 Abb., 1 Tab., 6 Lit. Zus. in Russ., Engl. — nach Zus.

Als Versuchsboden diente sandiger Lehm. Org. Zusätze zum Boden beeinträchtigten die Wirkung von Ammonium, nicht aber die von Nitrat. In Gegenwart org. Zusätze (Grünroggenstroh, C/N = 29) war mit steigenden N-Gaben (2,34; 4,68; 9,36 mg N/100 g) nach Ammoniumdüngung ein zunehmender Fehlbetrag an Mineral-N zur erwarteten Gehaltserhöhung festzustellen. Dagegen wirkte die Nitratdüngung in allen Düngungsstufen etwa gleich. Obwohl Ammonium bedeutend stärker und damit bevorzugt vor Nitrat immobilisiert wurde, steigerte es die CO_2-Produktion nicht mehr als Nitrat. 356.

2-68/09-0204 Čunderova, A. I. und Zubec, T. P. Vlijanie sevooborota i udobrenij na nitrifikaciju v dernovo-podzolistoj počve. (**Einfluß einer Fruchtfolge und Düngung auf die Nitrifikation in einem Rasenpodsolboden.**) Mikrobiologija, Moskva **36** (1967) Nr. 6. S. 1096 bis 1099.

Verglichen wurde eine 6-feldrige Fruchtfolge (Klee, Winterroggen, Kartoffeln, Erbsen, Mais, Sommergetreide) im 7. Jahr mit 7jähr. Monokultur der gleichen Kulturpflanzen. Untersucht wurden Gehalt an Nitrifikanten (Gel-Platten mit Ammonium-Magnesiumphosphat emailliert), Gehalt an Nitraten im Boden und Nitrifikationsfähigkeit des Bodens (Methode Kravkova in der Modifikation nach Bolotina und Abramova). Zu den 2 Untersuchungsterminen (Juni und Juli) war die Zahl der Nitrifikanten unter jeder Kulturpflanzenart der Fruchtfolge deutlich höher als unter der entspr. Kulturpflanzenart bei Monokultur. Durch org. und mineral. Düngung stieg zwar die Zahl der Nitrifikanten abs. an, die Unterschiede zwischen Monokultur und Fruchtfolge blieben jedoch erhalten. In den meisten Fällen war auch der Gehalt des Bodens an Nitraten in den Fruchtfolgevarianten erhöht. Die gleichen Beobachtungen wurden auch bei der Untersuchung der Nitrifikationsfähigkeit gewonnen. Vff. werten diese Resultate als einen Ausdruck des günstigen Einflusses einer Fruchtfolgewirtsch. auf die biol. Aktivität des Bodens und seine Fruchtbarkeit. H. Winkler. 356.

2-68/09-0205 Petrenko, G. Ja. Ispol'zovanie gazoobraznogo azota vozducha nebobovymi kul'turami s pomošč'ju azotobaktera. (**Die Ausnutzung von gasförmigem Luftstickstoff durch nicht zu den Hülsenfrüchten gehörende Kulturen mit Hilfe von Azotobakter.**) IX Meždunarodnyj kongress po mikrobiologii. Tezisy dokladov **1966** S. 301.

Entspr. Untersuchungen im Lab. für Bodenmikrobiologie des Forschungsinst. für Landwirtschaft der zentralen Rayons der Nichtschwarzerdezone sind *Azotobacter*, *Clostridium* und andere N-bindende Bodenmikroorganismen dem Wesen nach Wurzelbakterien, deren Hauptquelle im Boden nicht die Abbauprodukte org. Bodensubst., sondern Wurzelabsonderungen lebender, sich entwickelnder Pflanzen sind. Die Wechselbeziehungen zwischen *A.* und den nicht zu den Hülsenfrüchten gehörenden Pflanzen sind symbiotischer Natur: die Pflanze ist die Quelle für die Kohlenhydraternährung und die Fermente für *A.*, während *A.* seinerseits als Quelle für die N-Ernährung der Pflanzen fungiert. Mit Hilfe von *A.* verwerten nicht zu den Hülsenfrüchten gehörende Kulturen unter günstigen Bedingungen im Verlaufe der Vegetationsperiode etwa 60···80 kg Luft-N_2 pro ha, d. h. ungefähr genau so viel wie Körnerleguminosen mit Hilfe von Knöllchenbakterien. Im Zusammenhang mit der Verbesserung der N-Ernährung von nicht zu den Hüsenfrüchten gehörenden Kulturen mit Hilfe von *A.* wird der Ertrag dieser Kulturen (um 15···20%) sowie der der nachfolgenden Kulturen (um 10···15%) beträchtlich erhöht. SSSR/VINTISCh. 356.

2-68/09-0206 Iljaletdinov, A. N. Vlijanie mikroėlementov, soderžaščichsja v otchodach promšlennosti, na assimiljaciju nitratnogo azota počvennymi mikroorganizmami. (**Der Einfluß von in Industrieabfällen enthaltenen Spurenelementen auf die Assimilation von Nitratstickstoff durch Bodenmikroorganismen.**) IX Meždunarodnyj kongress po mikrobiologii **1966** S. 272.

Die Untersuchungen wurden am Inst. für Mikrobiol. und Virol. der Akad. der Wiss. der Kasach. SSR durchgeführt. Sie zeigten, daß Mo enthaltende Industrieabfälle die Nitrifizierung unterdrücken, ohne den Gehalt an Gesamt-N im Boden zu verringern. Gleichzeitig werden Menge des Eiweiß-N und Zahl der Mikroorganismen, darunter die der mineral. N-Verbindungen assimilierenden Bakterien erhöht. In Perkolationsversuchen wurde festgestellt, daß aus einem Boden, dem Industrieabfälle zugeführt worden waren, weniger Nitrate ausgewaschen wurden als aus der Kontrolle. Die Versuchsergebnisse können bei der Entwicklung von Maßnahmen zur Verhinderung von N-Verlusten des Bodens angewendet werden. SSSR/VINTISCh. 356.

2-68/09-0207 Aleksandrova, I. V. Rol'produktov žiznedejatel'nosti mikroorganizmov v azotnom pitanii rastenij. **(Die Rolle der Stoffwechselprodukte von Mikroorganismen bei der Stickstoffernährung der Pflanzen.)** IX Meždunarodnyj kongress po mikrobiologii. Tezisy dokladov **1966** S. 270.
Die Untersuchungen wurden am Dokučaev-Inst. für Bodenkunde durchgeführt. Kurzzeitige Versuche mit Weizen-Wasserkulturen in aqua dest. unter Zusatz geringer Mengen von Schimmelpilznährlösungen zeigten einen deutlichen positiven Einfluß der Nährlösungen auf die Pflanze, der hauptsächlich in der Entwicklung des Wurzelsystems zum Ausdruck kam. In dem Versuch mit der Nährlösung (*Penicillium, B. mycoides*) war die Länge des Wurzelsystems etwa um das 1,5fache und in dem Versuch mit *Aspergillus* um das 4···5fache größer als bei den Kontrollpflanzen. Vegetationsversuche mit Mais-Wasserkulturen unter streng sterilen Bedingungen und Zusatz verschiedener N-Quellen (Autolyseprodukte von *Aspergillus niger*, mineral. N [NH_4NO_3], Gemisch aus mineral. N und Autolyseprodukten desselben Pilzes) beweisen die vorwiegende Ausnutzung von mineral. N durch den Mais. Die Gesamtausnutzung des N lag in der Variante mit Nitrat bei 92···96% und in der Variante mit Autolysat bei 15···17%, während in der Variante mit dem Gemisch der mineral. N im wesentlichen verarbeitet wurde (70%) und die Ausnutzung des Autolysats bei 23···27% lag. SSSR/VINTISCh. 356.

2-68/09-0208 Zacharčenko, I. G. und Šilina, L. I. Rol' bobovych kul'tur v azotnom balanse dernovopodzolistych počv. **(Die Rolle der Leguminosen-Kulturen in der Stickstoff-Bilanz von Rasenpodsolböden.)** Agrochimija, Moskva **1968** Nr. 1. S. 53–59.
Verschiedene Leguminosen zeigen eine unterschiedliche Ausnutzung des Luft- und Boden-N. Bei Erbsen stammen 30···45%, bei Lupinen 60···70% und bei Klee 75···90% des N aus der Luft, der Rest aus dem Boden. Das Verhältnis von N aus der Luft zu N aus dem Boden ist bei einer Pflanzenart um so stärker zugunsten des Luft-N verschoben, je besser die Entwicklung der Pflanzen und je höher die Erträge sind. Die Menge an N/Jahr, die biologisch fixiert wurde, betrug bei Erbsen 20···53, bei Lupinen 63···140 und bei Klee 160 bis 300 kg/ha. Eine Anreicherung des Bodens mit N bei Nutzung der Pflanzen trat nur bei Klee und Lupinen, nicht aber bei Erbsen ein. H. Winkler. 356.

2-68/09-0209 Romanenko, M. D. Vlijanie sistematičeskogo primenenija udobrenij na soderžanie i formy soedinenij azota v počve sada. **(Einfluß von systematischer Düngemittelverabreichung auf Gehalt und Verbindungsformen von Stickstoff in Gartenböden.)** Agrochimija, Moskva **1968** Nr. 2. S. 98–101. — 6 Tab., 7 Lit.
Systematische Düngung (**I**: 40 t/ha Stalldung; **II**: 120 kg/ha NPK; **III**: 60 kg/ha NPK + 20 t/ha Stalldung; einmalige Düngung in 2 Jahren) vergrößerte den Gehalt an Gesamt-N im Boden, wobei die größte N-Menge nach **I** und **III** (Gehalt einer 20-cm-Bodenschicht im Bereich 0···2 m: 3633 bzw. 3932 kg N/ha gegenüber 3236 kg N/ha der Kontrolle) akkumuliert wurde. Damit verbunden war eine bedeutende Erhöhung sowohl des abs. als auch des rel. Gehalts an beweglichem N bis weit in das Bodenprofil. Die mit **III** gedüngten Parzellen enthielten im Vergleich zu den anderen Versuchsvarianten den höchsten Gehalt an energiereichen, mineralisierbaren Subst. und Mikroorganismen, woraus eine größere Verfügbarkeit des N resultierte. Der NO_3-Gehalt erreichte im Sommer ein Maximum und lag zu allen Untersuchungspunkten in den gedüngten Varianten höher als in den Kontrollen. Die systematische Düngung verbesserte bes. bei **I** und **III** die phys.-chem. Eigenschaften und den P-Haushalt der Böden und erhöhte im Vergleich zur Kontrolle den Ertrag eines Apfelbaumes auf 137 bzw. 132% gegenüber 121% mit **II**. P. Stoß. 356.

2-68/09-0210 Gusejnov, R. K. und Achundov, F. G. Prevraščenie novych vidov azotnych udobrenij v bolotnoj počve. **(Umwandlung neuer Arten von Stickstoffdüngern in einem Sumpfboden.)** Doklady Akademii nauk Azerbajdžanskoj SSR, Baku **23** (1967) Nr. 8. S. 76–79. — Orig.: russ.
Mit Material aus dem gepflügten Horizont eines schwach alkalischen, lehmigen Sumpfbodens wurde in einem Gefäßversuch die Zersetzung von Harnstoff (H) und Ureaform im Verlauf von 90 Tagen bei voller Wassersättigung untersucht. Im Versuchszeitraum wurde keine Nitrifikation des Amid-N beobachtet. N von H wurde leichter zur Ammonium-Form umgewandelt als N aus Ureaform. Mit zunehmender Verweildauer der Dünger im Boden nahm die Menge des sorbierten Ammonium-N zu. Auf Grund der Ergebnisse des Versuches kommen Vff. zum Schluß, daß die Verwendung dieser Dünger beim Reisanbau zur Vermeidung von Auswaschungsverlusten in Form von NO_3 möglich scheint. H. Winkler. 356.

2-68/09-0211 Ramamurthy, V. D. und Krishnamurthy, S. Nitrogen fixation by the bluegreen alga Trichodesmium erythraeum (Ehr). **(Stickstoffixierung durch die blaugrüne Alge Trichodesmium erythraeum [Ehr].)** Current Sci., Bangalore **37** (1968) Nr. 1. S. 21-22. — 1 Abb., 1 Tab., 10 Lit. 356.

2-68/09-0212 Naplekova, N. N. Mobilizacija trudnousvojaemych fosfatov gribami i aktinomicetami, rastuščimi na kletačatke. **(Mobilisierung von schwerlöslichen Phosphaten durch Pilze und Aktinomyzeten, die auf Zellulose wachsen.)** Počvovedenie, Moskva **1967** Nr. 11. S. 74-81.
Bei einer größeren Zahl von Reinkulturen mikroskopischer Bodenpilze und Aktinomyzeten wurde untersucht, inwieweit sie schwer verwertbare Phosphate (Trikalziumphosphat, Phosphoritmehl und Na-Salze von Nukleinsäuren) verwerten können. Die untersuchten Organismen waren i. allg. seltener in der Lage, die mineral. P-Formen zu verwerten als die organischen. Die weitaus größte Zahl bildete Phosphatase zur Mineralisation der Organo-Phosphate. Zwischen 40 und 73% des freigesetzten P wurden in das Myzel eingebaut, etwa 1…23% wurden an das Nährmedium abgegeben. Es wird darauf hingewiesen, daß die Fähigkeit der Zellulose zersetzenden Mikroorganismen, im Boden nicht nur leichtlösl. C-haltige Verbindungen, sondern auch leichtlösl. P-Verbindungen zu bilden, für die anderen Mikroorganismen und höheren Pflanzen bes. auf Böden von Bedeutung ist, die arm an lösl. P-Verbindungen sind. H. Winkler. 358.

F. Bodensystematik und Bodengenese

2-68/09-0213 Bedrna, Z. und Mičian, L. K voprosu o počvenno-geografičeskich zakonomernostjach v Srednej i Jugo-Vostočnoj Evrope. **(Zur Frage der geographisch-bodenkundlichen Gesetzmäßigkeiten im Mittel- und Südosteuropa.)** Počvovedenie, Moskva **1967** Nr. 11. S. 42-49. — 44 Lit.
Die klassischen von Dokučaev formulierten o. g. Gesetzmäßigkeiten über die vertikale und horizontale Verbreitung von Bodenzonen sowie die von Gerasimov formulierte Gesetzmäßigkeit der Bodenprovinzen reichen nach Vff. zur differenzierten Einschätzung der o. g. Fragestellung nicht aus. Sie unterscheiden: „Vorgebirgszonalität" (I) (predgornaja zonalnost), vertikale Differenzierung (II), vertikale „Zonalität" (III) eine vertikale Verbreitung in großen Talkesseln (IV) und eine konzentrische Verbreitung der Böden in großen Talkesseln (V). Für die ebenen Gebiete Mittel- und Südosteuropas sind I und II, für die gebirgigen III, IV und V charakteristisch. Vff. diskutieren dieses Problem an Hand zahlreicher Beispiele aus der Slowakei, den Karpaten usw. I wird als wichtigste Gesetzmäßigkeit für o. g. Gebiet hervorgehoben. Die typische Bodenfolge ist: Schwarzerden, graubraune Waldböden (Südosteuropa) bzw. braune Waldböden mit oder ohne Tondurchschlämmung, pseudopodsolierte braune Waldböden und braune Glei-Waldböden. III ist vorwiegend in folgender Reihe anzutreffen: braune Gebirgswaldböden, podsolierte Gebirgsböden, Gebirgs-Wiesenböden, primitive Hochgebirgsschuttböden. G. Graul. 362.

2-68/09-0214 Goršenin, K. P. O zonal'nosti. **(Über die „Zonalität", [horizontale und vertikale Verbreitung der Bodentypen].)** Počvovedenie, Moskva **1967** Nr. 11. S. 138-139.
Die von Dokučaev formulierten Gesetzmäßigkeiten über o. g. Problem entsprechen nach Vf. nicht mehr den Anforderungen der modernen Theorie und Praxis der Bodenkunde und Landwirtschaft. So unterscheiden sich die Böden der Podsolzone in Weißrußland, Westsibirien und Jakutien wesentlich stärker als in den Bodenkarten zum Ausdruck kommt. Hinsichtlich agrotechnischer Maßnahmen kann um so mehr keine Rede von einer Zonalität sein; Düngung, Bearbeitung usw. sind nicht nur für die verschiedenen Teile der Zone unterschiedlich, sondern für einzelne Kreise, Betriebe usw. Vf. schlägt vor, die Bodenzonen in Provinzen zu unterteilen. Die Provinzen sollten die Grundlage für die Darst. der Bodendecke auf Bodenkarten sein, bes. solchen, die für die praktische Landwirtschaft genutzt werden können. G. Graul. 362.

2-68/09-0215 Achtyrcev, B. P. Provincial'nye osobennosti serych lesnych počv Russkoj ravniny. **(Provinzielle Besonderheiten der grauen Waldböden der Russischen Ebene.)** Naučnye doklady vysšej školy. Biologičeskie nauki, Moskva **11** (1968) Nr. 1. S. 124-130. — 5 Tab., 13 Lit. 362.

2-68/09-0216 Panov, N. P. und Šardakov, A. N. Genetičeskie osobennosti počv soloncovych kompleksov legkogo mechaničeskogo sostava Zapadno-Sibirskoj nizmennosti.

(Genetische Besonderheiten der Solonetzkomplexe mit einer leichten mechanischen Zusammensetzung der Westsibirischen Tiefebene.) Izvestija Timirjazevskoj sel'skochozjajstvennoj akademii, Moskva **1968** Nr. 1. S. 105–121. — 3 Abb., 7 Tab., 28 Lit. Zus. in Engl. 362.

2-68/09-0217 Schaefer, Roger. Caractères et évolution des activités microbiennes dans une chaîne de sols hydromorphes mésotrophiques de la plaine d'Alsace. Deuxième partie. Étude de la couverture végétale. **(Eigenheiten und Entwicklung der mikrobiellen Aktivität einer Abfolge hydromorpher, mesotropher Böden der Ebene von Elsaß. 2. Mitt. Untersuchung der Vegetationsdecke.)** Rev. Écol. Biol. Sol 4 (1967) Nr. 4. S. 567-592. — 4 Abb., 11 Tab., 44 Lit. 362.

2-68/09-0218 Bauzon, D., Rouiller, J. und Bachelier, G. Caractéristiques pédologiques et microbiologiques des sols de la station R. C. P. 40 de la Forêt de Sénart et du Parc de Brunoy. **(Bodenkundliche und mikrobiologische Kennzeichen der Böden der Station R.C.P 40 im Wald von Sénart und im Park von Brunoy.)** Rev. Écol. Biol. Sol 4 (1967) Nr. 4. S. 533-551. — 1 Abb., 11 Tab., 5 Lit. Zus. in Engl., Dtsch. 362.

2-68/09-0219 Le Borgne, L., Junqua, S., Vidal, G., Hardisson, C., Robert-Géro, M. und Pochon, J. Étude biologique et biochimique d'une tourbière à Sphaignes. **(Biologische und biochemische Untersuchungen eines Torfstichs bei Sphaignes.)** Rev. Écol. Biol. Sol 4 (1967) Nr. 4. S. 553-566. — 5 Abb., 4 Tab., 32 Lit. 362.

2-68/09-0220 Simonson, Roy W. und Rieger, Samuel. Soils of the Andept suborder in Alaska. **(Böden der Andept-suborder [Unterordnung der Andepts] in Alaska.)** Proc. Soil Soc. America **31** (1967) Nr. 5. S. 692–699. — 4 Abb., 2 Tab., 36 Lit. 362.

2-68/09-0221 Brown, Jerry. Tundra soils formed over ice wedges, Northern Alaska. **(Tundraböden Nord-Alaskas, die über Eiskeilen gebildet wurden.)** Proc. Soil Sci. Soc. America **31** (1967) Nr. 5. S. 686-691. — 5 Abb., 2 Tab., 17 Lit. 362.

2-68/09-0222 Carson, C. D. und Kunze, G. W. Red soils of East Texas developed in glauconitic sediments. **(Rote Böden von Ost-Texas aus glaukonitischen Sedimenten.)** Soil Sci. **104** (1967) Nr. 3. S. 181–190. — 4 Abb., 2 Tab., 15 Lit. 362.

2-68/09-0223 Greenlee, G. M., Pawluk, S. und Bowser, W. E. Occurrence of soil salinity in the dry lands of Southwestern Alberta. **(Auftreten von Bodenversalzung in den Trockengebieten von Südwest-Alberta.)** Canad. J. Soil Sci. **48** (1968) Nr. 1. S. 65–75. — 5 Abb., 3 Tab., 13 Lit. 362.

2-68/09-0224 Ballantyne, A. K. Water-soluble salts in the parent material of solonetzic and chernozemic soils in Saskatchewan. **(Wasserlösliche Salze im Muttergestein solonetzartiger und tschernosemartiger Böden in Saskatchewan.)** Canad. J. Soil Sci. **48** (1968) Nr. 1. S. 43-48. — 5 Tab., 4 Lit. 362.

2-68/09-0225 Pawluk, S., Peters, T. W. und Carson, J. Soils of the Porcupine Hills region of Alberta. **(Böden des Porcupine-Berggebiets von Alberta.)** Canad. J. Soil Sci. **48** (1968) Nr. 1. S. 77-88. — 2 Abb., 3 Tab., 11 Lit. 362.

2-68/09-0226 Uggla, Hjalmar. **Über die Torf- und Gyttjamurschböden Polens.** Wiss. Z. Univ. Rostock, math.-naturwiss. R. **16** (1967) Nr. 1. S. 105–115.
Vf. beschreibt den Murschprozeß, etwa identisch unserem Begriff „Vererdungsprozeß", wie er in kultivierten Torf- und Gyttjaböden abläuft. Es werden 3 Schichten (M_1, M_2 und M_3) unterschieden. M_1 stellt die höchste Fruchtbarkeitsstufe dar, hierbei ist eine humifizierte krümlige Krume von noch unzersetztem Torf ausgebildet. M_2 reicht bis 40 cm und wird u. a. als Auswaschungshorizont angesehen. Bei M_3, der bis 60 cm Tiefe reicht, kommt es zu einer koksartigen Struktur dieses mit Humuskolloiden angereicherten Horizontes mit einer Durchlässigkeit wie in Kiesschichten und damit zu Austrocknungs- und Degradationserscheinungen. Durch optimale Wasserregulierung und mineral. Düngung kann das Entwicklungstempo des Murschprozesses verlangsamt werden.
W. v. d. Waydbrink/Paulinenaue. 364.

2-68/09-0227 Hilbig, Werner und Morgenstern, Hans. **Ein Vergleich bodenkundlicher und vegetationskundlicher Kartierung landwirtschaftlicher Nutzflächen im Bereich des Mittelsächsischen Lößlehmhügellandes.** Arch. Naturschutz Landschaftsforsch. 7 (1967) Nr. 3/4. S. 281-314. — 3 Abb., 7 Tab., 36 Lit. Zus. in Russ., Engl. — nach Zus.

Im Bereich des Mittelsächsischen Lößlehmhügellandes wurden in einer typischen Gemarkung (Altgeringswalde, Krs. Rochlitz) unabhängig voneinander eine bodenkundliche und vegetationskundliche Kartierung der landwirtsch. Nutzflächen durchgeführt. Nach kurzer Darlegung der Methodik und Beschreibung der kartierten Bodenformen und Pflanzengemeinschaften werden die Ergebnisse der Kartierungen vergleichend besprochen und wird auf die bestehenden Koinzidenzen und Diskrepanzen hingewiesen. 368.

2-68/09-0228 Siuta, J. „Trójkąt" zależności klas bonitacyjnych i kompleksów gleboworolniczych od stopnia kultury gleby. **(Das „Dreieck" der Abhängigkeiten der Bonitierungsklassen und der landwirtschaftlichen Bodenkomplexe vom Grad der Bodenkultur.)** Nowe Rolnictwo **16** (1967) Nr. 21. S. 6-9. — 3 Abb.
Das Erkennen der landwirtsch. Eignung der Böden ist für eine korrekte Organisation der landwirtsch. Produktion von sehr wesentlicher Bedeutung. Die Produktionskapazität (Produktionsfähigkeit) sowie die landwirtsch. Eignung des Bodens werden nicht nur von der mechanischen Zusammensetzung und vom Typ des Bodens, von den hydrol. Verhältnissen und dem Relief des Geländes, sondern ebenfalls vom Grad der Bodenkultur bedingt. Dieser Begriff darf mit dem agrotechnischen Zustand des Bodens, der ebenfalls mit dem Terminus der Bodenkultur (Bodenkultivierung) bezeichnet wird, nicht verwechselt werden. Den Grad der Bodenkultur kann man als „rel. beständige Entwicklungsetappe des agrotechnischen Wertes des Bodens im Rahmen seiner Möglichkeiten" definieren, wobei diese Möglichkeiten durch solche natürlichen Faktoren bezeichnet sind wie: mechanische Bodenzusammensetzung, Geländerelief, hydrol. Verhältnisse sowie klimatische Bedingungen. Die Fixierung exakter Korrelationen zwischen der mechanischen Bodenzusammensetzung und dem Grad der Bodenkultur einerseits und der Bonitierungsklasse sowie der landwirtsch. Eignung des Bodens andererseits erleichert die Einschätzung des Wertes des Bodenbiotops im Gelände. Das Dreieck berücksichtigt folgende Daten: mechanische Zusammensetzung des Bodens, Grad der Bodenkultur, Bonitierungsklassen der Ackerböden — landwirtsch. Bodenkomplexe, die ebenfalls als Komplexe der landwirtsch. Eignung von Böden bezeichnet werden. PRL/CBR. 368.

2-68/09-0229 Takijima, Yasuo. A tentative proposal for productivity classification of paddy soils in a detailed soil survey. **(Ein erster Vorschlag für eine Produktivitätsklassifikation von Reisböden in einem detaillierten Bodenüberblick.)** Soil Sci. Plant Nutrit., Tokyo **13** (1967) Nr. 6. S. 171-185. — 6 Abb., 4 Tab., 14 Lit. Orig.: engl. 368.

2-68/09-0230 Dudal, R. und Tavernier, R., Bearb. Soil map of Europe. 1:2,500,000. Explanatory text. **(Bodenkarte von Europa 1:2500000 mit Erläuterungstext.)** Rome: Food and Agric. Organization of the United Nations. 1966. (120 S. u. Karten-Bd.) 4°. (1968 B 44) 368.

G. Bodenuntersuchung

2-68/09-0231 Delecour, F., Weissen, F. und Nanson, A. Aspects techniques de l'échantillonnage des retombées annuelles et des horizons holorganiques des sols de forêts. **(Technische Aspekte der Probenahme des jährlichen Streufalles und aus organischen Gesamthorizonten von Waldböden.)** Bull. Rech. agronom. Gembloux [N.S.] **2** (1967) Nr. 3. S. 429 bis 449. — 6 Abb., 10 Tab., 4 Lit. Zus. in Engl., Dtsch. — nach Zus.
Zur Bestimmung des Flächengewichtes holorganischer Horizonte von Waldböden wurden 8 Proben von 1 m^2 systematisch je Versuchsfläche entnommen. Die Brauchbarkeit dieses Verfahrens wurde von Vff. untersucht. Das Durchschnittsgewicht kann so mit einem mittleren Fehler von $< 10\%$ bestimmt werden. Wenn die Mächtigkeit der A_0-Horizonte zureichend ist, kann die Fläche einer Probe auf 0,5 m^2 reduziert werden, ohne die Präzision zu vermindern. Die Bestimmung des Laubstreugewichtes konnte mit großer Genauigkeit durch auf dem Boden — dem A_0-Horizont gleich — befestigtes Glasfibergewebe erreicht werden. 370.

2-68/09-0232 Fegedal, Lennart. En metod för framtvättning och undersökning av rotsystem. **(Eine Methode zur Auswaschung und Untersuchung des Wurzelsystems.)** Grundförbättring **20** (1967) Nr. 2. S. 53-60. — 5 Abb., 9 Lit. Zus. in Engl.
Lehmboden erschwerte das Auswaschen. Starke Spülungen rissen Wurzeln ab. Mehrmaliges Trocknen zerbröckelte zwar den Lehm, brach aber auch die Wurzeln ab. Vf. beschreibt eine Methode, die Erde durch Tieffrostung rissig zu machen, ohne die Wurzeln

stark zu beschädigen. Eine schwarzgestrichene Platte mit zahlreichen Stiften wird an das angeschnittene Bodenprofil gedrückt, dieses dann vom Boden getrennt und mit einem Netzrahmen auf der Platte befestigt. Solche Profile können in beliebiger Zahl auf Vorrat gefrostet und nach und nach untersucht werden. Das Wachstum der Pflanzen hört auf. Für die Untersuchung werden Profile aufgetaut und ausgewaschen, eventuell, je nach Bodenart, zwischendurch noch mehrmals gefrostet, um die Erde feinzuteilen. Auf dem schwarzen Plattenhintergrund kann man die Wurzelstruktur fotografieren. Dann kann die Wurzelmasse schichtweise (5 cm) bestimmt werden. Bei dieser Methode gehen höchstens 2% der Wurzelmasse durch Spülung verloren. Das Frosten schadet den Wurzeln nur sehr unbedeutend. W. Warwel. 370.

2-68/09-0233 Melhuish, F. M.; Griffith, New South Wales, Australia, C.S.I.R.O., Irrigat. Res. Labor. A precise technique for measurement of roots and root distribution in soils. **(Eine präzise Methode zum Messen von Wurzeln und ihrer Verteilung im Boden.)** Ann. Bot., London [N.S.] **32** (1968) Nr. 125. S. 15–22. — 6 Abb.
Es wird ein Verfahren im Detail beschrieben, mit dem direkt die gesamte räumliche Verteilung und der Umfang der Wurzeln im Boden bestimmt werden kann. Man erhält Informationen über Länge und Oberfläche der Wurzeln, über Anzahl der Wurzelspitzen und über die Lage der Wurzeln zu einander. Diese Methode umfaßt die Stabilisierung des Boden durch Imprägnierung mit Plastrene 47 unter Vakuum und die Polierung der Oberflächen, die die Grundlage für die spätere Photographie bei natürlichem und UV-Licht bilden. Die Untersuchungen selbst wurden mit 4 Böden durchgeführt: 1. Sandmount, Sand mit 3···6% Ton, 2. Danberry, lehmiger Sand, 3. Cobram, feinsandiger Lehm, 4. Willbrigie toniger Lehm mit über 23% Ton. H. Masche. 370.

2-68/09-0234 Mospan, Ju. P. Laboratornaja mašina dlja izmel'čenija prob počvy v agrochimičeskich laboratorijach. **(Laborgerät zur Zerkleinerung von Bodenproben in agrochemischen Laboratorien.)** Chimija v sel'skom chozjastve, Moskva **6** (1968) Nr. 1. S. 62 bis 65. — 1 Abb., 1 Lit.
Vf. beschreibt eingehend das im Ukrain. Forsch.-Inst. für Mech.- und Elektrifizierung der Landwirtsch. entwickelte Laborgerät MIP-3-UNIIMÉSCh. Die Zerkleinerung der Bodenproben in diesem Gerät erfolgt zwischen 2 einstellbaren, über einen Elektromotor angetriebenen rotierenden Scheiben. Die Produktivität des Gerätes beträgt 800···1000 Proben pro Schicht. Das Gerät ist mit bestem Erfolg in verschiedenen Laboratorien in der Praxis erprobt worden und kann auf einem normalen Labortisch aufgestellt werden. Ins einzelne gehende Hinweise über Aufbau, Wirkungsweise, Wartung und Instandhaltung sowie Referenzen über den Einsatz des Gerätes sind angegeben. P. Stoß. 370.

2-68/09-0235 Golubev, Boris Aleksandrovič. Lizimetričeskie metody issledovanij v počvovedenii i agrochimii. **(Lysimetrische Untersuchungsmethoden in der Bodenkunde und Agrikulturchemie.)** Moskva: Izd. Nauka. 1967. (109 S.) 8°. (1968 A 193) 370.

2-68/09-0236 Campbell, C. A., Paul, E. A., Rennie, D. A. und McCallum, K. J.; Saskatchewan, Canada, Univ. Factors affecting the accuracy of the carbon-dating method in soil humus studies. **(Faktoren, welche die Genauigkeit der Kohlenstoff-Datierung bei Bodenhumusuntersuchungen beeinflussen.)** Soil Sci. **104** (1967) Nr. 2. S. 81–85. — 1 Abb., 1 Tab., 14 Lit.
Vff. prüften, ob die bei der Altersbestimmung von Huminstoffen mit Hilfe der ^{14}C-Datierung gewonnenen Werte durch den Analysengang (trockene Verbrennung des Boden-C und Überführung in $SrCO_3$), durch die Fraktionierung der Huminstoffe, durch Isotopieeffekte oder durch Kernbombenspaltprodukte verfälscht werden können. Die Überführung des C der Huminstoffe in $SrCO_3$ sowie ihre Fraktionierung veränderte das Isotopenverhältnis nicht, wie das mit Hilfe eines Massenspektrometers gemessene $^{13}C/^{12}C$-Verhältnis ergab. Mit dem Übergang des atmosphärischen C in Huminstoffe erweiterte sich das $^{13}C/^{12}C$-Verhältnis, was nach Untersuchungen der Vff. pflanzenphysiol. bedingt und in geringem Maße auf die Tätigkeit der Mikroorganismen zurückzuführen ist. Hiermit geht aber ein konstanter Fehler ein, der leicht zu korrigieren ist (Substraktion von 115 Jahren von der „mean residence time"). Die Überführung von ^{14}C-Spaltprodukten über die Pflanze in die Huminstoffe vermochte das Isotopenverhältnis dieser Verbindungen kaum zu verändern, da das Verhältnis zwischen diesen und den bereits dort vorhandenen ^{12}C-Verbindungen sehr weit ist. H. Igel. 372.

2-68/09-0237 Bersneva, Z. N., Žadkova, N. T., Nemec, V. M., Obolenskaja, L. I. und Petrov, A. A. Ispol'zovanie spektral'no-izotopnogo metoda v agrochimičeskich issledovanijach. Soobšč. 2. Opredelenie ugleroda. **(Anwendung der Methode der spektralen Isotopenbestimmung bei agrotechnischen Untersuchungen. 2. Mitt. Bestimmung von Kohlenstoff.)** Agrochimija, Moskva **1968** Nr. 1. S. 129–137. — 7 Abb., 2 Tab., 9 Lit. 1. Mitt. vgl. 2-66/10-0192.
Zur Bestimmung der C-Isotopenzusammensetzung in biol. Objekten, die mit ^{13}C angereichert sind, wurde die Molekküllinie des $^{13}C^{16}O$ ($\lambda = 4132$ Å) verwendet. Die Anregung des CO wurde in einer elektrodenlosen Quarzkapillare durch Hochfrequenzladung erreicht. Die Messung des Spektrums erfolgte analog zur 1. Mitt. mittels eines Gittermonochromators und eines Fotovervielfachers. — In spez. Gefäßen wurde Hafer einer Luftatmosphäre mit 1% CO_2, das bis zu 22% mit ^{13}C angereichert war, ausgesetzt. Der C-Gehalt wurde einerseits chem. bestimmt, andererseits durch Isotopenverdünnung I. Für (I) wurde die Subst. in Gegenwart von CuO zu CO_2 verbrannt, dazu CO_2 bekannter Isotopenzusammensetzung zugegeben und die Isotopenzusammensetzung erneut bestimmt. — Die ^{13}C-Konz. in 4 verschiedenen Pflanzenproben wurden bestimmt. Th. Schikora. 372.

2-68/09-0238 Fukel'man, L. M. und Vol'man, L. B. Metody opredelenija monurona i diurona v preparatach, v počve i vinograde. **(Methoden zur Bestimmung von Monuron und Diuron in Präparaten, Böden und Weinstöcken.)** Chimija v sel'skom chozjajstve, Moskva **6** (1968) Nr. 1. S. 65–69. — 2 Abb., 2 Tab., 8 Lit.
Monuron (I) und Diuron (II) werden in Präparaten nach Soxhlet-Extraktion mit Azeton, Umkristallisation aus Methanol, Hydrolyse mit 10%iger HCl, Diazotierung des erhaltenen Chloranilins und Kupplung mit α-Naphthol kolorimetrisch bei 500 nm (FEK-M, Blaufilter) bestimmt. Der I-Gehalt im Boden wird nach saurer oder alkalischer Hydrolyse (15%ige NaOH) mit Naphthyläthylendiamin als Kupplungskomponente entspr. bestimmt. Aus Blättern und Wurzeln des Weinstockes wird I mit Azeton extrahiert und im sauren Milieu hydrolysiert. Die Bestimmung erfolgt durch Messung der optischen Dichte (FEK-M mit Blaufilter oder FEK-56 mit Filter Nr 4, Hg-Quarzlampe) der durch Ehrlich-Reagens (p-Dimethylaminobenzaldehyd) hervorgerufenen Färbung. I in Traubensaft und Wein wird nach Ätherextraktion und saurer Hydrolyse unter Verwendung von Ehrlich-Reagens bestimmt. I und II werden papierchromatograph. mit 7%iger Methanol-Benzol-Isoamylalkoholhaltiger HCl (35:35:17,5:12,5) als mobile Phase und Ehrlich-Reagens identifiziert. Die Durchführung und Leistungsfähigkeit dieser Methoden sowie die mit ihnen erhaltenen Ergebnisse sind beschrieben. P. Stoß. 372.

2-68/09-0239 Popovceva, A. A. und Bušueva, E. N. Kompleksonometričeskoe opredelenie emkosti pogloščenija počv. **(Komplexometrische Bestimmung der Adsorptionskapazität von Böden.)** Agrochimija, Moskva **1968** Nr. 2. S. 117–121. — 1 Tab., 12 Lit.
Die Bodenprobe wird mit Ba gesättigt, das adsorbierte Ba mit 0,1 n HCl (350···400 ml) verdrängt und mit aqua dest. auf 500 ml aufgefüllt. Zur Analysenlösung (50 oder 25 ml), die < 2,5··· 3,5 mval Ba enthalten soll, gibt man 15 ml 25%ige Triäthanolaminlösung zu und füllt bis 250···300 ml auf. Bei Titration mit Beryllon II JREA (vgl. Popovceva, Zavodskaja laboratorija **1963**, Nr. 12 (I) wird mit 35···40 ml Pufferlösung (20 g NH_4Cl + 12 g NaOH in 200 ml H_2O lösen, mit 400 ml 25%igem Ammoniak versetzen, auf 1 l auffüllen) versetzt. Danach fügt man 20···30 mg I/KCl-Gemisch hinzu und titriert mit 0,05 n Mg-Komplexonat III bis zum Umschlag blau/amethystfarben. Mit Fluorexon (II) als Indikator (vgl. Boževol'nov u. a., Metody analiza chimičeskich reaktivov i preparatov, Moskva **1965** Nr. 11) versetzt man mit 1···2 Tr. 0,2%iger Malachitgrünlösung und 5 n KOH, bis die Lösung entfärbt und ein Überschuß von 1···2 ml vorhanden ist. Danach fügt man 30···50 mg II/KCl-Gemisch hinzu und titriert mit 0,05 n Komplexon III. Vergleichende Bestimmungen aus verschiedenen Böden zeigen, daß die o. g. Methoden weniger Zeit als die gravimetrische erfordern und hinreichend genau sind. P. Stoß. 372.

2-68/09-0240 Dostál, A. und Pešák, M. O vlivu jemnosti půdního prosevu na reprodukovatelnost chemického stanovení přijatelných živin P_2O_5 a K_2O. **(Über den Einfluß des Feinheitsgrades des durchsiebten Bodens auf die Reproduzierbarkeit der chemischen Bestimmung der pflanzenaufnehmbaren Nährstoffe P_2O_5 und K_2O.)** Rostlinná Výroba **13** (40) (1967) Nr. 11. S. 1233–1240. — 5 Tab., 5 Lit. Zus. in Russ., Engl.

An Proben aus Schwarzerde, Parabraunerde und Podsol hatte steigender Feinheitsgrad der Proben i. allg. einen günstigen Einfluß auf die Reproduzierbarkeit der P-Bestimmung nach Egnér und der K-Bestimmung nach Schachtschabel. Die Veränderungen der Reproduzierbarkeit zeigten keine gegenseitige Abhängigkeit. In einigen Fällen führte feineres Durchsieben auch zu schlechterer Reproduzierbarkeit. Gründe hierfür können noch nicht angegeben werden. ČSSR/ÚVTI. 372.

2-68/09-0241 Avakjan, N. O., Sudžjan, V. S. und Karapetjan, E. A. Usoveršenstvovanie metodiki opredelenija podvižnogo fosfora v karbonatych počvach rastvorom uglekislogo ammonija. (**Verbesserung der Bestimmung des beweglichen Phosphors in Karbonatböden mit Ammoniumkarbonat-Lösung.**) Agrochimija, Moskva **1968** Nr. 1. S. 125–128. — 1 Tab., 10 Lit.

An Stelle der üblichen Zerstörung der org. Subst. im Extrakt nach Mačigin (1%ige $(NH_4)_2CO_3$-Lösung) mit $KMnO_4$ in heißer schwefelsaurer Lösung und der anschließenden Reduktion des gebildeten MnO_2 trennten Vff. die org. Subst. durch Sorption an gereinigter Aktivkohle ab. P- und K-Salze werden dabei nicht sorbiert. Bei 21 Böden mit sehr unterschiedlichem $CaCO_3$- und Humusgehalt ergaben das übliche und das vorgeschlagene Verfahren gleiche Werte (Korrelationskoeffizient $r = 0,99 \pm 0,04$). Das vorgeschlagene Verfahren hat sich im Serienbetrieb bewährt, es vereinfacht die Arbeitsweise wesentlich und erfordert eine geringere Geräteausrüstung. — Arbeitsweise: 3 g Boden werden mit 1 g gereinigter Aktivkohle und 60 ml 1%iger $(NH_4)_2CO_3$-Lösung versetzt, 5 min geschüttelt, 18···20 h bei 25 ± 2 °C stehengelassen und filtriert. Die P-Bestimmung erfolgte photometrisch als Molybdatkomplex, die K-Bestimmung flammenphotometrisch. Th. Schikora. 372.

2-68/09-0242 Neunylov, B. A., Strel'čenko, N. E. und Karpova, L. I. Primenenie radioizotopa fosfora (P^{32}) dlja opredelenija usvojaemych fosfatov v počvach risovych polej. (**Die Verwendung von radioaktivem Phosphor [^{32}P] für die Bestimmung von verfügbarem Phosphor in Reisböden.**) Agrochimija, Moskva **1968** Nr. 1. S. 117–124. — 6 Tab., 5 Lit.

Vff. stellten Untersuchungen zur Vereinfachung der von Sokolov beschriebenen Methode zur Bestimmung des pflanzenverfügbaren P mittels kurzfristiger Vegetationsgefäßversuche mit ^{32}P an 2 im Gehalt an verfügbarem P extrem unterschiedlichen Böden an. Beim Einbringen von 0,3···1,0 mg markiertem Phosphat (bezogen auf P_2P_5) pro 1 kg Boden wurden gleiche Ergebnisse erhalten. Zur allg. Charakteristik der Böden in bezug auf den Vorrat an pflanzenverfügbarem P sind Versuche sowohl an ungedüngten als auch an NK-gedüngten Varianten möglich. Die in den Gefäßen verwendeten Bodenmengen von 350···5750 g übten keinen Einfluß auf das Ergebnis aus. Vff. schlagen deshalb den Einsatz von 0,5-l-Gefäßen mit je 20 Pflanzen vor. Der Erntetermin kann zwischen 25 und 40 Tagen nach Aussaat der vorgekeimten Samen liegen. Th. Schikora. 372.

2-68/09-0243 Borisova, N. I. Usoveršenstvovanie metodiki opredelenija intratov v počve. (**Vervollkommnung der Methodik zur Nitratbestimmung im Boden.**) Pasport zakončennogo naučnogo issledovanija, rekomendovannogo dlja vnedrenija v proizvodstvo, SIF, VINTISCh **1967** Nr. 256.

Bei der spektrophotometrischen Methode der Nitratbestimmung wird ein 0,03 n K_2SO_4-Auszug (oder ein n NaCl-Auszug) bei einem Verhältnis von Boden zu Lösung von 1,0:2,5 (oder 1:1 bei lufttrockenen Proben) durch 3min. Schütteln hergestellt. Der Auszug wird in einen 100-ml-Meßkolben gegeben, 5 ml $KClO_4$-Lösung werden hinzugefügt, aufgefüllt und die optische Dichte der Lösungen mit dem Spektrophotometer bei von 200 nm bestimmt. Die vergleichende Bestimmung der Nitrate in Bodenauszügen nach der spektrophotometrischen und der Disulfophenolmethode ergab eine hohe Korrelation zwischen den beiden Methoden ($r = + 0,887 \cdots 0,980$) für Rasenpodsolböden, graue Waldböden und Tschernosemböden. Die spektrophotometrische Methode zur Bestimmung der Nitrate im Boden ist wesentlich einfacher und viel schneller als die bestehenden Methoden und steht diesen hinsichtlich der Empfindlichkeit und Genauigkeit nicht nach. SSSR/VINTISCh. 372.

2-68/09-0244 Baker, A. S.; Puyallup, Western Washington Res. and Extension Center. Colorimetric determination of nitrate in soil and plant extracts with brucine. (**Kolorimetrische Bestimmung von Nitrat im Boden und in Pflanzenextrakten mit Bruzin.**) J. agric. Food Chem. **15** (1967) Nr. 5. S. 802–806. — 2 Abb., 3 Tab., 7 Lit.

Zur Extraktion der Böden wird eine 0,2%ige $CaSO_4 \cdot 2 H_2O$-, der zur Extraktion Pflanzen eine 0,4 n NaCl-Lösung verwendet. Die Alkaloidlösung ist 2%ig in 0,05 n HCl. Um die Reaktionstemperaturen niedrig zu halten, wird eine halbkonz. H_2SO_4 (1:1) verwendet. Die in den Pflanzenextrakten enthaltenen störenden Subst. (bes. Zucker) werden über Ionenaustauscher entfernt. Dazu wurden 2 verschiedene Methoden ausgearbeitet. Die angegebene Arbeitstechnik ist einfacher als bei Verwendung von Phenoldisulfonsäure und liefert sehr genaue Werte. Auftretende Fehlermöglichkeiten werden ausführlich beschrieben.
J. Lehfeldt. 372.

2-68/09-0245 Dostál, A. und Pešák, M. Vliv pH, aniontu a koncentrace NH_4 + ve vyluhovacím roztoku na extrakci tzv. přijatelného drasla z půdy. **(Einfluß des pH-Wertes, des Anions und der NH_4-Konzentration auf die Extraktion des pflanzenaufnehmbaren Kaliums aus dem Boden.)** Rostlinná Výroba **13** (40) (1967) Nr. 9. S. 951-959. — 5 Tab., 5 Lit. Zus. in Russ., Engl., Dtsch.
Zu den Orientierungsversuchen wurden 10 zufällig ausgewählte Bodenproben aus dem Gebiet der ČSSR benutzt. Nach den Ergebnissen hat das in der Extraktionslösung befindliche Anion bedeutenden Einfluß auf die Menge der K-Ionen, die aus dem Boden mittels NH_4-haltiger Lösung bei einem bestimmten pH-Wert extrahierbar sind. Dieser Einfluß des Anions ist möglicherweise in einigen Böden stärker als der Einfluß des pH oder der NH_4-Konzentration. Deshalb wird empfohlen, die Methode von Schachtschabel, bes. den pH-Wert 6,0···6,2, auf welchen die Lösung eingestellt wird, nachzuprüfen.
ČSSR/ÚVTI. 372.

2-68/09-0246 Alešin, S. N. und Slovcova, G. A. Opredelenie koncentracii vodnorastvorimych solej v počvach po koėfficientu ėlektroprovodnosti. **(Bestimmung der Konzentration wasserlöslicher Salze in Böden aus dem Koeffizienten der elektrischen Leitfähigkeit.)** Izvestija Timirjazevskoj sel'skochozjajstvennoj akademii, Moskva **1967** Nr. 6. S. 136 bis 140. — 4 Tab., 9 Lit.
Vff. ermittelten die Konz. wasserlösl. Salze aus dem Koeffizienten der elektrischen Leitfähigkeit (I) nach der Formel: $c = 1000\, x/f\,(l_K + l_A)$, wobei x = spez. I, f = Aktivitätskoeffizient (Koeffizient der I); $(l_K + l_A)$ = mittlere elektrolytische Beweglichkeit der Ionen. x wurde experimentell mit der Kohlrausch-Walzenbrücke bestimmt, f nach Lewis und Randall für ein Gemisch verschiedenwertiger Elektrolyte berechnet. $(l_K + l_A)$ wurde berechnet (92,5) und stimmte mit der an versalzten kastanienbraunen und Solonetzböden experimentell ermittelten Größe überein. Die Ermittlung der Salzkonz. einer Bodenklasse nach der o. a. Formel ist möglich, wenn der Koeffizient der I verschiedener Proben übereinstimmt. Dies ist z. B. bei versalzten kastanienbraunen Böden der Fall ($f_{exp.}$ 0,63; $f_{theor.}$ 0,60), nicht dagegen bei Solonetzböden ($f_{exp.}$ 0,74; $f_{theor.}$ 0,51).
P. Stoß. 372.

2-68/09-0247 Kasatkina, L. A. Potenciometričeskoe opredelenie železa v počvach. **(Potentiometrische Bestimmung des Eisens in Böden.)** Počvovedenie, Moskva **1967** Nr. 12. S. 133-136. — 2 Abb., 2 Tab., 4 Lit. Zus. in Engl.
Zur Bestimmung des Gesamt-Fe und des Fe im Bodenextrakt nach Gedroic (20%ige HCl) schlägt Vf. die Titration mit Cu_2Cl_2 vor. — Ausführung: Aus der salzsauren Lösung werden die Sesquioxide mit NH_4OH und CH_3COONa ausgefällt, abgetrennt und in HCl gelöst. Das Fe^{2+} wird mit HNO_3 oder H_2O_2 vollständig zu Fe^{3+}oxydiert und anschließend mit 0,02 bis 0,025 n Cu_2Cl_2-Lösung titriert. Die Endpunktanzeige kann a) potentiometrisch (Platin- und gesättigte Kalomelelektrode, am Endpunkt Potentialänderung von 100···120 mV) oder b) visuell (Verwendung von Na-Sulfosalizylat als Indikator) erfolgen. Die Herstellungsvorschrift für Cu_2Cl_2 ist angegeben. — Von verschiedenen Böden wurden Gesamt-Fe und in 20%iger HCl lösl. Fe kuprometrisch (nach a und b) und zum Vergleich komplexometrisch mit Trilon B bestimmt und statistisch ausgewertet. Die Vertrauensgrenzen der Schwankungen der Mittelwerte (n = 10, P = 0,99) betragen ± 0,02···0,03% Fe_2O_3 bei einem Fe_2O_3-Gehalt von 2···6%.
E. Schikora. 372.

2-68/09-0248 Farafonov, M. M., Beljaev, Ju. I., Kostin, B. I., Gribovskaja, I. F. und Karjakin, A. V. Opyt primenenija kvantometra s cifropečatajuščim registrirujuščim vychodom dlja spektral'nogo opredelenija mikroėlementov v počvach, rastenijach i sapropeljach. **(Versuch zur Verwendung eines Quantometers mit digitaldruckender Registrierung für die spektralanalytische Bestimmung von Mikroelementen in Böden, Pflanzen und Torf.)** Agrochimija, Moskva **1968** Nr. 1. S. 138-142. — 1 Abb., 7 Tab., 11 Lit.

Vff. verwendeten zur Erhöhung der Produktivität des Quantometers (Mehrkanal-Emissionsspektrometer mit fotoelektrischer Anzeige) der Applied Research Laboratories die digitaldruckende Anzeigeeinheit des Vakuumspektrometers von Hilger & Watts. Dies gestattete die Ausführung von Serienanalysen durch 1 Arbeitskraft (47···53 3teilige Analysen tägl. in 2 Schichten). Bestimmt wurden Ni, Zn, Ba, Sr, Mn, V, Cr, Cu, Pb und Fe in Ascheböden, Pflanzen und Torf. — Arbeitsweise: Die getrockneten Proben wurden zur Veraschung der org. Subst. in einen kalten Muffelofen gegeben, dessen Temperatur stufenweise auf 450 °C erhöht wurde, und dann gemahlen. Zur Bestimmung wurden 20 mg Subst. über 10 mg Kohlepulver in eine ausgehöhlte Kohleelektrode gegeben und im Gleichstrombogen zur Anregung gebracht. Als Standards wurden künstliche Mischungen entspr. Salze verwendet. Die Arbeitsbedingungen werden angeben. Die Eichkurven blieben über einen längeren Zeitraum konstant. — Die erhaltenen Meßwerte wurden für Cu, Pb, Zn und Sr polarograph. bzw. flammenphotometrisch überprüft; es bestand gute Übereinstimmung außer bei Zn. Nach 6jähr. Einsatz des Gerätes halten Vff. dieses für die Durchführung von Serienanalysen in den vorgenannten Proben für geeignet. Th. Schikora. 372.

2-68/09-0249 Sims, J. L., Wells, J. P. und Tackett, D. L. Predicting nitrogen availability to rice. I. Comparison of methods for determining available nitrogen to rice from field and reservoir soils. **(Stickstoffverfügbarkeits-Vorhersage zu Reis. 1. Mitt. Methodenvergleich zur Bestimmung verfügbaren Stickstoffs aus Feld- und Gefäßböden.)**. Proc. Soil Sci. Soc. America **31** (1967) Nr. 5. S. 672–675. — 2 Abb., 4 Tab., 14 Lit. 372.

2-68/09-0250 Sims, J. L. und Blackmon, B. G. Predicting nitrogen availability to rice. II. Assessing available nitrogen in silt loams with different previous year crop history. **(Stickstoffverfügbarkeits-Vorhersage zu Reis. 2. Mitt. Beziehung zwischen verfügbarem Stickstoff und unterschiedlicher vorhergehender Nutzung.)** Proc. Soil Sci. Soc. America **31** (1967) Nr. 5. S. 676–680. — 3 Abb., 4 Tab., 7 Lit. 372.

2-68/09-0251 Schönberg, Gotthard. **Bilanzierung des pflanzenverfügbaren Bodenwassers mit Hilfe bodenphysikalischer Kennwerte als Grundlage für die Bewässerung im Obstbau.** Dtsch. Akad. Landwirtsch.-Wiss. Berlin, Tag.-Ber. **1969** Nr. 93. S. 5–13. — 5 Abb., 2 Tab., 2 Lit. Zus. in Russ., Engl. — nach Zus.
Für einen Lehm- und einen Sandbodenstandort wurden im Profil die wichtigsten Kennwerte des Bodenwasserhaushalts ermittelt und verglichen. Die Bestimmung der Feldkapazität erfolgte nach Absättigung unter Feldbedingungen durch luftpyknometrische Volumenbestimmung und abs. Trocknung der Proben. Zur Bestimmung des permanenten Welkepunktes dienten bei 75% rel. Luftfeuchtigkeit kultivierte Sonnenblumen (*Helianthus annuus*). Die Vol.-%-Werte der Feldkapazität und des permanenten Welkepunktes dienten dazu, die Abhängigkeit zwischen Gewichts- und Vol.-% der Bodenfeuchte in den verschiedenen Bodenschichten darzustellen und so über die Umrechnung der ermittelten Gewichts- in Vol.-% eine verhältnismäßig einfache Bilanzierung des pflanzenverfügbaren Bodenwassers für bestimmte Bodenschichten bzw. bis zu bestimmten Tiefen in mm Wasser vornehmen zu können. Für beide Standorte wurden Wasserbilanzen für eine Vegetationsperiode, für den Lehmstandort für 3 Vegetationsperioden und für einen obstbaulichen Bodenpflegeversuch mit 3 Varianten für 2 Vegetationsperioden aufgestellt, die zur Errechnung des Bewässerungsbedarfs in mm Wasser verwendet werden können. 374.

2-68/09-0252 Słowik, K. Amount of water available for the plants (by Richards technique) in different soils as an index of their suitability for orchard purposes. **(Beurteilungen verschiedener Böden für den Obstbau mit Hilfe der Bestimmung der nutzbaren Wasserkapazität nach Richards.)** Dtsch. Akad. Landwirtsch.-Wiss. Berlin, Tag.-Ber. **1967** Nr. 93. S. 33–37. — 3 Abb., 1 Tab., 3 Lit. Zus. in Russ., Engl. — nach Zus.
Zur Bestimmung der charakteristischen Bodenfeuchtigkeitskurven und des Anteils an pflanzenverfügbarem Wasser im Boden werden der Apparat mit poröser Platte und der Druckmembranapparat nach Richards (USA) verwendet. Verschiedene Bodenprofile aus Obstanlagen werden nach dem erwähnten Verfahren auf die Menge an pflanzenverfügbarem und nicht verfügbarem Wasser untersucht und der Anteil in mm Wasser je 100 cm Bodentiefe angegeben. Es wird festgestellt, daß der entscheidende Faktor bei der Wahl des Bodens für Obstanlagen ohne Bewässerung der Anteil des verfügbaren Bodenwassers bis zu einer bestimmten Tiefe ist, wenn nicht andere Faktoren, wie z. B. schlechte Durchlüftung, Ortsteinbildung, das Wurzelwachstum begrenzen. Diese Darst. wird in einem

Feldversuch mit 15jähr. Apfelbäumen der Sorte Landsberger bestätigt, der eine sehr hohe positive Korrelation zwischen der Stammdurchmesserzunahme und dem Anteil des pflanzenverfügbaren Wassers in der durchwurzelten Bodenschicht erkennen läßt. 374.

2-68/09-0253 Mel'nikova, M. K., Zamanmurad, Ch. und Frid, A. S. Koėfficienty diffuzii v sloistych počvach. (**Diffusionskoeffizienten bei Schichtböden.**) Vestnik sel'skochozjajstvennoj nauki, Moskva **13** (1968) Nr. 2. S. 20-24. — 3 Abb., 7 Tab. Zus. in Engl., Franz., Dtsch. — nach Zus.
Vff. stellten experimentell fest, daß bei gleichem Bodenwasserpotential Bodenschichten verschiedener mechanischer Zusammensetzung als einförmiges Medium betrachtet werden können. Das ermöglicht für die Einschätzung der Salzdiffusion in mehrschichtigen Böden, Diffussionsbeiwerte des einförmigen Mediums zu benutzen. 374.

2-68/09-0254 Šmidt, G. N. K voprosu razrabotki polevych metodov opredelenija vlažnosti i teploprovodnosti počv. (**Zu Fragen der Ausarbeitung von Feldmethoden zur Bestimmung der Bodenfeuchtigkeit und der Wärmeleitfähigkeit.**) Doklady TSChA. Moskovskaja ordena Lenina sel'skochozjajstvennaja akademija imeni K. A. Timirjazeva **1967** Nr. 131. S. 177-180. — 2 Abb., 5 Lit.
Es werden prinzipielle Möglichkeiten der Bestimmung von Feuchtigkeit und Wärmeleitfähigkeit durch Messung elektrischer Größen aufgezeigt. Auf Grund von Resultaten der Abhängigkeit der elektrischen Leitfähigkeit von der Bodenfeuchtigkeit wird eine analytische Funktion aufgestellt. Wärmeleitfähigkeit und elektrische Leitfähigkeit ähneln sich in ihrer Abhängigkeit von der Bodenfeuchtigkeit. H. Hergenhan. 374.

2-68/09-0255 Šermer, A. Zišťovanie podneho výparu a vlhkosti pôdy. (**Bestimmung der Bodenverdunstung und der Bodenfeuchtigkeit.**) Vodní Hospodářství **17** (1967) Nr. 10. S. 425-427. — 6 Abb., 11 Lit. Zus. in Russ., Engl.
An der Lysimeterstation Žihárec in der Donauebene wurden Voraussetzungen zur Errechnung der dekadischen Verdunstung aus kahlen, aufgelockerten Böden dieses Gebiets bestimmt. Die Ergebnisse lassen sich dahingehend zusammenfassen, daß die Bodenfeuchte der oberen Bodenschichten ohne direkte Messung hinreichend genau errechnet werden kann, sofern die üblichen meterol. Werte im Netz der Station bekannt sind. Die Verdunstung kann somit auch rückläufig für eine längere Zeitperiode verfolgt werden. Zur experimentellen Präzisierung der Berechnungen sollten Waagenlysimeter verwendet und kürzere Zeitabschnitte als Dekaden ausgearbeitet werden. ČSSR/ÚVTI. 374.

2-68/09-0256 Stone, John F., Barefoot, A. Dudley und Garton, James E. Ignition noise in neutron moisture gages. (**Zündungsrauschen in Feuchtigkeitsmessern auf Neutronenbasis.**) J. Irrigation & Drainage Div. **93** (1967) Nr. IR 3. S. 147-152. — 1 Abb., 3 Tab.
Zündungsfunken von Verbrennungsmotoren bewirken eine falsche Zählrate in Feuchtigkeitsmeßgeräten, die auf dem Prinzip der Neutronenbremsung beruhen. Die Impulse werden in der Sonde offenbar verstärkt und von der Zähleinrichtung registriert. Diese Interferenz wurde in dem Falle nicht festgestellt, wenn das Kabel zwischen Probe und Sonde weiter als 1 m von irgendeinem Motorteil ausgelegt war. Falls Feuchtigkeitsmessungen in der Nachbarschaft von laufenden Verbrennungsmotoren durchgeführt werden, ist ein Test zur Überprüfung dieses Einflusses zu empfehlen. A. Jäger. 374.

2-68/09-0257 Backer, L. de und Klute, A.; Comparison of pressure and suction methods for soil-water content-pressure-head determinations. (**Vergleich von Druck- und Saugmethoden bei Bodenwassergehalts-Druckhöhen-Bestimmungen.**) Soil Sci. **104** (1967) Nr. 1. S. 46-55. — 8 Abb., 12 Lit.
Haines legte zur Bestimmung des Saugdruckes des Bodenwassers einen Saugdruck und Richards einen Druck an die Bodenprobe. Unter Verwendung von 4 Meßverfahren wurden Ergebnisse beider Methoden gewonnen und verglichen. Durch die beschriebene Meßanordnung konnten Druck- und Saugentwässerungskurven von der gleichen Probe gewonnen werden. Bei anfangs gesättigten Proben bestanden keine signifikanten Unterschiede zwischen den Druck- und Saugkurven. Bei anfangs nicht gesättigten Proben wurden deutliche Unterschiede im Feuchtegehalt zwischen den Kurven festgestellt.
G. Schönberg/Pillnitz. 374.

2-68/09-0258 Greacen, E. L., Farrell, D. A. und Forrest, J. A. Measurement of density patterns in soil. (**Messung von Dichteveränderungen im Boden.**) J. agric. Engng. Res. **12** (1967) Nr. 4. S. 311-313. — 2 Abb., 2 Lit.

Zu untersuchende Bodenprobe wird mit dünnflüssigem Epoxidharz getränkt und nach dem Verfestigen zerschnitten und in 2 mm starke Platten zersägt und genau geschliffen. Die Schwärzungsmessung einer Röntgenaufnahme dieser Probestücke gestattet quantitative Aussagen über die Veränderung der Bodendichte im Bereich von wenigen mm. Als Beispiel werden der Einstich einer 3-mm-Nadel und Belastungsrisse einer kugelförmigen Erdklute von 40 mm Dmr. angeführt. Probenvorbereitung und -auswertung sind ausführlich beschrieben; ein Eichdiagr. ist angeführt. K. Baganz/Bornim. 374.

2-68/09-0259 Zvjagincev, D. G. und Galkina, G. M. Obrabotka ul'trazvukom kak sposob podgotovki počv k mikrobiologičeskomu analizu. **(Der Einsatz von Ultraschall als Mittel zur Vorbereitung von Böden für die mikrobiologische Analyse.)** Mikrobiologija, Moskva **36** (1967) Nr. 6. S. 1087–1095.

Zu den Untersuchungen wurde ein Apparat der Firma MSE, der einen schwachen Ultraschall der Frequenz von 20 kHz liefert, verwendet. Im Vergleich zu anderen Aufbereitungsmethoden (Schütteln, Rühren zu Paste) erbrachte die Behandlung mit Ultraschall höhere Keimzahlen bei Bakterien und Aktinomyzeten. Die Pilzkeimzahlen wiesen eine geringere Steigerung auf. Durch längere Einwirkung von Ultraschall wurden sie geschädigt. Bei Bakterien und Aktinomyzeten wurde diese Erscheinung nicht beobachtet. Bei trockenen Böden zeigte sich ein stärkerer Keimzahlanstieg im Vergleich zu den gebräuchlichen Methoden als bei feuchten. Die Wirksamkeit von Ultraschall war vom Bodentyp abhängig. Bei einem Humus-Glei wurde die Zahl der Bakterien um das 1000fache, bei einem Tschernosem um das 20fache, bei Roterden um das 5…8fache und bei Rasenpodsolböden nur um das 2…5fache erhöht. H. Winkler. 376.

2-68/09-0260 Kirsanov, G. P. Novaja optimal'naja sreda dlja vyraščivanija počvennych mikrobov. **(Ein neues optimales Medium zur Kultivierung von Bodenmikroben.)** Sel'skochozjajstvennaja biologija, Moskva **3** (1968) Nr. 1. S. 133–136.

Vf. empfiehlt als Nährbodengrundlage ein Konzentrat des Hydrolysates des Myzels von *Penicillium chrysogenum* Nr. 194, das bei der Herstellung medizinischer Präparate in großen Mengen anfällt. Das Hydrolysat enthält eine große Menge an verschiedenen Aminosäuren und außerdem eine Vielzahl an Makro- und Spurenelementen sowie mehrere Vitamine der B-Gruppe. Im Vergleich zu mehreren in der Bodenmikrobiologie gebräuchlichen Nährböden (Čapek, Ashby, Stärke-Gelatine, Malz, Fleisch-Pepton und Fleisch-Pepton mit 0,3% Hefeextrakt) waren bei Verwendung des erwähnten Substrates wesentlich höhere Koloniezahlen feststellbar. Die Gewinnung der Nährbodengrundlage wird ausführlich beschrieben. H. Winkler. 376.

2-68/09-0261 Pussard, M.; Paris, Inst. Nat. Agron. Les protozoaires du sol. I. Systématique, technique d'étude et de numération, importance et fluctuations numériques, caractères adaptatifs. **(Die Protozoen des Bodens. 1. Mitt. Untersuchungs- und Zähltechnik, Bedeutung und zahlenmäßige Fluktuation, Anpassung.)** Ann. Épiphyties **18** (1967) Nr. 3. S. 335–360. — 2 Abb., 118 Lit.

Die wichtigsten Protozoen des Bodens gehören zu den Gruppen der Flagellaten, Rhizopoden, Ziliaten und Proteomyxiaten. Es werden die Methoden zum Studium dieser Gruppen dargestellt. In 1 g Boden sind zahlenmäßig zwischen $1{,}5 \cdot 10^5 \ldots 10^6$ Individuen enthalten. Dies ergibt eine Protoplasmamasse von 150…400 kg/ha. Die meisten Gruppen können sich wechselnden Lebensbedingungen anpassen. Anabiose erlaubt ihnen, schnelles Austrocknen zu überleben. Ein Überleben ist auch durch Enzystierung möglich. Die dabei ablaufenden physiol. Vorgänge werden beschrieben. R. Fritzsche. 376.

2-68/09-0262 Borlan, Z. Folosirea datelor analizei agrochimice a solului în agricultură. **(Nutzung der Angaben der agrochemischen Bodenanalyse in der Landwirtschaft.)** Stiinţ. Solului, Bucureşti **5** (1967) Nr. 4. S. 330–338. — 4 Abb. Zus. in Russ., Engl., Franz. — nach franz. Zus.

Die mit Hilfe von Feldversuchen geprüfte agrochem. Bodenanalyse ermöglicht eine Bewertung der rel. Wirkung des Düngers auf die Pflanzen und die Bestimmung der qualitativ und quantitativ notwendigen Düngung. Die Bedeutung der agrochem. Analysen und Feldversuche für eine rationelle, differenzierte Anwendung der Düngemittel wird diskutiert. Die agrochem. Bodenanalyse sollte als Grundlage für eine differenzierte Erweiterung bei stationären Feldversuchen mit Düngemitteln dienen. 378.

2-68/09-0263 Bucher, R. **Die Bedeutung einer laufenden Nährstoffkontrolle auf die Nährstoffversorgung landwirtschaftlich genutzter Mineralböden.** Landwirtsch. Forsch. **20** (1967) Nr. 2/3. S. 103–116. — 7 Tab.

Es wird an Hand von Bodenuntersuchungsergebnissen gezeigt, wie sich bei laufender Nährstoffkontrolle der Böden in regelmäßigen Abständen und einer darauf orientierten Düngung der Kalkzustand sowie die P- und K-Versorgung der Böden beachtlich verbessert haben. Demgegenüber zeigten die Untersuchungsergebnisse von Gemeinden, die seit 1949 erst in den letzten Jahren einmal untersucht wurden, eine weniger gute Versorgung der Böden mit Nährstoffen. Diese Beobachtung konnte auch bei Betrieben innerhalb einer Gemeinde gemacht werden. Da bei Unkenntnis der Böden die Düngung einheitlich und nicht differenziert erfolgt, auf Böden mit hohen P- und K-Gehalten eine entspr. Düngung ohne Erfolg ist, andererseits bei niedrigerer Versorgung die Gaben häufig nicht ausreichen, wird stets der ökonomische Erfolg der Düngung in Frage gestellt. W. Bergmann. 378.

2-68/09-0264 Witter, Bodo. **Untersuchungen über die Verbesserung des Nährstoffzustandes der Böden in Verbindung mit der Auswertung der systematischen Bodenuntersuchung.** Sitz.-Ber. dtsch. Akad. Landwirtsch.-Wiss. Berlin **16** (1967) Nr. 8. — 23 Tab., 12 Lit. Zus. in Russ., Engl. — nach Zus.

Zur Überprüfung der Zuverlässigkeit der gegenwärtig in der DDR zur Einstufung der Bodenuntersuchungsbefunde benutzten P- und K-Grenzzahlen der Doppellaktatmethode (DLM) wurden auf 34 Acker- und 24 Grünlandstandorten angelegte statische P- und K-Steigerungsversuche ausgewertet. Dabei konnte festgestellt werden, daß die P-Düngungsbedürftigkeit der Böden zuverlässig beurteilt wird. Bei niedrigen Boden-P-Gehalten konnten durch mittlere bis hohe P-Gaben signifikante Ertragssteigerungen, eine Verbesserung der Pflanzen-P-Gehalte und eine Anhebung der Boden-P-Gehalte erzielt werden. Bei mittleren Boden-P-Gehalten ergaben nur hohe P-Gaben mit Blattfrüchten noch Ertragssteigerungen, die bei hohen Boden-P-Gehalten auch nicht mehr nachgewiesen werden konnten. Unterlassene P-Düngung führte zu einem Rückgang der Boden-P-Gehalte und bei Böden der Gruppe III zu merklichen Ertragsausfällen. Die K-Bedürftigkeit der Böden wird durch die DLM weniger befriedigend beurteilt. Beziehungen zwischen dem K-Gehalt im Boden und der Ertragsentwicklung ergaben sich lediglich bei Ackerböden mit niedrigem K-Gehalt, wobei die K-Düngung nur bei den Blattfrüchten zu signifikanten Ertragssteigerungen führte. Auf dem Grünland trat bei unterlassener K-Düngung auf Böden mit mittlerem K-Gehalt teilweise ein Ertragsabfall ein, während langjähr. sehr hohe K-Gaben auf Böden mit mittlerem und niedrigem K-Gehalt im Boden zu Ertragsdepressionen führen können. Die erzielten Ergebnisse lassen erkennen, daß die DLM geeignet ist, Empfehlungen für einen differenzierten Einsatz der Düngemittel zu geben und die Versorgung der Böden mit P und auch K für Planungszwecke gut zu charakterisieren. 378.

2-68/09-0265 Thorne, J. P. 10 years of soil testing in Utah. (**10 Jahre Bodenuntersuchung in Utah.**) Utah Sci. **28** (1967) Nr. 3. S. 104–107. — 4 Abb., 5 Tab.

Im amerikanischen Staat Utah begann die Bodenuntersuchung zur Ermittlung der Düngerbedürftigkeit der Böden für die landwirtsch. Praxis 1956 in größerem Umfang. In ähnlicher Weise wie in den anderen Staaten der USA wird diese Untersuchung vorwiegend an den entspr. Universitätsinst. in Verbindung mit dem Beratungsdienst durchgeführt. Untersucht werden: pH und Kalkzustand, Salzgehalt, verfügbarer P-Gehalt (Na-Bikarbonatmethode) und seit 1965 auch der austauschbare K-Gehalt. Bisher wurden 7873 Bodenproben untersucht, pro Jahr 600 bis 1100. Neuerdings beginnen auch Privatunternehmen mit der Bodenuntersuchung. Die pH-Werte der Böden liegen sehr hoch (7,5···7,9). Dies wird vor allem auf hohe Na-Gehalte zurückgeführt. Daher sind auch die Salzgehalte der Böden sehr hoch. Der Gehalt an extrahierbarem P ist von Gebiet zu Gebiet sehr unterschiedlich, je nachdem, wie intensiv gedüngt wird. Es wird die Meinung vertreten, daß es nicht notwendig ist, jedes Jahr den Boden zu untersuchen, sondern daß nach einer einmaligen Ermittlung der für notwendig erachteten Werte in gewissen Abständen Kontrolluntersuchungen durchzuführen sind, um sich zu informieren, ob die inzwischen durchgeführten Düngungsmaßnahmen richtig waren oder einer Korrektur bedürfen.

W. Bergmann. 378.

H. Bodenfruchtbarkeit

2-68/09-0266 Clement, C. R. und Williams, T. E. Leys and soil organic matter. II. The accumulation of nitrogen in soils under different leys. (**Leys und organische Bodensubstanz. 2. Mitt. Die Anreicherung von Stickstoff in Böden unter verschiedenen Leys.**) J. agric. Sci. **69** (1967) Nr. 1. S. 133–138. — 3 Abb., 2 Tab., 19 Lit. Zus. in Engl.

Bei mehrjähr. Anbau von Gräsern, Gras- und Kleegrasgemengen auf Ackerland stieg der N-Gehalt der Böden unterschiedlich aber stetig an. Unter einem Weidelgras-Weißklee-Gemenge z. B. erhöhte sich der N-Gehalt des Bodens jährl. um 0,005% über eine Krumentiefe von 15 cm. Der jährl. N-Gewinn durch Akkumulation lag zwischen 100···110 kg/ha bei Kleegras ohne N-Düngung und 180 kg/ha bei Kleegras mit einer Düngung von 314 kg/ha N und Beweidung. Unter Gräsern wurde etwas weniger N angereichert als unter Kleegras. Zwischen verschiedenen Gräserarten und -herkünften konnte keine gesicherte Differenz ermittelt werden. Die Beweidung hat sich günstiger ausgewirkt als die Heugewinnung. In der obersten Bodenschicht von 2···3 cm war analog der Anreicherung mit org. Subst. die N-Bindung am stärksten. G. Watzke/Paulinenaue. 380.

2-68/09-0267 Davidescu, D., Borlan, Z. und Bordeiaş u, Constanta. Potentiels de l'activité physicochimique et les facteurs de la fertilité du sol. (**Das Potential der physikochemischen Aktivität und die Faktoren der Bodenfruchtbarkeit.**) Colocviul interuniversitar Romäno-Ital. pe Teme Agric., Bucureşti, Ref. **1966** (hrsg. 1967) S. 69–85. — 8 Abb., 1 Tab., 11 Lit. Zus. in Franz., Rum. — nach rum. Zus.

In der vorliegenden Arbeit werden die Nutzungsmöglichkeiten des Potentials der phys.-chem. Aktivität einiger Stoffe zur Charakterisierung der Azidität und des trophischen Zustandes der Böden analysiert. Der theoretische Teil der Arbeit stellt eine kurze Einführung in der Theorie der Potentiale dar. Das Potential zwischen dem Aktivitätsverhältnis wird aus der Ionenverteilung (Donnan-Typ) zwischen Boden und Lösung hergeleitet. Auf Grund eines reichen Versuchsmaterials, das in dem Versuchsnetz stationärer Düngungs- und Kalkungsversuchen in der SRR erhalten wurden, zeigen Vff. die landwirtsch. Bedeutung einiger Potentiale. Das Kalk-Potential korreliert bei Weizen und bei Mais in höherem Maße mit dem Effekt der Kalkung als andere Werte der Bodenazidität. Auf Grund von Berechnungen gelangt man zu dem Schluß, daß die Kalkung höhere Weizen- und Maiserträge nur auf sauren ungedüngten Böden mit einem Kalkpotential unter 4,3 und mit einem Kalkpotential unter 4 auf Böden bewirkt, die mit N und P gedüngt sind. Das Verhältnis zwischen der Konz. der primären Phosphate und der Gesamtkonz. der $CaCl_2$-lösl. (0,01 mol.) Phosphorsäure wird für die Untersuchung des Gehaltes an beweglichem P aus den stark sauren und alkalischen Böden zur einheitlichen Einschätzung empfohlen. Die korrigierten Werte des Gehaltes an beweglichem P korrelieren bei Weizen und Mais bei genügender N-Versorgung besser mit der Wirkung der P-Düngung. Im letzten Teil der Arbeit werden die Möglichkeiten dargestellt, die sich durch das K-Potential und das Potential des Ionenaustausches für die Charakterisierung der Veränderung der Beweglichkeit der K-Ionen in sauren, gekalkten Böden ergeben. 380.

2-68/09-0268 Dvorník, J. Přispěvek ke studiu zvyšování úrodnosti těžkých půd černozemního typu prohlubováním ornice. 3. Sdělení. Půdní chemismus. (**Beitrag zum Studium der Erhöhung der Fruchtbarkeit schwerer Böden vom Schwarzerdentyp durch Vertiefen der Ackerkrume. 3. Mitt. Bodenchemismus.**) Sborník Vysoké Školy zemědělské v Brně, Rada A 15 (1967) Nr. 2. S. 251–261. — 5 Tab., 10 Lit. Zus. in Russ., Engl., Dtsch.

Auf schwerer Schwarzerde wurden 4 Jahre lang die Auswirkungen folgender Varianten untersucht: 25 cm tiefes Pflügen; 25 cm tiefes Pflügen + 15 cm Untergrundlockerung; 30 cm tiefes Pflügen + 10 cm Untergrundlockerung; 35 cm tiefes Pflügen + 5 cm Untergrundlockerung; 40 cm tiefes Pflügen. — Der C-, N-, P- und K-Gehalt sank in der Ackerkrume (0···25 cm) durch die Untergrundlockerung ab und stieg darunter an. In 25···40 cm Tiefe stieg der Anteil an gebundenen Huminsäuren an. Durch intensivere Mikroorganismentätigkeit kam es in dieser Tiefe zu vorübergehender Erhöhung des aufnehmbaren P.
ČSSR/ÚVTI. 380.

2-68/09-0269 Ilkov, D., Klevcov, V. und Christov, J. Dejstvie i posledejstvie na oborskija tor i mineralnite torove pri izlužen černozem-smolnica. (**Die Wirkung und Nachwirkung von Stallmist und mineralischen Düngemitteln auf ausgelaugtem Schwarzerde-**

Smolnitza-Boden.) Počvoznanie i agrochimija, Sofija **2** (1967) Nr. 5. S. 45-53. — 4 Abb., 5 Tab., 8 Lit. Zus. in Russ., Engl.
Auf 4 ha Fläche des o. a. schwach sauren bis neutralen Bodens bewirkten 25 t/ha Stalldung und unterschiedliche Mineraldüngung zu Mais, Weizen, Futterrüben und Hafer Verbesserungen der Erträge und der Qualität der Früchte. Humusmenge, Bodenreaktion und Gehalt an aufnehmbaren Nährstoffen wurden kaum verändert. Vff. betonen, daß zur realen Beurteilung der letzteren Frage ein längerer Zeitraum in Betracht gezogen werden muß. NRB/CSNTI. 380.

2-68/09-0270 Seryj, A. K. K voprosu o povyšenii plodorodija počvy pod vozdejstviem vysokich temperatur. (**Zum Problem der Steigerung der Bodenfruchtbarkeit unter der Einwirkung hoher Temperaturen.**) Priemy povyšenija urožajnosti sel'skochozjajstvennych kul'tur **1967** S. 285-288.
Der Einfluß der Bodensterilisation auf die Menge der für die Pflanzen zugänglichen Nährstoffe wurde untersucht. Die Versuche wurden an Hirse in von Sraževskij spez. konstruierten Gefäßen durchgeführt. Die Versuchsdauer betrug 5 Monate. Der Boden wurde bei 110 °C im Verlaufe von 10 h durch Trocknung sterilisiert. Die ersten Tage nach der Sterilisierung waren durch stürmische biol. Prozesse charakterisiert. Die Ausscheidung von CO_2 und NH_4 erreichten das Maximum nach 1···2 Wochen. Die Pflanzen auf dem sterilisierten Boden blieben zu Beginn der Vegetationsperiode merklich zurück, erholten sich bald und überholten die Kontrollpflanzen im Wachstum. Der Erntezuwachs an Hirsekörnern betrug durch Einwirkung hoher Temperaturen auf den Boden 249%. SSSR/VINTISCh. 380.

2-68/09-0271 Kazakov, V. E. und Gucal, A. I. Razvitie kornevoj sistemy jarovoj pšenicy pri raznom plodorodii počvy. (**Entwicklung des Wurzelsystems des Sommerweizens bei unterschiedlicher Fruchtbarkeit des Bodens.**) Agrochimija, Moskva **1968** Nr. 1. S. 143 bis 147. — 1 Abb., 2 Tab., 10 Lit.
In Feldversuchen wurde die Entwicklung des Wurzelsystems bei Sommerweizen überprüft. Dabei wurde die standörtliche Bodenfruchtbarkeit durch Variation der Pflugtiefe und der Düngung in 3 Versuchsvarianten beeinflußt. Außerdem wurde die Saatstärke variiert. Dabei konnten folgende Ergebnisse erarbeitet werden: Die Erhöhung der Bodenfruchtbarkeit stimulierte die Entwicklung des Wurzelsystems; Menge und Länge der Koleoptilen und Fäden der Wurzeln stiegen an. Innerhalb des jeweiligen Fruchtbarkeitszustandes verringerte sich die Menge und Länge der Wurzelkoleoptilen je Pflanze mit steigender Pflanzenzahl. Menge und Länge der Wurzelfäden stiegen allg. mit Ausnahme der Variante mit der geringsten Bodenfruchtbarkeit an. Durch erhöhte Pflanzendichte sanken Menge und Länge ab. Die Blattoberfläche und der Ertrag des Sommerweizens befanden sich in Korrelation zur Länge der Wurzeln. G. Pannicke. 380.

2-68/09-0272 Protasov, P. V. und Kataev, B. N. Izmenenie agrochimičeskich svojstv počvy pri sistematičeskom primenenii mineral'nych udobrenij. (**Veränderung der agrochemischen Eigenschaften des Bodens bei systematischer Verabreichung von Mineraldüngern.**) Agrochimija, Moskva **1968** Nr. 2. S. 125-128. — 5 Tab., 3 Lit.
In Dauerversuchen mit Baumwolle (15 a, typischer Serosem, heller Serosem, Wiesenboden; jährl. Düngung 120···150 kg/ha N, 100···120 kg/ha P_2O_5, 50···75 kg/ha K_2O) waren die Ertragssteigerungen nicht nur durch den unmittelbaren Einfluß der verabreichten Düngemittelmengen zu erklären, sondern auch auf die dadurch erhöhte Bodenfruchtbarkeit zurückzuführen. In der 0-30-cm- und 30-50-cm-Bodenschicht vorgenommenen Bestimmungen des Gehalts an C, N, NH_4, NO_3, P und K ergaben auch in der unteren Bodenschicht in den gedüngten Varianten höhere Nährstoffgehalte. Die Erhöhung des org. C-Gehalts war auf verstärkte Akkumulation von Wurzelresten und Humusneubildung zurückzuführen. In der oberen Schicht unterschied sich das C/N-Verhältnis der ungedüngten und gedüngten Varianten nur geringfügig, während in der unteren Schicht infolge des geringeren Abbaus größere Unterschiede bestanden. Der indirekte Einfluß der Mineraldüngung zeigte sich auch bei dem nur mit NP gedüngten Wiesenboden, wo in den gedüngten Varianten auch der Gehalt an Gesamt- und austauschbarem K höher war. Die Bestimmung der P-Gruppenzusammensetzung nach Čirikov ergab eine Umverteilung zugunsten größerer Verfügbarkeit. P. Stoß. 380.

2-68/09-0273 Knörck, Joachim und Steding, Rolf. **Der Boden und die Verantwortung der Endproduzenten pflanzlicher Agrarerzeugnisse für dessen effektivste Nutzung.** Agroforum, Berlin **1967** Nr. 12. S. 3-5. — 1 Abb., 6 Lit.

Die Bedeutung des Bodens und Erhöhung dessen Fruchtbarkeit bei der zunehmend intensiv erweiterten Reproduktion in der Landwirtschaft unter den Bedingungen in der DDR werden aufgezeigt. Eingehend auf den weiteren Ausbau der horizontalen und vertikalen Kooperationsbeziehungen unter dem Aspekt der effektivsten Bodennutzung werden für die Endproduzenten bei Getreide, Kartoffeln und Zuckerrüben folgende Aufgaben dargelegt: steigende Verantwortung für die Planung, Leitung und Steigerung der Produktion und für die qualitätsgerechte, sortiments- und zeitgerechte Produktion der Erzeugnisse. Zur Verwirklichung dieser Aufgaben muß der Endproduzent vor allem darauf einwirken, daß der Landwirtschaftsbetrieb den Hauptteil der Investitionen für eine max. Verbesserung des Bodens verwendet. Weiterhin wird die Möglichkeit der Anwendung ökon. Hebel zur Beeinflussung der Fruchtbarkeit und Nutzung des Bodens mitgeteilt.

F. Fiedler/Rostock. 380.

2-68/09-0274 Khalil, M. A., Amer, Fathi und Elgabaly, M. M. A salinity-fertility interaction study on corn and cotton. **(Eine Versalzungs-Fruchtbarkeits-Wechselwirkungsuntersuchung zu Mais und Baumwolle.)** Proc. Soil Sci. Soc. America **31** (1967) Nr. 5. S. 683 bis 686. — 3 Abb., 2 Tab., 12 Lit. 380.

IV. BODENBEARBEITUNG

C. Spezielle Fragen der Bodenbearbeitung

2-68/09-0275 Märtin, B. und Stracke, W. **Möglichkeiten zur Rationalisierung der Bodenbearbeitung.** Erfahr., Erkenntnisse, Anwend. für d. sozialist. Landwirtsch. Bezirkes Gera 4 (1967) Nr. 4. S. 11-13. — 5 Lit. — nach Zus.

Ausgehend von der Tatsache, daß die Bodenbearbeitung rationalisiert werden muß, wurden Möglichkeiten der Rationalisierung des Pflügens, der Saatbettbereitung und der Pflegearbeiten aufgezeigt. Abschließend wurde auch auf Fragen der Minimal-Bearbeitung eingegangen. 430.

2-68/09-0276 Bachthaler, G. **Verfahren der pfluglosen Ackerkultur durch Anwendung von Spezialherbiziden.** Bayer. landwirtsch. Jb. 44 (1967) Nr. 5. S. 515-534. — 5 Abb., 5 Tab., 25 Lit. — nach Zus.

Die kritische Betrachtung des Gesamtproblems „pfluglose Ackerkultur" in seinen vielfältigen biol. und technischen Wechselbeziehungen führt unter Berücksichtigung des bisherigen Kenntnisstandes zu nachfolgenden Überlegungen: 1. Unter günstigen Klima- und Bodenvoraussetzungen ist eine umbruchlose Grünlanderneuerung und die Wiederbestellung von Ackerflächen ohne Pflugeinsatz im Direktdrillverfahren nach Gramoxoneanwendung pflanzenbaulich und technisch möglich. 2. Für die deutschen Anbauverhältnisse erscheint wegen der härteren Winterbedingungen und für eine wirksamere Unkrautbekämpfung das Verfahren der Minimalbodenbearbeitung zur Wintergetreideansaat sicherer. 3. In mehrjähr. Feldversuchen auf verschiedenen Standorten müssen die Auswirkungen eines wiederholten Gramoxoneeinsatzes auf Boden und Kulturpflanze erst noch sorgfältig geprüft werden. 4. Die durch die eingeengten Fruchtfolgen heute vielfach bedrohliche Unkrautsituation auf Ackerland kann durch das pfluglose Anbauverfahren in bestimmten Fällen infolge von Selektionseffekten eine weitere Verschlechterung erfahren. 5. Betriebswirtschaftlich bieten die Anbaumethoden ohne Pflugeinsatz durch Arbeits- und Zugkrafteinsparung, durch die mögliche Einschränkung chem. Unkrautbekämpfungsmaßnahmen im Kulturpflanzenbestand und durch die verbesserte Sicherheit bestimmter Fruchtfolgen Vorteile. Erst eine umfassende Klärung aller noch offenen Fragen wird erkennen lassen, inwieweit künftig der Einsatz des Spezialherbizids Gramoxone als Alternative zum Pflügen gewertet werden kann. Der in diesem Zusammenhang verschiedentlich schon in der Fachpresse geprägte Begriff des „chem. Pflügens" sollte jedoch aus sachlichen wie auch aus psychologischen Gründen abgelehnt werden. 430.

2-68/09-0277 Bulfin, M. und Gleeson, T. A study of surface soil conditions under a non-cultivation management system. I. Physical and chemical properties. **(Eine Untersuchung über den Zustand der Bodenoberfläche unter einem Bewirtschaftungssystem ohne Bodenbearbeitung. 1. Mitt. Physikalische und chemische Eigenschaften.)** Irish J. agric. Res. **6** (1967) Nr. 2. S. 177-188. — 5 Tab., 12 Lit.

Nach 6 Jahren wurde die Wirkung unterschiedlicher Bearbeitungsvarianten auf die phys. Eigenschaften eines Lehmbodens untersucht (nur Herbizideinsatz = I, Herbizideinsatz + Mulch

= II, Abweiden + Mulch = III, Rotationsbearbeitung + Mulch = IV). Auf I bildete sich an der Oberfläche eine dichtgelagerte plattige Struktur mit wenigen Poren, die sich parallel zur Bodenoberfläche befanden. Auf III, IV und vor allem auf II waren Struktur und Raumaufteilung der zahlreichen sich verzweigenden feinen Poren besser als auf I. Das Porenvolumen in der Schicht von 0···5 und 5···10 cm war auf II am höchsten, auf I am geringsten. Verdichtungen in einzelnen Schichten wurden vor allem durch Abnahme der groben Poren angezeigt. Die Mulchbehandlung verringerte Bodendruckschäden, Verdichtungen durch Niederschläge und Erosionsschäden. R. Herzog. 430.

2-68/09-0278 Bulfin, M. A study of surface soil conditions under a non-cultivation management system. II. Micromorphology and micromorphometrical analysis. (**Eine Untersuchung über den Zustand der Bodenoberfläche unter einem Bewirtschaftungssystem ohne Bodenbearbeitung. 2. Mitt. Mikromorphologische und mikromorphometrische Analyse.**) Irish J. agric. Res. **6** (1967) Nr. 2. S. 189-201. — 13 Abb., 3 Tab., 17 Lit. 1. Mitt. vgl. vorst. Ref.
Auf sandigem Lehmboden wurde die oberste Bodenschicht nach 6 Jahren unterschiedlicher Bearbeitung untersucht (nur Herbizidanwendung = I, Herbizid + Stallmistmulch = II, Abweiden + Mulch = III, Rotationsbearbeitung + Mulch = IV). Der pH-Wert, der Gehalt an org. Masse, die Wasserinfiltration und -filtration waren durch den fehlenden Mulch auf I niedriger, die Bodendichte und die Erosion größer als auf II, III und IV. Die höhere Dichte auf I wurde hauptsächlich durch den niedrigen Gehalt an org. Masse und den Bodendruck bei der Ernte verursacht, der eine plattige Struktur der obersten 3···5 cm und ein Abheben dieser Schicht bewirkte. Die Bearbeitung führte nicht zu Unterschieden in den Aggregatgrößen sowie im Gehalt des Bodens an verfügbaren Nährstoffen und nicht zu Ertragsdifferenzen. Weitere Untersuchungen der obersten Bodenschicht unter den vielfältig einwirkenden Faktoren werden empfohlen. R. Herzog. 430.

V. MELIORATIONSWESEN

A. Zusammenfassende Darstellungen über das Gesamtgebiet des Meliorationswesens

2-68/09-0279 Alekseevskij, E. E. Novye rubeži melioratorov. (**Die neuen Perspektiven der Meliorationsfachleute.**) Gidrotechnika i melioracija, Moskva **20** (1968) Nr. 1. S. 1-11.
Vf., Minister für Melioration und Wasserwirtschaft der UdSSR, gibt nach einem kurzen Rückblick auf die seit dem Beschluß über das Meliorationswesen des Mai-Plenums des ZK der KPdSU erzielten Ergebnisse einen Ausblick auf 1968 und die folgenden Jahre. Die Investitionen steigen um 483 Mill. Rbl. auf 2,2 Md. Rbl. (29% mehr als 1967), das Volumen der Bau- und Montagearbeiten erreicht 1,4 Md. Rbl. bei einem Jahresanstieg um 30%. 1968 sollen 309000 ha Fläche bewässert und 817000 ha entwässert werden. Reisbewässerungssysteme werden auf 60000 ha (gegenüber 48000 ha i. J. 1967) errichtet. Besondere Aufmerksamkeit ist folgenden Aufgaben zu widmen: Verbesserung der Nutzung bestehender Bewässerungs- und Entwässerungssysteme; Sicherung der Planerfüllung im Meliorationsbau, wobei nicht nur die Quantität, sonder auch die Qualität zu steigern ist (Einführung moderner Verfahren und Bauweisen). Einen wichtigen Platz nehmen die Meliorationsarbeiten in den Gebieten mit übermäßig vernäßten Flächen ein, dabei in bes. Maße die Dränung. — Die Projektierungs- und Forschungsinstitutionen sind aufgerufen, ihre Arbeiten noch enger mit der Praxis zu verbinden. A. Barchmann. 501.

2-68/09-0280 Kuvykin, I. S. Konferencija molodych učenych-melioratorov. (**Konferenz junger Wissenschaftler des Meliorationswesens.**) Gidrotechnika i melioracija, Moskva **20** (1968) Nr. 1. S. 118-120.
Im Sept. 1967 fand in Nowotscherkassk (RSFSR) eine wiss.-techn. Konferenz statt, die vom Min. f. Meliorationen und Wasserwirtschaft der RSFSR sowie Forschungs- und Projektierungsinstituten organisiert worden war und an der etwa 200 junge Meliorationsfachleute aus Forschung und Praxis teilnahmen. Der Anteil junger Wissenschaftler im Meliorationswesen macht z. Z. etwa die Hälfte aller wiss. Mitarbeiter aus. — Auf der Plenarsitzung wurden die Aufgaben für die nächsten 2-3 Jahre genannt: Bekämpfung der Versalzung der Bewässerungsflächen, Erarbeitung wirkungsvoller Bewässerungsverfahren, der Anbau von Reis und anderen Kulturpflanzen auf Salzböden, Schaffung rationeller Konstruktionen von Wasserbauanlagen für offene und geschlossene Bewässerungssysteme, Erkundung von

Wasserressourcen. Die Arbeit der Konferenz verlief in 2 Sektionen: Hydrotechnik und Meliorationen. Dabei wurden 30 Vorträge gehalten. Der Konferenz schlossen sich Betriebsbesichtigungen an. A. Barchmann. 501.

B. Komplexmelioration einschl. Mechanisierung, Urbarmachung, Ödlandkultur

2-68/09-0281 Komplexmelioration auf niederschlagsabhängigen Sandböden. Rostock, Inst. für Meliorationswes. der Univ. Plan-Nr.: 2152 17 h-5-14/2. 5 S. Abschlußber. (7/2. 1968).
Die in der Literatur vermittelten Erkenntnisse über die leistungsbegrenzenden Faktoren auf grundwasserfernen Sandböden und ihre Beeinflussung durch Gefügemelioration wurden zusammengefaßt und durch eigene Untersuchungen vervollständigt. Die vom Institut durchgeführten Versuche werden beschrieben und die Ergebnisse mit Vorschlägen für die Praxis dargelegt. 510.

2-68/09-0282 Nefedov, V. D. und Lapidovskij, K. M. Melioracija zemel' necernozemnoj zony. **(Bodenmeliorationen in Nichtschwarzerdegebieten.)** Gidrotechnika i melioracija, Moskva **20** (1968) Nr. 1. S. 61–77. — 20 Abb., 1 Tab.
Eine ausführliche Übersicht über die Entwicklung des Meliorationswesens in den letzten 50 Jahren wird gegeben. 20 Abb. zeigen u. a. Maschinen für den Bau von Gräben und Dränungen, den Grabenräumbagger EM-152 A, die Moorkultivierungsfräse MPG-1,7, Methoden zur Befestigung von Grabensohlen und -böschungen, Betonkonstruktionen usw. 1947 begann in der BSSR die erste Baggerstation mit 10 Moorbaggern ihre Arbeit, 1949 wurden in den balt. Republiken die ersten Meliorationsmaschinenstationen (MMS) aufgebaut, im gleichen Jahr bestanden in der BSSR schon 10 MMS, die fortan die Grundlage für die Mechanisierung der Meliorationsarbeiten bildeten. 1946–50 wurden auf 500000 ha Meliorationsarbeiten durchgeführt, 1950 begannen Entwässerungsarbeiten auf Großobjekten. 1956–60 wurden in den balt. Republiken 374000 ha, 1961–65 680000 ha gedränt. Bei der Drängung werden jetzt zunehmend vorgefertigte glatte und gewellte, geschlitzte Plastdränrohre (PVC, PE) in offene Gräben verlegt bzw. auch grabenlos eingezogen. Daneben werden auch aus PVC-Band während der Arbeitsfahrt geformte Dränrohre grabenlos verlegt. Die Plastrohrdränung wird vor allem in den Bjeloruss., Lett. und Lit. SSR durchgeführt (bisher auf 3000 ha). Neue Meliorationstraktoren wurden entwickelt, die einen spez. Bodendruck von 0,15···0,20 kg/cm² haben. Neu in Serie gingen 1967 der Eimerkettenbagger ETZ-202 für die Dränung, die Grabenräummaschinen D-490 M und KOB-1,5, der Böschungsmäher MSR-1,2, der Traktor T-100 MBGP, der Planierbuldozer D-694 u. a. Abschließend werden die durch Entwässerung erzielten Mehrerträge insbes. an der Entwicklung des Sowchos „Saku", Estn. SSR, von 1961–66 eingehend erläutert. Dieser Sowchos erweiterte seine Anbaufläche in 6 Jahren von 900 auf 1680 ha, von denen 1390 ha entwässert werden. Die Erträge stiegen (in dt/ha) bei Getreide von 16,4 auf 32,5, bei Kartoffeln von 134 auf 210, bei Mais von 315 auf 546. Der Kuhbestand stieg von 302 auf 725 Stück, die Jahresmilchleistung je Kuh von 3436 kg auf 3659 kg, der Reingewinn von 28 auf 159 Rbl./ha. R. Teipel/Berlin. 511.

2-68/09-0283 Rylov, V. N. Ocenka suščestvujuščich sposobov osvoenija zakustarennych počv v svete sovremennych trebovanij. **(Aktuelle Anforderungen an die Methoden der Ödlandkultivierung.)** Melioracija i vodnoe chozjajstvo, Kiev **6** (1967) S. 39–45. — 2 Tab.
Auf stark mit Gestrüpp bestandenen Moorböden arbeitet die Fräse MPG-1,7, die alles in einem Arbeitsgang zerhäckselt und 30···40 cm tief einarbeitet, am wirtschaftlichsten. Für 1 ha werden 28 Maschinenstunden benötigt bei 148 Rbl./ha Kosten. Auf Mineralböden muß das Gestrüpp abgeschnitten, verbrannt und eingearbeitet werden. Das Stubbenroden ist nicht zweckmäßig. Die Pflugtiefe beträgt bei Baumhöhen von 1,5 m 18···20 cm und bei 5···6 m 26···28 cm. Im Kolchos „Frunze" wurden 60 ha urbar gemacht; die Baumhöhe war 6···9 m. Für die 4 Verfahren Fräse + Pflug, Buschschneider + Pflug, Stubbenroder + Zusammenschieben des Gestrüpps auf Haufen + Pflug und nur Fräse betragen die Schichtleistungen bzw. Kosten: 0,34; 0,24; 0,17 und 0,25 ha bzw. 77, 107, 168 und 148 Rbl./ha. Im Sowchos „Prizyv" bei Minsk betragen die Leistungen bzw. Kosten auf 20 ha mit 7 m hohem Gestrüpp und bei den 3 Verfahren: Fräse + Pflug, Buschschneider + Pflug und nur Fräse 0,26; 0,18 und 0,23 ha/Schicht bzw. 89, 135 und 108 Rbl./ha. R. Teipel/Berlin. 515.

2-68/09-0284 Vidal, H. und Schuch, M. **Ergebnisse vergleichender Abfluß- und Grundwasserbeobachtungen auf einer unberührten bzw. kultivierten Hochmoorfläche in den südlichen Chiemseemooren im Abflußjahr 1966.** Bayer. landwirtsch. Jb. 44 (1967) Nr. 5. S. 577 bis 591. — 6 Abb., 4 Tab., 12 Lit. — nach Zus.

Die hydrologischen und klimatologischen Beobachtungen auf den beiden Hochmoorvergleichsflächen in den 7 Vorjahren werden weitergeführt. Das Abflußjahr 1966 kann als extrem nasses, sonnenarmes, aber überdurchschnittlich warmes Jahr mit überdurchschnittlicher Luftfeuchte charakterisiert werden. Die Niederschlagssumme lag mit 355 mm über dem Mittel der letzten 12 Jahre, die Jahresmitteltemperatur mit + 1,2 °C über, die Sonnenscheindauer mit —70 h unter und die rel. Luftfeuchtigkeit mit + 1% über dem 12jähr. Mittel. Die mittleren Abflußspenden betrugen im Abflußjahr 1966 auf dem unberührten Hochmoor (UM) 34,9 l/s km², dem kultivierten Hochmoor (KM) 35,3 l/s km². Die unteren (Nq) bzw. oberen (Hq) Grenzwerte der Abflußspendentagesmittel betrugen 1966 auf UM: Nq = ± 0, Hq = 428 l/s km², auf KM: Nq = 2,8, Hq = 468 l/s km². Folgende Hochwasserscheitelabflußwerte wurden beobachtet: UM = 1045 l/s km², KM = 1188 l pro s km². Das Schwergewicht der Niedrigwasserabflußspenden lag auf UM unter 5 l/s km², wobei an 9 Tagen auf UM der Abfluß völlig versiegte oder Werte ≦0,4 l/s km² aufzeigte, auf KM zwischen 5 und 10 l/s km², wobei es nie zu einem völligen Versiegen des Abflusses gekommen ist. Die Grundwasserverhältnisse zeigen auf beiden Flächen in ihrem Gang hinsichtlich Synchronismus und Amplitudengröße eine gute Parallelität. In Popoff-Kleinlysimetern wurde die Verdunstung für das Sommerhalbjahr 1965 ermittelt. Diese betrug auf UM 418 mm, auf KM 573 mm. 515.

2-68/09-0285 Lindpere, A. On agrochemical properties of Sphagnum bog peat in Estonia. **(Über agrochemische Eigenschaften von Sphagnum-Torf in der Estnischen SSR.)** Pedobiologia, Jena 7 (1968) Nr. 4. S. 323-328. — 3 Abb., 1 Tab., 4 Lit. Zus. in Russ., Dtsch. — nach Zus.

Die Ergebnisse der chem. Analysen von Torfen dreier Hochmoore der Estn. SSR (baumloses, mit vereinzelten Kiefern bestandenes und bewaldetes Hochmoor) werden dargestellt. Der Torf des bewaldeten Hochmoors war sauer und hatte einen durchschnittlich höheren Gehalt an Asche und Silikaten als die beiden anderen Torfe. Die Häufigkeit des Vorkommens von Bäumen auf dem Hochmoor wird vom N- und P-Gehalt des Torfes beeinflußt. Keine Bäume fanden sich auf Standorten, wo der P-Gehalt (P_2O_5) unter 0,08% sank. Vergleiche zwischen Hoch- und Niedermooren zeigten, daß der Nährstoffgehalt der ersteren beträchtlich geringer ist als der der letzteren und sie bestärken die Schlußfolgerung, daß eine ausgedehnte Anwendung von Mineraldünger notwendig ist, bevor Hochmoore in ein Aufforstungsprogramm einbezogen werden können. 515.

2-68/09-0286 Skoropanov, S. G. Nekotorye vybody iz praktiki melioracii torfjanobolotnych počv. **(Einige Schlußfolgerungen aus der Praxis der Moorbodenmelioration.)** Počvovedenie, Moskva **1968** Nr. 1. S. 3-9. — 6 Tab., 5 Lit. Zus. in Engl.

Am Beispiel einiger Hoch- und Übergangsmoormassive der Beloruss. SSR, die vor 40–50 Jahren melioriert wurden, diskutiert Vf. die durch tiefgreifende Kulturmaßnahmen hervorgerufenen Veränderungen. Wesentlichstes Ergebnis ist eine Intensivierung der Bodenbildung, die in einer Verdichtung bzw. verstärkten Mineralisierungs- und Humifizierungsprozessen zum Ausdruck kommt. In Abhängigkeit von der Entwässerungsintensität und der Nutzung (Anteil an Dauergrünland, Getreide und Hackfrüchten) kann sich der ha-Vorrat an org. Masse sehr stark verringern. Dabei werden zwar große Mengen N freigesetzt, doch verschlechtert sich der Wasserhaushalt. Im Interesse der Erhaltung der org. Subst. sollten flachgründige Moore (bis 500 t org. Masse/ha) vorwiegend als Dauergrünland mit entspr. Grundwasserregulierung und mittelmächtige (500–1000 t org. Masse/ha) in Fruchtfolgen mit mehrjähr. Futterkulturen und Getreide genutzt werden. Grundwasserabsenkung und Intensität der Bewirtschaftung müssen auf die weitgehende Erhaltung der org. Masse und damit der Fruchtbarkeit ausgerichtet werden. Hackfruchtanbau sollte nur dann betrieben werden, wenn eine Kompensation des Abbaues durch entspr. org. Düngung gewährleistet ist. G. Graul. 515.

2-68/09-0287 Ševčenko, N. N. Primenenie udobrenij i mikroélementov na torfjanych počvach. **(Die Anwendung von Düngemitteln und Mikroelementen auf Moorböden).** Melioracija i vodnoe chozjajstvo, Kiev **6** (1967) S. 46-55. — 2 Abb., 4 Tab., 11 Lit.

Auf Grund von Feldversuchen und Laboranalysen wurden für Mohrrüben folgende Düngemittelgaben und -verhältnisse ermittelt: Bei gleichbleibenden Gaben von Pyritabbrand (4···5 dt/ha) und Bor-Datolithdünger (60–70 kg/ha) ändern sich je nach dem Boden K und P ($K_{180}P_{30}$; $K_{180}P_{60}$; $K_{120}P_{30}$). Dabei werden Erträge von 500···700 dt/ha und mehr erzielt. Auf den untersuchten Flächen liegen die Erträge der Futtermohrrüben unter denen der Speisemohrrüben oder sind ihnen gleich. Der Gehalt an Zucker, Vitaminen und anderen für den Tierorganismus wichtigen Stoffe liegt bei der Futtermohrrübe bedeutend unter dem der Speisemohrrübe. Deshalb ist auf den Moorböden der Speisemohrrübenanbau für Futterzwecke auszudehnen. A. Barchmann. 515.

2-68/09-0288 Starikov, Ch. N. Mikroflora torfjanych počv pri okul'turivanii. (**Die Mikroflora der Moorböden bei der Nutzbarmachung.**) Melioracija i vodnoe chozjajstvo, Kiev **6** (1967) S. 56–60. — 1 Tab., 8 Lit.
Ziel der mikrobiol. Analysen war es, die Zahl an Mikroorganismen im 1. Jahr nach der Nutzbarmachung der Moorböden (Intensivkultur im Vergleich zu Neulandböden) zu ermitteln sowie die Zahl bei Hackfrüchten und bei mehrjähr. Futterpflanzen zu vergleichen. Die Nutzbarmachung erhöht nicht nur den Gehalt an Mikroorganismen, sondern verändert auch das qualitative Verhältnis nach Gruppen in einer für die landwirtsch. Kulturpflanzen günstigen Richtung (Zunahme an nitrifizierenden und anaeroben N-bindenden Bakterien und solchen, die org. und mineral. Phosphate zerstören). Die Erschließung der entwässerten Moorböden durch Hackfrüchte erhöhte im Vergleich mit den mehrjähr. Futterpflanzen den Gehalt an Mikroorganismen, was für den Anbau von Hackfrüchten als Erstkultur spricht und die Unzweckmäßigkeit eines längeren Anbaus mehrjähr. Gräser unmittelbar nach der Nutzbarmachung beweist. A. Barchmann. 515.

2-68/09-0289 Kiričenko, N. Ja. Produktivnost' sevooborotov na torfjano-bolotnych počvach. (**Die Produktivität der Fruchtfolgen auf Torfmoorböden.**) Melioracija i vodnoe chozjajstvo, Kiev **6** (1967) S. 61–67. — 6 Tab., 7 Lit.
Zielstellung der Arbeit war es, die max. Dauer der Wiesenperiode in der Fruchtfolge und ihren Einfluß auf den Ertrag der Nachfrüchte sowie die Möglichkeiten der Monokultur einiger Kulturpflanzen im westlichen Polessje-Gebiet der Ukraine zu untersuchen. Hohen Ertrag — ausgedrückt in Futtereinheiten — bringen Fruchtfolgen mit Zuckerrüben, Mais und Kartoffeln, ebenso mehrjähr. Futterpflanzen. Die billigsten Futtereinheiten werden bei Dauernutzung mehrjähr. Futterpflanzen (mittlere Selbstkosten 1 dt Futtereinheiten betragen 1,37 Rbl.) und bei 8jähr. Anbau von Mais in Monokultur entspr. 1,56 Rbl.) erzielt. Die Fruchtfolgen mit einer 5- und 6jähr. Wiesenperiode sicherten in 8 Jahren relativ billige Futtereinheiten. Der %-Anteil der mehrjähr. Futterpflanzen in den Fruchtfolgen auf den Torfmoorböden ist in erster Linie nach ihrer Produktivität sowie nach der Spezialisierung und der Produktionsrichtung des Betriebes festzulegen. Auf den einzelnen Schlägen kann man bei richtiger Auswahl der Komponenten des Gemenges und bei jährl. Einbringung von P und K-Dünger bei den mehrjähr. Futterpflanzen im Laufe von 8 Jahren hohe Erträge erzielen; dabei im 8. Nutzungsjahr etwa 80 dt/ha Heu in 2 Schnitten. — Unzweckmäßig ist es, den Mais nach mehrjähr. Futterpflanzen anzubauen, da die Drahtwürmer große Schäden verursachen. — Bei Beschränkung auf gut entwässerte Moorböden können Zuckerrüben und Mais mehrere Jahre in Monokultur angebaut werden.
A. Barchmann. 515.

2-68/09-0290 Sušickij, L. V. Nekotorye voprosy vyraščivanija semjan lugovych zlakovych trav na torfjanych počvach. (**Einige Probleme des Samenbaus von Wiesengräsern auf Moorböden.**) Melioracija i vodnoe chozjajstvo, Kiev **6** (1967) S. 68–72. — 4 Tab.
Durch 3jähr. Untersuchungen wurde ermittelt, daß es zweckmäßig ist, die wehrlose Trespe im Gemenge mit Sumpfrispengras anzubauen. Gemengesaat erhöht im Vergleich mit Reinsaat bereits im ersten Nutzungsjahr den Ertrag bei gleichzeitiger Verbesserung der bot. Zusammensetzung des Bestandes. — Die höchsten mengenmäßigen Erträge je Flächeneinheit erhält man beim Ernten von Liesch- und Schwingelgras während der Wachsreife mit dem Mähdrescher in 2 Durchgängen, jedoch ist die Samenqualität hierbei gering. Das stufenweise Ernteverfahren garantiert Saatgut höherer Qualität, obwohl gewisse Verluste durch Samenausfall eintreten. Bei Umrechnung auf die Menge keimfähiger Samen werden bei Lieschgras die besten Ergebnisse beim Ernten direkt mit dem Mähdrescher in der Phase der Wachsreife, bei Wiesenschwingel beim stufenweisen Ernteverfahren in der Wachsreife garantiert. A. Barchmann. 515.

2-68/09-0291 Wayse, S. B. Management of saline and alkali soils under non-irrigated conditions. **(Behandlung von Salz- und Alkaliböden unter nichtbewässerten Bedingungen.)** Poona agric. Coll. Mag. 57 (1967) Nr. 1/3. S. 55-60. — 34 Lit. 515.

2-68/09-0292 Lorenz, Wolfgang-Dieter. **Die Entwicklung der Reaktionsverhältnisse tertiärer Kipprohböden nach der Melioration mit Braunkohlenasche.** Z. Landeskult. 9 (1968) Nr. 1. S. 45-52. — 5 Abb., 5 Lit. Zus. in Russ., Engl. — nach Zus.
Unterschiedliches Reaktionsverhalten tertiärer Kohlenschluffrohböden nach einer Melioration mit Braunkohlenaschen wird durch deren Gehalt an basischen Verbindungen und ihrem Anteil an freiem und leicht hydrolysierbarem Kalk verursacht. Ein hoher Gehalt an rasch verfügbarem Kalk kann zu Überkalkungen führen. Neben dem bodenspez. Kalkbedarf muß man daher beim Bemessen der Aschemenge auch ihren Gesamtgehalt an basischen Verbindungen und deren Anteil an freiem und leicht hydrolysierbarem Kalk berücksichtigen. In den Kohlenschluffrohböden wird der Kalk nur langsam aus der Meliorationsschicht in den unbehandelten Untergrund verlagert. Das Meliorationsmittel muß aus diesem Grunde möglichst tief eingearbeitet werden. 519.

C. Entwässerung, Dränung

2-68/09-0293 Ionat, V. A. O rešenii zadači po neustanovivšemusja dviženiju gruntovych vod v polubeskonečnom massive. **(Berechnung der stetigen Grundwasserbewegung im einseitig unendlichen Einzugsgebiet.)** Melioracija i vodnoe chozjajstvo, Kiev **6** (1967) S. 90-92. — 1 Abb., 1 Lit.
Die aus dem Estn. Forschungsinst. für Landwirtsch. und Melioration stammende Arbeit enthält 24 Formeln zur Berechnung des stetigen Grundwasserflusses aus einem Einzugsgebiet in einen Vorfluter, aus dem das Wasser abgepumpt wird. Als Grundgrößen werden benutzt: der Wasserstand im Vorfluter sowie die Reichweite und Tiefe der Grundwasserabsenkung. R. Teipel/Berlin. 521.

2-68/09-0294 Lupa, H. Analiza kosztów systematycznego drenowania gruntów mineralnych. **(Analyse der Kosten für die systematische Dränung von Mineralböden.)** Wiadomości melioracyjne i łąkarskie 11 (1968) Nr. 4. S. 247-251. — 3 Abb., 3 Tab., 6 Lit. PRL/CBR. 521.

2-68/09-0295 Kanygin, L. E. O proektirovanii drenažnoj prizmy trubčatogo drenaža. **(Die Projektierung des Drängrabenquerschnittes bei der Röhrendränung.)** Girotechnika i melioracija, Moskva **20** (1968) Nr. 1. S. 56-60. — 10 Lit.
Die Projektierung der Drängrabenquerschnitte („Dränprismen") beruht auf folgenden Parametern: Korngrößenzusammensetzung der Filteraufschüttung, Breite der Umhüllung, Umfang des Drängrabenquerschnittes, Dmr. der Dränrohre und Maße der Wassereintrittsöffnungen. Die Korngrößenzusammensetzung der Filter hängt von der Bindigkeit des Bodens, ausgedrückt in der Plastizitätszahl, bzw. bei Sandböden von der Korngrößenzusammensetzung (mittl. Dmr.) ab. Die Filter für Salzbodendränungen werden entspr. der Bodenart aus mehreren Varianten ausgewählt. Es können ein- oder zweischichtige Filter und auch natürliche Kies-Sandgemische verwendet werden, deren Ungleichförmigkeitszahl $U = D_{60}/D_{10} \leqq 25$ ist. Die Arbeit enthält Hinweise für die Ermittlung der Dränprismen und Filter bei der Auswaschung von Salzböden mittels Dränung. R. Teipel/Berlin. 525.

2-68/09-0296 Lapšin, Ju. S. Fil'tracionnyj rasčet sistematičeskogo vertikal'nogo drenaža pri infil'tracionnom pitanii. **(Durchlässigkeitsberechnung der systematischen Vertikaldränung bei Wasserzufuhr.)** Melioracija i vodnoe chozjajstvo, Kiev **6** (1967) S. 84-89. — 2 Abb., 3 Lit.
Modelluntersuchungen über die Zusammenhänge zwischen Durchlässigkeit und Dränabsenkungskurven bei Vertikaldränung im 2- und 1-Schichtmilieu wurden durchgeführt. Beim 2-Schichtmilieu ist die Durchlässigkeit der oberen Schicht klein im Verhältnis zu der der darunter liegenden. Diese Verhältnisse führen bei der Vertikaldränung auf ukrain. Bewässerungsterritorien zu einem guten techn.-ökon. Effekt. Die breite Einführung der Vertikaldränung erfordert aber eine genaue Berechnung der Durchlässigkeit bei Wassereinspeisung. Mit 2 Formeln (20 und 23) läßt sich die Grundwasseraufwölbung berechnen. R. Teipel/Berlin. 525.

2-68/09-0297 Lukjanas, A. L. Zavisimost' rasstojanij meždu drenami ot uklona poverchnosti zemli. **(Abhängigkeit der Dränentfernung von der Neigung der Bodenoberfläche.)** Gidrotechnika i melioracija, Moskva **19** (1967) Nr. 12. S. 62-69. — 3 Abb., 3 Tab.

1962-66 wurden 3 Dränversuche auf jeweils etwa 50 ha (1. Geländeneigung 0,002; 0,0075 und 0,013; Dränabstand 18, 27 und 36 m; 2. und 3. Neigung 0,001 und 0,03 bzw. 0,0175 und 0,0375, Dränabstand 20, 30 und 40 m) durchgeführt mit folgenden Ergebnissen: Auf den mittelschweren Lehmböden Litauens mit überwiegendem Frühjahrsabfluß vor dem völligem Auftauen des Bodens bleibt die Geländeneigung bis 0,015 ohne Einfluß auf Dauer und Menge des Dränabflusses. Bei einer Neigung von 0,015···0,03 bzw. > 0,03 kann der Dränabstand um 25% bzw. 40% vergrößert werden. Am unteren Hangteil müssen dann die Dränabstände wesentlich vermindert, die Dräne in Vertiefungen verlegt und vollkommen mit Filtermaterial verfüllt werden. Der Dränabstand nimmt zum oberen Hangteil stufenweise zu. Bei starken Reliefschwankungen muß das Oberflächenwasser durch Dräne, Schlucker und Furchen abgeführt werden, die Oberfläche ist zu planieren.

R. Teipel/Berlin. 525.

2-68/09-0298 Müller, Günther. **Der Felddurchlässigkeitsbeiwert K_f und seine Anwendung bei der Projektierung von Dränanlagen. Teil III. Ergebnisse von Untersuchungen über die zweckmäßigste formelmäßige Ermittlung von Dränabständen in Mineralböden an Hand bestehender Dränanlagen.** Z. Landeskult. **9** (1968) Nr. 1. S. 27-43. — 7 Abb., 3 Tab., 14 Lit.Zus. in Russ., Engl. — nach Zus.

Im Anschluß an einen Überblick über die Grundlagen und Anwendung der Berechnungsmethoden nach Hooghoudt, Ernst und Toköz/Kirkham sowie Glover und Schilfgaarde werden im vorliegenden Beitrag Ergebnisse von Vergleichsuntersuchungen mitgeteilt, mit denen an Hand bestehender Dränanlagen sowohl die Brauchbarkeit der genannten Dränabstandsformel nachgewiesen als auch der Genauigkeitsgrad der nach der TGL 20286 möglichen Bestimmungsverfahren festgestellt werden sollte. Es konnte nachgewiesen werden, daß eine formelmäßige Ermittlung der Dränabstände auf der Grundlage des K_f-Wertes exaktere und zutreffendere Ergebnisse lieferte als dies vergleichsweise unter Verwendung der Dränanweisung möglich war, wobei die Berechnungsart nach dem Kornanteil < 0,02 mm wertungsmäßig nach die günstigsten Ergebnisse erbrachte. 525.

2-68/09-0299 Degtjarev, B. M. Vakuumirovanie gorizontal'nych dren. **(Evakuation von Horizontaldränen.)** Gidrotechnika i melioracija, Moskva **20** (1968) Nr. 1. S. 78-87. — 6 Abb., 9 Lit.

Die Unterdruckentwässerung ist theoretisch erforscht und kann in die Dränpraxis eingeführt werden. Problematisch ist die Herstellung des Unterdrucks im Dränsystem. Das kann durch Abpumpen der Luft aus dem gegen die Außenluft isolierten Dränsystem, nach dem Prinzip der Wasserstrahlpumpe oder durch Aufsetzen eines Siphons auf die Dränausmündung erfolgen. In der Arbeit werden u. a. die Ergebnisse von Modelluntersuchungen über die Wirkung verschiedener Unterdrücke auf die Drännung in verschiedenen Böden dargestellt. Der kritische Unterdruck nimmt von 0···0,1 m WS bei Sand- bis auf 2,5···5 m WS bei Tonböden zu. In Tab. 2 wird der effektive Unterdruck im Drän (0,15···0,65 m WS) bei Evakuation durch Siphons (Niveauunterschied 0,15 ···1,50 m) dargestellt. Die Abb. zeigen den Abfall des Vakuums in 24 h und seine Wirkung auf die Dränung. Die Unterdruckdränung wird vor allem für schwer durchlässige Böden empfohlen.

R. Teipel/Berlin. 525.

2-68/09-0300 Hulsbos, W. C. The determination of the drainage factor as a criterion for the soils of the Indus Plains. **(Die Bestimmung des Dränfaktors als Kriterium für die Böden der Indus-Ebenen.)** Netherl. J. agric. Sci. **16** (1968) Nr. 1. S. 25-35. — 5 Tab., 6 Lit.

525.

D. Bewässerung

2-68/09-0301 Enzmann, J. **Die Rolle der Bewässerung bei der Intensivierung der landwirtschaftlichen Produktion.** Inform. sozialist. Landwirtsch. Bez. Schwerin **4** (1966) Nr. 6. S. 310-316. — 9 Abb., 1 Tab., 25 Lit.

Das Wasser steht als Produktionsfaktor bei allen großräumigen Planungen auf der Erde mit an erster Stelle. Wichtig wird hierbei, zweckmäßigere technische Einrichtungen für den Bewässerungsbetrieb zu entwickeln sowie durch Regeltechnik und Automatisation zur Rationalisierung beizutragen. Höchstmögliche landwirtsch. Ausnutzung sind neben technischer Zweckmäßigkeit Voraussetzung für den wirtsch. Erfolg. Beregnungswürdigkeit, Beregnungsfruchtfolgen, Beregnungspläne sind entscheidende Faktoren. Bes. Bedeutung kommt der Zusatzdüngung und dem Zeitpunkt des Beregnungseinsatzes zu. Dabei kann aus Versuchen abgeleitet werden, daß Düngung über das Beregnungswasser wirkungsvoller ist als gesonderte Düngung. Der Zeitpunkt des Beregnungseinsatzes, der bisher nach empirischen Einschätzungen erfolgt, muß durch sicherere Bestimmungsverfahren z. B. über die Tensiometermethode erfolgen. H. Hölting. 531.

2-68/09-0302 Picone, Emanuele Guggino. Situazione attuale e moderne tecniche delle trasformazzioni irrigue in Italia. **(Der derzeitige Stand und die gegenwärtigen Systeme für die Einrichtung von Bewässerungsflächen in Italien.)** Colocviul interuniversitar Romăno-Ital. pe Teme Agric., Bucureşti, Ref. **1966** (hrsg. 1967) S. 115–143. — 116 Lit. Zus. in Franz., Rum. — nach rum. Zus.
Die Entwicklung der Bewässerung und der modernen Bewässerungsmethoden in Italien wird dargelegt, die bes. im Zusammenhang mit dem Bewässerungsplan der „Cassa per il Mezzagiorno" angewendet werden. Eine kurze Synthese der neuesten Bewässerungssysteme und Angaben über ihre Verbreitung in Italien schließen sich an. Es wird darauf hingewiesen, daß der 6. Teil der gesamten bewässerten Fläche Italiens beregnet wird und noch mehr beregnet werden würde, wenn die Mängel der Beregnungsnetze durch gute Projektierung und Ausführung verringert würden. Für die Wasserversorgung Süditaliens wurde die Schaffung großer Staubecken und tausender künstlicher Seen in den Gebirgsgegenden vorgesehen. Diese Einrichtungen können jedoch so teuer sein, daß eine Bewässerung nicht zu empfehlen ist. Zum Schluß werden einige Bemerkungen über die Bewässerung im Vorgebirge gemacht, wo das Wasser aus dem Tal auf mechan. Wege mit großen Kosten herangeführt wird. In vielen Gebieten Italiens wird in den letzten Jahren die Bewässerungsfläche erweitert, wobei das angestaute Wasser von Hügelseen verwendet wird, für deren Konstruktion jedoch eine ganze Reihe von Untersuchungen erforderlich ist, um längere Nutzungsdauer, größere Sicherheit und bessere wirtsch. Nutzung des Bewässerungsnetzes zu gewährleisten. 531.

2-68/09-0303 Akmandor, N. **Bewässerung in der Türkei.** Wasser u. Boden **20** (1968) Nr. 2. S. 39–40. — 2 Abb., 1 Tab. — nach Zus.
Klima und Bodenverhältnisse in der Türkei machen die Bewässerung zur Grundlage einer produktionsintensiven Landwirtschaft. Rd. 50000 km² landwirtsch. Nutzfläche (6,4% des türkischen Staatsgebietes) sind wirtsch. bewässerbar. 1967 sind davon rd. ein Drittel mit Wasser versorgt. Die jährl. Investierungen auf dem Gebiet der Bewässerungslandwirtschaft liegen im Durchschnitt bei 400···600 Mio DM jährlich. 531.

2-68/09-0304 Offengenden, S. R. und Rad'ko, A. F. Ėkspluatacija orositel'nych sistem v gody Sovetskoj vlasti. **(Nutzung der Bewässerungssysteme in den Jahren der Sowjetmacht.)** Gidrotechnika i melioracija, Moskva **20** (1968) Nr. 1. S. 18–25.
Der 1. Leninsche 5-Jahrplan (1923–28) leitete für die mittelasiatischen und kaukasischen Republiken eine neue Phase auf dem Gebiet der Bewässerung ein. Die vorhandenen Systeme wurden ingenieurtechnisch vervollständigt, Kanäle begradigt, mit Schleusen versehen usw. Ab 1929 datiert eine geplante Wassernutzung. Ende der 30er Jahre wurden auf breitester Ebene meliorative Maßnahmen realisiert, durch Bau neuer Systeme und Staudämme wurden riesige Flächen für die Bewässerung erschlossen. Von 1946–50 wurde die Bewässerung durch administrative und technische Maßnahmen gewaltig forciert. Wenn 1913 3,9 Mio ha bewässert wurden, so waren es 10 Mio ha im Jahre 1966. Die Baumwollerträge stiegen im gleichen Zeitraum um das 8fache. Die Hauptrichtungen der weiteren Arbeiten sind technische Vervollkommnung der Einlaufbauwerke, Bekämpfung von Wasserverlusten aller Art, Vermeidung von Verschlammung und vollmechanisierte Reinigung der Kanäle. D. Findeisen. 531.

2-68/09-0305 Mosienko, N. A. Racional'noe ispol'zovanie obvodnitel'noorositel'nych sistem v zasušlivoj zone. **(Die rationelle Nutzung der Wasserversorgungs- und Bewässerungssysteme in den Trockengebieten.)** Gidrotechnika i melioracija, Moskva **20** (1968) Nr. 1. S. 115–118.
Vom 14.–17. 9. 1967 fand in Nowotscherkassk die 1. Sitzung der Sektion Bewässerung und Wasserversorgung der Abt. Hydrotechnik und Melioration der Lenin-Akad. der Landwirtsch.-Wiss. (VASChNIL) unter dem o. a. Thema statt. Teilnehmer waren über 100 Mitarbeiter aus Akademien, Ministerien, Forschungs-, Projektierungs- und Lehrinstituten, Versuchsstationen, Bauleitungen und -kombinaten sowie Sowchosen und Kolchosen. Es kamen 24 Vorträge und Mitteilungen zu Gehör, die sich u. a. mit folgenden Problemen befaßten: Projektierung, Bau und Nutzung der Bewässerungssysteme in der Steppenzone

der RSFSR; Bewässerungssysteme des Nordkaukasus; die physiol. Grundlagen der Bewässerung von Getreide; mehrjähr. Prognose der Hochwasser, des Jahresabflusses und der So.-Getreideerträge in der Steppenzone Westsibiriens. Die Sektion faßte einen Beschluß, in dem Empfehlungen für die weitere Steigerung des Wirkungsgrades der Bewässerungssysteme und zur Beseitigung aufgetretener Mängel gegeben werden. Der Konferenz schloß sich eine 2täg. Exkursion an. A. Barchmann. 531.

2-68/09-0306 Varlamov, N. E. Meliorativnaja planirovka orošaemych zemel' pri kompleksnom počvennom pokrove. **(Die meliorative Planierung von Bewässerungsflächen bei komplexer Bodendecke.)** Počvovedenie, Moskva **1968** Nr. 1. S. 98–101. — 1 Tab., 6 Lit.
Für das komplizierte Mikrorelief und die hohe Komplexität der Bodendecke in den Niederungen des Kaspischen Meeres sind die üblichen Methoden der Planierung (Abtrag und Aufschüttung) für Bewässerungsflächen nicht geeignet, da oft die unfruchtbaren Solonetzschichten gleichmäßig auf die Oberfläche verteilt werden. Vf. schlägt vor, den gesamten fruchtbaren Mutterboden abzutragen, dann zu planieren und die abgetragene Bodenmasse auf die planierte Fläche zu verteilen. Die freigelegten Unterbodenhorizonte (meist solonetzartig verändert) können dadurch zusätzlich durch meliorative Tiefenbearbeitung und Vermischung mit dem Karbonathorizont melioriert werden. Der Wasserhaushalt, bes. die Filtrationsgeschwindigkeit sowie die Wassergaben zur Entsalzung, wird durch diese Methode sehr günstig beeinflußt. Die 3–4jähr. Periode zur Restaurierung der Fruchtbarkeit bei der herkömmlichen Methode entfällt. Nach Vf. sind hohe Kosten und die Schwierigkeiten einer qualitativ guten Ausführung der Erdarbeiten Nachteile dieser Methode, die in weiteren Versuchen geprüft werden muß. G. Graul. 531.

2-68/09-0307 Nefedov, N. I. Orošaemoe zemledelie Kirgizii za 50 let Sovetskoj vlasti. **(Die Bodenbewässerung in Kirgisien in den 50 Jahren der Sowjetmacht.)** Gidtrotechnika i melioracija, Moskva **19** (1967) Nr. 12. S. 9–29. — 18 Abb. 531.

2-68/09-0308 Soil-moisture and irrigation studies. Proceedings of a panel on the use of isotope and radiation techniques in soil-moisture and irrigation studies organized by the Joint FAO/IAEA. Division of Atomic Energy in Food and Agriculture and held in Vienna, 14–18. March 1966.
(Bodenfeuchtigkeit und Bewässerungsuntersuchungen.) Vienna: Internat. Atomic Energy Agency; München: Oldenbourg in Komms. 1967. (109 S. m. Abb.) 8° = Panel Proc. Ser. (1968 A 345) 531.

2-68/09-0309 White, Gilbert F. **Wasser für die Wüsten. Weltweite Kultivierung der Trockenzonen.** Düsseldorf; Köln: Diederich. 1964. (91 S.) 8°. (1968 A 480) 531.

2-68/09-0310 Korž, A. M. Dinamika organičeskogo veščestva temno-kaštanovych počv pri orošenii. **(Bewegung von organischen Substanzen in kastanienfarbigen Böden bei Bewässerung.)** Melioracija i vodnoe chozjajstvo, Kiev **6** (1967) S. 19–23. — 4 Tab., 7 Lit.
In mehrjähr. Untersuchungen wurden Gehalt und Zusammensetzung org. Subst. auf bewässerten und nichtbewässerten Flächen des kastanienfarbigen Bodentyps verglichen. Bewässerte Böden weisen bis in 80 cm Tiefe mehr lösliche org. Subst. auf als unbewässerte. In den Bewässerungsböden erfolgt in der 1-m-Bodenschicht eine intensive Humusbildung. Dabei ist die Gruppe der Fulvosäuren beweglicher als die der Huminsäuren, so daß in den unteren Bodenprofilen rel. mehr Subst. der Fulvogruppe anzutreffen sind.
D. Findeisen. 532.

2-68/09-0311 Korž, A. M. Dinamika zasolenija počv v uslovijach orošenija. **(Dynamik der Bodenversalzung unter Bewässerungsbedingungen.)** Melioracija i vodnoe chozjajstvo, Kiev **6** (1967) S. 79–83. — 5 Tab., 6 Lit.
Auf kastanienfarbigen Böden um Odessa wurde der Versalzungsvorgang durch Bewässerung mit mineralisiertem Wasser untersucht. Die Bewässerungsböden weisen hohen Gehalt an org. Subst. auf und unterliegen einer stärkeren Mineralisierung als ohne Bewässerung. Nach Anbau von mehrjähr. Gräsern und Hülsenfrüchten reichert sich der bewässerte Boden mit Humus und seinen löslichen Formen an. Die org. Subst. verlagern sich nach den unteren Schichten des Bodenprofils. Damit sie in den oberen Bodenschichten gehalten werden können, müssen meliorative Maßnahmen ergriffen werden. D. Findeisen. 532.

2-68/09-0312 Zaparij, M. P. Ispol'zovanie podzemnych vod dlja orošenija. **(Nutzung von Grundwasser für die Bewässerung.)** Girotechnika i melioracija, Moskva **20** (1968) Nr. 1. S. 48–56. — 7 Tab., 5 Lit.

In der UdSSR werden nur rund 2% aller Flächen mit Grundwasser bewässert; in den USA liegt dieser Anteil bei 37%, in Indien bei 29%. Den zahlreichen Vorteilen der Bewässerung mit Grundwasser stehen in der UdSSR die derzeitig noch zu hohen Bohrkosten und die staatlich angeordneten Beschränkungen der Grundwassernutzung gegenüber. Trotzdem ist sie für Gemüsekulturen hochrentabel. Um den steigenden Wasserbedarf der Landwirtschaft überhaupt decken zu können, müssen die Möglichkeiten der Bewässerung mit mineralisiertem Wasser stärker als bisher untersucht werden. D. Findeisen. 533.

2-68/09-0313 Zderev, Ė. S.; Ukr. Forsch.-Inst. für Hydrotechn. und Meliorat. Opredelenie polivnoj normy dlja sacharnoj svekly po koncentracii kletočnogo soka. (**Die Bestimmung der Bewässerungsnorm für Zuckerrüben auf Grund der Zellsaftkonzentration.**) Melioracija i vodnoe chozjajstvo, Kiev **6** (1967) S. 16–18. — 1 Abb., 1 Tab., 11 Lit.
Vf. führte von 1961–64 Versuche im Gebiet Saporoshje auf Schwarzerdeboden durch. Zwischen der Zellsaftkonz. in Zuckerrübenblättern und der Bodenfeuchtigkeit in der Wurzelzone wurde eine lineare funktionale Abhängigkeit festgestellt, auf deren Grundlage es möglich ist, Zeitpunkt und Norm der folgenden Bewässerung zu bestimmen. Es zeigte sich, daß die Zellsaftkonz. junger Blätter in den Blattspreiten und den Blattstielen gleich ist, wobei der Zellsaft letzterer durchsichtiger war. Für genanntes Gebiet wurde folgende Gleichung ermittelt: $x + 14y - 166 = 0$, wobei y die Bodenfeuchtigkeit in der Wurzelzone von Zuckerrüben in % zur Feldwasserkapazität und y die Zellsaftkonz. junger Blätter oder der Blattstiele junger Blätter um 9 Uhr morgens darstellen. In einem Beispiel wird die Bewässerungsmenge berechnet. Die Bodenfeuchtigkeit soll bei Zuckerrüben nicht weniger als 60…70% der Feldwasserkapazität betragen, entspr. einer Zellsaftkonz. von 7,5 bis 7,0%. K. Herzog/Kleinwanzleben. 534.

2-68/09-0314 Kumar, Vijay, Misra, D. K. und Mishra, M. N. Irrigation guide for field crops. (**Regeln für die Bewässerung von Feldfrüchten.**) Wld. Crops **19** (1967) Nr. 6. S. 24–26. — 3 Abb., 2 Tab.
Zeitpunkt und Höhe der Bewässerung sind von den Boden- und klimatischen Verhältnissen abhängig. Für den Zeitpunkt der Bewässerung sind Feldkapazität und Welkepunkt von Bedeutung. Der Welkepunkt ist maßgebend für die Bewässerungsbedürftigkeit. Er kann an dem Zustand von Zeiger-Pflanzen oder durch kleine Parzellen, die auf reinem Sand angelegt sind, festgestellt werden. Außerdem geben Blattfärbung und Handtest einen Anhalt. Als Meßgeräte sind Tensiometer und elektrische Widerstandsmeßgeräte bekannt. In einer Tab. werden Bewässerungshöhen in Abhängigkeit von der Tiefe der Wurzelzone und der Bodenart angegeben. Einige Ratschläge zur Erzielung gleichmäßiger Wasserverteilung bei Oberflächenbewässerung schließen sich an. D. Voigt. 534.

2-68/09-0315 Kostenko, G. F. Iz opyta ėkspluatacii Inguleckoj orositel'noj sistemy. (**Aus den Betriebserfahrungen des Ingulezer Bewässerungssystems.**) Gidrotechnika i melioracija, Moskva **20** (1968) Nr. 1. S. 25–32. — 10 Abb., 1 Tab.
Mit dem Ingulezer System werden rund 60 T ha fruchtbarer Böden in der Südukraine versorgt. Die Pumpstation fördert 30 m³ Wasser/s über Druckrohrleitungen in ein Sammelbecken, von dem der Hauptkanal abgeht. 25% der Bewässerungsflächen nehmen Getreide-, 13% technische Kulturen, 14% Gemüse und Kartoffeln, 39% Futterpflanzen und 9% mehrjähr. Kulturen ein. 90% aller Flächen werden beregnet, auf dem restlichen Flächenanteil wird Furchenbewässerung vorgenommen. Technische und organisatorische Mängel verursachen z. T. größere Wasserverluste. Um dies einzuschränken, werden Verträge zwischen Wasserverwaltung und Wassernutzern abgeschlossen. Zur Zeit wird die Rekonstruktion des Systems geplant. Zur Vermeidung von Bodenversalzungen und -versumpfungen soll ein weitverzweigtes Dränsystem eingerichtet werden. D. Findeisen. 536.

2-68/09-0316 Iliškina, S. I. und Kukušin, V. S. Poliv zernovych kul'tur zatopleniem krupnych čekov. (**Staubewässerung bei Getreidekulturen auf großen Schlägen.**) Gidrotechnika i melioracija. Moskva **20** (1968) Nr. 1. S. 44–47. — 4 Tab.
Da das Gebiet am Unterlauf der Wolga dünn besiedelt ist, besteht Arbeitskräftemangel. Als günstigstes Bewässerungsverfahren ist daher die Staubewässerung großer Flächen mit Getreidekulturen anzusehen. Voraussetzungen sind ein ausgeglichenes Bodenrelief und hoher Mineralstoffgehalt der Böden. Böden mit mittlerer Wasserdurchlässigkeit erhalten mindestens 60…80 l/s ha, schwere Böden 40…50 l/s ha. Als Schlaggröße für die Stau-

bewässerung werden 10…16 ha für mittelschwere und 20…25 ha für schwere Böden empfohlen. Die erzielten Höchsterträge lagen für Silomais bei 600 dt/ha, für Wi.-Weizen bei 41 dt/ha und für So.-Weizen bei 29 dt/ha. D. Findeisen. 536.

2-68/09-0317 Hulpoi, N., Negomireanu, V., Picu, I. und Popescu, C. Risultati sperimental! Concernenti lo sfruttamento intensivo dei terreni irrigui. **(Versuchsergebnisse hinsichtlich der intensiven Nutzung bewässerter Flächen.)** Colocviul interuniversitar Romåno-Ital. de Teme Agric., București, Ref. **1966** (hrsg. 1967) S. 144–174. — 15 Tab. Zus. in Franz., Rum. — nach rum. Zus.
Versuche zur Erweiterung der Bewässerungsflächen wurden durchgeführt. Versuchsböden waren Karbonat-, kastanienfarbige und podsolierte Schwarzerden. Bei Bewässerung und Düngung wurden über 100 t/ha Grünmasse Luzerne, d. h. ein Mehrertrag von 67% im Vergleich zu unbewässerten und ungedüngten Flächen erzielt. Die Bewässerungsnorm variierte zwischen 3200 und 5400 m³/ha in Abhängigkeit vom Gebiet und den hydrogeol. Bedingungen. Die höchsten Eträge wurden bei sämtlichen Fruchtfolgen auf gedüngten Flächen erzielt, die bis zu 80% Feldkapazität bewässert wurden. Im Vergleich zu Körnermais als Monokultur, bei dem in der besten Variante 82 dt/ha erzielt wurden, ergab die 2 jähr. Fruchtfolge mit 4 Kulturen einen Mehrertrag von 38%, die 3jähr. Fruchtfolge mit 4 Kulturen einen Mehrertrag von 39% und die 4jähr. Fruchtfolge mit 5 Kulturen Mehrerträge über 55%. Im Vergleich zu den ungedüngten Flächen wurden durch Düngung durchschnittl. Mehrerträge bis zu 68% bei Weizen und bis zu 40% bei Körnermais erzielt. Versuche mit unterschiedlichen Pflugtiefen zeigen, daß sich die Pflugtiefe von 20 cm bei Weizen und von 20…30 cm bei Mais besser bewährt hat. Die höchsten Erträge hatte Mais bei einem Reihenabstand von 80…100 cm mit einer Bestandesdichte von 50000…60000 Pflanzen/ha. Durch Bewässerung im Herbst vor oder nach der Aussaat und 2…3 Bewässerungen während der Vegetationsperiode wurden die höchsten Erträge von Weizen erzielt. Bei Körnermais sichern 3…5 Bewässerungen während der Vegetationsperiode die höchsten Erträge. Bei Zuckerrüben führte eine Bewässerung bis zu 80% Feldkapazität zu den höchsten Wurzelerträgen. Die Versuche hinsichtlich der Bewässerungstechnik durch Beregnung, Furchen- oder Streifenbewässerung erbrachten wichtige Ergebnisse im Hinblick auf die Bewässerungsmethode und -technik sowie die rationelle Nutzung der Anlage und der Einrichtung. 537.

2-68/09-0318 Roth, Dieter und Schwarz, Klaus. **Untersuchungen zur Beregnung trockener Südhangweiden.** Z. Landeskult. **9** (1968) Nr. 1. S. 53–65. — 2 Abb., 7 Tab., 15 Lit. Zus. in Russ., Engl. — nach Zus.
Auf 2 trockenen Südhangweiden wurden von 1962–64 Beregnungsversuche durchgeführt: Durch die Beregnung wurden deutliche Mehrerträge erzielt, die in trockenen Jahren zwischen 10 und 22 dt/ha Trockenmasse lagen. Bei richtig gesteuertem Beregnungseinsatz gelingt es, den starken sommerlichen Ertragsabfall zu vermindern. Die Mehrerträge je mm Wasser von 14,3 kg Trockenmasse und 2,2 kg Rohprotein entsprechen denjenigen anderer Versuche, liegen aber niedriger als die Erzeugungswerte je kg N. Die Beregnung führte ferner zu einer Erhöhung des P-Gehaltes im Futter. Aus dem Bodenfeuchteverlauf und aus der Ertragsbeeinflussung werden Vorschläge für einen zweckmäßigen Beregnungseinsatz auf trockenen Südhangweiden abgeleitet. Schließlich werden Hinweise gegeben, unter welchen Voraussetzungen eine Beregnung von Südhangweiden sinnvoll erscheint. 537.

2-68/09-0319 Eremeev, Ju. N. und Michajlin, A. S. Vlijanie udobrenij na urožaj kukuruzy v vesennich i požnivnych posevach na pojmennych i orošaemych zemljach Rostovskoj oblasti. **(Einfluß der Düngung auf die Maiserträge bei Frühjahrs- und Stoppelsaat auf bewässerten und nichtbewässerten Flächen im Gebiet um Rostow.)** Agrochimija, Moskva **1968** Nr. 2. S. 87–90. — 3 Tab., 6 Lit.
In 3jähr. Untersuchungen wurde der Einfluß der Düngung auf Maiserträge und Kornqualität auf bewässerten und unbewässerten Böden ermittelt. Auf Bewässerungsflächen ist der Nutzen der Düngung wesentlich höher. Die höchsten Mehrerträge bei der Aussaat im Frühjahr werden erzielt, wenn eine Grunddüngung und Düngung vor der Aussaat vorgenommen werden. Bei der Stoppelsaat haben sich Gaben von N90, P60, K40 gut bewährt. Die Regengaben lagen im Mittel bei 450…500 m³/ha. D. Findeisen. 537.

2-68/09-0320 Flinn, J. C. und Musgrave, W. F. Development and analysis of input-output relations for irrigation water. **(Entwicklung und Analyse von Aufwands- und Er-**

tragsbeziehungen für Bewässerungswasser.) Austral. J. agric. Econ. 11 (1967) Nr. 1. S. 1 bis 19. — 5 Abb., 4 Tab., 16 Lit.

Die Wasserpreispolitik der Bewässerungsbehörden und die Ergebnisse bisheriger Forschungen über die für ein max. Pflanzenwachstum erforderlichen Wassermengen zwingen den Bewässerungsbetrieb dazu, Rechnungen über Aufwand und Ertrag anzustellen. An Hand von Berechnungen und Modellen, in denen Bodenfeuchtewerte, Kosten und Erträge Bestandteile sind, wird die Produktionsfunktion der Bodenfeuchte während jeder Periode einer Bewässerungssaison dargestellt. Durch Anwendung eines angenäherten Modells ist es möglich, die opt. Anzahl von Bewässerungen in jedem Zeitraum in Relation zu saisonbedingten Wasser- und Produktpreisen zu bestimmen. Jedoch sind die Ergebnisse aus agron. und ökon. Gründen begrenzt. H. Hölting. 537.

2-68/09-0321 Bondorf, H. **Überblick über amerikanische Abwasserliteratur. Teil 1.** Städtehygiene **19** (1968) Nr. 1. S. 9–15.

Vf. gibt den Inhalt von Arbeiten wieder, die in den letzten Jahren (1960–67) in 2 amer. Zeitschriften („Journal Water Pollution Control Federation" und „Water and Sewage Works") erschienen sind und keine rein technischen bzw. rechtlich-wirtsch. Fragen behandeln. Im vorliegenden Teil 1 wird die Literatur zu städtischen Abwässern (Schlammbelebungsverfahren, Fällung und 3. Reinigungsstufe, Infektionsgefahr und Desinfektion), zur Schlammfaulung (Faulbehälter und Störungen, Nachbehandlung) sowie zu gewerblichen Abwasserproblemen (Abwässer spezieller Industrie- und Gewerbebetriebe) kurz dargestellt. H. Winkler. 539.

2-68/09-0322 Schmidt, Günter P. **Untersuchungen über die Anwendbarkeit des Abwasserteichverfahrens unter besonderer Berücksichtigung der Reinigung von Abwässern ländlicher Siedlungen in Oxydations- und Stabilisierungsteichen.** Diss. Rostock, Landwirtsch. Fak. **1967** 180 S.

Die Oxydationsteiche in Greifswald-Ladebow, Kemnitz und Gielow sowie der Jaucheteich des VEG Wolgast wurden untersucht. Die größte Reinigungswirkung lag in den Mon. Apr.···Oktober. Bei Verlängerung der Aufenthaltsdauer des Abwassers auf mehr als 30 Tage verlief die Reinigung nur noch sehr langsam. Für Oxydationsteiche gilt eine Wasserfläche von 4···5 m² je EGW als ausreichend. Die Untersuchungsergebnisse weisen eine Verringerung des Gesamt-N um ca. 40%, jedoch nicht mehr als 60% aus, die Gesamtkeimzahl ging um mehr als 99% zurück. Helmintheneier wurden nicht gefunden. Das Abwasser des Jaucheteichs wurde nach 4 Wochen, vermischt mit Oberflächenwasser, verregnet. D. Findeisen. 539.

2-68/09-0323 Kuter, J. Deszczowanie użytków zielonych wodami ściekowymi w świetle dotychczasowych badań. **(Die Beregnung von Grünlandnutzflächen mit Abwässern im Licht der bisherigen Untersuchungen.)** Wiadomości melioracyjne i łąkarskie **10** (1967) Nr. 11. S. 239–241. — 3 Tab., 8 Lit.

Die in Kamieniec Wrocławski durchgeführten Versuche ermöglichten es, die opt. Abwassergabe zu fixieren, die bei diesem Objekt 400···500 mm betrug. Bei Anwendung der Optimalgabe blieb die mineral. Düngung unrentabel. Die Bewässerung nach dem Beregnungssystem führt zur Artenverarmung des Bestandes und zum Überhandnehmen bestimmter Gräser. Aus diesem Grunde sollen Abwässerberegnungen bei Wiesengrünland nur solche Grasgemische betreffen, die keine verdrängenden Gräserarten enthalten. Ein sehr wichtiger Vorzug dieses Bewässerungssystems bildet die Möglichkeit, die Leguminosen im Bestand zu erhalten. Im Ergebnis der Beregnung steigt der Gesamteiweißgehalt in der Trockenmasse der Gräser an. Das einen hohen Eiweißgehalt aufweisende Gras sollte künstlich getrocknet werden, dadurch wird der ökon. Effekt der landwirtsch. Abwasserverwertung wesentlich erhöht. Aus 1 m³ Abwasser erzielt man in dieser Weise Einnahmen in Höhe von 2,25···3,30 Zloty. Für die Bewässerungen mit Abwässern sollten stationäre Beregnungsanlagen empfohlen werden. PRL/CBR. 539.

G. Meliorative Landschaftsgestaltung

2-68/09-0324 Jahn, Reinhold. **Gedanken zum Landschaftsschutz und zur Landschaftsgestaltung um Oberndorf/Neckar.** Veröff. Landesstelle Naturschutz u. Landschaftspflege Baden-Württemberg **1967** Nr. 35. S. 152–163. — 4 Abb. 571.

2-68/09-0325 Anonym. **Natur- und Landschaftsschutzgebiet „Ketscher Rheininsel" in Gefahr.** Veröff. Landesstelle Naturschutz u. Landschaftspflege Baden-Württemberg **1967** Nr. 35. S. 164–173. — 6 Abb. 571.

2-68/09-0326 Werner, Dietrich. **Zur Beurteilung der Erodierbarkeit verschiedener Böden am Beispiel der Sand-Braunerde und Tonmergel-Rendzina.** Thaer-Arch. 12 (1968) Nr. 7 S. 569—589. — 13 Abb., 6 Tab., 28 Lit. Zus. in Russ., Engl. — nach Zus.
Auf 2 in Thüringen verbreiteten Bodenformen wurden Intensität und Wirkungsmechanismus anthropogener Abtragungsprozesse untersucht. Die hieraus abzuleitende Denudationsdisposition wird auf Sand-Braunerde bestimmt durch hohe Denudations- und Abflußintensität, hohe Materialbelastung, niedrige Auslösungsschwelle ausgeprägte Saigerungstendenz, getrennte, in den Mengenanteilen abflußabhängige Verlagerung der Mittel- und Feinsandfraktion sowie von kornton- und kornschluffreichen, humus- und nährstoffreichen Mikroaggregaten der Staub- und Grobschlufffraktion. Für die Tonmergel-Rendzina sind niedrige Denudations- und Abflußintensität, niedrige Materialbelastung, sehr hohe Auslösungsschwelle, abflußunabhängige Verlagerung des Denudationsproduktes bei völliger Identität mit der Körnung des Herkunftshorizontes und Umlagerung eines Mikroaggregatgemisches mit beträchtlichen Anteilen an Aggregaten der Grob- und Mittelsandfraktion kennzeichnend. Aus den Untersuchungsergebnissen ist zu schließen, daß die Körnung als Beurteilungsgrundlage für die Erodierbarkeit nicht ausreicht und bestehende Vorstellungen über die Dispositionsrangfolge der Körnungsarten keine prinzipielle Gültigkeit besitzen. 573.

2-68/09-0327 Jackson, R. J. Slips in relation to rainfall and soil characteristics. **(Rutschungen in ihrer Beziehung zum Regenfall und zu den Bodencharakteristika.)** J. Hydrol. New Zealand 5 (1966) Nr. 2. S. 45–53. — 2 Abb., 1 Tab., 13 Lit.
3 Beispiele belegen die Kausalität der Bodenrutschungen auf speziell disponierten Standorten Neuseelands. — Die Problematik bedarf der Beachtung unter dem Aspekt des Bodenschutzes und der Geomorphologie. Regenintensität, Evaporation und Feuchtigkeit des Bodens wurden als intensitätsbestimmende Faktoren des erosionsbedingten Bodenabbruches gefunden. A.-F. Bauer/Rostock. 573.

2-68/09-0328 Selby, M. J. Methods of measuring soil creep. **(Methoden zur Messung der Kriechbewegung des Bodens.)** J. Hydrol. New Zealand 5 (1966) Nr. 2. S. 54–63. — 3 Abb., 34 Lit.
Vf. klassifiziert und diskutiert die gebräuchliche Meßmethodik zur Ermittlung der Bodenverlagerung in den oberen Horizonten an reliefierten Standorten. Methodische Vergleichsstudien beziehen sich auf die Massenbewegung von Vulkanaschen und Bimsstein. — Die vorwiegend gerätetechnische Beschreibung schließt mit dem Postulat, die Prozeßanalyse über die Mechanik der erosionsbedingten Bodenverlagerung auf verschiedenen Substraten mittels serienmäßiger Labortestung weiterzuführen. A.-F. Bauer. 573.

2-68/09-0329 Visockis, O. A. Nekotorye fizičeskie i chimičeskie svojstva ėrodirovannych počv Litovskoj SSR. **(Einige physikalische und chemische Eigenschaften erodierter Böden in der Litauischen SSR.)** Počvovedenie, Moskva **1968** Nr. 2. S. 141–148. — 4 Tab., 4 Lit.
Die speziellen Bodentestungen auf erodierten Substraten begannen 1956 und erstreckten sich auf pedologisch typische Vorkommen der Litauischen Sowjetrepublik. Die experimentell gefundenen Bodenkennwerte werden tabellarisch belegt, die Dynamik der phys. und chem. Eigenschaften erfahren unter dem Aspekt der Fruchtbarkeitskennzeichnung eine eingehende textliche Behandlung, die schlußfolgernd auch Vorschläge der aktiven Erosionsbekämpfung mittels agrotechnischer, forstmeliorativer und hydrotechnischer Maßnahmekomplexe enthält. A.-F. Bauer/Rostock. 573.

2-68/09-0330 Surmač, G. P. Vlijanie agrotechniki na stok talych vod i smyv svetlokaštanovych počv. **(Einfluß der Agrotechnik auf den Schneewasserabfluß und die Auswaschung heller Kastanienböden.)** Vestnik sel'skochozjajstvennoj nauki, Moskva 13 (1968) Nr. 2. S. 13–19. — 3 Abb., 6 Tab. Zus. in Engl., Franz., Dtsch. — nach Zus.
Das Studium des Schmelzwasserabflusses 1960–62 hat gezeigt, daß auf erodierten hellen Kastanienböden bei tiefer Winterfurche (25···30 cm) die besten Verhältnisse für die Durchsickerung der Böden entstehen. Es wurde praktisch kein Wasserabfluß von den Flächen festgestellt. Wurde der Boden nach der Winterfurche geeggt, erhöhte sich der Wasserab-

fluß auf 5···6 mm, manchmal auf 18···19 mm. Auf Sandböden und sandigen Lehmböden war der Abfluß etwas stärker als auf Lehmböden. Mehrjähr. Gräser und Winterkulturen fördern den Abfluß. 573.

2-68/09-0331 Lidov, V. P., Kaplunova, L. S. und Orlova, V. K. Vlijanie ėrozii dernovo-podzolistych počv na urožaj zernovych kul'tur pri vnesenii različnych udobrenij. **(Der Einfluß der Erosion rasen-podsolierten Bodens auf die Getreideerträge bei Ausbringung verschiedener Düngemittel.)** Agrochimija, Moskva **1968** Nr. 2. S. 62–71. — 7 Abb., 16 Lit.

Eine Expedition der Moskauer Staatl. Lomonosov-Universität nach Smolensk erbrachte auf dem Wege der Bodenkartierung und speziellen Erosionsforschung die Feststellung, daß die Entwicklung von Bodenerosionen in einer Reihe von Gebieten des Smolensker Bereiches beachtenswert ist. Wissenschaftler der Lehrstühle für Bodenkunde und Agrochemie der gen. Universität prüften deshalb im Zeitraum 1963–65 den Gesamtkomplex der lokalen Erosionsdynamik in seiner Wirksamkeit auf die Ertragsgestaltung bei Getreide unter gleichzeitiger Anwendung differenzierter Mineraldüngermengen. Die Ergebnisse bestätigten eine hohe Komplexität im Wirkungsgefüge der Bodenerosion auf Ertrag und Düngungseffektivität. A.-F. Bauer/Rostock. 573.

2-68/09-0332 Minderman, G. und Leeflang, K. W. F. The amounts of drainage water and solutes from lysimeters planted with either oak, pine or natural dune vegetation, or without any vegetation cover. **(Die Mengen abfließenden Wassers und Ergebnisse von Lysimetern unter Eichen, Kiefern, natürlichem Dünenbewuchs und ohne Vegetation.)** Plant & Soil, The Hague **28** (1968) Nr. 1. S. 61–80. — 9 Abb., 6 Tab., 10 Lit.

Von 1946–66 wurde auf Dünen, 2 km von der Nordsee entfernt, eine Versuchsreihe mit 4 großen Lysimetern (25 × 2,5 m) durchgeführt. Die 4 Parzellen trugen folgenden Bestand: **I**: kahler, unbewachsener Sand, **II**: natürliche Dünenvegetation, **III**: Eichen (*Quercus robur*) und **IV**: Kiefern (*Pinus nigra* var. *austriaca*). In starker Abhängigkeit vom Bewuchs wurde der unterirdische Wasserabfluß von 1952–1961 mit folgenden Prozentsätzen vom Gesamtniederschlag ermittelt: **I**: 77%, **II**: 44%, **III**: 43% und **IV**: 23%. Die mit dem Wasser innerhalb eines Jahres abgeflossenen Salze lagen zwischen 102 und 225 kg/ha bei Cl, 3···8 kg/ha bei C, 12,7···1,4 kg/ha bei N und 4458···3553 kg/ha bei Ca, Mg, K, Na und SO_4. H. Hölting. 573.

2-68/09-0333 Zak, John M. und Wagner, Joachim. Oil base mulches and terraces as aids to tree and shrub establishment on coastal sand dunes. **(Mulch auf Ölbasis und Terrassierung als Hilfsmittel bei der Befestigung von Küstensanddünen.)** J. Soil Water Conservat. **22** (1967) Nr. 5. S. 198–201. — 5 Abb., 3 Tab., 3 Lit.

Das amer. Strandgras (*Ammophila breviligulata*) hat sich unter den Kultivierungsgräsern bei der primären Dünenstabilisierung bes. bewährt. Die Flugsandbindung erfolgt in Etappen: Deflationsstop am Boden mittels Sandstabilisatoren; Anlage der Primärvegetation, Folgekulturen (Bäume und Büsche) und bleibender Endbestand (Wald). — Forschungsziel einer Spezialuntersuchung war die Kombinationsprüfung der ersten und letzten Kultivierungsetappe mittels Einsatzes von sprühfähigen Flüssigkeiten auf Öl- und Asphaltbasis. Die künstlichen Bodenschutzdecken wurden in Versuchsparzellen mit verschiedener Deflationsdisposition unter Wechsel der Dosierungsraten angelegt. Die 1963 mit unterschiedlichen Kultivierungspflanzen begonnenen Versuche erbrachten u. a., daß 300 gal. Ölmulch/acre (2804 l/ha) als opt. Gabe anzuwenden sind, wobei der Mulcheffekt 3 Jahre andauert. Mulchdecken auf Asphaltbasis fielen demgegenüber der Deflation schnell anheim. Die Versuchsergebnisse werden tabellarisch nach Anlageparzellen dokumentiert und mittels Fotoaufnahmen visuell belegt. A.-F. Bauer/Rostock. 573.

2-68/09-0334 Bass, G. Konferencija po voprosam bezreagentnoj očistki vody. **(Konferenz zu Problemen der Wasserreinigung ohne Reagenzien.)** Gidrotechnika i melioracija, Moskva **20** (1968) Nr. 1. S. 120–121.

Vom 5.–8. 9. 1967 fand in Odessa o. g. 2. Konferenz statt, die von örtlichen Institutionen einberufen worden war und an der Mitarbeiter aus Wissenschaft und Praxis von 51 Organisationen aus 18 Städten verschiedener Republiken teilnahmen. Zu Gehör kamen 15 Vorträge und Mitt., die sich mit den seit der 1. Konferenz (1965) durchgeführten Untersuchungen befaßten. A. Barchmann. 573

2-68/09-0335 Garber, Kurt. **Luftverunreinigung und ihre Wirkungen.** Berlin-Nikolassee: Gebrüder Borntraeger. 1967. (279 S. m. 78 Abb. u. 29 Tab.) 8°. DM 90,—.

Die fortschreitende Industrialisierung, die dichte Besiedlung der Großstädte und der starke Kraftfahrzeugverkehr haben durch die Verschmutzung der Luft mit Staub, Rauch und Abgasen zu oft unerträglichen Verhältnissen geführt. Über die Wirkungen solcher Luftverunreinigungen liegen bereits umfassende Forschungsergebnisse vor, an denen Vf. durch eigene Untersuchungen beteiligt ist. Er hat sie hier zusammenfassend, bes. in ihrem Einfluß auf die Vegetation, dargestellt. Soweit es erforderlich erscheint, werden jedoch auch Beeinträchtigungen an Mensch und Tiererwähnt. Maßnahmen, die Wirkung der Luftverunreinigung zu vermindern und zu verhüten, werden aufgezeigt und die Methoden der Messung und Analyse von Schadstoffen besprochen. Daneben werden die bereits bekannten Grenzwerte für die Einwirkung einzelner Schadstoffe in der Luft genannt. Das Literaturverzeichnis ist auf den neuesten Stand gebracht, so daß sich der Leser über das umfangreiche Sachgebiet orientieren kann. Das Buch gliedert sich wie folgt: I. Allgemeiner Teil: Einführung — Historischer Überblick und Entwicklung der Rauchschadenkunde — Quellen der Luftverunreinigungen — Merkmale von Immissionsschäden an Pflanzen — Deutung der Begriffe „akute und chronische" Schädigungen und physiol. Analyse der Schädigungssymptome — Methoden zum Nachweis von Immissionsschäden an der Vegetation. II. Wirkungen von Schwefelverbindungen, III. Wirkungen von Fluorverbindungen, IV. Wirkungen von Chlorwasserstoff, Chlor und Salzen, V. Wirkungen von Stickstoffverbindungen, VI. Wirkungen org. Verbindungen, VII. Wirkungen von Smog., Ozon, Kraftfahrzeugabgasen, VIII. Staubwirkungen, IX. Ergänzende Literaturangaben über Wirkungen der Luftverunreinigung, Literaturverzeichnis. 573.

2-68/09-0336 Sannikov, G. P. und Zvorykina, L. B. Uničtoženie kustarnika arboricidami v nevegetacionnyj period. (**Vernichtung von Gebüsch durch Arboricide während der Nichtvegetationsperiode.**) Vestnik sel'skochozjajstvennoj nauki, Moskva **13** (1968) Nr. 2. S. 25–32. — 3 Tab., 22 Lit. Zus. in Engl., Franz., Dtsch. — nach Zus.

Unerwünschtes Holz und Gebüsch wurden auf landwirtsch. Nutzflächen der Nichtschwarzerdezone mit Arboriciden (Lösungen von Estern 2.4-D und 2.4.5-T in Mineralölen, nicht $<$ 100 l/ha, Wirkstoff nicht $<$ 5 kg) erfolgreich bekämpft. 574.

2-68/09-0337 García de Oteyza, Luis. **Gruppenlandwirtschaft und Flurbereinigung.** Fatis, Bad Godesberg **14** (1967) Nr. 1. S. 14–17. — 2 Abb., 1 Lit.

Flurbereinigungen schaffen gewöhnlich größere Flächen, die dann eine verstärkte Mechanisierung rechtfertigen. Trotz der Zusammenlegungen gibt es jedoch eine Reihe von Betrieben, die ihren Familien keine ausreichende Existenz bieten. Hier wird als Alternativlösung der Zusammenschluß zur Gruppenlandwirtschaft empfohlen. Eine strukturelle Verbesserung kann allerdings nicht erreicht werden, wenn sich alle Betriebe eines Bereiches für die Gruppenlandwirtschaft entscheiden. In Gebieten mit starker Flurzersplitterung sind deshalb Gruppenlandwirtschaft und Flurbereinigung als zusätzliche Maßnahme zu bewerten.
K. Groth/Rostock. 575.

2-68/09-0338 Schwampe, E. und Kass, J. **Größere Ackerschläge im Kreis Ludwigslust durch Flurmelioration.** Feldwirtschaft **9** (1968) Nr. 3. S. 106–107. — 2 Abb., 2 Tab. — nach Zus.

Durch die Beseitigung der Knicke mit einer Gesamtlänge von 500 km werden im Kreis Ludwigslust wichtige Voraussetzungen für die industriemäßige Produktion in der Feldwirtschaft geschaffen. Diese Flurmelioration ermöglicht im Kreis Ludwigslust die Gewinnung von 300 ha LN mit einem jährlichen Bruttomehrertrag von 16184 GE. 575.

2-68/09-0339 Costa, W. **Pflege und Nutzung der Schutzpflanzungen.** Bayer. landwirtsch. Jb. **44** (1967) Nr. 5. S. 626–636. — 3 Abb., 10 Lit.

Vf. berichtet von Schutzpflanzungen, die jährlich in Bayern bis zu 100 km entstehen. — Es ist Aufgabe und Pflicht der Bodenkulturstellen und der Landwirtschaftsämter, diese Anlagen bis zur Übergabe an die Gemeinden zu pflegen. In der Veröffentlichung werden hierzu die notwendigen Kultur- und Pflegemaßnahmen dargelegt. Vorwiegend handelt es sich um die chem. Unkrautbekämpfung mit geprüften und anerkannten Herbiziden. Über Schäden, die bei der Durchführung einer chem. Unkrautbekämpfung entstehen können, wird ebenfalls berichtet. K. Groth/Rostock. 577.

2-68/09-0340 Glatzel, Kurt. **Schutzpflanzungen als Maßnahmen der Landschaftspflege bei Flurbereinigungen am Oberrhein.** Veröff. Landesstelle Naturschutz u. Landschaftspflege Baden-Württemberg **1967** Nr. 35. S. 144–151. — 2 Abb. 577.

VI. PFLANZENERNÄHRUNG UND DÜNGUNG

A. Allgemeine Literatur, Berichte, Statistiken u. a.

2-68/09-0341 Amberger, Anton; Freising-Weihenstephan, Inst. für Pflanzenernähr. **Moderne Betrachtungsweise und aktuelle Fragen der Pflanzenernährung.** Bayer. landwirtsch. Jb., Sonderh. 44 (1967) Nr. 2. S. 10–22. — 5 Abb., 7 Tab., 12 Lit.
Ein anläßlich der Hochschultagung gehaltener Vortrag über zeitgemäße Aspekte der Wissenschaft von der Ernährung der Pflanze. Eingehende Behandlung erfahren die Qualität pflanzlicher Produkte in Abhängigkeit von der Mineraldüngung, rationelle Einsatzmöglichkeiten des CCC sowie die Bekämpfung der parasitären Lagerung des Getreides (*Cercosporella herpotrichoides*) durch Kalkstickstoff. In dem abschließenden Kapitel „Pflanzenfremdstoffe“ werden Schädigungen der Pflanzen durch SO_2 und F aus Industrieabgasen, die Beeinträchtigung der Pflanzenqualität durch Pb in Abhängigkeit von der Verkehrsdichte und das Problem der Pflanzenschutzmittelrückstände erörtert. G. Loßner. 601.

2-68/09-0342 Isotopes in plant nutrition and physiology. Proceedings of the Symposium on the use of isotopes in plant nutrition and physiology. Jointly organized by the International. Atomic Energy Agency and the Food and Agriculture Organization of the U. N. and held in Vienna, 5–9 Sept. 1966. (**Isotope in Pflanzenernährung und -physiologie. Beiträge auf dem Symposium über die Anwendung von Isotopen in Pflanzenernährung und -physiologie. Gemeinsame Veranstaltung der Internationalen Atomenergiekommission und der Organisation für Nahrung und Landwirtschaft der UN in Wien, 5.-9. Sept. 1966.**) In Russ., Engl., Franz., Span. Vienna: Internat: Atomic Energy Agency. 1967. (595 S.) 8° = Proc. Ser. (1968 A3302). 601.

B. Pflanzenernährung

2-68/09-0343 Mitsui, Shingo, Kumazawa, Kikuo und Yazaki, Jinya. Progress review. Division 5: Inorganic plant nutrition and nutrient uptake. (**Fortschrittsbericht. Abteilung 5: Anorganische Pflanzenernährung und Nährstoffaufnahme.**) J. Sci. Soil Manure, Japan [Nippon Dojohiryogaku Zasshi] **39** (1968) Nr. 1. S. 37–45. — 137 Lit. Orig.: jap. 620.

2-68/09-0344 Fujiwara, Akio. Progress review. Division 6: Plant metabolism and metabolites. (**Fortschrittsbericht. Abteilung 6: Pflanzenstoffwechsel und Stoffwechselprodukte.**) J. Sci. Soil Manure, Japan [Nippon Dojohiryogaku Zasshi] **39** (1968) Nr. 1. S. 46–54. — 205 Lit. Orig.: jap. 620.

2-68/09-0345 Schmalfuß, und Schulze, W. **Untersuchungen über Inhaltsstoffe (Carotin, Vitamine) von Pflanzen unter dem Einfluß verschiedener Mineraldüngung an Hand von Gefäß- und Felddüngungsversuchen. Besondere Berücksichtigung der L-Ascorbinsäure.** Halle, Inst. für Pflanzenernähr. u. Bodenkunde der Martin-Luther-Univ. Plan-Nr.: 4503 26/7-36/5. 28 S. Abschlußber. (13/3. 1968).
Aus Feldversuchen geht hervor, daß hohe N- in Verbindung mit hohen K-Gaben den Gehalt an L-Askorbinsäure in den Kartoffelknollen senken. KCl führt gegenüber K_2SO_4 zu niedrigeren Werten. Die durch Düngung erhaltenen Unterschiede gleichen sich während der Lagerung — Verluste an L-Askorbinsäure 40% — weitgehend aus. Hohe K-Gaben senken auch den L-Askorbinsäuregehalt von Tomaten. Gefäßdüngungsversuche mit Spinat bestätigen die Ergebnisse der Feldversuche. Bei Mais führen hohe N-Gaben bei geringem K-Angebot zu niedrigen, bei reichlichem K-Angebot zu hohen L-Askorbinsäurewerten. 625.

2-68/09-0346 Babaeva, Ž. A., Butenko, R. G. und Strogonov, B. P. Vlijanie zasolenija pitatel'noj sredy na rost izolirovannych tkanej morkovi. (**Einfluß der Versalzung des Nährmediums auf das Wachstum isolierter Möhrenwurzeln.**) Fiziologija rastenij, Moskva **15** (1968) Nr. 1. S. 93–102. — 6 Tab., 22 Lit.
Isolierte Möhrenwurzelgewebe aus verschiedenen Zonen (Phloemparenchym und Kambiumregion) und auch die Passage-Kalluskulturen aus ihnen differieren hinsichtlich ihrer

Empfindlichkeit gegen Versalzung. Primäre isolierte Gewebe unterscheiden sich auch hinsichtlich ihrer Reaktion auf die Art der Versalzung (NaCl oder Na_2SO_4), wogegen die Passagekulturen meist nicht auf die Art der Versalzung reagieren. Gewebekulturen aus Phloem passen sich an ein Medium mit hohen NaCl-Konz. (3,5 atm osmotischer Druck) an, hingegen nicht an ein Medium mit isoosmotischer Konz. an Na_2SO_4. Bei Übertragung des Gewebes aus einem Medium mit hoher Salzkonz. in das Kontrollmedium wird die Nachwirkung der NaCl-Versalzung nach 2 Übertragungen beseitigt, während die Nachwirkung von Na_2SO_4 stabiler ist. E.-M. Ardelt. 625.

2-68/09-0347 Hu Yu, Grace und Kramer, Paul J.; Durham, N. C., Duke Univ., Dep. of Bot. Radial salt transport in corn roots. (**Radialer Salztransport in Maiswurzeln.**) Plant Physiol. **42** (1967) Nr. 7. S. 985–990. — 5 Abb., 2 Tab., 16 Lit.

Vff. untersuchten den radialen Salztransport unter Verwendung der Primärwurzeln 5 oder 6 d alter, in Lösungskultur herangezogener Maiskeimpflanzen (*Zea mays*, L. cv. 'Pioneer hybrid Nr. 309-B'). Die von den Wurzeln reichlich abgesonderten Blutungssäfte enthielten 4…10 mal soviel ^{32}P wie die entspr. Konz. der äußeren Lösung betrug. Frisch abgetrennter Zentralzylinder 5 d alter Wurzeln akkumulierte ^{32}P ebenso schnell wie die intakte Wurzel, nahm mehr O_2 auf als die Rinde und zeigte bei dem Tetrazolium-Test eine hohe Dehydrogenase-Aktivität. Diese Ergebnisse lassen Zweifel an der Theorie entstehen, daß der radiale Salztransport in das Xylem auf dem Unvermögen des Zentralzylinders zur wirksamen Salzakkumulation basiere und erfordern eine kritische Überprüfung dieses Mechanismus. G. Loßner. 625.

2-68/09-0348 Loughman, B. C. The selective effect of organic metabolites an metabolic inhibitors on the processes of absorption of phosphate by whole plants. (**Der selektive Einfluß organischer Metaboliten und metabolischer Inhibitoren bei den Prozessen der Phosphataufnahme durch ganze Pflanzen.**) Agrochimica, Pisa **12** (1968) Nr. 2/3. S. 130–139. — 4 Abb., 3 Tab., 7 Lit. Zus. in Franz., Ital., Span., Dtsch. — nach Zus.

Die Wirksamkeit des Festlegungs- und Transportprozesses der Ionen kann auf verschiedene Art und Weise der in Wurzeln oder Sprosse umgebenden Bedingungen beeinflußt werden, wie die Intensität des Lichtes, der O_2-Druck oder die Temperatur. Die chem. Mittel und die Wachstumsregulatoren, die analoge Effekte bedingen, können Informationen über den biochem. Mechanismus der Ionenakkumulation geben und zugleich zeigen, in welcher Weise die Wachstumsregulatoren wirken. Nach der Behandlung von Gerstenpflanzen mit Aminotriazol (AT) oder 2,4-Dichlorphenoxyessigsäure (2,4-D) kann man eine schwache Wirkung auf die Absorption der Phosphate feststellen. Anderseits wird in den mit AT behandelten Pflanzen der Transport merklich erhöht, während in den mit 2,4-D behandelten Pflanzen eine massive Unterbindung festgestellt wird. Die die oxydative Phosphorylierung verhindernden Stoffe, wie z.B. 2,4-Dinitrophenol, beeinflussen die Absorption oder den Transport auf unterschiedliche Weise, wie übrigens auch die glykolytischen Inhibitoren, wie Jodessigsäure. Eine ganz extreme Inhibition des Transportes kann durch D-Mannit u. a. Zucker unter der Bedingung verursacht werden, daß der Zutritt zu den Wurzeln nicht vermindert wird. Dieses Resultat wird diskutiert, um den Mechanismus zu klären, mit welchem sich das Phosphat im Sinne einer Umwandlung in den Wurzeln der Pflanze anreichert. 625.

2-68/09-0349 Avetisjan, A. A. Vlijanie gibberellina na rost, razvitie, urožaj i nekotorye storony obmena veščestv viki mochnatoj formy jarovoj, kormovych bobov, gorocha i soi pri različnom pitanii rastenij. (**Einfluß von Gibberellin auf Wachstum, Entwicklung, Ertrag sowie einige Aspekte des Stoffwechsels von Sommerwicke, Ackerbohne, Erbse und Sojabohne bei verschiedenen Ernährungsbedingungen.**) Fiziologija rastenij, Moskva **15** (1968) Nr. 1. S. 52–62. — 3 Abb., 6 Tab., 31 Lit.

Die Wirkung des Gibberellins auf die Leistung und auf die Richtung der Stoffwechselprozesse in den Pflanzen hängt vom Spurenelementgehalt des Bodens ab. Der Zuwachs an Tr.-Subst. durch Gibberellin ist bei Ackerbohnen am größten bei Anwesenheit von Mo; Cu wird von der Wicke und Zn von der Erbse benötigt. Gibberellin senkt in Anwesenheit von Cu oder Mo die Aktivität der Katalase und der Peroxydase und steigert die der Polyphenoloxydase. Die Chlorophyllmenge von Bohnen wird bei NPK-Angebot durch Gibberellin gesteigert, die von Wicken bei Zn-Angebot. Der rel. Zellulosegehalt sinkt bei Erbsen bei Cu-Angebot ab. Bei Wicken steigt in diesem Fall der Proteingehalt. E.-M. Ardelt. 625.

2-68/09-0350 Adolphi, Heinrich. **Untersuchungen über Nebenwirkungen von Chlorcholinchlorid (CCC).** Z. Pflanzenkrankh. (Pflanzenpathol.) Pflanzenschutz 74 (1967) Nr. 11/12. S. 684-688. — 2 Lit. Zus. in Engl.
Das zur Verbesserung der Standfestigkeit bei Getreide eingesetzte 2-Chloräthyltrimethylammoniumchlorid (CCC) wurde hinsichtlich der Beeinflussung tierischer Organismen (*Musca domestica* L.; *Drosophila melanogaster* Meig.; *Aedes aegypti* L.; *Dysdercus intermedius* Dist.; *Megoura viciae* Buck.; *Locusta migratoria migratorioides* L.; *Lebistes recticulatus* Peters) und deren Nachkommenschaft getestet. In Zuchtversuchen kann CCC allein in verschiedenen Konz. und in Verbindung mit den Insektiziden Dimethoat, Malathion und Karbaryl zum Einsatz. CCC hatte keinen deutlichen Einfluß auf Insekten. Morphol. Veränderungen der Versuchstiere traten nicht auf. Die Mengen, bei denen sich Entwicklungshemmungen zeigten, lagen sehr hoch: 10000 ppm bei Stubenfliegen, 5000 ppm bei Stechmücken, 1000 ppm bei Essigfliegen. Bezugnehmend auf eine frühere Arbeit (Fachinformation Cycocel® BASF 1965) stellte Vf. fest, daß Insekten eine höhere Widerstandsfähigkeit gegenüber CCC besitzen als Wirbeltiere (500 ppm bei Fischen, LD_{50} bei Ratten 640 cmg/kg p.o.). C. Pantschev. 625.

2-68/09-0351 Borščenko, G. P. und Šerstnev, E. A. Obrazovanie aminoacil-s-RNK i sintez belka v kornjach gorocha pri bornom golodanii. **(Die Bildung von Aminoazyl-s-RNS und die Eiweißsynthese in den Erbsen bei Bormangel.)** Fiziologija rastenij, Moskva 15 (1968) Nr. 1. S. 165-167. — 1 Abb., 3 Tab., 13 Lit. 625.

2-68/09-0352 Vachmistrov, D. B. Issledovanie mechanizmov pogloščenija solej rastenijami. **(Untersuchung der Mechanismen der Salzaufnahme durch die Pflanzen.)** Agrochimija, Moskva **1968** Nr. 1. S. 151-163. — 70 Lit.
Vf. gab an Hand der wichtigsten von 1927 bis 1967 in der UdSSR zu dem o. g. Thema erschienenen Arbeiten einen kritischen Überblick über die physiol. Bedeutung des Wurzelsystems bei der Mineralstoffernährung der Pflanzen. Dabei wurden vor allem die Adsorption der Elemente an der Oberfläche der Wurzeln, das Eindringen der Ionen durch die Membran der Zellwände in das Zytoplasma der Wurzelzellen, der weitere Transport der Ionen durch das Gewebe zu den Leitgefäßbündeln sowie ihr weiteres Schicksal im Gesamtstoffwechsel, bes. ihr Einbau in org. Verbindungen, behandelt. Abschließend werden einige allgemeine Probleme der Physiologie der Mineralstoffernährung besprochen. H. Nürnberger. 630.

2-68/09-0353 Hool, Gerhard. **Wirkung von Antibiotika auf Wachstum und Ionenaufnahme bei Zea Mays L.** Ber. schweiz. bot. Ges. 77 (1967) S. 210-256. — 14 Abb., 6 Tab., 116 Lit. — nach Zus.
Die Wirkung folgender Antibiotika auf Wachstum und Ionenaufnahme (K, Ca, Sr) von intakten, höheren Pflanzen (*Zea mays* L.) wurde untersucht: Penizillin V, Streptomyzin A und Chloramphenikol sowie in einigen Voruntersuchungen auch Penizillin G. Die Pflanzen wurden in definierter Nährlösung aufgezogen, zu der nach einigen Tagen Vorkultur das Antibiotikum in verschiedenen Konz. zugegeben wurde. Die Antibiotika wurden bis zum Versuchsende in der Nährlösung belassen; ein Verlust ihrer Aktivität war (außer bei Penizillin G) während der Versuchsperiode nicht festzustellen. Der Gehalt an K, Ca und Sr wurde aktivierungsanalytisch bestimmt. Die Untersuchungen umfaßten den nichttoxischen ($10^{-7}\ldots10^{-5}$ Mol/l) sowie den toxischen ($10^{-5}\ldots10^{-3}$ Mol/l) Konz.-Bereich der Antibiotika, wobei 10^{-3} Mol/l als präletale Dosis bezeichnet werden muß. Die in der Nährlösung vorgelegten Antibiotika konnten in aktiver Form in Wurzel und Sproß nachgewiesen werden. Alle 3 Antibiotika bewirken im toxischen Bereich zunehmende Hemmung der Chlorophyllsynthese. In der präletalen Dosis ist eine Abschwächung dieses Effektes zu erkennen. Das Wachstum wird ebenfalls in Abhängigkeit von der Antibiotikumkonz. verändert. Feststellen lassen sich Förderung im nichttoxischen und Hemmung im toxischen Bereich sowie eine leichte Abschwächung der Hemmung in der präletalen Dosis. Toxische Konz. fördern stark die Ausbildung von Wurzelhaaren. Die Kationenaufnahme (K, Ca und Sr) wird in nichttoxischen Konz. gehemmt, in toxischen stark stimuliert. Ein Unterschied der 3 Antibiotika in der Beeinflussung von Wachstum und Ionenaufnahme erscheint nur in der Wirkungsintensität. 630.

2-68/09-0354 Robelin, M. (unter techn. Mitarb. von Leblevennec, L., Rousseau, P. und Ezard, D.). **Action et arrière-action de la sécheresse sur la croissance et la production**

du tournesol. **(Wirkung und Nachwirkung der Trockenheit auf das Wachstum und die Erzeugung der Sonnenblume.)** Ann. agronom. **18** (1967) Nr. 6. S. 579-599. — 3 Abb., 10 Tab., 14 Lit. Zus. in Russ., Engl., Dtsch. — nach Zus.

An Hand isoliert kultivierter Sonnenblumen, die alle einem gleichmäßigen Verdunstungsvermögen bei steter Überwachung ihrer Wasserversorgung ausgesetzt wurden, untersuchte Vf. das Verhalten der Pflanze in Abhängigkeit von der Periode der Trockenheitslokalisierung. Bes. wird gezeigt, daß die Kornerzeugung durch jede Trockenheit herabgesetzt wird, die von der Differenzierung der Blütenprimordien ab einsetzt. Die Wirkung ist ausgeprägter in den 40 d um die Blütezeit. Verallgemeinert scheint es, daß die vor und nach der Behandlung erzeugte Tr.-Subst. dieselben relativen Schwankungen wie die Transpiration erfährt. Deshalb stellt die rel. Transpiration einen guten Wachstumsindex dar. Die Nachwirkungen der Trockenheit lassen sich durch Verringerung der Austauschflächen und nicht durch Veränderungen physiol. Art erklären. 640.

2-68/09-0355 Tolmačev, I. M. Ob ustanovlenii potrebnosti rastenij v mineral'nych èlementach s pomošč'ju fiziologo-geografičeskich opytov. **(Die Ermittlung des Bedarfs der Pflanzen an Mineralstoffen mit Hilfe physiologisch-geographischer Versuche.)** Priemy povyšenija urožajnosti sel'skochozjajstvennych Kul'tur **1967** S. 213-219.

Der Bedarf landwirtsch. Kulturpflanzen an Nährstoffen in Abhängigkeit vom Klima wurde untersucht. Auf Grund der Versuche wurden für Tomaten mineralische Nährgemische zusammengestellt, eines für den Norden mit vorwiegend einwertigen Kationen, eines für den Süden mit viel Ca, P und S. Das „südliche Nährgemisch" (s.N.), bestehend aus ($CaO = 19{,}7\%$, $K+NH_4/Ca+Mg = 0{,}56$, $Ca/Mg = 8{,}0\%$) gewährleistete in einem nördlichen geographischen Ort, wie annähernd in Kiew, den höchsten Ertrag an Früchten (2107 g/Pflanze) mit hohem Zuckergehalt (3,8%), hohem Gehalt an Tr.-Subst. u.a., d.h., sie wurden den südlichen Pflanzen ähnlich. Analog dazu näherte das nördliche Nährgemisch (n.N.), bestehend aus $CaO = 13{,}0\%$, $K+NH_4/Ca+Mg = 1{,}17$, $Ca/Mg = 5{,}0\%$, beim Anbau von Tomaten in Kiew den Ertrag hinsichtlich Höhe und Qualität den Kennzahlen, die unter den Bedingungen des nördlichen Klimas erhalten werden. Zur Klärung des Einflusses des Klimas auf die mineral. Ernährung sollten physiol.-geographische Versuche mit den wichtigsten landwirtsch. Kulturen durchgeführt werden. Dabei sollte die Zusammensetzung der Asche von jeder Kulturart unter verschiedenen klimatischen Bedingungen bestimmt und weiterhin der Einfluß der Nährgemische, die nach dem Muster der südlichen Aschekomplexe aufgebaut sind, auf die physiol. Eigenschaften und auf die Leistungen der Pflanzen beim Vorrücken vom Süden nach dem Norden untersucht werden.

SSSR/VINTISCh. 645.

2-68/09-0356 Moorby, J. The influence of carbohydrate and mineral nutrient supply on the growth of potato tubers. **(Der Einfluß der Versorgung mit Kohlenwasserstoffen und Mineralstoffen auf das Wachstum von Kartoffelknollen.)** Ann. Bot., London [N.S.] **32** (1968) Nr. 125. S. 57-68.

In 2jähr. Hydrokulturen mit der Sorte 'Arran Pilot' wurde alle 3 d oder wöchentlich der Gehalt an N, P und K untersucht. Während der Keimung sinkt der NPK-Gehalt offenbar ab (in der ganzen Pflanze), dann steigt er ziemlich stetig an, während er in der Mutterknolle absinkt. Die sich neu bildenden Knollen reißen in starkem Maße die Mineralstoffe an sich. In Versuchen mit ^{14}C (2 oder 8 h Aufenthalt in $^{14}CO_2$-Atmosphäre) zeigte sich ein deutlich erhöhter Assimilat-Abtransport aus den Blättern mit Beginn der Knollenbildung. Es bestand keine ausgeprägte Korrelation zwischen Knollengröße und Menge der Assimilatzufuhr. Die Knollen wechseln z.T. ihre Wachstumsgeschwindigkeit. Die Mutterknolle nimmt ständig ^{14}C auf, gibt es aber auch wieder ab. H. Grieß/Groß-Lüsewitz. 645.

2-68/09-0357 Kolesnik, L. V. Vlijanie bora na postuplenie radioaktivnogo fosfora P^{32} v privivki vinograda. **(Der Einfluß von Bor auf das Eindringen radioaktiven Phosphors ^{32}P in Reiser von Weinreben.)** V kn.: Tr. Kišinevskogo SChI **1966** Nr. 45. S. 27-33.

Reiser der Rebensorte 'Chasselas' auf der Unterlage 'Ruparia × Rupestris 101—14' wurden während der Stratifizierung in Sand mit einem Zusatz von NPK (Hellriegelgemisch), ^{32}P (0,5 mCi/kg Sand) und 0,125; 0,5; 2 oder 8 mg B je kg Sand versehen. ^{32}P wurde in verschiedenen Teilen der Reiser am 5., 15. und 30. Tage der Stratifizierung bestimmt. Die größte ^{32}P-Menge wurde im unteren Teil der Unterlage festgestellt, die unmittelbaren Kontakt mit dem Nährstoffgemisch hat, wobei eine Abhängigkeit des ^{32}P-Gehaltes von der Erhöhung der B-Konz. beobachtet wurde (Zahl der Impulse/100 g Asche/min bei den 4 B-Stufen):

14951, 16466, 61000 bzw. 70346. In Reis und im oberen Teil der Unterlage wurde kein Unterschied in Abhängigkeit von der B-Gabe festgestellt. Am 15. Tag stieg der ^{32}P-Gehalt im Reis an, am stärksten in der Variante mit 2 mg Bor — 6315 Impulse (Kontrolle 517 Imp.). Am 30. Tag war die ^{32}-P-Menge merklich angewachsen; bes. viel davon fand man im Austrieb der Reiser (18765…66240 Imp. bei steigender B-Gabe, im unteren Teil der Unterlage (63375…117720 Imp.), in den Wurzeln der Unterlage (201710…570590 Imp.).
SSSR/VINTISCh. 645.

2-68/09-0358 Schilling, G., Schalldach, I. und Polz, S. **Neue Ergebnisse über die N-Düngung zu Leguminosen, erzielt auf der Grundlage von Versuchen mit doppelt ^{15}N-markiertem NH_4NO_3.** Wiss. Z. Friedrich-Schiller-Univ. Jena/Thür., math.-naturwiss. R. **16** (1967) Nr. 3. S. 385–389. — 2 Abb., 3 Tab.
Trifolium pratense L. und *Pisum sativum* L. wurden in Mitscherlichgefäßen mit 6 kg N-freiem Quarzsand bei gleicher Grunddüngung im Glashaus kultiviert. Der Rotklee erhielt zur Saat 750 mg N, die Erbsen 500 mg N zur Saat, vor der Blüte und nach der Blüte, und zwar doppelt ^{15}N-markiertes NH_4NO_3. Der mineral. N wurde sehr schnell vom Rotklee aufgenommen und dadurch die N-Bindung vorübergehend stark gehemmt. Nachdem der mineral. N aufgebraucht war, setzte die N_2-Bindung verstärkt ein, so daß am Ende des Versuches die aus der Luft aufgenommene N-Menge 92% der Menge der Kontrolle betrug. Die Gesamt-N-Menge konnte durch die mineral. N-Düngung erhöht werden. Bei den Erbsen war es nicht möglich, durch mineralischen N bei den Gaben zur Saat und vor der Blüte die Gesamt-N-Menge je Gefäß zu erhöhen, obwohl die physiol. Vorgänge der N_2-Bindung und -Einlagerung ähnlich wie beim Rotklee verliefen. Nur die N-Düngung nach der Blüte hatte die Gesamt-N-Menge je Gefäß erhöht. Die Mehr-N-Menge zur Saat steigerte die Tr.-Subst.-Bildung und erhöhte den N-Gehalt, während die N-Gabe nach der Blüte nur den N-Gehalt der Samen erhöhte. Der Mineral-N wurde meist dort gehäuft wiedergefunden, wo sich die N-Menge in der Pflanze erhöht hatte. Durch die Fraktionierung des Sameneiweißes der Variante 3 bei den Erbsen (N nach der Blüte) konnte festgestellt werden, daß durch den mineral. N mehr lysinreiches Eiweiß von der Pflanze produziert wird. G. Watzke/Paulinenaue. 654.

2-68/09-0359 Bologa, M., Olariu, A., Ursu. D., Calancea, L., Mihaly, M. und Paŭn, V. **Untersuchungen über die Aufnahme von Nitratstickstoff durch Hafer mit Hilfe von ^{15}N. 1. Mitt. Die Bestimmung des Ausnutzungskoeffizienten von Nitratstickstoff in Gegenwart von Ammoniumstickstoffüberschuß und anderen Düngemitteln.** Isotopenpraxis, Berlin 4 (1968) Nr. 2. S. 66–69. — 3 Tab., 6 Lit. — nach Zus.
Die Aufnahme von Nitrat durch Hafer wurde in Gegenwart von Ammoniumüberschuß sowie verschiedener N-Düngermischungen untersucht. Außerdem wurde der Einfluß P-, K- und spurenelementhaltiger Düngemittel auf den Ausnutzungskoeffizienten des Nitrats durch Hafer geprüft. Das Nitrat des angewandten Ammoniumnitrats wurde mit ^{15}N markiert. Die Masse der trockenen Pflanzen, der Gesamt-N-Gehalt und der Ausnutzungskoeffizient des Nitrats durch die Pflanzen wurden bestimmt. Nach den Ergebnissen wird der Ausnutzungskoeffizient des Nitrats durch die Pflanzen in Gegenwart von Ammoniumüberschuß nicht wesentlich beeinflußt. 654.

2-68/09-0360 Brown, J. R. und Smith, G. E.; Columbia, Mo., Univ., Coll. of Agric., Agric. Exper. Stat. Nitrate accumulation in vegetable crops as influenced by soil fertility practices. (**Nitratakkumulation in Gemüsepflanzen unter dem Einfluß von Bodendüngungsmethoden.**) Univ. Missouri, Coll. Agric., agric. Exper. Stat., Res. Bull. **1967** Nr. 920. 43 S. — 13 Abb., 28 Tab., 20 Lit.
Mit Ausnahme der Möhren wurde durch N-Düngung der Nitratgehalt in den eßbaren Teilen von Gemüsepflanzen erhöht und zwar bes. intensiv bei frühreifenden Arten, wie Radies und Senf. Die Größe und Signifikanz der Nitratakkumulation variierte zwischen den Arten, mitunter auch in Abhängigkeit von den Versuchsjahren. Ebenfalls unterschiedliche Wirkungen auf den Nitratgehalt hatten die Jahreszeit, der Reifegrad, Schädlingsbefall und modifizierte Grunddüngung. Die Düngermenge von 50 lb. N/acre sollte nicht überschritten werden.
G. Loßner. 654.

2-68/09-0361 Bester, A. J., Meynhardt, J. T. und Strydom, D. K.; Stellenbosch, Rep. of South Africa, Fruit and Food Technol. Res. Inst.; Univ.; Stellenbosch-Elsenburg, Coll. of Agric. The absorption, distribution and metabolism of foliar applied urea by the peach. (**Absorption, Verteilung und Metabolismus des über die Blätter zugeführten Harnstoffs durch**

den Pfirsich.) South African J. agric. Sci. **10** (1967) Nr. 3. S. 761–766. — 1 Abb., 2 Tab., 8 Lit. Zus. in Afrikaans, Franz.

Pfirsichsämlingen (*Prunus persica*, L. cv. 'Elberta') wurde ^{14}C-markierter Harnstoff als 2- oder 5%ige wäßrige Lösung über die Blätter zugeführt. Durch Autoradiographie, Analyse der veraschten separaten Pflanzenteile sowie chromatographische Bestimmung der Aminosäuren wurde Absorption des Harnstoffs und Translozierung seiner Metaboliten nachgewiesen. Die Aktivität fand sich vorwiegend in der Asparaginsäure, Glutaminsäure, γ-Aminobuttersäure, dem α-Alanin und Äthanolamin. Zusatz von Detergentien zu den Harnstofflösungen senkten im Falle von Teepol 410 und Tween 20 signifikant die Absorption, während Triton B 1956 und Carbowax 4000 ohne Wirkung waren. Im Gebiet des Westkaps sind Harnstoffsprays als Mittel gegen N-Mangel der Pfirsiche allgemein üblich.
G. Loßner. 654.

2-68/09-0362 Željuk, V. M. und Dacenko, V. K. Vil'ni aminokysloty ljupynu za riznych umov žyvlennja ta vključennja v nych atmosfernogo azotu. **(Freie Aminosäuren der Lupine unter verschiedenen Ernährungsbedingungen und bei Zusatz von Luftstickstoff.)** Ukraïnśkyj botaničnyj žurnal, Kyïv **25** (1968) Nr. 1. S. 68–73. — 1 Abb., 3 Tab., 5 Lit. Orig.: ukr., Ausz.: russ., engl. — nach engl. Zus.

Die Wirkung verschiedener Ernährungsbedingungen mit N (Nährstoffgemisch nach Hellriegel) und der Einführung von Knöllchenbakterien (Stamm 397/3) auf den Gehalt an freien Aminosäuren (f. A.) in den verschiedenen Organen von *Lupinus luteus* Tourn. und der Zusatz von ^{15}N bei Tag und bei Nacht wurden untersucht. U. a. werden Angaben über die günstige Wirkung der Impfung mit Knöllchenbakterien unter verschiedenen Bedingungen der N-Ernährung auf den Gehalt an f. A. in den verschiedenen Organen der Lupine gemacht. Geimpfte Pflanzen enthielten mehr Asparagin- und Glutaminsäure. Die höchste Anreicherung von ^{15}N-markierten f.A. nach Anwendung bei Tag betraf Asparagin und die Mischfraktion anderer Aminosäuren. Bei Nachtanwendung wurde die höchste Menge an ^{15}N in der Glutamin- und Asparaginsäure angesammelt. Es wird eine Schlußfolgerung über die Wirkung der Photosyntheseprodukte auf die symbiotische N-Fixierung gezogen. 654.

2-68/09-0363 Biologičeskij azot i ego rol' v zemledelii. **(Der biologische Stickstoff und seine Rolle im Ackerbau.)** Moskva: Izd. Nauka. 1967. (366 S.) 4°. (1968 B 49) 654.

2-68/09-0364 Corbean, Stela. Acumularea compuşilor organici şi anorganici ai fosforului la plantele de porumb în funcţie de regimul de nutriţie. **(Anhäufung von organischen und anorganischen Phosphorverbindungen in den Maispflanzen in Verbindung mit ihrer Ernährungsweise.)** An. Inst. Cercetări Cereale şi Plante Tehn., Fundulea, Bucureşti, Ser. C **34** (1966, hrsg. 1967) S. 313–326. — 5 Abb., 1 Tab., 9 Lit. Zus. in Russ., Engl. — nach engl. Zus.

Der P-Gehalt (ausgedrückt in mg % P_2O_5), verestert in Phytinen, Phosphorproteinen und Phosphatiden, und der anorg. P aus den Blättern, Wurzeln, Narbenfäden und Ähren wurden bei der Maissorte 'Galben Portocaliu' bestimmt. Außerdem wurde die Stärke der Reaktion der Veresterung der Phosphorsäure mit ^{32}P bestimmt in Abhängigkeit von der Ernährungsweise mit und ohne P oder einer Ernährungsweise, bei der P für eine kurze Zeit fehlte oder hinzugefügt wurde. Nach den Ergebnissen ist bei P-armer Ernährung die Stärke der Veresterungsreaktionen der Phosphorsäure in den Wurzeln höher. Bei zeitweiligem Fehlen des P in der Ernährung steigt die Intensität der ^{32}P-Aufnahme, aber die Intensität der Veresterungsreaktionen der Phosphorsäure wird schwächer. Bei vollwertiger Ernährung sind die Anhäufungen von Phytin und Phosphatid in den Blättern höher als in den Wurzeln, wo anorg. P überwiegt. 656.

2-68/09-0365 Marais, P. G., Deist, J. und Heyns, C. F. G.; Stellenbosch, Rep. of South Africa, Fruit and Food Technol. Res. Inst. Effect of phosphorus-32 on rye plants grown under unfavourable conditions. **(Einfluß von Phosphor-32 auf Roggenpflanzen bei Anbau unter ungünstigen Bedingungen.)** South African J. agric. Sci. **10** (1967) Nr. 3. S. 843 bis 846. — 2 Tab., 4 Lit.

Vff. prüften in Gefäßversuchen den Einfluß von dem Boden zugemischten ^{32}P auf das Wachstum von Roggenpflanzen in Abhängigkeit von der P-Versorgung (0, 34, 68, 136, 272 mg P/Gefäß) sowie in einem weiteren Versuch den Einfluß des Tracers auf die durch unterschiedlich lange Bewässerung hervorgerufene Bodenverdichtung und das dadurch bewirkte differenzierte Pflanzenwachstum. Am stärksten wurden solche Pflanzen durch ^{32}P geschädigt, die ohne P-Versorgung angezogen worden waren, was sich bes. in der geringen Tr.-Subst.-Masse der Wurzeln sowie in deren geringem P-Gehalt ausdrückte; die ^{32}P-Zugabe/Gefäß betrug 5 μCi. In dem 2. Versuch wurden dem Boden bei der Aussaat 3,4 μCi ^{32}P zugesetzt, was zu einer wesentlichen Verminderung der Tr.-Subst.-Masse der oberirdischen Pflanzenteile führte, wenn der Wassergehalt des Substrates bereits 8 Wochen vor der Aussaat auf Feldkapazität eingestellt wurde. G. Loßner. 656.

2-68/09-0366 Zelenskaja, E. D. und Černij, A. M. Osobennosti sezonnogo postuplenija i raspredelenija izotopa fosfora (P^{32}) u jabloni. **(Besonderheiten der jahreszeitlichen Aufnahme und Verteilung von ^{32}P beim Apfel.)** Sadovodstvo, Kiev 5 (1966) S. 3-11. — 6 Abb., 8 Tab.

Im Vorfrühling bis Anfang April wird ^{32}P nur sehr langsam aufgenommen und sammelt sich in den weiteren Stammabschnitten und Zweigen der 6- und 10jähr. Versuchsbäume. Mit demAustrieb wurde die Aufnahme und Weiterleitung unter Bevorzugung der oberen Zweige einschl. Leittrieb stark beschleunigt, erreicht Ende Juli ihr Maximum und sinkt im Sept. wieder ab. ^{32}P (bis zu 5 mCi) wird über eine freigelegte Wurzel oder durch Injektion in die Rinde zugeführt. Die Weiterleitung erfolgt zunächst auf der Eintrittsseite, ab halber Baumhöhe wird die gegenüberliegende Seite mehr und mehr bevorzugt. In die Wurzeln gelangt wenig Aktivität. Die abgebildeten Autoradiogramme machen die sektorielle Leitung deutlich. C. Wilke/Pillnitz. 656.

2-68/09-0367 Kafkafi, U., Hadas, Aviva und Hagin, J. The effect of soil surface area and time of contact on the extraction of phosphate from superphosphate by soil tests and test plants. **(Der Einfluß der Oberflächengöße und der Kontaktzeit auf die Extraktion von Phosphat aus Superphosphat durch Bodenuntersuchungen und Testpflanzen.)** Agrochimica, Pisa 12 (1968) Nr. 2/3. S. 231-239. — 1 Abb., 5 Tab., 9 Lit. Zus. in Franz., Ital., Span., Dtsch. — nach Zus.

Eine Folge von 6 Pflanzen wurde im Glashaus während eines Jahres auf 6 verschiedenen Bodentypen angebaut. Jeder Boden erhielt 0, 5, 15 oder 45 ppm P als Superphosphat. Vor der Ernte wurden Bodenproben entnommen. Die nach der Na-Bikarbonatmethode ausziehbare P-Menge erwies sich als an der Oberfläche des Bodens festgelegt. Die hauptsächlichste Abnahme des löslichen P zeigte sich nach 2 d Kontakt zwischen Boden und Dünger, das Unlöslichwerden erfolgte aber auch noch später nach 4 und 6 Monaten. Die ersten Testpflanzen nahmen nach der Düngung mehr P auf als die folgenden. Die P-Aufnahme durch die Pflanzen überstieg während der ersten 4 Wochen nie 11%. 656.

2-68/09-0368 Rossi, N. und Nucciotti, F. Composizione chimica delle precipitazioni atmosferiche nella regione Emiliana. Nota I. Zolfo. **(Chemische Zusammensetzung der atmosphärischen Niederschläge im Gebiet von Emilia. 1. Mitt. Schwefel.)** Agrochimica, Pisa 12 (1968) Nr. 2/3. S. 240-250. — 5 Tab., 30 Lit. Zus. in Engl., Franz., Span., Dtsch. — nach Zus.

Die Untersuchungen, die monatlich für 3 Jahre, von April 1964 bis März 1967, in 15 Gegenden des Gebietes von Emilia angestellt worden waren, zeigten, daß sich die S-Menge, die der Boden durch die Niederschläge erhalten hat, mit dem Standort und mit dem Monat je nach der atmosphärischen Kontamination durch S-haltige Verbindungen ändert. Die höchsten Werte wurden in der Nähe der großen Industriestädte (Ferrara 112 kg S/ha pro Jahr) und die niedrigsten in den Gegenden, die von den S-Quellen mehr entfernt sind (Monte Cimone 14 kg S/ha pro Jahr) festgestellt. In den Gegenden von Fornace Zarattini, Santerno, San Pancrazio, Imola, Zola Predosa, Piacenza, die landwirtschaftliche Gebiete großer Ausdehnung sind, schwanken die Werte i. allg. zwischen 17 und 23 kg S/ha pro Jahr. Die agronom. Bedeutung dieser Angaben wird besprochen. 658.

2-68/09-0369 Kinzel, Helmut. **Kalkliebende und kalkmeidende Pflanzen in stoffwechselphysiologischer Sicht.** Naturwiss. Rdsch. 21 (1968) Nr. 1. S. 12-16. — 4 Abb.

Neutrale und schwach basische Böden tragen meist eine üppigere und artenreichere Flora als die mageren Sauerböden, da sie allg. ein reicheres Bodenleben haben und nicht nur bezüglich der N-Verbindung, sondern auch der N-Menge überlegen sind. Ca bewirkt die Stabilisierung bestimmter Proteine vor allem in den Zellgrenzschichten, die auch das Ionenaufnahmesystem enthalten, und die Aufrechterhaltung eines optimalen Quellungszustandes des Protoplasmas. Die kalziotrophen Pflanzen, zu denen ein Großteil der *Cruciferae* und mehrere *Papilionaceae* gehören, brauchen wahrscheinlich außerdem noch im Zellsaft eine hohe Konz. von Ca-Salzen, die in diesem Falle (vorwiegend als Ca-Malat) Hauptträger des osmotischen Wertes sind. Sie nehmen selbst auf kalkarmen Böden rel. viel Ca auf, so daß sie schon in ihrer Jugend ebensoviel oder mehr Ca als K enthalten. Bei den Pflanzen, die im Zellsaft fast oder gar kein Ca, wohl aber Oxalsäure oder Oxalate enthalten, z.B. *Oxalidaceae, Polygonaceae, Caryophyllaceae, Chenopodiaceae, Amaranthaceae* u.a., muß beachtet werden, daß diese Pflanzen nicht Kalkböden meiden, sondern daß ihr Leben durch die hohe Produktionsmenge von Oxalat erschwert wird. Auf Böden mit hohem $CaCO_3$-Gehalt ist weiterhin die Aufnahme von Fe und Schwermetallspurenelementen sowie von Phosphat gehemmt. H. Masche. 660.

2-68/09-0370 Minevič, S. M. und Kunovskij, V. I. Vlijanie različnych soedinenij kal'cija na rost i razvitie želtogo kormovogo ljupina. (**Einfluß verschiedener Kalziumverbindungen auf Wachstum und Entwicklung von Gelben Futterlupinen.**) Agrochimija, Moskva **1968** Nr. 2. S. 102–106. — 5 Tab., 18 Lit.

Ausgehend von gegensätzlichen Auffassungen in der Lit. führten Vff. auf Rasenpodsol-Gleiboden Freiland- und Gefäßversuche über die Wirkung von Kalk auf Lupinen durch. In den Feldversuchen verringerte sich der Samenertrag nur, wenn durch Ca-Zugabe ($CaCO_3$) der pH-Wert des Bodens anstieg, während $CaSO_4$ günstig wirkte. Gemeinsame Verabreichung von $CaCO_3$ und $CaCO_4$ war sehr wirksam und hatte puffernden Einfluß auf den pH-Wert des Bodens. In den Gefäßversuchen ($CaCO_3$, $CaSO_4 \cdot 2H_2O$, $CaCl_2 \cdot 7H_2O$; ^{45}Ca mit 50 μCi/4,5 kg Boden) war trotz höherer Löslichkeit von $CaSO_4 \cdot 2H_2O$ die Ca-Aufnahme durch die Pflanzen nach $CaCO_3$-Verabreichung bedeutend größer als nach Verabreichung von $CaSO_4 \cdot 2H_2O$. $CaCl_2$-Zugabe führte zum Absterben der Versuchspflanzen infolge Cl-Überschusses. P. Stoß. 660.

2-68/09-0371 Ford, Elsie M.; Kent, East Malling Res. Stat. Studies in the nutrition of apple rootstocks. V. The development of magnesium deficiency symptoms in relation to magnesium supply. (**Studien über die Ernährung von Apfelunterlagen. 5. Mitt. Die Entfaltung von Magnesium-Mangelsymptomen in Relation zur Mg-Aufnahme.**) Ann. Bot., London [N.S.] **32** (1968) Nr. 125. S. 45–56. — 1 Abb., 4 Tab.

Einjähr. bewurzeltes Apfelsteckholz wuchs in Nährlösungen mit $<3‰$ und $135‰$ Mg-Gehalt. Die Entwicklung der Nekrosen, typisch für Mg-Mangel, wurde im Zusammenhang mit dem Alter der Blätter, der Mg-Ernährung und Mg-Aufnahme untersucht. Bei alten Blättern machte sich der Mg-Mangel bei höherem Mg-Gehalt der Blätter als in jungen Blättern bemerkbar. Die Verlagerung des Mg von den alten zu den jungen Blättern war ungenügend. Alte, mangelleidende Blätter waren allg. nicht mehr in der Lage, bei höheren Mg-Angebot zur Verhütung des Fortschreitens der Nekrosen genügend Mg zu akkumulieren. Da bei sehr jungen Blättern die Akkumulation von Mg rel. groß ist, traten häufig Mangelerscheinungen auf. Daraus kann abgeleitet werden, daß ein Blatt während der Anfangsentwicklung und bes. während seines Wachstums angemessene Mg-Mengen verlangt und danach eine konstante geringere Mg-Versorgung gewährleistet sein muß.
H. Masche. 660.

2-68/09-0372 Saenko, G. N., Karjakin, A. V., Krauja, V. Ė. und Farafonov, M. M. Raspredelenie nekotorych metallov v rastenijach. (**Verteilung einiger Metalle in den Pflanzen.**) Fiziologija rastenij, Moskva **15** (1968) Nr. 1. S. 139–144. — 1 Tab., 24 Lit.

Die Verteilung von Fe, Mn, Cu, Mo, Zn, Ni, Cr und V in verschiedenen Organen von Pflanzen verschiedener systematischer Position (*Primula obconica, Trifolium repens, Elodea canadensis, Aspidistra elatior*) wurde durch quantitative Emissions-Spektralanalyse untersucht. Alle genannten Metalle waren vorwiegend in den Blättern und Blüten lokalisiert. Eine bedeutende Anhäufung der Spurenelemente wurde in den Wurzeln gefunden, bes. bei *E. canadensis*. Eine jahreszeitliche Veränderung wurde beobachtet in verschiedenen Organen von *P. obconica*. Der hohe Mn-Gehalt der Blätter im Frühjahr und die Wanderung dieses Elements im Herbst in die Wurzeln kann als Anzeichen für die Bedeutung des Mn für die Photosynthese gewertet werden. E.-M. Ardelt. 665.

2-68/09-0373 Boženko, V. P. Dejstvie aljuminija i kobal'ta na soderžanie nukleinovych kislot i aktivnost' ribonukleazy v točkach rosta podsolnečnika pri vodnom deficite. (**Einfluß von Aluminium und Kobalt auf den Nukleinsäuregehalt und auf die Ribonukleaseaktivität in den Vegetationspunkten von Sonnenblumenpflanzen bei Wassermangel.**) Fiziologija rastenij, Moskva **15** (1968) Nr. 1. S. 116–122. — 2 Tab., 41 Lit.

Behandlung von Sonnenblumensamen vor der Saat mit Al-Nitrat und bes. mit Co-Nitrat steigerte den RNS- und den DNS-Gehalt in den Vegetationspunkten bei Wassermangel und senkte die Ribonukleaseaktivität. Eine der möglichen Ursachen der Zunahme der Dürreresistenz der Pflanzen durch Al oder Co ist ihre direkte oder indirekte Teilnahme am Nukleinsäurestoffwechsel, der in enger Beziehung zu verschiedenen Lebensfunktionen der Pflanze einschl. ihrer Widerstandskraft steht. E.-M. Ardelt. 665.

2-68/09-0374 Molčanova, Z. Ja. und Arzumanov, V. A. Izmenenie nekotorych anatomičeskich i fiziologičeskich pokazatelej vyzrevanija pobegov u vinograda pod vlijaniem vnekornevych podkormok mikroelementami. (**Änderungen einiger anatomischer und physiologischer Charakteristika des Reifens von Rebsprossen, induziert durch Blattzufuhr von Spurenelementen.**) Fiziologija rastenij, Moskva **15** (1968) Nr. 1. S. 123–129. — 6 Abb., 6 Tab., 15 Lit.
Die Blatternährung mit Zinksulfat (0,05%ig) und Kupfersulfat (0,02%ig), angewendet zu 2 verschiedenen Terminen, beschleunigte und verbesserte das Reifen der Rebsprosse und der Trauben. Die Struktur der Sprosse wurde verändert: Der Durchmesser der Medulla nahm ab und die Dicke der Leitbündel zu. Darüber hinaus wurde mehr Stärke im Holz akkumuliert, und in den Sprossen wurde mehr gebundenes Wasser nachgewiesen. Schließlich waren in den Bast- und in den Knospengeweben die Katalaseaktivität und in den Knospen die Frostresistenz höher. E.-M. Ardelt. 665.

2-68/09-0375 Homann, Peter H.; Tallahassee, Florida State Univ., Dep. of Biol. Sci. and Inst. of Molecular Biophysics. Studies on the manganese of the chloroplast. (**Untersuchungen über das Mangan des Chloroplasten.**) Plant Physiol. **42** (1967) Nr. 7. S. 997–1007. — 8 Abb., 3 Tab., 32 Lit.
Unter Verwendung mehrerer Algenarten und höherer Pflanzen wurden Untersuchungen über die Eigenschaften des Chloroplasten-Mn, die Mn-Aufnahme durch Mangelalgen während der Reaktivierung der Photosynthese und über Wechselbeziehungen zwischen Chloroplastenstruktur und photosynthetischer Aktivität angestellt. Die Feststellung von Cheniae und Martin, daß für den Reaktivierungsprozeß Licht notwendig sei, konnte bestätigt werden. Die hierfür benötigte Zeit änderte sich jedoch mit jeder Kultur der geprüften Mn-Mangelalgen und war oft sehr kurz, wenn das Mn nicht vor der Belichtung, sondern während der Lichtperiode gegeben wurde. Höhere Pflanzen reagierten auf Mn-Mangel entweder durch Anpassung der Anzahl Chloroplasten pro Zelle an die begrenzte Mn-Zufuhr oder durch Bildung strukturell veränderter Chloroplasten mit niedrigem Chlorophyllgehalt.
G. Loßner. 665.

2-68/09-0376 Rasmusson, D. C. und Kleese, R. A.; St. Paul, Minn., Univ., Dep. of Agron. and Plant Genetics. Isogenic analysis of strontium-89 accumulation in barley. (**Isogene Analyse der Strontium-89-Akkumulation in Gerste.**) Crop Sci. 7 (1967) Nr. 6. S. 617 bis 619. — 1 Tab., 7 Lit.
Vf. untersuchten an Paaren isogener Linien von *Hordeum vulgare* den Einfluß kurzer Chromosomensegmente auf die ^{89}Sr-Akkumulation. 6 der 11 geprüften Chromosomensegmente beeinflußten die ^{89}Sr-Akkumulation in den Körnern, Stengeln und Blättern reifer Pflanzen sowie in den Sprossen von Keimpflanzen. Als mögliche Ursachen für dieses unterschiedliche Verhalten wurden die morphol., farblichen und physiol. Varianten eingehend analysiert.
G. Loßner. 665.

2-68/09-0377 Judinceva, E. V., Guljakin, I. V. und Bakunov, N. A. Postuplenie cezija-137 v rastenija iz počv različnych klimatičeskich zon. (**Eintritt von Zäsium-137 in Pflanzen aus Böden verschiedener Klimazonen.**) Agrochimija, Moskva **1968** Nr. 1. S. 78–89. — 2 Abb., 7 Tab., 10 Lit.
Die Aufnahme von ^{137}Cs durch Keimlinge von Wi.-Roggen der Sorte 'Vjatka' aus 29 Rasenpodsol- (R.) und 30 Böden unterschiedlicher Klimazonen wurde untersucht. In einer Schale wurden 150 g Boden, in dem sich 70 Samen befanden, mit einer Lösung von ^{137}Cs (Dosierung 1 mCi) durchtränkt. Nach dem Aufgehen der Samen verblieben 50 Keimlinge in der Schale. Die Versuchsdauer betrug 18 d. Die Aufnahme von ^{137}Cs aus verschiedenen Böden war uneinheitlich. Auch auf dem gleichen Bodentyp schwankte die Akkumulation in Abhängigkeit vom Gehalt an austauschbarem K, der Adsorptionskapazität, der mechanischen Zusammensetzung und der Fähigkeit des Bodens, das aufgenommene Cs in einer für die Pflanzen schwer verfügbaren Form zu binden. Die Akkumulation von ^{137}Cs war auf R. (Moskauer Gebiet) >

R. und Roterde (Ro.) (Grusinien) > Grauerde > kastanienfarbiger > Schwarzerde. Sie wurde auf R. und Ro. stark durch den Gehalt des Bodens an austauschbarem K und Cs (extrahierbar mit 0,5 n KNO_3) beeinflußt. Zwischen der Akkumulation von ^{137}Cs (mCi/1g trokkenem Boden) und dem reziproken Wert für austauschbares K bzw. zwischen akkumuliertem und extrahierbarem Cs (%) wurden folgende Korrelationskoeffizienten gefunden: 0,780 ± 0,190 bzw. 0,707 ± 0,240. Auf Böden mit > 20 mg K_2O/100g bestand eine lineare Abhängigkeit zwischen der Menge aufgenommenem Cs und dem reziproken Wert für austauschbares K. H. Nürnberger. 665.

2-68/09-0378 Neeracher, Hans, Bachofen, Reinhard und Specht-Jürgensen, Ingrid. **Untersuchungen über die Manganverteilung zwischen Zellfraktionen aus Spinatblättern und ihr Zusammenhang mit dem Manganhaushalt.** Planta, Berlin 79 (1968) Nr. 3. S. 235–248. — 3 Abb., 5 Tab., 33 Lit. Zus. in Engl. 665.

2-68/09-0379 Blanchet, R. und Bosc, M. (unter techn. Mitarb. von Gelfi, N.). Bilans de potassium et alimentation potassique des plantes en présence de rétrogradations et de libérations d'ions K^+ non échangeables. **(Kaliumbilanzen und Kaliversorgung der Pflanzen durch Retrogradationen und Freigabe nichtaustauschbarer K^+-Ionen.)** Ann. agronom. 18 (1967) Nr. 6. S. 601–621. — 9 Abb., 5 Tab., 19 Lit. Zus. in Russ., Engl. Dtsch. — nach Zus.
Die Kaliumbilanzen sowie die Retrogradationen und Freigaben von K^+-Ionen wurden auf verschiedenen, zwei hauptsächlichen Typen angehörenden Böden (leicht verwitterte, kalkhaltige Tonböden und ausgewaschene sandige Lehmböden) nach den folgenden Techniken untersucht: Laborstichprobe über Retrogradierungs- und Freigabemöglichkeiten, Erschöpfungskulturen mittels häufig geschnittenem Weidelgras, zwei nacheinanderfolgende, ohne Düngung oder mit reichlicher K-Zufuhr angebaute Gerstenkulturen. Damit wurden die folgenden wesentlichsten Tatsachen festgestellt: Die K-Versorgung der Pflanzen zeigte sich kaum an den Gehalt der Böden an austauschbaremK gebunden. Dieser Gehalt stellt keinen bestimmten Nahrungsvorrat dar, aber ein gewisses Niveau und einen bes. Zustand der K^+-Ionen zwischen den beiden entgegengesetzten Tendenzen der Freigabe und der Retrogradation. In bestimmten Böden sind beide Tendenzen fast vollständig umkehrbar. Wird die Darstellung der Freigabe und der Retrogradationen in Abhängigkeit von der K-Bilanz (Düngung/Entzug) graphisch dargestellt, so erhält man eine Gerade. Wenn die Tendenz zur Retrogradierung schwächer ist, dann erhält man eine Kurve. Die Neigung der Geraden oder der Tangenten zu den Kurven gibt Auskunft über den Umfang der notwendigen Vorräte in verschiedenen Bodentypen. Diese Eigenschaften sind viel mehr von der Natur der Bodenminerale als vom Gehalt an austauschbarem K abhängig. Die hier angewendeten Laborproben ermöglichen die Fähigkeit zur Retrogradation viel zuverlässiger zu beurteilen als die Fähigkeit zur Freigabe. 667.

2-68/09-0380 Souty, Nicole und Guennelon, R. (unter techn. Mitarb. von Rode, Colette). Essai de dosage des éléments minéraux dans les végétaux. I. Soufre. Dosage chimique (bombe à oxygène) et dosage par fluorescence X. **(Versuche zur Bestimmung der mineralischen Elemente in den Pflanzen. I. Mitt. Schwefel. Chemische Bestimmung [Sauerstoff-Bombe] und Bestimmung durch Röntgenfluoreszenz X.)** Ann. agronom. 18 (1967) Nr. 6. S. 653–667. — 1 Abb., 6 Tab., 29 Lit. Zus. in Russ., Engl., Dtsch. — nach Zus.
Die Bestimmung der S-Konz. in Pflanzen bietet zahlreiche Schwierigkeiten, die mit der Lösung der zu untersuchenden Probe und der Bestimmung des Anions zusammenhängen. Es gibt aber zwei zufriedenstellende Methoden, um eine Bestimmung durchzuführen. Weil die Röntgen-Fluoreszenzanalyse das Kalzinieren der Pflanze umgeht, bringt sie viele Vorteile mit sich, während die chem. Methode die auf der Oxydation mittels O_2-Bombe mit nachfolgender Trübungsmessung beruht, offenbar auch befriedigende Ergebnisse gibt. Die letztere Methode muß vorsichtig angewandt werden, um die Oxydation (Pflanzenmenge, verbrauchtes O_2-Volumen, Dauer des Verfahrens) und bes. die Dosierung des SO_4^{2-}-Ions mittels Trübungsmessung (Größe der $BaCl_2$-Körner und die benötigte Zeit für die Bildung der Suspension) erfolgreich durchzuführen. — Was die Fluoreszenz anbetrifft, so müssen die ausstrahlenden oder absorbierenden Wirkungen einiger Stoffe, die in veränderlichen Verhältnissen in den Pflanzen vorhanden sind, für eine strenge Analyse in Betracht gezogen werden. So kann die S-Strahlungsintensität einerseits durch die Fluoreszenzstrahlungen von Ca, K und Cl teilweise angeregt, andererseits durch P und Si absorbiert werden. Diese Tatsache führt offenbar zu dem Irrtum, daß entweder ein Über- oder Unterschußeffekt vorliegt. Zu-

satz von Hg kann diesen Matrixeffekt zwischen den Elementenpuffern und die Absorption der org. Stoffe für die SK_α-Linie nivellieren. Die Bestimmung der S-Konz. erfolgt demgemäß mittels des $MgSO_4$ der Standards, die dieselbe Menge Mg wie die Proben enthalten. Die Impulszahl der K_α-Linie der Pflanze wird mit der für die Standards verglichen. Nach den Ergebnissen ist für einen Gehalt > 3‰ die Übereinstimmung zwischen Fluoreszenz und Trübungsmessung befriedigend. Für einen Gehalt < 3‰ sind die durch Fluoreszenzanalyse erhaltenen Werte weniger sicher. Möglicherweise kann aber die Methode durch längere Meßzeiten und durch Standards mit schwächerer Konz. verbessert werden. 667.

2-68/09-0381 Largskij, Ju. N. K ocenke pitanija kartofelja polevoj laboratoriej Magnickogo. (**Zur Beurteilung der Ernährung der Kartoffel mit Hilfe des Feldlabors nach Magnickij.**) Agrochimija, Moskva **1968** Nr. 1. S. 148–150.
1961—65 wurde der Zellsaft von Feldpflanzen auf Nährstoffe untersucht. Der Knollenertrag der verschiedenen Düngungsvarianten betrug 103···300 dt/ha. Den höchsten Gehalt an N als Nitrat wies die Variante mit dem höchsten Knollenertrag auf, und zwar zur Knospenbildung 1000 mg/kg Blattstiele, zur Blüte 800 mg und zur Knollenbildung 250 mg. Die gleiche Variante hatte auch den höchsten P-Gehalt, und zwar 160, 80 bzw. 40 mg. Der höchste K-Gehalt betrug 3000 mg fast unabhängig vom Ertrag.
H. Grieß/Groß-Lüsewitz. 667.

2-68/09-0382 Zelenskaja, E. D. und Gordeckaja, S. P. K diagnostike potrebnosti jabloni v pitatel'nych veščestvach. (**Zur Diagnostik des Bedarfs des Apfelbaumes an Nährstoffen.**) Agrochimija, Moskva **1968** Nr. 2. S. 112–116. — 7 Tab., 6 Lit.
Vff. bestimmten die während der Vegetationsperiode auftretenden Veränderungen des Gehalts an löslichem P und K sowie Gesamt-N von Apfelbaumblättern und -zweigen (4 Sorten) in 2 Versuchsvarianten (I. keine Düngung; II. je 60 kg N, P, K/ha und Jahr). Am günstigsten war die Analyse von Blättern der Triebe in der 2. Sommerhälfte vor Beginn der Fruchtreife. Der K-Gehalt betrug 0,4···0,8 (I) bzw. 0,8···1,2% (II) und konnte als diagnostisches Merkmal verwendet werden. Der P-Gehalt blieb rel. konstant (0,25···0,5% in Abhängigkeit von Sorten und Zeitpunkt der Probenahme) und wurde durch Düngung nicht beeinflußt. Bei N erhielt man die gleiche Tendenz, jedoch etwas weniger ausgeprägt. Der Nährstoffgehalt der Blätter nahm i. allg. im Laufe des Jahres ab, wobei der N-Gehalt 2 Maxima im Mai und August, der P- und K-Gehalt 2 Maxima im Mai und Sept. aufwies. — Ein K-Gehalt der Blätter < 0,8···1,0% zeigt K-Mangel an, der sich bei 0,38···0,58% visuell (Zurückbleiben der Bäume im Wachstum, kleine Blätter, Randnekrosen) äußert. Für die Bedarfsdiagnostik aller Nährstoffe ist die Untersuchung des Nährstoffhaushaltes des Bodens unerläßlich.
P. Stoß. 667.

2-68/09-0383 Williams, C. H. und Twine, J. R. Determination of nitrogen, sulphur, phosphorus, potassium, sodium, calcium, and magnesium in plant material by automatic analysis. (**Bestimmung von Stickstoff, Schwefel, Phosphor, Kalium, Natrium, Kalzium und Magnesium in Pflanzenmaterial durch automatische Analyse.**) Commonwealth sci. ind. Res. Org., Australia, Div. Plant Ind., techn. Pap. **1967** Nr. 24. 16 S. — 7 Abb., 5 Tab., 12 Lit.
Die Analysen wurden mit einem „Technicon-Auto-Analyzer" durchgeführt. N bestimmte man nach modifiziertem Kjeldahl-Aufschluß der Pflanzenprobe kolorimetrisch (Farbreaktion zwischen NH_3, HOCl, Phenol) bei 630 nm, S nach Verbrennen der Probe in O_2 und Absorption der gasförmigen Reaktionsprodukte nephelometrisch als SO_4^{2-}. P (Bestimmung auch im Kjeldahl-Aufschluß möglich), K, Ca, Mg und Na können im $HNO_3/HClO_4/H_2SO_4$-Aufschluß nebeneinander analysiert werden. P wurde als Molybdänblau (Reduktion mit Askorbinsäure), Mg mit Eriochromschwarz T (EGTA zu Ausschaltung von Ca-Störungen) kolorimetrisch und Na, K sowie Ca flammenphotometrisch bestimmt. Na und K konnten gemeinsam analysiert werden, Ca mußte gesondert bestimmt werden. Die empfohlenen Methoden sind eingehend beschrieben. An vielen Pflanzenproben vorgenommene Vergleiche der automatisierten mit entspr. konventionellen Methoden ergaben eine befriedigende Übereinstimmung der Werte. P. Stoß. 667.

2-68/09-0384 Carlson, R. M., Grassi, R. L., Mazza, C. A., Santamaria, R. M. und Vallejos, W. E. Separación por resinas de intercambio y determinación polarográfica de hierro, manganeso, cobre y zinc en suelos y tejidos vegetales. (**Trennung von Eisen, Mangan, Kupfer und Zink aus Böden und Pflanzenteilen mittels Harzaustauschern.**) Agrochimica, Pisa

12 (1968) Nr. 2/3. S. 150-156. — 2 Tab., 16 Lit. Zus. in Engl., Franz., Ital., Dtsch. — nach Zus.
Die Methode zur Bestimmung der Spurenelemente besteht darin, daß die Fraktionen aus der Ionenaustauschkolonne anschließend polarographisch analysiert werden. Die Extraktion der Elemente aus den Bodenproben erfolgte mit 0,1 n HCl-Lösung, die aus den Pflanzenproben mit einer Mischung aus Perchlorsäure, Schwefelsäure und Salpetersäure. Vff. nehmen an, daß die hier hervorgebrachte Methode anderen überlegen ist (z.B. der Trennung mit Dithizon). 667.

2-68/09-0385 McClure, G. W. und Jackson, W. A. Nutrient distribution in root zones. I. Definition, approach, and some implications. **(Nährstoffverteilung in Wurzelzonen. 1. Mitt. Definition, Methode und einige Folgerungen.)** Agrochimica, Pisa **12** (1968) Nr. 2/3. S. 251 bis 260. — 6 Abb., 6 Lit. Zus. in Franz., Ital., Span., Dtsch. — nach Zus.
Es wird angenommen, daß die Nährstoffverteilung ein zusätzlicher Faktor für das Pflanzenwachstum ist. Je nach der Verteilung wechselt die Konz. eines einzelnen Nährstoffes in der Vertikalen eines durchwurzelten Mediums. Es wird auf die vielfältigen Bedingungen hingewiesen, nach welchen in einem so komplexen Medium wie dem Boden die Nährstoffverteilung beeinflußt wird. Ein Apparat wird beschrieben, mit welchem genau bestimmte Nährstoffverteilungen am ganzen Wurzelsystem eingehalten werden können. Nach den mitgeteilten Ergebnissen ist der Apparat brauchbar, und mit Weizen als Versuchspflanze werden gut reproduzierbare Ergebnisse erhalten. Schließlich werden mehrere Probleme angeführt, die mit der Hypothese der Nährstoffverteilung zusammenhängen und deren Bearbeitung und Lösung mit dem vorgeschlagenen Verfahren erfolgen kann. 667.

2-68/09-0386 Mooney, Robert P. und Pasarela, N. Robert; Princeton, N. J., American Cyanamid Co., Agric. Div., Analyt. Development Labor. Determination of chlorocholine chloride residues in wheat grain, straw, and green wheat foliage. **(Bestimmung von Chlorcholinchlorid-Rückständen in Weizenkörnern, Stroh und grünen Weizenblättern.)** J. agric. Food Chem. **15** (1967) Nr. 6. S. 989-995. — 3 Abb., 3 Tab., 17 Lit.
Vf. beschreiben eine quantitative, empfindliche Methode zur Bestimmung von CCC-Rückständen in Weizenkörnern und in Weizenpflanzen verschiedener Wachstumsstadien. Nach Extraktion mit Methanol und chromatographischer Reinigung an Al_2O_3 wird CCC mit 2,2′, 4,4′, 6,6′-Hexanitrodiphenylamin angefärbt und die Extinktion bei 415 nm gemessen. Zusätze von 0,2···2,0 ppm CCC zu Weizenkörnern (CCC-Gehalt 0,10 ppm), von 0,5···10,0 ppm zu grünen Pflanzen (0,16 ppm) und von 0,5···20,0 ppm zu Stroh (0,27 ppm) wurden nach der beschriebenen Methodik zu durchschnittlich 76, 86,4 bzw. 90% wiedergefunden. — 2 Weizensorten aus den USA enthielten 0,10 und 0,14 ppm CCC, 3 Sorten aus Schweden 0,02···0,05%. — Ein Feldversuch mit 4 lb./acre CCC ergab eine biol. Halbwertszeit des CCC von 13 d. W. Franzke. 667.

2-68/09-0387 Pflaum, Ronald T., Brunzie, Gerald F. und Cook, Lawrence E. Pyridine thioamides as analytical reagents for iron. **(Pyridinthioamide als analytische Reagentien für Eisen.)** Proc. Iowa Acad. Sci. **72** (1965, hrsg. 1967) S. 123-131. — 3 Abb., 1 Tab., 9 Lit. 667.

C. Düngemittel, ihre Gewinnung und Anwendung

2-68/09-0388 Starý, Vlastimil. **Intensivierung der landwirtschaftlichen Produktion mit Hilfe der Chemie.** Im Blickfeld, Linz **18** (1967) Nr. 5. S. 10-11.
In der ČSSR wurde die Arbeitsproduktivität in der Landwirtschaft durch die Errichtung der sozialistischen Großbetriebe wesentlich gesteigert. Während vor dem zweiten Weltkrieg fast 3,5 Mill. Menschen in der Landwirtschaft der ČSSR arbeiteten, sind es heute nur etwas über eine Mill. Gleichzeitig wurde die Bruttoproduktion je ha gesteigert. — Der Verbrauch an Mineraldüngern steigt in der ČSSR stark an. 1963 wurden im Mittel nur 80,4 kg/ha NPK-Reinnährstoffe verbraucht, 1965 bereits 125,6 kg/ha. Bis 1970 ist eine Steigerung auf 200 kg/ha NPK vorgesehen. Neben dem verstärkten Einsatz von Mineraldüngern ist die Ausweitung verschiedener Hilfsdienste (Service) vorgesehen. Eine stärkere Spezialisierung und Zusammenarbeit einzelner landwirtsch. Betriebe sowie der Erzeuger und der weiterverarbeitenden Betriebe ist notwendig. H. Ansorge. 670.

2-68/09-0389 Spencer, Carrol D. und Toland, Helen P. Fertilizer use. **(Die Verwendung von Düngemitteln.)** Agric. Chemicals **22** (1967) Nr. 7. S. 25.

Der Gesamtverbrauch an Düngemitteln in den USA und Puerto Rico lag 1966 um 8% höher als 1965. In 38 von 48 Staaten lag der Verbrauch höher als im Vorjahr, wobei bes. die Regionen des Getreidebaues ihren Bedarf erhöhten. Am Gesamtaufwand waren beteiligt 56,9% (19,7 Mill. t.) Mischdünger, 38,9% (12,4 Mill. t.) Hauptnährstoffdünger, 4,2% (2,4 Mill. t.) Hilfsnährstoffdünger und Spurenelementdünger. H. Schößler. 670.

2-68/09-0390 Anonym. Fertilizer forecast. (**Düngemittel-Vorhersage.**) Agric. Chemicals **22** (1967) Nr. 7. S. 8-9.
Die folgenden Angaben sind einer Veröffentlichung von Wellman-Lord entnommen. Die Entwicklungsländer Asiens und Lateinamerikas werden voraussichtlich auch bis 1980 mit 42 Mill. t. Pflanzennährstoffen hinter ihrem jährlichen Mindestbedarf zurückbleiben. Andererseits besitzen die entwickelten Länder einen Überschuß an Nahrungsmitteln und Düngemitteln. Europa wird auch bis 1980 der größte Exporteur und Importeur von Düngemitteln bleiben, Nordamerika und die Sowjetuinon werden ihren Anteil am Weltexport erhöhen und Asien und Lateinamerika werden noch bedeutendere Importeure werden. Bes. die hochprozentigen Düngemittel werden an Bedeutung gewinnen. Flüssige Dünger erlangen zunächst hauptsächlich in den entwickelten Ländern größere Bedeutung. Indien erwacht offenbar aus der Unfähigkeit, genügend Nahrungsmittel zu erzeugen. Andererseits zeigt es sich aber geradezu hilflos gegenüber dem Problem der heiligen Rinder. Nagetiere verschlingen in Indien etwa 33% der jährlichen Getreideproduktion. China hat einen wesentlich größeren Bedarf als es in den nächsten Jahren zu produzieren in der Lage ist. Die übrigen Länder Asiens stehen vor der ungeheuren Aufgabe, die landwirtsch. Produktion noch zu steigern, bevor die geometrische Bevölkerungs-Expansion zur Katastrophe führt. Die Nahrungssituation in Südamerika wird äußerst kritisch werden, wenn es nicht gelingt, die landwirtsch. Produktion zu steigern. In Westeuropa wird die Düngemittelproduktion auf einem hohen Niveau nur langsam gesteigert. Unter den Entwicklungsländern ist offenbar die Lage Afrikas am wenigsten kritisch, da seine Länder bedeutende Potenzen besitzen. Nordamerika wird seine Produktion von 16,5 Mill. t. im Jahr 1970 auf 25 Mill. t. im Jahr 1980 steigern und als bedeutender Dünger-Exporteur auftreten. H. Schößler. 670.

2-68/09-0391 Burton, G. V. K. A fertilizer paradox. (**Ein Dünger-Paradoxon.**) Agric. Chemicals **22** (1967) Nr. 7. S. 29.
In Nordamerika, Australien und vielleicht auch Japan ist die Düngemittelproduktion in den letzten Jahren immer weniger profitbringend geworden. Viele Gesellschaften begegnen dem mit großen Investionen, um durch Erschließung neuer Kapazitäten die Produktion zu erhöhen. Die Übernahme vieler Düngmittelproduktionsanlagen durch Ölkonzerne verstärkt diesen Prozeß noch beträchtlich. Weiterhin ist die Düngemittelindustrie immer mehr eine internationale Industrie geworden. Ein anderes Paradoxon ist die Kluft zwischen dem potentiellen Düngerbedarf in der Welt und dem aktuellen Bedarf. Es ist nicht abzusehen, wann sich in Zukunft dieser Trend umkehren wird. Auch keine internationale Planungseinrichtung kann das Risiko verringern; im Gegenteil, die internationalen Organisationen ermutigen ständig zu Investitionen, die mit großem Risiko verbunden sind.
H. Schößler. 670.

2-68/09-0392 Anonym. New fertilizer developments by TVA. (**Entwicklungen moderner Düngemittel durch die TVA.**) Nitrogen, London **1967** Nr. 50. S. 31. 44. — 1 Abb.
Die Forschungsarbeiten der TVA konzentrierten sich in den letzten 2 Jahren bes. auf die Sektoren der flüssigen Düngemittel, der Herstellung von Ammoniumpolyphosphaten, Nitrophosphaten, Harnstoff-Ammoniumphosphaten sowie der Produktion ultrareiner Verbindungen. Zu letzteren zählen ein durch Reaktion von NH_3, P und O gewonnenes, extrem viel N + Phosphat enthaltendes Produkt und ein Silikonphosphat mit 70···75% P_2O_5. Bei Einsatz dieser Verbindungsklassen und des durch hohe Erträge bewirkten Entzuges von sekundären und Mikronährstoffen wird die verstärkte Versorgung des Bodens mit diesbezüglichen Nährstoffelementen unumgänglich. Für diesen Verwendungszweck wurde ein B, Co, Fe, Mg, Mn, S und Zn enthaltendes Präparat entwickelt. Auf technolog. Gebiet wurde dem Einsatz der Pfannengranulierung verstärkte Beachtung geschenkt, die sich auch zur Herstellung von granuliertem Ammoniumnitrat (33,5—0—0), von Ammoniumphosphatnitrat (30-10-0 und 25-25-0), von Ammoniumnitratsulfat (30-0-0-5S) aus konz. Lösungen eignete. In einer entspr. Pilotanlage konnte auch Harnstoff bei gleichzeitiger Verbesserung der Granulateigenschaften gegenüber den gebräuchlichen Verfahren granuliert werden.
G. Loßner. 670.

2-68/09-0393 Selavri, A. K. Programmno-metodičeskoe soveščanie učastnikov Geografičeskoj seti opytov s udobrenijami. **(Programmatisch-methodische Konferenz der Teilnehmer am Geographischen Netz für Düngungsversuche.)** Agrochimija, Moskva **1968** Nr. 1. S. 166–173.
Zusammenfassender Bericht über die vom 4…7. Juli 1967 in Moskau stattgefundene 26. programmatisch-methodische Konferenz der Mitarbeiter der wissenschaftlichen Organisation des Geographischen Netzes für Düngungsversuche. An der Konferenz nahmen Vertreter von 67 Forsch.-Inst., 76 Versuchs-Stat., 19 Landwirtsch. Hochschulen, 30 zonalen agrochem. Laboratorien sowie Vertreter des Landwirtschaftsministeriums teil. Im Plenum sowie in 3 Sektionen wurden 33 Vorträge gehalten, die in Kurzform referiert werden. Auf der Basis der gewonnenen Ergebnisse wurden Beschlüsse für die weitere Arbeit zur Anwendung der Chemie in der Landwirtschaft gefaßt. H. Nürnberger. 670.

2-68/09-0394 Zoidl, Ludwig. **Das Düngejahr 1966/67 aus der Sicht der Österreichischen Stickstoffwerke AG.** Im Blickfeld, Linz **18** (1967) Nr. 5. S. 6–9. — 2 Abb., 2 Tab.
Der N-Düngereinsatz ist in Österreich im Düngungsjahr 1966/67 mit knapp 90 Kt N im Gegensatz zum Vorjahr, in welchem eine Zuwachsrate von 24% vorhanden war, nicht weiter angestiegen. Der P-Verbrauch ging um 3,5% zurück, und der K-Einsatz stieg um 2,6% an. Im Sortiment trat eine Verschiebung zugunsten der Komplexdünger ein. In Österreich wurde 1966/67 ein N:P:K-Verhältnis von 1:1,4:1,58 erreicht. Eine weitere Verschiebung zugunsten des N wird vorausgesagt. Der N-Verbrauch ist im Vergleich zu anderen westeurop. Ländern mit 33 kg/ha N rel. gering. Die Entwicklung in den österreichischen Bundesländern wird aufgezeigt. H. Ansorge. 670.

2-68/09-0395 Spencer, Carrol D. A profile of fertilizer use in the United States. **(Ein Profil der Düngemittelanwendung in den Vereinigten Staaten.)** Plant Food Rev. **13** (1967) Nr. 4. S. 14–16. — 1 Abb., 2 Tab. 670.

2-68/09-0396 Tolstousov, V. P. Vsesojuznoe soveščanie specialistov gosudarstvennoj agrochimičeskoj služby. **(Unionstagung der Mitarbeiter des staatlichen agrochemischen Dienstes.)** Chimija v sel'skom chozjajstve, Moskva **6** (1968) Nr. 3. S. 70–71. 670.

2-68/09-0397 Anonym. 4% growth in world phosphate rock exports. **(Wachstum der Welt-Rohphosphatexporte um 4%.)** Phosphorus & Potassium, London **1968** Nr. 33. S. 1–5. 30. — 1 Abb. 670.

2-68/09-0398 Anonym. World potash consumption totals 13.5 million tonnes K_2O in 1966–67. **(Weltverbrauch an Kali umfaßte 1966/67 13,5 Millionen Tonnen.)** Phosphorus & Potassium, London **1968** Nr. 33. S. 33–34. 670.

2-68/09-0399 Anonym. The British Sulphur Corporation. Annual statistics of world nitrogen production and consumption. **(Die British Sulfur Corporation. Jahresstatistik von Welterzeugung und — Verbrauch an Stickstoff.)** Nitrogen, London **1968** Nr. 51. S. 14 bis 15. 670.

2-68/09-0400 Senft, Willibald. **Erfolgreiche Düngerwirtschaft.** 7. Aufl. Graz: Stocker. 1966. (169 S.) 8°. (1968 A 312) 670.

2-68/09-0401 Davidescu, D., Caramete, C., Haccadur, Laura, Bartok, Rodica, Vineş, Iuliana und Popescu, S. Les engrais et la qualité de la recolte. **(Düngung und Ertragsqualität.)** Colocviul interuniversitar Romäno-Ital. pe Teme Agric., Bucureşti, Ref. **1966** (hrsg. 1967) S. 45-68. — 10 Abb., 11 Tab., 17 Lit. Zus. in Franz., Rum. — nach rum. Zus.
Der Einfluß der Mineraldüngung auf den Gehalt an Rohprotein, Reinprotein, Eiweißfraktionen, Aminosäuren, Stärke, Rohfaser und Fett im Maiskorn unter verschiedenen Boden- und Klimabedingungen Rumäniens wurde untersucht. N-Düngung steigerte den Gehalt an Protein, einigen Proteinfraktionen und mehreren Aminosäuren im Korn. P-Düngemittel steigerten etwas den Stärkegehalt. Der Fettgehalt wurde unter dem Einfluß der Düngung zumindest modifiziert. Die größten Veränderungen hinsichtlich der Aminosäurezusammensetzung wurden durch NPK-Volldüngung erzielt. Aus weiteren Düngungsversuchen im Gewächshaus mit Hafer bei unterschiedlicher Wasserversorgung ergibt sich, daß im Vergleich zu den Varianten mit voller Wassersättigung der Gehalt der Aminosäuren in der Tr.-Subst. höher ist, wenn die Wassersättigung nur 1/3 beträgt. 671.

2-68/09-0402 Adamič, Fr., Jenčič, R. und Masten, V. **Versuche zur Verregnung von Dünge- und Pflanzenschutzmitteln mit stationärer Beregnungsanlage.** Dtsch. Akad. Landwirtsch.-Wiss. Berlin, Tag.-Ber. **1967** Nr. 93. S. 57–62. — 1 Abb., 2 Tab. Zus. in Russ., Engl. — nach Zus.
Die Ergebnisse des ersten Versuchsabschnittes haben die allseitige Verwendbarkeit der Beregnungsanlage ergeben, weil die Technik der Steuerung sowie die Dosierung des Düngers und der Pflanzenschutzmittel gut gelöst werden konnten. Außerdem wurde die Wirkung der einzelnen Verfahren, bes. der Blattdüngung und Pflanzenschutzmittelverregnung, auf die Bäume nachgewiesen. Den geprüften Verfahren kommt deshalb bes. Bedeutung zu, weil mit ihrer Hilfe auftretende Arbeitsspitzen bei den Pflegemaßnahmen gemildert werden können. Die Versuche werden mit dem Zweck fortgesetzt, den wirtschaftlichen Nutzen der Investition und die Einsparung an Arbeitskräften zu untersuchen. 671.

2-68/09-0403 Peregudov, V. N. und Babarina, I. S. Točnost' polevych opytov s udobrenijami Geografičeskoj seti VIUA. **(Genauigkeit von Feldversuchen mit Düngern des Geographischen Netzes des Unions-Forschungsinstituts für Düngung und Bodenkunde [VIUA].)** Agrochimija, Moskva **1968** Nr. 1. S. 106–116. — 3 Abb., 11 Tab.
Es wurden insgesamt 1119 Düngungsfeldversuche bei verschiedenen Kulturen, die im Rahmen des Geographischen Netzes des VIUA von 1963 bis 1965 durchgeführt wurden, hinsichtlich ihrer Genauigkeit überprüft. Im Mittel war jeder Versuch mit 8,1 Varianten und 3…4 Wiederholungen durchgeführt worden. Bei der Untersuchung der Genauigkeit wurden folgende Kennzahlen berücksichtigt: S = Standardabweichung (dt/ha), V = Variationskoeffizient (in % des Versuchsmittelwertes M; $V = \frac{100\ S}{M}$), ε = mittlerer Fehler (berechnet nach $\varepsilon = \frac{S}{\sqrt{n}}$, n = Anzahl der Wiederholungen), p = Genauigkeit des Versuches, $p = \frac{100\ .\ \varepsilon}{M}$ oder $p = \frac{V}{\sqrt{n}}$). Dabei zeigte sich, daß in 50% aller Versuche S folgende Werte (dt/ha) nicht überschritt: Wi.-Weizen und Roggen 1,5, Mais (Körner und Grünsubst.) 2,5 bzw. 20,0, Zuckerrüben 20,0, Kartoffeln 15,0. Hinsichtlich V unterschieden sich die Versuche bei den einzelnen Kulturen nur unwesentlich. Für ε wurden folgende Werte gefunden: 1,5; 2,5…3,0; 4,0 bzw. 35,0; 35,0 bzw. 20,0. Die mittlere Genauigkeit p für alle Versuche lag bei ca. 4%. Das bedeutete, daß Unterschiede zwischen den einzelnen Varianten, die bis zu 12% vom mittleren Ertrag abwichen, erfaßt werden konnten. Bei der Zuordnung der Versuche bzw. der entspr. Werte für p zu den einzelnen regionalen Gebieten des Geographischen Netzes zeigte sich eine ausgeprägte geograph. Verteilung der Genauigkeit, die den bedeutenden Einfluß der Naturbedingungen auf die Versuchsgenauigkeit erkennen ließ.
H. Nürnberger. 671.

2-68/09-0404 Guinard, A. Conservation and improvement of soil fertility in Africa. Part 3. Chemical fertilizers. **(Erhaltung und Verbesserung der Bodenfruchtbarkeit in Afrika. 3. Teil. Chemische Düngemittel.)** Wld. Crops **20** (1968) Nr. 1. S. 62–63. 671.

2-68/09-0405 Ibach, Donald B. Fertilizer's role in crop production. **(Die Rolle der Dünger in der Pflanzenproduktion.)** Plant Food Rev. **13** (1967) Nr. 4. S. 12–13. 16. — 1 Abb., 1 Tab. 671.

2-68/09-0406 Ishizuka, Yoshiaki, Yamasaki, Tsutae und Hayase, Tatsuo. Propers review. Division 10: Fertilizers and methods of their application **Fortschrittsbericht. Abteilung 10: Düngemittel und Methoden ihrer Anwendung.)** J. Sci. Soil Manure, Japan/ Nippon Dojohiryogaku Zasshi/ **39** (1968) Nr. 1. S. 93–99. — 184 Lit. Orig.: jap. 671.

2-68/09-0407 Suchobrus, S. V. und Litvinenko, F. P. Ėffektivnost' mineral'nych udobrenij v sevooborotach. **(Wirksamkeit der Mineraldünger in Fruchtfolgen.)** Agrochimija, Moskva **1968** Nr. 1. S. 37–43. — 10 Tab.
Vff. berichteten über langjähr. Feldversuche auf schwach ausgelaugter Schwarzerde der Waldsteppenzone (Humusgehalt 3,85…4,0%, Basengehalt 27 mval, hydrolysierbarer N 14,2 mg, bewegliches P 12 mg/100 g Boden), bei denen die Wirkung unterschiedlicher Mengen und das Verhältnis der einzelnen Elemente der Mineralernährung allein oder in Kombination mit Stalldung auf den Ertrag von Zuckerrüben (Z.), Wi.-Weizen (W.), Mais (M.) u. a. Kulturen untersucht wurde. Bei Z. und W. erfolgte die Düngung während der Herbstfurche.

Die Verdoppelung der einfachen Dosis von 30 kg N und je 45 kg P und K/ha erbrachte bei Z. keine weitere Ertragssteigerung, der Zuckergehalt der Rüben und die Zuckerausbeute sanken geringfügig ab. Stärkeren Einfluß auf den Ertrag hatte die K-Düngung. Die Düngung mit 45 kg K in Verbindung mit 45 kg P bzw. 45 kg P und 30 kg N erbrachte gegenüber der alleinigen P- oder PN-Düngung 40 bzw. 51 dt/ha Zuwachs und eine Steigerung des Zuckergehaltes um 0,6 bzw. 1,0%. Optimal war die Kombination von 50 kg N, 60 kg P, 75 kg K und 20 t/ha Stalldung. Der Zuwachs an Rüben betrug gegenüber ungedüngten Kontrollen 135 dt/ha, die Zuckerausbeute stieg auf 24,6 dt/ha. Die Wirksamkeit der mineral. Volldüngung war bei W. und M. stark von den Vorkulturen abhängig. Sie war bei W. auf Klee stärker ausgeprägt und nach Erbsen (E.) und bei M. nach E. höher als nach W. Aus ökonom. Sicht, auch in Hinblick auf die Folgekulturen, wurde die NPK-Volldüngung in Verbindung mit Stalldung bei Z. empfohlen. H. Nürnberger. 671b.

2-68/09-0408 Zschuppe, Herbert. **Untersuchungen über den Einfluß der Streugenauigkeit von Düngerstreuern auf den Pflanzenertrag.** Arch. Landtechn. 7 (1968) Nr. 1. S. 111 bis 120. — 7 Abb., 3 Tab., 7 Lit. Zus. in Russ., Engl. — nach Zus.

Die bisherigen Grenzwerte für noch als zulässig anzusehende Abweichungen in Streubildern von Düngerstreuern beruhen auf Annahmen, Beobachtungen und Ertragswertberechnungen. Zur Präzisierung der agrotechnischen Forderungen wurden pflanzenbauliche Versuche durchgeführt und daraus Abweichungsgrenzen abgeleitet. 671b.

2-68/09-0409 Vil'dfluš, R. T. und Sirotin, E. G. Ėffektivnost' lentočnogo vnesenija osnovnogo mineral'nogo udobrenija pod sacharnuju i kormovuju sveklu na dernovo-podzolistych počvach. (**Die Effektivität des bandförmigen Einbringens der mineralischen Grunddüngung zu Zucker- und Futterrüben auf Rasenpodsolböden.**) Agrochimija, Moskva **1968** Nr. 2. S. 26–37. — 9 Tab., 11 Lit.

In Gefäß- und Feldversuchen mit der polykarpen Zuckerrübensorte 'Uladovskaja 752' und der Futterrübensorte 'Eckendorfer Gelbe' wurde festgestellt, daß sich bei lokalisiertem Einbringen von N, P und K der Gehalt an P und K in den Pflanzen erhöhte. Auf den N-Gehalt in den Pflanzen hatte das Einbringungsverfahren keinen wesentlichen Einfluß. In Feldversuchen, bei denen Reinnährstoffmengen von je 60 kg/ha N und P_2O_5 sowie 80 kg/ha K_2O verwendet wurden, war die Grunddüngung in Bandform sowohl in Verbindung mit Stalldung als auch ohne bei Zucker- und Futterrüben bedeutend wirksamer als Streudüngung. Die Vorteile der Banddüngung ergaben sich hauptsächlich aus der Lokalisierung der Phosphate und in geringerem Maße des K-Düngers. Die Lokalisierung des N-Düngers brachte keinen Vorteil gegenüber gewöhnlicher Streudüngung. Die höchsten Rübenerträge wurden bei der Koppelung von Band- und Reihendüngung (während der Aussaat) mit Superphosphat (10 kg/ha P_2O_5) oder Nitrophoska erzielt. Banddüngung mit Nitrophoska war gleichwertig oder besser als das äquivalente Gemisch der einfachen Dünger. Unterteilte Grunddüngung war weniger wirksam als einmaliges Verabreichen. Banddüngung bewirkte keine wesentliche Änderung des Zuckergehaltes, sondern erhöhte vor allem den Rübenertrag und damit den Zuckerertrag. Die Lage der Düngungsstreifen (längs oder quer zu den Reihen) war von geringer Bedeutung. Der Dünger wurde mit einer kombinierten Hackmaschine mit 45 cm Bandabstand 14···16 cm tief eingebracht.

K. Herzog/Kleinwanzleben. 671b.

2-68/09-0410 Kolbe, G. und Stumpe, H. **Die Strohdüngung.** Fortschr.-Ber. Landwirtsch. 6 (1968) Nr. 7. 71 S. — nach Zus.

Der vorliegende Bericht gibt anhand der zugänglichen in- und ausländischen Literatur einen Überblick über den derzeitigen Stand des Wissens über Strohdüngung. Neben der Erörterung betriebs- und arbeitswirtsch. Gesichtspunkte wird der acker- und pflanzenbaulichen Problematik der Strohdüngung entspr. Beachtung geschenkt: Verfahrensweise, Strohumsetzung, Ausgleichsdüngung, Verunkrautung und Pflanzenkrankheiten, Wirkstoffeinfluß, Folgekulturen sowie Einfluß auf Bodeneigenschaften (Humus). Vergleiche zwischen Stroh- und Stallmistdüngung werden angeführt. Die Schlußfolgerungen enthalten eine Einschätzung der Strohdüngung unter dem Aspekt der möglichen Durchführung in den Landwirtschaftsbetrieben der DDR. 672.

2-68/09-0411 Crohain, A. und Rixhon, L.; Gembloux, Stat. de Phytotechn. de l'État. La valeur fertilisante pratique des feuilles et collets de betterave sucrière. (**Der Düngungs-**

wert von Zuckerrübenblatt und -köpfen.) Bull. Rech. agronom. Gembloux [N. S.] 2 (1967) Nr. 3. S. 397–428. — 22 Tab., 9 Lit.

In den letzten Jahrzehnten führten der Verzicht auf Viehhaltung sowie die fortschreitende Industrialisierung landwirtsch. Betriebe im Zuckerrüben-Erzeugungsgebiet zu der Konsequenz, das Rübenkraut einzupflügen. Um die Düngungswirkung des Rübenkrautes auf die Nachfrüchte zu prüfen, wurden 1960 bis 1966 12 Versuche (4 Serien) auf degradierter Braunerde (pH 7,0···7,5; Humusgehalt 1,4···2%; org. Gesamt-N 0,8···1,2‰; Lösliches K 0,20···0,26‰; C/N-Verhältnis 8,9···10,7) mit Lößlehm-Unterlage durchgeführt. Im Mittel der Versuche wurden 43,8 t frisches Rübenkraut je ha untergepflügt, was 5,3 t/ha Tr.-Subst. mit 114 kgN/ha, 13,7 kg P/ha und 179 kgK/ha entspricht. Der Düngungswert des Rübenkrautes wurde durch den Vergleich mit Varianten mineral. N-Düngung ermittelt, wobei Hafer, Gerste und Weizen als Nachfrüchte in 3 Folgejahren dienten. Im 1. Jahr nach der Krautdüngung wurden 35···45 kg N/ha, im 2. Jahr 10···13 kg/ha und im 3. Jahr ein kaum faßbarer Wert festgestellt. In Abhängigkeit von Niederschlagshöhe und -verteilung schwankten diese Werte in den 4 Versuchsserien. Insgesamt wird der Düngewert des Rübenkrautes mit 50···55 kg N/ha angegeben. Etwa 60 kg N aus dem Rübenkraut werden im Humuskomplex gebunden. G. Gerdes/Kleinwanzleben. 672.

2-68/09-0412 Rajani, H. J. A note on manure from Jowar (Sorghum vulgare pers.) stubbles. (**Bemerkungen über einen Dünger aus Stoppeln von Mohrenhirse [Sorghum vulgare].**) Poona agric. Coll. Mag. 57 (1967) Nr. 1/3. S. 33–34. — 672.

2-68/09-0413 Madraimov, I. I. Vlijanie dlitel'nogo vnesenija navoza i mineral'nych udobrenij na izmenenie plodorodija glubinnych gorizontov serozema. (**Einfluß längerer Verabreichung von Stalldung und Mineraldünger auf die Änderung der Fruchtbarkeit tiefer Serosemhorizonte.**) Agrochimija, Moskva **1968** Nr. 2. S. 45–51. — 7 Tab., 12 Lit.

Aus einem seit 1926 laufenden Dauerversuch mit Baumwolle (Serosem; I. Kontrolle, II. jährliche Mineraldüngung, III. jährliche Verabreichung von Stalldung) entnahm man bis 1 m Tiefe alle 20 cm Bodenproben, mit denen Gefäßversuche (1954/55; Kontrolle, Düngung mit 4 g N, 2 g P_2O_5; 4 g N + 2 g P_2O_5/22 kg) mit Baumwolle durchgeführt wurden. Die besten Ergebnisse in bezug auf Wachstum und Baumwollertrag erhielt Vf. mit III, wo über das gesamte Bodenprofil hinweg die höchste Fruchtbarkeit gegenüber I und II nachgewiesen wurde. Allg. nahm der Baumwollertrag nach größeren Tiefen zu ab, bei III mit stetigem Übergang. Einseitige P-Düngung erhöhte den Baumwollertrag nicht, während N-Düngung bei I und II nur in den oberen Schichten, bei III generell wirksam war. NP-Düngung ergab die besten (III > II > I) Resultate. P. Stoß. 673.

2-68/09-0414 Sieber, H. **Erfahrungsaustausch über Güllewirtschaft in der UdSSR.** Feldwirtschaft 9 (1968) Nr. 2. S. 70–72. — 4 Abb., 1 Tab.

In der UdSSR wird die z. Z. vorwiegend durch Schwemmentmistung gewonnene Gülle in großen Behältern oder in offenen Erdgruben gelagert oder mit Torf kompostiert. Für die Ausbringung von Gülle in Pflanzenbestände, bes. Rüben, wurde ein bes. Ausbringungsgerät mit Hackwerkzeugen entwickelt. Die N-Verflüchtigungsverluste lagen bei Gülle wesentlich niedriger als bei Festmist. Ökonom. Auswertungen wiesen für die Technologie der Schwemmentmistung geringere Aufwendungen aus als für 2 Festmisttechnologien mit Kratzerkette oder Schiebeschildausmistung. V. Koepke. 673.

2-68/09-0415 Rauhe, K. und Ermich, D.; Leipzig, Univ., Inst. für Acker- u. Pflanzenbau. **Fragen der organischen Düngung in Kooperationsgemeinschaften.** Feldwirtschaft 9 (1968) Nr. 2. S. 53–56.

Mit den je GV anfallenden Exkrementen sind Mehrerträge von 15···20 GE zu erzielen. Eine Rationalisierung der Stallmistausbringung ist durch schnellen Transport mit LKW und Übergabe auf Miststreuer am Feldrand möglich. Es wird versucht, Streufahrzeuge zu entwickeln, die für Stallmist, Kompost und Mineraldünger verwendbar sind. Gülle sollte in Mengen von 50 m³/ha (Dickgülle) im Juli/Aug. zu Zwischenfrüchten und Raps, von Sept. bis Nov. zu Zuckerrüben, bei Frost zu Wi.-Zwischenfrüchten und im Frühjahr zu Kartoffeln und Mais gegeben werden. V. Koepke. 673.

2-68/09-0416 **Der Einsatz und die Auswirkungen der Gülle auf verschiedenen Grünland- und Ackerstandorten des Bezirkes Suhl.** Jena, Inst. für Meliorationswes. u. Grünland der Friedrich-Schiller-Univ. Plan-Nr.: 215660 VF 1-03. Abschlußber. (13/3. 1968).

Dreijähr. Untersuchungen über die Ausnutzung von Stallmist-, Gülle- und Mineral-N auf den unterschiedlichen Grünlandstandorten lassen eine weitaus günstigere Wirkung des Gülle-N als des Stallmist-N erkennen. Die Mineral-N-Wirkung ist in fast allen Fällen am höchsten. Auch hinsichtlich der Nachwirkung ergibt sich im 2. Jahr eine Überlegenheit der Gülle. Die Ertragsangaben sind durch Ermittlungen der Pflanzenbestandsveränderungen sowie Inhaltsstoffuntersuchungen ergänzt. Weitere Feldversuche geben Auskunft über den Einfluß verschiedener Ausbringungszeitpunkte sowie unterschiedlicher Güllemengen. Die gleichen Untersuchungen wurden auf einem tonreichen Ackerstandort bei Zuckerrüben durchgeführt. Gefäßversuche geben Auskunft über Ertragswirksamkeit und die N-Bilanz verschiedener Gülleformen. Im technol. Teil werden Erfahrungen mit dem Rechengutzerkleinerer, verschiedenen Rührwerken zur Vorbehandlung der Gülle bekanntgegeben und eine ökonom. Einschätzung der Gülleverregnung vorgenommen. 673.

2-68/09-0417 Rohde, U. **Organisation und Verfahren der Güllewirtschaft im LVG Groß-Lüsewitz.** Feldwirtschaft 9 (1968) Nr. 2. S. 61-63. — 4 Abb., 4 Tab.

In einer Laufstallanlage mit 628 Kühen und tragenden Färsen erwies sich das System der Treibkanalentmistung als funktionsfähig, wenn ausreichend Saftfutter verabreicht oder etwas Frischwasser zugesetzt wurde. Bei der Ausbringung bewährte sich der Gülletankwagen TEF 6 vom VEB Fahrzeugwerk Annaberg. Bei Durchschnittsfahrten von 4 km je Fahrt ist mit einer durchschnittlichen Tagesleistung von 60 m³ zu rechnen. Die Gülle wird hauptsächlich zu Feldfutterpflanzen (50% AL) und zur Herbstfurche vor Zuckerrüben ausgebracht. In den Wintermonaten bietet das Grünland eine Ausweichmöglichkeit.

V. Koepke. 673.

2-68/09-0418 Höde, M. und Schumann, E. **Erfahrungen bei der hydromechanischen Gülleausbringung in der LPG „Wilhelm Pieck" Kauern.** Feldwirtschaft 9 (1968) Nr. 2. S. 64-65. — 4 Abb.

Die bauliche Konzeption und die technische Ausrüstung einer Gülleanlage für einen 200er Kuhstall werden beschrieben, und Erfahrungen bei der hydromechanischen Gülleausbringung werden mitgeteilt. Zur Verwertung der Gülle wurden 60 ha Weide und 20 ha Ackerland für die Beregnung erschlossen. Die stationären Leitungen sind 80 cm tief verlegt worden. Im Stall werden 10...25 l Wasser/Kuh/d zugesetzt. Gülle mit 7% Tr.-Subst.-Gehalt kann noch gut verregnet werden. Mit 2 hintereinander geschalteten Kreiselpumpen werden Förderhöhen bis 85 m erreicht. V. Koepke. 673.

2-68/09-0419 Pratt, P. F., Cannell, G. H., Garber, M. J. und Bair, F. L. Effect of three nitrogen fertilizers on gains, losses, and distribution of various elements in irrigated lysimeters. (**Wirkung von drei Stickstoffdüngern auf die Zunahme, Verluste und Verteilung verschiedener Elemente in bewässerten Lysimetern.**) Hilgardia, Berkeley/Calif. **38** (1967) Nr. 8. S. 265-283. — 4 Abb., 18 Tab., 10 Lit.

In einem 5jähr. Versuch wurden $(NH_4)_2SO_4$, $Ca(NO_3)_2$, NH_4OH in bewässerte Lysimeter eingebracht. Auswirkungen auf die Erträge, den Salzgehalt des Bodens, die Zusammensetzung des Abflußwassers und auf den pH-Wert des Bodens wurden untersucht. Außerdem wurden die Zunahme oder die Verluste von Elementen im Boden registriert. Die Erträge von Mangold und Getreide wurden durch die N-Dünger nicht beeinflußt, Ertragsunterschiede sind auf die verschiedenen phys. und biol. Bodeneigenschaften zurückzuführen. $Ca(CO_3)_2$ bewirkte einen erhöhten N-Gehalt der Pflanzen. Die chem. Zusammensetzung des Abflußwassers änderte sich im Laufe des Versuchszeitraumes durch Reduktion. $(NH_4)_2SO_4$ bewirkte durch Säurebildung einen höheren Salzgehalt des Bodens, während bei $Ca(NO_3)_2$ und NH_4OH keine Unterschiede auftraten, da Ca als Niederschlag von $CaCO_3$ ausfiel. $Ca(NO_3)_2$ erhöht den pH-Wert des Bodens, wenn der ursprüngliche pH-Wert kleiner als 7,8 war. Eine allg. Anreicherung von S erfolgt durch $(NH_4)_2SO_4$. Auch der Ca-Anteil im Boden wurde höher und fiel in fester Form aus. Weiterhin traten Verluste an K und Mg in der Bodenzusammensetzung auf. Die Verteilung des austauschbaren K zeigte eine Korrelation zwischen der Wurzeltiefe und den Pflanzenerträgen. A. Jäger. 680.

2-68/09-0420 Gasser, J. K. R. und Penny, A. The value of urea nitrate and urea phosphate as nitrogen fertilizers for grass and barley. (**Der Wert des Harnstoffnitrats und des Harnstoffphosphats als Stickstoffdünger für Gras und Gerste.**) J. agric. Sci. **69** (1967) Nr. 1. S. 139-146. — 2 Abb., 6 Tab., 11 Lit.

Vff. untersuchten Harnstoffnitrat, Harnstoffphosphat und eine Mischung aus Harnstoffphosphat und Harnstoff in zahlreichen Gewächshaus- und Feldversuchen auf verschiedenen Böden, um festzustellen, ob die Anwesenheit des Anions die vom Harnstoff verursachten Schäden bei der Keimung verringert und die Wirksamkeit des Harnstoffs durch Verminderung der Ammoniakverluste erhöht. Ein Vergleich im Gewächshaus und auf Dauergrünland ergab, daß die Wirkung von Harnstoffnitrat und Ammoniumsulfat bei kleinen Gaben etwa gleich war. Bei großen Gaben war die N-Aufnahme aus Harnstoffnitrat geringer. Die gleichen Düngemittel beeinflußten das Anfangswachstum von Gerste und Weidelgras negativ. Harnstoff erwies sich als ein ebenso guter Dünger wie Ammoniumnitrat. Harnstoffphosphat und die Mischung von Harnstoffphosphat und Harnstoff waren den beiden erstgenannten Düngern etwas überlegen. Harnstoffnitrat und Harnstoffphosphat haben gute physikal. Eigenschaften und eignen sich gut zur Herstellung von Komplexdüngern. U. Kriehmig/Paulinenaue. 680.

2-68/09-0421 Kitipov, Anton und Ličev, Spas. Proučvane na toksičnoto dejstvie na biureta vŭrchu njakoi selskostopanski kulturi. **(Untersuchung der toxischen Wirkung von Biuret auf einige landwirtschaftliche Kulturen.)** Rastenievŭdni nauki, Sofija 4 (1967) Nr. 12. S. 75-87. — 8 Abb., 2 Tab., 3 Lit. Zus. in Russ., Engl. 680.

2-68/09-0422 Anonym. The world phosphate rock situation in 1966. **(Die Rohphosphat-Situation 1966 im Weltmaßstab.)** Phosphorus & Potassium, London **1967** Nr. 32. S. 1-4. — 2 Abb., 3 Tab.

Die Weltproduktion an Rohphosphat betrug 1966 74,4 Mill. t., davon entfielen 80% auf die USA, die UdSSR und auf Marokko. Durch Produktionssteigerungen und neu aufgeschlossene Lagerstätten wurde bedeutend mehr Rohphosphat gefördert als verkauft werden konnte. Bei den produzierten Qualitätsstufen war keine einheitliche Tendenz zu erkennen; hochkonz. Erze als auch solche mit mittlerem Phosphatgehalt waren gut absetzbar. 31,9 Mill. t Rohphosphat wurden exportiert, neben den Haupterzeugern konnten bes. Israel und Jordanien Phosphatexporte steigern. Wie in den USA wurden auch in Nordafrika neue P-Düngerfabriken errichtet oder die Kapazität vorhandener Anlagen erweitert. Nicht für Düngungszwecke wurden 1966 ca. 11 Mill. t Rohphosphat benötigt, die durchschnittliche Wachstumsrate betrug zwischen 1960 und 1966 6%. G. Loßner. 682.

2-68/09-0423 Anonym. Phosphate fertilizers. **(Phosphatdüngemittel.)** Phosphorus & Potassium, London **1967** Nr. 32. S. 5. — 1 Tab.

Die gegenwärtige Preissituation auf dem P-Düngemittelmarkt der USA wird untersucht. Trotz Überangebotes traten Preissteigerungen auf, die bes. auf die seit ca. 2 Jahren anwachsenden Rohstoffkosten zurückgeführt werden. Obgleich die Anzeichen für einen stark zunehmenden Inlandbedarf nicht günstig beurteilt werden und seit 1966/67 sehr große Lagerbestände an P-Düngern vorhanden sind, werden neue Produktionskapazitäten wirksam. Eine wesentliche Belebung des Exportes wird von den Hilfssendungen in die Entwicklungsländer erwartet, wie sie z. B. das in der 1. Hälfte des Jahres 1968 für Indien wirksam werdende 1 Mill.-t.-Projekt (entspr. 250000 t. P_2O_5) darstellt. Die Handelsmöglichkeiten mit weiteren Ländern werden unter bes. Berücksichtigung der aktuellen Preise analysiert. G. Loßner. 682.

2-68/09-0424 Anonym. Phosphate fertilizers in Mexico. **(Phosphatdünger in Mexiko.)** Phosphorus & Potassium, London **1967** Nr. 32. S. 23-25. 28. — 5 Abb.

Neben den bekannten Vorkommen an elementarem S verfügt Mexiko über Phosphatlagerstätten mit einem Phosphatgestein geringer bis mittlerer Qualität. Das von der einheimischen P-Düngemittelindustrie verarbeitete Rohphosphat wurde bisher fast ausschließlich aus Florida importiert (1966: 296000 t). Die sich in den letzten Jahren sprunghaft entwikkelnde chem. Industrie Mexikos im Zusammenhang mit dem stark angestiegenen Bedarf an P-Düngern und seitens der Regierung eingeleiteten Förderungsmaßnahmen führten zu einer Erweiterung bereits vorhandener und dem Aufbau neuer Produktionsstätten für z. T. moderne P-Dünger, von denen dem Coatzacoalco-Projekt am Golf von Mexiko die größte Bedeutung zukommt. Neben der Versorgung der einheimischen Landwirtschaft ist der Export der hier hergestellten Produkte nach Südamerika und Südostasien vorgesehen. G. Loßner. 682.

2-68/09-0425 Anonym. Phosphate rock in Australia. **(Phosphatgestein in Australien.)** Phosphorus & Potassium, London **1967** Nr. 32. S. 16-20. — 3 Abb., 1 Lit.

Der gesamte Bedarf an Rohphosphat für die Düngemittelherstellung wurde in Australien durch Importe gedeckt. Letztere stiegen von 1,76 Mill. t. im Jahre 1963 auf 3,27 Mill. t. im Jahre 1967 an. Darunter befanden sich 813000 t. Rohphosphat aus den USA, dessen Frachtkosten den doppelten bis 4fachen Preis des von den pazifischen Inseln eingeführten Rohstoffs betrugen. Auf Grund dieser Situation in den letzten Jahren in Australien eingeleitete, systematische geolog. Erkundungen führten zum Auffinden großer Phosphatlagerstätten mit mittlerem bis hohem Phosphatgehalt. Da sich die abbauwürdigen Phosphatvorkommen z. T. in der Nähe von Kupfer- und Bleihütten mit einem großen Anfall an S als Nebenprodukt befinden, wird dem raschen Aufbau einer einheimischen Superphosphatindustrie verstärkte Beachtung geschenkt. Die bei der Lagerstättensuche angewendeten Methoden und Theorien werden diskutiert. G. Loßner. 682.

2-68/09-0426 Anonym. Eocene phosphorite in Saudi Arabia. **(Eozän-Phosphorit in Saudi-Arabien.)** Phosphorus & Potassium, London **1968** (Nr. 33. S. 24–25. — 1 Abb. 682.

2-68/09-0427 Anonym. North American potash. **(Nordamerikanisches Kali.)** Phosphorus & Potassium, London **1967** Nr. 32. S. 35–37.
Im Düngungsjahr Juli 1966–Juni 1967 zeigte der USA-Kalimarkt eine stark ansteigende Tendenz. Die Lieferungen an K-Salzen für landwirtsch. und industrielle Zwecke in die USA, nach Kanada und nach Puerto Rico durch USA-Produzenten und Importeure lagen bei 4442289 short tons K_2O und damit 14% über der Menge des vergleichbaren Zeitraumes 1965/66. Nach Betrachtungen über die Errichtung neuer Produktionskapazitäten für K-Dünger in Kanada, über das Preisgefüge auf diesem spez. Düngungssektor sowie nach Analysen der Hauptabsatzgebiete und deren zukünftigen Bedarf werden die Verkaufsmöglichkeiten von K-Düngemitteln für 1967/68 weniger günstig als 1966/67 beurteilt, trotzdem soll der Absatz um weitere 10% erhöht werden. G. Loßner. 684.

2-68/09-0428 Konstantinova, V. I. Ėffektivnost' potaša s uluščennymi fizičeskimi svojstvami. **(Effektivität von Pottasche mit verbesserten physikalischen Eigenschaften.)** Agrochimija, Moskva **1968** Nr. 2. S. 131–133. — 3 Tab.
Die bisher an die Landwirtschaft ausgelieferte Pottasche war infolge ihrer hygroskopischen Eigenschaften für die mechanisierte Verabreichung ungeeignet. 2 h Behandlung mit Perlit bei 850 °C ergab ein nicht hygroskopisches Produkt mit 48% K_2O, davon 88% in wasserlöslicher Form. Gefäßversuche (lehmiger Podsolboden; 600 mg N, 500 mg P, 69,2 mg K/kg Boden; CaO + MgO [2:1] entspr. der hydrol. Azidität) mit diesem Produkt und Weidelgras ergaben eine dem KCl gleichwertige Wirksamkeit. Der Heuertrag erhöhte sich auf ungekalktem Boden auf 158% (KCl 157%) gegenüber NP-Grunddüngung. Der auf gekalktem Boden in der Kontrollvariante gegenüber ungekalktem Boden um 17% geringere Ertrag wird auf den Antagonismus zwischen K, Ca und Mg in der Bodenlösung zurückgeführt. Hinsichtlich der K-Aufnahme durch die Pflanzen und dem K-Nutzungsgrad bestanden zwischen Pottasche und KCl keine wesentlichen Unterschiede. Der pH-Wert und der Gehalt an Nährstoffen des Bodens wurden nicht beeinflußt. P. Stoß. 684.

2-68/09-0429 Rhode, W. **Zur Kalidüngung auf der Nordwestdeutschen Geest.** Kali-Briefe, Fachgeb. 10 9 (1968) Nr. 1. 5 S. — 3 Tab., 4 Lit. — nach Zus.
Es wird über 2 langjähr. K-Steigerungsversuche auf nordwestdeutschen Geestböden mit K-Nachlieferungsvermögen berichtet. In beiden Fällen wurden im Gesamtdurchschnitt durch steigende K-Gaben hohe, signifikante Mehrerträge erzielt, die sich unterschiedlich auf die einzelnen Kultursorten verteilen und in einem Versuch nach anfänglich nur geringen Ertragsunterschieden mit den Jahren stark stiegen. Durchschnittliche Gaben von 160 kg/ha K_2O werden bei einer für heutige Verhältnisse engen Fruchtfolge dem Ertrag nach als richtig, nach der Nährstoffbilanz als noch zu niedrig angesehen. Diese Düngungsstufe erwies sich auch für den Stärkekartoffelbau als durchaus zweckmäßig. 684.

2-68/09-0430 Anonym. Research facilities in the potash industry of the DDR. **(Forschungstätigkeit in der Kali-Industrie der DDR.)** Phosphorus & Potassium, London **1968** Nr. 33. S. 45–46. — 2 Abb. 684.

2-68/09-0431 Kondrat'ev, I. G. und Mel'nik, L. V. Ėffektivnost' ammofosa v polevych opytach. **(Wirksamkeit von Ammophos in Feldversuchen.)** Agrochimija, Moskva **1968** Nr. 1. S. 3–18.

In Auswertung von 292 Feldversuchen in verschiedenen Bodenzonen der UdSSR (Rasenpodsol-, graue Wald-, podsolierte und ausgelaugte Schwarz-, typische, südliche, karbonathaltige Schwarz-, kastanienfarbige und Grauerde) wurde die Wirkung von Ammophos (A.) auf Wi.- und So.-Weizen, Gerste, Hirse, Mais, Kartoffeln, Z.-Rüben, Klee, Baumwolle, Tomaten, Kohl u. a. untersucht. Auf Grund des umfassenden Zahlenmaterials (Dosierung, Zuwachsrate und statistische Auswertung sind für jeden Bodentyp und jede Kultur tabellarisch geordnet) zeigte sich für nahezu alle Bodentypen die deutliche Überlegenheit von A. gegenüber einfachem oder granuliertem Superphosphat. Bes. deutlich waren die Vorteile bei Getreide, wenn A. in kleinen Dosierungen als Reihendüngung sowohl allein als auch in Kombination mit N und K verabreicht wurde. Die hohe Konz. (11,61···12,17% N als NH_4, 61,53···61,71% P_2O_5) und die gute physikal.-mechanischen Eigenschaften von A. garantierten auch hinsichtlich des Aufwandes für Transport, Lagerung und Einbringen des Düngers einen hohen volkswirtschaft. Nutzen. H. Nürnberger. 686.

2-68/09-0432 Anonym. **Aktuelle Fragen der Magnesium-Düngung.** Inform. sozialist. Landwirtsch. Bez. Schwerin **5** (1967) Nr. 7. S. 293–298. — 3 Lit. — nach Zus.
Nach intensiver Forschungstätigkeit auf zahlreichen Arbeitsgebieten steht fest, daß das Mg zu den unentbehrlichen Hauptnährstoffen gezählt werden muß. Der Mg-Gehalt der Nahrungs- und Futterstoffe muß bei der Qualitätsbeurteilung Berücksichtigung finden. Infolge jahrelanger Vernachlässigung der Mg-Düngung ist der Mg-Spiegel der Böden so weit gesunken, daß auf mindestens 20% der LN die Voraussetzungen für hohe Erträge bei gleichzeitiger Steigerung der Qualität der Ernteprodukte nicht gegeben sind. Deshalb kommt der Mg-Düngung große Bedeutung zu. 689.

2-68/09-0433 Rumpel, Jan, Kozakiewicz, A. Ellis, B., Lessman, G. und Davis, J. Field and laboratory studies with manganese fertilization of soybeans and onions. **(Feld- und Laboruntersuchungen bei Mn-Düngung von Sojabohnen und Zwiebeln.)** Quart. Bull., Rep. Res. Michigan State Univ., agric. Exper. Stat. **50** (1967) Nr. 1. S. 4–11. — 5 Tab., 1 Lit.
Im Feldversuch wurde auf einem „Houghton muck" (org. Boden) die Wirkung von $MnSO_4$, MnO und MnEDTA auf Ertrag und Mn-Gehalt von Sojabohnen und Zwiebeln untersucht. Die Mn-Verbindungen wurden durch Bodendüngung und Blattspritzung verabreicht. Bei Sojabohnen reichten zur Erzielung des Höchstertrages 2 Spritzungen mit je 1 lb. Mn/acre aus, wobei $MnSO_4$ sowohl auf den Ertrag als auch auf den Mn-Gehalt der Pflanzensubst. besser wirkte als MnO. Während ohne Mn der Sojabohnenertrag bei 16,9 bu./acre lag, wurden durch die Mn-Spritzung 30,5 bu./acre erzielt. Bei Zwiebeln wurde durch die Mn-Spritzung der Ertrag nur gering angehoben. Durch Mn-Bodendüngung konnte mit $MnSO_4$ und MnO (10 lb. Mn/acre) bei Sojabohnen und Zwiebeln ein Ertragsanstieg erzielt werden. Auch hier wirkte $MnSO_4$ etwas günstiger als MnO, wogegen MnEDTA nicht befriedigen konnte und teilweise sogar zu Ertragssenkungen führte. Bei einem Gefäßversuch mit gekalktem „Houghton muck" und Buschbohnen als Versuchspflanzen wurde durch Bodendüngung mit 40 lb. Mn/acre sowohl mit $MnSO_4$ als auch mit MnO der Ertrag an Pflanzensubst. auf das Doppelte erhöht. Ebenso wurde durch Blattspritzung mit 1 oder 2 lb. Mn/acre in Form von $MnSO_4$ der Ertrag an Pflanzensubst. beträchtlich erhöht.
A. Schrader/Paulinenaue. 689.

D. Düngemitteluntersuchung

2-68/09-0434 Guerrant, Gordon O., Hunter, J. D. und McBride, C. H. Rapid ammonium citrate extraction method for determination of available phosphorus. **(Schnelle Extraktionsmethode mittels Ammoniumzitrat zur Bestimmung von verfügbarem Phosphor.)** J. Assoc. off. analyt. Chemists **50** (1967) Nr. 6. S. 1273–1279. — 5 Tab., 7 Lit.
Zur Extraktion von zitratlöslichem P werden in einem Gooch-Tiegel Nr. 3 mit Glasfaserfilter 1 g der Düngemittelprobe mit H_2O angefeuchtet und der Tiegel mit H_2O aufgefüllt. Nach Absaugen des H_2O (Durchfluß 10···25 ml/min) wird mit einer Injektionsnadel (2,5 cm lang) ein Strahl heißer Zitratlösung (vgl. AOAC-Methode 2.032) auf die Probe geleitet, wobei möglichst große Turbulenz erzeugt und der nicht gelöste Anteil in der Mitte des Filters gehalten werden soll. Die Extraktion ist beendet, wenn ca. 240 ml H_2O + Zitrat in einen 250-ml-Phosphorkolben abgesaugt sind. Das Filter wird darauf mit 2×1 ml H_2O gewaschen. Die Zitratlösung fließt durch freien Fall aus einer 120 cm über dem Tiegel befindlichen Saugflasche zu und wird vorher durch Passieren einer Edelstahlrohrschlange, die sich in einem 70 °C heißem Wasserbad befindet, aufgeheizt. Die Genauigkeit der Methode

die bes. zur Qualitätskontrolle empfohlen wird, ist ausreichend, wenn die beschriebenen Bedingungen eingehalten werden. Entspr. Ergebnissen von Vergleichsanalysen an 20 Magruder-Bezugsdüngemittelproben sind angegeben. P. Stoß. 690.

2-68/09-0435 Panella, S. und Fortini, S. Metodo per la determinazione del coefficiente di utilizzazione dei fertilizzanti fosfatici. Possibilità e limiti delle tecniche chimiche e radiometriche. (**Methode zur Bestimmung des Ausnutzungskoeffizienten von Phosphatdüngern. Möglichkeiten und Grenzen der chemischen und der radiometrischen Technik.**) Agrochimica, Pisa **12** (1968) 2/3. S. 157-165. — 1 Abb., 2 Tab., 7 Lit. Zus. in Engl., Franz., Span., Dtsch. — nach Zus.
Es wird eine Methode vorgeschlagen zur Bestimmung des Verhältnisses, das in einem Boden nach Düngung mit einem P-Dünger eintritt, zwischen dem verfügbaren zurückgebliebenen P des Düngers und dem verfügbaren Gesamt-P. Dieses Verhältnis ist unabhängig vom Lösungsmittel (0,002 n $CaCl_2$, KOH) und charakteristisch für jeden Boden. Beim Vergleich der vorgeschlagenen Methode mit der radiometrischen Methode stellte sich heraus: a) Die Werte des Dünger-P stimmen in den beiden Methoden überein, wenn die spezifische Aktivität des Düngers in den Auszügen der Anfangsaktivität gleich ist; b) die gefundenen prozentualen Differenzen zwischen den obengenannten Werten sind proportional der Abnahme der spezifischen Aktivität des Dünger-P. 690.

2-68/09-0436 Hoover, William L. und Duren, Sonja C. Determination of molybdenum in fertilizers by atomic absorption spectrophotometry. (**Bestimmung von Molybdän in Düngemitteln durch Atomabsorptionsspektrophotometrie.**) J. Assoc. off. analyt. Chemists **50** (1967) Nr. 6. S. 1269—1273. — 6 Tab., 9 Lit.
Die gemahlene Düngemittelprobe (10 g) wird mit 15 ml H_2SO_4 (1 + 3) bis zur Trockene (400 °C) und 10 h bei 500 °C erhitzt, danach in 20 ml NH_4OH und 50 ml H_2O aufgenommen und auf 30 ml eingeengt. Man versetzt mit 5 Tropfen Methylorange, neutralisiert mit HCl (1 + 3) und fügt weitere 15 ml HCl (1 + 3) hinzu. Bei < 0,5% Fe-Gehalt (semiquantitative Prüfung mit $K_4[Fe(CN)_6]$) wird mit 5 ml gesättigter NaF-, 2 ml Fe-(100 μg Fe/ml) und 10 ml 20%iger KCNS-Lösung vermischt. Mo wird nach Zugabe von 2 ml 20%iger $SnCl_2$-Lösung mit 10 ml Isoamylalkohol extrahiert (2 min Schütteln) und im Atomabsorptionsspektrophotometer (Techtron, Modell AA-3, Betriebsbedingungen sind angegeben) anhand einer Eichkurve bestimmt. — Vergleiche an verschiedenen Düngemitteln ergaben sehr gute Übereinstimmung mit den Garantien der Hersteller und der AOAC-Methode 6.054. Außer Fe (> 2%) störten andere Fremdionen nicht. Die Methode bestimmt 2,5 ppm Mo noch hinreichend genau. P. Stoß. 690.

VII. PFLANZENBAU AUF DEM ACKER

A. Allgemeine Literatur, Berichte, Statistiken u. a.

2-68/09-0437 Merker, Andreas, Schönreich, Joachim und Ibold, Karl. **Erfahrungen über die Gestaltung der kooperativen Pflanzenproduktion in der Kooperationsgemeinschaft Bornhagen.** Wiss. u. Prax., Erfurt **1968** Nr. 3. S. 18-19. — 1 Abb. 701.

C. Saat- und Pflanzgut

2-68/09-0438 Nasypajko, V. M. und Belous, G. A. K voprosu ob urožajnych kačestvach semjan. (**Zur Frage der Ertragseigenschaften von Samen.**) Selekcija i semenovodstvo, Moskva **33** (1968) Nr. 1. S. 46-52. — 3 Tab.
Vff. berichten über Versuche mit Wi.-Weizen, bei denen in den nachfolgenden 2-3 Generationen der Einfluß der angewandten Agrotechnik noch bemerkbar ist. So erbrachte eine Aussaatnorm von 4,8 Mill. Samen die höchsten Erträge, ebenso wie der Nachbau. Die normale Saatmethode von den anderen Methoden ertragsüberlegen; einseitige Düngergaben und zu späte Aussaatzeit führten zu Mindererträgen. Alle ungünstigen agrotechnischen Bedingungen wirken sich z. T. auf die nachfolgende Generation aus. Die Anwendung optimaler agrotechnischer Verfahren in Verbindung mit entspr. Saatzuchtmethoden ist eine wichtige Reserve der Ertragssteigerung. W. Schäfer. 720.

2-68/09-0439 Fuchs, Hans; München, Bayer. Landesamt für Bodenkult. Pflanzenbau und Pflanzenschutz, Abt. Saatgutuntersuch. **Zur Frage der Beurteilung des Saatgutwertes von Auswuchsgetreide.** Saatgut-Wirtsch. **20** (1968) Nr. 1. S. 17-18. Nr. 2. S. 49-52. — 4 Abb., 2 Tab., 3 Lit.

Vf. prüfte das Keimverhalten von Gersten-, Roggen- und Weizenkörnern unterschiedlichen Auswuchsgrades im Sandkeimbett und im Ziegelgrustest sowie das Auflaufen ausgewachsener Körner unter verschiedenen Freilandbedingungen. Der Auswuchs war durch Einweichen und Ausbreiten des Saatgutes oder durch Beregnen von Garben unter Freilandbedingungen künstlich hervorgerufen worden. Die Ergebnisse zeigen, daß Auswuchsgetreide nicht ohne weiteres als qualitätsmindernder Bestandteil des Saatgutes angesehen werden kann, da auch ausgewachsene Körner normale Keimlinge entwickeln können. Die Möglichkeit einer Keimschädigung nimmt jedoch mit dem Auswuchsgrad zu. Der Ziegelgrustest ist bes. gut geeignet, um den Zustand der Koleptile zu testen. C. Tittel. 725.

2-68/09-0440 Beloti, J., Broniewski, S. und Iwasiewicz, A. Interpretacja wyników oznaczania zanieczyszczeń materiału siewnego nasionami chwastów. **(Interpretation der Ergebnisse bei der Bestimmung des Verunreinigungsgehaltes des Saatguts an Unkrautsamen.)** Biul. Inst. Hodowli Aklimatyzacij Roślin **1967** Nr. 1/2. S. 157-164. — 3 Abb., 4 Tab., 8 Lit. Ziel der Arbeit war die Prüfung der Wahrscheinlichkeit des Auffindens der gleichen Menge Unkrautsamen mit kultursamenähnlichen morphol. Merkmalen in einer repräsentativ entnommenen Probe, die der tatsächlichen Verunkrautung der Saatgutpartie entspricht, der sie entnommen wurde. Aus 6 kg Petersiliensaatgut wurden die fremden Samen beseitigt und 2500 rot gefärbte Samen des weißen Gänsefußes zugegeben. Nach der Schaufelmethode wurde eine Probe von 1 g entnommen und die darin befindlichen Gänsefußsamen wurden ausgezählt. Dabei wurden die Ergebnisse von 5 nacheinander geprüften Proben zusammengefaßt. Auf der Grundlage von 269 von 500 entnommenen Proben (5 g) konnte die Partie den festgelegten Qualitätsbedingungen entspr. anerkannt werden. Auf der Grundlage der restlichen Proben hätte die Partie aberkannt werden müssen. Das Risiko der richtigen Entscheidung über die Einstufung ist um so größer, wenn die tatsachliche Menge der fremden Samen dem Grenzwert angenähert ist, der in der Qualitätsnorm als höchstzulässige Menge festgelegt ist. PRL/CBR. 725.

2-68/09-0441 Ludwig, H. Zastosowanie stymulatorów do kiełkowania nasion długo kiełkujacych (na przykładzie Poa pratensis L.). **(Die Anwendung von Stimulatoren bei der Keimung von Samen mit langer Keimdauer [am Beispiel von Poa pratensis L.].)** Biul. Inst. Hodowli Aklimatyzacji Roślin **1967** Nr. 1/2. S. 225-226.
Für die Versuche wurden Samen der Elite-Stufe verwendet, die nach 28 d zu 92% keimten. Die Samen wurden auf Filterpapier ausgesät, in diffusem Licht und bei 20···30 °C gehalten. Die untersuchten Stimulatoren bewirkten eine Verlängerung der oberirdischen Teile, Chlorcholinchlorid auch die der Wurzeln. Kinetin verkürzte das Wurzelsystem, in Verbindung mit KNO_3 beeinflußte es jedoch stark den Zuwachs der oberirdischen Teile ohne Schädigung der Wurzeln. Gibberellsäure verkürzte ohne und mit KNO_3 (in niedrigen Konz.) die Keimungszeit um 7 d und KNO_3 allein um 10 d. Die Anwendung dieser Stimulatoren in niedriger Konz. hatte keinen negativen Einfluß auf die Bildung von Trieben oder Wurzeln. PRL/CBR. 725.

2-68/09-0442 Smirnov, G. V. Vlijanie ėlektričeskogo polja na rost, razvitie i urožaj zernovych kul'tur. **(Der Einfluß des elektrischen Feldes auf Wachstum, Entwicklung und Ertrag von Getreide.)** Doklady TSChA. Moskovskaja ordena Lenina sel'skochozjajstvennaja akademija imeni K. A. Timirjazeva **1967** Nr. 131. S. 51-56. — 5 Tab.
Samen von Gerste und Mais wurden 15 d vor der Aussaat einem elektrischen Feld ausgesetzt: a) dem Feld einer einpoligen Kronenentladung 5 s; b) dem Feld eines Hochspannungswechselstromes 60 s. Bei den behandelten Samen von Gerste zeigten sich erhöhte Feldkeimfähigkeit mit 1–2 d früherem Aufgang, beschleunigte Anfangsentwicklung, gesteigerte Trockenmassebildung, vergrößerte Blattoberfläche, Mehrerträge an Korn zwischen 3,0···6,1 dt/ha. Bei Silomais wurde der Grünmasseertrag um 17% gesteigert. W. Schäfer. 726.

2-68/09-0443 Diaconu, P., Banu, M. und Cîrstea, S. Efectul iradierii semințelor de porumb cu radiații gama. **(Der Einfluß der Bestrahlung mit Gammastrahlen auf Maissamen.)** An. Inst. Cercetări Cereale şi Plante Tehn., Fundulea, Bucureşti, Ser. C 34 (1966, hrsg. 1967) S. 343-352. — 3 Tab., 13 Lit. Zus. in Russ., Engl. — nach engl. Zus.
Die Doppelkreuzungshybride '311' und ihre Eltern wurden mit γ-Strahlen in Dosen von 300, 500, 750 und 1250 r bestrahlt, und zwar trockene sowie 36 h lang angefeuchtete Samen. Bei Vergleichskulturen wurde der Einfluß der Bestrahlung auf den Ertrag im Jahr der und auf Bestrahlung den des nächsten Jahres untersucht. Eine stimulierende Wirkung

zeigte sich bei dem Samen, der 36 h lang angefeuchtet und mit 300 r bestrahlt wurde. Signifikante Ertragssteigerungen wurden bei den Linien 'L 47' und 'L 48' verzeichnet. Die Dosierungen von 500, 600 und 1250 r hatten eine negative Wirkung auf den Kornertrag und die Pollenfertilität. Der stimulierende Einfluß von 300 r war im 2. Jahr nach der Bestrahlung sehr schwach, während die Mengen von 500, 700 und 1250 r eine negative Wirkung im 2. Jahr nach der Bestrahlung hatten. Bei den Hybriden, die durch Kreuzung von mit 300 r bestrahlten Pflanzen gewonnen wurden, wurde Heterosis wie bei den Kontrollhybriden festgestellt, wobei diese Hybriden manchmal etwas produktiver waren. Die Verwendung von γ-Strahlen ist ein modernes Mittel zur Erhöhung der Leistung der Inzuchtlinien. 726.

2-68/09-0444 Neubauer, W., Gall, H. und Prehn, H. **Zur Sortierung von Pflanzkartoffeln mit dem Walzensortierer K 711.** Saat- u. Pflanzgut 9 (1968) Nr. 3. S. 59-61. — 2 Tab., 3 Lit. — nach Zus.
Die fraktionierte Größensortierung von Pflanzkartoffeln mit dem Walzensortierer K 711 bereitet vor allem bei langovalen Sorten Schwierigkeiten. Bei trockener Ware, einer Beschickung von 10 t/h und einem Walzenabstand von 30/47/60 mm ist die Sortiergenauigkeit nur befriedigend. Die fraktionierte Sortierung runder und rundovaler Sorten ist besser möglich. Bei einer Beschickung mit 12···15 t/h trockenem Erntegut und einem Walzenabstand von 30/45/62 mm entspricht die Sortiergenauigkeit etwa der eines Siebsortierers. Voraussetzungen für den ökon. Einsatz der K 711 für die Pflanzkartoffelsortierung sind: Trockenes Erntegut, kontinuierliche Beschickung und Reinigung der Sortierwalzen. 726.

2-68/09-0445 Stanaćev, Sredoje und Spasojević, Boriša. Uticaj predsetvenog tretiranja semena šećerne repe radioaktivnim fosforom na prinos i kvalitet. (**Die Wirkung der Behandlung von Zuckerrübensamen mit radioaktivem Phosphor auf den Ertrag und die Qualität.**) Savremena Poljoprivreda, Novi Sad 15 (1967) Nr. 12. S. 949-957. — 1 Abb., 7 Tab., 13 Lit. Zus. in Engl. — nach engl. Zus.
1964 bis 1966 wurde ein Feldversuch durchgeführt, bei dem die Wirkung der Behandlung von gequollenem Zuckerrübensamen vor der Aussaat mit geringen Dosen von radioaktivem P auf den Ertrag und die Qualität untersucht wurde. 1 kg Samen wurde 30 h (1965: 54 h) in einer $KH_2{}^{32}PO_4$-Lösung von 10, 20, 30, 100 und 200 μCi aufbewahrt. Die o. g. Behandlung hatte eine ungleiche Wirkung auf den Ertrag der Zuckerrübe, des Zuckers und der Blätter. In 3 Versuchsjahren hatte die Samenbehandlung vor der Aussaat eine depressive oder keine Wirkung auf den Ertrag der Zuckerrübe. Obgleich die Wirkung der Behandlung in der ganzen Zeit depressiv war, stimulierte sie in 2 Jahren das anfängliche Wachstum der Pflanzen. Die Behandlung bewirkte eine Abnahme des Zuckerertrages, während sie ohne Wirkung auf den Ertrag der Blätter mit Spitzen blieb. Bei Verwendung der stärksten Dosen war eine Tendenz zur Abnahme des Anteils an Zucker und Tr.-Subst. im Saft und andererseits zur Erhöhung des schädlichen N- und löslichen Ascheanteils festzustellen. Bei kleineren Dosen entsprach die technische Qualität der der Kontrolle. Die Verlängerung der Behandlung von 30 auf 54 h bei 100 und 200 μCi hatte eine negative Wirkung auf Keimfähigkeit, Keimschnelligkeit und Anzahl der gekeimten Samen. 726.

2-68/09-0446 Cieńska, K. und Schneider, J. Porównanie wpływu różnych rodzajów opakowań na wilgotność kiełkowania nasion. (**Vergleich des Einflusses verschiedener Verpackungsarten auf den Wassergehalt und die Keimfähigkeit des Saatgutes.**) Biul. Inst. Hodowli Aklimatyzacji Roślin **1967** Nr. 1/2. S. 105-109. — 3 Abb., 6 Tab., 10 Lit.
Geprüft wurden Möhren-, Gurken-, Kohl- und Zwiebelsaatgut . Nach vorheriger Lagerung im Hygrostat bei einem Wassergehalt von ca. 36% und einer rel. Temperatur von 12···23 °C wurde das Saatgut in Papiertüten gefüllt. Die Papiertüten wurden in verschiedenartige Schutzpackungen verpackt und im Hygrostat bei hohen Wassergehalt (65···78%) und einer Temperatur von 14···24 °C gelagert. Den besten Schutz gewährleisteten Glasflaschen mit eingeschliffenem Stopfen, einen rel. guten Schutz Polystyroldosen, während Polyäthylenbeutel eine Haltbarkeit von ca. 1/2 Jahr garantieren. Papierbeutel mit einem Überzug aus Aluminiumfolie sowie Pappdosen schützen das Saatgut nicht vor erneuter Wasseraufnahme. PRL/CBR. 727.

2-68/09-0447 Goryński, A. und Latek, M. Wpływ zastosowania folii jako opakowania próbek nasion przeznaczonych do oznaczania wilgotności. (**Der Einfluß der Anwendung von**

Folie als Verpackung für Saatgutproben, die für die Feststellung des Wassergehaltes bestimmt sind.) Biul. Inst. Hodowli Aklimatyzacji Roślin **1967** Nr. 1/2. S. 117–119. — 3 Tab., 8 Lit.
Veränderungen des Wassergehaltes von Saatgutproben einiger Pflanzenarten wurden untersucht, die in Beuteln aus Polyvinylchlorid und Polyäthylen aufbewahrt wurden. Die Kontrollproben wurden in Flaschen aufbewahrt, die mit Stopfen verschlossen waren. Erbsen- und Knaulgras-Saatgut nahm in Beuteln aus Polyvinylchlorid bei einer Temperatur von 2···5 °C mindestens 2mal, Roggen- und Flachs-Saatgut mindestens 4mal mehr Wasserdampf auf als die Proben, die in Polyäthylenbeuteln aufbewahrt wurden. Der Wassergehalt des Saatguts in Polyvinylchloridbeuteln sank bei einer Lagerungstemperatur von 18 °C und 25···30 °C ab. Bei den weiteren Untersuchungen verwendete man Beutel aus Polyäthylenfolie mit einfachen und doppelten Wänden sowie mit einfachen Wänden, die mit 5%iger Kollodiumlösung oder mit Tungölfirnis überzogen wurden. Die doppelwandigen Beutel aus Polyäthylen wiesen die geringste Durchlässigkeit auf, sie können demnach die Glasverpackungen für Saatgut ersetzen. PRL/CBR. 727.

2-68/09-0448 Lityński, M. und Chudoba, Z. Wpływ temperatury przechowywania na zdolość kiełkowania nasion rzepaku ozimego (Brassica napus L. var. oleifera Metzg.) i tymotki łąkowej (Phleum pratense L.) o zróżnicowanej wilgotności. **(Der Einfluß der Lagerungstemperatur auf die Keimfähigkeit des Saatgutes von Winterraps [Brassica napus L. var. oleifera Metzg.] und Wiesen-Lieschgras [Phleum pratense L.] mit differenziertem Wassergehalt.)** Biul. Inst. Hodowli Aklimatyzacji Roślin **1967** Nr. 1/2. S. 73–78. — 1 Abb., 3 Tab., 12 Lit.
Das Saatgut der zu untersuchenden Pflanzen wurde in 3 Partien unterteilt. Die 1. Partie wurde unter Verwendung von Kieselgel getrocknet, die 2. Partie wurde angefeuchtet, die 3. Partie wurde bei dem gleichen Wassergehalt belassen, den das Saatgut im Labor erreicht hatte. Ein Teil des Materials wurde in Zweiliterflachen in Mengen von jeweils 0,5 kg (die Flasche zur Hälfte gefüllt) belassen, während mit dem 2. Teil des Materials kleine Flaschen dicht ausgefüllt wurden. Die Flaschen mit dem Saatgut wurden 2 Jahre lang in Räumen mit verschiedenen Temperaturen gelagert. Es wurden die zuverlässigen Grenzen des Wassergehaltes für die Beibehaltung des vollen Saatgutwertes fixiert. Diese betragen: für Raps bei 2 °C 9%, bei veränderlicher Temperatur (1···24 °C) 7,8%, für 25···35 °C 4%. Bei Wiesenlieschgras betragen die entspr. Werte für 2 °C 13%, für 1···24 °C 11%, für erhöhte Temperaturen (25 °C) 8%. PRL/CBR. 727.

2-68/09-0449 Roberts, E. H. und Abdalla, F. H.; Manchester, Univ., Bot. Dep. The influence of temperature, moisture, and oxygen on period of seed viability in barley, broad beans, and peas. **(Der Einfluß von Temperatur, Feuchtigkeit und Sauerstoff auf die Lebensdauer des Saatgutes von Gerste, Puffbohne und Erbse.)** Ann. Bot., London [N. S.] **32** (1968) Nr. 125. S. 97–117. — 11 Abb., 7 Tab., 27 Lit.
Saatgut von Gerste, Puffbohne und Erbse wurde, luftdicht verpackt, bei Temperaturen von 25···45 °C und Wassergehalt von 12···18% gelagert. Es bestand eine negative lineare Abhängigkeit zwischen dem Logarithmus der mittleren Lebensdauer einerseits und Temperatur und Wassergehalt andererseits. Auf Grund dieser Beziehung ist es möglich, die Keimfähigkeit dieser Arten bei Lagerung unter verschiedenen Bedingungen vorauszusagen. Die Gegenwart von O_2 während der Lagerung wirkte sich ungünstig auf die Lebensfähigkeit des Saatgutes aus. Besonders deutlich war dies bei einem O_2-Gehalt von 0···21% zu erkennen. Der weitere Anstieg auf 100% hatte verhältnismäßig geringe Wirkung. Versuche bei einem Wassergehalt des Saatgutes von 12% ergaben, daß die Wirkung von O_2 unabhängig von der Aktivität der Mikroorganismen ist. Die O_2-Wirkung scheint auch unabhängig von der Samenatmung zu sein. C. Tittel. 727.

2-68/09-0450 Lityński, M. und Chudoba, Z. Wpływ różnej temperatury przy zmiennej wilgotności środowiska przechowywania na zdolność kiełkowania nasion niektórych roślin strączkowych. **(Der Einfluß unterschiedlicher Temperaturen bei veränderlicher Feuchtigkeit des Lagerungsortes auf die Keimfähigkeit des Saatgutes einiger Leguminosen-Arten.)** Biul. Inst. Hodowli Aklimatyzacji Roślin **1967** Nr. 1/2. S. 67–72. — 2 Abb., 1 Tab., 11 Lit.
Vff. untersuchten Samen von *Vicia villosa*, *V. sativa*, *Pisum sativum* und *V. faba* während der Lagerung bei 5 verschiedenen Feuchtigkeits- und Temperaturverhältnissen. Das Saatgut behielt während des Versuchszeitraumes (2···2,5 Jahre) seinen Saatwert, wenn es im

Labor bei einer mittleren Monatstemperatur von 13…20 °C, im Lager von –6°…25 °C bei Wassergehalt der Samen von 12…15% aufbewahrt wurde. PRL/CBR. 727.

2-68/09-0451 Urbaniak, Z. Oznaczenie niedoboru ciężaru nasion bobiku w procesie suszenia. **(Die Bestimmung der Masseabnahme von Pferdebohnensamen während des Trocknungsprozesses.)** Biul. Inst. Hodowli Aklimatyzacji Roślin **1967** Nr. 1/2. S. 147–151. — 1 Abb., 6 Tab., 4 Lit.
Pferdebohnensamen wurden in einer Schwerkrafttrockenkammer vom Typ Petkus K 844 bei Temperaturen von 25°…40 °C und (abhängig von ihrem Wassergehalt) 9…19 h lang getrocknet. Die Proben wurden vor und nach dem Trocknen genommen. Vf. bestimmte den Wassergehalt der Samen, der Verunreinigungen und der verwertbaren Abfälle. Die Säcke mit dem Saatgut wurden vor und nach dem Trocknen gewogen, darauf die leeren Säcke, die Verunreinigungen und die Abfälle. Die Trocknung des Gutes zusammen mit den Verunreinigungen ist unwirtschaftlich. Vor dem Trocknen war der Wassergehalt der Samen sowie der Verunreinigungen und Abfälle annähernd gleich; nach dem Trocknen waren die Abfälle und Verunreinigungen einige % trockener als die Samen, was eine objektive Bewertung der Masseabnahme während der Trocknung erschwerte. Die Unterschiede zwischen der tatsächlichen und der berechneten Masseabnahme bewegten sich in den Grenzen von angenähert ± 10%. Erforderlich sind weitere Untersuchungen, um die genauen Unterschiede zwischen diesen beiden Bestimmungsarten festzustellen. PRL/CBR. 727.

2-68/09-0452 Kreyger, P., Sijbring, H. und Jansen, J. Drogen en bewaren van zaaizaden. **(Trocknung und Lagerung von Saatgut.)** Wageningen: I.B.V.L. 1962. (S. 15–41.) 8° = Inst. voor Bewaring en Verwerking van Landbouwprodukten. Publ. 71. (SR 3402,71) 727.

D. Saat und Pflege

2-68/09-0453 Szabo, S. S. und Limpel, L. E. A seeder for greenhouse use. **(Ein Sägerät für das Gewächshaus.)** Contr. Boyce Thompson Inst. **24** (1967) Nr. 1. S. 11–14. — 3 Abb., 1 Tab., 3 Lit.
Das Gerät besteht aus einem Kunststoffbehälter (25,4 × 11,4 × 7,62 cm, einem Saatgutschieber aus Holz und einer Vorrichtung zur Regulierung der Saatstärke. Der Saatgutbehälter ist in 6 Fächer eingeteilt; die Trennwände überdecken die Aussaatschlitze im Boden des Behälters. Der Saatgutschieber ist mit Öffnungen versehen, die der Größe der zu verwendenden Samen angepaßt sind. Bei der Bewegung des Schiebers nach der hinteren Seite werden die in den Öffnungen befindlichen Samen unter die Trennwände geschoben und fallen durch die Aussaatschlitze. Mit dem Gerät können bis zu 6 verschiedene Arten gleichzeitig ausgesät werden. C. Tittel. 732.

E. Ernte und Ernteverfahren

2-68/09-0454 Feiffer, R. **Neue Erkenntnisse zur Qualitätssteigerung beim Mähdrusch.** Agroforum, Berlin **1968** Nr. 1. S. 7–12. — 7 Abb.
Zur Ermittlung qualitätsbeeinflussender Faktoren auf das Erntegut beim Mähdrescher wurden Untersuchungen über die Wirkung wechselnder Bestandesdichten auf die Kornbeschädigungen angestellt. Der Bruchkornanteil und die Kornbeschädigungen werden weitgehend vom Durchlaufwechsel hervorgerufen. Zur Verbesserung der Qualität des Dreschgutes ist neben acker- und pflanzenbaulichen Maßnahmen, die eine annähernd ausgeglichene Bestandesdichte zum Ziel haben sollten, die Einstellung des Mähdreschers entspr. dem Bestand vorzunehmen. Allg. gilt, daß bei mittelhoher Dreschtrommeldrehzahl und nicht zu enger Korbeinstellung sowie bei hoher Fahrgeschwindigkeit die beste Qualität des Dreschgutes erreicht wird. L. Breitenbach. 740.

2-68/09-0455 Baum, G. und Schwarzer, A. **Erfahrungen mit dem Mähdrusch bei Winterraps in der LPG „Abtei" Rauschwitz, Kreis Eisenberg.** Erfahr., Erkenntnisse, Anwend. für d. sozialist. Landwirtsch. Bezirkes Gera **4** (1967) Nr. 6. S. 11–12. — 3 Tab., 2 Lit. 748.

F. Konservierung und Lagerung des Erntegutes

2-68/09-0456 Rossrucker, H. **Wie kann ich Mais trocknen?** 3. unveränd. Aufl. Wien: Österr. Kuratorium für Landtechnik. 1967. (31 S.) 8°. (1968 A 316) 756.

2-68/09-0457 Jackson, N. und Anderson, B. K.; Belfast, Univ., Dep. of Agric. Chem. Conservation of fresh and wilted grass in air-tight metal containers. **(Konservierung von**

frischem und angewelktem Gras in luftdichten Metallsilos.) J. Sci. Food Agric. 19 (1968) Nr. 1. S. 1-4. — 6 Tab., 15 Lit.
Futter von Wiesenlieschgras-Beständen mit einem Tr.-Subst.-Gehalt von 19% bzw. 46,6% wurde in gasdichten Stahlbehältern siliert. Der mittlere Tr.-Subst.-Verlust lag in allen Fällen über 6%. Alle Silagen waren gut geraten. Die Anwelksilage enthielt weniger Milchsäure und flüchtige Säuren und hatte einen höheren pH-Wert. Die Verdaulichkeit der Tr.-Subst. betrug 71,5% (frisch siliert) und 70,2% (Anwelksilage); sie war gegenüber dem Ausgangsmaterial etwas erhöht. Die Silierung verursachte bei der Anwelksilage eine Verminderung der umsetzbaren Energie. Die Anwelksilage wurde von Schafen in größerer Menge aufgenommen als die Silage aus nichtangewelktem Gras.
G. Henk/Rostock. 758.

2-68/09-0458 Peters, Gerhardt. **Untersuchungen zur Mischeinsäurerung von Mais mit verschiedenen Grünfutterstoffen.** Diss. Rostock, Landwirtsch. Fak. 1967. (119 S.) 4°. (Diss. 13188) 758.

2-68/09-0459 Sluşanschi, H., Stănescu, Gh., Boldea, Elena, Oproiu, Elena, Cernescu, Lidia und Vasiliu, Natalia. Influenţa condiţiilor de păstrare a grîului de consum asupra însuşirilor sale tehnologice. (**Die Wirkung der Lagerungsbedingungen von Weizen auf seine technologische Qualität.**) An. Inst. Cercetări Cereale şi Plante Tehn., Fundulea, Bucureşti, Ser. C 34 (1966, hrsg. 1967) S. 105-113. — 4 Tab., 4 Lit. Zus. in Russ., Engl. — nach engl. Zus.
Vom Sommer 1965 bis zum Ende des Frühjahrs 1966 wurden Untersuchungen mit Weizenpartien von 40···780 t, die in horizontalen Speichern (100···300 t) oder in Silos unterschiedlicher Art und Größe (40, 45, 100 und 780 t) gelagert wurden, durchgeführt. Die Aufbereitung des Weizens für die Lagerung und seine Behandlung in der Speicherungsperiode erfolgten nach den offiziellen, allg. verwendeten Richtlinien der staatlichen Lagerhäuser für landwirtsch. Erzeugnisse. Die Ergebnisse der Back- (Glutenindex nach dem Standard 6283-65, Pelshenke-Index, farinographisches Kennzeichen, Backtest) und Keimfähigkeitsprüfung zeigten, daß außer einer geringen Abnahme der Keimeigenschaften bei nur 3 von 20 Versuchen keine Anzeichen für eine Verringerung der Weizenqualität festzustellen war. 759.

2-68/09-0460 Kreyger, J. Drogestofverliezen en verandering van de gebruikswaarde van tarwe bij geventileerde Bewaring. (**Trockensubstanzverluste und Veränderung des Gebrauchswertes von Weizen bei Lagerung mit Ventilation.**) Inst. Bewaring en Verwerking van Landbouwprodukt., Wageningen, Jaarboek **1966** S. 33-43. — 7 Abb., 2 Tab., 5 Lit.
Weizen wurde in bes. konstruierten Prüfsilos auf 2 verschiedene Arten behandelt: a) durch die Ventilation wird das Lagergut gekühlt, b) während der Ventilation wird eine langsame Trocknung vorgenommen. Neben den Tr.-Subst.-Verlusten wurden der Gebrauchswert (Backeigenschaften, Keimerengie, Schimmelbefall) untersucht. Die Tr.-Subst.-Verluste waren außerordentlich niedrig. Die Keimfähigkeit wurde durch a stärker herabgesetzt als durch b). Beide Methoden hatten keine wesentlichen Schädigungen der Backeigenschaften zur Folge. Schimmelbildung trat nur bei Weizen mit $>$ 25% Wassergehalt auf. Beide Methoden hemmten das Wachstum der Schimmelpilze. E.-M. Ardelt. 759.

2-68/09-0461 Meijers, C. P. De invloed van bewaarcondities op het optreden van bewaargebreken bij aardappelen. (**Der Einfluß der Lagerbedingungen auf das Auftreten von Lagerschäden bei Kartoffeln.**) Inst. Bewaring en Verwerking van Landbouwprodukt., Wageningen, Jaarboek **1966** S. 77-89. — 3 Abb., 9 Tab., 6 Lit.
Bei optimalen Lagerbedingungen können Verluste durch Keimung und Befall mit Mikroorganismen so gut wie ausgeschlossen werden. Masseverluste durch Atmung und Verdunstung (in der Praxis bis zu 10%) sind jedoch unvermeidlich. Ventilation mit Luft von hoher rel. Feuchtigkeit und geringer Temperaturunterschied zwischen Luft und Lagergut setzt die Verdunstung herab. Bei vorzeitig geernteten Kartoffeln ist die Schale sehr durchlässig, Verkorkung tritt ein, wenn die Knollen ca. 14 d lang Temperaturen um 15°C ausgesetzt werden. Während des 1. Lagermonats betragen die Masseverluste bei grün gerodeten Kartoffeln ca. 3···5%, später 0,50···0,66%/Monat, wenn keine Keimung eingesezt. Neben Masseverlusten treten regelrechte Lagerschäden in Form von Druckflecken, Blaufärbung und Silberfleckenkrankheit (Erreger *Spondylocladium atrovirens* Harz) auf. Druckflecke entstehen durch die Lagerung von Kartoffeln in einer Höhe von 3···3,5 m in Haufen oder Säcken. Sie sind ca. 14 d nach Beginn der Lagerung zu beobachten und nehmen mit der Zeit

zu. Unterschiede der einzelnen Sorten wurden festgestellt. Die Schäden sind nach trockenen Sommern bes. groß, genau wie die Blaufärbung der Knollen, die auf die Wirkung der Tyrosinase zurückzuführen ist. Die Blaufärbung tritt innerhalb der Sorten verschieden stark auf und scheint von den Wachstumsbedingungen der Kartoffel beeinflußt zu werden. Das Sortieren der Knollen bei niedrigen Temperaturen scheint ebenfalls zu starker Blaufärbung zu führen. Sortieren bei 12···15 °C wird empfohlen. Befall mit *Spondylocladium atrovirens* kann zu Qualitätsminderungen, Masseverlusten und Blaufärbung der Knollen führen. E.-M. Ardelt. 759.

2-68/09-0462 Zahradníček, J. Fytopatogenní mikroflóra skladované řepy a její vliv na technologickou jakost. (**Phytopathogene Mikroflora der gelagerten Rübe und ihr Einfluß auf die technologische Qualität.**) Listy Cukrovarnické **84** (1968) Nr. 1. S. 1-11. — 1 Abb., 6 Tab., 25 Lit. Zus. in Russ., Engl., Dtsch.
Die Qualität der Zuckerrübe wird durch Lagerkrankheiten wesentlich verschlechtert. Auf den gelagerten Rüben befinden sich hauptsächlich die Schimmelpilze *Mucor hiemalis* Wehm., *Rhizopus nigricans* Ehrenb., *Botrytis cinerea* Pers., *Penicillium expansum* (Link) Thom., *Aspergillus niger* Tiegh, *Aspergillus glaucus* de Bary, *Fusarium betae* (Desm.) Sacc., *Fusarium oxysporum* Schl., *Phoma betae* Frank., *Alternaria tenuis* Ness und *Cladosporium herbarum* (Pers.) Link. Es wurde eine Methodik zur systematischen Bestimmung der einzelnen Mikroorganismen und der Bewertung ihres schädlichen Einflusses unter verschiedenen geograph. und ökol. Begingungen ausgearbeitet. Die Artenzusammensetzung der phytopathogenen Mikroflora unterscheidet sich nach der Lagerungsart und -zeit und wird von geograph. Bedingungen wesentlich beeinflußt. ČSSR/ÚVTI. 759.

2-68/09-0463 Kulpe, E. **Arbeitsparende und verlustarme Lagerung von Futterrüben.** Erfahr., Erkenntnisse, Anwend. für d. sozialist. Landwirtsch. Bezirkes Gera **4** (1967) Nr. 10. S. 17-19. — 4 Abb., 4 Tab., 3 Lit. — nach Zus.
Trotz der arbeitswirtsch. Überlegenheit des Silomaises hat die Futterrübe infolge ihrer Ertragssicherheit und hohen Verdaulichkeit nach wie vor ihre Berechtigung im Feldfutterbau. Ausgehend von den verschiedenen Ernteverfahren wird festgestellt, daß die Lagerung in den allg. üblichen 2,00···2,50 m breiten und 1,30···1,50 m hohen Mieten 25···34 % des Arbeitsbedarfes der gesamten Ernte beansprucht. Daher wird empfohlen, die Futterrüben in 6,00 oder 3,50 m breiten und 1,65 m hohen Mieten zu lagern, wodurch dieser Arbeitsaufwand auf etwa 1/4 gesenkt wird. Außerdem ist bei dieser Mietenform die Möglichkeit der Temperaturregulierung während der ganzen Lagerungsperiode gegeben. Dadurch werden die Gesamtlagerungsverluste von 14,55 auf 7,27% gesenkt und ein Nährstoffmehrertrag von 17,8% bei verd. Roheiweiß und von 32,2% bei Stärkewert erzielt. Die Anlage und Beschickung der breiten Miete werden eingehend beschrieben. 759.

2-68/09-0464 Muller, F. M. und Dijkhuis, J. G. Winning en bewaring van maaidorsstro. (**Gewinnung und Aufbewahrung von Mähdruschstroh.**) Landbouwvoorlichting **25** (1968) Nr. 1. S. 35-38. — 1 Tab., 3 Lit.
Versuche mit Zusatz eines Konservierungsmittels (0,1% Borax und 0,025% Pentachlorphenol) schlugen fehl, weil der Wassergehalt des Strohs 45···50% betrug und bei der Lagerung infolgedessen Temperaturen von ca. 60 °C auftraten. Weitere Versuche mit Hafer- und Weizenstroh führten zu folgender Empfehlung: Nach einer kurzen Feldperiode (1···2 d) wird das Stroh mit max. 35% Wassergehalt gepreßt und im Scheunendach bei Ventilation durch die Außenluft eingelagert. E.-M. Ardelt. 759.

2-68/09-0465 Bednarski, S. und Bujanowski, K. Główne czynniki określające prawidłową lokalizacje magazynów zbożowych. (**Die hauptsächlichen Faktoren, die die korrekte Standortfestlegung für Getreidelagerräume bezeichnen.**) Nowe Rolnictwo **17** (1968) Nr. 1. S. 18-20. — 1 Tab. PRL/CBR. 759.

2-68/09-0466 Linko, P. **Beobachtungen über Hitzeschäden bei Getreide.** Ber. Getreidechemiker-Tag. Detmold **1966** S. 77-87. — 7 Abb., 37 Lit. 759.

2-68/09-0467 Kreyker, J. Drogen en bewaren van granen, algemeen. (**Trocknung und Lagerung von Getreide, allgemein.**) Wageningen: I.B.V.L. 1963. (S. 149-153.) 8° = Inst. voor Bewaring en Verwerking van Landbouwprodukten, Publ. 108. (SR 3402,108) 759.

2-68/09-0468 Vliet, W. F. van und Schriemer, W. H. High temperature storage of potatoes with the aid of sprout inhibitors. (**Kartoffellagerung bei hohen Temperaturen mit Hilfe**

von Keimhemmungsmitteln.) Wageningen: I.B.V.L. 1963. (S. 202–217.) 8° = Inst. voor Bewaring en Verwerking van Landbouwprodukten, Publ. 92. (SR 3402,92) 759.

2-68/09-0469 Vliet, W. F. van und Hertog, S. The analysis of sprout inhibitors residues in the potato tuber. **(Die Analyse von Keimhemmungsmittelrückständen in der Kartoffelknolle.)** Wageningen: I. B. V. L. 1966. (S. 152–160.) 8° = Inst. voor Bewaring en Verwerking van Landbouwprodukten, Publ. 152. (3402, 152) 759.

G. Versuchswesen

2-68/09-0470 Bätz, G. **Aktuelle Probleme des Feldversuchswesens.** Ber. Pflanzenzüchter, Quedlinburg **1965/66** (hersg. 1967) S. 45–54. — 5 Abb., 13 Tab., 9 Lit. — nach Zus.
Es wird versucht, die Faktoren, die die Aussagekraft von Versuchen beeinflussen, darzustellen. Die Aussagekraft ist hoch, wenn die Präzision und die Treffgenauigkeit groß sind, der Aussagebereich korrekt eingeschätzt wird und viele Erkenntnisse gewonnen werden. Die Situation in der praktischen Versuchsdurchführung ist z.Z. nicht sehr ermutigend, bes. die Präzision und die Treffgenauigkeit befriedigen häufig nicht. Es wird gezeigt, welchen Einfluß Versuchselemente, -anlagen, -durchführung und die Verwendung gut angepaßter math. Modelle auf die Präzision haben, wie die Treffgenauigkeit zu erhöhen ist, der Aussagebereich richtig eingeschätzt wird und wie durch eine umfassende Auswertung mehrfaktorieller Versuche die Erkenntnismöglichkeiten erweitert werden können. 765.

2-68/09-0471 Bowers, S. A. und Hayden, C. W. A simple portable reflectometer for field use. **(Ein einfaches tragbares Reflexionsmeßgerät für den Einsatz auf dem Feld.)** Agronomy J. 59 (1967) Nr. 5. S. 490–492. —6 Abb., 9 Lit.
Es wurde ein leichtes, batteriebetriebenes Gerät zum Messen der Lichtreflexion von Boden und Pflanzen gebaut. Der Vorteil dieses Gerätes liegt darin, daß es billig, leicht zu bauen und robust ist und daß direkt auf dem Feld und an den Pflanzen gemessen werden kann. Die Empfindlichkeit dieses Gerätes erstreckt sich auf die Wellenlängen von 0,4 bis 1,1 μm; mittels Interferenzfilter können innerhalb dieser Grenzen kleinere Bereiche ausgewählt werden. Das Instrument besitzt zwar nicht die hohe Präzision der wesentlich teureren Laboratoriums-Spektrophotometer, es liefert aber unter Feldbedingungen zuverlässige Werte.
E. Thomas. 765.

2-68/09-0472 Bätz, Gerd und Körschens, Martin. **Ein einfaches Verfahren zur Berechnung der Varianz des Versuchsfehlers (s^2_{Fe}) von Inhaltsstofferträgen aus der Varianz der Frischmasseerträge.** Thaer-Arch. 12 (1968) Nr. 8. S. 773–779. — 3 Tab. Zus. in Russ., Engl. — nach Zus.
In vielen Feldversuchen erfolgt die Bestimmung des Gehaltes an Inhaltsstoffen nur an Hand einer Sammelprobe je Prüfglied. In diesen Fällen kann für ein- und mehrfaktorielle Versuche auf eine vollständige Varianzanalyse mit den je Teilstück zu errechnenden Inhaltsstofferträgen verzichtet werden, da es möglich ist, die statistischen Maßzahlen des Versuchsfehlers (mittlere quadratische Abweichung s^2, Standardabweichung s und Variationskoeffizient s%) mit Hilfe einfacher Umrechnungsformeln, die in der Arbeit angegeben werden, aus den entspr. statistischen Maßzahlen der Roh- bzw. Frischmasseerträge zu berechnen. Dieses Vorgehen führt auch bei Einsatz der elektronischen Datenverarbeitung zu einer echten Kosteneinsparung bei ausreichender Genauigkeit, wie es an zahlreichen Beispielen nachgewiesen wird. Allerdings ist zu beachten, daß die Voraussetzungen für die Anwendbarkeit der Varianzanalyse erfüllt sein müssen. 768.

2-68/09-0473 Rotti, A. Regressie-analyse bij gegevens die op ongelijke afstanden liggen. **(Regressionsanalysen für nichtäquidistante Daten.)** Biométrie-Praximétrie, Bruxelles 8 (1967) Nr. 1. S. 26–39. — 2 Tab., 9 Lit. Zus. in Engl., Franz. — nach engl. Zus.
In der vorliegenden Arbeit werden bestimmte Aspekte der Regressionsanalyse für nichtäquidistante Daten präzisiert; das Beispiel einer kompletten Analyse wird angeführt. Die mit der Anpassung der Regressionsreihen und der Prüfung der Regressionskomponenten verbundenen Berechnungen wurden nach 2 Methoden durchgeführt: a) Methode der multiplen Regression, b) Methode der orthogonalen Polynome. Außerdem wird gezeigt, wie die Versuche bei der Varianzanalyse durchgeführt werden sollten, wenn das Modell vorgegeben und nicht vorgegeben ist. 769.

H. Pflanzen der gemäßigten Zone

2-68/09-0474 Szengel, Günter. **Ertragsvergleiche bei Getreide im Schwarzerdegebiet des Bezirkes Halle.** Kühn-Arch. 81 (1967) Nr. 4. S. 273-326. — 2 Abb., 21 Tab.

Vf. stellt anhand von langjähr. Ertragswerten aus Feldversuchen und der landwirtsch. Praxis die leistungsstärksten Getreidearten für das Schwarzerdegebiet um Halle fest. Die Ergebnisse führten zur Schlußfolgerung, den Anteil an Wi.-Getreidearten an der Gesamtgetreidefläche zu erhöhen. Dabei sollen bes. Weizen- und Gerstenanbau eine Erweiterung bis auf 40···50% der Ackerfläche erfahren. Eine weitere Erhöhung ist aus Fruchtfolgegründen (Fußkrankheiten) nicht ratsam. Ein geringer Anteil an Roggen zur Auflockerung der Fruchtfolge ist unentbehrlich. Neben einem geringen Anteil von So.-Weizen, soll der So.-Gerstenanbau in dem Umfang betrieben werden, wie er für die Braugerstenerzeugung notwendig ist. Der Haferanbau, der künftig durch den Körnermaisanbau z. T. ersetzt werden könnte, soll 4% der Ackerfläche betragen. L. Breitenbach 772.

2-68/09-0475 **Industriemäßige Getreideproduktion.** Hrsg. vom Bezirkskomitee für Landtechnik Neubrandenburg. Neubrandenburg: Bezirkslandwirtschaftsrat. 1967. (79 S.) 8° = Empfehlungen für einheitliche Maschinensysteme im Bezirk Neubrandenburg. 2. (SR 3552, 2) 772.

2-68/09-0476 **Kulturpflanzensortiment. Teil I. Winterweizen, Sommerweizen, Wintergerste, Sommergerste. Stand 1965/66.** Freising-Weihenstephan: Inst. für Pflanzenbau u. Pflanzenzücht. der Fak. für Landwirtsch. u. Gartenbau an der TH München. (69 S.) 772.

2-68/09-0477 Henkel, R. **Bericht über die Haupt- und Kontrollprüfung mit Winterweizen 1966 (I. und II. Aussaat).** Hrsg.: Zentralstelle für Sortenwesen. 1967. (32 S.)

An 54 nach Boden und Klima unterschiedlichen Versuchsorten wurden 2 Sorten und 4 Neuzüchtungen geprüft. Versuchsvoraussetzungen, Wachstumsbeobachtungen, Qualitätsbestimmungen und Ertragsfeststellungen werden in Tabellen dargestellt. Die Ertragsergebnisse werden untergliedert nach Anbaugebieten zusammengefaßt. Im Mittel aller Anbauorte erweisen sich als leistungsfähigste Sorten 'Hohenthurm St. 9773/53' (rel. 109), 'Biendorf St. 784' (rel. 105), 'Fanal' (rel. 105), 'Hadmersleben St. 5033/59 ' (rel. 103), 'Eros' (rel. 101) und 'Trumpf' (rel. 101). Die Neuzüchtung 'Hohenthurm 9773/53' ist in 8 von 10 Anbaugebieten Spitzensorte und in den übrigen beiden liegt sie in der Spitzengruppe. Höchsten Strohertrag brachten 'Biendorf 784' (rel. 105), 'Hochland' (rel.104) und 'Hohenthurm 9773/53" (rel.104). Im Spätsaatversuch war beste Sorte mit rel. 113 'Hohenthurm 9773/53' vor 'Biendorf 784' mit rel. 103. P. Hahn, 773.

2-68/09-0478 Brczák, L., Říman, L. und Bartoš, A. Pestovatel'ské a fyzikálnochemické vlastnosti perspektivnych odrôd zahraničného sortimentu ozimnej pšenice pri kukuričnú výrobnú oblast'. **(Züchterische und physikalisch-chemische Eigenschaften der perspektiven Sorten des ausländischen Winterweizensortimentes für das Maisproduktionsgebiet.)** Mlýnsko-pekárenský Průmysl 14 (1968) Nr. 1. S. 8-13. — 19 Abb.

997 ausländische Wi.-Weizensorten wurden nach züchterisch-biol. Gesichtspunkten auf Eignung zum Anbau im Maisproduktionsgebiet untersucht. Der Idealsorte näherten sich am meisten die sowj. Weizen 'Mironovskaja 808' und 'Bezostaja 1'. Dies sind nur mäßig sich bestockende, standfeste und gegen Krankheiten und ungünstige klimatische Bedingungen resistente Sorten. In den Versuchen zeigten sie sich als geeignet für die Anbaubedingungen im Maisproduktionsgebiet der ČSSR. ČSSR/ÚVTI. 773.

2-68/09-0479 Pavlov, P. Rastež, razvitie i dobiv na pšenicata, otgledana s različen broj bratja. **(Das Wachstum, die Entwicklung und der Ertrag bei Weizen mit unterschiedlicher Bestockungsknotenzahl.)** Rastenievŭdni nauki, Sofija 4 (1967) Nr. 11. S. 3-12. — 2 Abb., 5 Tab., 31 Lit. Zus. in Russ., Engl.

Der Versuch mit Wi.-Weizen wurde im Vegetationshaus durchgeführt, wobei die Pflanzen im Frühjahr in Gruppen aufgeteilt wurden. In der 1. Gruppe entwickelten sich Pflanzen mit 1 Bestockungsknoten (B.), in der II. mit 2, in der III. mit 3, in der IV. mit 4 und in der V. mit 5 B. Die neuen B. wurden regelmäßig im Laufe des Versuches abgeschnitten. Als Kontrolle wurden Pflanzen verwendet, die sich mit ihren sämtlichen B. entwickelten. Zur Bestimmung des Grades der Ährenbildung wurden die Pflanzen periodisch beobachtet. Die Pflanzenhöhe wurde alle 10 d gemessen. Zur Feststellung der Zunahme der oberirdischen

Subst. und der Wurzeln wurden gleichfalls alle 10 d Pflanzen von den einzelnen Varianten genommen. Während der gesamten Vegetationsperiode wurden phänolog. Beobachtungen und nach dem Abernten der Versuchspflanzen eine sorgfältige Strukturanalyse durchgeführt. Bei Weizen, der sich mit einer unterschiedlichen Zahl von B. entwickelt, erfolgt die Ährenbildung schneller, wenn ein oder 2 B. belassen werden. Pflanzen, die sich mit 4 oder 5 B. entwickeln, unterscheiden sich in ihrer Ährenbildung von der Kontrolle. Die Ährenbildung bei Pflanzen mit 3 B. nimmt eine mittlere Position ein. Diese Folge bleibt bis zum Ende der Vegetationsperiode erhalten. Die Masse der oberirdischen Pflanzenteile ist bei Pflanzen mit einem und 2 B. am niedrigsten. Mit zunehmender B.-Zahl erhöht sich die Masse der Pflanzen. Dasselbe gilt für die Wurzelmasse, jedoch in geringerem Maße. Die höchsten Erträge werden bei Pflanzen erzielt, die sich mit 1 oder 2 B. entwickeln.

NRB/CSNTI. 773.

2-68/09-0480 Perekal'skij, F. M. Osobennosti sil'nych i tverdych pšenic i ich reakcija na priemy agrotechniki v uslovijach severnych oblastej Kazachstana. Soobščenie I. (**Besonderheiten von Stark- und Hartweizensorten und ihre Reaktion auf agrotechnische Maßnahmen unter den Bedingungen Nordkasachstans. 1. Mitt.**) Doklady TSChA. Moskovskaja ordena Lenina sel'skochozjajstvennaja akademija imeni K. A. Timirjazeva **1967** Nr. 131. S. 43-50. — 2 Tab.

Entspr. den Besonderheiten von Boden und Witterung innerhalb der großen Anbaugebiete werden mehrere Weizensorten für die Betriebe Nordkasachstans benötigt. Vf. berichtet über einige Sorten und weist auf agrotechnische Besonderheiten hin. Länge der Vegetationsperiode und Dürrefestigkeit bei den Sorten, sowie wassersparende und strukturschonende Bodenbearbeitungsmaßnahmen sind die Schwerpunkte eines erfolgreichen Weizenbaues in Nordkasachstan.

W. Schäfer. 773.

2-68/09-0481 Drezgić, Petar, Babović, Dragoljub und Jocić, Stevan. Noví rezultati istraživanja uzajamnog dejstva dubine obradivanja i intenziteta dubrenja, za ozimu pšenicu u dvopoljnom plodoredu. (**Neuere Forschungen über den gegenseitigen Einfluß der Pflugtiefe und der Düngung auf Winterweizen bei Anbau in einfachem Fruchtwechsel.**) Savremena Poljoprivreda, Novi Sad **16** (1968) Nr. 1. S. 13-19. — 4 Tab., 5 Lit.

Vff. geben die ersten Ergebnisse über Versuche zur Pflugtiefe und Düngung auf bewässerten und unbewässerten Flächen. Der Versuch wurde nach der Methode von Boguslovski ausgeführt. Geprüft wurden Scheibeneggen sowie Pflügen auf 15, 25, 35 und 45 cm. Die Düngung wurde in 3 Dosen variiert: 175, 257 und 343 kg/ha NPK (Nährstoff). Der Fruchtwechsel bestand aus Weizen und Mais. Der Boden war Tschernosem, der vorher einheitlich auf 35 cm gepflügt worden war. Vorerst sind für Weizen Ergebnisse von 2 Jahren und für Mais von 1 Jahr vorhanden. Allg. ist bisher zu erkennen, daß flache Bearbeitung im Verein mit starker mineral. Düngung auf vorher tief bearbeitetem Land von Bedeutung für den Ertrag in Jahren mit viel Niederschlägen sein kann oder auch dann, wenn bewässert wird.

E.-M. Ardelt. 773.

2-68/09-0482 Kosovac, Zdravko. Dosadašnji rezultati ispitivanja mogućnosti smanjivanja dubine obrade zemljišta uz primenu herbicida kod prozvodnje pšenice. (**Ergebnisse von Untersuchungen über die Möglichkeit zur Verminderung der Bearbeitungstiefe durch Anwendung von Herbiziden beim Weizenanbau.**) Savremena Poljoprivreda, Novi Sad **16** (1968) Nr. 1. S. 29-33. — 3 Tab., 6 Lit.

Vorfrüchte für den Wi.-Weizen waren Weizen und Mais. Das Land wurde in 3 Varianten bearbeitet, und zwar gepflügt auf 30 oder 15 cm oder mit der Scheibenegge auf 5 cm. Bei Mais als Vorfrucht wurden zum Wi.-Weizen die Herbizide Agelon, A-1802 und Afalon zugleich angewendet, vor dem Aufgang, in einer Menge von je 3 kg/ha. Nach der Ernte von Wi.-Weizen als Vorfrucht wurden die Unkräuter mit 5 l/ha Gramoxone W bei Pflügen auf 15 cm und bei Scheibeneggen auf 5 cm wirksam beseitigt. Nach den Ergebnissen ist hohe Leistung des Weizens nach Mais möglich, wenn die Grundbearbeitung und die Saatbettbereitung nur auf das Scheibeneggen nach der Ernte des Maises mit Beseitigung der Maisstengel beschränkt wird. Ein entscheidender Faktor ist die Anwendung passender Herbizide zu Mais als Vorfrucht, um den Weizen praktisch vollständig bis zum Ende der Vegetation vor Verunkrautung zu schützen. Die Beschränkung der Bearbeitung auf das Scheibeneggen ist nicht zu empfehlen bei Weizen als Vorfrucht, ehe nicht Lösungen gefunden werden für die Beseitigung der restlichen Unkräuter, die dann intensiv wachsen. — Weitere Versuche in dieser Richtung sollten wegen der ökonom. Bedeutung dieses Verfahrens angestellt werden, bes. auch Großversuche. E.-M. Ardelt. 773.

2-68/09-0483 Horovitz, C. T., Boldea, Elena, Cernescu, Lidia, Petrescu, O. und Eustaţiu, N. Influenţa îngrăşămintelor cu azot şi fosfor asupra unor însuşiri biologice ale plantelor şi a calităţii recoltei la unele soiuri şi linii de grîu de toamnă. **(Die Wirkung von Stickstoff- und Phosphordünger auf einige biologische Eigenschaften der Pflanzen und auf die Ertragsqualität einiger Sorten und Linien des Winterweizens.)** An. Inst. Cercetări Cereale şi Plante Tehn., Fundulea, Bucureşti, Ser. C **34** (1966, hrsg. 1967) S. 149-163. — 3 Abb., 3 Tab., 15 Lit. Zus. in Russ., Engl. — nach engl. Zus.
Die Wirkung von N- und P-Düngern wurde bei 44 Wi.-Weizensorten (10 empfohlene Sorten Rumäniens, 19 rumän. vielversprechende Sorten und Linien und 15 ausländische Sorten), die auf mäßig ausgelaugten Schwarzerdeböden angebaut wurden, untersucht. Die N- und P-Düngung führte bei den meisten untersuchten Linien und Sorten zu einer stärkeren Bestokkung, zur stärkeren Blattentwicklung und zu einem höheren N-, P- und K-Gehalt in den Blättern. Alleinige P-Düngung verursachte schwächeres Halmwachstum, erhöhte TKM und Schüttdichte. Alleinige N-Applikation führte zu einem Anstieg der Zellsaftkonz. in den Blättern während des Winters, während ein höherer Prozentsatz an Proteinen und Gluten in den Körnern und ein höherer Pelshenke-Index verzeichnet wurden. Durch den Einfluß der N- und P-Düngung unterschieden sich die Linien 'F 123/62', 'F 257/62', 'F 312/62', 'F 343/62', 'F 374/62' und 'F 383/62' durch wertvolle biol. Eigenschaften und hohe Erträge. 773.

2-68/09-0484 Michalev, N. N. Vlijanie srokov i doz vnesenija azotnogo udobrenija na urožaj i kačestvo zerna ozimoj pšenicy. **(Der Einfluß des Termins und der Menge der Stickstoffdüngung auf Ertrag und Qualität des Korns des Winterweizens.)** Agrochimija, Moskva **1968** Nr. 1. S. 19-26. — 8 Tab., 20 Lit.
Vf. zeigt die Überlegenheit des Wi.- gegenüber So.-Weizen und die damit verbundene Ausdehnung des Anbaus. Auf Rasenpodsolböden wurden Düngungsversuche durchgeführt. Ober- und unterirdische Pflanzensubst., Erträge, Eiweißgehalt, -Zusammensetzung und TKM wurden festgestellt. Die N-Menge wurde von 0…90 kg variiert, die P-Menge von 40 bis 80 kg, K blieb konstant (40 kg). Die Versuche zeigten eine starke Reaktion des Wi.-Weizens (Sorte 'PPG 186') auf die N-Düngung. Die Ertragserhöhung durch 30 kg N (optimale Dosis) betrug 9…11 dt/ha. Durch N-Erhöhung wurde z.T. Lager hervorgerufen. Durch N 30, P 40, K 40 wurden im 4jähr. Versuch 29,7 dt/ha erreicht (ohne N: 19,7 dt/ha), durch N 90, P 40, K 40 33,6 dt/ha; durch N-Düngung wurde der Eiweißgehalt um 2%, der Klebergehalt um 3…4% erhöht. G. Pannicke. 773.

2-68/09-0485 Vez, A. Examen de l'influence de la date du semis et de l'application du CCC sur un froment en „répiage". **(Überprüfung des Einflusses der Aussaatzeit und der CCC-Anwendung auf Weizen in Monokultur.)** Agric. romande, Lausanne 7 (1968) Nr. 1. S. 2-3. — 2 Abb., 1 Tab., 4 Lit.
Der Anbau von Wi.-Weizen in Monokultur führte nach 3jähr. Versuchsdauer zu einer Ertragsminderung von fast 40% (1964 : 41,3 dt/ha; 1965 : 39,4 dt/ha; 1966: 25,9 dt/ha). Im 4. Anbaujahr wurde untersucht, inwieweit der durch Befall mit *Cercosporella herpotrichoides* (C.) verursachte Ertragsabfall durch Spätsaat und CCC-Anwendung (17. Apr.) verringert werden kann. Die Verzögerung der Aussaat von Mitte Okt. auf Mitte Nov. hatte eine deutliche Abnahme des Befalls mit C. und eine Ertragssteigerung von 11% (Oktobersaat 31,9 dt/ha = 100) zur Folge. Bei Oktoberaussaat brachte die CCC-Anwendung infolge der Zunahme der Bestandesdichte und der Anzahl geringer Halme Mehrerträge von 20%. Bei später Aussaat blieb die CCC-Applikation ohne Einfluß auf Krankheitsbefall und Ertrag. Die Wirkung von CCC auf den C.-Befall wird diskutiert. G. Kratzsch. 773.

2-68/09-0486 Luppi, Gaetano. Contributo sperimentale alla conoscenza degli effetti nanizzanti del cloruro di clorocolina (CCC) sulla coltura del frumento tenero. **(Experimenteller Beitrag zur Kenntnis der Wirkungen von Dichloräthyltrimethylammoniumchlorid (CCC) auf den Anbau von Weichweizen.)** Ann. Fac. Sci. Agrar. Univ.-Studi Torino 3 (1964/66) S. 43 bis 58. — 2 Abb., 1 Tab., 10 Lit. Zus. in Engl. — nach engl. Zus.
Eine Untersuchung über die Anwendung von CCC zur Verhinderung des Lagerns von Weizen wurde 1965—66 mit der Weichweizensorte 'S. Pastore' durchgeführt. Dosen von 2 und 3 kg Wirkstoff/ha wurden zusammen mit 2 N-Kopfdüngungen (60 und 120 kg/ha N) angewendet.

Da selbst in unbehandeltem Weizen das Lagern der Frucht ausblieb, bestand die Wirkung von CCC in einer Verminderung der Pflanzenhöhe, die in jedem Falle beträchtlich war. Das Längenwachstum der Halme korrelierte mit den beiden CCC-Dosen, die jeweils mit den beiden N-Gaben ausgebracht wurden. Diese Korrelation bestand mit Ausnahme der nichtgedüngten Vergleichsvariante unabhängig von der N-Menge. Einige Voruntersuchungen scheinen darauf hinzudeuten, daß die Verringerung der Halmlänge mit Veränderungen in der Entwicklung und Stärke der Zellwände des Hypoderms in Höhe des 1. Internodiums einhergehen. 773.

2-68/09-0487 Humphries, E. C., Welbank, P. J. und Williams, E. D. Interaction of CCC and water deficit on wheat yield. (**Die Wechselwirkung von CCC und Wassermangel auf den Weizenertrag.**) Nature, London **215** (1967) Nr. 5102. S. 782. — 1 Abb., 2 Tab., 4 Lit.
Durch Untersuchung des Wurzelwachstums und der Bodenfeuchtigkeit wurde der Frage nachgegangen, warum der Weizenertrag durch CCC-Anwendung im Vergleich zum unbehandelten, nicht lagernden Weizen in manchen Jahren ansteigt, in anderen dagegen nicht. Bei CCC-Applikation wurde eine bessere Durchwurzelung des Bodens und eine insges. größere Wurzelmasse, bes. z.Z. des intensivsten Pflanzenwachstums, gefunden. Diese verstärkte Wurzelbildung bei CCC-Anwendung wirkte sich in den Jahren positiv auf den Wurzelertrag aus, in denen nach dem Ährenschieben Wassermangel im Boden gemessen wurde. In Jahren, wo nach dem Ährenschieben ausreichend Bodenfeuchtigkeit vorhanden war, wirkte sich die durch CCC-Anwendung verursachte bessere Durchwurzelung nicht ertragsfördernd aus. G. Kratzsch. 773.

2-68/09-0488 Zelenskij, M. A., Dovbach, A. P. und Rukavčenko, L. P.; Ukr. Landwirtsch.-Akad. Soderžanie belka i chlebopekarnye kačestva zerna gibridov ozimoj pšenicy, vyraščennoj po raznym predšestvennikam. (**Eiweißgehalt und Backqualität des Korns von Sommerweizenhybriden, die nach verschiedenen Vorfrüchten kultiviert wurden.**) Selekcija i semenovodstvo, Kiev **6** (1967) S. 109-114. — 6 Tab.
Der Eiweißgehalt der Hybriden wird vor allem durch den mütterlichen Partner bestimmt, jedoch kann auch der andere Elter zur Erhöhung des Eiweißgehaltes vom Korn und der Verbesserung der Backqualität beitragen. Günstig wirkt sich eine N-Versorgung (z.B. mit Ammoniumnitrat) zu Beginn des Ährenschiebens aus, da die Eiweißsynthese in der 1. Reifephase intensiv abläuft und ihr Maximum am Ende der Milchreife und zu Beginn der Wachsreife erreicht. Die Vorfrucht (z. B. Erbsen oder Mais) beeinflußt den Eiweißgehalt des Korns, seine Festigkeit, den Klebergehalt, die Knetbarkeit des aus dem Mehl bereiteten Teiges und die Porung des Brotes stark. Eine Vorkultur mit Leguminosen erhöht den Eiweiß- und damit auch den Klebergehalt und verbessert die technol. Eigenschaften der Körner. Bei der Züchtung von Hybriden ist es anzustreben, von Muttersorten mit hohem Eiweißgehalt und hoher technol. Qualität des Korns auszugehen. Bei Anbau und Auslese sind Mineralstoffversorgung und Vorfrucht geeignet auszuwählen und der Einfluß dieser äußeren Faktoren zu beachten. K.-H. Köhler. 773.

2-68/09-0489 Mitreva, N. Vlijanie na različnite predšestvenici vŭrchu posevnite kačestva i sledžŭtvenoto dozrjavane na pšeničnoto zŭrno. (**Der Einfluß verschiedener Vorfrüchte auf den Saatgutwert und das Nachreifen des Weizenkorns nach der Ernte.**) Rastenievŭdni nauki, Sofija 4 (1967) Nr. 11. S. 37-43. — 2 Abb., 3 Tab., 21 Lit. Zus. in Russ., Engl.
Ermittelt wurden einige Saatgutwerte, wie die fraktionsmäßige Zusammensetzung, das Auflaufen, die Keim- und die Wachstumsenergie der Keimpflanzen und das Nachreifen der Weizenkörner nach dem Anbau verschiedener Vorfrüchte. Die verschiedenen Vorfrüchte sind in ihrem Einfluß auf die Saatgutwerte und das Nachreifen der Weizenkörner nicht gleichwertig. Weizen, der nach Leguminosen angebaut wird, zeigt eine einheitlichere Korngröße, das Korn zeichnet sich durch hohe Wachstumsenergie und schnelleres Nachreifen aus. Nach Wi.-Gerste sind die Weizenkörner meistens kleiner und die Keimpflanzen haben geringere Wachstumsenergie. Hackfrüchte verzögern das Nachreifen der Weizenkörner. Es wurde eine positive Korrelation zwischen dem Rohproteingehalt im Weizenkorn und dem schnellen Nachreifen der Körner nach der Ernte festgestellt. NRB/CSNTI. 773.

2-68/09-0490 Łuczyńska, J. Próba zastosowania czynników modyfikujących zdolność kiełkowania pszenicy bezpośrednio po sprzęcie. (**Versuch zur Anwendung von Faktoren,**

die die Keimfähigkeit des Weizens modifizieren, unmittelbar nach der Ernte.) Biul. Inst. Hodowli Aklimatyzacji Roślin **1967** Nr. 1/2. S. 31-36. — 10 Abb., 2 Tab., 7 Lit.
In 2jähr. Laborversuchen wurden Faktoren, die die Keimruhe nach der Ernte durchbrechen, an den Sorten 'Żelazna' (lange Keimruhe) 'Podolanka' und 'Olza' (kurze Keimruhe) untersucht. Die Prüfung der Keimfähigkeit des Kontrollsaatgutes, die Anwendung einer Kombination mit Gibberellsäure und von am Keimling angestochenem Saatgut, mit Aktivkohle und bei erniedrigter Temperatur wurde sofort nach der Ernte aufgenommen. Die nächsten Aussaaten wurden im Abstand von jeweils 2 d vorgenommen. Die Tiefe der Keimruhe wurde mit dem Index nach Pieper geprüft. Keiner der angewendeten Faktoren hatte zur Folge, daß die Keimruhe der Sorten unterbrochen wurde. PRL/CBR. 773.

2-68/09-0491 Ulman, L. Možnosti zvýšení výnosů ozimého žita v horských a podhorských oblastech. **(Möglichkeiten der Erhöhung der Winterroggenerträge in Gebirgs- und Vorgebirgsgebieten.)** Za vysokou Úrodu **16** (1968) Nr. 1. S. 12-13. — 3 Tab.
Die Roggenerträge in Gebirgs- und Vorgebirgslagen sind unbefriedigend. Der Grund hierfür ist i. allg. mangelhafte Anbautechnik. Da frühe Saat unerläßlich ist, gedeiht Roggen am besten nach Vorfrüchten, die das Feld frühzeitig räumen. In den böhm. Bezirken folgt Roggen wegen des Mangels an geeigneten Vorfrüchten auch nach Getreidearten, bes. nach Wi.-Weizen und Gerste. Der Einfluß weniger geeigneter Vorfrüchte wird durch eine um 20···30 kg höhere N-Gabe kompensiert. Für die Ausnutzung erhöhter Mineraldüngergaben ist der Anbau geeigneter Sorten Voraussetzung. Die am meisten angebaute Sorte 'České' wird im Ertrag von der Sorte 'Danae' übertroffen. Die neu eingeführte westdtsch. Sorte 'Petkus Kurzstroh' wird sich auf den besseren Böden des Kartoffelanbaugebietes gut bewähren. In der Sortenprüfung befindet sich eine schwed. Provienienz dieser Sorte unter dem Namen 'Petkus II'. ČSSR/ÚVTI. 775.

2-68/09-0492 Dobrowolski, W. Rola żyta w produkcji zbożowej w Polsce i perspektywy jego uprawy. **(Die Rolle des Roggens in der Getreideproduktion Polens und die Perspektiven seines Anbaus.)** Nowe Rolnictwo 17 (1968) Nr. 1. S. 20-22. PRL/CBR. 775.

2-68/09-0493 Hozyo, Yoshio, Kobayashi, Hironobu und Oda, Keisabro. Studies on the stiffness of culms in barley plants (Hordeum sativum, Jessen). 15. Physiological studies on the stiffness of culms by ^{14}C-tracer method (2). **(Untersuchungen über die Festigkeit der Halme bei Gerstenpflanzen [Hordeum sativum, Jessen]. 15. Mitt. Physiologische Untersuchungen der Festigkeit der Halme mit Hilfe des ^{14}C-Tracerverfahrens (2).** Proc. Crop Sci. Soc. Japan **36** (1967) Nr. 1. S. 94-102. — 12 Abb., 10 Lit. Orig.: jap., Ausz.: engl.
'Haganemugi' und 'Mitake' erwiesen sich den anderen Sorten gegenüber als besser hinsichtlich des Inertieeintritts der Querschnittfläche des Halms. Andererseits zeigte 'Dorirumugi' einen höheren Wert im Youngschen Modulus als die anderen Sorten. Bei 'Haganemugi' und 'Mitake' waren die Tr.-Subst.-Masse die Mengen an assimilierter ^{14}C-Zellulose und in den Halmen angehäufter Kieselerde höher als bei den anderen Sorten. Man ist deshalb der Meinung, daß 'Haganemugi' und 'Mitake' den anderen Sorten hinsichtlich des Halmwuchses überlegen sind, da sie große Halmdurchmesser und dicke Halmwände haben. 'Dorirumugi' hat die größte Anzahl Leitbündel/Flächeneinheit des Halmquerschnittes. Die größere mechanische Halmstärke dieser Sorte wird darauf zurückzuführen sein. Vff. sind der Meinung, daß die Halmfestigkeit, die hauptsächlich auf den Anstieg im Young'schen Modulus oder auf den Inertiemoment der Querschnittfläche des Halmes zurückzuführen ist, einer der bedeutendsten Faktoren für die Resistenz gegen das Lagern ist. 777.

2-68/09-0494 Kohl, E. **Bericht über die Haupt- und Kontrollprüfung mit Hafer 1967.** Hrsg.: Zentralstelle für Sortenwesen. 1967. (19 S.)
An 43 nach Boden u. Klima unterschiedlichen Versuchsorten wurden 4 Sorten aus der DDR und 3 Sorten aus Holland geprüft. Versuchsvoraussetzungen, Wachstumsbeobachtungen und Ertragsergebnisse werden in Tabellen dargestellt. Die beste Auswuchsfestigkeit zeigten 'Flämingsweiß II' und 'Hadmerslebener Auswuchsfester Gelb'. Im Halm- und Rispenknicken sowie im Zwiewuchs gab es keine wesentlichen Sortenunterschiede. Für 'Romulus' wurde mit 24,2% der niedrigste Spelzengehalt festgestellt, während die anderen Sorten zwischen 27,3% und 28,9% lagen. Den höchsten Kornertrag im Mittel aller Versuche brachte 'Flämingsweiß II' mit rel. 104 bzw. 103. Es folgten 'Astor' (rel. 103), 'Hadmerslebener Auswuchsfester Gelb' (rel. 100), alle anderen Sorten lagen unter rel. 100. Im Stroh-

ertrag nahm 'Hadmerslebener Auswuchsfester Gelb' die Spitze mit rel. 110 ein. Es folgte 'Astor' mit rel. 100 und 'Flämingsweiß II' mit rel. 99, alle anderen brachten niedrigere Erträge. P. Hahn. 779.

2-68/09-0495 Beuster. **Versuchsergebnisse 1967. CCC zu Hafer.** Hann. land- u. forstwirtsch. Ztg. **121** (1968) Nr. 3. S. 8.10.
Vf. berichtet über einjährige Versuche mit CCC zu Hafer, die auf mehreren Standorten zur Prüfung des geeigneten Anwendungszeitpunktes, der Aufwandmenge und der Sortenreaktion angelegt wurden. Der Ertrag wurde durch frühe Anwendung (25 cm Wuchshöhe) nicht beeinflußt, während sich bei später Anwendung (40 cm Wuchshöhe) eine leicht ansteigende Tendenz abzeichnete. In Kombination mit erhöhter N-Düngung ergab sich ein deutlicher Mehrertrag. Bei später Anwendung war stärkere Halmverkürzung erkennbar. Die Unterschiede zwischen den Aufwandmengen von 3 und 6 kg/ha waren gering. Eine Erhöhung der Standfestigkeit durch CCC konnte erreicht werden, jedoch waren Sortenunterschiede vorhanden. L. Breitenbach. 779.

2-68/09-0496 Sarkizov, M. Uplŭtnjavane na polivnite plošti za carevica s predkulturi. **(Intensivere Nutzung der bewässerten Maisflächen durch Zwischenfrüchte.)** Rastenievŭdni nauki, Sofija 4 (1967) Nr. 9. S. 37-44. — 8 Tab., 10 Lit. Zus. in Russ., Engl.
Der Versuch wurde 1963 bis 1966 nach der Blockmethode in 4 Wiederholungen und folgenden Varianten angelegt: 1) Mais ohne Zwischenfrucht im zeitigen Frühjahr; 2) Mais nach Wi.-Erbsen als Grünfutter; 3) Mais nach So.-Erbsen als Grünfutter; 4) Mais nach Getreidegemenge als Grünfutter. Festgestellt wurde, daß die Anwendung von Frühjahrszwischenfrüchten auf bewässerten Maisflächen im NW Bulgariens eine wichtige Form der intensiven Flächennutzung darstellt. Wi.-Erbsen sind eine geeignete Frühjahrszwischenfrucht für Mais. Dabei werden außer dem Ertrag von der Hauptfrucht über 20 t/ha Grünfutter (3480 Futtereinheiten und 640 kg verd. Eiweiß) erzielt. Weizen- und Gerstengemenge sind ebenfalls gute Zwischenfrüchte. Sie sicherten über 20 t/ha Grünfutter (3690 Futtereinheiten und 430 kg verd. Eiweiß). Beim gegenwärtigen Stand der Mechanisierung wird empfohlen, einen Teil der für den Maisanbau bestimmten Flächen durch Frühjahrszwischenfrüchte intensiv zu nutzen. NRB/CSNTI. 782.

2-68/09-0497 Pădurariu, Alexandra, Negomireanu, V., Horovitz, C. T. und Hurduc, N. Cercetări asupra relaţiilor dintre indicii fiziologici ai regimului de apă al plantelor, recolta de porumb şi umiditatea solului. **(Untersuchungen über das Verhältnis zwischen den physiologischen Indikatoren des Wasserhaushaltes der Maispflanzen, dem Maisertrag und der Bodenfeuchtigkeit.)** An. Inst. Cercetări Cereale şi Plante Tehn., Fundulea, Bucureşti, Ser. C **34** (1966, hrsg. 1967) S. 327-341. — 9 Abb., 16 Lit. Zus. in Russ., Engl. — nach engl. Zus.
Untersuchungen über die Wirkung von Wasser und über die kumulative Wirkung von Bewässerung und Düngung wurden an der Maishybride 'HD 409' unternommen. Die zwischen der Zellsaftkonzentration, der Saugkraft der Blätter und dem Prozentsatz der geöffneten Spaltöffnungen einerseits und dem Wasserpotential des Bodens andererseits festgestellten Beziehungen zeigen die Möglichkeit der Nutzung der physiol. Indikatoren, in erster Linie der Zellsaftkonz. zur Festlegung eines differenzierten Wasserhaushalts unter Berücksichtigung der biol. Eigenschaften der Maispflanzen. 782.

2-68/09-0498 Plessis, D. P. du und Dijkhuis, F. J. The influence of the time lag between pollen-shedding and silking on the yield of maize. **(Der Einfluß der Zeitspanne zwischen Pollenausschüttung und Schieben der Narbenäste auf den Maisertrag.)** South African J. agric. Sci. **10** (1967) Nr. 3. S. 667-674. — 4 Abb., 1 Tab., 12 Lit. Zus. in Franz., Niederl.
In einem Trockenjahr wurde bei der Durchführung eines Bewässerungsversuches zu Körnermais das Blühgeschehen untersucht. Der Zeitpunkt der Pollenausschüttung ist nur in geringem Maße von der Wasserversorgung abhängig, allerdings scheint eine Wasserzufuhr im Jugendstadium günstig zu sein. Im Gegensatz hierzu wird der Termin des Schiebens der Narbenäste (Seideschieben) wesentlich durch eine Beregnung vor und z.Z. der Blüte in Richtung auf eine Verfrühung beeinflußt. Wählt man als Kriterium dieser unterschiedlichen Effekte die Zeitspanne zwischen Pollenspende und Seideschieben, so ergibt sich aus dem Versuchsmaterial eine enge Korrelation ($r = 0{,}97$): Mit länger werdender Zeitspanne sinken die Kornzahl sowie der Ertrag/Pflanze. Somit kann über die Bewässerung des Maises eine bessere Befruchtung und damit eine effektive Ertragssteigerung erzielt werden.
D. Ebert. 782.

2-68/09-0499 Brevedan, Giuseppe. Gli ibridi di mais e le semine programmate. Nuovi orientamenti. **(Die Maishybriden und die Aussaatprogramme. Neue Mitteilungen.)** Italia agric. **105** (1968) Nr. 2. S. 159-165. — 4 Abb. 782.

2-68/09-0500 Zscheischler, Johannes und Groß, Friedrich. **Mais. Anbau und Verwertung.** Frankfurt/M.: DLG-Verl. 1966. (144 S.) 8°. (1968 A 583) 782.

2-68/09-0501 Kappel, Willy. **Untersuchungen über Korngröße und Kornform sowie deren Einfluß auf Saatgutwert, Wachstum, Entwicklung und Ertrag bei Mais (Zea mays L.).** Diss. Hochschule für Landwirtsch. Bernburg. 1967. (147 S.) 4°. (Diss. 13150) 782.

2-68/09-0502 Proskura, I. P., Zamostnyj, N. I. und Voevoda, B. I. Smešannye posevy zernobobovych kul'tur. **(Mischsaaten von Hülsenfrüchten.)** Rastenievodstvo, Kiev **4** (1967) S. 65-69. — 5 Tab.
In den westlichen Gebieten der Ukraine werden Mischsaaten von Erbsen und Wicken mit Ackerbohnen, Gerste oder Hafer häufig und mit unterschiedlichem Erfolg angebaut. In den letzten Jahren wurden entspr. Versuche durchgeführt. Von den Mischpartnern eignen sich Bohnen am besten. Gleiche Aussaatzeit führt durch unterschiedliche Reifezeit jedoch zu beträchtlichen Verlusten, ein Nachsäen der Erbsen bedeutet geringere Erträge. Eine Mischung für Grünfutter bei einer Saatmenge von 130 kg/ha Erbsen und 75 kg/ha Ackerbohnen wird empfohlen. In normalen Jahren sind zur Korngewinnung die Reinsaaten am besten. Beim Anbau von So.-Wicken hat sich die Stützfrucht Ackerbohnen gut bewährt. Die Aussaatmenge beträgt für So.-Wicken 30 kg, für Bohnen 150 kg/ha.
W. Schäfer. 790.

2-68/09-0503 Troll, H.-J. **Fragen des Anbaues großkörniger Leguminosen als Haupt- und Zwischenfrüchte.** Inform. sozialist. Landwirtsch. Bez. Schwerin **4** (1966) Nr. 7. S. 383 bis 387. — 2 Abb., 9 Tab.
Der Hauptfruchtanbau großkörniger Futterleguminosen nimmt mit etwas über 1% einen geringen Anteil an der Ges.-Ackerfläche der DDR ein. Unter den Leguminosen stehen Lupinen und Futtererbsen in der Anbaufläche weit an der Spitze. Der Anbau in Hauptfruchtstellung dient fast ausschließlich der Erzeugung von Zwischenfruchtsaatgut. Neben der Lieferung hochwertigen Futters leisten die Leguminosen über die Subst.-Produktion von Wurzelrückständen, die Luft-N-Bindung und die Bodendurchwurzelung einen wertvollen Beitrag zur Humusversorgung der Böden. Vf. umreißt außerdem einige züchterische Probleme. W. Schäfer. 790.

2-68/09-0504 Tereščenko, F. K. Urožajnost' raznych vidov i sortov zernobobovych v uslovijach Chaŕkovskoj oblasti. **(Die Ertragsfähigkeit verschiedener Arten und Sorten von Hülsenfrüchten unter den Bedingungen des Charkower Gebietes.)** Rastenievodstvo, Kiev **4** (1967) S. 70-75. — 6 Tab.
Die klimatischen Bedingungen dieses Gebietes sind gekennzeichnet durch häufige andauernde Sommerdürren. Erbsen und Platterbsen erbrachten in den Versuchsjahren 1962—1964 die weitaus höchsten Samenerträge, während Ackerbohnen und Soja stark abfielen. Die günstigste Aussaatmenge für Erbsen liegt bei 1,2…1,4 Mill. Samen/ha. Der Anbau von Soja zur Gewinnung von Grünfutter, Silage oder Heu ist zu empfehlen. Die Erträge mehrerer Sojasorten betrugen im Mittel von 3 Jahren 177…211 dt/ha Grünsubstanz.
W. Schäfer. 790.

2-68/09-0505 Knüpfer, H. **Bericht über die Haupt- und Kontrollprüfung mit Trockenspeiseerbsen 1966.** Hrsg.: Zentralstelle für Sortenwesen. 1968. (9 S.)
9 Sorten und 4 Neuzüchtungen wurden an 16 nach Boden und Klima unterschiedlichen Versuchsorten geprüft. Versuchsvoraussetzungen, Wachstumsbeobachtungen und Ergebnisse werden in Tabellen bekanntgegeben. Im Mittel aller Versuche brachten die höchsten Kornerträge bezogen auf die Vergleichsbasis von 22,1 dt/ha: 'Neugattersleben 5099/56' mit rel. 136, 'Hylgro' (rel. 122) 'Raman' (rel. 120) und 'Mansfelder Grüne' (rel. 117). Geringster Brennfleckenbefall in % der Samen wurde bei den Sorten 'Neugattersleben 5099/56', 'Waldmanns Goldkugel' und 'Raman' festgestellt. Niedrigsten Erbsenwicklerbefall zeigte 'Hadmersleben St. 4/54'. P. Hahn. 792.

2-68/09-0506 Arlitt, Alfred. **Analyse und Einschätzung des gegenwärtigen Standes der bei Körnererbsen im Bezirk Schwerin angewandten Erntetechnik.** Inform. sozialist. Landwirtsch. Bez. Schwerin **5** (1967) Nr. 8. S. 334-339. — 8 Abb., 6 Tab., 8 Lit.

Die Körnererbsenernte im Bezirk Schwerin wird hauptsächlich als Schwaddruschernte vorgenommen. Die Technik des Mähens und Schwadbildens reicht von den einfachsten Handarbeitsverfahren bis zur Anwendung des Schwadmähers UBA. Letzterer schneidet im Arbeitszeitaufwand und in der Verlustquote am günstigsten ab. Das in der Praxis häufigste Mähverfahren ist das Mähen mit Leguminosenschneidwerk. Je nach den Witterungsverhältnissen ist es erforderlich, ein Wenden der Schwade vorzunehmen, was meistens von Hand erfolgt. Das Dreschen geschieht aus dem Schwad mit dem Mähdrescher E175 mit Trommelaufnehmer E960. Immer mehr setzt sich jedoch in der Praxis der Mähdrusch durch, das billigste und verlustloseste Ernteverfahren. Voraussetzung sind neben einer hohen Agrotechnik des Erbsenbaus gut funktionierende Ährenheber.
W. Schäfer. 792.

2-68/09-0507 Bolobolova, V. M. und Sinev, A. V. Biologičeskie osobennosti sortov gorocha i uroveń urožaja v svjazi s normami vyseva i sposobami poseva. **(Biologische Besonderheiten von Erbsensorten und deren Ertragshöhe in Verbindung mit Aussaatmethoden und Aussaatnormen.)** Doklady TSChA. Moskovskaja ordena Lenina sel'skochozjajstvennaja akademija imeni K. A. Timirjazeva **1967** Nr. 131. S. 119-124. — 3 Tab.
Im Moskauer Gebiet wurden eine frühreifende und eine mittelspäte Sorte geprüft. Als Stützfrüchte dienten Gerste und Weißer Senf. Bei einer Normalaussaatnorm von 1,2 Mill. Samen/ha Erbsen wurden 0,3···0,6 Mill. Samen/ha Senf bzw. 2,4 Mill. Samen/ha Gerste beigemischt. Engsaaten (Reihenabstand 7,5 cm) ergeben 2···3 dt/ha höhere Erträge. In feuchten Jahren ist der Erbsenanbau mit der Stützfrucht Senf günstiger als ohne Stützfrucht. Unter optimalen Bedingungen entwickeln sich die Stützfrüchte recht gut und hemmen die Entwicklung der Erbsen. Gerste ist weniger als Stützfrucht geeignet. W. Schäfer. 792.

2-68/09-0508 Pal'čevskij, V. I. und Makarenko, P. I. Normy vyseva gorocha i ego urožaj. **(Der Ertrag von Erbsen bei verschiedenen Aussaatnormen.)** Rastenievodstvo, Kiev 4 (1967) S. 93-96. — 4 Tab.
Die Versuche wurden 1961—1963 im südlichen Waldsteppengebiet der Ukraine durchgeführt. 2 Sorten mit 3 verschiedenen Aussaatnormen wurden bei einem Reihenabstand von 7,5 cm geprüft. Die Saatnorm von 1,0···1,1 Mill. aufgegangener Samen/ha erbrachte die höchsten Erträge. Das gleiche Ergebnis wurde im Großversuch in der Praxis erzielt.
W. Schäfer. 792.

2-68/09-0509 Tymčuk, M. Ja. und Koljada, V. P. Urožaj i kačestvo semjan gorocha v zavisimosti ot gustoty seva. **(Ertrag und Qualität von Erbsensamen in Abhängigkeit von der Saatdichte.)** Rastenievodstvo, Kiev 4 (1967) S. 97-101. — 3 Tab.
Vff. berichten über Saatmengenversuche aus den Jahren 1962—1964 im Gebiet von Charkow. Geprüft wurden die Sorten 'Mahndorfer Viktoria' und 'Ramonskij 77' bei einem Reihenabstand von 15 und 45 cm und der Aussaatnorm im Bereich von 0,4···1,2 Mill. Samen/ha. Der höchste Ertrag wurde bei einer Aussaatnorm von 1,0 Mill. Samen/ha für die Sorte 'Viktoria' und 1,2 Mill. Samen/ha für 'Ramonskij 77' erzielt. Letztere war 'Viktoria' um 3 dt/ha überlegen. Bei einem Reihenabstand von 45 cm war der Ertrag bedeutend geringer. Mit Steigerung der Aussaatnorm sinken die TKM und der Vermehrungskoeffizient. Bei der Prüfung von Nachkommen aus dünnen Saaten waren diese denen aus dichten Saaten um 7,5% im Ertrag überlegen. W. Schäfer. 792.

2-68/09-0510 Gorodnij, N. G., Ustimenko, A. S. und Trop, L. S. Sposoby seva i normy vyseva gorocha v pravoberežnoj Lesostepi i južnom Poleśe Ukrainy. **(Aussaatmethoden und Aussaatnormen bei Erbsen im Waldsteppengebiet der rechten Flußufer und im südlichen Polessje-Gebiet der Ukraine.)** Rastenievodstvo, Kiev 4 (1967) S. 81-86. — 6 Tab.
1962–1964 wurden an mehreren Orten Versuche mit 5 verschiedenen Saatmethoden und den Saatnormen von 0,8···1,4 Mill. aufgegangener Samen/ha bei 2 Sorten gemacht. Die höchsten Erträge wurden bei Reihenabständen von 15 und 7,5 cm mit der Norm von 1,0···1,3 Mill. Samen/ha erzielt. Einmaliges Eggen bei einer Pflanzenhöhe von 6···7 cm zerstörte 60 bis 70% des Unkrautes. Bei den verschiedenen Saatmethoden wurden Unterschiede im Wuchs des Wurzelsystems, der Bildung und Zahl der Wurzelhärchen, der Größe der Ad- und Absorptionsoberflächen der Wurzeln festgestellt. Auch bei der Anzahl der Blätter sowie im Chlorophyll- und Karotingehalt bestehen Unterschiede. W. Schäfer. 792.

2-68/09-0511 Čujko, V. K. und Gulenko, A. T. Vlijanie termičeskogo faktora na rost, razvitie i urožaj gorocha (po materialam gosudarstvennogo sortoispytanija). **(Der**

Einfluß des Wärmefaktors auf Wachstum, Entwicklung und Ertrag von Erbsen.) Rastenievodstvo, Kiev 4 (1967) S. 76-80. — 5 Tab., 6 Lit.
Vf. berichtet über die Ergebnisse von 43 Versuchen aus den Jahren 1946—1964 im Gebiet von Poltawa. Zwischen den mittleren Tageslufttemperaturen und dem Zeitraum der verschiedenen Wachstumsperioden besteht eine hohe positive Korrelation; ebenso besteht eine hohe Abhängigkeit zwischen der Summe der gefallenen Niederschläge in jeder Periode und der Dauer dieser Periode. Die Zeitdauer zwischen Saat und Aufgang ist ohne Einfluß auf die Keimfähigkeit. Höhere Temperaturen in der Periode Aufgang bis Blüte bedingen verkürzten Pflanzenwuchs und eine niedrigere Zahl fruchttragender Hülsen verbunden mit einem starken Ertragsabfall an Korn. Der optimale Temperaturbereich liegt bei 15···18 °C für die Periode Aufgang bis Blüte und bei 18···21 °C für die Periode Blüte bis Reife. W. Schäfer. 792.

2-68/09-0512 Gorodnij, N. G. und Sinel'nik, A. D. Sroki uborki gorocha. (**Der Erntezeitpunkt bei Erbsen.**) Rastenievodstvo, Kiev 4 (1967) S. 87-92. — 3 Tab.
In der Ukraine wurden 1962—1964 Versuche mit 3 Saatverfahren (Normal-, Eng- und Breitsaat) und Ernte zu 4 verschiedenen Reifestadien, welche in der Breite von 1···2 reifen Hülsen/Pflanze bis zur vollen biol. Reife lagen, durchgeführt. Diese Perioden lagen 6···9 d auseinander. Von den Saatverfahren wies die breitreihige Saat (45 cm) die niedrigsten Erträge auf. Von den Reifestadien zeigte die Reifegruppe II bei 2···3 reifen Hülsen/Pflanze die höchsten Erträge an Korn und Protein. Eiweiß- und Fettgehalt sowie Keimfähigkeit waren bei den vollausgereiften Samen am höchsten. Um eine verlustlose Ernte bei Erbsen durchzuführen, muß die Ernte innerhalb von 3···4 d von Beginn der Reife der 2.—3. Hülse abgeschlossen sein. W. Schäfer. 792.

2-68/09-0513 Knüpfer, H. **Bericht über die Haupt- und Kontrollprüfung mit Ackerbohnen 1966.** Hrsg.: Zentralstelle für Sortenwesen. 1968. (6 S.)
An 17 nach Boden und Klima unterschiedlichen Versuchsorten wurden die Sorten 'Erfordia', 'Fribo' und 'Dornburger' geprüft. Versuchsvoraussetzungen, Wachstumsbeobachtungen u. Versuchsergebnisse werden in Tabellen dargestellt. Im Mittel aller Versuche wurde der höchste Samenertrag bei 'Fribo' mit rel. 103 zum Sortenmittel von 37,3 dt/ha festgestellt. Es folgen 'Erfordia' mit rel. 100 und 'Dornburger' mit rel. 97. Für 'Dornburger' wurde die höchste TKM ermittelt. P. Hahn. 795.

2-68/09-0514 Bareš, I. Bob Pluto. (**Die Ackerbohnensorte 'Pluto'.**) Za vysokou Úrodu 16 (1968) Nr. 1. S. 18-20. — 2 Abb., 2 Tab.
Aus der ursprünglichen Sorte 'Farzala M 742', die als Landsorte aus Griechenland stammt, entstand durch wiederholten Nachbau, bei dem es zur natürlichen Kreuzung und Akklimatisation kam, eine Population, die 1967 als selbständige Sorte unter dem Namen 'Pluto' anerkannt wurde. Die neue Sorte besitzt einen mittelhohen bis hohen Stengel, ist mäßig lageranfällig, hat mittelgroße Blätter und zylinderförmige Hülsen. Die Samen sind groß und hellgelbbraun. Die TKM beträgt 588 g. 'Pluto' ist mittelfrüh. In bezug auf Krankheitsresistenz und Lagerbeständigkeit unterscheidet sie sich nicht von den übrigen anerkannten Ackerbohnensorten, hat aber um 16,7% größere Samen. Die größeren Samen bedingen einen höheren Ertrag. 'Pluto' ist eine intensive Sorte mit höheren Ansprüchen an Niederschläge und Bodenfruchtbarkeit. Sie eignet sich für kältere Lagen im Rübenanbaugebiet und für günstigere Bedingungen im Kartoffelanbaugebiet. Im Vergleich mit der Sorte 'Povázský' weist 'Pluto' einen um 10% höheren Roheiweißertrag in der Grünsubst. auf. ČSSR/ÚVTI. 795.

2-68/09-0515 Sorin, D. L. Chimičeskij sostav kormovych bobov v zavisimosti ot pogodnych uslovij i priemov vyraščivanija v gornoj karpatskoj zone Černovickoj oblasti. (**Chemische Zusammensetzung von Ackerbohnen in Abhängigkeit von den natürlichen Bedingungen und Anbauverfahren in den Karpaten im Gebiet von Tschernowzy.**) Rastenievodstvo, Kiev 4 (1967) S. 113-115. — 2 Tab.
Die Versuche wurden 1962—1964 in einer Höhe von mehr als 2000 m durchgeführt. Die jährliche Niederschläge betragen 700···1000 mm. Normalsaaten und Saaten nach dem Quadratnestverfahren ergaben höhere Eiweißerträge, bei breiten Saaten (Reihenabstand 45 cm) war der Fettgehalt am höchsten. Höhere Aussaatmengen brachten einen höheren Gehalt an Inhaltsstoffen. Bei reichlichen Niederschlägen steigt der Fettgehalt in den Pflanzen, der Eiweißgehalt sinkt. Günstige Bedingungen für die fettaufbauenden Fermente unterdrücken die Arbeit der eiweißbildenden Fermente. W. Schäfer. 795.

2-68/09-0516 Knüpfer, H. **Bericht über die Haupt- und Kontrollprüfung mit Sommerwicken 1966 (Samen- und Grünmasseertrag).** Hrsg.: Zentralstelle für Sortenwesen. 1968. (12 S.)
An 13 nach Boden und Klima unterschiedlichen Versuchsorten wurden 4 Sorten auf ihre Leistung im Samen- und Grünsubst.-Ertrag geprüft. Versuchsvoraussetzungen, Wachstumsbeobachtungen und Ertragsergebnisse werden in Tabellen dargestellt. Die höchsten Samenerträge im Mittel aller Versuche brachten bei einer Bezugsbasis von 14,8 dt/ha 'Rügener' mit rel. 112 und 'Torysa' (rel. 112). Es folgten 'Nordost' mit rel. 96 und 'Ettersberger' mit rel. 92. Im Grünsubst.-, Tr.-Subst.- und Rohproteinertrag waren ebenfalls 'Rügener' und 'Torysa' die leistungsstärksten Sorten. Im Tr.-Subst.-Gehalt waren die Unterschiede gering, der höchste wurde mit 16,7% bei 'Torysa' gemessen, der niedrigste bei 'Ettersberger'. Der höchste Rohprtoteingehalt wurde bei 'Rügener' mit 21,7%, der niedrigste bei 'Torysa' mit 20,3% festgestellt. P. Hahn. 798.

2-68/09-0517 **Bericht über die Haupt- und Kontrollprüfung mit Sommerwicken 1967.** Hrsg.: Zentralstelle für Sortenwesen. 1968. (10 S.)
An 11 Versuchsorten wurden 4 Sorten auf ihre Leistungsfähigkeit im Samen- und Grünmasseertrag geprüft. Versuchsvoraussetzungen, Wachstumsbeobachtungen und Ertragsergebnisse werden in Tabellenform dargestellt. Im Mittel aller Versuche ergab sich folgende Rangfolge im Grünmasseertrag: 'Rügener' (rel. 104), 'Ettersberger' (rel. 99), 'Torysa' (rel. 98), 'Nordost' (rel. 97); Trockenmasseertrag: 'Ettersberger' (rel. 102), 'Rügener' (rel. 99), 'Torysa' (rel. 98) und 'Nordost' (rel. 95); Rohproteinertrag: "Ettersberger' (rel. 102), alle anderen Sorten rel. 99; Samenertrag: 'Torysa' (rel. 105), 'Rügener' (rel. 103), 'Ettersberger' (rel. 102) und 'Nordost' (rel. 95). P. Hahn. 798.

2-68/09-0518 Šinkký, T. Sója Nigra. **(Die Sojabohnensorte 'Nigra'.)** Za vysokou Úrodu **16** (1968) Nr. 1. S. 17-18. — 2 Abb., 1 Tab.
Unter den anerkannten Sorten der ČSSR war die Sojabohne (S.) bisher nur durch 'Kroměřížaská raná zlutá' (frühreif, gelb, vor allem für Futterzwecke gezüchtet, vertreten. S. ist als Futterpflanze von großem Wert, da sie Eiweiß, Öl, Mineralstoffe und Lezithin enthält. Die neu anerkannte Sorte 'Nigra' wurde mit Hilfe der Methode der wiederholten individuellen Selektion gezüchtet. Ausgangsmaterial war die ältere chin. Sorte 'Mukden 624'. Im Vergleich mit der Sorte 'Kroměřížská' bietet 'Nigra' um 25,5% höhere Erträge. 'Nigra' ist eine mittelfrühreife wüchsige Sorte, die im Apr. gesät wird und unter günstigen Bedingungen 90···100 cm Höhe erreicht. Die Hülsen sind mittelgroß und enthalten 1···2 Samen. 'Nigra' eignet sich für maschinelles Ernten. ČSSR/ÚVTI. 805.

2-68/09-0519 Schuster, W. und Bretschneider-Herrmann, B.; Gießen, Justus Liebig-Univ., Inst. für Pflanzenbau und Pflanzenzücht. **Untersuchungen über den Einfluß von Temperatur und Tageslänge auf Wachstum und Entwicklung von Ölrettichstämmen im Phytotron mit vergleichenden Beobachtungen an Feldversuchen.** Z. Pflanzenzücht. 58 (1967) Nr. 4. S. 383-399. — 4 Abb., 5 Tab., 13 Lit.
An Prüfungen der Ölrettichformen 'Rauola', 'Siletta', 'Stamm 252/50' und Stamm 454/62' im Phytotron (A. Temperaturversuch: 1. 8 °C nachts, 16 °C tags, Mitteltemperatur: 13 °C; 2. 14 °C nachts, 22 °C tags, Mitteltemperatur: 19 °C B. Tageslängenversuch: 1. 13-Stundentag, 2. 17-Stundentag) und im Freiland (1964 und 1965, 4 Saattermine: Anfang Mai, Anfang Juli, Anfang Aug., Mitte Aug.) wurden Wuchslängenmessungen durchgeführt sowie die Daten des Blühbeginns und der Vollblüte festgestellt. Die Wuchshöhe diente auf Grund ihrer engen Korrelation zum Tr.-Subst.-Ertrag ($r = 0{,}932$) als Maßstab für die Ertragsleistung. — Diese vergleichenden Untersuchungen führten zur genauen Charakterisierung und deutlichen Differenzierung des temperatur- und tageslängenabhängigen Verhaltens der geprüften Formen, wobei sich die im Feldversuch ermittelten Unterschiede zwischen den beiden Versuchsjahren durch unterschiedliche Temperaturreaktionen der Formen erklären lassen. Die Untersuchungen im Phytotron sind geeignet, langjähr. und aufwendige Saatzeitenversuche zu ersetzen. A. Meinel. 827.

2-68/09-0520 Urie, A. L., Leininger, L. N. und Zimmer, D. E. Development of safflower seed as influenced by windrowing varieties, and season. **(Die Entwicklung von Saflorfrüchten unter dem Einfluß von Schwadablage, Sorte und Jahreszeit.)** Crop Sci. 7 (1967) Nr. 6. S. 584-587. — 2 Abb., 1 Tab., 6 Lit.

Bei Ablage des Saflors im Schwad, 24 d nach Erreichen einer 90%igen Blüte des Bestandes, wurde unter normalen Witterungsbedingungen (1961) der Ertrag um 5% gegenüber dem reifer Pflanzen vermindert. Bei gleichem Schnittzeitpunkt im kalten Jahr 1962 sank der Ertrag dagegen um 23%, bei 31 d nach 90%iger Blüte um 12%. Frühe Schwadablage und kaltes Wetter reduzierten bes. den Ertrag der Sorte 'Nebraska 4051', weniger der Sorten 'Gila' und 'US-10'. TKM, Schüttdichte und Ölgehalt waren 1962 niedriger, der Wassergehalt höher als 1961. W. Merfert. 827.

2-68/09-0521 Hansmann, G. **Bericht über die Haupt- und Kontrollprüfung mit Kartoffeln 1964. A. Sehr frühe und frühe Reifegruppe.** Hrsg.: Zentralstelle für Sortenwesen. 1967. (33 S.)
An 26 nach Boden und Klima unterschiedlichen Versuchssorten wurden 4 Sorten und 9 Neuzüchtungen geprüft. Versuchsvoraussetzungen, Wachstumsbeobachtungen, Krankheitsbefall, Qualitätsfeststellungen und Ertragsergebnisse zu 3 Ernteterminen werden in Tabellen dargestellt. Im Mittel aller Versuche zeigten sich als leistungsfähigste Sorten: Knollenertrag 1. Rodung: 'Auriga' (rel. 110) 'Groß Lüsewitzer 54.853/7' (rel. 104), 'Lindenhof 4403/55 (rel. 102) 'Antares' (rel. 100); 2. Rodung: gleiche Sortenfolge, rel. 105, 101, 108, 104, 'Lindenhof 4545/56' rel. 104; 3. Rodung: 'Lindenhof 4403/55 '(rel. 108), Lindenhof 4545/56' (rel. 103), 'Amsel' (rel. 102), 'Antares '(rel. 102). Marktwareertrag: 1. Rodung: 'Lüsewitzer 54.872/172' (rel. 125), 'Lindenhof 4403/55' (rel. 119), 'Lindenhof 4545/56'(rel. 117), 'Auriga' (rel. 115); 2. Rodung: gleiche Sortenfolge, rel. 113, 122, 119, 108, 'Lindenhof 4987/54' rel. 112; 3. Rodung: Lindenhof 4403/55' (rel. 118), Lindenhof 4545/56' (rel. 114), 'Lindenhof 4987/54 '(rel. 109), 'Antares' (rel. 105). Stärkeertrag zur 3. Rodung: 'Antares' (rel. 107), 'Lindenhof 4403/55' (rel. 102), Groß Lüsewitzer 54.853/7' (rel. 101). P. Hahn. 832.

2-68/09-0522 Hansmann, G. **Bericht über die Haupt- und Kontrollprüfung mit Kartoffeln 1966. Mittelfrühe bis späte Reifegruppe.** Hrsg: Zentralstelle für Sortenwesen. 1967. (87 S.)
An 44 nach Boden und Klima unterschiedlichen Versuchssorten wurden 19 Sorten und 16 Neuzüchtungen geprüft. Der Versuch wurde in die 3 Reifegruppen mittelfrüh, mittelspät und spät unterteilt. Umfangreiche Wachstumsbeobachtungen, Krankheits- und Qualitätsfestellungen werden in Tabellen bekanntgegeben. Im Mittel aller Versuche wurden als ertragreichste Sorten festgestellt: Mittelfrühe Reifegruppe, Knollenertrag, 'Groß Lüsewitzer 58.469/7' (rel. 121), 'Rotkehlchen' (rel. 120), 'Pirat' (rel. 109), 'Firmula' (rel. 101). Marktwareanteil: gleiche Reihenfolge mit rel. 126, 127, 108 und 102. Stärkeertrag: Rotkehlchen '(rel. 126), 'Groß Lüsewitzer 58469/7' (rel. 123), 'Kastor' (rel. 116) und 'Firmula' (rel. 108). Mittelspäte Reifegruppe: Knollenertrag: 'Malchower 58.9/152' (rel. 126), 'Groß Lüsewitzer 58.343/5' (rel. 123), Lindenhof 975/57' (rel. 116). Marktwareertrag: gleiche Sortenfolge mit rel. 127, 129, 123, 118, 117. Stärkeertrag: 'Malchower 58.9/152' (rel. 130), 'Lindenhof 975/57' (rel. 130), 'Wento 58.7/49 N' (rel. 125), 'Karow 58.235/4N' (rel. 122), 'Apollo' (rel. 121). Späte Reifegruppe: Knollenertrag: 'Groß Lüsewitzer 55.958/47' (rel. 106), 'Ora' (rel. 106), 'Zeisig' (rel. 102), ''Sperber' (rel. 100), 'Gerlinde' (rel. 100). Marktwareanteil: gleiche Sortenfolge mit rel. 111, 109, 102, 96, 100. Stärkeertrag: 'Ora' (rel. 108), 'Gerlinde' (rel. 107), 'Pollux' (rel. 102), Groß Lüsewitzer 55.958/47' (rel. 98). P. Hahn. 832.

2-68/09-0523 Anonym. **Sortenheft 1967/1968.** Niederl. Kartoffel **1967/68** 28 S.
In dem vorliegendem Heft werden 74 Kartoffelsorten nach Reifezeit, Ertrag, Knollenbeschaffenheit, Krauteigenschaften, Krankheiten und weiteren Eigenschaften (Haltbarkeit, technol. Eigenschaften, Durchwuchsneigung usw.) beschrieben. Auch ist angegeben, aus welchen Kreuzungen die betr. Sorte stammt sowie der Züchter und sein Vertreter in den Niederlanden. Am Schluß des Heftes sind in einer Tabelle die Sorten nochmals zusammengestellt und nach 23 verschiedenen Eigenschaften charakterisiert. W. Stenz. 832.

2-68/09-0524 Berindei, M., Catelly, T. und Dragomir, Lucia. **Influenţa mărimii cartofilor de sămînţă asupra produţciei. (Einfluß der Größe der Saatknollen auf die Kartoffelerträge.)** An. Inst. Cercetări Cereale şi Plante Tehn., Fundulea, Bucureşti, Ser. C **34** (1966, hrsg. 1967) S. 431-437. — 2 Tab., 11 Lit. Zus. in Russ., Engl. — nach engl. Zus.
1961 bis 1965 wurden in der Versuchsstation von Argeş und im Versuchszentrum von Domneşti (Gebiet von Bukurest) Untersuchungen mit Frühkartoffeln durchgeführt, um den Einfluß der Saatknollengröße auf den Ertrag je nach der Pflanzdichte zu bestimmen. Die Größe

der Pflanzkartoffeln ist von geringer Bedeutung, wenn das Saatgut gesund ist. Um dieselbe Anzahl von Hauptstengeln/ha zu erzielen, die in großem Maße den Kartoffelertrag bedingt, sollte die Pflanzdichte dem Pflanzenmaterial angemessen sein. Die besten Ertrags- und ökon. Ergebnisse wurden bei Frühkartoffeln durch Pflanzung von Knollen folgender Größen erzielt: mittelgroße Knollen (60···70 g) bei 45000 Löchern/ha; kleine Knollen (35 g) bei 65000···80000 Löchern/ha und Knollenstücke (30···35 g) bei 65000···80000 Löchern/ha. Gute Ergebnisse wurden durch Pflanzung kleiner Knollenstücke (18···22 g) bei einer Dichte von 80000···100000 Löchern/ha nur dann erzielt, wenn sie sehr zeitig geerntet wurden. 832.

2-68/09-0525 Neubauer, W. und Prehn, H. **Ist das Schneiden von Kartoffelpflanzgut ein Problem?** Saat- und Pflanzgut **9** (1968) Nr. 3. S. 61-63. — 1 Abb., 3 Tab., 10 Lit.
Knollen der Sorten 'Ora' und 'Gerlinde' aus Partien, die mit naßfaulen Knollen durchsetzt waren ('Ora' 11,9%, 'Gerlinde' 6,2%), wurden geschnitten und vor- oder nachher bei unterschiedlicher Temperatur gelagert und z. T. unmittelbar nach dem Schneiden bzw. nach 5 d in eine Aufschwemmung naßfauler Knollen getaucht. Die Zahl der Fehlstellen war bei beiden Sorten am höchsten, wenn die geschnittenen Knollen sofort infiziert wurden. Mit zunehmender Temperatur, bei der die Knollen vor oder nach dem Schneiden lagerten, ging der Anteil Fehlstellen zurück. Der Anteil schwarzbeiniger Stauden wurde durch Temperaturbehandlung nicht und durch die Infektionsvarianten nur bei 'Ora' (Temperatur vor und nach dem Schneiden 20 °C) signifikant beeinflußt. Für die Praxis wird u. a. empfohlen, die fäulnisempfindlichen Sorten 'Kastor', 'Firmula', 'Schwalbe', 'Spatz', 'Sperber', 'Gerlinde' nicht zu schneiden. Die zu schneidenden Knollen sind ca. 1 Woche lang vor dem Schneiden auf 15···20 °C zu erwärmen, mindestens 1 Woche vor dem Pflanzen zu schneiden und dann bei gleicher Temperatur bis 1 d vor dem Pflanzen gut durchlüftet zu lagern.
J. Vogel/Groß-Lüsewitz. 832.

2-68/09-0526 Burghausen, R. **Welcher Reihenabstand ist für den Kartoffelanbau am günstigsten?** Wiss. u. Prax., Erfurt **1968** Nr. 2. S. 18-21. — 1 Abb., 6 Tab., 16 Lit. — nach Zus.
Die Reihenabstände 62,5 cm (Normalreihen), 75,0 cm (Breitreihen) und 62,5 + 87,5 cm (Doppelreihen) wurden 1963-1967 in exakten Feldversuchen und Betriebsgroßversuchen untersucht. Es wird empfohlen, den Reihenabstand von 62,5 + 87,5 cm (Doppelreihen) als wichtige Rationalisierungsmaßnahme in den Kartoffelbau einzuführen. 832.

2-68/09-0527 Pehl, P. und Sturm, H. **Einfluß der Begrünung im Kartoffelbau auf die Bodenleistung.** Kartoffelbau **19** (1968) Nr. 1. S. 11-12. — 3 Abb., 3 Tab.
Die günstige Wirkung von Gründüngung auf den Kartoffelertrag wird an Versuchen mit Liho-Raps dargelegt. Der Knollenertrag nahm mit steigenden N-Gaben zu Liho-Raps zu; sogar abgefütterter Liho-Raps verbesserte den Kartoffelertrag um 16%. Durch die Entwicklung einer neuen Sorte 'Lihonova' konnte eine weitere Verbesserung erzielt werden. 'Lihonova' ist weniger stark mit der Langtagseigenschaft der bisherigen So.-Rapssorten und damit mit ihrer Blühfreudigkeit bei früher Aussaat behaftet. 'Lihonova' kann 2···3 Wochen früher gesät werden und dringt dann 10···15% höhere Grünmasseeträge als Liho-Raps. Besonders geeignet ist diese Sorte aber für Spätsaaten Ende Aug. und Anfang Sept. Bis in den Winter hinein kann 'Lihonova' frisch vom Felde verfüttert oder siliert werden, da sie mehrmalige Herbstfröste bis —10 °C verträgt.
Ch. Pfeffer/Groß-Lüsewitz. 832.

2-68/09-0528 Bragin, A. M. und Savickaja, G. V. Zavisimost' veličiny i kačestva urožaja kartofelja ot sistemy udobrenija v sevooborote. (**Die Abhängigkeit des Ertrages und der Qualität der Kartoffel vom Düngungssystem in der Fruchtfolge.**) Agrochimija, Moskva **1968** Nr. 2. S. 80-86.
1958 bis 1967 wurden in einer 9feldrigen Fruchtfolge auf Rasenpodsolboden mit pH 4,8 eine Serie mit Mineraldünger + Kalk + 2 × je 30 t/ha Stalldung, eine Serie mit Mineraldünger + Stalldung und eine Serie mit Mineraldünger + Kalk geprüft. In der 3. Serie wurde der Stalldung durch zusätzliche Mineraldüngung äquivalent ausgeglichen. Der Wi.-Weizen als Vorfrucht erhielt 30 kg/ha N + 10 P, in Serie 3, 50 kg N, 30 P, 40 k. Die Kartoffel erhielt 10 kg P bzw. 40 kg N, 40 P und 40 K. Sowohl in Wachstum, Entwicklung und Knollenertrag als auch in Stärkegehalt und Gehalt an Askorbinsäure waren alle 3 Serien nicht singifikant verschieden. H. Grieß/Groß-Lüsewitz. 832.

2-68/09-0529 Gericke, S. **Wechselwirkungen der Düngernährstoffe bei Kartoffeln.** Kartoffelbau 19 (1968) Nr. 1. S. 6-7. — 5 Tab., 2 Lit.
Aus der Gegenüberstellung (1900-1965) von Düngerverbrauch und Kartoffelerträgen im statist. Durchschnitt der deutschen Anbaugebiete und der in den gleichen Jahren erzielten Erträge bei Düngungsversuchen ist zu erkennen, daß die Kartoffelerträge mit steigender Nährstoffzufuhr angestiegen sind. Für die Wirkung der einzelnen Düngernährstoffe wurde durch die Auswertung von 800 Versuchen nachgewiesen, daß die Wirkung von P durch ausreichende K-Gaben sehr erhöht wird, während dies bei N erst bei Gaben über 120 kg/ha N der Fall ist. Die Wirkung der N-Düngung ist von der Höhe der P- und K-Düngung abhängig. Ch. Pfeffer/Groß-Lüsewitz. 832.

2-68/09-0530 Amberger, A.; Weihenstephan, Inst. für Pflanzenernähr. der TH München. **Aktuelle Düngungsfragen im Stärkekartoffelanbau.** Kartoffelbau 19 (1968) Nr. 1. S. 2. 4-5. — 5 Tab., 2 Lit.
Empfehlungen für die org. und mineral. Düngung von Stärkekartoffeln, speziell für Bayern, werden gegeben. Ein bes. Abschnitt ist der Verbesserung der Haltbarkeit und Lagerfähigkeit gewidmet. Neben sortentypischen Einflüssen nimmt die Beschädigungsempfindlichkeit der Kartoffelknollen mit Erhöhung der N-Düngung zu. Dies liegt vornehmlich an der mangelnden physiol. Reife. Darüber hinaus nimmt mit der N-Düngung auch die Knollengröße zu; größere Knollen sind aber im vollmechanisierten Ernteverfahren in höherem Maße der Gefahr von Beschädigungen ausgesetzt. In einem weiteren Versuch wurde ermittelt, daß die Peroxydase- bzw. Katalaseaktivität in den Kartoffeln mit der Höhe der K-Gabe deutlich zurückgeht. Die Stoffwechselaktivität in den gut mit K gedüngten Kartoffeln ist also gering, die Knolle kommt schneller zur Ruhe. Ch. Pfeffer/Groß-Lüsewitz. 832.

2-68/09-0531 Heintze, Rudolf. **Bisherige Erfahrungen mit der Flüssigdüngung im Kartoffelbau.** Kartoffelbau 19 (1968) Nr. 1. S. 12-13. — 4 Tab.
Aus ca. 230 Versuchen ergibt sich, daß die Ertragsleistung von wasserfreiem Ammoniak etwa die gleiche ist wie die fester Düngemittel auf Ammoniakbasis. Bei mittelfrühen Kartoffeln wurde gegenüber ohne N ein rel. Ertrag von 144 mit wasserfreiem Ammoniak und von 154 mit Kalkammonsalpeter erzielt. Frühkartoffeln reagierten ungünstiger. Wasserfreies Ammoniak ist eine unter Druck (bis 20 atü) gehaltene ätzende Flüssigkeit. Deswegen ergeben sich bei der Anwendung einige Nachteile. Drucklose Düngerlösungen eröffnen günstige Möglichkeiten. Die Verfahrenskosten belaufen sich bei Anwendung von wasserfreiem Ammoniak auf 35,—···56,— DM/ha. Demgegenüber betragen sie bei Lösungen ca. 12···20,— DM/ha. In Anbetracht der hohen Investitionen, die für die Ausbringung von N als Flüssigdünger nötig wären, wird sich die Flüssigdüngung auf breiter Basis in Westdeutschland wahrscheinlich noch nicht einführen.
Ch. Pfeffer/Groß-Lüsewitz. 832.

2-68/09-0532 Demel, Johanna. **Der Einfluß der künstlichen Beregnung auf die Knollenzahl und das Knollengewicht von Kartoffeln (Versuche in Fuchsenbigl 1962 bis 1964.)** Bodenkultur, Wien, Sonderh. Nr. 18. Jb. 1966 (hrsg. 1967) S. 155-172.
1962-1964 wurden im Marchfeld 5 frühe-mittelfrühe und 5 späte Sorten je nach Witterung zusätzlich Mitte Mai bis Mitte Juli beregnet und zu 8 Terminen gerodet. Die Wassermengen betrugen 15···65 mm. Die ges. Wassermenge wurde im Mittel auf ca. 500 mm pro Jahr eingestellt (davon 1964 nur 227 mm natürlicher Niederschlag). Die frühen Sorten wiesen i. allg. einen höheren Staudenertrag auf als die späten. Durch die künstliche Beregnung wurde der Ertrag aller Sorten ungefähr verdoppelt. Die Erhöhung erfolgte vor allem über die größere Menge der mittleren und großen Sortierung, weniger über die Knollenzahl. Die Frühsorten hatten bereits bei der 1. Rodung ihre Knollenzahl erreicht, während die späten sie kontinuierlich erhöhten. Die vielknolligen Sorten 'Sissy' und 'Susanna' erhöhten ihren Marktwareanteil durch Beregnung beträchtlich.
H. Grieß/Groß-Lüsewitz. 832.

2-68/09-0533 Popov, P. Reakcijana njakoi sortove kartofi pri defoliacijata im i svurzvaneto j s povredite ot koloradskija brŭmbar. **(Die Reaktion einiger Kartoffelsorten auf Defoliation und ihre Verbindung mit den durch den Kartoffelkäfer verursachten Schäden.)** Rastenievŭdni nauki, Sofija 4 (1967) Nr. 9. S. 93-105. — 10 Abb., 10 Lit. Zus. in Russ., Engl.
Die Sorten 'Saskia', 'Iskr' und bes. 'Antares' zeichnen sich durch gute Regenerationsfähigkeit aus. Die Regeneration verläuft günstiger bei Defoliation vor und während der Blüte

sowie in Jahren mit normalen und übernormalen Niederschlägen. Die Ertragsverringerung war bei Pflanzen, die zu 33% entblättert wurden, nur gering. Bei Defoliation zu 66 und 100% jedoch war ein deutlicher Unterschied festzustellen. NRB/CSNTI. 832.

2-68/09-0534 Kissmeyer-Nielsen, E. und Weckel, K. G. The effects of soil temperature, harvest sequence and storage on French fry processing quality of potatoes. (**Wirkungen der Bodentemperatur, des Erntezeitpunktes und der Lagerung auf die Qualität der Kartoffeln zur Herstellung von Pommes frites.**) Europ. Potato J., Wageningen **10** (1967) Nr. 4. S. 312-326. — 4 Abb., 8 Tab., 15 Lit.
Kartoffeln der Sorten 'Russet Burbank' und 'Russet Sebago' (4 Standorte des Staates Wisconsin) wurden zu 9 verschiedenen Terminen geerntet, und zwar in Abständen von ca. 1 Woche. Ein Teil der Kartoffeln wurde unmittelbar nach der Ernte zur Herstellung von Pommes frites verwendet, der andere Teil wurde bei 10 °C und 85···90% rel. Luftfeuchtigkeit gelagert. Nach 2-, 4- und 5-monatiger Lagerung wurden die Kartoffeln 3 Wochen bei 21 °C aufbewahrt. Es wurde die Dichte und der Gehalt an red. Zuckern bestimmt. Mit späterem Rodetermin stieg der Gehalt an red. Zuckern in den Knollen an, weil die Bodentemperatur sank. Spät geerntete Knollen waren zwar ausgereift, doch ließen sie sich wegen des hohen Gehalts an red. Zuckern nicht sofort zu tiefgefrorenen Pommes frites verarbeiten. Auch früh geerntete, unreife Knollen hatten einen hohen Gehalt an red. Zuckern, wenn sie bei 10 °C gelagert wurden, so daß sie selbst nach Warmlagerung nicht für die Herstellung von Pommes frites geeignet waren Zur Herstellung von Pommes frites guter Qualität ist ein Gehalt von 0,3···0,5% an red. Zuckern in den Kartoffeln notwendig. Mit zunehmender Lagerdauer bei 10 °C wurden die aus solchen Kartoffel hergestellten Pommes frites schlechter beurteilt. J. Vogel/Groß-Lüsewitz. 832.

2-68/09-0535 Burghausen, R. **Rationalisierungsmaßnahmen im Kartoffelbau.** Erfahr., Erkenntnisse, Anwend. für d. sozialist. Landwirtsch. Bezirkes Gera 4 (1967) Nr. 4. S. 13-17. — 1 Tab. 832.

2-68/09-0536 Käufhold, W. **Ergebnisse der Sortenversuche zu Kartoffeln.** Wiss. u. Prax., Erfurt **1968** Nr. 2. S. 25-28. — 2 Abb., 5 Tab. 832.

2-68/09-0537 Riedl, W. A. Wyred — a new high yielding, red potato variety. (**'Wyred', eine neue sehr ertragsfähige, rote Kartoffelsorte.**) Amer. Potato J. **45** (1968) Nr. 1. S. 33 bis 35. — 2 Tab. 832.

2-68/09-0538 Ulbricht, G. **Die Qualität der Pflanzkartoffeln entscheidend verbessern.** Saat- u. Pflanzgut **9** (1968) Nr. 3. S. 51-54. 832.

2-68/09-0539 Damm, J. **Vorstellungen zur künftigen Pflanzkartoffelerzeugung im Bezirk Neubrandenburg.** Saat- und Pflanzgut **9** (1968) Nr. 3. S. 48-49. 832.

2-68/09-0540 Hoppe, P. **Erste Erfahrungen bei der Einführung größerer Reihenabstände und Arbeitsbreiten im Kartoffelbau.** Saat- u. Pflanzgut **9** (1968) Nr. 3. S. 56-57. — 1 Abb., 3 Lit. 832.

2-68/09-0541 **Industriemäßige Kartoffelproduktion.** Neubrandenburg: Bezirkslandwirtschaftsrat. 1967. (63 S.) 8° = Empfehlungen über einheitliche Maschinensysteme im Bezirk Neubrandenburg. 1. (SR 3552,1) 832.

2-68/09-0542 Stănescu, Z., Torge, D., Staticescu, P., Coicev, V., Bîrsan, Maria, Afrire, N., Ilicevici, S., Cadar, T., Marcus, Șt., Pop, Cecilia und Covaci, Maria. Capacitatea de producție și calitatea soiurilor poliploide de sfeclă de zahăr. (**Ertragsfähigkeit und Eigenschaften der polyploiden Zuckerrübensorten.**) An. Inst. Cercetări Cereale și Plante Tehn., Fundulea, București, Ser. C 24 (1966, hrsg. 1967) S. 439-451. — 6 Tab., 7 Lit. Zus. in Russ., Engl. — nach engl. Zus.
Bei den Versuchen wurden 4 polyploide rumän. Zuckerrübensorten verwendet, ebenso wurden die sowj. monogerme Sorte 'Jaltuškovskaja 6989'. die Sorte 'Brasov 2 N, und einige andere anerkannte Sorten untersucht. Die Qualität dieser Sorten wurde mit der einiger Sorten anerkannter und einiger wertvoller ausländischer Sorten verglichen. In allen Anbaugebieten erzeugten die rumän. polyploiden Sorten, vor allem 'R Poly 1' und 'R Poly 7' höhere Zucker- und Wurzelerträge als die empfohlenen anerkannten Sorten, d. h. signifikante Zunahmen wurden im Süden des Landes, sehr signifikante (bei 'R Poly 7') und

äußerst signifikante (bei 'R Poly 1') im Westen des Landes und sehr signifikante Zunahmen in Transsylvanien festgestellt. Unter Bewässerungsbedingungen wurden sehr signifnikante Zunahmen bei 'R Poly 1' und 'R Poly 3' festgestellt. Die rum. polyploiden Sortei zeigten eine höhere technol. Qualität, die den besten ausländischen Sorten ähnelte (Maribo Resista Poly' und 'Kleinwanzleben Polybeta 24'). 834.

2-68/09-0543 Dorph-Petersen, K. und Dalbro, Karen. Talmaessig beskrivelse af roeform i bederoestammeforsøg. **(Zahlenmäßige Beschreibung der Rübenform im Zuckerrübensortenversuch.)** Tidsskr. Planteavl 71 (1967) Nr. 3. S. 385-391. — 4 Tab. Zus. in Engl.

3840 Rüben von 16 Sorten wurden gründlich gemessen: Höhe über der Erde, Länge, verschiedene Durchmesser: größter, Kopfscheibe, durchschnittlicher usw. Von diesen Maßen wurden eine Reihe von Funktionen abgeleitet. Die Formeln und die errechneten Werte im Durchschnitt für jede Sorte sind angegeben. Ziel der Untersuchungen war, spez. Abweichungen zwischen den Sorten zu finden. Weder die direkten noch die Funktionswerte waren als Sortencharakteristika anwendbar, da sie durch die Wuchsverhältnisse zu sehr beeinflußt werden. Einige der Maßfunktionen hatten beim Vergleich zwischen einzelnen Sorten so stabile Differenzen, daß sie zusammen mit anderen Kriterien zur Beurteilung von Gleichheit oder Unterschied von Sorten herangezogen werden können, wenn die Sorten im gleichen Versuch angebaut werden. W. Warwel. 834.

2-68/09-0544 Bachmann, E. und Oehme, H. **Verbesserung von Ertrag und Qualität im Zuckerrübenbau.** Feldwirtschaft 9 (1968) Nr. 3. S. 116-118. — 1 Abb., 3 Tab., 5 Lit. — nach Zus.

Der Erhöhung der Zuckerrübenerträge und der Verbesserung der Rübenqualität (Zuckergehalt) dienen die Verlängerung der Wachstumstzeit durch rechtzeitige Aussaat, die zielgerichtete Vorsaatbodenbearbeitung zur Förderung des Pflanzenaufganges, eine ausreichende Bestandesdichte und gute Pflanzenverteilung sowie eine harmonische Nährstoffversorgung. Vorbeugende und wirkungsvolle Pflanzenschutzmaßnahmen unterstützen die genannten Maßnahmen. 834.

2-68/09-0545 Krüger, K.-W. **Rübenbestellung in einem Arbeitsgang.** Feldwirtschaft 9 (1968) Nr. 3. S. 121-123. — 5 Abb., 3 Tab., 6 Lit. — nach Zus.

Anhand von Versuchen zur Saatbettbereitung zu Zuckerrüben wird untersucht, wie sich die Verringerung des Bestellaufwandes auf verschiedenen Standorten auf den Feldaufgang und auf die Rüben- und Krauterträge auswirkt. Als extremste Variante wird dabei ein kombiniertes Gerät für die Saatbettbereitung und die Aussaat vorgestellt, das die Rübenbestellung in einem Arbeitsgang ermöglicht. 834.

2-68/09-0546 Bronner, H. **Beobachtungen über den Feldaufgang von pilliertem Zukkerrübensaatgut in Oberösterreich.** Bodenkultur, Wien 19 (1968) Nr. 1. S. 46-54. — 3 Abb., 4 Tab., 8 Lit. Zus. in Engl. — nach Zus.

In 100 oberösterreich. Landwirtschaftsbetrieben wurde eine Auszählung der Rübenbestände hinsichtlich Feldaufgang, Doppelrüben und Fehlstellen vorgenommen. Es zeigte sich ein unterschiedlicher Feldaufgang, der %mäßig dargestellt wurde. Durch Regressionsanalyse wurden 2 Formeln errechnet, die die Abhängigkeit der Fehlstellen vom Ausgangsbestand deutlich machen. Die Einkeimigkeit auf dem Feld ist größer als der Laboruntersuchung entspricht. Nach den Erfahrungen von 1967 kann der überwiegende Teil der Rübenproduzenten auf Ablagerabstände von 9 cm anbauen, ohne eine Ertragseinbuße durch Fehlstellen in Kauf nehmen zu müssen. Der Anbau auf weitere Abstände (12···15 cm) hat einen vom Wetter unabhängigen Feldaufgang zur Voraussetzung. Gute Bodengare vermindert das Risiko eines schlechten Aufganges, daher sind Maßnahmen zur Gareverbesserung eine wichtige Voraussetzung für weitgehende und rentable Mechanisierung des Rübenbaues. 834.

2-68/09-0547 Schildbach, R.; Gießen, Justus Liebig-Univ., Inst. für Pflanzenbau und Pflanzenzücht. **Der Einfluß der Jahre und Standorte auf den Feldaufgang von pilliertem, technisch monogermem Zuckerrübensamen.** Zucker 21 (1968) Nr. 3. S. 63-70; Nr. 4. S. 92 bis 96. — 7 Abb., 5 Tab., 20 Lit. Zus. in Engl., Franz.

An 3 Versuchsorten (1. Parabraunerde aus Löß, 2. Alluviallehm, 3. humoser Sand alluvialen Ursprungs) wurde in 2- bzw. 3jähr. Versuchen mittels Einzelkornsämaschinen mit zentralem Antrieb pilliertes Zuckerrübensaatgut im Ablagerungsabstand von 4 cm gesät. Neben

Auszählungen und Festellung des Makroklimas wurden die Bodentemperaturen bis 5 cm Tiefe gemessen. Parallel zu den Feldversuchen liefen Gefäßversuche in klimatisierten Gewächshäusern mit gezielten Wassergaben. Es ergab sich, daß tiefe Temperaturen nach der Aussaat (nachts 8 °C oder niedriger, tags 14 °C oder niedriger) bes. im humiden Klima den Feldaufgang verzögern können. Deshalb fordert sehr frühe Aussaat im Interesse eines gleichmäßigen Feldaufgangs engere Kornabstände. Größere Wassermengen können auf schluffreichen Böden zu schlechterem Aufgang führen, auf weniger zur Verschlämmung neigenden Böden begünstigen sie hingegen den Aufgang. Allerdings können Aufgangsschädigungen durch nachfolgende rel. hohe Temperaturen kompensiert werden.
H. Reichenheim/Kleinwanzleben. 834.

2-68/09-0548 Valdiek, Werner. **Einfluß unterschiedlicher Keimfähigkeit, Monogermie und Kaliber monokarpen Saatgutes auf Feldaufgang, Handarbeitszeitaufwand und Pflanzenbestand bei Zuckerrüben unter verschiedenen Standortbedingungen.** Diss. Hochschule für Landwirtsch. Bernburg. **1967** 126 S. — 16 Abb., 55 Tab., 130 Lit.
2jähr. Versuche mit Zuckerrüben auf 5 verschiedenen Böden an 7 Versuchsorten sollten Zusammenhänge zwischen Keimfähigkeit, Monogermie sowie Saatgutkaliber und Feldaufgang, Pflanzenbestand vor und nach dem Vereinzeln sowie bei der Ernte und Arbeitszeitaufwand bei der Pflege klären. In allg. werden hohe Keimfähigkeit (> 90%) und hohe Monogermie gefordert. Letztere wird gegenwärtig mit 80···90% als ausreichend angesehen, im Hinblick auf den handarbeitslosen Rübenanbau werden > 90% gefordert. Bei starker Verunkrautung soll niedrigere Monokarpie von Nutzen sein, da dann der Boden zeitiger gehackt werden kann. Bei Steigerung der Monogermie von 67 auf 97% stieg der Anteil einzeln besetzter Wuchsstellen von 53 auf 66%, der Arbeitszeitaufwand sank um 11% Monokarpes Saatgut weist höhere Keimfähigkeit und Monogermie auf als segmentiert-polykarpes. Beim Kaliber 4,5···5,5 mm liegen die betreffenden Verhältnisse günstiger als bei 3,5···4,5 mm. Von der Landmaschinenindustrie wird nachdrücklich gefordert, daß sie die Ablagequalität der Einzelkornsämaschine verbessert.
H. Reichenheim/Kleinwanzleben. 834.

2-68/09-0549 Watson, D. J. Physiological characteristics of the growth of sugar beet crops on different soils. **(Zur physiologischen Kennzeichnung des Wachstums der Zuckerrübe auf verschiedenen Böden.)** J. internat. Inst. Sugar Beet Res., Tienen **2** (1967) Nr. 4. S. 225-231. — 9 Lit. Zus. in Franz., Dtsch. — nach Zus.
Der Blattflächen-Index (L.: Blattfläche/Flächeneinheit des Bodens) von Zuckerrübenbeständen, die Ende März/Anfang Apr. gedrillt wurden, erreichte — ausgehend von sehr kleinen Ausgangswerten im Zeitpunkt der Vereinzelung — sein Maximum Anfang Aug., um sich dann nur noch wenig zu verändern. Mit den größten Werten von L. (ca. 4) fiel vermutlich auch das Optimum der Tr.-Subst.-Produktion zusammen. Die Netto-Assimilationsrate (E.: Zuwachsrate der Tr.-Subst./Einheit Blattfläche), die im Juni 100 g/m²/Woche und mehr betrug, ging bis Okt. fast auf Null zurück. 3jährige Versuche mit Beständen vergleichbarer Aussaatzeit und übereinstimmender Bestandesdichte, aber auch sehr verschiedenen Böden, ergaben große Unterschiede für L. und nur verhältnismäßig kleine für E. Die zeitlich bedingten Veränderungen von L. und E. waren jedoch auf allen Böden ähnlich, der max. L.-Wert fiel stets auf etwa den gleichen Zeitpunkt. Die höheren Erträge fruchtbarer Böden gingen mit größeren L-.Werten, jedoch kleinerem E. konform. Der Ges.-Tr.-Subst.-Ertrag stand in enger Beziehung zur Blattflächen-Lebensdauer D. („Blattflächen-Summe" der Vegetationsperiode). Auch N-Düngung führte zu einer Steigerung von L. und einem Rückgang wegen des üppigeren Blattwuchses stärker beschatteten. Die auf den ertragreicheren Böden angebauten Rüben wiesen einen höheren N-Gehalt auf und reagierten auf N-Düngung weniger als die Rüben der ärmeren Böden. Das läßt vermuten, daß die Ertragsunterschiede auf verschiedenen Böden hauptsächlich das Ergebnis von Unterschieden in der N-Versorgung waren, die ihrerseits entsprechende Unterschiede von D. verursachten. 834.

2-68/09-0550 Lyngby Christensen, S. P. Udtynding of bederoer ved forskellig udvikling. **(Ausdünnung von Zuckerrüben in verschiedenen Stadien.)** Tidsskr. Planteavl 71 (1967) Nr. 3. S. 359-365. — 5 Tab. Zus. in Engl.
Es wurde in 3 Entwicklungsstadien ausgedünnt. I. im 2-Blattstadium, II. 8 d später, III. 16 d später. Sowohl gewöhnliches (12 kg/ha) wie poliertes (6 kg/ha) Saatgut wurde verwendet. Der Ertrag aus dem gewöhnlichen Saatgut war bei I am höchsten und nahm bei II

um 3,9 dt Tr.-Subst. (2,6%), bei III um 8,1 dt (6,1%) ab. Bei dem polierten Saatgut brachten I und II den gleichen Ertrag, III einen um 4,3 dt Tr.-Subst. (3%) geringeren. Das Verhältnis Rüben-Tr.-Subst.-Masse: Kraut-Tr.-Subst.-Masse blieb gleich, d. h., der Ertragsrückgang verteilte sich gleichmäßig auf die ganze Pflanze. Der Arbeitsaufwand war bei I und II annähernd gleich, stieg aber bei III um 41% bei gewöhnlichem Saatgut und um 36% bei poliertem. Es wird empfohlen, bei dichtem Stand so zeitig wie möglich auszudünnen, bei rel. dünnem Stand kann der Termin II ohne Nachteil gewählt werden.
W. Warwel. 834.

2-68/09-0551 Tonkal', E. A. und Gornaja, V. Ja.; Kiew, Unions-Inst. für Zuckerrübenforsch. Vlijanie udobrenij na kačestvo sacharnoj svekly. (**Der Einfluß der Düngung auf die Qualität der Zuckerrübe.**) Chimija v sel'skom chozjajstve, Moskva 5 (1967) Nr. 12. S. 8-11. — 7 Tab., 7 Lit.
Die Qualität von Zuckerrüben wird am stärksten durch PK-Düngung verbessert. Durch N-Düngung verschlechtert sich die Saftreinheit, jedoch erhöht sich der Rübenertrag und damit die Zuckerausbeute. In der Zuchtstation Belaja cerkov wurden 1964-1965 mit der Sorte 'Belocerkovskaja odnosemjannaja' bei Reinnährstoffgaben je Element von 45 kg/ha folgende Rübenerträge erzielt: 411 dt/ha (NPK), 392 dt/ha (PK), 381 dt/ha (Nk), 393 dt/ha im Zuckergehalt entspr. 19,4; 19,9; 19,0; 19,3 °S; in der Saftreinheit (nach Silin) entspr. 91,9; 92,5; 91,8; 91,4 und in der Zuckerausbeute entspr. 66,2; 65,8; 60,3; 62,2 dt/ha. Zwischen der Speicherung von Saccharose und dem Gehalt an Monosacchariden in den Blättern wurde keine direkte Beziehung festgestellt. K. Herzog/Kleinwanzleben. 834.

2-68/09-0552 Bisoveckij, T. Ja., Zinčenko, P. S. und Fedorenko, L. V. Vlijanie raznych form azotnych udobrenij na sacharnuju sveklu. (**Der Einfluß verschiedener Stickstoffdüngerformen auf Zuckerrüben.**) Agrochimija, Moskva **1967** Nr. 12. S. 27-33. — 12 Tab.
Unter den Bedingungen ungenügender Wasserversorgung auf humusarmer ausgelaugter Schwarzerde waren Ammoniumnitrat, Ammoniumsulfat, Kalziumnitrat, Ammoniumbikarbonat, Natriumnitrat und Kalziumzyanamid in ihrer Wirkung auf den Zuckerrübenertrag gleichwertig. Ammoniakwasser war weniger effektiv. Kalkhaltige N-Dünger erhöhten den Zuckergehalt. Düngung mit Ammoniumnitrat war im Herbst günstiger als im Frühjahr. Reihen- und Blattdüngung erbrachten keine positiven Ergebnisse.
K. Herzog/Kleinwanzleben. 834.

2-68/09-0553 Svads, Henning. Forsøk med sorter av fôrbeter 1962-1965. (**Versuch mit Futterrüben 1962-1965.**) Forskn. Forsøk Landbruket **19** (1968) Nr. 1. S. 57-66. — 5 Tab., 3 Lit. Zus. in Engl.
20 größtenteils dän. Sorten wurden in einem Parallelversuch in Dänemark und Süd-Norwegen geprüft. Tr.-Subst. in den Rüben, Tr.-Subst. in den Blättern, Waschschwund, Stockläufer und geplatzte Rüben wurden registriert. Für Dänemark wurden 10 Sorten, für Norwegen 9 anerkannt und zum Anbau empfohlen. Bis auf die reine Futterrübe 'Pajbjerg Ideal' (Tr.-Subst. stärker in den Rüben) sind alle Sorten Futterzuckerrüben. Für Norwegen gaben auch andere Sorten hohen Ertrag, da aber das Saatgut schwer zu beschaffen ist, wurden sie nicht empfohlen. Alle Sorten sind mit ihren Erträgen angegeben. Ein Lagerungsversuch zeigte keine signifikanten Unterschiede der Sorten in Lagerschwund und Fäulnisschaden. W. Warwel. 834.

2-68/09-0554 Bakermans, W. A. P. Onderzoek naar de factoren die rendabele bietenverbouw op onze zandgronden beperken. Kali- en fosfaatsortenproefvelden met voederbieten in 1962. (**Untersuchung der Faktoren, die einen rentablen Rübenanbau auf Sandboden einschränken. Kali- und Phosphordüngerartenversuchsfelder mit Futterrüben 1962.**) Landbouwvoorlichting **25** (1968) Nr. 1. S. 27-30. — 3 Tab., 13 Lit.
Auf leichtem Sandboden wurden 150 und 300 kg/ha K als KCl- oder K_2SO_4 gegeben, die P-Düngung betrug 100 kg/ha als Superphosphat oder Thomasmehl. Die K-Menge und die P-Düngerart hatten keinen Einfluß auf den Tr.-Subst.-Ertrag von Rüben und Blatt. K_2SO_4 brachte gegenüber KCl eine signifkante Minderung des Blattertrages und einen höheren Gehalt der Rüben und Blätter an Tr.-Subst. Der Tr.-Subst.-Ertrag war gleich. Vf. nimmt an, daß K_2SO_4 an Stelle von KCl das Reifen beschleunigt und die Haltbarkeit verbessert. Vermutlich erhöht K_2SO_4 den Zuckergehalt von Zuckerrüben. E.-M. Ardelt. 834.

2-68/09-0555 Bornscheuer, E. **Neuzeitlicher Zuckerrübenbau.** Grüne, Zürich **96** (1968) Nr. 12. S. 394–402. — 9 Abb. 834.

2-68/09-0556 **Industriemäßige Produktion von Zuckerrüben und deren Verarbeitung für Futterzwecke.** Hrsg. vom Bezirkskomitee für Landtechnik und materiell technische Versorgung der Landwirtschaft des Bezirkes Neubrandenburg. Neubrandenburg: Bezirkslandwirtschaftsrat o. J. (um 1967.) (55 S.) 8° = Empfehlungen über einheitliche Maschinensysteme im Bezirk Neubrandenburg. 3. (SR 3552,3) 834.

2-68/09-0557 Selekcija, semenovodstvo i vozdelyvanie sacharnoj svekly v Švecii. Otčet sovetskoj sel'skochozjajstoennoj delegacii. (**Züchtung, Saatgutgewinnung und Anbau von Zuckerrüben in Schweden. Bericht einer sowjetischen Landwirtschafts-Delegation.**) Moskva. 1966. (83 S.) 8° = Min. sel'skogo choz. SSSR. Sel'skachozjajstvennaja nauka i praktika za rubežom Nr. 10. (SR 3354, 10/57) 834.

2-68/09-0558 Kuznecov, V. S. und Belokoń, E. P. Sovmestnoe primenenie azotnoj podkormki s mikroêlementami i gerbicida na posevach l'na-dolgunca. (**Gemeinsame Anwendung einer Stickstoffkopfdüngung mit Spurenelementen und eines Unkrautbekämpfungsmittels in Faserleinsaaten.**) Doklady TSChA. Moskovskaja ordena Lenina sel'skochozjajstvennaja akademija imeni K. A. Timirjazeva **1967** Nr. 131. S. 67–73. — 3 Tab., 14 Lit. — nach Zus.

Die Kopfdüngung zu Lein in der „Fichtenbaum"-Phase mit Ammoniumsalpeter- und Mikrodüngemittellösungen (B, Zn, Mo) wirkt sich positiv auf den Ertrag und die Qualität des Lein aus. Die bei Lein angewandte chem. Unkrautbekämpfung kann mit der N-Kopfdüngung und der Mikrodüngung kombiniert werden, und zwar sowohl mit einem dieser Elemente als auch mit mehreren. Setzt man der Dikotex-80-Lösung Ammoniumsalpeter und B, Zn oder Mo zu, so wird deren toxische Wirkung auf das Unkraut verstärkt. Die besten Ergebnisse wurden bei der Kombination eines Schädlingsbekämpfungsmittels (0,5 kg/ha) mit Ammoniumsalpeter (12 kg/ha), B (0,25 kg/ha), Zn (0,1 kg/ha) und Mo (0,1 kg Wirkstoff/ha) erzielt. Dabei wurde eine starke Unkrautvernichtung erreicht. Der Strohertrag stieg im Vergleich mit der Variante, bei der nur Dikotex-80 angewandt wurde, um 30%, der Faserertrag um 46,5% und der Samenertrag um 19,2%. 846.

2-68/09-0559 Dolgov, B. S. Vlijanie predšestvennikov na urožaj i kačestvo volokna l'na-dolgunca. Obzor literatury za 1892–1966 gg. (**Einfluß der Vorfrüchte auf Ertrag und Qualität der Faser des Faserleins. Literaturübersicht 1892-1966.**) Moskva. 1967. (62 S.) 8° = Min. sel'skogo choz. SSSR. Obzor literatury Nr. 12. (SR 3354, 12/113) 846.

2-68/09-0560 Bocheńska, I. und Hołyńska, M. Zdolność kiełkowania nasion niektórych roślin leczniczych w różnych fazach rozwoju zarodka i dojrzałości owoców. (**Die Keimfähigkeit des Saatgutes einiger Heilpflanzen in verschiedenen Stadien der Embryonalentwicklung und der Reife der Früchte.**) Biul. Inst. Hodowli Aklimatyzacji Roślin **1967** Nr. 1/2. S. 43–53. — 32 Abb., 4 Tab., 17 Lit. Zus. in Russ., Engl.

Vff. machten anatom. Untersuchungen und 3jähr. Beobachtungen der Keimfähigkeit der Samen von 16 Pflanzenarten in unterschiedlichen Entwicklungsphasen des Embryos und der Reife der Früchte. Die morphol.-anatom. Untersuchungen wurden an frischem, an in Äthanol konserviertem sowie an mit Paraffin präpariertem Material durchgeführt. Die Keimfähigkeit der Samen während ihrer Entwicklung und Reifung wurde unmittelbar nach ihrer Abnahme von den Pflanzen festgestellt. Aufgrund der Keimfähigkeit zum Zeitpunkt ihrer morphol. Reife und unmittelbar nach der Ernte erfolgte eine Teilung der Pflanzenarten in 3 Gruppen: a) mit guter Samenkeimfähigkeit unabhängig vom Erntejahr, b) Samenkeimen nur in Jahren mit günstigen atmosphärischen Bedingungen, c) Samenkeimen unabhängig von Witterungsverhältnissen schlecht. Die Bestimmung des Zeitpunktes der Samenernte ist für die Pflanzenarten, deren Samen leicht streuen, von bes. Bedeutung. PRL/CBR. 852.

2-68/09-0561 Formanowiczowa, H. und Hołyńska, M. Badanja nad warunkami stratyfikacji nasion roślin leczniczych. Cz. I. Atropa belladonna L. i Datura stramonium L. (**Untersuchungen über die Stratifizierungsbedingungen bei Heilpflanzensaatgut. 1. Mitt. Atropa belladonna L. und Datura stramonium L.**) Biul. Inst. Hodowli Aklimatyzacji Roślin **1967** Nr. 1/2. S. 99–104. — 2 Abb., 5 Tab., 19 Lit.

Das Saatgut wurde in feuchtem Sand und in ständig feuchtgehaltenen Leinensäckchen bei −2··· + 2 °C im Keller stratifiziert. Die Keimung der Samen wurde auf Filterpapier in sandhaltigem Boden, in torfhaltigem Boden, und zwar im Thermostaten bei veränderlichen Temperaturen, im Gewächshaus und im Keller geprüft. Die 3jähr. Untersuchungen erwiesen, daß das Saatgut von *Atropa belladonna* nach 40 d Stratifizierung im Herbst bei 10…16 °C, im Frühling bei 5…12 °C im Keller und in feuchten Säcken im Labor geprüft werden sollte. Die Keimung sollte bei veränderlicher Temperatur auf sandigem Torf im Dunklen erfolgen. Die nicht keimenden Samen von *Datura stramonium* wurden zusätzlich dem Tetrazoliumtest unterworfen. Nach den Ergebnissen können die Samen von *D. stramonium* jedoch nicht hinsichtlich ihrer Verwendung als Saatgut im Labor geprüft werden.

PRL/CBR. 852.

2-68/09-0562 Formanowowiczowa, H. und Kozłowski, J. Przebieg dojrzewania pożniwnego i stanu spoczynku nasion niektórych roślin leczicznych. (**Der Ablauf des Reifens nach der Ernte und des Ruhezustandes bei Samen einiger Heilpflanzen.**) Biul. Inst. Hodowli Aklimatyzacji Roślin **1967** Nr. 1/2. S. 37-42. — 3 Abb., 1 Tab., 27 Lit. Zus. in Russ., Engl.

Aufgrund mehrjähr. Untersuchungen über die Keimfähigkeit der Samen von 16 Heilpflanzenarten innerhalb eines Jahres nach der Ernte wurden 3 Gruppen unterschieden: 1) Arten, deren Samen unmittelbar nach der Ernte das Fehlen der Keimfähigkeit aufweisen, 2) Arten mit Samen, die unmittelbar nach der Ernte gut keimen, jedoch während des Jahres Keimungshemmungen aufweisen, 3) Arten mit Samen, bei denen beide Erscheinungen auftreten. Es wurde der Begriff des „typischen Reifens nach der Ernte“ eingeführt, der das Fehlen der Keimbereitschaft unmittelbar nach der Ernte bezeichnet und gewissermaßen die Verlängerung des Reifens an der Mutterpflanze darstellt; ferner wurde der Begriff „Ruhezustand“ eingeführt, der bei Samen mit einer hohen Keimfähigkeit auftritt.

PRL/CBR. 852.

2-68/09-0563 Čingova, B. Rezultati ot izpitvaneto na njakoi sortove koriandŭr. (**Die Ergebnisse der Prüfung einiger Korianderarten.**) Rastenievŭdni nauki, Sofija 4 (1967) Nr. 9. S. 11-18. — 1 Abb., 5 Tab., 14 Lit. Zus. in Russ., Engl.

5 Koriandersorten (eine feinkörnige Lokalsorte, die sowj. Sorten 'A-247', 'A-704' und 'A-26' und einer dtsch. Sorte wurden auf der Versuchsstation in Kasanlyk geprüft. Angegeben werden die Unterschiede in den Entwicklungsphasen, den morphol. Merkmalen und dem Streuungsanteil während der Ernte. Der lokale feinkörnige Koriander gibt die höchsten Erträge (1200 kg/ha). Die sowj. Sorte 'A-247' zeichnet sich durch den höchsten Gehalt an ätherischem Öl aus (0,541%). Sie liefert auch den höchsten Ertrag an ätherischem Öl/ha (3,89 kg). NRB/CSNTI. 852.

2-68/09-0564 Uveličenie koėfficienta razmnoženija koriandra v selekcii i pervičnom semenovodstve. (**Vergrößerung des Vermehrungskoeffizienten von Koriander für die Züchtung und den primären Samenbau.**) Pasport zakončennogo naučnogo issledovanija, rekomendovannogo dlja vnedrenija v proizvodostvo, SIF, VINTISCh **1967** Nr. 202.

Auf ausgelaugten Schwarzerdeböden wurde der Einfluß verschiedener Standräume auf den Vermehrungskoeffizienten von Koriander untersucht. Durch Versuche wurde festgestellt, daß eine Standraumvergrößerung auf 45 × 10 und 45 × 20 cm es ermöglicht, den Vermehrungskoeffizienten einzelner Zuchtstämme bis auf 600 bis 1200 zu vergrößern; dabei wurden höhere Keimfähigkeit und höhere TKM im Vergleich zur Aussaat mit Reihenabständen von 45 cm erzielt. SSSR/VINTISCh. 852.

2-68/09-0565 Popgeorgiev, G. Srokove na rezitba na chmelovite glavini v Samokovsko. (**Die Schnittzeit der Hopfenwurzelstöcke im Gebiet Samokow.**) Rastenievŭdni nauki, Sofija 4 (1967) Nr. 11. S. 27—35. — 3 Tab., 24 Lit. Zus. in Russ., Engl.

Die Untersuchungen wurden 1961 bis 1964 an den Hopfensorten 'Württemberg', 'Kono' und 'Strieselspalter' und an der frühen, mittelfrühen und späten Sorte 'Strasburg' durchgeführt. Untersucht wurden 2 Varianten mit Herbstschnitt und 5 Varianten mit Frühjahrsschnitt. Die günstigsten Termine für den Hopfenschnitt der einzelnen Sorten sind für 'Württemberg' 4.…14. Apr., für 'Kono' und Strieselspalter' ab Ende März bis 18. Apr. Bes. gute Ergebnisse werden beim Herbstschnitt erzielt, der deshalb zur Einführung in die Praxis empfohlen wird. NRB/CSNTI. 855.

2-68/09-0566 Babajan, A. A., Keček, N. A. und Šaldžjan, L. K. Charakteristika nekotorych ustojčivych k peronosporozu sortov i gibridov tabaka. (**Merkmale einiger**

blauschimmelresistenter Sorten und Hybriden des Tabaks.) Biologičeskij žurnal Armenii, Erevan **20** (1967) Nr. 11. S. 92—98. — 6 Tab., 9 Lit. Orig.: russ.
Die Tabaksorten 'Pobeditel' 179', 'Ostrolist 125', 'American 180' und 'Trapezunt 145' sind hoch resistent gegenüber Blauschimmel. Bezüglich Anzahl, Ausmaß und Färbung der Blätter sowie Ertrag zeigt 'Pobeditel' 179' die besten Ergebnisse, gefolgt von 'Ostrolist 125'. Die früheste Sorte ist 'American 180'. Die Hybriden aus den Kreuzungen zwischen der blauschimmelresistenten Sorte 'S 390/1' und den Sorten 'Ostrolist 2747', 'Ostrolist 11' oder 'Ostrolist 12' sind gleichfalls hoch resistent, dagegen zeigen die Hybriden aus 'S 390/1' × 'Ostrolist 65' oder 'S 390/1' × 'Dubec 100' einen geringeren Resistenzgrad. Für die Erzeugung von Hybriden ergeben sich im Hinblick auf die mögliche Ausbildung neuer aggressiver Rassen von *Peronospora tabacina* große Perspektiven. J. Merker. 855.

2-68/09-0567 Gŭrbev, B. Vlijanie na udŭlbočavaneto vŭrchu dobiva i kačestvoto na tjutjuna. (**Der Einfluß der Pflugtiefe auf den Tabakertrag und seine Qualität.**) Bŭlgarski tjutjun, Sofija **12** (1967) Nr. 11. S. 11—15. — 1 Tab.
Die Vertiefung der Ackerkrume wird als eine wichtige agrotechn. Maßnahme zur Erhaltung der Bodenfruchtbarkeit bei Anbau von Tabak in Monokultur empfohlen. Die Vertiefung der Ackerkrume mit nachfolgender Düngung führt zur Erhöhung der Erträge um 8···17%, wobei auch die Qualität des Tabaks verbessert wird. NRB/CNSTI. 855.

2-68/09-0568 Jakovuk, A. S. Généralités biologiques de la culture des semences de tabac. (**Zur allgemeinen Biologie der Tabaksamenerzeugung.**) Rev. internat. Tabacs **42** (1967) Nr. 405. S. 22—24.
Auf Grund der starken Hygroskopizität der Tabaksamen darf im Lagerraum die rel. Luftfeuchtigkeit 70% nicht überschreiten, die Lufttemperatur muß zwischen 10 und 15 °C liegen. Für die Reifeperiode des frisch geernteten Samens muß in den ersten Monaten eine Temperatur von 30 °C und eine rel. Luftfeuchtigkeit von 60···65% herrschen. Ausgereifte und trocken gelagertes Tabaksaatgut bleibt 10 und mehr Jahre keimfähig. Das Keimungsminimum liegt bei 8···10 °C, das Optimum bei 27···30 °C und das Max. bei 35 °C. Da frisch geerntetes Saatgut schlechter keimt, ist es erforderlich, eine Saatgutreserve von 2···3 Jahren je Anbausorte zu schaffen. Die für die Samengewinnung vorgesehenen Tabakflächen wurden entspr. den Richtlinien für den gewerblichen Tabakanbau behandelt, jedoch werden die Düngermengen um 20% erhöht und die peripheren Blütenknospen einschl. der obersten Blätter entfernt. J. Merker. 855.

2-68/09-0569 Veselinov, Metodi. Ustanovjavane na po-pravilna klasifikacija na bŭlgarskite orientalski tjutjuni. (**Die Einführung einer besseren Klassifizierung bulgarischer Tabaksorten östlichen Typs.**) Rastenievŭdni nauki, Sofija 4 (1967) Nr. 12. S. 111 bis 120. — 5 Tab., 3 Lit. Zus. in Russ., Engl. 855.

2-68/09-0570 Anonym. Mélanges standards pour les cultures fourragè res temporaires. (**Standardmischungen für ein- bis mehrjährigen Futterbau.**) Agric. romande, Lausanne **6** (1967) Nr. 12. S. 135—138. — 2 Tab.
Seit 1955 gibt es in Frankreich Standardsaatmischungen für den Futterbau. Bis vor kurzem waren nur geringe Änderungen eingetreten (Verringerung des Knaulgrasanteils, Ersatz von Hornklee durch Weißklee). In den letzten Jahren wurden die Saatmischungen stark verändert. Züchtung ausdauernder Gräser macht einen mehrjähr. Grasbau möglich. Erntemechanisierung und Trocknung unter Dach verlangt die Anpassung der Saatmischungen an bestimmte Zwecke. Gräser werden wichtiger, aber wegen der Dürreempfindlichkeit des Weidelgrases verlieren die Futterleguminosen (Rotklee, Weißklee, Luzerne, Esparsette) nicht an Bedeutung. Einseitiger Futterbau wird abgelehnt. Die neuen Saatmischungen enthalten 2···7 Mischungspartner. Von jeder Gras- und Leguminosenart werden 4–5 Sorten angeboten. In tabellarischer Übersicht werden für einjähr. Futterbau 9, für 2jährigen 4, für 3jährigen 13 Saatmischungen genannt. Von jeder Mischung wird die Eignung für bestimmte Standorte und Nutzungsarten (Weide, Grünfutter, Siccation, Silierung, Unterdachtrocknung, Heu) angegeben. K. Kloss/Paulinenaue. 860.

2-68/09-0571 Knoch, G. **Erhöhung der Grünfuttererträge durch Kleegrasanbau sowie reichliche Stickstoffdüngung zu Kleegras- und Feldgrasbeständen.** Erfahr., Erkenntnisse, Anwend. für d. sozialist. Landwirtsch. Bezirkes Gera 4 (1967) Nr. 2. S. 17—22. — 3 Abb., 8 Tab. — nach Zus.

Anhand zahlreicher Versuchsergebnisse wurde ein Überblick über die Möglichkeiten der Ertragssteigerung im Kleegras- und Feldgrasanbau gegeben. Kleegrasmischungen sind Rotklee im Tr.-Subst.-Ertrag, in der Ertragssicherheit und im Stärkewertertrag überlegen. Das Eiweiß: Stärkewertverhältnis der Kleegrasmischungen ist weiter und deshalb für die Grünfütterung günstiger. Für die feuchteren Übergangs- und Vorgebirgslagen ist es empfehlenswert, dem vielseitigen Kleegrasgemisch, bestehend aus Rotklee (16 kg/ha), Wiesenschwingel (4...6 kg/ha) und Wiesenlieschgras (3 kg/ha) den Vorzug zu geben. Die N-Düngung zu Kleegras lohnt auf alle Fälle, selbst Gaben von 80 kg/ha N je Nutzung wurden noch ökonom. verwertet. Der Feldgrasanbau wird im Zuge der weiteren Intensivierung eine zwingende Notwendigkeit, das Welsche Weidelgras ist gut beweidungsfähig, bei hohen N-Gaben sehr ertragreich und deshalb auf allen Standorten zu empfehlen. Feldgrasanbau kann erst durch hohe N-Mengen wirtschaftlich gestaltet werden, Gaben von 80 kg/ha N je Nutzung ermöglichen eine 3schnittige Grünfutternutzung oder eine 4-5malige Weidenutzung. Kleegras reichert den Boden mit Humus an und trägt dadurch zur Steigerung der Bodenfruchtbarkeit bei. 860.

2-68/09-0572 Orleckij, K. I. Sovmestnye posevy rannespelych i pozdnespelych sortov kukuruzy s bobovymi kul'turami. **(Gemeinsame Aussaat frühreifer und spätreifer Maissorten mit Leguminosen.)** Doklady TSChA. Moskovskaja ordena Lenina sel'skochozjajstvennaja akademija imeni K. A. Timirjazeva **1967** Nr. 131. S. 37—41. — 3 Tab. — nach Zus.
Bei gemeinsamer Aussaat mit Leguminosen im Gebiet Moskau sind die frühreifen Maissorten und -hybriden 'Voronežskaja 80' und 'Bukovinskij 2' und '3' am effektivsten. Die Verwendung von mittelfrühreifen und frühreifen Maishybriden und -sorten bei gemeinsamer Aussaat erbringt einen hohen Ernteertrag der Leguminosenkomponente. Außerdem erreichen diese Sorten bei der Ernte in der Regel die Milchwachsreife oder sogar die Wachsreife. Die Futtereinheiten- und Proteinausbeute/ha ist höher als bei der Aussaat spätreifer Maissorten. Das rationellste Saatverfahren ist die Einsaat von Leguminosen zwischen die Reihen in der Drei- bis Vier- und Vier- bis Fünfblattphase. — Beim Anbau von Mais mit Leguminosen nach diesem Verfahren erreicht der Ertrag an Grünsubst. max. Werte. 860.

2-68/09-0573 Märtin, B. und Hofmann, F. **Der Ackerfutterbau an trockenen Südhängen — Probleme und Lösungswege.** Ratschläge, Erfahr., Inform. für d. sozialist. Landwirtsch. Bez. Suhl **5** (1967) Nr. 7. S. 12—14. 860.

2-68/09-0574 Jakimova, Janka. Metodi za uveličavane na beltŭčnoto sŭdŭržanie na furažnite kulturi. Obzor. **(Methoden zur Erhöhung des Eiweißgehaltes der Futterkulturen. Fortschrittsbericht.)** Sofija, 1967. (150 S.) 8°. (1968 A 142) 860.

2-68/09-0575 Proizvodstvo i izpolzuvane na zelenite furaži. Sŭkrateni dokladi ot naučna sesija, provedena na 22 i 23 mart 1967 g. v Pleven. **(Erzeugung und Nutzung von Grünfutter. Gekürzte Vorträge der wissenschaftlichen Tagung vom 22.—23. 3. in Plewen.)** Sofija. 1967. (26 S.) 8°. (1968 A 145) 860.

2-68/09-0576 Semenovodstvo kormovych kul'tur. **(Samenbau bei Futterkulturen.)** Moskva. 1967. (200 S.) 8°. (1968 A 394) 860.

2-68/09-0577 Galan, Corina und Georgescu, M. Influenţa unor microelemente asupra producţiei de sămînţă la trifloiul roşu. **(Der Einfluß einiger Spurenelemente auf die Samenerträge bei Rotklee [Trifolium repens].)** An. Inst. Cercetări Cereale şi Plante Tehn., Fundulea, Bucureşti, Ser. C **34** (1966, hrsg. 1967) S. 519—525. — 3 Tab., 5 Lit. Zus. in Russ., Engl. — nach engl. Zus.
Die Wirkung von B und Mo auf die Samenerträge von Rotklee wurde untersucht. Die Anwendung von B- und Mo-Lösungen führte zu keinen bedeutenden Unterschieden im Grünmasse- und Saatgutertrag, so daß B- und Mo-Düngung unter ähnlichen Bedingungen nicht gerechtfertigt erscheint. 863.

2-68/09-0578 Galan, Corina und Georgescu, M. Studiul complexului de măsuri pentru sporirea producţiei de sămînţă roşu. **(Untersuchung der Komplexmaßnahmen zur Erhöhung des Samenertrages bei Rotklee.)** An. Inst. Cercetări Cereale şi Plante Tehn., Fundulea, Bucureşti, Ser. C **34** (1966, hrsg. 1967) S. 497—506. — 4 Tab., 4 Lit. Zus. in Russ., Engl. — nach engl. Zus.

Bei einem Reihenabstand von 15 cm wurden viel mehr Grünsubst. und höhere Samenerträge erzielt als bei einem Reihenabstand von 60 cm. Die Deckfrucht sowie die Düngemittel hatten nur eine geringe Wirkung auf Grünsubst.- und Samenertrag. Der Anbau von Rotklee unter zweizeiliger Gerste bei einem Reihenabstand von 15 cm mit geringer P-Düngung scheint am ökonomischsten zu sein. 863.

2-68/09-0579 Galan, Corina und Georgescu, M. Stabilirea metodelor de cultură a trifoiului alb pentru sămîntă. **(Methoden zur Kultivierung von Weißklee für die Saat.)** An. Inst. Cercetări Cereale şi Plante Tehn., Fundulea, Bucureşti, Ser. C **34** (1966, hrsg. 1967) S. 507—517. — 5 Tab., 4 Lit. Zus. in Russ., Engl. — nach engl. Zus.
Der Einfluß der Deckfrüchte, des Reihenabstandes und der Schnittperiode wurden untersucht. Es wurde die Schlußfolgerung gezogen, daß die Deckfrucht einen negativen Einfluß auf die Heuerträge, vor allem im 2. Jahr, in geringerem Maße auch im 3. Jahr der Vegetation hat, dagegen aber nicht die Saatguterzeugung beeinträchtigt. Das Säen in Reihen mit großen Zwischenräumen verursacht wesentliche Heuertragsverluste. In Dürrejahren gaben diese Varianten bedeutende Verluste in den Samenerträgen, in Jahren mit viel Regen waren diese Unterschiede nicht signifikant. Die höchsten Samenerträge wurden in Dürrejahren beim 1. Schnitt, in regnerischen Jahren beim 2. Schnitt festgestellt, vorausgesetzt, daß der 1. Schnitt bei Blühbeginn erfolgte. Unter Bedingungen wie in der Versuchsstation Braşov kann zweizeilige Gerste als Deckfrucht für Weißklee empfohlen werden. Das Säen sollte in engen Reihen vorgenommen werden, das Saatgut beim 2. Schnitt geerntet werden, nachdem der 1. Schnitt bei Blühbeginn erfolgte. 863.

2-68/09-0580 Dade, Eugene, Taylor, Norman L. und Garrison, C. S.; Salem, Oregon, O. M. Scott and Sons; Univ. of Kentucky; Beltsville, Md., Seed Product Investigat. Crops Res. Div. Differential seed production of alfalfa clones at two diverse locations. **(Unterschiedliche Saatgutproduktion von Luzerneklonen an zwei verschiedenen Orten.)** Crop Sci. **7** (1967) Nr. 6. S. 663—664. — 2 Tab., 4 Lit.
1962 und 1963 wurden in Prosser, Wash. (P.) und Lexington Kentucky (L.) 23 Klone kriechender Luzerne aus dem Kentucky-Zuchtprogramm auf ihren Saatgutertrag geprüft. Die Klone wurden am 30. 4. und 1. 5. 1962 in P. und am 8. 6. 1962 in L. ins Freiland gepflanzt im Abstand von 0,91 m. 1963 wurden die Versuchspflanzen in L. Ende Mai geschnitten, die in P. nicht, dagegen wurde hier, wenn es nötig war, beregnet. Die Bestäubung erfolgte an beiden Orten durch *Apis mellifera* und *Bombus spp.*, in P. außerdem durch *Nomia melanderi*. In beiden Jahren begann die Blüte in L. später als in P., die Saatguterträge waren jedesmal in P. höher. Es zeigte sich die Tendenz, daß früh blühende Klone einen höheren Ertrag bringen. Die hoch signifikante Korrelation, $r = 86$, zwischen den beiden Jahren in P. läßt die Möglichkeit zu, die Reproduktionsfähigkeit eines Klons einzuschätzen. Das muß aber an jedem zur Vermehrung bestimmten Ort gesondert geschehen.
Th. Hoffmann. 863.

2-68/09-0581 Arzani, Luigi. Progressive quote unitarie di seme di erba medica (Medicago sativa L.) affidate al terreno e produzione foraggera nella piana lombarda. **(Ansteigende Aussaatmengen von Luzerne pro Hektar in der Lombardischen Ebene und die erhaltenen Futter-Ernten.)** Sementi Elette, Milano **14** (1968) Nr. 1. S. 20—30. — 3 Abb., 3 Tab., 11 Lit. Zus. in Engl., Dtsch. — nach Zus.
Vf. untersuchte in 4 Jahren den Einfluß steigender Aussaatmengen (10, 20, 30, 40 und 50 kg/ha) der Landsorte 'Stamm 200'. 30 kg/ha war das Optimum für die normale Heuerzeugung (Ges.-Ertrag 66752 kg, Jahresdurchschnittsertrag 16688 kg/ha). An 2. Stelle stehen die Parzellen mit 40 kg/ha Aussaat, mit einer Ges.-Erzeugung von 63686 kg/ha Heu (jährliche Durchschnittsernte 15921 kg/ha) wogegen die Saatmenge von 20 kg/ha 63002 kg/ha ergab (jährliches Durchschnittsergebnis 15750 kg/ha). 863.

2-68/09-0582 Varga, P. und Ciurdărescu, G. Studii preliminare asupra polenizatorilor lucernei. **(Voruntersuchungen bei Luzernebestäubern.)** An. Inst. Cercetări Cereale şi Plante Tehn., Fundulea, Bucureşti, Ser. C **34** (1966, hrsg. 1967) S. 465—471. — 2 Tab., 7 Lit. Zus. in Russ., Engl. — nach engl. Zus.
Die Schwankung des Luzernesamenertrages in Jahren mit ähnlichen klimatischen Bedingungen haben zu Untersuchungen der Bestände geführt. Die Kenntnis über die Flughäufigkeit der bedeutendsten Bestäuberarten und über den durch klimatische Bedingungen auf sie ausgeübten Einfluß ist bei der kontrollierten Haltung von Bienen in Bienenstöcken

nützlich. Die Angaben führen zu der Schlußfolgerung, daß die Biene *Eucera clypeata* Er. der beste Bestäuber der Luzerne ist. Sie öffnet 100% der besuchten Blüten, d. h. 18 bis 22 Blüten in der Minute. Die Honigbiene *Apis mellifera* L. spielt keine wesentliche Rolle bei der Bestäubung der Luzerne, da sie sich nicht von Pollen, sondern nur von Nektar ernährt, was keine Öffnung der Blüte bewirkt. 863.

2-68/09-0583 Christov, A. und Najdenov, T. Promeni v dobiva i chranitelnata stojnost na esparzetata pri kosene v različni fazi. **(Ertrags- und Nährwertveränderungen bei in unterschiedlichen Entwicklungsphasen gemähter Esparsette.)** Rastenievŭdni nauki, Sofija 4 (1967) Nr. 11. S. 89–98. — 2 Abb., 5 Tab., 20 Lit. Zus. in Russ., Engl.
1964–1965 wurden ein Feldversuch und eine Serie von Bilanzversuchen mit Hammeln durchgeführt, um den günstigsten Termin für den 1. Esparsetteschnitt festzustellen. Die Schnitte wurden zu 5 verschiedenen Zeitpunkten, und zwar von der Knospenbildung bis zum Ende der Blüteperiode durchgeführt. Abgeleitet wurden Gleichungen, die die Verbindung zwischen dem verd. Protein und dem Rohprotein und dem Nährwert und der Rohfaser (in % Tr.-Subst.) zum Ausdruck bringen. Die größte Menge an Futtereinheiten (6678 kg/ha) und an verd. Protein (788,8 kg/ha) wurden beim 1. Schnitt, d. h. zwischen Knospenbildung und Blühbeginn, erzielt. Zwischen dem Gehalt an verd. Protein und Rohprotein besteht eine hochsignifikante Verbindung ($r = 0992$), die man durch die Gleichung $Y = 0{,}727\,x - 1{,}31$ ausdrücken kann. Die Korrelation zwischen Futterwert und Rohfaser wird durch die Gleichung $y = 272{,}56 \log x - 7{,}075\,x - 108{,}57$ dargestellt.
NRB/CSNTI. 863.

2-68/09-0584 Čižek, Jan. Prilog poznavanju uzgoja aleksandrijske djeteline (Trifolium alexandrinum) kod nas. **(Anbau von Alexandrinerklee [Trifolium alexandrinum] unter jugoslawischen Bedingungen.)** Savremena Poljoprivreda, Novi Sad **16** (1968) Nr. 2. S. 125–136. 13 Tab., 11 Lit. Zus. in Engl. 863.

2-68/09-0585 Caputa, J. und Revaz, J.-P. Culture de variétés sélectionnées de graminées vivaces. **(Anbau von Zuchtsorten ausdauernder Gräser.)** Agric. romande, Lausanne **6** (1967) Nr. 12. S. 139-141. — 1 Tab.
Das gegenwärtig in der Schweiz verwendete Grassaatgut ist heterogen, so daß sein Anbauwert begrenzt ist. Der Anbau von Zuchtsorten ist wenig verbreitet, weil die Bauern die Anbaumethode noch nicht kennen und weil zu wenig Saatgut erzeugt wird. Wichtige Eigenschaften der Zuchtsorten sind: Termin des Ährenschiebens, Eignung für bestimmte Klimate, Krankheitsresistenz. Durch Anbau von Sorten mit unterschiedlichem Blühbeginn ergibt sich die Möglichkeit, über längere Zeit Futter im optimalen Entwicklungszustand zu ernten („chaîne de fourrage"). Die günstigsten Entwicklungsstadien für die einzelnen Nutzungsarten sind: Weide: wenn der Blütenstand innerhalb der Blattscheide 8…10 cm hoch ist; Silierung: wenn die 1. Blütenstände außerhalb der Blattscheide erscheinen; Heu: wenn alle Blütenstände die Blattscheide verlassen haben. Eine Reihe von Typen wurden auf den Termin des Blütenstandsschiebens untersucht: Knaulgras (25 Typen) 4. Apr. bis 6. Maipentade; Lieschgras (25 Typen) 6. Mai bis 1. Julipentade; Wiesenschwingel (16 Typen) 4. bis 6. Maipentade; Deutsches Weidelgras (26 Typen) 4. Apr. bis 2. Junipentade; Welsches Weidelgras (21 Typen) 2. bis 4. Maipentade.
K. Kloss/Paulinenaue. 864.

2-68/09-0586 Dent, J. W., Aldrich, D. T. A. und Silvey, V. Systematic testing of quality in grass varieties. I. An assessment of the degree of precision obtainable in comparing in-vitro digestibility figures. **(Systematischer Qualitätstest von Grassorten 1. Mitt. Eine Einschätzung des Genauigkeitsgrades beim Vergleich von in-vitro-Verdaulichkeitswerten.)** J. Brit. Grassland Soc. **22** (1967) Nr. 4. S. 270–276. — 4 Tab., 9 Lit.
Die Genauigkeit der in-vitro-Methode zur Bestimmung der Verdaulichkeit der Trockensubst. in Futterstoffen nach Tilley und Terry wurde im Rahmen von systematischen Qualitätsuntersuchungen an mehreren Sorten verschiedener Grasarten überprüft. Dazu wurden in 2 Jahren auf jeweils 2 Standorten Proben aus Versuchen entnommen, die im Weideverfahren (bis 9 Schnitte) und in Heuschnitten (3 Schnitte) geerntet wurden. Die einzelnen Schnitte und Mischproben aller Schnitte wurden auf den Gehalt an Rohprotein, Rohfaser, löslichen Kohlenhydraten und auf die in-vitro-Verdaulichkeit untersucht. Die statist. Verrechnung der Werte ergab, daß Sortenunterschiede in der Verdaulichkeit in den einzelnen Schnitten ebenso wie bei der Untersuchung der Mischproben hoch signi-

fikant waren. Eine hohe Signifikanz ergab auch die Verrechnung der Werte aus 2 Jahren und von beiden Standorten. Ferner ergab sich, daß die Sorten im Gehalt an löslichen Kohlenhydraten wesentlich stärker differierten als im Rohprotein- und Rohfasergehalt.
O. Knabe/Paulinenaue. 864.

2-68/09-0587 Herrmann, H. **Die Aussaatmethode beeinflußt den Grassamenertrag** Saat- u. Pflanzgut **9** (1968) Nr. 2. S. 28—29. — 1 Abb., 2 Tab., 2 Lit.
Ansaatmethodenversuche zu *Phalaris arundinacea* für Samennutzung zeigen die enge Beziehung zwischen gewählter Deckfrucht und Jungpglanzenentwicklung, die sich entspr. auf den Samenertrag auswirkt. Es wird neben Frühjahrs-Blanksaat die Untersaat in Ackerbohnen, aber auch die Spätsommersaat unter Wi.-Raps oder Wi.-Rübsen empfohlen. Hinweise zur chem. Bekämpfung von Unkraut und Ausfallraps bzw. -rübsen werden gegeben. E. Kreuz. 864.

2-68/09-0588 Lampeter, W., Fürste, W., Günther, A., Jagoda, G., Mühleisen, R., Schöberlein, W., Toepel, E. und Wittig, R. **Untersuchungen zur Stickstoffdüngung im Knaulgrassamenbau.** Saat- und Pflanzgut **9** (1968) Nr. 2. S. 29—32. — 10 Tab., 4 Lit.
1964–1966 wurden auf 8 über das Gebiet der DDR verteilten Standorten Versuche mit mehreren Grasarten zum Einfluß der N-Düngung auf Saatgutertrag, Anzahl der fertilen Triebe/m² und Keimfähigkeit des geernteten Saatgutes durchgeführt. Die mit *Dactylis glomerata* erzielten Ergebnisse zeigen, daß die N-Düngung die Saatguterträge wesentlich erhöht (2···3 kg Saatgut/kg N). Es ist zweckmäßig, im Spätsommer 70···100 und im folgenden Frühjahr nochmals 100···120 kg N/ha zu geben. Teilung der Jahres-N-Gabe hat in jedem Fall die Anzahl der fertilen Triebe/m² erhöht. Eine Minderung der Keimfähigkeit und eine Änderung der TKM des geernteten Saatgutes durch erhöhte N-Düngung war nicht festzustellen. — Vff. geben schließlich noch Hinweise zum Anbau und zur Samenernte von Knaulgras. E. Kreuz. 864.

2-68/09-0589 Anonym. Forsøg med stigende mængder efterårs- og forårsudbragt kalksalpeter til engrapgræs til frø 1960—1965. **(Steigende Herbst- und Frühjahrsdüngung mit Kalksalpeter bei Samenanbau von Wiesenrispengras 1960-1965.)** Tidsskr. Planteavl **71** (1967) Nr. 3. S. 415-416. — 1 Tab.
Wiesenrispengras (10 kg/ha) wurde gemischt mit Weißklee (8 kg) und Gerste (Grünschnitt) als Schutzsaat gesät. Im folgenden Jahr wurde der Weißklee im Frühherbst mit MCPA vernichtet. Dann wurde N-Düngung in verschiedenen Mengen und Kombinationen im Herbst und Frühjahr angewendet. Im 1. Grassamenjahr wurde der größte Ertrag nach 200 kg/ha Kalksalpeter-Herbstdüngung erreicht. Im 2. Jahr bewirkten 400 kg Kalksalpeter im vorhergehenden Herbst den höchsten Ertrag. Bei Frühjahrsdüngung waren im 1. und 2. Jahr 600 kg/ha ausreichend, im dritten wurden größere Mengen gebraucht. Der Erlös für Grassamen ist zwar schwankend, aber bei 3 dkr. für 1 kg Samen sind 10 kg ausreichend, um 100 kg Kalksalpeter rentabel zu machen. W. Warwel. 864.

2-68/09-0590 Kurhański, M. und Strzelecki, A. W. Len włóknisty jako roślina ochronna kostrzewy łąkowej (Uprawa na nasiona). **(Faserflachs als Schutzpflanze für den Wiesen-Schwingel [Saatgut-Anbau].)** — Biul. Inst. Hodowli Aklimatyzacji Roślin **1967** Nr. 1/2. S. 165-169. — 2 Abb., 3 Tab., 9 Lit.
Versuche mit der Einsaat von Wiesenschwingel in Faserflachskulturen zum Saatgutanbau beider Pflanzenarten wurden durchgeführt und zwar in 7 Kombinationen. Während der Vegetationsperiode wurden Beobachtungen über die Entwicklung, das Auftreten von Krankheiten und Schädlingen, die Verunkrautung und den Schwund der Pflanzen durchgeführt. Die im Labor durchgeführten Untersuchungen betrafen die Analyse des Saatgutes, morphol. Messungen des Strohs sowie die Produktivität und Qualität der Faser. Es wurde festgestellt, daß der Wiesenschwingel eine effektive Nebenfrucht im Faserflachs darstellt. Der als Schutzpflanze für den Wiesenschwingel verwendete Faserflachs führt zu keiner Minderung der Wiesenschwingel-Erträge. Der Anbau von Flachs mit einer Einsaat von Wiesenschwingel wirkt sich auf die Qualität des Saatgutes beider Arten nicht negativ aus. Das Saatgut beider Pflanzenarten kann man vor der Aussaat mischen. Der Nebenfrucht-Anbau gestattet es, hohe Erträge beider Pflanzenarten bei einem verringerten Areal zu erzielen. Die Band-Aussaat, insbes. auf bindigen Böden, sichert höhere Flachserträge als die Aussaat in einzelnen Reihen. PRL/CBR. 864.

2-68/09-0591 Pritsch, A. **Auswirkung der Deckfrucht und Reihenweite auf die Saatguterträge bei Rotschwingel im 1. und 2. Erntejahr.** Saat- u. Pflanzgut 9 (1968) Nr. 2. S. 33 bis 34. — 2 Tab.
Im Rotschwingelsamenbau brachte die Augustsaat unter Winterraps im 1. Erntejahr wesentlich höhere Saatguterträge als die Saat unter Wi.-Roggen Ende Sept. Ausfallraps wurde durch Herbizideinsatz vernichtet. Beim Ausfallroggen gelang das nicht. Nach Raps waren 1176, nach Roggen nur 797 fertile Triebe/m² aufgewachsen. Im 2. Erntejahr waren keine Unterschiede mehr festzustellen. Bei Frühjahrsaussaat wurden durch Untersaat in Grünhafergemenge 1···1,5 dt/ha Saatgut mehr erzeugt als bei Untersaat in So.-Gerste. Die Reihenweite von 20 cm erwies sich als günstiger als die von 40 cm. E. Kreuz. 864.

2-68/09-0592 McKee jun., W. H., Brown, R. H. und Blaser, R. E.; Alexandria, La., Southern Forest Exper. Stat.; Beaumont, Rice-Pature Res. and Extension Center. Texas. Effect of clipping and nitrogen fertilization on yield and stands of tall fescue. **(Die Wirkung des Schnitts und der Stickstoffdüngung auf Ertrag und Bestand von Rohrglanzgras.)** Crop Sci. 7 (1967) Nr. 6. S. 567—570. — 3 Abb., 3 Tab., 17 Lit.
Ein 3 Jahre alter Bestand von Rohrglanzgras, der seit Aug. 1961 nicht mit N gedüngt worden war, erhielt im Apr. 1962 22 bzw. 336 kg/ha N als Ammoniumnitrat in den Varianten nicht geschnitten und 2,5 cm geschnitten, als die Pflanzen 15 cm hoh waren. Nach der Vorbehandlungszeit von einem Monat wurden alle Varianten auf 2,5 cm geschnitten und dann in 6 Subvarianten geteilt, die 112 bzw. 224 kg/ha N in Versuch I am 16. Mai und 5 d vorher bzw. 7 d später, in Versuch II am 13. Aug. und 5 d vorher bzw. 7 d später erhielten. Nach einem Monat wurden aus jeder Variante Futterproben entnommen, 24 Stunden bei 70 °C getrocknet und gewogen. Zur Feststellung des Gehalts an löslichen Kohlenhydraten wurden Stoppelproben am 5., 10., 20. und 30. Tage nach Versuchsbeginn entnommen. Bei hohen N-Gaben im Frühjahr wurden die Bestände reduziert, wenn das Gras in der Blüte geschnitten wurde, aber nicht bei häufigem Schnitt. Im Sommer war die negative Wirkung hoher N-Gaben auf Bestand und Wiederaufwuchs nicht so groß. Reichliche N-Düngung reduzierte den Gehalt an löslichen Kohlenhydraten an der Basis des Stengels, erhöhte aber den N-Gehalt. Bei N-Düngung 5 d vor dem Schnitt oder zur Zeit des Schnitts ging der Wiederaufwuchs schneller vonstatten als bei N-Düngung 7 d nach dem Schnitt. Th. Hoffmann. 864.

2-68/09-0593 Schröder, G. **Der Einfluß des Standraumes auf die Düngerwirkung beim Silomais.** Inform. sozialist. Landwirtsch. Bez. Schwerin 5 (1967) Nr. 4. S. 167-172. — 6 Tab., 18 Lit.
Die allg. übliche Bestandesdichte bei Silomais schwankt von 60000···100000 Pflanzen/ha bei einem Reihenabstand von 62,5 cm. Die Beziehungen zwischen der Standweite und Düngung wurden in 9 Versuchen in den Jahren 1959—1961 auf mittlerem Boden Mecklenburgs mit der durchschnittlichen Ackerwertzahl 45 geprüft. Die höchste Pflanzenzahl von 100000 Stück/ha erbrachte in allen Düngungsstufen den höchsten Mehrertrag an Tr.-Subst. und Rohprotein. Durch die NPK-Gabe und eine Gabe von 200 dt/ha Stalldung wurde im Durchschnitt der Standweiten der Tr.-Subst.-Ertrag um jeweils 12% gesteigert.
W. Schäfer. 864.

2-68/09-0594 Schröder, G. **Untersuchungen über den Einfluß von Stalldung und Gründüngung auf den Ertrag des Silomaises.** Inform. sozialist. Landwirtsch. Bez. Schwerin 4 (1966) Nr. 9. S. 487-498. — 14 Tab., 63 Lit.
Vf. berichtet über 13 Versuche aus 5 Versuchsorten Mecklenburgs. Geprüft wurden 2 Stalldunggaben (100 und 200 dt/ha) und 3 Gründüngungsgemische (Wi.-Rübsen; Kleegras; Leguminosengemenge) in ihrer Wirkung auf nachfolgenden Hauptfruchtsilomais. Die jeweils höchsten Erträge an Frisch- und Tr.-Subst. sowie verdaul. Nährstoffen wurden durch die Stalldunggabe von 200 dt/ha erzielt. Zu der Gabe von 100 dt/ha bestehen signifikante Ertragsunterschiede. Wird jedoch der Ges.-Ertrag Stoppelfrucht + Silomais berücksichtigt, so lieferte diese Kombination höhere Erträge an verdaul. Nährstoffen, insbes. an verdaul. Rohprotein. Die Zwischenfrucht-Kleegrasmischung erzielte die gleiche Düngungswirkung wie eine halbe Stalldunggabe von 100 dt/ha. Bes. vorteilhaft bei dieser Zwischenfrucht ist der geringere Aufwand an Arbeit, Selbstkosten und mineral. Düngemitteln.
W. Schäfer. 864.

2-68/09-0595 Schröder, Günter. **Anbaumethoden zu Futterkohl.** Inform. sozialist. Landwirtsch. Bez. Schwerin 4 (1966) Nr. 6. S. 302-303. 305-310. — 24 Tab.

Durch Anbau von Futterkohl nach Winterzwischenfrucht ist es möglich, bis ans Jahresende ein ertragreiches eiweißhaltiges Futter zu gewinnen. Hindernis für eine größere Anbauausdehnung sind der hohe AKh-Aufwand bei Pflanzung und der unsichere Erfolg bei Drillsaat. Vf. berichtet über dieses Problem anhand von 30 auswertbaren Versuchen. Im Trockenjahr 1964 wurde von 30% der Drillsaatversuche kein Ertrag erzielt, alle ausgefallenen Saaten waren nach dem 15.6. bestellt worden. Die Pflanzung war um 55% Tr.-Masseertrag der Drillsaat überlegen. Ähnliche Überlegenheit zeigte die Kombination Landsberger Gemenge + Futterkohl gegenüber der Futterkohlhauptfrucht. Der hohe AKh-Aufwand von 204 AKh/ha bei Pflanzung gegenüber 78 AKh/ha bei Drillsaat macht die Pflanzmethode für den Großanbau bedeutungslos. Gute Wasserversorgung und rechtzeitige Bestellung geben sichere Drillsaaterträge bei Futterkohl, die durch zweckmäßige Anbautechnik, Düngung, Herbizidanwendung und mechanische Pflege zur Verbesserung und Verbilligung der Futterproduktion beitragen können. W. Schäfer. 864.

2-68/09-0596 Schwarzer, A. **Erfahrungen mit dem Anbau des Grünhafers in den Lagen des Bezirkes Gera.** Erfahr., Erkenntnisse, Anwend. für d. sozialist. Landwirtsch. Bezirkes Gera 4 (1967) Nr. 3. S. 15-17. — 3 Tab., 2 Lit. 864.

2-68/09-0597 Bruczyk, H. und Wilczek, A. Intensywne nawożenie poplonów ozimych azotem-źródłem dodatkowej i wartościowej paszy gospodarstwie. (**Die Intensivdüngung der Winterzwischenfrüchte mit Stickstoff — eine Quelle des zusätzlichen und wertvollen Futters im Landwirtschaftsbetrieb.**) Nowe Rolnictwo **16** (1967) Nr. 10. S. 18-22. — 6 Abb., 1 Tab.
Die Untersuchungsergebnisse weisen nach, daß sich die Erträge der Kartoffeln (als Folgefrucht nach Grünroggen) bei entspr. mineral. Düngung der Kartoffeln, nach Auspflanzen unmittelbar nach der Grünfutterernte nicht im Knollenertrag unterscheiden, wenn die Kartoffeln als Hauptfrucht angebaut wurden. Der Futterroggen wurde mit hohen N-Gaben gedüngt. Dieser Aufwand ist sowohl landwirtsch. und organisatorisch als auch ökonom. zu rechtfertigen. Insbes. sinken die Produktionskosten für das auf diesem Wege gewonnene Eiweiß mit dem wachsenden Niveau der N-Düngung. Die Futterproduktion im eigenen Landwirtschaftsbetrieb, die dank dem Zwischenfruchtanbau von Roggen im Kartoffelanbau erzielt wird, ermöglicht es, innerhalb kurzer Zeit eine sehr hohe Eiweißmenge/Flächeneinheit zu erzielen. PRL/CBR. 866.

I. Pflanzen der Subtropen und Tropen

2-68/09-0598 Kaplan, S. E. Kul'tura risa v stranach Evropy. (Obzor inostrannoj literatury.) (**Die Reiskultur in den Ländern Europas. Übersicht über die ausländische Literatur.**) Moskva. 1967. (97 S.) 8° = Min. sel'skogo chozjajstva SSSR. Obzor literatury Nr. 1. (SR 3354, 1/94) 872.

2-68/09-0599 Curtis, D. L.; Samaru, Zaria, Amadu Bello Univ., Inst. for Agric. Res. The relation between yield and date of heading of Nigerian sorghums. (**Die Beziehung zwischen Ertrag und Zeitpunkt des Rispenschiebens bei nigerianischem Sorghum.**) Exper. Agric., London 4 (1968) Nr. 1. S. 93-101. — 4 Abb., 3 Lit.
In den verschiedenen Klimagebieten Nigerias werden Landsorten angebaut, die wegen ihrer guten Adaption den meisten Zuchtsorten im Ertrag überlegen sind. — In einer Versuchsserie wurden von 1957—1961 an 5 typischen Standorten jeweils 5 Standardsorten mit den bodenständigen Typen verglichen und dabei Ertrag und Datum des Rispenschiebens festgestellt. Bei 3 der 5 Standards ergaben sich zwischen Ertrag und Rispenschieben Beziehungen, die durch eine quadratische Regressionskurve beschrieben werden können, für die 4. Sorte liegt eine lineare Beziehung vor. In allg. ist der Standardertrag um so geringer, je mehr der Termin des Rispenschiebens (positiv oder negativ) von dem der Landsorte abweicht. Dies ist wahrscheinlich bei frühen Typen durch starken Krankheits- und Schädlingsbefall während der Reife in der Regenzeit und bei späten Sorten durch Einflüsse der beginnenden Dürreperiode bedingt. V. Ehrenpfordt. 873.

2-68/09-0600 Guerriero, Rolando und Zucconi, Franco. Ricerche sull'impiego di prodotti chimici atti a facilitare la raccolta delle olive. VI. Ulteriori indagini sulla efficacia di prodotti diversi. (**Untersuchungen über die Verwendung von chemischen Mitteln zur Erleichterung der Olivenernte. 6. Mitt. Weitere Untersuchungen über die Wirkung von verschiedenen Stoffen.**) Frutticoltura **30** (1968) Nr. 2. S. 148. 155-161. — 2 Abb., 2 Tab., 20 Lit. Zus. in Engl., Franz., Dtsch. — nach Zus.

Verschiedene Stoffe (MH, Glyzerin, Formalin, $MnSO_4$, CO_2) zur Erleichterung der chem. Ernte wurden im Winter 1966/67 auf Olivenbäumen der Sorte 'Moraiolo' untersucht. Mit Ausnahme von CO_2 wurden die Mittel durch ein- oder 2malige Spritzungen den Pflanzen in getrennten Parzellen verabreicht. Bei den verwendeten Konz. zeigten Formalin und MH die besten Ergebnisse. Schwach war die Wirkung von $MnSO_4$ und CO_2. Durch wiederholte Behandlungen mit rel. niedrigen Dosen konnten in jedem Fall günstige Ergebnisse erreicht werden. Unter diesen Bedingungen war nämlich der Ausfall der Blätter gering, d.h. daß die Pflanzen hohe Gesamtdosen vertragen, wenn diese in mehreren Spritzungen gegeben werden. 880.

2-68/09-0601 Petrov, I. A. **Zur Einführung von Zitruskulturen in den gemäßigten Klimabereich. Teil I. Möglichkeiten zur Anzucht von Zitruskulturen in Freiland-Tiefgräben.** Beitr. trop. subtrop. Landwirtsch. Tropenveterinärmed. 5 (1967) Nr. 2. S. 119–137. — 5 Abb., 1 Tab., 9 Lit. Zus. in Engl., Franz., Span. — nach Zus.

Die Resultate eines 4jähr. Orientierungsversuches beweisen, daß der Anbau von Zitruskulturen im gemäßigten Klimabereich in Tiefgräbenanlagen im Freiland bei normalem Wachstum und normaler Entwicklung möglich ist. Für 2reihige Anlagen der Zitruskulturen haben sich am besten Tiefgräben von 4 m Breite und 1,65 m Tiefe bewährt. Für den Schutz gegen Fröste im Winter haben sich 2 × 2 m große und 2,5 cm dicke Föhrenholzschilde gut bewährt. Jedoch ist deren Manipulierung bei Lüftung und Belichtung der Kulturen schwierig und es ist eine Verstärkung der Isolierfähigkeit durch verschiedenartiges Material bei sehr niedrigen Temperaturen notwendig. Der Abstand der Zitruspflanzen von 60 cm von der nördlichen Mauer ist zu klein, da dabei eine symmetrische Entwicklung der Baumkronen unmöglich und die Betreuung der Kulturen (Schnitt und Gestaltung der Baumkronen) erschwert wird. Das System der einzelnen Zitrusgräben mit separaten Türen hat Nachteile, da durch die Notwendigkeit eines mehrmaligen Öffnens der vielen separaten Türen die Pflege- und Beobachtungsarbeiten vermehrt werden und im Winter zu kalte Luft in das Innere der Tiefgräben eindringt. 894.

2-68/09-0602 Petrov, I. A. **Zur Einführung von Zitruskulturen in den gemäßigten Klimabereich. Teil II. Studium der mikroklimatischen Bedingungen und die Selektion der Zitruskulturen mit besonderer Berücksichtigung ihrer Rentabilität.** Beitr. trop. subtrop. Landwirtsch. Tropenveterinärmed. 5 (1967) Nr. 2. S. 139–156. — 8 Abb., 2 Tab., 24 Lit. Zus. in Engl., Franz., Span. — nach Zus. 1. Mitt. vgl. vorst. Ref.

Der 2. Teil befaßt sich mit der Mikroklimabildung in den Tiefgräben, der Anlage von Gräben sowie der Konstruktion der Frostschutzabdeckung, Möglichkeiten der Selektion frostwiderstandsfähiger Sorten und Betrachtungen zur Rentabilität der besprochenen Anbaumethode. Die Temperatur sank in den Tiefgräben während des Winters nicht unter 4,5 °C. Der niedrigste Temperaturmittelwert wurde im Febr.mit 5,6 °C erreicht. Während dieser Zeit traten im Freien Fröste bis —16,5 °C auf. Temperaturen über 10 °C, die für den Beginn der Photosynthese wichtig sind, sind in den Tiefgräben bereits ab Apr. zu verzeichnen. Die verwendeten Zitrusarten (*Citrus limon.* Burm., *C. sinensis* Osb. und *C. khatta* Bon. Marc.) vertrugen die Abdunklung bzw. sehr schwache Belichtung während der ca. 180···187 d dauernden Überwinterungsperiode mit Temperaturen, die bedeutend über 5 °C lagen, ohne merkliche Schäden. Bei der Konstruktion der Tiefgräben erwiesen sich eine Tiefe von 1,65 m, eine Breite von mindestens 4 m (bei 2zeiligen Anlagen) und eine Länge von 25···30 m als günstig; mehrreihige, nach einem Doppelkammersystem angelegte Tiefgräben sind den einreihigen vorzuziehen. Das beste Frostschutzmaterial zum Abdecken der Gräben bilden 55 cm dicke und mit einem Lattenrahmen verstärkte Polystyrolplatten in einer speziellen Konstruktion, die gute Lüftung und Belichtung der Kulturen ermöglicht und leicht abgenommen werden kann. Eine Orientierungskalkulation läßt die Produktion von Zitrusfrüchten in Tiefgräben rentabel erscheinen. Im Verlaufe der Untersuchungensjahre 1950—1956 konnte in den Tiefgräbenanlagen das Ausgangsmaterial für 2 neue Zitronen- und eine Pomeranzensorte gewonnen werden. 894.

2-68/09-0603 Milella, A. L'azione dell'idrazide maleica su giovani alberi di limone. **(Wirkung von Maleinsäurehydrazid auf junge Zitronenbäume.)** Riv. Ortoflorofrutticolt. ital. 51[92] (1967) Nr. 6. S. 487–500. — 1 Abb., 7 Tab., 27 Lit. Zus. in Engl.

Bäume der Sorte 'Interdonato' wurden am 4.11. mit steigenden Konz. (1000···3000 ppm) Maleinsäurehydrazid behandelt, ein Teil der Varianten wurde am 13.1. erneut behandelt.

Mit steigender Konz. und der Anzahl der Behandlungen verzögerte sich der Austrieb im Frühjahr (geringere Länge im Vergleich zur Kontrolle). Die Anzahl deformierter Blätter stieg von 12 auf 56%, die Blütezeit verzögerte sich bei der 2fachen Behandlung mit der höchsten Konz. um > 1 Monat gegenüber der Kontrolle. Dadurch wurde einer möglichen Frostgefährdung vorgebeugt, die Fruchtqualität verminderte sich. Die Früchte waren weniger gefärbt und saftig, kleiner sowie dickschaliger. S. Kramer. 894.

VIII. GRÜNLAND

A. Allgemeine Literatur, Berichte, Statistiken u. a.

2-68/09-0604 Reinhold, Artur und Asmus, Fritz. **Die Anwendung großmaßstäblicher Luftbilder zur Grünlandbonitierung unter besonderer Berücksichtigung des sowjetischen Spektrozonalfilms.** Z. Landeskult. 9 (1968) Nr. 1. S. 3–25. — 3 Abb., 4 Tab., 14 Lit. Zus. in Russ., Engl. — nach Zus.
Es wird über Untersuchungen zur Überprüfung des potentiellen Informationsgehaltes großmaßstäblicher Luftbilder für die Standorts-bzw. Bodenkartierung sowie die hiervon abgeleitete Planung von Meliorations- und Bewirtschaftungsmaßnahmen auf Grünlandflächen berichtet. Die angewendeten Vermessungsfilm-Lichtfilterkombinationen sind unter Berücksichtigung der Ergebnisse von Remissionsmessungen an Vegetationsproben ausgewählt worden. Hinsichtlich der Stratifizierung der Grünlandvegetation nach bestimmten Assoziationen und Standortsmerkmalen hat sich der sowjet. Spektrozonalfilm des Typs SN-2M allen Schwarzweißfilmen überlegen gezeigt. Eine standortskundlich-pflanzensoziol. Luftbildinterpretationsanalyse und deren Vergleich mit den Resultaten der Bodenkartierung demonstriert die Vergrößerung des Informationsgehaltes spektrozonaler Luftbilder für die Auswertung durch die Erschließung der Dimension „Farbe". Luftbilder zweckentspr. Filmfilterkombinationen haben sich als wertvolles Hilfsmittel für die Erkundung und Charakterisierung von Grünlandflächen in standörtlicher und bewirtschaftungstechnischer Hinsicht erwiesen. 901.

2-68/09-0605 Starzyński, A. Usprawniamy gospodarkę na użytkach zielonych. (**Wir verbessern und vereinfachen die Wirtschaft auf Grünlandflächen.**) Przegląd Hodowlany **36** (1967) Nr. 22. S. 3. — 3 Abb.
Es wurden Anlagen beschrieben, die die Arbeit auf den Grünlandflächen verbessern und vereinfachen. Ein fahrbarer Stromimpulsgeber auf Rädern mit Gummibereifung, der die bisherigen Mängel bei den Elektroweidezäunen beseitigt, wurde konstruiert. Dieser Wagen ist mit einem Akkumulator (statt der Batterien) und einem Impulsgeber sowie mit 200 m Draht für den Elektroweidezaun versehen. Der Vorzug des Wagens besteht darin, daß man im Falle der Leerung des Akkumulators diesen gegen einen neuen austauschen kann. Z. Z. arbeiten bereits 160 Akkumulatorkarren. Außerdem wurde ein Zaunpfahl aus einem Metallstab mit 15 mm Durchmesser konstruiert, auf dessen oberes Ende ein Metallrohr mit 25 mm Durchmesser aufgesetzt ist. In dieses Metallrohr wird ein Gummi- oder Vinidurröhrchen eingesetzt, das die Aufgabe des Isolators erfüllt. Die mit weißer Ölfarbe gestrichenen Weidezaunpfähle sind für die Tiere gut sichtbar. Eine solche Isolierung ist wesentlich bequemer als die bisher verwendeten Porzellanisolatoren. In einem anderen Betrieb stellte man aus 2 alten Anhängern niedrige Anhänger für den Transport von Heu, Stroh oder Grünfutter her. Zum Befestigen der Ladung auf dem Anhänger dienen Seile, die durch Rollen gespannt werden, welche auf dem vorderen Teils des Rahmens angebracht sind. Für diese Anhänger sollte sich die Industrie interessieren. PRL/CBR. 901.

2-68/09-0606 Roth, D. **Verfahren beim Grünlandumbruch und notwendige acker- und pflanzenbauliche Folgemaßnahmen.** Erfahr., Erkenntnisse, Anwend. für d. sozialist. Landwirtsch. Bezirkes Gera 4 (1967) Nr. 6. S. 8–9. — nach Zus.
Auf Grund der derzeitigen Ertragsrelationen zwischen Acker- und Grünland besteht die Forderung, alle pflugfähigen, mechanisiert zu bearbeitenden und zu erntenden Standorte ackerbaulich zu nutzen. Grünlandflächen, die auf ackerfähigem Land liegen, sind deshalb umzubrechen. Es wurden zwei Verfahren des Grünlandumbruches beschrieben. Die Umwandlung von Grünland in Ackerland und die Auswahl der in Frage kommenden Standorte muß sehr sorgfältig und mit großem Verantwortungsbewußtsein erfolgen, um Fehlinvestitionen zu vermeiden. Das Ziel besteht darin, von jedem ha LN höchstmögliche Erträge ohne überhöhten Aufwand zum Wohl der gesamten Volkswirtschaft zu erzielen. 901.

2-68/09-0607 Koth, Hanno. **Gegenwärtiger Stand und Entwicklungstendenzen des Salzgrünlandes, dargestellt am Gebiet der Wismarer Bucht unter besonderer Berücksichtigung der Insel Poel.** Dipl.-Arb. Rostock, Landwirtsch. Fak. **1967** 59 S. — nach Zus.
Im Küstensaum des Bezirkes Rostock befinden sich 44544 ha Grünland, die überschwemmungsgefährdet sind, (Lage unter einer Höhe von 1,25 m NN). Diese Flächen, die zu 38,8% nicht eingedeicht sind und bei jeder Wasserstandserhöhung überflutet werden, werden nur extensiv bewirtschaftet und bringen infolge der jahrzehntelangen Vernachlässigung jeglicher Meliorationsarbeiten nur einen niedrigen Ertrag. Bei der weiteren Intensivierung der Landwirtschaft ist es unmöglich, daß der physiol. positiv auf das Tier wirkende Standort im Küstensaum nicht intensiv bewirtschaftet wird. Eine Verbesserung des Standortes ist nur mit Meliorationsmaßnahmen möglich. Bei entspr. Flächenkonzentration ist die Eindeichung die zweckmäßigste und nachhaltigste Maßnahme. Im schmalen Küstensaum würden die entstehenden Kosten zu hoch sein, so daß hier in der Hauptsache dafür Sorge getragen werden muß, daß das Überschwemmungswasser sehr schnell wieder abfließen kann. 901.

2-68/09-0608 Franzke, H. und Egerer, K. **Kooperationsbeziehungen – wichtige Voraussetzung für die weitere Intensivierung und Rationalisierung der Grünlandbewirtschaftung.** Erfahr., Erkenntnisse, Anwend. für d. sozialist. Landwirtsch. Bezirkes Gera 4 (1967) Nr. 9. S. 15–18. — 1 Tab. 901.

2-68/09-0609 Blohm, Georg. **Die Betriebswirtschaft der Grünlandnutzung.** Frankfurt/M.: DLG-Verl. 1967. (188 S.) 8°. (1968 A 585) 901.

2-68/09-0610 Hrazdira, Zdeněk, Koníček, Břetislav und Tómka, Ondrej. Zvyšování výnosů luk a pastvin. **(Steigerung der Wiesen- und Weidenerträge.)** Praha: Státní zeměd. nakl. 1967. (240 S.) 8°. (1968 A 389) 901.

2-68/09-0611 **Industriemäßige Futterproduktion und Grünlandbewirtschaftung.** Hrsg. vom Bezirkskomittee für Landtechnik Neubrandenburg. Neubrandenburg: Bezirkslandwirtschaftsrat. 1967. (77 S.) 8° = Empfehlungen über einheitliche Maschinensysteme im Bezirk Neubrandenburg. 4. (SR 3552, 4) 901.

B. Wiesen

2-68/09-0612 Valberg, Edvard. Forsøg med gjenlegg til eng i Nordland fylke. **(Versuch mit Wiesenanlagen in Nordland.)** Forskn. Forsøk Landbruket **19** (1968) Nr. 1. S. 9–41. — 1 Abb., 25 Tab., 22 Lit. Zus. in Engl.
1955—1964 wurden 40 Versuche durchgeführt. Bei Frühjahrsaussaat wurde mit 6zeiliger Gerste bis zur Reife als Decksaat für Wiesenlieschgras das beste Resultat erzielt. Hafer als Grünfutter brachte wenig Vorteil gegenüber Aussaat ohne Deckung. Letztere gab in den folgenden Jahren besseren Heuertrag als bei der vorherigen Gerstenernte. Spritzung gegen Fremdgras gab reinere Lieschgrasernte, aber nicht höheren Heuertrag. Herbstsaat gab größeren Ertrag und eine reinere Lieschgraswiese als Frühjahrssaat ohne Decksaat. Fremdgras konnte sich weniger entwickeln. Die Herbstsaat sollte, bes. in Küstennähe, möglichst zeitig (Mitte Aug.) erfolgen. W. Warwel. 920.

2-68/09-0613 Bühring, Joachim. **Beobachtungen über den Einfluß des Schnittes auf den Wachstumsverlauf der vegetativen Blatttriebe von Dactylis glomerata L.** Z. Landeskult. **9** (1968) Nr. 1. S. 67–76. — 4 Abb., 2 Tab., 16 Lit. Zus. in Russ., Engl. — nach Zus.
Der vegetative Gramineentrieb stellt die Summe seiner wachsenden und ausgewachsenen Blätter dar. Der Haupttrieb vegetativer Knaulgraspflanzen wurde in 2 cm Höhe geschnitten. Das Wachstum der nachwachsenden Blätter desselben Triebes wurde fortlaufend beobachtet und die Blattendlängen bestimmt. Es zeigte sich bei einem Vergleich mit den Blättern gleicher Inserierung von Kontrollpflanzen, daß Zuwachs und Endlänge um so mehr dezimiert worden waren, je weiter das geschnittene Blatt zum Schnittzeitpunkt ausgewachsen war. Die Blattbildungsraten beider Gruppe waren gleich. Bei einer Betrachtung der entspr. Werte von Blättern der Schnittpflanze, die vom Schnitt nicht erfaßt worden waren, ergaben sich bei beiden Parametern ebenfalls noch deutliche Differenzen zu den Kontrollblättern. Als Ursache für diese Erscheinung wird vorwiegend die Wirkung des durch den Schnitt dezimierten Assimilationsapparates des Triebes angesehen. Die vom Schnitt nicht erfaßten Blattanlagen werden in einer Periode vergleichsweisen Stoffmangels determiniert

oder wachsen in dieser Periode teilweise aus, und diese Stresswirkung mindert Organgröße und -zuwachs. Der Gräserschnitt wirkt somit auch bei den ersten vom Schnitt nicht mehr getroffenen Blättern noch vermindernd auf die Zuwachs- und Endlängen. 920.

2-68/09-0614 Nowakowski, Feliks. Wydajność i użytkowanie zmeliorowanych łąk w PGR. **(Ertragsfähigkeit und Nutzung meliorierter Wiesen Volkseigener Güter.)** Warszawa: Państw. Wyd. roln. i leśne. 1967. (134 S.) = 8°. (1968 A 245) 920.

2-68/09-0615 Wacker, G. **Standort und nutzungsgerechte Grünlandmischungen.** Saat- u. Pflanzgut **9** (1968) Nr. 2. S. 35-36. — 2 Tab.
Voraussetzung für hohe Grünlanderträge ist eine optimale Zusammensetzung des Bestandes. Um dieses Ziel zu erreichen, sind in größerem Umfange Neuansaaten erforderlich. Entgegen der Auffassung, möglichst viele Mischungspartner und hohe Aussaatmengen anzuwenden, wird es in Zukunft erforderlich sein, sich auf hochwertigere Arten zu konzentrieren und diese in artenreinen Gemischen mit nur wenigen Mischungspartnern, z.T. sogar in Reinsaat anzubauen. Sorten mit unterschiedlichem Entwicklungs- und Wachstumsrhythmus müssen bereitgestellt werden, damit kontinuierlich Futter erzeugt wird. Vf. berichtet über die Leistungsfähigkeit der z.Z. in der DDR vorhandenen Pflanzen für Grünlandsaatmischungen bei Mäh- und Weidenutzung auf verschiedenen Standorten, beschreibt die Bemessung von Teilsaatmengen und gibt einige Standardsaatmischungen an.
U. Kriehmig/Paulinenaue. 925.

2-68/09-0616 Anonym. Kvaelstofgødskning til graesmarker med optimal vandforsyning. **(Stickstoffdüngung auf Wiesen mit optimaler Wasserversorgung.)** Tidsskr. Planteavl **71** (1967) Nr. 3. S. 409-412. — 1 Abb., 6 Tab.
Wiesen mit Gras und Kleegras wurden mit 1, 2, 4 oder 6 Einheitsmengen N (78 kg N/ha) in Form von Kalksalpeter in 3 oder 4 Teilmengen gedüngt und mit 45 mm Wasser auf Lehmboden bzw. 30 mm auf Sandboden versorgt, wenn der Wassermangel $^2/_3$ dieser Mengen erreicht hatte. Der Ertrag in FE und der Gehalt an Rohprotein und Rohzellulose stieg für Gras auf Sand- und Lehmboden mit jeder größeren N-Menge, für Kleegras nur auf Sandboden. Es wurden ökonom. Verechnungen angestellt, inwieweit die hohen N-Mengen lohnend sind. Bei Kleegras auf Sandboden, mit gutem Kleebestand und ausreichender Bewässerung, kann N-Zufuhr den Ertrag stark erhöhen, aber ein ökonom. Nutzen tritt nur bei hohem Verwertungspreis je FE ein. Das beste ökonom. Resultat war bei Kleegras ohne N-Zufuhr und in reinem Gras mit 310 kg N/ha erreicht. W. Warwel. 940.

2-68/09-0617 Lammers, H. W. De fosfaat- en kalibemesting van grasland. **(Phosphat und Kalidüngung von Grünland.)** Landbouwvoorlichting **25** (1968) Nr. 1. S. 31-34.
Bei Steigerung der N-Düngung auf Grünland sind auch größere P- und K-Mengen notwendig P ist bes. vor dem 1. Schnitt und in einem kalten Frühjahr für das Graswachstum wichtig. P-Düngung im Sommer ergibt vor allem auf Ca-reichen Böden keine oder nur geringe Wirkung. Lediglich auf Fe-haltigen Böden können schnellwirkende Phosphate den Ertrag positiv beeinflussen. K ist für das Graswachstum nötig, hoher K-Gehalt des Grases kann jedoch zu gesundheitlichen Schäden des Viehes führen. K-Düngung erhöht den K-Gehalt und senkt den Gehalt an Na, Ca und Mg im Gras. Bei hohen N-Gaben ist bes. darauf zu achten, daß nur die K-Menge zugeführt wird, die von den Pflanzen gebraucht wird. Vf. empfiehlt Teilung der K-Gabe (Frühjahr und vor dem Schnitt), wenn der 1. Graswuchs abgeweidet, der zweite gemäht wird. E.-M. Ardelt. 940.

2-68/09-0618 Szymborska, H. Wpływ intensywnego użytkowania kośnego na plonowanie i skład botaniczny runi łąkowej oraz wartość pokarmowa uzyskiwanej paszy. **(Der Einfluß der intensiven Schnittnutzung auf Ertragsleistung und botanische Zusammensetzung der Wiesennarbe sowie den Futterwert des erzielten Futters.)** Wiadomości melioracyjne i łąkarskie **10** (1967) Nr. 4. S. 236-238. — 3 Abb., 5 Tab.
1963 wurde eine Versuchsreihe angelegt, bei der man den Einfluß der 2-, 3- und 4-schürigen jährlichen Nutzung bei 3 Düngergaben auf den Grün- und Tr.-Subst.-Ertrag sowie auf den Nährstoffgehalt und die botan. Zusammensetzung der Vegetationsnarbe vergleicht. Bei allen 3 Varianten stiegen Grünmasse- und Heuertrag mit der Höhe der mineral. Düngung gleichmäßig an. Die Erhöhung der Schnitthäufigkeit bei gleichen Düngergaben hatte ein Absinken des Tr.-Subst.-Gehaltes zur Folge. Die Grünmasseerträge waren nach 4jähriger Versuchsdauer auf den 4schürig genutzten Parzellen am höchsten. Dagegen waren die

Heuerträge auf den 2schürig genutzten Parzellen am höchsten, auf den 4schürig genutzten am niedrigsten. Die Steigerung der Düngergaben hatte das Ansteigen des Anteils der hohen Gräser zur Folge; dies machte sich bei der 2schürigen Nutzung der Vegetationsnarbe bes. bemerkbar. Der Roheiweißertrag und der Gehalt an Roheiweiß in der Trockenmasse stiegen mit der Höhe der Düngung und der Häufigkeit der Mahd an. PRL/CBR. 940.

2-68/09-0619 Künnemann, Gerold und Herrmann, Ulrich. **Heu und Silage vom Dauergrünland und ihr Einsatz in der Fütterung.** Berlin (W.): Hamburg: Parey. 1967. (114 S. m. 45 Abb. u. 46 Tab.) 8° = Aktuelle Fragen des Landbaues. H. 1. (SR 3538,1) 945.

C. Weiden

2-68/09-0620 Nazaruk, M. Znaczenie pastwisk w nowoczesnej gospodarce rolnej. (**Die Bedeutung des Weidegrünlandes in der modernen Landwirtschaft.**) Nowe Rolnictwo **16** (1967) Nr. 24. S. 16-17. — 3 Tab.
Die Weidegrünlandwirtschaft wird als ein grundsätzliches Element der Tierproduktion behandelt, während der Begriff Wiese oder Weide nach und nach verschwindet und nur die Art der Nutzung (Weide- oder Mähnutzung) übrigbleibt. Eine gut organisierte Weidegrünlandwirtschaft erleichtert in ausgezeichneter Weise die Lösung des Problems der Sommerernährung der Tiere, mittelbar wirkt sie sich auf die Gesamtheit der wirtsch. Ergebnisse aus. Die Weidefütterung hat ökonom. und organisatorisch-wirtsch. Nutzeffekte und natürlich-biolog. Vorzüge. Unter den ökonom. Faktoren sind die wesentlich niedrigeren Selbstkosten des Weidegrünlandfutters im Vergleich zum Feldfutter bevorzuheben. Es entfallen ebenfalls die Transportkosten bei der Anfuhr des Grünfutters oder anderer Futter zum Rinderstall. Das Weidegrünland ist eine Dauernutzfläche, die, wenn sie einmal bewirtschaftet und eingerichtet wurde, einige Jahrzehnte lang genutzt werden kann. Die gegenwärtig der Landwirtschaft zur Verfügung stehenden technischen Mittel erlauben es, 7000···8000 Hafereinheiten und 900···1000 kg verd. Eiweiß/ha zu erzielen. Der hohe Eiweiß- und Fettgehalt sowie der rel. geringere Rohfasergehalt im Grünfutter des Weidegrünlandes tragen zu einem hohen Verdaulichkeitskoeffizienten des Futters bei. PRL/CBR. 950.

2-68/09-0621 Markiewicz, L. Nowa metoda użytkowania pastwisk. (**Eine neue Methode bei der Nutzung von Weidegrünland.**) Nowe Rolnictwo **17** (1968) Nr. 1. S. 28-30. — 1 Abb., 2 Tab.
Die neue lett. Methode der Weidegrünlandnutzung sichert einen gleichmäßigen Nachtrieb der Vegetationsnarbe während der ganzen Saison. Diese Methode beruht auf: 1. dem unvollständigen Abweiden der Vegetationsnarbe, was man erreicht. indem die Rinder nur kurze Zeit in den Portionsweiden gehalten werden, 2. dem Abmähen der nicht abgeweideten Reste in einer Höhe von 8···10 cm nach jedem Beweiden; ein Teil der gemähten Reste wird an die Rinder in Gestalt von Heu bei der nächsten Beweidung verfüttert, 3. auf dem erneuten Abweiden der Vegetationsnarbe in der Portionsweide nur dann, wenn die Gräser mindestens 12 cm hoch sind. Die Nutzung des Weidegrünlandes nach diesem Schema wird am besten auf Weidegrünlandflächen durchgeführt, die in 20···24 Portionsweiden unterteilt wurden. Im Gebiet von Gizyko ist eine 4malige Beweidung jeder Portionsweide möglich; bei der neuen Methode beweidete man jede Portionsweide 6 bis 7mal, wobei sich der Grünfutterertrag gleichmäßiger auf die gesamte Beweidungsperiode verteilt. Die Weidesaison bei den stark beweideten Portionsweiden hielt 20···25 d länger an als bei den Portionsweiden, die in traditioneller Weise genutzt wurden. PRL/CBR. 950.

2-68/09-0622 Redlinska, R. Próby urządzenia pastwisk na dużych obiektach torfowych. (**Versuche zur Einrichtung von Weidegrünlandflächen auf großen Moorobjekten.**) Przegląd Hodowlany **36** (1967) Nr. 23. S. 17-21. — 9 Tab.
Unabhängig von der Größe der Weidetiergruppe erwiesen sich die festen Einzäunungen und die kombinierten Einzäunungen als die besten (Arbeitszeiteinsparungen für das Bedienungspersonal). Bei der Einteilung der Rinderherde in Weidegruppen berücksichtigte man die Produktionsrichtung, das Alter der Tiere sowie die Möglichkeit, einen Raum für die ges. Weidesaison für eine entspr. Größe der Beweidungsgruppe zu sichern. Man unterschied die Weidegruppen Milchkühe, trächtige Färsen sowie nichtträchtige Kühe und Jungbullen. Bei allen Gruppen wird ein 2maliges Beweiden an einem Tage angewandt. Die Aufenthaltsdauer der Rinder auf der Portionsweide betrug 8 h. Der Arbeitsablaufplan wurde für jede Portionsweide und für die einzelnen Gruppen nach den Beobachtun-

gen der vergangenen Jahren aufgestellt. Für jede Portionsweide wurden botan. Zusammensetzung, hydrol. Verhältnisse, Termin und Häufigkeit der Beweidung, Termin der Mahd zur Heugewinnung, Zahl und Termin der N-Düngung und die durchgeführten Bewässerungsmaßnahmen schriftlich festgelegt. Der Austrieb der Rinder auf das Weidegrünland erfolgte in der Maidekade. Die Beweidung begann bei der am wenigsten feuchten und die dichteste Vegetationsnarbe aufweisenden Portionsweide. PRL/CBR. 950.

2-68/09-0623 Leśnik, J. Próba wyceny pastwiska kwaterowego w PGR. (**Versuch zur Bewertung von Portionsweidegrünland in Staatsgütern.**) Przegląd Hodowlany **36** (1967) Nr. 22. S. 6–8. — 1 Tab.
Der Versuch zur Bewertung von Weidegrünland wurde nach der skandinav. Methode durchgeführt, während die ökon. Ergebnisse nach den Unterhaltungskosten einschließlich der Amortisationskosten der Anlagen errechnet wurden. Das untersuchte Weidegrünland im Tal des Flusses Noteć (Netze) war bereits 9 Jahre lang genutzt worden. Die Untersuchungen wurden 1966 durchgeführt. Die Anzahl der weidenden Kühe betrug durchschnittlich 109 Stück. Während der Weideperiode wurden die Rinder zusätzlich mit einem Kraftfuttergemisch und Sommergetreidestroh gefüttert, dies wurde bei der Schätzung des Futterwertes des Weidegrünlandes berücksichtigt. Die ökon. Berechnungen wiesen nach, daß das Nettoeinkommen/ha Weidegrünland 10244 Złoty beträgt, während die Produktionskosten für 1 l Milch auf dem Weidegrünland 0,92 Złoty betragen. Zu diesen Ergebnissen trug wesentlich die in bestimmten Zeitabständen durchgeführte Düngung mit org. Dünger und hohen N- sowie P- und K-Gaben, die Anwendung der Portionsbeweidung, die Nichtüberlastung des Weidegrünlandes ($<$ 4 Großtiere als Besatz/ha), Bewässerung zum richtigen Termin sowie die Pflege des Grünlandes und der Meliorationsanlagen bei.
PRL/CBR. 950.

2-68/09-0624 Köhnlein, J. **Methodik zur Weideertragsermittlung in Abhängigkeit vom Zweck.** Wirtschaftseigene Futter **14** (1968) Nr. 1. S. 51–61. — 3 Abb., 17 Lit.
Vf. empfiehlt folgende Methoden der Weideertragsermittlung: 1. Ermittlung des „spezialkostenfreien Rohertrages“ je ha über den Geldwert der je ha erzeugten Produkte und die Produktionskosten, wenn die Rentabilität verschieden bewirtschafteter Weiden untereinander oder mit anderen LN verglichen werden soll. 2. Berechnung der Stärkeeinheiten (StE) ha nach der Methode Falke-Geith oder nach Großviehweidetagen (GWT) zu je 7 StE zum Vergleich der tierischen Leistung von Weiden. 3. Ermittlung des Tr.-Subst.-Ertrages/ha durch Probemahd vor jeder Beweidung und der StE/ha durch die Weender-Analyse bzw, für praktische Zwecke die Berechnung der GWT/ha, um die Wirkung verschiedener Pflege-Düngungs- und Nutzungsmaßnahmen auf die Futteraufwuchsleistung zu untersuchen. 4. Ermittlung der GWT/ha der Mähfuttermenge/ha und der Zufuttermenge/Weide-GV, wenn statist. Erhebungen für wirtschaftsgeogr. und agrarpolit. Zwecke vorgenommen werden, um die Weideerträge in bestimmten Gebieten über mehrere Jahre und im Vergleich zu anderen Gebieten festzustellen. Da die nach den genannten Methoden zu ermittelnden Weideerträge in der Hauptsache für Ertragsvergleiche herangezogen werden, kommt es weniger darauf an, die absol. Ertragshöhen im Einzelfall genau zu bestimmen, sondern es ist weit wichtiger, die Ertragsrelationen richtig zu erfassen.
H. Thimm/Paulinenaue. 950.

2-68/09-0625 Kreil, Wolfgang und Matschke, Joachim. **Untersuchungen zur Bestimmung von Weideerträgen mit einem elektronischen Meßgerät.** Z. Landeskult. 9 (1968) Nr. 1. S. 77–101. — 18 Abb., 1 Tab., 7 Lit. Zus. in Russ., Engl. — nach Zus.
Es wird über die elektronische Messung von Weideerträgen berichtet. Zuerst werden bisher bekannte Geräte zur Messung der Veränderung der Kapazität, die eintritt, wenn eine Sonde in den Grasbestand gestellt wird, beschrieben, danach das eigentliche Gerät. Anhand von Messungen und Ertragsbestimmungen mit der herkömmlichen Methode der Probemahd wird gezeigt, daß das Gerät unter definierten Bedingungen sehr zuverlässig arbeitet. Allerdings wird der Anwendungsbereich des Gerätes dadurch stark eingeschränkt, daß bereits geringe Veränderungen der Meßbedingungen zu erheblich abweichenden Werten führen. Infolgedessen kann die Ertragsbestimmung durch Probemahd zur Zeit durch Messung mit dem Gerät noch nicht ersetzt werden. 950.

2-68/09-0626 O'Sullivan, M. Grass tetany — effects of environment and fertilizers on pasture histamine levels. (**Grastetanie — Wirkungen von Umwelt und Düngemitteln auf den**

Histamingehalt in Weidepflanzen.) J. Sci. Food Agric. **19** (1968) Nr. 1. S. 12–15. — 2 Abb., 1 Tab., 28 Lit.

In tetaniegefährdeten Weidebetrieben hatte das Gras beim Auftreten der Tetanie immer einen niedrigen Mg- und einen hohen Histamingehalt. Der Histamingehalt der Weidepflanzen ist temperatur- und niederschlagsabhängig, er steigt bei niedrigen Temperaturen und Trockenheit stark an. Die Histaminanreicherung in den Pflanzen bei Trockenheit wird mit der Abnahme der Guttation, durch die sonst die Konzentration geregelt wird, in Verbindung gebracht. Durch steigende $(NH_4)_2SO_4$- und KCl-Gaben wurde der Histamingehalt der Weidepflanzen nicht beeinflußt. O. Knabe/Paulinenaue. 950.

2-68/09-0627 Märtin, B. und Grimm, H. **Die Ackerweide und ihre Anwendung in Vorgebirgslagen.** Erfahr., Erkenntnisse, Anwend. für d. sozialist. Landwirtsch. Bezirkes Gera 4 (1967) Nr. 3. S. 11–14. — 3 Abb., 1 Tab., 3 Lit. 950.

2-68/09-0628 Lenz, Jochen-Peter. **Untersuchungen zur Weidetetanie in ihrer Beziehung zu Boden, Düngung, Futterqualität und Fütterung bei Milch- und Jungvieh und deren Leistungen.** Dipl.-Arb. Rostock, Landwirtsch. Fak. 1967. (47 S.) 4°. (Dipl. 1267) 950.

2-68/09-0629 Anslow, R. C. und Green, J. O. The seasonal growth of pasture grasses. **(Das jahreszeitliche Wachstum von Weidegräsern.)** J. agric. Sci. **68** (1967) Nr. 1. S. 109 bis 122. — 7 Abb., 6 Tab., 31 Lit.

21 Grasarten und -sorten wurden in Reinsaat ausgesät. Die 1. Nutzung erfolgte in den einzelnen Serien zu verschiedenen Zeitpunkten, die folgende Nachwuchszeit betrug 21 d, die weiteren 28 d. 1962 erhielt der Versuch 1 lb./acre N und je Tag des Jahres. Bei der Ernte einer Variante wurde der ganze Versuch gedüngt, d. h. etwa alle 9 d N zugeführt. 1963 und 1964 wurde von Ende Apr. bis Ende Sept. die doppelte N-Menge verabreicht. — Der unterschiedliche Zeitpunkt der 1. Nutzung hatte keinen Einfluß auf die Höhe des Jahresertrages. Als größte Differenz im Zuwachs im Frühjahr erreichte *Lolium perenne* 'S 24' 10 lb./acre je nach Witterung 7···3 d früher als 'S 23'. Die Differenzen im Wuchsbeginn der Arten waren nicht größer, mit Ausnahme der sehr früh wachsenden *Festuca arundinacea* 'S 170'. Die Produktion 70 lb./acre/d erreichten *Lolium perenne*, *Dactylis glomerata* und *Phleum pratense* 29 d später, wobei die bei Wuchsbeginn festgestellten Unterschiede erhalten blieben. In den ersten beiden Maiwochen wurde das Maximum des Zuwachses erreicht, wobei zwischen den Arten keine deutlichen Differenzen auftraten und die Sortenunterschiede 0···7 d ausmachten. Im Juni und Juli produzierten die Sorten unterschiedlich, ab Mitte Aug. fielen die Zuwachsraten generell stark ab. In der Anzahl der Tage der Vegetationsperiode mit mehr als 10 lb./acre Tageszuwachs wurden keine Arten- und Sortenunterschiede gefunden. Insges. verhielten sich Arten und Sorten im jahreszeitlichen Wuchsverlauf recht ähnlich. W. Kreil/Paulinenaue. 955.

2-68/09-0630 Barrow, N. J. Some aspects of the effects of grazing on the nutrition of pastures. **(Über die Wirkungen der Weidehaltung von Tieren auf die Nährstoffversorgung der Weiden.)** J. Austral. Inst. agric. Sci. **33** (1967) Nr. 4. S. 254–262. — 54 Lit.

Vf. gibt eine Übersicht der derzeit vorhandenen Erkenntnisse über die Wirkungen der Weidewirtschaft auf die Nährstoffversorgung der Weiden. Er befaßt sich dabei zunächst mit der unterschiedlichen Beweglichkeit der Nährstoffe im Boden und deren Einfluß auf die Aufnahme durch die Pflanze. Nach ihrer Beweglichkeit werden 3 Gruppen von Nährstoffen unterschieden. Weiterhin werden die Wirkungen des Weidens auf die Pflanze besprochen, bes. die Entfernung des Assimilationsapparates und die Erschöpfung der Reservestoffe. Ausführlich werden Art, Menge und Verfügbarkeit für die Pflanze der durch die Weidetiere ausgeschiedenen Pflanzennährstoffe behandelt. Für Harn und Kot werden getrennte Angaben gemacht. Die lokale Verteilung der Exkremente und die davon abhängige Nährstoffverteilung auf der Weidefläche werden besprochen. Zum Abschluß geht Vf. auf einige spezielle Pflanzennährstoffe unter Berücksichtigung der o. g. Ausführungen ein. K. Müller/Paulinenaue. 968.

2-68/09-0631 Haberland, Rudolf. **Sind Fehler in der Weidedüngung möglich?** Mitt. dtsch. Landwirtsch.-Ges. **83** (1968) Nr. 7. S. 187–190. — 5 Abb., 2 Tab.

In einer Anzahl von Betrieben wurden auf den Mineralbodenweiden hohe pH-Werte sowie hoher P- und K-Gehalt des Bodens gefunden. Hieran anknüpfend werden Hinweise für die Weidedüngung gegeben. Auf mittleren Grünlandböden wird ein pH-Wert von 5,5, auf schweren von 6,0 als optimal angesehen. Vf. wendet sich gegen eine übermäßige Düngung der Weiden mit P und K. K-Überschuß sowie Mangel an Mg und Cu wirken sich ungünstig auf Leistung, Gesundheit und Fruchtbarkeit der Weidetiere aus. Regelmäßige Bodenuntersuchung auf den Weiden, ergänzt durch stichprobenartige Futteruntersuchung, wird empfohlen. Auf Feldfutter- und Wiesenflächen hält Vf. eine Untersuchungstiefe von 10 cm und auf Dauerweiden eine solche von nur 6 cm für angemessen. Die Untersuchung der obersten 20 cm lehnt er für Weiden ab. H. Kaltofen/Paulinenaue. 968.

2-68/09-0632 Markiewicz, L. Wpływ azotu na produktywność pastwisk. (**Der Einfluß des Stickstoffs auf die Produktivität des Weidegrünlandes.**) Przegląd Hodowlany **36** (1957) Nr. 22. S. 8-10. — 1 Abb., 2 Tab., 3 Lit.
Die Düngung des auf Podsolboden angelegten Weidegrünlandes betrug 60 kg P, 120 kg K und 0, 60, 120, 240 und 360 kg N/ha. N wurde in Form von 25%igem Kalkammonsalpeter verabreicht (2 Termine bei der Gabe von 60 kg; 3 Termine bei den übrigen Gaben. Die Grünmasseerträge wurden vor jedem Abweiden auf Weidestücken von 10 m² in 4 Wiederholungen bestimmt; sie betrugen entspr. den N-Gaben: 82,2; 147,1; 203,3; 234,8 und 291,0 dt/ha. Die N-Düngung erhöhte die Bestockungsintensität, bewirkte die Bildung stärkerer Triebe und vergrößerte die Blattzahl der Pflanzen. Im Versuch wurde kein Maximum bei den hohen N-Gaben beobachtet. Bei 360 kg N/ha wurden 5450 Hafereinheiten erlangt, was eine Ausbeute von 198% gegenüber der Gabe von 60 kg N bedeutet. Die Niederschlagsmenge und der Wassergehalt des Bodens beeinflussen entscheidend während der Vegetationsperiode des Weidegrases die Verwertung der Düngemittel auf dem Weidegrünland. Daraus ergibt sich die Notwendigkeit einer ständigen Zusammenarbeit zwischen dem meteorol. Dienst und der Landwirtschaft, um über die Höhe der optimal nutzbaren N-Gaben besser entscheiden zu können. PRL/CBR. 968.

2-68/09-0633 Vetter, H. **Die Stickstoffwirkung auf einer Dauerweide auf Parabraunerde in acht Versuchsjahren.** Wirtschaftseigene Futter **14** (1968) Nr. 1. S. 34-47. — 7 Abb., 5 Tab., 3 Lit.
Auf einer Weidelgras-Weißklee-Weide wurden 80, 160 und 240 kg N/ha in 4 gleichgroßen Teilgaben gegeben. Im Mittel von 6 Jahren wurden durch 160 gegenüber 80 kg N/ha je kg N 21,5 kg Tr.-Subst. und 13,2 kg StW, durch 240 gegenüber 160 kg N/ha 11,3 kg Tr.-Subst und 5,8 kg StW erzielt. In feuchten Jahren waren die Mehrerträge größer als in Trockenjahren; bei den Tr.-Subst.-Erträgen war dies ausgeprägter als bei den Nährstofferträgen. — Die größte N-Wirkung war im 2. und 3. Aufwuchs zu verzeichnen. Der Rohproteingehalt wurde durch die N-Düngung erhöht, der Gehalt an Mineralstoffen nur wenig verändert. Im Pflanzenbestand wurde *Lolium perenne* durch die N-Düngung stark gefördert, *Achillea millefolium* und *Trifolium repens* stark zurückgedrängt. Steigende N-Düngung hatte auf die Schmackhaftigkeit des Futters nur wenig Einfluß, auf allen 3 Varianten wurde 73% des Futters von den Tieren aufgenommen. W. Kreil/Paulinenaue. 968.

2-68/09-0634 Thimm, H. **Sind geteilte N-Gaben für die Weiden ökonomisch sinnvoll?** Tierzucht **22** (1968) Nr. 3. S. 124-125. — 2 Tab., 7 Lit. — nach Zus.
Es wurden anhand von Versuchsergebnissen die Ertragsunterschiede zwischen einmaliger N-Düngung im Frühjahr und Teilung der N-Menge auf mehrere Gaben ermittelt und den Mehrkosten gegenübergestellt, die durch Ausbringung des N in mehreren Teilgaben entstehen. Werden bis zu 80 kg/ha N gestreut, so scheint eine Teilung dieser Menge nur gerechtfertigt, wenn man auf stark besetzten Weiden im Sommer die Tiere ohne Zufutter ausreichend mit Weidegras versorgen will. Stehen 100 kg/ha N und mehr zur Verfügung, so bringen geteilte N-Gaben trotz höherer Ausbringungskosten einen größeren Gewinn. Das Nachdüngen der Weiden, das bei geteilten N-Gaben notwendig ist, wird mit der Schaffung großer Produktionseinheiten und in Anbetracht dessen, daß die Nachwuchsleistung auch dann noch gegeben ist, wenn der N erst 10···15 d nach Abgrasen der Koppel gestreut wird, wesentlich erleichtert. 968.

2-68/09-0635 Korotkov, B. I. Vlijanie močeviny na urožajnost' orošaemogo kul'turnogo pastbišča. (**Einfluß des Harnstoffs auf die Ertragsfähigkeit einer bewässerten Kulturweide.**) Doklady TSChA. Moskovskaja ordena Lenina sel'skochozjajstvennaja akademija imeni K. A. Timirjazeva **1967** Nr. 131. S. 291-295. — 2 Tab., 8 Lit. — nach Zus.
Die Anwendung von Harnstoff trägt zur Ertragssteigerung der Kulturweide um 12,5···20 dt Tr.-Subst./ha bei. Eine N-Gabe von 120 kg/ha bei PK-Düngung bei Beregnung ist

nach dem Mehrertrag an Heu einer Düngung von 240 kg/ha N ohne Bewässerung gleichwertig. Das Düngen der Kulturweiden mit Harnstoff ist effektiv: Der Zuwachs an Grünmasse in der Variante ohne Bewässerung betrug pro N-Einheit 55···68 kg/ha und in der Variante mit Bewässerung 72···88 kg. Hält man die Bodenfeuchtigkeit in der von Wurzeln durchwachsenen Bodenschicht 0···30 cm auf einer Höhe, die dem äußersten Wasseraufnahmevermögen nahesteht, so wird der Nutzeffekt des Harnstoffs beim Gräserbestand der Weide um das 4···6fache gesteigert. 968.

2-68/09-0636 Michajličenko, B. P. Vlijanie mikroėlementov na urožaj i botaničeskij sostav kul'turnogo pastbišča. **(Einfluß der Spurenelemente auf den Ernteertrag und die botanische Zusammensetzung der Kulturweide.)** Doklady TSChA. Moskovskaja ordena Lenina sel'skochozjajstvennaja akademija imeni K. A. Timirjazeva **1967** Nr. 131. S. 285 bis 290. — 5 Tab., 9 Lit. — nach Zus.
Spurenelemente erhöhen wesentlich die Ertragsfähigkeit von Gräser- und Leguminosen-Kulturweiden mit überwiegendem Leguminosenanteil. Mo fördert die Erhaltung der Leguminosen im Grasbestand beim Einbringen von Mineralvolldünger. Spurenelemente, vor allem Mo, fördern den Entzug der wichtigsten Nährstoffe zur Ertragsbildung. 968.

2-68/09-0637 Sneva, Forrest A. Chemical curing of range grasses with paraquat. **(Die chemische Behandlung des Weidegrases mit Paraquat.)** J. Range Management **20** (1967) Nr. 6. S. 389-394. — 2 Abb., 7 Tab., 14 Lit.
Paraquat ist ein neues chem. Mittel. Obwohl es lichtempfindlich ist, wird es von den Pflanzen erst im Dunkeln absorbiert. Der phytociale Prozeß findet jedoch während der aktiven Photosynthese statt. P. ist vollständig in Wasser löslich und nicht flüchtig. Wenn es mit dem Boden in Berührung kommt, wird es durch den Basenaustausch inaktiviert. Vf. führte von 1962-1966 zahlreiche Versuche zur „Heilung" des Weidegrases in Südost-Oregon durch. P. verändert, wenn man es zur Blütezeit der Gräser anwendet, die Verteilung von N, P, K und Ca im Futter. Die Abnahme dieser Elemente war in trockenen Sommern minimal. Bei Regen waren die Verluste von K, P, Ca größer als die des N. Die Futtererträge wurden auf behandelten Flächen in feuchten Jahren durchschnittlich um 45% reduziert. In trokkenen Sommern war kein Ertragsabfall meßbar. Typisch für alle Gräser war der Verlust der grünen Farbe des Futters und eine Erhöhung des Tr.-Subst.-Gehaltes. Z. T. wurde ein Karotinverlust festgestellt. Vf. berichtet weiterhin über Anwendungszeitpunkt und -menge des Paraquats. U. Kriehmig/Paulinenaue. 968.

2-68/09-0638 Anderson, E. William. Grazing systems as methods of managing the range resources. **(Weidesysteme als Methode zur Anwendung von Weidehilfsmitteln.)** J. Range Management **20** (1967) Nr. 6. S. 383-388. — 6 Abb., 8 Lit.
Vf. weist auf die Dringlichkeit zur Einrichtung von Weidesystemen hin, um die Effektivität der Weiden im Gebiet Oregon zu verbessern. Er beschreibt die Voraussetzungen, die zur Einrichtung von Weidesystemen, die etwa unseren Umtriebsweiden entsprechen, notwendig sind. Pflege und Intensivierungsmaßnahmen betrachtet er unter ökon. Aspekt und hebt ihre Rentabilität bei richtiger Anwendung hervor. Beachtung schenkt er vor allem der Pflanzenbestandszusammensetzung, insbes. dem Einfluß der Standortverhältnisse und Nutzungsformen der aufeinanderfolgenden Vegetationsperioden auf die Hauptbestandsbildner. U. Kriehmig/Paulinenaue. 970.

IX. GARTENBAU

A. Allgemeine Literatur, Berichte, Statistiken u. a.

2-68/09-0639 Anonym. **Wirtschaftsbericht des Gartenbaues im Jahre 1966; Nr. 1.** Dtsch. Baumschule **20** (1968) Nr. 3. S. 65-70. — 5 Tab. 1001.

B. Allgemeiner Gartenbau

2-68/09-0640 Everest-Todd, S. N-dimethyl amino succinamic acid on edible crops. **([N-Dimethylamino]-bernsteinamidsäure an Nahrungspflanzen.)** Proc. internat. horticult. Congr., College Park, Md **17** (1966) Nr. 184. — nach engl. Zus.
Laubspritzungen mit [N-Dimethylamino]-bernsteinamidsäure in Konz. von 100···2000 ppm wurden an zahlreichen Nahrungspflanzen durchgeführt. Die Reaktion der Pflanzen wurde untersucht und beschrieben. R. Bertullies/Großbeeren. 1011.

2-68/09-0641 Reeker, Richard. **Torfkultursubstrate — Eckpfeiler moderner Erwerbsgärtnerei.** Zierpflanzenbau 8 (1968) Nr. 4. S. 118.
Torfkultursubstrate gewinnen aus den schon bekannten Gründen, wie leichte Transportierbarkeit, krankheits- und unkrautfrei, keine Wasser- und Nährstoffverluste durch Kunststoffverpackung usw., steigende Bedeutung. Das meistgekaufte Erzeugnis auf diesem Gebiet ist TKS. Es wurde im Jahre 1959 eingeführt und ständig weiterentwickelt. Die erste bedeutende Verbesserung war 1965 die Zugabe von langsamwirkendem N. Ab Febr. 1968 wird ein wiederum verbessertes Produkt auf den Markt gebracht. Durch den Einbau langsamwirkenden N war bes. die K-Ernährung der Pflanze ungenügend. Es gab bislang kein langsam wirkendes K, eine Aufstockung der K-Menge war bislang also nicht möglich, um Versalzungsschäden zu vermeiden. Es gelang nun, einen Spezial-K-Dünger zu entwickeln, der dem verbesserten Produkt ab Febr. 68 zugesetzt wird. U. Walter. 1030.

2-68/09-0642 Werminghausen, B. **Was ist Hygromull.** Schweiz. Gärtnerztg. **70** (1967) Nr. 49. S. 511-513. — 4 Abb.
Hygromull ist ein weitgehend pflanzenverträglicher Schaumstoff, der durch Aufschäumen eines Kondensationsproduktes aus Harnstoff und Formaldehyd entsteht. Das Material hat die Struktur eines Schwammes und somit eine hohe Wasseraufnahmefähigkeit. So wird es bes. als Bodenverbesserungsmittel verwendet. Folgende Pflanzennährstoffe sind in trockenem Hygromull enthalten: N (als Gesamt-N) 30,5%, N (in löslicher Form) 0,25, P_2O_5 0,57, K_2O 0,0016, MgO 0,004, B $<$ 0,0001, Fe 0,0009, Mn $<$ 0,0005, Cu 0,0034, Zn 0,0004, Mo $<$ 0,005 und C 32,9%. pH-Wert etwa 3,0. Beim Abbau im Boden wird der rel. hohe N-Anteil frei. So beträgt der chemische Abbau in einer Vegetationsperiode bei 3 Kulturen etwa 4%. Hygromull kann zu jeder Zeit in unbegrenzten Mengen hergestellt werden, wenn eine leistungsfähige Aufschäumapparatur zur Verfügung steht (stationäre oder mobil zu verwendende Turbo-Aufschäumapparatur). So können 25 m^3 Hygromull in einer Stunde herstellt werden. Das Material kann in Mieten aufgeschäumt, zu Ballen geformt oder aber auf das Feld gespritzt werden (8 h/ha). Nach dem Erstarren der Schaumstoffschicht kann Hygromull mit rotierenden Bodenbearbeitungsgeräten (Scheibenegge, Fräse) eingearbeitet werden. P. Plietzsch. 1040.

2-68/09-0643 Vries, H. C. P. de. Warmtestroom in de grond tijdens nachtvorst. **(Wärmestrom im Boden bei Nachtfrost.)** Fruitteelt **58** (1968) Nr. 8. S. 275-277. — 4 Abb.
Es werden die Tagesgänge des Wärmestromes und der ihn beeinflussenden Faktoren (Einstrahlung, Gegenstrahlung, Reflexion, Verdampfung, Tau) für verschiedene Böden und der Einfluß verschiedener Bodenbehandlungsmethoden auf die Tagesgänge des Wärmestromes, der Temperatur der Bodenoberfläche und der bodennahen Luft dargestellt. Hohe Bodenfeuchtigkeit und Bedeckung mit durchsichtiger Folie sowie mit Wassermatratzen beeinflussen den Wärmehaushalt und Wärmestrom günstig und können die Nachtfrostgefahr verringern. R. Schuricht/Pillnitz. 1080.

C. Gemüsebau

2-68/09-0644 Zöldségtermesztés. 1. **(Gemüsebau Bd. 1.)** Budapest. 1967. 8°. (ZA 5246) 1101.

2-68/09-0645 Will, H. „Cycocel" **im Gemüsebau. 1. Anwendungsmöglichkeiten bei Tomaten, Gurken, Rettich und Blumenkohl.** Gemüse, Stuttgart-München 4 (1968) Nr. 1. S. 12-14.
In Versuchen mit Cycocel bei Jungpflanzen von Tomaten, Gurken Rettich und Blumenkohl konnte ein gedrungenerer Wuchs erreicht werden, was bes. bei Pflanzterminverzögerungen und engem Standraum von Bedeutung ist. Derartige Jungpflanzen lassen sich auch besser auspflanzen. Die Auswirkungen auf den Ertrag waren nicht eindeutig, jedoch konnte bes. bei Gurken und Blumenkohl eine leichte Ertragsverfrühung erreicht werden. Die max. anwendbare Konzentration war bei den einzelnen Gemüsearten unterschiedlich. R. Sahrmüller/Großbeeren. 1130.

2-68/09-0646 Dickson, N. H. und Vittum, M. T. Irrigating direct seeded and transplanted cabbage and broccoli pays. **(Bewässerung bei Direktsaat und Pflanzung von Kopfkohl und Broccoli ist lohnend.)** Farm Res. **33** (1967) Nr. 2/3. S. 2—3. 16. — 2 Abb., 2 Tab.
Die Direktaussaat von Kopfkohl und Broccoli hat in den letzten Jahren zugenommen. Feuchte Böden sind ungeeignet. Auf leichten sandigen Böden kann nach Bewässerung

Direktsaat erfolgen. Mangel an Herbiziden und geeigneten Maschinen für entsprechende Reihenabstände und Pflanztiefen verhindert die schnelle Verbreitung der Direktsaat. Versuche wurden 1965/66 mit verschiedenen Kopfkohl- und Broccolisorten durchgeführt. Direktaussaat und Pflanzung, mit und ohne Bewässerung, wurden gegenübergestellt. Die Versuche werden genau beschrieben, Ergebnisse werden in Tab. dargestellt.

R. Beer. 1131.

2-68/09-0647 Kraai, A. Selecties van rodekool die het telen waard zijn. **(Selektionen von Rotkohl, die den Anbau wert sind.)** Groenten en Fruit, Den Haag, **23** (1968) Nr. 28. S. 1273 bis 1274. — 5 Abb., 3 Tab.

In den Jahren 1964 bis 1966 wurden Sortenversuche mit Rotkohlsorten und Herkünften der frühen, mittelfrühen und späten Sortengruppe durchgeführt. Die jeweils zu empfehlenden Sorten und Herkünfte sind mit den wichtigsten Merkmalen in Tab. zusammengestellt. Frührotkohl: von 12 Selektionen werden 5 empfohlen, die den Ansprüchen genügen (alle Typ 'Langedijker Vroege Rode'). Herbstrotkohl: von 7 Selektionen werden 4 empfohlen (Langedijker Herfstrode'). Spätrotkohl: Alle Selektionen gehörten zum Typ 'Langedijker Bewaarrode'. Von 10 geprüften werden 6 Selektionen empfohlen. Die Lagerfähigkeit wurde für das Urteil berücksichtigt (Beurteilung bis Mitte April). B. Spender. 1142.

2-68/09-0648 Peck, N. H. und Wilczynski, H. Narrow rows for table beets. **(Enge Reihen für Tafelrüben.)** Farm Res. **33** (1967) Nr. 4. S. 6–7. — 3 Abb., 4 Tab.

Tafelrüben sind eine der wichtigsten und ertragreichsten Kulturen im Gebiet New York. Untersuchungen von Stückzahl/Fläche wurden durchgeführt: Reihenabstand 24, 9, 9 in., Abstand in der Reihe entspr. 18, 13, 23 Pflanzen /ft. (I, II, III). Bei II war der Ertrag bei Ernte vom 22. 8. bis 6. 10. am höchsten. 25% der Pflanzen bei III entwickelten Rüben von $>$ 1 in. (2,54 cm) Dmr. bis zur ersten Ernte, 29% bis zur letzten Ernte, bei II waren es entspr. 39 und 45%. Der Anteil kleiner Rüben (1…1¾ in. Dmr. = 2,54…4,44 cm) blieb während der ganzen Ernteperiode fast konstant. Der Ertrag mittelgroßer Rüben nahm um etwa das Doppelte zu. Der Anteil großer Rüben war immer gering. Die Durchführung dieser Anbauweise erfordert spez. Ausrüstungen für Ansaat, Pflege und Ernte sowie die Erhöhung der Dünger- und Wassergaben. R. Beer. 1145.

2-68/09-0649 Buishand, Tj. Ontwikkelingen bij de vroege krotenteelt. **(Entwicklung beim frühen Anbau von Roten Rüben.)** Groenten en Fruit, Den Haag **23** (1968) Nr. 31. S. 1419. — 4 Abb., 1 Tab.

Rote Rüben, im Mai und Juni frisch angeboten, werden gelagerten vorgezogen. Um der steigenden Nachfrage zu genügen, muß der Anbau richtig gestaltet werden. Bei sehr frühem Anbau unter Glas, zumindest mit Jungpflanzenanzucht in Töpfen unter Glas, werden schnellwüchsige Sorten gebraucht, wie 'Alvro' und 'Juwel' (Ägyptischer Typ), die jedoch in Form und Farbe ungenügend sind. Aussaat Mitte Februar. Pflanzenbestand 50 Stück/m² bei Aussaat, bei Pflanzung (30 × 10…15 cm), 22…33 Stück/m², doch können dichtere Bestände höhere Erlöse bringen. Bei frühem Anbau im Freiland wird im März an Ort und Stelle gesät. Nur für frühere Ernten werden o. a. Sorten gewählt, bei etwas späteren ist Qualität, nicht Frühzeitigkeit ausschlaggebend, u. a. 'Gladoro'. Runde Sorten, wie 'Detroit' sind bei früher Aussaat schoßempfindlich. Züchtung auf Schoßresistenz ist notwendig. B. Spender. 1156.

2-68/09-0650 Schödel, S. **Ertragsbeeinflussende Faktoren beim Anbau von Knollensellerie.** Dtsch. Gärtnerpost **20** (1968) Nr. 9. S. 3–4. — 7 Abb., 7 Tab.

Der Durchschnittsertrag bei Knollensellerie lag in den Jahren 1960 bis 1965 lt. Ernteschätzung bei 141,5 dt/ha. 22 ausgewählte Spezialbetriebe ernteten 1965 auf einer Fläche von 102 ha 260 dt/ha im Mittel. Das Ertragsniveau ist also sehr differenziert. Den Anforderungen des Selleries an den Boden wurde in der Vergangenheit nicht genug Beachtung geschenkt. Bei der Jungpflanzenanzucht fördern Dauertemperaturen von $<$ 10 °C die Schosserneigung. Kurzzeitige Abkühlung bis nahe 0 °C ist nicht so gefährlich. Durchschnittstemperaturen um 17 °C sollen nach dem Pikieren das spätere Schossen verringern. Bei Direktaussaat in TKS ist ein Verziehen im Hinblick auf eine gute Ertragshöhe erforderlich. Sehr flaches und sehr tiefes Auspflanzen bringt Ertragsminderungen. Eine Erhöhung der Pflanzenzahl von durchschnittl. 40000 Stück auf 62500 Stück/ha (Abstand 41,7 × 38,4 cm) ist durch die Mehrkosten der Jungpflanzenanzucht und des Auspflanzens dann vertretbar, wenn 25 dt/ha Mehrertrag erzielt werden. Das Optimum der Bodenfeuchtigkeit

liegt bis 70% der Feldkapazität. Der wissenschaftlich begründete Einsatz der Zusatzberegnung brachte in einem Praxisbetrieb 10,7% höhere Erträge als die ortsübliche Beregnung. Ferner Hinweise für die mineral. Düngung. 6…7 Spritzungen mit Kupferoxychlorid brachten im Mittel von 2 Jahren einen Mehrertrag von 118%, da dem Befall von *Septoria apii* erfolgreich begegnet wurde (Vergleich ungespritzt).
G. Banholzer/Großbeeren. 1158.

2-69/09-0651 Koomen, J. P. Bloekselderij in 1967. **(Bleichsellerie 1967.)** Groenten en Fruit, Den Haag **23** (1967) Nr. 26. S. 1189. — 1 Abb.
Anbau und Absatz von Bleichsellerie 1967 haben gezeigt, daß es notwendig ist, die Anlieferungsperiode auszuweiten. Dazu wurden entsprechende Anbauversuche durchgeführt. Es zeigte sich, daß die früheste Aussaat am 14. 2. mit Pflanzung am 12. 4. unter Folientunnels eine Ernte am 11. 7. ermöglicht. Ein nächster Satz wurde am 25. 4. sowohl ins Freiland als auch unter Folien gepflanzt (Aussaat 25. 2.). Es traten bei Freilandpflanzung weder Frostschäden noch Schosser auf. Es konnte am 21. 7. geerntet werden (mittlere Masse 900 g/Stück). Bei frühem Anbau traten dagegen andere Schäden auf, wie die Made der Wurzelfliege und „braune Herzen", letzteres vor allem bei warmem und trockenem Wetter während der Reife. B. Spender. 1158.

2-68/09-0652 Jannaccone, Amedeo. La carciofaia-Avvicendamenti, propagazione, durata. **(Die Artischocke — Fruchtfolge, Verbreitung, Kulturdauer.)** Italia agric. **105** (1968) Nr. 2. S. 147-158. — 8 Abb., 21 Lit. 1159.

2-68/09-0653 Quagliotti, Luciana. Contributo alla descrizione biometrica del fiore di Solanum melongena L. **(Beitrag zur Morphologie der Blüte von Solanum melongena L.)** Ann. Fac. Sci. Agrar. Univ. Studi Torino **3** (1964/66) S. 71-84. — 6 Abb., 2 Tab., 26 Lit. Zus. in Engl. — nach engl. Zus.
Verschiedene morphol. Kennzeichen der Blüte wurden untersucht, um Unterscheidungsmerkmale zur Bestimmung von Eierfruchtsorten herauszufinden. Die zahlenmäßige Zusammensetzung von Kelch, Krone und Androeceum wurde gesondert analysiert und die Größe der Krone gemessen. Diese Beobachtungen wurden in 2 aufeinanderfolgenden Jahren an den Sorten 'Grossissima di Firenze', 'Violetta tonda precoce' und 'Violetta lunga' sowie an 'Mostruosa di New York' (nur ein Jahr) vorgenommen. Die biostatistische Analyse der Daten zeigte, daß sich die untersuchten Sorten nach den oben angeführten Merkmalen zuverlässig voneinander unterscheiden lassen. Somit können diese Merkmale nützliche Kriterien für die Charakterisierung von Eierfruchtsorten darstellen, bes. wenn sie so angewendet werden, daß sie andere Beobachtungen im Zusammenhang mit dem Wachstum und der Vermehrung ergänzen. 1160.

2-68/09-0654 Pause, J. **Produktionsverfahren beim Anbau von Gurken auf Strohballen.** Dtsch. Gärtnerpost **20** (1968) Nr. 9. S. 6. — 2 Abb., 3 Tab.
Für die Strohballenkultur werden oft Ballen von 36 × 50 × 65 cm mit einer Masse von 11,5 kg verwendet. Man erreicht damit die empfohlene Strohmenge von 8,5 kg/Pflanze. Für 1 ha Anbaufläche müssen 5000 m Graben mit 10…12 cm Tiefe ausgeschaufelt werden. Für das Einfahren und Aufsetzen der Strohballen sind 128 AKh/ha erforderlich, für das Anhäufeln der Ballen 172 AKh/ha. 70 l Wasser müssen je lfm. Strohballen in zwei Gaben verabreicht werden. Bei 70 l Wasser/min werden 98 AKh/ha benötigt (Schlauchbewässerung). Nach der Ballendüngung und dem Einschwemmen des Düngers müssen 15 l Erde/Pflanze eingebracht werden. Das Abkippen der Karren direkt auf den Damm ist arbeitsökonomisch am günstigsten. Insgesamt sind für die Gurkenkultur auf Strohballen einschl. Erdgewinnung 1240 AKh/ha und 6 TM/ha Kosten für die Arbeitserledigung notwendig. Für die Kultur auf Erdwällen werden dagegen 1400 Akh/ha und 14 TM/ha benötigt. Dabei sind 300 Akh/ha und 3 TM/ha für das Ausfahren der Erde nicht mitgerechnet. Der Materialeinsatz unterscheidet sich auch wesentlich. 5100 M/ha betragen die Strohkosten, bei Erdkulturen sind dagegen mit 11000 M/ha Stalldungkosten zu rechnen. Die Strohballenkultur ist sowohl hinsichtlich der Kosten für Arbeitserledigung und der Materialkosten günstiger einzuschätzen. G. Banholzer/Großbeeren. 1162.

2-68/09-0655 Schröder, Jochen und Riedel, Hanno. **30 kg Gurken pro m² sind auch für große Gewächshauswirtschaften ein reales Ziel.** Dtsch. Gärtnerpost **20** (1968) Nr. 7. Beil. 7. S.

Das Ertragsniveau liegt bei Hausgurken in zahlreichen Gewächshauswirtschaften der DDR bei 18···22 kg/m². Der Durchschnittsertrag aller Betriebe des Bezirkes Leipzig lag 1967 bei 17,4 kg/m². Damit wird gerade die Rentabilität gesichert, da die Produktion sehr aufwendig ist. Von 1960 bis 1967 stieg das staatliche Aufkommen an Frühgemüse von rd. 14 kt auf 27 kt. Das ist vor allem auf den verstärkten Anbau von Hausgurken zurückzuführen. Der Anbau solcher Gemüsearten wie Kohlrabi, Kopfsalat, Tomate oder Blumenkohl zeigt eine leicht sinkende Tendenz. Der Entwicklung der Hausgurkenproduktion steht eine wenig befriedigende Frühzeitigkeit gegenüber. Die Steigerung des staatlichen Aufkommens ist bei Hausgurke im März am geringsten und im Juni am höchsten. Es wird daraus die Forderung abgeleitet, daß die Hauptaufgabe auf die Erzielung einer größeren Frühzeitigkeit gerichtet sein muß. Anhand von Beispielen aus Spezialbetrieben des Gemüsebaues wird abgeleitet, daß es bei Anbau der Gurke als Hauptkultur und im Langzeitanbau bei optimaler Gestaltung aller Wachstumsfaktoren ein reales Ziel ist, 30 kg/m² zu ernten. Bis Ende Juli sind Erträge von 22···25 kg zu erzielen. Es folgt ferner die Analyse der Gurkenproduktion des VEG Wollup, wobei die Beziehungen Ertrag zu Arbeitsaufwand, Ertragshöhe zu Selbstkosten, Ertragshöhe zu Lohnkosten und Ertrag zu direkten Grundkosten herausgestellt werden. G. Banholzer/Großbeeren. 1162.

2-68/09-0656 Koopmans, W. Rassenoverzicht groene komkommer. (**Übersicht über die Sorten bei grünen Hausgurken.**) Groenten en Fruit, Den Haag **23** (1968) Nr. 27. S. 1329. — 1 Abb.
Es wird ein Überblick über einige bes. Eigenschaften der gegenwärtig zur Verfügung stehenden Hausgurkensorten gegeben, die vom Saatguthandel u. a. Einrichtungen häufig unrichtig angegeben werden. Zu unterscheiden sind: 1. gemischt blühende Sorten (♂ Blüten auf der ganzen Pflanze verteilt); 2. ganz ♀ blühende Sorten (haben selten oder kaum ♂ Blüten), 3. überwiegend ♀ Sorten (so viel ♂ Blüten, daß regelmäßiges Entfernen nicht möglich ist). Neben „fruchtbitterfreien "Sorten gibt es neuerdings „pflanzenbitterfreie", bei denen auch unter ungünstigen Bedingungen kein Bitterstoff mehr aus der Pflanze in die Frucht gelangt. 35 Sorten sind mit den o. a. wichtigsten Eigenschaften (einschl. des Fruchtmerkmals Stachelung) in einer Tab. zusammengefaßt. B. Spender. 1162.

2-68/09-0657 Hentschel, G. **Sortenversuch mit Gemüsepaprika.** Gemüse, Stuttgart-München 4 (1968) Nr. 2. S. 38.
Bei einem Vergleichsanbau der Sorten 'Pennwonder', 'Yolo Wonder B', 'Ettners früher kalifornischer Fleisch', 'Früher grüner rot abreifender', 'Haubner's Szegediner' und 'Haubner's Pußta Perle' im Gewächshaus (Aussaat 28. 12., Pflanzung 6.4.) wurde der beste Ertrag mit 5,33 kg/m² bei 'Yolo Wonder B' erzielt. Diese Sorte hatte auch den frühesten Erntebeginn. R. Sahrmüller/Großbeeren. 1168.

2-68/09-0658 Will, H. **„Cycocel" im Gemüsebau. II. Anwendungsmöglichkeiten bei Erbsen.** Gemüse, Stuttgart-München 4 (1968) Nr. 2. S. 30.
Bei der Behandlung von Erbsen mit Cycocel konnte bei einigen Sorten eine leichte Verringerung der Bestandshöhe erreicht werden, die Internodien waren kürzer. Schlußfolgerungen daraus für die Praxis, u. U. zur Erleichterung der maschinellen Ernte, können noch nicht gezogen werden. Die Tenderometerwerte der behandelten Erbsen waren bei gleichem Erntebeginn zu unbehandelt etwas niedriger, was die Tendenz einer leichten Reifeverzögerung anzeigt. R. Sahrmüller/Großbeeren. 1172.

2-68/09-0659 Derlicka, H. und Schneider, J. Wpływ zaprawiania na zdolność kiełkowania i wartość siewną nasion grochu (Pisum sativum L.) po okresach przechowywania. **(Der Einfluß des Beizens auf die Keimfähigkeit und den Saatgutwert von Erbsensamen [Pisum sativum L.] nach Lagerung.)** Biul. Inst. Hodowli Aklimatyzacji Roślin **1967** Nr. 1/2. S. 111–116. — 6 Abb., 4 Tab., 5 Lit.
Von Saatgut der Sorte 'Delisa' aus Ernten von 3 Jahren wurde ein Teil getrocknet, der andere blieb feucht. Beide Partien wurden mit Thiuram, Quecksilber OR, Ceredon und ORG gebeizt. Nach dem Beizen wurde das Saatgut in Leinensäcken mit Polyäthylenhülle aufbewahrt. Während des ersten Lagerungsjahres wurden Keimfähigkeit und Feuchtigkeit monatlich, im 2. Jahr alle 3 Monate und in den folgenden 1- bis 2mal im Jahr durchgeführt. Das Auflaufen auf dem Feld wurde gleichfalls beobachtet. Das gebeizte Saatgut konnte länger aufbewahrt werden. Keimlinge des mit Ceredon behandelten Saatgutes waren

im ersten Jahr bei der Laborprüfung deformiert. Mit Ceredon behandeltes Saatgut lief besser auf. PRL/CBR. 1172.

2-68/09-0660 Bartz, J. und Tucholska, H. Ocena metod oznaczania żywotności nasion grochu. **(Bewertung der Methoden zur Bestimmung der Keimfähigkeit von Erbsensaatgut.)** Biul. Inst. Hodowli Aklimatyzacji Roślin **1967** Nr. 1/2. S. 216-220. — 3 Tab., 7 Lit.

Für die Untersuchungen wurden die Sorten 'Kujawski Frühe' und 'Viktoria PZHR' (Staatliches Inst. für Pflanzenzüchtung) mit verschiedenen Reifezeiten verwendet. Die Keimfähigkeit wurde in Sand, nach der Tetrazoliummethode von Lakon und der Methode der beschleunigten Keimung von Filimonow bestimmt. Wenn die unter optimalen Laborbedingungen bestimmte Keimfähigkeit hoch ist, so war die Auflaufrate der Saat auf dem Feld ebenfalls hoch, jedoch war sie geringer als die Keimfähigkeit. Zu den am geringsten divergierenden Ergebnissen führte die Filimonow-Methode. Ungünstige Witterungsbedingungen verursachten hohe Differenzen zwischen den Ergebnissen der Laborversuche und denen der Feldversuche. Die Proben der mechanisch ausgedroschenen Erbsen brachten bei den Laborversuchen sowie bei den Feldversuchen schlechtere Ergebnisse als die Proben der manuell enthülsten Erbsen. Samen mit beschädigter Samenschale gingen schlechter auf. Es wurde festgestellt, daß die bestehenden Methoden zur Bestimmung der Keimfähigkeit einer Vervollkommnung bedürfen. PRL/CBR. 1172.

2-68/09-0661 Gerdžikov, I. Biominŭt povišava dobivite ot oranžerijnite domati. **(Biomin erhöht die Gewächshaustomatenerträge.)** Gradinarstvo, Sofija **9** (1967) Nr. 9/10. S. 54-56. — 4 Tab.

Bei einmaligem Sprühen mit Biomin stiegen der Gesamtertrag um 1,27%, die Frühreife um 1,75%, bei zweimaligem Sprühen entspr. 7,93 und 7,23% und bei dreimaligem Sprühen entspr. 8,43% und 10,79%. Erprobt wurden Konz. von 0,5···1,0%. Eine geringere Konz. ergab eine etwas höhere Steigerung des Gesamtertrages, während die Verbesserung der Frühreife bei der Anwendung beider Konz. gleich war. NRB/CSNTI. 1176.

2-68/09-0662 Berkel, N. van. Extra CO_2 bij de opkweek van tomaten. **(CO_2-Begasung bei der Anzucht von Tomaten.)** Groenten en Fruit, Den Haag **23** (1967) Nr. 20. S. 865. — 1 Abb.

In den Anzuchtperioden 1965/66 und 66/67 wurden Versuche mit CO_2-Begasung in der Tomatenjungpflanzenanzucht durchgeführt. Begast wurde nach dem Topfen einen Monat lang tägl. 3 h bei geschlossener Lüftung (vom 13. 12.65 bis 13.1. 1966 und vom 6. 12. 66 bis 11.1.67) In beiden Jahren wurde durch die CO_2-Begasung die Jungpflanzenmasse erhöht. Die Pflanzen mit CO_2 gaben in beiden Jahren höhere Früherträge. 4 Wochen nach Erntebeginn betrugen die Mehrerträge je Pflanze 116 bzw. 119 g. Dieser Vorsprung verlor sich im Verlauf der Ertragsperiode, die begasten Pflanzen hatten sogar etwas geringere Gesamterträge. Die Gelderlöse lagen jedoch, bedingt durch die früheren Erträge höher. Es wird empfohlen, tägl. vom Hellwerden bis etwa 15^h CO_2 zu geben (außer an sehr dunklen Wintertagen) und 0,15···0,20% CO_2 einzuhalten. B. Spender. 1176.

2-68/09-0663 Holmenlund, N. P. CO_2-anvendelse i moderne tomatdyrkning. **(CO_2-Anwendung im modernen Tomatenanbau.)** Gartner Tid., Kóbenhavn **84** (1968) Nr. 1. S. 3-4. — 3 Abb.

Sowohl während der Anzucht der Tomatenpflanzen als auch nach dem Auspflanzen hat eine CO_2-Konz. von 1200···1500 ppm die besten Versuchsresultate gebracht. Als CO_2-Quelle ist Propan am billigsten, erfordert aber gute Kontrolle. Kohlensäureflaschen sind sicherer, aber teurer. Die Rentabilität beginnt, wenn bis Ende Mai 3···4 kg /m² in guter Qualität geerntet werden. Engl. Versuche ergaben als zweckmäßigste Temperatur bei CO_2-Anwendung 17···18 °C für die Nacht und 21···22 °C für die Tagesstunden. In Dänemark hält man 15···16 °C und 24 °C für angebrachter. Über 24 °C muß gelüftet werden. In den dunklen Monaten muß an trüben Tagen die Temperatur 4···6 °C niedriger gehalten werden. Vor dem Lüften soll gebraust werden. Durch den stärkeren Wuchs bei CO_2-Behandlung werden die Nährstoffe schneller verbraucht, aber mastige Pflanzen müssen vermieden werden. Ab Mai ist CO_2-Anwendung nicht mehr rentabel. Einige Stichprobenmessungen der CO_2-Konz. sind zweckmäßig. W. Warwel. 1176.

2-68/09-0664 Truszkowska, W. Obserwacje grzybów zasiedlających nasiona pomidorów przed i w okresie przechowywania. **(Beobachtungen an Pilzen, die die Samen von**

Tomaten vor und während der Lagerungsdauer besiedeln.) Biul. Inst. Hodowli Aklimatyzacij Roślin **1967** Nr. 1/2. S. 133–137. — 4 Abb., 4 Tab., 22 Lit. Zus. in Russ., Engl.
Vf. isolierte Pilze von Samen der Tomatensorte 'Mory 33'. Gleichzeitig wurde die Keimfähigkeit der Samen unter Labor- und Feldbedingungen nach einjähr. Aufbewahrung unter verschiedenen Bedingungen geprüft. Das Saatgut hatte geringen Pilzbefall . Die Analyse vor der Lagerung ergab eine geringere Anzahl von Pilzarten als nach der einjähr. Lagerung. Eine Übertragung der Pilze *Verticillium alboatrum* und *Colletotrichum atramentarium* durch die Samen wurde nicht beobachtet. Die einjähr. Aufbewahrungszeit führte zur Vernichtung von pathogenen Pilzen wie *Ascochyta lycopersici* und *Fusarium oxysporum*. Die Beobachtung der Keimfähigkeit von Samen ergab, daß die Samen am schlechtesten keimten, die bei hoher Luftfeuchtigkeit aufbewahrt wurden. PRL/CBR. 1176.

2-68/09-0665 Marchesi, Giuseppe und Ceci, Dante. Produzione industriale di piantine di pomodoro. **(Die Jungpflanzenanzucht der Tomate.)** Frutticoltura **30** (1968) Nr. 2. S. 97–110. 146. — 25 Abb., 1 Tab., 3 Lit. Zus. in Engl., Franz., Dtsch. — nach Zus.
Die in 5jähr. Versuchen erzielten Ergebnisse zu Verfahren der Tomatenjungpflanzenanzucht, Gefäße und ihre Eigenschaften, Vorbereitung der Erde, chem. Unkrautbekämpfung, Aussaat, Pflegemaßnahmen, Vermarktung und Versand der Jungpflanzen sowie die Produktionskosten, werden beschrieben. 1176.

2-68/09-0666 Knaap, W. van der und Meijaard, D. Vroege tomaten op natte gronden. Is warm stoken rendabel? **(Frühe Tomaten auf nassen Böden. Ist warm heizen rentabel?)** Groenten en Fruit, Den Haag **23** (1967) Nr. 20. S. 868–869. — 2 Abb., 11 Tab.
Durch Erhebungen in 54 Praxisbetrieben des Westlandes wurde die Frage beantwortet, ob sich das stärkere Heizen auf die Ertragshöhe von Tomaten auf Böden mit unterschiedlichem Grundwasserstand auswirkt. Die Betriebe konnten in Gruppen mit einem Grundwasserstand von jeweils 50···70 und 70···100 cm zusammengestellt werden. Der Brennstoffverbrauch in den einzelnen Betrieben wurde mit einem Gesamtmittel verglichen. Es ergaben sich jeweils Betriebe mit relativ hohem (10% über dem Mittel) und relativ niedrigem Brennstoffverbrauch (etwa 10% unter dem Mittel). In den Betrieben mit hohem Grundwasserstand wurde der höhere Brennstoffverbrauch von etwa 0,45 hfl/m² durch einen Mehrerlös von 2,26 hfl/m² ausgeglichen. Dieser Mehrerlös entstand durch frühere und höhere Erträge. In Betrieben mit niedrigem Grundwasserstand wurden Höhe und Zeitigkeit der Erträge durch den Brennstoffverbrauch kaum beeinflußt. Auf diesen Böden wurden die höheren Brennstoffkosten nicht durch höhere Gelderlöse ausgeglichen. Der durch stärkere Heizung entstehende höhere Wasserverbrauch wird offensichtlich nicht genügend ersetzt. Auf Böden mit hohem Grundwasserstand erwies sich eine Förderung der Verdunstung durch stärkeres Heizen und Lüften als sehr rentabel. B. Spender. 1176.

2-68/09-0667 Strobel, J. W. Florida introduces two disease-resistant tomatoes. **(Florida gibt zwei neue krankheitsresistente Tomatensorten heraus.)** Amer. Vegetable Grower **15** (1968) Nr. 10. S. 11–12. — 5 Abb., 1 Tab.
Die *Verticillium*- und *Fusarium*-resistenten Tomatensorten 'Tropi-Red' und 'Tropi-Gro' können je nach Verwendungszweck grün, rosa oder rot geerntet werden. 'Tropi-Red' hat einen kompakten Habitus und glänzende Früchte. Die reife grüne Frucht ist tolerant gegen niedrige Temperaturen, die in Florida im Winter häufig auftreten. 'Moscov VR' diente als Quelle für die Resistenz gegen *Verticillium*. Die Früchte sind fleischig und dickwandig, die Fruchtfarbe wird tiefrot, besser als bei allen anderen Sorten für den Frischmarktanbau. Der Geschmack ist mild und süß. Der Habitus von 'Tropi-Gro' ist dem von 'Tropi-Red' ähnlich. Die Früchte sind größer als bei allen anderen Frischmarktsorten. Die Resistenz gegen *Verticillium* ist auf 'Cannon 10' zurückzuführen. 'Tropi-Gro' bringt eine Menge größerer Früchte. Die Frucht ist fleischig, dickwandig, fest und hat einen sauren Geschmack. Der Ertrag bei beiden Sorten beträgt 35 t/ha. Grünreife Früchte von 'Tropi-Red' und 'Tropi-Gro' werden im Reiferaum und beim Transport tiefrot und sind nach dem Reifeprozeß fester als bisher verwendete Sorten. R. Bertullies/Großbeeren. 1176.

2-68/09-0668 Nijensohn, L., Olmos, F. S. und Pizarro, O. C. Influencia de la eficiencia parcelaria del riego en la respuesta del tomate a la fertilización con dosis crecientes de fósforo. **(Wirksamkeit der Bewässerung und die Reaktion der Tomate auf Düngung mit steigenden Phosphatgaben.)** Rev. Fac. Cie. agrarias, Mendoza/Argentina **12** (1965) Nr. 1. S. 151–163. — 1 Abb., 6 Tab., 8 Lit. Zus. in Engl. 1176.

2-68/09-0669 Anonym. Hogere eisen ook voor latere tomaten. **(Höhere Anforderungen auch bei späten Tomaten.)** Groenten en Fruit, Den Haag **23** (1968) Nr. 26. S. 1179. 1176.

2-68/09-0670 Anonym. Winter trials on watercress produce quality crops. **(Winteranbau von Brunnenkresse bringt Qualitätsware.)** Commerc. Grower, London **1968** Nr. 3761. S. 213. - 2 Abb.
Die Lee Valley E.H.S. bewies in einem Pilotversuch, daß Brunnenkresse unter Bedeckung ohne fließendes Wasser angebaut werden kann. Der Boden wird vor der Aussaat gedämpft. Ausgesät wurde Ende Sept. in den Gewächshausboden. Nach 6 Wochen begann der Schnitt. Im Herbst dauerte die Kultur 3 Wochen länger. Eine Versorgung mit Brunnenkresse während des Winters ist möglich. Auf einigen Beeten wurde bei 6 °C in Wasser kultiviert. Es bestand kein Unterschied zwischen beiden Methoden. Brunnenkresse bildet im Langtag Blütenknospen. Auf einem bedeckten Beet wird durch die Reduzierung der Tageslänge stärkeres Laubwachstum gefördert und marktfähige Brunnenkresse produziert. Die Kultur unter Glas wird durch Strohballen isoliert. Eine 15 cm starke ungepreßte Kompostschicht wurde mit einer gleich starken gepreßten Schicht verglichen. Verschieden starke Schichten werden untersucht. Weitere Versuche wurden und werden noch durchgeführt.
R. Bertullies/Großbeeren. 1177.

2-68/09-0671 Huyskes, J. A. Veredelingsonderzoek bij glassla. **(Züchtungsforschung bei Salat für den Anbau unter Glas.)** Groenten en Fruit, Den Haag **23** (1968) Nr. 29. S. 1312 bis 1313. — 6 Abb., 2 Tab.
Es wird ein Überblick über die im IVT bisher durchgeführte Züchtungsforschung (Züchtungsziele und Methoden) bei Kopfsalat für den Anbau unter Glas gegeben. 1945 wurde die bisher einzige Sorte 'Meikonigin' durch spez. Sorten für den Herbst-, Winter- und frühen Frühjahrsanbau unter Glas, wie 'Proeftuins Blackpool', 'Regina' und 'Interrex' abgelöst. Damit begann auch eine starke Ausweitung des Kopfsalatanbaues unter Glas, die noch im Anstieg begriffen ist. (Erzeugung: 1954/55 etwa 15 Mill. Köpfe jährlich, 1965/66 etwa 45 Mill. Die Züchtungsarbeiten haben folgende Eigenschaften mit Erfolg beeinflußt: bessere Haltbarkeit im Herbst, schnelleres Wachstum und bessere Kopfbildung im Winter, Resistenz gegen Mehltau und Moasik, geringe Empfindlichkeit gegen Blattrandbrand. In Zukunft werden neben ertragsbestimmenden Eigenschaften bes. solche beachtet wie die geringe Empfindlichkeit gegen Verpacken und Transport. Entsprechende Prüfungen werden in Verbindung mit Handelsinstitutionen durchgeführt. Neueste Sorten sind 'Profos', 'Noran' und 'Plenos', in Samenfirmen aus den Stämmen Nr. 39, 57 und 69 vom IVT entstanden.
B. Spender. 1182.

2-68/09-0672 Berkel, N. van. CO_2-bemesting bij sla I. **(CO_2-Düngung bei Salat. 1. Mitt.)** Groenten en Fruit, Den Haag **23** (1968) Nr. 25. S. 1140. 1182.

2-68/09-0673 Berkel, N. van. CO_2 bemesting bij sla. II. **(CO_2-Düngung bei Salat. 2. Mitt.)** Groenten en Fruit, Den Haag **23** (1968) Nr. 26. S. 1181. — 1. Mitt. vgl. vorst. Titel. 1182.

2-68/09-0674 Anonym. Gibberellic acid can break dormancy in rhubarb. **(Gibberellsäure zur Brechung der Ruhe bei Rhabarber.** Commerc. Grower, London **1968** Nr. 3764. S. 391.
Die Anwendung von Gibberellsäure (GS) auf Treibrhabarber hat ausgezeichnete Ergebnisse gebracht. Die vorläufigen Ergebnisse der 1965 begonnenen Versuche mit 'Victoria' und 'Gilling's Early' wurden 1966 bestätigt. Beide Sorten wurden am 28. 10., nachdem sie 24 Kälteeinheiten erhalten hatten, in den Treibschuppen geräumt. 25 und 100 mg GS wurden angewendet, das Wachstum von behandelten und nicht behandelten Pflanzen wurde verglichen. Bei 'Victoria' war nur eine geringe oder keine Reaktion zu verzeichnen, während der Einfluß von GS bei 'Gilling's Early' schnell sichtbar war. Innerhalb von 5 d wurde bei allen behandelten Pflanzen die Ruhe gebrochen, während die unbehandelten Pflanzen in Ruhe blieben. Die behandelten Pflanzen wuchsen gleichmäßig im Gegensatz zu den unbehandelten Pflanzen (die Wurzeln hatten nicht ihren vollen Kältebedarf vor Treibbeginn erhalten). Tauchen der Wurzeln in GS brachte bessere Ergebnisse als ein Versprühen der Säure. Die Ergebnisse zeigten auch, daß die Anwendung von GS unmittelbar nach dem Einräumen ins Haus besser war als eine Verzögerung der Anwendung.
R. Bertullies/Großbeeren. 1186.

2-68/09-0675 Frenz, F.-W. und Munz, R. **Folienbedeckung bei Spargel. Ihr Einfluß auf die Bodentemperaturen und den Ertrag.** Gemüse, Stuttgart-München 4 (1968) Nr. 2. S. 27-29. — 4 Lit.
Die Bodenbedeckung mit 0,05 mm starker transparenter Polyäthylenfolie erfolgte über die fertig angelegten Dämme. Die durchschnittl. Bodentemperaturen waren durch den „Glashauseffekt" der Folie in den bedeckten Parzellen um 2,22···4,27 °C höher. Bei der Ernte trat eine Verfrühung ein, und es wurde auch mit Ausnahme einer Versuchsvariante, ein höherer Ertrag erzielt. Die Folienabdeckung erschwerte etwas die Ernte, da die Folie jedesmal zurückgerollt werden mußte. jedoch brauchte dadurch auch nur alle 2 d geerntet zu werden, da die Spargelspitzen unter der Folie weiß bleiben. Die Bedeckung sollte nicht länger als einen Monat dauern. Vorteilhaft für die Kräftigung der Pflanze war auch der 2···3 Wochen zeitigere Abschluß der Ernte. R. Sahrmüller/Großbeeren. 1190.

2-68/09-0676 Helfert, Hermann. **Frühkultur von Porree.** Gemüse, Stuttgart-München 4 (1968) Nr. 1. S. 14.
Bei einem Jungpflanzenanzuchtversuch in einem Wiesbadener Gemüsebaubetrieb mit Porree (Aussaat 15. 1., Pikieren 20. 2. bis 10. 3.) konnte bei Verwendung von Multitöpfen eine Ernteverfrühung von 14 d sowie ein höherer Ertrag als bei in Kisten pikierten Jungpflanzen erzielt werden. Verwendet wurden Multitöpfe der Größe 40.
R. Sahrmüller/Großbeeren. 1194.

2-68/09-0677 Klapal, J. Barevná cibule Karmen. (**Die farbige Zwiebelsorte 'Karmen'.**) Zahradnické Listy, Praha **61** (1968) Nr. 2. S. 51. — 4 Tab.
'Karmen' entstand durch wiederholte Selektion nach gelenkter Bestäubung aus 'Karkulka'. Sie ist mittelspätreifend, mittelgroß, mäßig abgeflacht, karminviolett gefärbt mit dunkler Aderung. Die trockenen Zwiebelschalen sind ausgeprägt karminviolett, während die frischen Zwiebelschalen einen karminroten Rand aufweisen. Das Fruchtfleisch ist weiß, mäßig scharf. Die Sorte 'Karmen' übertrifft alle tschech. und einige ausländische farbige Zwiebelsorten in Ertrag, Lagerfähigkeit und Farbintensität. Sie kann auch gepflanzt werden.
ČSSR/ÚVTI. 1197.

2-68/09-0678 Böttcher, H. **Einfluß der Mechanisierung der Ernte und Aufbereitung auf die Lagerfähigkeit von Speisezwiebeln.** Dtsch. Gartenbau **15** (1968) Nr. 3. S. 74-75. — 2 Tab., 8 Lit. — nach Zus.
Im vorliegenden Versuch wurde der Einfluß verschiedener Ernte- und Aufbereitungsverfahren auf die Lagerfähigkeit von Speisezwiebeln unter Normallagerbedingungen geprüft. Dabei zeigte sich, daß die Putz- und Sortiermaschine „B 902" im Vergleich zu reiner Handarbeit keinen ungünstigen Einfluß auf die Lagerungsergebnisse ausübt. Die verschiedenen Ernteverfahren wirkten dagegen in Abhängigkeit von der örtlichen Anwendung stark differenzierend auf den Anteil der marktfähigen Ware und auf die Fäulnis. Über die besten Ernteverfahren kann noch kein endgültiges Urteil abgegeben werden. 1197.

2-68/09-0679 Blondin, P. Vers la production industrielle de l'oignon à planter. (**Zur industriellen Produktion von Pflanzzwiebeln.**) Rev. horticole suisse **41** (1968) Nr. 2. S. 34 bis 36.
Im Betrieb von M. Antoine Roduit in Saillon, der seit 4 Jahren Zwiebeln produziert, (letzte Jahresproduktion etwa 60 t), wird eine stark mechanisierte Ernte und Aufbereitung durchgeführt. Zur Ernte wird ein Kartoffelroder eingesetzt, die Zwiebeln laufen dabei auf einer schwarzen durchlöcherten Folie, damit evtl. vorhandenes Wasser ablaufen kann. Die Trocknung erfolgt in Kisten, die palettenförmig gestapelt werden können im Trockenraum. Nach der Trocknung erfolgt die Reinigung. Das Entschalen wird in einer rotierenden Drahttrommel vorgenommen, durch eine Häckselschleuder werden die Schalen und leeren Zwiebeln entfernt, von Hand werden zuletzt die kranken Zwiebeln ausgelesen.
I. G. Gründler. 1197.

2-68/09-0680 Gerrits, J. P. G. Het Nederlandse champignonbedrijf in cijfers. (**Die niederländische Champignonproduktion in Zahlen.**) Champignoncultur, Horst/Nederland **12** (1968) Nr. 2. S. 44-46. — 3 Tab. 1198.

D. Obstbau

2-68/09-0681 Müller, Horst. **Organisation der Produktion von virusbereinigten Obstgehölzen in Baumschulen der Deutschen Demokratischen Republik.** Dtsch. Akad. Landwirtsch.-Wiss. Berlin, Tag.-Ber. **1968** Nr. 97. — Zus. in Russ., Engl. — nach Zus.

Die Virusbereinigung wird im Zusammenhang mit der Erhaltungszüchtung vom größten Baumschulbetrieb der DDR, VEG Saatzucht-Baumschulen Dresden (740 ha Baumschulfläche, davon 310 ha für Obstanzucht), organisiert und vordringlich bei den 82 in der DDR zugelassenen Obstsorten durchgeführt. Die Testung sortenechten Ausgangsmaterials der genannten Sorten und der Samenspenderbäume bei Kern- und Steinobst erfolgt durch die Arbeitsgruppe Virustestung in Aschersleben. Mit dem getesteten Material werden Kernbestände in isolierter Lage im Betriebsteil Magdeburg aufgebaut. Von diesen Kernbeständen, die regelmäßig getestet werden, wird Material für denAufbau von Reiserspenderanlagen in den Betriebsteilen Magdeburg, Dresden und Weimar entnommen. Die Reiserspenderbäume werden ebenfalls isoliert aufgepflanzt. Sie beliefern alle obstvermehrenden Baumschulen mit getestetem Material. Die Verwendung von getestetem Reiser- und Unterlagenmaterial wird durch die Baumschulanerkenner kontrolliert. 1230.

2-68/09-0682 Blattný, Ctibor und Zimandl, Bohumil. Czechoslovakian mountain isolation for virus-free fruit trees. **(Isolierung virusfreier Obstbäume in den Gebirgsgegenden der Tschechoslowakei.)** Dtsch. Akad. Landwirtsch.-Wiss. Berlin, Tag.-Ber. **1968** Nr. 97. — 3 Abb., 7 Lit. Zus. in Russ., Dtsch. — nach Zus.

Virusgetestetes Material (Reisermutterbäume, Unterlagenmutterpflanzen und Samenspenderbäume) aus der Tschechoslowakei wird in einem bes.gelegenen und kontrollierten Bestand konzentriert. Dieser „Jelec“ genannte isolierte Platz stellt eine von Wald umgebene Enklave dar und liegt in einer Höhe von 500 m über NN unterhalb des Berges Sedlo (726 m) in Nordböhmen. Die klimatischen und Bodenverhältnisse sind sowohl in dem gesamten Bereich als auch in dem für die Obstanlage bestimmten Platz für die Obstbäume sehr gut. Dieser isolierte Standort (15 ha) ist durch Waldstreifen in drei Flächen geteilt. Auf ihm befinden sich ferner ein Dienstgebäude mit Laboratorien sowie eine Beregnungsanlage. Der Standort wird allen Wissenschaftlern zur Erhaltung virusgetesteten Forschungsmaterials (nicht Handelsware) zur Mitbenutzung angeboten. 1230.

2-68/09-0683 Monastyrskij, V. S. Primenenie defoliantov v plodovom pitomnike. **(Die Anwendung von Defolianten in der Obstbaumschule.)** Sadovodstvo, Kiev 5 (1966) S. 106 bis 114.

Die Defolianten Kalziumzyanamid, Zyanamid, Magnesiumchlorat, Folex, Endotal, Paraquat, Reglone, Thioharnstoff, Kaptax und Heptylkaptax wurden in verschiedenen Konzentrationen in Baumschulen der südlichen Ukraine zwischen dem 25. und 30. Sept. auf 2jähr. Apfel-, Birnen-, Aprikosen-, Pflaumen-, Pfirsich-, Weichsel, -Kirsch- und einjähr. *Malus-sylvestris*-, *Prunus-mahaleb*- und *Prunus-fruticosa*-Sämlinge ausgebracht (2000 l/ha), ihre Wirksamkeit wurde ermittelt. Als wirksamste Defolianten erwiesen sich Magnesiumchlorat, Reglone und Paraquat, während Zyanamid am unwirksamsten war. Die genaue Einhaltung der für die einzelnen Arten und Sorten ermittelten Konzentrationen jedes Präparats ist für eine erfolgreiche Anwendung ohne schädigende Nachwirkungen unbedingt notwendig. Dabei vollzieht sich der Blattfall je nach Art und Sorte zwischen dem 7. und 16. Tag nach der Ausbringung. Es konnte weiterhin gezeigt werden, daß sowohl vom ökonomischen als auch vom organisatorischen Gesichtspunkt die Ausbringung der Defolianten aus der Luft am effektivsten ist. G. Sandke/Pillnitz. 1230.

2-68/09-0684 Sokolov, O. A. Charakter razmeščenija kornevych sistem plodovych derev̕ev na terrasach. **(Charakter der Wurzelverteilung bei Obstbäumen auf Terrassen.)** Vestnik sel'skochozjajstvennoj nauki, Moskva 13 (1968) Nr. 1. S. 95-99. — 5 Abb., 1 Tab., 6 Lit. Zus. in Engl., Franz., Dtsch.

Terrassierung verbessert den Wasserhaushalt des Bodens gegenüber unterrassiert und der benachbarten Ebene. Die unterschiedliche Ausprägung der Bodenfeuchtigkeit innerhalb des Terrassenprofils sowie in Abhängigkeit von der Position der Terrasse innerhalb des Hanges und dessen Exposition hat entscheidenden Einfluß auf die Ausbildung des Wurzelsystems. Es erfolgten Wurzelausgrabungen nach der Skelettmethode, welche $^1/_4$ Sektor der Wurzel umfaßten. Die Untersuchungen erfolgten bei Apfel, Birne, Pflaume und Sauerkirsche im 3. bis 5. Standjahr bei unterschiedlicher Anordnung der Bäume auf der Terrasse. Erfaßt wurden $^0/_0$-Anteil der vertikalen und horizontalen Wurzeln, Gesamtwurzellänge, max. Wurzeltiefe, Tiefenbereich der Ausbreitung von horizontalen Wurzeln und Verhältnis zwischen Kronen- und Wurzelradius. Es bestätigten sich die Feststellungen von Murocev, daß sich die Wurzeln um so langsamer und verzweigter entwickeln, je trockener und nährstoffreicher der Boden ist. Die meisten Wurzeln fanden sich in der Zone, wo die Bodenfeuchtigkeit 16…20%, bezogen auf absolut trockenen Boden, erreichte. Offenbar stellt dies ein Optimum dar. Die Wurzeln bildeten sich vor allem in Richtung der Terrassenfläche aus, aber auch der aufgeschüttete Teil der Terrasse war oft bes. gut durchwurzelt, so daß sich das Wurzelsystem z.T. asymmetrisch ausbildete. W. Schuricht. 1230.

2-68/09-0685 Scaramuzzi, Franco. Nouvi orientamenti nella tecnica per la propagazione delle specie arboree da frutto. **(Neue Tendenzen in der Vermehrungstechnik der Obstarten.)** Colocviul interuniversitar Romäno-Ital. pe Teme Agric., Bucureşti, Ref. **1966** (hrsg. 1967) S. 209–220. — Zus. in Franz., Rum. — nach rum. Zus.
Vf. schildert kurz einige neue Tendenzen, bes. die Probleme, die mit der vegetativen Vermehrung verbunden sind. Eingehend wird die Sprühnebelvermehrung behandelt. Durch dieses Verfahren ist heute eine Vermehrung sämtlicher Obstarten durch Stecklinge möglich. Trotzdem muß auch der ökon. Nutzeffekt der Vermehrung durch Stecklinge anstatt durch Veredlung gesichert werden. Anschließend schildert Vf. einige Probleme hinsichtlich der rationellen Auswahl der Unterlagen, Probleme die z.Z. in sämtlichen Obstbauländern von großem Interesse sind. Es wird die günstigste Auswahl der Unterlagen aus Klonen oder Samen in Abhängigkeit von den neuen Forderungen des modernen Obstbaus erwogen, und es wird auf die Tatsache hingewiesen, daß genaue Richtlinien im Zusammenhang mit diesem Problem nur aufgrund der unter gleichen Bedingungen gewonnenen Erfahrungen gegeben werden können, unter denen die Unterlagen zu nutzen sind und für Sorten, deren Vermehrung erwünscht ist. 1230.

2-68/09-0686 Margolin, A. F. Vyraščivanie standartnogo podvojnogo i posadočnogo materiala na slaboroslych podvojach. **(Anzucht von standardgerechtem Wildlings- und Unterlagenmaterial bei schwachwachsenden Unterlagen.)** Sadovodstvo, Kiev (1966) S. 102–105. — 4 Tab.
In den südlichen Zonen der Sowjetunion (Ukraine, Krim) wachsen bei der vertikalen Vermehrung der Ableger bis zu 50,8% den Standard überschreitende Ableger heran, die zur Pflanzung in den Baumschulen ungeeignet sind. Bei der Variante mit Pinzierung bildete sich eine große Anzahl von Verzweigungen, die Übergrößen betrugen bis zu 50%. Bei der Variante mit systematischer Entfernung der Blätter (jedes 2. Blatt oder alle Blätter von der unteren Hälfte der Triebe) gab es bis zu 39% Übergrößen. Diese Varianten haben für die Produktion also keinen Wert. Bei der Vermehrung mit horizontalen Ablegern ergaben sich nur 26,5% nicht standardgerechte Ableger, jedoch ist diese Methode sehr arbeitsaufwendig. Am günstigsten ist die Methode des Entfernens des Zuwachses unter Stehenlassen zweier Blattknospen über der Bodenoberfläche. Ende Mai werden die Triebe maschinell geschnitten. Aus den Knospen beginnt sich vom 8. Tag neuer Zuwachs zu entwickeln. Ende Juni, wenn diese neuen Triebe 25 cm erreichen, häufelt man sie wie gewöhnlich an. So erzielt man 50…98% standardgerechte Unterlagen. R. Schuricht/Pillnitz. 1230.

2-68/09-0687 Bordeianu, T. Ricerche effettuate in Romania concernenti lo studio dei portinnesti impiegati nella frutticoltura. **(Untersuchungen über die im Obstbau Rumäniens verwendeten Unterlagen.)** Colocviul interuniversitar Románo-Ital. pe Teme Agric., Bucureşti Ref. **1966** (hrsg. 1967) S. 221–232. — Zus. in Franz., Rum. — nach rum. Zus.
In Rumänien sind wildwachsende und kultivierte Obstarten vorhanden. Zahlreiche Ökotypen und Sorten wurden zur Gewinnung generativ vermehrbarer Unterlagen untersucht sowie zur Schaffung neuer generativ und vegetativ vermehrbarer Unterlagen. Gleichzeitig wurden auch die in anderen Ländern bisher verwendeten Typenunterlagen untersucht, um die geeignetsten für die Boden- und Klimabedingungen Rumäniens zu ermitteln. Die in den letzten 12 Jahren (1954 bis 1966) in Rumänien durchgeführten Untersuchungen von Obstunterlagen führten zu folgenden Ergebnissen: Aus den wildwachsenden Apfel- und Birnenarten wurden einige Ökotypen ausgelesen, die sich durch eine kräftige Konstitution, gleichmäßiges Wachstum der jungen Sämlinge und der Veredlungen auszeichnen. Zahlreiche einheimische Apfel- ('Creţesc' und 'Pătul') Birnen- ('Harbuzeşti' und 'Alămaîi') und Pflaumensorten ('Roşior' und 'Buburuz') bringen als Unterlage bessere Ergebnisse bei der Entwicklung der Sämlinge und dem Anwachsen der Augen bei der Veredlung, besseres Überwintern der Augen, gleichmäßigere Entwicklung der Knospen während der Vegetationsperiode, stärkeres Wachstum der Edelreiser und einen höheren Anteil veredelter Bäume mit guter Qualität je Flächeneinheit. Die Ökotypen wilder Apfel- und Birnbäume sowie die einheimischen gezüchteten Sorten werden als Unterlage für die gewöhnlich an den Hängen des

Vorgebirges liegenden Obstanlagen verwendet. Die Unterlagen, EM IV, VII, XI und XVI, MM 104 und 106, die sich für die Bedingungen Rumäniens als wertvoll erwiesen haben, werden als Unterlagen für moderne Obstanlagen verwendet, die auf tiefgründigen und fruchtbaren Flächen angelegt sind. Alle Unterlagen, gleich welcher Herkunft, werden auch weiterhin untersucht, um Aussagen über die Verhaltungsweise der auf sie veredelten Sorten machen zu können. 1230.

2-68/09-0688 Šerstjukova, Z. L. O zakladke sada odnoletnimi sažencami. (**Über die Pflanzung von Obstanlagen mit einjährigen Veredlungen.**) Sadovodstvo, Kiev **5** (1966) S. 70 bis 76. — 6 Tab., 10 Lit.
Einjähr. Bäume wachsen besser an und sind billiger, sie übertreffen aufgrund des günstigen Wurzel-Sproß-Verhältnisses die 2jähr. an Wuchsintensität und stehen wahrscheinlich gegenüber 2jähr. im Zeitpunkt des Ertragsbeginns nicht zurück. Es muß noch untersucht werden, ob sie ohne oder mit Krone (vorzeitige Triebe) gepflanzt werden sollen. Einjähr. Bäume sind bes. für Dichtpflanzung von Intensivobstanlagen geeignet. Ihre Brauchbarkeit für Palmettenpflanzungen wird in Großversuchen auf der Krim geprüft.
R. Schuricht/Pillnitz. 1230.

2-68/09-0689 Leu, H. **Neue Aspekte in der Düngung der Obstbäume.** Grüne, Zürich **96** (1968) Nr. 5. S. 150–162. — 10 Abb.
Eine ausführliche Darstellung aller mit der Ernährung der Obstgehölze im Zusammenhang stehenden Probleme wird gegeben. Dabei geht Vf. von den durch die zunehmende Intensivierung den obstbaulichen Produktion bedingten Veränderungen der Anforderungen an die Nährstoffversorgung des Bodens und der Bäume aus. Die wichtigsten Pflegemaßnahmen wie Kronengestaltung, Bodenpflege und Wasserversorgung werden unter dem Gesichtspunkt moderner Pflanzsysteme von allen Seiten in ihrer Einwirkung auf die Nährstoffversorgung betrachtet. Ausgehend von den Faktoren Nährstoffentzug je Flächeneinheit, Nährstoffbedarf, -verhältnis und Bodennährstoffgehalt werden die Aufgaben der org. und mineral. Düngung besprochen. Bemessung der Düngermenge und Wahl des Zeitpunktes der Applikation ordnen sich weitgehend der Jahreswitterung, Sorte, Unterlage, Wuchsleistung, dem Ertrag und Bodenpflegesystem unter. Abschließend werden Schlußfolgerungen für die Praxis abgeleitet und Empfehlungen in Form von 5 Düngungsvorschlägen für Hochstammanlagen mit Gras-Unternutzung und 6 Düngungsvarianten für Niederstammpflanzungen gegeben. W. Fiedler/Pillnitz. 1230.

2-68/09-0690 Fehrmann, Wolfgang. **Probleme des Nutzeffektes von Beregnungsanlagen im Obstbau.** Dtsch. Akad. Landwirtsch.-Wiss. Berlin, Tag.-Ber. **1967** Nr. 93. S. 39–52. — 5 Abb. 4 Tab., 21 Lit. Zus. in Russ., Engl. — nach Zus.
Die volks- und betriebswirtschaftliche Bedeutung der Beregnung kann nicht allein am Ertragszuwachs gemessen werden; der Ertragszuwachs muß mit möglichst geringem Aufwand an lebendiger und vergegenständlichter Arbeit erreicht werden. Bes. Gewicht fällt dem Aufwand an vergegenständlichter Arbeit zu. Die Wirtschaftlichkeit der Beregnung ist getrennt von der der Obstanlage auszuweisen und zu beurteilen. Der Investitionsaufwand einer halbstationären Beregnungsanlage für 70 ha Kernobst beträgt 6430 M/ha, er steigt auf 9600 bzw. 16900 M/ha bei vollstationären Anlagen. Die laufenden Kosten betragen bei der halbstationären Anlage 830,— M/ha, sie steigen auf 1250 bzw. 2020 M/ha bei vollstationären Anlagen. Die nominelle Rückflußdauer beträgt in dem untersuchten Beispiel 7 Jahre bei der halbstationären und 19 bzw. 25 Jahre bei den stationären Anlagen. Mit Hilfe der effektiven Rückflußdauer wurde ermittelt, daß die Einrichtung von Beregnungsanlagen in nichtertragsfähigen Obstplantagen nicht zu empfehlen ist, weil der Gesamtaufwand bedeutend steigt und der Zeitpunkt des Rückflusses der vorgeschossenen Mittel weit hinausgeschoben wird.
1230.

2-68/09-0691 Neubauer, Siegfried. **Bau und Betrieb von stationären Beregnungsanlagen im Niederstammobstbau.** Dtsch. Akad. Landwirtsch.-Wiss. Berlin, Tag.-Ber. **1967** Nr. 93. S. 53–55. — Zus. in Russ., Engl. — nach Zus.
Die günstigste Lösung der Beregnung unter sozialistischen Produktionsbedingungen ist nach Ansicht des Vf. der Einsatz von stationären Beregnungsanlagen. Da sich heute der Niederstammobstbau immer mehr durchsetzt, kann die Bewässerung nur als Überkronenberegnung durchgeführt werden. Für die Flügelleitungen sind keine Schnellkupplungsrohre erforderlich, sondern es können billigere Rohre in größeren Längen zusammengeschweißt oder andersartig verbunden werden. 1230.

2-68/09-0692 Galuška, I. F. und Ovčinnikov, I. F. Mechanizacija glubokogo lokal'nogo vnesenija udobrenij v sadach. **(Die Mechanisierung des lokalen Tiefdüngens in Obstanlagen.)** Sadovodstvo, Kiev 5 (1966) S. 66-69. — 2 Tab., 5 Lit.

Die Oberflächendüngung befriedigt nicht, da nur ein Teil der Nährstoffe in die Zone der aktiven Wurzeln gelangt. Die am weitesten verbreitete Methode der Tiefdüngung besteht in der Herstellung 25···30 cm tiefer Kanäle an der Kronenperipherie. Zur Mechanisierung dieser Arbeit dient der Düngerstreuer „US-1", mit dem Düngemittel streifenförmig bis 50 cm Tiefe eingebracht werden können. Die Kosten sind dabei niedriger als bei Oberflächendüngung mit Hand. Eine andere Methode besteht darin, den Dünger in Bohrlöcher — 32 je Baum — einzubringen. Stammzuwachs und Baumertrag waren am höchsten bei der maschinellen Streifendüngung 50 cm tief. Vor dem Beginn des Tiefdüngens ist durch Probegrabungen der richtige Abstand vom Stamm festzulegen, um Wurzeln von > 1···1,5 cm Dicke nicht zu beschädigen. R. Schuricht/Pillnitz. 1230.

2-68/09-0693 Rensburg, N. J. J. van. Limiting factors in the pre-cooling of fruit. **(Begrenzende Faktoren in der Vorkühlung von Früchten.)** Deciduous Fruit Grower, Cape Town 17 (1967) Nr. 12. S. 365-369. — 3 Abb., 1 Tab., 6 Lit.

Vf. hält ein sehr schnelles Abkühlen des Lagerobstes auf die endgültige Lagerungstemperatur für die Hauptvoraussetzung einer erfolgreichen Lagerung. Durch schnelles Abkühlen wird die Stoffwechselaktivität der Früchte stark vermindert, die Entwicklung von Mikroorganismen gehemmt und Wasserverlusten vorgebeugt. Der begrenzende Faktor für ein schnelles Abkühlen des Obstes ist der meist ungenügende Wärmeaustausch zwischen der Frucht und der Lagerluft. Aus diesem Grunde ist für eine ausreichende Luftumwälzung im Kühllager zu sorgen. Hemmend im Abkühlungsprozeß kann sich auch das Verpackungsmaterial auswirken. Für praktische Belange empfiehlt der Vf. deshalb stark luftdurchlässige Behälter und schnelle Luftumwälzung im Kühllager. R. Illge/Pillnitz. 1230.

2-68/09-0694 **Arbeitsverfahren der wichtigsten Arbeiten in Baumschulbetrieben.** Dresden-Pillnitz, Inst. für Obstbau der Dtsch. Akad. der Landwirtsch.-Wiss. zu Berlin Plan-Nr.: 368052/7-07. 96 S. Abschlußber. (13/3. 1968).

Im vorliegenden Bericht wird über Untersuchungen verschiedener Arbeitsverfahrn der Reiserveredlung, Okulation, Pflanzung und Rodung berichtet. Sie hatten das Ziel, die Arbeitsverfahren zu analysieren und Ermittlungen über den Zeit- und Kostenbedarf durchzuführen. Die in den Zeitmessungen gewonnenen Mittelwerte dienten der Errechnung vorläufiger Arbeitsnormen. Für einen Gesamtvergleich wurden die verschiedenen Arbeitsverfahren in technologischen Karten zusammengestellt und Schlußfolgerungen für die Praxis gezogen. 1230.

2-68/09-0695 Turck, H. **Die Baumschulbestände an Obstgehölzen.** Erwerbsobstbau **10** (1968) Nr. 1. S. 17-19. — 1 Abb., 2 Tab. 1230.

2-68/09-0696 Veinbrants, N. The effect of N-dimethyl amino succinamic acid (Alar) on six-year-old Gravenstein apples. **(Die Wirkung von [N-Dimethylamino]bernsteinamidsäure [Alar] auf 6jährige Bäume der Apfelsorte 'Gravensteiner'.)** Austral. J. exper. Agric. Animal Husbandry 7 (1967) Nr. 28. S. 476-479.

Die stärkste Triebverkürzung trat unter australischen Bedingungen bei Behandlungen im Nov. auf. Auffallend war die rosettenartige Anordnung der Blätter an den Triebspitzen und die zeitigere Bildung der Terminalknospe. Der Stammumfang blieb unverändert. Die Anzahl der Blüten und der Fruchtertrag waren im folgenden Jahr wesentlich größer. In der darauffolgenden Vegetationsperiode war aber keine Veränderung im Wuchsverhalten mehr festzustellen. K. Gliemeroth/Pillnitz. 1232.

2-68/09-0697 Howard, B. H.; Kent, East Malling Res. Stat. The influence of $_4$(indolyl-$_3$) butyric acid and basal temperature on the rooting of apple rootstock hardwood cuttings. **(Der Einfluß von 4[Indolyl-3]-buttersäure und Grundtemperatur auf die Bewurzelung von Steckhölzern bei Apfelunterlagen.)** J. horticult. Sci. **43** (1968) Nr. 1. S. 23-31. — 6 Abb., 1 Tab.

Mit den Unterlagen 'Crab C' und M 26 wurden mehrere Versuche zur Bewurzelung von Steckhölzern (60 cm Länge) durchgeführt. Die Behandlung der Steckhölzer erfolgte mit Indolylbuttersäure (IBS) der Konz. 625, 1250, 2500 und 5000 ppm in 50%igem Äthanol sowie bei verschiedenen Substrattemperaturen, die in Abstufungen von etwa 10 °F zwischen

50 und 82 °F (10…28 °C) lagen. Die Steckhölzer wurden einmal im Okt. und zweimal im Febr. geschnitten und in einem isolierten Kasten mit Zusatzheizung in ein Torf-Kies-Substrat (1:1) eingeschlagen. Die Bonitur, 4…5 Wochen nach dem Einschlagen, erstreckte sich auf Prozent bewurzelter Steckhölzer (a), Wurzeln je Steckholz (b), mittlere Trockenmasse der Wurzeln je Steckholz (c), mittlere Trockenmasse je Wurzel (d) sowie Fäulnis an der Basis der Steckhölzer (e). Vf. hebt folgende Ergebnisse hervor: Die Merkmale a, b und c verbesserten sich mit der Erhöhung der Konz. von IBS. Das Optimum variierte je nach Merkmal und Unterlage, es lag bei oder über 1250 ppm. Die Temperatur hatte einen Einfluß auf die Bewurzelung, das Optimum lag bei 72 °F (22 °C). Das Faulen an der Basis der Steckhölzer kam meistens bei hoher Temperatur und hoher Konz. von IBS vor. Die IBS-Behandlung machte die Steckhölzer empfindlich für Fäulnis, sie war jedoch nicht die Ursache für diesen Schaden. H. Völkel/Pillnitz. 1232.

2-68/09-0698 Neumann, Dietrich. **Zur Beurteilung der Fruchteigenschaften von Apfelsorten.** Dtsch. Akad. Landwirtsch.-wiss. Berlin, Tag.-Ber. **1969** Nr. 96. — 6 Abb., 4 Tab., 2 Lit. Zus. in Russ., Engl. — nach Zus.
Im Rahmen von Standortversuchen mit Müncheberger Apfelzuchtklonen wurden etwa 2500 Bonitierungen von 120 Zuchtklonen und 71 Sorten an 4 Standorten durchgeführt und dabei folgende Merkmale erfaßt: Variabilität, Achsenlänge und Relief der Frucht; Berostung, Fettigkeit, Geruch, Festigkeit und Farbe der Fruchtschale; Festigkeit, Saftgehalt, Farbe, Säure-Zucker-Verhältnis, Herbheit und Aroma des Fruchtfleisches; Reifezustand der Frucht. Der Zusammenhang zwischen den Ausprägungsstufen einiger dieser Merkmale und den Wertnoten für das Aussehen und die inneren Fruchteigenschaften wird graphisch dargestellt. Es wird deutlich, welche Merkmale bei der Bewertung der Proben vorrangig berücksichtigt wurden. 1232.

2-68/09-0699 Malkova, I. F. Anatomija srastanija zimnich privivok u jabloni. (**Die Anatomie der Verwachsung von Winterveredlungen beim Apfel.**) Sadovodstvo, vinogradarstvo i vinodelie Moldavii, Kišinev **22** (1967) Nr. 12. S. 18–20.
Es wurden Querschnitte durch die Veredlungsstelle von Winterveredlungen angefertigt, um den Prozeß der Verwachsung zu analysieren. Der Verwachsungsvorgang beginnt nach 2…3 d mit der Kallusbildung. Nach 10…14 d können alle Schnittspalten mit Kallus ausgefüllt sein. Die darauf einsetzende Differenzierung führt schließlich zur Bildung von Sekundärkambien, aus denen sich die Leitelemente organisieren.
K. Gliemeroth/Pillnitz. 1232.

2-68/09-0700 Karnatz, A. **Zur Frage des Beginns der generativen Phase bei Apfelsämlingen.** Dtsch. Akad. Landwirtsch.-Wiss. Berlin, Tag.-Ber. **1969** Nr. 96. — 1 Abb., 3 Tab., 13 Lit. Zus. in Russ., Engl. — nach Zus.
Anhand von Beobachtungen an eigenem Material wird versucht, einige Widersprüche in der Literatur zur Beurteilung der Jugendphase aufzuklären. Die Frage nach der Wirtschaftlichkeit einer Blühverfrühung der Sämlinge durch Pfropfung auf M IX ist weitgehend von der Schnittbehandlung abhängig. Je stärker der Rückschnitt des Neuwuchses ist, desto lohnender dürften diese Maßnahmen sein. Je früher die Nachzuchten gewonnen werden, desto schneller kommen sie zur Blüte, sofern die Beurteilung auf dem Termin der Aussaat beruht. Vom Zeitpunkt der Okulation an gerechnet, setzt die Blüte hingegeben um so früher ein, je älter der Sämling ist. Förderung der Wuchskraft führt auch bei Nachzuchten auf M IX zu einer sicheren Beschleunigung der Blühreife als Schwächung derselben. Die Frage nach einem möglichen Zusammenhang zwischen Dauer der Jugendphase und ertragsloser Zeit bei Sorten bedarf einer Prüfung an spez. Untersuchungsmaterial. Für die Versuchsanstellung werden Vorschläge gemacht. Weitere Untersuchungen befassen sich erstmalig mit dem Einfluß verschiedener Faktoren auf das erste Fruchten und das Einsetzen eines beurteilungsfähigen Ertrages. Abschließend wird darauf hingewiesen, daß Fortschritte in der Frage nach der Abkürzung der Jugendphase in Zukunft nur dann erzielt werden können, wenn man von den bisherigen Beobachtungen an Material, das mehr oder weniger auch anderen Versuchszwecken dient, absieht und statt dessen spez. auf dieses Ziel ausgerichtete Untersuchungen ansetzt. 1232.

2-68/09-0701 Anonym. Forøgelse af grenvinkler hos unge æbletræer med trijodbenzoesyre (TJBA). (**Vergrößerung der Astwinkel bei jungen Apfelbäumen mit Trijodbenzoesäure [TJBS].**) Tidsskr. Planteavl 71 (1967) Nr. 3. S. 400–401.

Größere Astwinkel sollen bewirken, daß die Rinde im Winkel leichter abgestoßen wird und nicht zu Faulstellen führt. Im Versuch (Sommer 1966) benutzte man eine 2,89%ige Lösung von Dimethylamin-2,3,5-trijodbenzoesäure (TJBS) (50 ppm aktive Substanz) etwa 3 Wochen nach der Blüte (15.—20.6.). Die Winkelmessung wurde 5 Monate nach dem Spritzen mit TJBS durchgeführt und zwar gesondert in je einem Drittel (Höhe) der Bäume. Die Behandlung vergrößerte den Astwinkel im oberen Drittel von 36,6 auf 40,2° (9,8%), im mittleren Drittel von 56,8 auf 61,7° (8,6%) und im unterern Drittel von 61,1 auf 63,6° (4,1%). Es trat eine Tendenz zu abwärtsgerichtetem Wuchs auf. Die Sorte war 'Ingrid Marie'. TJBA hat eine schwache wuchshemmende und blühfördernde Wirkung.
W. Warwel. 1232.

2-68/09-0702 Neumann, Ursula. **Die Fruchtastentwicklung beim Apfel als Grundlage der Kronengestaltung.** Obstbau, Berlin 8 (1968) Nr. 2. S. 20-23. — 3 Abb., 5 Tab., 3 Lit.
Zur Verbesserung der Grundlagen für eine sortengerechte Fruchtasterziehung und -instandhaltung wurden seit 1964 mehrjähr. Fruchtäste von 9 Apfelsorten auf den Unterlagen M XI und Sämling untersucht. Die Entwicklung der Fruchtäste läßt sich quantitativ verfolgen. Bei den meisten Sorten erreicht der Fruchtbehang im 3jähr. Altersbereich seine größte Dichte, doch nimmt der Anteil dieses Bereiches an der Verzweigungslänge mit zunehmendem Alter der Fruchtäste ab. Daher sinkt die spezifische Ertragsleistung bereits im 4. Entwicklungsjahr. Die Einbeziehung schwach- und mittelstarkwachsender Unterlagen auf weiteren Standorten wird es ermöglichen, Kennziffern für die sortenspezifische natürliche Fruchtastentwicklung zu gewinnen und Folgerungen für die sortenspezifische Fruchtasterziehung abzuleiten. P. Lux/Pillnitz. 1232.

2-68/09-0703 Dvořák, J. **Topfversuche über den Einfluß verschiedenen Bodenwassergehaltes auf Apfelbäume.** Dtsch. Akad. Landwirtsch.-Wiss. Berlin, Tag.-Ber. **1967** Nr. 93. S. 73–82. — 6 Abb., 3 Tab., 10 Lit. Zus. in Russ., Engl. — nach Zus.
Die Versuche wurden 1965 bis 1966 mit der Sorte 'James Grieve'/M IX durchgeführt. Der Wassergehalt der Gefäße betrug im Durchschnitt in den Varianten 1 = 80%, 2 = 50%, 3 = 20% des verfügbaren Wassers während der gesamten Vegetationsperiode, 4 = vom Anfang der Vegetation bis 15. Juni 80%, dann bis Ende der Vegetation 20% des verfügbaren Wassers, 5 = vom Anfang der Vegetation bis 51. Juli 20%, dann bis Ende der Vegetation 80% des verfügbaren Wassers, und Variante 6 wurde immer nach dem Absinken des Wassergehaltes auf 10% des verfügbaren Wassers wieder auf Feldkapazität bewässert. Bei der Bewertung des Zuwachses der gesamten Blattfläche sowie der Blattgröße ergab sich die Reihenfolge der Varianten 1, 2, 4, 5, 6 und 3, bei der des Wasserverbrauchs je Baum 1, 2, 5, 4 und 3 und bei der des Wasserverbrauchs je cm Zuwachs 5, 1, 2, 3 und 4. Die im trockenen Boden gewachsenen Bäume (3) entwickelten mehr Blütenknospen als Bäume im feuchten Boden. Blätter der in Trockenheit gewachsenen Bäume hatten eine höhere Zellsaftkonzentration, was mit der Blütenknospendifferenzierung im Zusammenhang zu stehen scheint. Die Beeinflussung des Fruchtwachstums durch den Bodenwassergehalt war nicht so stark wie die des vegetativen Wachstums. Trockenheit übt einen starken Einfluß auf den Junifall der an Kurztrieben gewachsenen Früchte aus; der Junifall der an Langtrieben gewachsenen Früchte wurde nicht beeinflußt. Spät eintretende Trockenheit (4) bleibt ohne Wirkung auf den Fruchtfall. 1232.

2-68/09-0704 Friedrich, Gerhard. **Zusatzbewässerung und Ertragsbildung im Obstbau.** Dtsch. Akad. Landwirtsch.-Wiss. Berlin, Tag.-Ber. **1967** Nr. 93. S. 93–103. — 10 Abb., 1 Tab., Zus. in Russ., Engl. — nach Zus.
Unter den Bedingungen des mitteldeutschen Trockengebietes wurde der Einfluß unterschiedlicher Verfahren der Zusatzbewässerung auf Wuchs und Ertrag von Niederstämmen der Apfelsorten 'Ontario', 'Albrecht', 'Oldenburg', 'James Grieve', 'Cox Orange', 'Boskoop' und 'Goldparmäne' untersucht. Durch Untergrund- und Furchenbewässerung konnte im 6jähr. Durchschnitt (1955 bis 1960) eine Ertragssteigerung von etwa 30 dt/ha erzielt werden. Das genetisch bedingte Ertragspotential der untersuchten Sorten ist sehr unterschiedlich und durch die Bewässerung nicht grundlegend zu verändern. Neben der spezifischen Sortenwirkung zeigten auch die Unterlagen bzw. Veredlungskombinationen eine verschiedene Reaktion auf die Bewässerung. Kombinationen mit M IV lassen höhere Mehrerträge erwarten als Bäume auf M I. Die Ertragssteigerung wird sowohl durch Vergrößerung der Früchte als auch durch Verringerung des Fruchtfalls hervorgerufen. Die bewässerten Kombinationen zeigten

einen gesteigerten Stammzuwachs gegenüber der unbewässerten Kontrolle. Der Wuchs auf M IX veredelter Sorten wurde durch Zusatzbewässerung nicht in gleicher Weise gefördert wie bei stärker wachsenden Kombinationen. Die Furchenbewässerung ist bei flachwurzelnden Gehölzen der Untergrundbewässerung überlegen. Die Ergebnisse lassen erkennen, daß bei Berücksichtigung der gegebenen Hinweise die Bewässerung auch auf besten Böden Ertragssteigerungen ermöglicht, die den Mehraufwand lohnen. 1232.

2-68/09-0705 Fiedler, Walter. **Untersuchungen über die Wirkung variierter Wasser- und Nährstoffversorgung auf Apfelbäume in Gefäßen.** Dtsch. Akad. Landwirtsch.-Wiss. Berlin, Tag.-Ber. **1967** Nr. 93. S. 63–71. — 6 Abb., 3 Lit. Zus. in Russ., Engl. — nach Zus.
Gesteigertes Wasserangebot führt im Obstbau zu einer Erhöhung des Verbrauchs, die aber nicht proportional verläuft. Hohe Wassermengen in kurzen Zeitabständen werden von den Bäumen schlechter ausgenutzt als geringere Wassergaben. Der Ausschöpfungsgrad steigt mit zunehmender Wasserspeicherfähigkeit des Substrates (Boden). Ganz allgemein kommen Apfelbäume mit relativ wenig Wasser aus, wenn die Bewässerung kontinuierlich und regelmäßig in Anpassung an den Verbrauch erfolgt. Mit Hilfe der refraktometrischen Messung der Konzentration des Blattzellsaftes können der momentane Wasserzustand der Bäume und der Einfluß zahlreicher auf den Wasserhaushalt einwirkender Faktoren gut nachgewiesen werden. Die durchschnittl. Zunahme der Länge einjähr. Triebe wird durch gesteigertes Wasserangebot sortenabhängig unterschiedlich gefördert. Verminderte Wasserversorgung senkt, vor allem in Zusammenhang mit gesteigertem Nährstoffangebot, die Ansatzquote (Anzahl nach dem Junifall verbleibender Früchte in Prozent des Blütenansatzes) signifikant. Die Wechselwirkung zwischen Wasser- und Nährstoffversorgung ist sortenspezifisch und spiegelt sich auch im N-Gehalt der Blätter wider. Die Tatsache, daß die Differenzen im N-Gehalt der Blätter zwischen den Wasserstufen zu verschiedenen Zeiten der Vegetationsperiode unterschiedlich groß sind, deutet auf den entwicklungsabhängigen Wasserverbrauch der Bäume hin. 1232.

2-68/09-0706 Rogers, W. S. und Parry, M. S. Effects of deep planting on anchorage and performance of apple trees. (**Wirkungen tiefer Pflanzung auf Standfestigkeit und Leistung von Apfelbäumen.**) J. horticult. Sci. 43 (1968) Nr. 1. S. 103-106. — 2 Abb., 1 Tab., 3 Lit.
Im Zeitraum von 1960 bis 1966 wurden in East Malling Bäume der Sorte 'Cox Orange' auf M VII in folgenden Varianten geprüft: 1. Veredlung in 6 in. (15,3 cm) Höhe und Pflanzung in normaler Tiefe. 2. Veredlung in 12 in. (30,5 cm) Höhe und Pflanzung 6 in. tiefer als normal. Die Versuche wurden in 30facher Wiederholung je Variante auf einem Boden mit 3 verschiedenen Fruchtbarkeitsgraden entlang der Reihen durchgeführt. Die Bäume erhielten keine Pfähle. Getestet wurden die Standfestigkeit nach dem Neigungswinkel, das Wachstum nach dem Stammquerschnitt, der Ertrag und der Anteil an Saugwurzeln in verschiedenen Zonen. Grundsätzlich zeigten die tiefer gepflanzten Bäume eine bessere Standfestigkeit als die Kontrolle, jedoch traten bei ihnen Wachstumsverzögerung, späterer Ertragsbeginn und geringere Saugwurzelbildung in der oberen Bodenschicht auf. Da diese Erscheinungen nur vorübergehend waren, stand der Verlust in keinem Verhältnis zu den Kosten und der Mühe, die bei Verwendung von Pfählen entstehen. Es wird allerdings befürchtet, daß der durch höhere Veredlung (12 in.) bezweckte Schutz vor Infektion mit Kragenfäule bei der tieferen Pflanzung verlorengeht. Deshalb wird empfohlen, die Veredlung bei zur Tiefpflanzung vorgesehenen Bäumen 18 in. (45,7 cm) hoch auszuführen. Da dies nur bei spez. dafür ausgelesenen Unterlagen möglich ist, muß mit einem Preisanstieg der verkaufsfertigen Bäume aus der Baumschule gerechnet werden. W. Fiedler/Pillnitz. 1232.

2-68/09-0707 Lemmens, J. De balans na vijf groeijaren. (**Bilanz nach 5 Standjahren.**) Fruitteelt 58 (1968) Nr. 5. S. 149. — 1 Abb., 7 Tab.
'Golden Delicious'/M IX brachte bis zum 5. Jahr bei einem Pflanzabstand 3 × 1 m 146 t/ha, bei 4 × 2 m dagegen nur 71 t/ha. Hinsichtlich der Qualität zeigten sich keine Unterschiede. Mit 'Cox Orange'/M II lagen die Erträge der entsprechenden Pflanzabstände bei 88 bzw. 46 t/ha, mit 'James Grieve'/M I bei 41 bzw. 64 t/ha. 'James Grieve' hatte bei dem engen Abstand im Mittel etwas kleinere Früchte. R. Schuricht/Pillnitz. 1232.

2-68/09-0708 Peerbooms, H. Plantafstandenproef op de proeftuin te Horst in 1967. (**Prüfung von Pflanzabständen auf dem Prüffeld in Horst 1967.**) Fruitteelt 58 (1968) Nr. 9. S. 322-324. — 8 Tab.

Geprüft wurden im Jan. 1962 gepflanzte 'Golden Delicious' (GD) und 'Jonathan' (J) auf M IX mit den Abständen a) 3 × 1 m; b) 4 × 2,25 m; c) 3,5 × 2,5 m und auf M II mit den Abständen a) 3,5 × 1,25 m; b) 5 × 3 m; c) 3,5 × 2,5 m. Die Ertragssumme, t/ha bis 1967, betrug bei GD/IX a) 178; b) 69; c) 75; bei GD/II a) 180; b) 73; c) 54; bei J/IX a) 129, b) 49; c) 52; bei J/II a) 127; b) 45; c) 43. In der Größensortierung gab es bei GD keine bedeutenden Unterschiede zwischen a) b) c), jedoch war auf II der Anteil kleiner Früchte größer als auf IX. Für J trifft bezüglich der Unterlagen dasselbe zu, ferner hatte hier der engste Pflanzabstand die schlechteste Größensortierung. Die Sortierung nach Farbe war bei J/II bedeutend schlechter als bei J/IX. Die Pflanzung wurde mehrmals beregnet. Der Boden hatte einen Humusgehalt von 4%. R. Schuricht/Pillnitz. 1232.

2-68/09-0709 Elema, R. K. und Roosje, G. S. Intensieve appelaanplant bedrijfseconomisch verantwoord? **(Sind intensive Apfelpflanzungen ökonomisch vertretbar?)** Meded. Directie Tuinbouw,'s-Gravenhage **30** (1967) Nr. 12. S. 487–496. — 4 Abb., 1 Tab.
Unter intensiven Pflanzungen werden solche mit hoher Baumzahl/ha verstanden. Eine Pflanzung von 'Golden Delicious'/M IX im Abstand 3×1…3,5×1,5 m liefert spätestens bis zum 6. Standjahr so viel Mehrertrag im Vergleich zu einer 4 × 2-m-Pflanzung, daß die höheren Anlagekosten kompensiert werden. In der Periode des Vollertrages sind bei der engen Pflanzung die Produktionskosten etwas geringer. Weitere, für den Vergleich dieser Systeme bedeutsame ökon. Faktoren sind die geringeren Arbeitsspitzen der engen Systeme beim Schnitt sowie die unterschiedlichen Risiken bezüglich Baumausfällen, Frostschäden, Preisveränderungen und des Veraltens der Sorte. R. Schuricht/Pillnitz. 1232.

2-68/09-0710 Leblond, C. La maturation accélérée des fruits. **(Die Reifebeschleunigung der Früchte.)** Arboricult. fruitière **15** (1968) Nr. 167. S. 12–17.
Durch Untersuchung des Reifeverhaltens von Äpfeln (Sorte 'Golden Delicoius') in Kammern mit regulierbaren Lagerbedingungen (20 °C, 95% rel. Luftfeuchtigkeit und 1% CO_2) konnte nachgewisen werden, daß 1. bei frisch geernteten Früchten ein Zusatz von 1‰ Äthylen, 2. bei 3 Monate kühl gelagerten Früchten 1‰ Äthylen und 50% O_2 und 3. bei länger gelagerten Früchten 50% O_2 reifebeschleunigend wirken. Die Kammer und der apparative Aufbau werden beschrieben. K. Gliemeroth/Pillnitz. 1232.

2-68/09-0711 Trout, S. A. Controlled atmosphere storage of apples. **(Apfellagerung in kontrollierter Atmosphäre.)** Fruit Wld. Market Grower **68** (1967) Nr. 10. S. 26. 28. 30. 32.
Vf. setzt sich mit den Vor- und Nachteilen der in Australien, dem Vereinigten Königreich, den USA und in Europa angewendeten verschiedenen Systemen der Apfellagerung in kontrollierter Atmosphäre auseinander. Dabei werden vorwiegend Erfahrungen mit den Sorten 'Golden Delicious' und 'Granny Smith' wiedergegeben. Die Standardmethode stellt nach wie vor die Ausnutzung des von den Früchten auf natürliche Weise ausgeschiedenen CO_2 dar. Dieses Verfahren hat verschiedene Nachteile, die aber in bezug auf die Wirtschaftlichkeit und Einfachheit bei der Anwendung in Kauf genommen werden. Nachteilig wirkt sich z. B. die Notwendigkeit aus, zur Erhöhung des CO_2-Gehaltes der Lageratmosphäre die Temperatur zu Beginn einige Tage zu erhöhen, währenddessen die Reife der Früchte gefördert wird. Um die gewünschte Atmosphäre zu erhalten, muß das Lager sehr schnell beschickt werden. Schwankungen im O_2-Gehalt nach oben lassen sich schwer ausgleichen, weil die Früchte ihre Atmung bereits vermindert haben. Die Herstellung einer Luftzusammensetzung mit niedrigem O_2-Gehalt führt zu einem großen Druckunterschied gegenüber der Außenluft, der das Eindringen dieser fördert. Die innerhalb des Lagers installierte Kühleinrichtung läßt sich schlecht kontrollieren und reparieren. Das 2. Verfahren, bei dem die Lageratmosphäre außerhalb des Gasraumes erzeugt wird, weist diese Nachteile nicht auf. Hierbei ist eine Einlagerung zum richtigen Reifezeitpunkt und sofortige Kühlung möglich. Ein- und Auslagerung kann zwischenzeitlich vorgenommen werden, da die Lageratmosphäre schnell wieder in der richtigen Zusammensetzung hergestellt werden kann. Auch eindringende Außenluft läßt sich schnell wieder kompensieren. Wartung und Kontrolle der außerhalb installierten Kühlung sind leicht möglich. Zu den am meisten verwendeten Verfahren gehören das Tectrol-System und das Arcagen-System. Beim Tectrol-System wird die Lagerluftzusammensetzung durch Zuführung O_2-reicher, von überschüssigem CO_2 gereinigter Luft hergestellt und die von den Äpfeln erzeugte CO_2-Menge zur Konstanthaltung der gewünschten Atmosphäre genutzt. Das Arcagen-System unterscheidet sich vom Tectrol-System dadurch, daß die Lagerluft ständig zirkuliert und über einen CO_2-Scrubber und O_2-Konverter, die

beide getrennt und auch kombiniert arbeiten können, dem Lager wieder zugeführt wird. Häufig wird zum schnelleren Herunterkühlen des Lagers flüssiger N eingesetzt. Dadurch ist eine schnelle Senkung des O_2-Gehaltes auf die gewünschte Lagerluftzusammensetzung möglich. Anschließend werden Einzelheiten über Konstruktion, techn. Ausrüstung, Isolierung, Gasabdichtung, Kosten und Wirtschaftlichkeit der verschiedenen Systeme und die Vorzüge gegenüber der normalen Kühllagerung besprochen.

W. Fiedler/Pillnitz. 1232.

2-68/09-0712 Varga, A. Bestrijding van nachtvorstschade met gibberellarzuur bij peer. (**Bekämpfung von Nachtfrostschaden mit Gibberellsäure bei Birnen.**) Fruitteelt **58** (1968) Nr. 8. S. 272–274. — 4 Abb., 2 Tab.

GS fördert die Entstehung parthenokarper Früchte. Tritt der Frostschaden vor oder während der Blüte auf, dann kann der Grad des Schadens sofort festgestellt und danach die Notwendigkeit der Behandlung entschieden werden. Der günstigste Behandlungszeitpunkt liegt bei 30% Vollblüte. Bei Frost nach der Blüte ist die Schädigung meist nicht sofort zu erkennen. In diesem Falle muß auf Verdacht gespritzt werden. Wiederholte Spritzungen nach wiederholten Nachtfrösten sind nicht notwendig, sie gefährden die Blütenbildung für das kommende Jahr. Reaktion auf GS-Behandlung zeigen alle Birnensorten, jedoch in unterschiedlichem Grade. Auch bestimmte Sorten von Aprikosen, Reben, Feigen und Zitrus lassen sich wirksam behandeln, während bei Johannisbeeren, Kirschen, Pflaumen und Äpfeln keine befriedigenden Resultate erzielt wurden. — Für 'Triumphe de Vienne' und 'Conference' wird eine Konz. von 1 g/60 l Wasser empfohlen. Von dieser Lösung sollen je ha 1000 l gespritzt oder 500 l genebelt werden. Eine leichte Reduzierung des Blütenbesatzes im folgenden Jahr ist möglich. Stärke des Frostschadens und Vorjahresertrag beeinflussen den Wirkungsgrad. R. Schuricht/Pillnitz. 1235.

2-68/09-0713 Head, G. C. Seasonal changes in the amounts of white unsuberized root on pear trees on quince rootstock. (**Jahreszeitliche Veränderungen der Mengen weißer nichtverkorkter Wurzeln von Birnbäumen auf Quittenunterlage.**) J. horticult. Sci. **43** (1968) Nr. 1. S. 49–58. — 6 Abb., 2 Tab., 10 Lit.

Die Untersuchungen erfolgten an zwei 3jähr. Birnbäumen der Sorte 'Conference' auf *Cydonia oblonga* an Glasfenstern im Wurzellaboratorium. Als Vergleich dienten 4 'Cox Orange Pippin' auf MM 111. Bei den Apfelbäumen nahm die Länge nicht verkorkter weißer Wurzeln bereits Ende April/AnfangMai zu, bei den Birnbäumen dagegen erst Mitte bis Ende Mai bzw. Anfang Juni. Im Gegensatz zu früher untersuchten Apfelbäumen mit zweigipfligem Verlauf des Wurzelwachstums wiesen die Birnbäume nur ein Max. im Juli/Aug. auf. Vf. führt dies auf die unterschiedlichen Verhältnisse von wachsenden Trieben zu aufgegangenen Knospen zurück. Sie betrugen bei Apfelbäumen bis zu 80% und bei den Birnbäumen nur 16…33%. Der Schnitt eines Birnbaumes führte zu einer geringeren Gesamtlänge entsprechender Wurzeln, aber auch zu einer anhaltenden Wachstumsintensität bis in den September. In einem Versuchsjahr blieben einzelne Seitenwurzeln längere Zeit weiß. An ihnen wurden unregelmäßige weiße Massen beobachtet, deren Untersuchung eingeleitet worden ist.

G. Otto/Pillnitz. 1235.

2-68/09-0714 Rubin, S. S., Mojsejčenko, V. F. und Zacharik, D. M. Vynos pitatel'nych veščestv grušej. (**Der Nährstoffentzug durch Birnbäume.**) Sadovodstvo, Kiev 5 (1966) S. 35–43. — 13 Tab., 4 Lit.

Die absorbierten Mengen an N, P und K und ihre Verteilung in drei 30jähr. Birnbäumen wurden bei deren Rodung bestimmt (Wurzelausgrabung bis 2 m Tiefe nach der Skelettmethode und Analyse der Wurzeln nach 5 Durchmesserstufen). Am reichsten an Mineralstoffen sind Blätter, einjähr. Langtriebe, Früchte und Rinde, die Wurzeln in 20…60 cm Tiefe enthalten mehr Mineralstoffe als die tiefer befindlichen, bes. der P-Gehalt ist dort sehr gering. Das Verhältnis $N : P_2O_5 : K_2O = 3{,}9:1:2{,}9$ (3,1) ist in oberirdischen Teilen und Wurzeln nahezu gleich. Während der 30 Jahre wurden dem Boden pro ha (150 Bäume) 274 kg N, 120 kg P und 394 kg K entzogen. Der Nährstoffgehalt der einzelnen Organe in % der Trockenmasse ist den Tab. zu entnehmen. C. Wilke/Pillnitz. 1235.

2-68/09-0715 Koch, V. Hrušky. (**Birnen.**) Praha: Ovocnická edice Acad. 1967. (379 S. m. 141 Abb., 10 Tab. u. 53 Lit.)

Herkunft und Verbreitung der Birne, Ansprüche an die Umwelt, wirtschaftliche Bedeutung der Birne, Wurzelsystem, Unterlagen, Formen und Sortenfragen werden erläutert, weiterhin

Blüte und Bestäubung, Anlage, Pflanzung und Pflege von Birnenanlagen, Ernte, Lagerung, Ökonomik und die Voraussetzungen für eine erhöhte Produktion von Birnen in der ČSSR. Im zweiten Teil des Buches werden Sorten beschrieben. ČSSR/ÚVTI. 1235.

2-68/09-0716 Tamba, Renato. Nuove indicazioni sulla potatura del pero. Come abbassare il costo ed aumentare la produzione? **(Neue Richtlinien zum Schnitt der Birne. Wie können die Kosten gesenkt und die Produktion erhöht werden?)** Italia agric. **105** (1968) Nr. 2. S. 173-182. — 14 Abb. 1235.

2-68/09-0717 Čajkovskaja, Z. P. Vegetativnoe razmnoženie ajvy. **(Vegetative Vermehrung von Quitten.)** Sadovodstvo, Moskva **106** (1968) Nr. 1. S. 23. — 1 Abb.
Zur vegetativen Vermehrung wurden 2 Versuche über drei Jahre durchgeführt: 1. Steckhölzer von *Cydonia* A (I), *Cydonia* C (II), japanischer Quitte (III) und Weißdorn (IV) wurden mit wäßriger Lösung von β-Indolylessigsäure 0,02% (a), Naphthylessigsäure 0,005% (b), Indolylbuttersäure 0,005% (c) und 2,4-D 0,0005% (d), (a···c 20 h, d 10 h) behandelt. Die besten Ergebnisse wurden mit a erzielt, sie lagen für I bei 92%, für II bei 89% und für III bei 52%. IV eignet sich nicht für die Vermehrung durch Steckhölzer. Bei den Behandlungen b und c waren die Ergebnisse niedriger, jedoch besser als bei der Kontrolle. — 2. Mutterpflanzen von *Cydonia* A wurden im Herbst zurückgeschnitten (V), oder es wurden 4···5 einjähr. Triebe der Mutterpflanzen im Frühjahr in Rillen abgelegt und der Austrieb angehäufelt (VI). Je Mutterpflanze konnten bei V 18 und bei VI 27,4 Abrisse geerntet werden. Erfolgte eine Abdeckung der Häufelung mit Torf, erhöhte sich die Anzahl der Abrisse auf 21,9 bzw. 33,2 Stück je Mutterpflanze. Der Anteil standardgerechter Abrisse lag zwischen 80% und 89%. H. Völkel/Pillnitz. 1240.

2-68/09-0718 Krživec, L. S. Bojaryšnik kak podvoj ajvy. **(Weißdorn als Unterlage der Quitte.)** Sadovodstvo, Moskva **106** (1968) Nr. 1. S. 26.
Vf. berichtet über Prüfungen von Sorten-Unterlagen-Kombinationen bei der Quitte im Norden von Usbekistan. Mehrere Quittensorten wurden auf die Unterlagen Birnensämling (I), Quittensämling (II) und Sämlinge von Weißdorn (III) veredelt. Dabei zeigte sich, daß die Anwachsergebnisse bei I 88%, bei II 83% und bei III 96% betrugen. Das jährl. Wachstum der Okulate war bei I 20···40 cm, bei II 60···70 cm und bei III > 100 cm. Die Fruchtbarkeit setzte auf III ebenso wie auf II nach 2···4 Jahren ein, wobei die Früchte 1,5···2mal größer waren als auf II. Die Erträge waren regelmäßig hoch im Gegensatz zur Verwendung von I. Die Früchte von Weißdorn müssen, um Keimergebnisse von 60···65% zu erreichen, Anfang Aug. halbreif geerntet werden. Bei der Ernte reifer Früchte wird die Keimung verzögert. Vf. empfiehlt, für die nördlichen Gebiete Usbekistans die Verwendung von III als Quittenunterlage. H. Völkel/Pillnitz. 1240.

2-68/09-0719 Beketovskaja, Ė. A. Ėffektivnost' okulirovki. **(Die Effektivität der Okulation.)** Sadovodstvo, Moskva **106** (1968) Nr. 1. S. 24. — 1 Abb.
In Armenien steigt die Nachfrage nach Früchten der Quitte ständig. Die Vermehrung erfolgte bisher nur durch Steckhölzer, wobei die Ausbeute nur 40% betrug. Versuche im armenischen Institut für Wein- und Obstbau hatten das Ziel, die Anzucht von Quittenbäumen effektiver zu gestalten. In zwei Zonen (niedere Zone = 900 m über NN und höhere Zone = 1200 m über NN) wurden alte und neuere Quittensorten auf Sämlings- und Steckholzunterlagen veredelt. Es zeigte sich, daß die Anwachsresultate der neueren Sorten auf den Sämlingsunterlagen mit 77···78% wesentlich besser waren als auf den Steckholzunterlagen mit 43%. Bei den älteren Sorten lag der Erfolg mit 46 bzw. 11% weit unter dem der neueren Sorten. Die einjähr. Okulate erreichten in der niederen Zone eine Höhe von 70···120 cm und in der höheren von 100···150 cm. Der beste Zeitpunkt für die Okulation liegt in der niederen Zone zwischen dem 15. und 20. und in der höheren zwischen dem 8. und 10. September. H. Völkel/Pillnitz. 1240.

2-68/09-0720 Bambukov, P. Nesŭvmestimost njakoi kajsievi sortove s kŭsno razvivašta se džankova podložka. **(Die Unverträglichkeit einiger Aprikosensorten mit einer sich spät entwickelnden Myrobalanenunterlage.)** Ovoštarstvo, Sofija 14 (1967) Nr. 10. S. 31-33. — 1 Abb.
Berichtet wird über eine sich spät entwickelnde Unverträglichkeit einiger Aprikosensorten mit Myrobalane in der Sortimentanpflanzung auf einem Versuchsfeld der Stadt Elena. Die Myrobalane war ein Typ mit gelben Früchten, sie blühte 10 d später als die Aprikosen und reifte durchschnittl. 50 d später als die meisten Aprikosensorten. Die Entwicklung in den

ersten beiden Jahren nach dem Pflanzen war gut. Vom 3. bis zum 5. Jahr nach dem Pflanzen begann an einzelnen Zweigen ein schnelles Austrocknen der Blätter, und bald danach vertrockneten auch die Bäume selbst. Die Unverträglichkeit der Sorten 'Nansijskij', 'Malatia', 'Edra zarzala' und 'Kysna drjanovska' betrug 20%, der Sorten 'Ambrosius,' 'Bredskij', 'Nelu', 'Frühe Ljaskovska' und der 'Ungarischen Aprikose' 17%. Vom 5. bis zum 10. Jahr stieg der prozentuale Anteil eingegangener Bäume und betrug bei den Sorten 'Malatia', 'Frühe Silistrenska' und 'Royal' 60%, bei den Sorten 'Bredskij', 'Lisuette' und 'Frühe Große' 50% und beim 'Mušansker Riesen' 80%. Vf. ist der Ansicht, daß keine Aprikosenanpflanzungen auf Unterlagen angelegt werden dürfen, die der beschriebenen Myrobalanenform gleich sind, und daß der Verwendung der Myrobalane als Aprikosenunterlage eine bes. Untersuchung vorausgehen muß. NRB/CSNTI. 1242.

2-68/09-0721 Stefanov, N. Ustanovjavane na naj-podchodjašta podložka za kajsijata i visočina na stŭbloto. **(Bestimmung der geeignetsten Unterlage und Stammhöhe für die Aprikose.)** Ovoštarstvo, Sofija **14** (1967) Nr. 10. S. 34-38. — 4 Abb., 1 Tab.
Der Versuch erfolgte auf ausgelaugtem, mit Löß durchzogenem Tschernosem ohne Bewässerung mit der Sorte 'Ungarische Aprikose'. Folgende Varianten wurden untersucht: Aprikose veredelt in 5 (Kontrolle), 55 und 110 cm Höhe; Myrobalane, veredelt in 5, 55 und 110 cm Höhe; Mandel, veredelt in 5, 55 und 110 cm Höhe. Beobachtet wurde das vorzeitige Eingehen der Veredlungen auf den einzelnen Unterlagen in folgender Reihenfolge: auf Myrobalane 2%, auf Aprikose 9,3%, auf Mandel 15,6%. Beim Veredeln auf Myrobalane und Aprikose sind die Bäume am langlebigsten. Eine Zwischenstellung nehmen die Bäume auf den gleichen Unterlagen ein, die in 55 cm Höhe veredelt wurden. Am schlechtesten ist das Zusammenwachsen zwischen Unterlage und Edelreis bei Mandelunterlage, am besten bei Aprikosenunterlage. Der Stamm von Aprikosenbäumen, der von der Myrobalane gebildet wird, ist viel kältebeständiger als der aus dem Edelreis (bei Veredlung in geringer Höhe) entstandene. NRB/CSNTI. 1242.

2-68/09-0722 Kozlowski, T. T.; Madison, Univ. of Wisconsin, Dep. of Forestry. Diurnal changes in diameters of fruits and tree stems of Montmorency cherry. **(Diurnale Schwankungen des Durchmessers von Früchten und Stämmen der 'Montmorency'-Kirsche.)** J. horticult. Sci. **43** (1968) Nr. 1. S. 1-15. — 7 Abb., 2 Tab., 29 Lit.
In einem Gewächshausversuch werden die Messungen mit dem Fritts-Dendrographen kontinuierlich während der Fruchtentwicklung durchgeführt. Es lassen sich 3 Stadien unterscheiden. Zunächst wächst die Frucht schnell, meist nachts von 2···6^h und schrumpft nur bei starker Trockenheit etwas. Mit der 4. Woche erfolgt eine tägl. Kontraktion von 8···10^h, oft stärker als beim Stamm, der erst mittags zu schrumpfen beginnt. Die Frucht wächst in dieser Zeit sehr langsam. Ab 6. Woche verhalten sich die Früchte unterschiedlich. Meist beginnt die Schrumpfung morgens und dauert bis unmittelbar zum nachmittäglichen Wachstumsbeginn. Bei beginnender Reife überwiegt starkes Nachtwachstum, die Frucht schrumpft nicht mehr, dafür zeigt der Stammdurchmesser leicht rückläufige Tendenz. Im Stadium II (4.—6. Woche) ist das Schrumpfen streng mit dem Transpirationsgang bzw. der Sonnenscheindauer korreliert, (Stomaöffnung!) weniger mit warmen Temperaturen und rel. Feuchte. In dieser Zeit kann zum Ausgleich von Defiziten Wasser aus den Früchten zurückströmen. C. Wilcke/Pillnitz. 1245.

2-68/09-0723 Blaškin, V. I. Vlijanie obrezki na rost derevev čerešni do vstuplenija ich v plodonošenie. **(Einfluß des Schnittes auf das Wachstum der Sauerkirsche bis zu Beginn der Ertragsfähigkeit.)** Sadovodstvo, Kiev **5** (1966) S. 91-101. — 7 Tab., 7 Lit.
Um den Einfluß unterschiedlicher Schnittstärke zu prüfen, wurden 5 Schnittvarianten unsucht. Unter ukrainischen Verhältnissen ergaben sich folgende Resultate: Starker Schnitt bewirkte hohe vegetative Leistung. Die Anzahl der Blätter wurde durch starken Schnitt um 6,3···28,6% verringert, die Blattspreite vergrößerte sich um 72,2···84,4%. Durch die größeren Blätter nahm die gesamte Blattoberfläche um 15,3···34,8% zu. Die hohe vegetative Leistung bezog sich nur auf das Triebwachstum; Stamm- und Triebdurchmesser nahmen um 2,6···20,8% ab. Das Entfernen der halben Trieblänge stimulierte nicht den Austrieb der Basisaugen, wodurch bei jungen Bäumen die Zweige kahl bleiben. Wurden die Triebe 2 Jahre hintereinander um $^1/_3$ oder $^1/_2$ eingekürzt, senkte man die Bildung von Fruchtzweigen um 25···55,3%. Beim Schnitt auf 50···60 cm Länge wurde die Fruchtzweigbildung der Sorten 'Krasaviza Kieva' und 'Kitaevskaja černaja' um 18,6···19,3% vermindert. Bei der Sorte 'Priusadebnaja' zeigte sich kein negativer Einfluß auf die Fruchtbildung. Der starke Schnitt

verlängerte nicht die ertragslose Zeit der Sauerkirschen, aber die Anzahl der Blüten war im 1. Jahr um 47,4···72,1% und die der Früchte um 32,3···61,1% geringer als die der Kontrolle. Durch den starken Schnitt lag die Faserwurzelmasse der geschnittenen Bäume um 32,8% unter der der Kontrolle, und die Wurzellänge war um 26,7% niedriger. Zusammenfassend ergaben die schwach und mäßig geschnittenen Bäume bessere Ergebnisse als die stark geschnittenen. R. Männel/Pillnitz. 1245.

2-68/09-0724 Vavra, Miloslav und Melichar, František. **Einfluß von Bewässerung und Bedeckung mit Plastikfolie auf die Bodenfeuchtigkeit sowie auf Wachstum und Fruchtbarkeit von Pfirsichen.** Dtsch. Akad. Landwirtsch.-Wiss. Berlin, Tag.-Ber. **1967** Nr. 93. S. 105–116. — 5 Ab., 2 Tab., 11 Lit. Zus. in Russ., Engl. — nach Zus.
Im Jahr 1964 wurden in den Pfirsichpflanzungen der Landwirtschaftlichen Hochschule in Lednice verschiedene Verfahren der Bewässerung und Bodenbedeckung geprüft. Neben dem bearbeiteten Boden als Kontrolle sind Furchenbewässerung, Unterflurbewässerung, Abdeckung des Bodens mit PVC-Folie und mit Glaslaminat erprobt worden. Alle geprüften Verfahren wirkten sich sowohl auf die Bodenfeuchte als auch auf Wachstum und Ertrag der Bäume in unterschiedlichem Grade günstig aus. Die Verfahren, welche eine gute Durchlüftung des Bodens gewährleisteten, zeigten im ausgesprochen feuchten Versuchsjahr einen positiven Einfluß auf das Wurzelsystem der Pfirsichbäume. Bodenbedeckung bewirkte eine größere Steigerung der Erträge als Bewässerung. I. allg. ließ die Bedeckung mit Glaslaminat die besten Ergebnisse erkennen. Zur Erzielung einer hohen Fruchtqualität wird die Fruchtausdünnung vor der Bedeckung oder Bewässerung empfohlen. 1248.

2-68/09-0725 Mojsecnko, V. K. Vlijanie doz i sposobov predposadočnogo vnesenija udobrenij na rost i chimičeskij sostav molodych derev'ev slivy. (**Einfluß von Menge und Methoden der Einbringung von Dünger vor dem Pflanzen auf Wachstum und chemischen Gehalt bei jungen Pflaumenbäumen.**) Sadovodstvo, Kiev 5 (1966) S. 77–81. — 2 Tab., 7 Lit.
Folgende Düngemethoden wurden untersucht: a) Dünger im Gemisch mit der ganzen Pflanzerde, b) Verteilung eines Erde-Dünger-Gemisches auf dem Boden der Pflanzgrube in 5 cm Schichtstärke, c) herdförmige Einbringung 20 cm unterhalb der Wurzeln. Auch die Düngermengen variierten. Triebzuwachs und Blütenknospenanzahl waren am größten in der Variante: mittelgroße Mengen auf dem Boden der Pflanzgrube ausgebracht, danach mittelgroße Mengen herdförmig unterhalb der Pflanzgrube. Am geringsten war der Zuwachs an Wurzeln, Blättern und Trieben in der Variante: größere Mengen, vermischt mit Erde in der ganzen Grube. Eine gesetzmäßige Erhöhung des Gesamtgehaltes an N und P in den Organen der Pflanzen im Zusammenhang mit der Erhöhung der Mengen war nur bei Verteilung des Düngers in der ganzen Grube zu beobachten.
R. Schuricht/Pillnitz. 1250.

2-68/09-0726 Romisondo, P. Indagini sull 'interdipendenza fra la lunghezza dei rami di un anno e l'attivita vegetativa e produttiva del nocciuolo. IV. Contributo. (**Untersuchungen über die Beziehungen zwischen Jahrestrieblänge, Gesamtwachstum und Ertrag bei Haselnüssen. 4. Mitt.**) Ann. Fac. Sci. Agrar. Univ. Studi Torino **3** (1964/66) S. 163–186. — 4 Abb., 5 Tab., 3 Lit. Zus. in Engl.
Es wurden 10jähr. ungeschnittene Büsche der Sorte 'Tonda gentile della Langhe' untersucht. Die mittlere Anzahl Nüsse und Blüten je Trieblängenklasse war gering und bei den Klassen < 10 cm waren diese Werte < 1. Triebe <5 cm waren stets unfruchtbar, obwohl auch an ihnen Blüten gebildet wurden. Bei den Klassen > 10 cm stieg die Anzahl Blüten und Nüsse mit der Trieblänge, die Position der Triebklasse in der Krone (apikal, medial, basal) war von geringem Einfluß. Vergleichende Untersuchungen an verschieden alten Büschen ohne Schnitt ergaben: Mit 5 Jahren ist die vegetative und generative Leistung am besten. Die vegetative Leistung ist bis 15 Jahre gut, die generative ist bis 10 Jahre noch relativ gut und konstant, danach tritt ein rapider Abfall ein. Durch Schnitt und Düngung soll man einen hohen Anteil folgender Trieblängen anstreben: 15···20 cm bis 8 Jahre, mindestens 15 cm bei 15···20 Jahre alten und mindestens 10 cm bei > 20 Jahre alten Büschen. Beim Vergleich von Masse und Volumen der Nüsse, welche einzeln oder in Büscheln zu 2 oder 3 wuchsen, traten keine signifikanten Differenzen auf, obwohl die einzelnen Nüsse bei 10···15 Jahre alten Büschen schwerer und größer und bei 25 Jahre alten schwerer waren.
W. Schuricht. 1252.

2-68/09-0727 Bergamini, Antonio und Cristoferi, Graziella. Confronto fra due tecniche di propagazione del nocciolo: margotta di ceppaia e propaggine di trincea. (**Vergleich**

verschiedener Vermehrungsverfahren bei der Haselnuß.) Frutticoltura **30** (1968) Nr. 2. S. 93-95. 145. — 4 Abb., 1 Tab., 5 Lit. Zus. in Engl., Franz., Dtsch. — nach Zus.
Durch Anhäufeln erzielte man mehr bewurzelte Jungpflanzen pro Mutterpflanze als durch Ableger. Bei den bewurzelten Abrissen, die am Ende der Vegetationsperiode auf 5...6 cm zurück geschnitten und noch ein Jahr an den Mutterpflanzen gelassen wurden, war die Entwicklung im Vergleich zu den am Ende des ersten Jahres entfernten bes. gut. 1252.

2-68/09-0728 Eynard, Italo und Paglietta, Roberto. Effetti della consociazione con erba medica in un giovane impianto di nocciuoli. Risultati di un biennio di sperimentazione. **(Die Wirkung der Luzerne-Einsaat in eine junge Haselnußanlage. Ergebnisse eines 2jährigen Versuchs.)** Ann. Fac. Agrar. Univ. Studi Torino **3** (1964/66) S. 153-162. — 1 Abb., 6 Tab., 16 Lit. Zus. in Engl. — nach engl. Zus.
Die Einsaat erfolgte einen Monat nach der Pflanzung (5 × 5 m) der Sorte 'Tonda Gentile della Langhe' auf unbewässertem Boden. Die Einsaat wirkte sich negativ aus, denn nach dem 2. Standjahr waren 56% der Gehölze abgestorben, und die übrigen wuchsen sehr schwach; in den Parzellen mit offenem Boden hingegen gab es keinen Ausfall an Gehölzen und sehr gutes Wachstum. Außergewöhnliche Trockenheit (in beiden Jahren fielen insgesamt 471 mm weniger Niederschlag als nach dem langjähr. Mittel) verstärkte die Wasserkonkurrenz und hemmte die Wirkung der mineral. Düngung. Sowohl bei den Parzellen mit offenem Boden als auch bei denen mit Einsaat ergaben sich keine signifikanten Differenzen zwischen 4 und 8 dt/ha N hinsichtlich Sproßlänge, Stammdurchmesser, Gehölzausfall und Luzerneertrag. Die Ergebnisse lassen sich nicht für andere Boden- und Klimaverhältnisse verallgemeinern. W. Schuricht. 1252.

2-68/09-0729 Stančević, Asen. Obrazovanje broja živića u nekih sorti jagoda. **(Die Anzahl der gebildeten Ausläufer bei einigen Erdbeersorten.)** Savremena Poljoprivreda, Novi Sad **15** (1967) Nr. 12. S. 969-971. — 2 Tab., 4 Lit.
Über 3 Jahre wurde die Ausläuferbildung je Mutterpflanze und Flächeneinheit bei 6 wichtigen Sorten untersucht. Im Jahresmittel bildeten 'Senga Sengana' die wenigsten (7,9 ± 1,54) und 'Surprise des Halles' die meisten (25,3 ± 5,80) Jungpflanzen je Mutterpflanze, je ha waren es entsprechend 0,98 und 3,16 Mill. Stück. Eine Mittelstellung nahmen die Sorten 'Africa', 'Md. Moutôt' und 'Macherauchs Früheernte' mit je etwa 17 Jungpflanzen pro Mutterpflanze ein, 'Talisman' brachte nur 14,8 Stück. W. Schuricht. 1260.

2-68/09-0730 Blasse, Wolfgang und Angelow, Jutta. **Ergebnisse mehrjähriger Erdbeerbewässerungsversuche.** Dtsch. Akad. Landwirtsch.-Wiss. Berlin, Tag.-Ber. **1967** Nr. 93. S. 117-126. — 4 Abb., 3 Tab., 16 Lit. Zus. in Russ., Engl. — nach Zus.
Zusätzliche Bewässerungsgaben z. Z. der Blüte bis zum Erntebeginn übten einen positiven Einfluß auf die Fruchtanzahl des gleichen Jahres aus. Eine Erhöhung der Erntemenge trat nur bei späteren Bewässerungsgaben ein. Dabei war ein abnehmender Einfluß auf die Fruchtanzahl festzustellen, je später die zusätzlichen Wassergaben verabfolgt wurden. Bewässerungsgaben z. Z. des Fruchtwachstums und der Ernte übten den stärksten Einfluß auf die Fruchtgröße aus und waren unter den Bedingungen des Versuchsstandortes von entscheidender Bedeutung für die Erntemenge. Sie riefen jedoch eine Verringerung der Fruchtanzahl im folgenden Jahr hervor. Bewässerungsgaben im Herbst nach dem Beginn der Blütenknospendifferenzierung erhöhten die Fruchtanzahl im folgenden Jahr und verringerten die mittlere Fruchtmasse. Sie hatten keinen Einfluß auf die Ertragsmenge des Folgejahres. 1260.

2-68/09-0731 Razumnaja, E. D. Vnekornevaja podkormka zemljaniki. **(Blattdüngung von Erdbeeren.)** Sadovodstvo, Kiev **5** (1966) S. 44-50.
Nährstofflösungen (800 l/ha) wurden 1963 bis 65 zu zweit verschiedenen Terminen (Knospenstadium, Vollblüte) auf die Blätter der beiden Erdbeersorten 'Kiever Frühe 2' und 'Koralle 100' versprüht. Ihr Einfluß auf die Pflanzen, den Ertrag und die Qualität der Beeren wurde geprüft. 5%ige Superphosphat-(P), 1%ige KCl-(K), 1%ige Harnstoff-(N) 0,05%ige $MnSO_4$-(Mn), 0,05%ige Borax-(B) und eine kombinierte 1%ige Harnstoff-, Superphosphat-KCl-Lösung (NPK) wurden angewendet. 2 d nach der Düngung wurden Blattproben entnommen und in ihnen der Chlorophyll, Zucker- und Stärkegehalt bestimmt. Weiterhin wurden der Ertrag an Beeren sowie ihr Zucker- und Säuregehalt ermittelt. Alle ausgebrachten Nährsalze bewirkten bei beiden Sorten einen stets höheren Chlorophyllgehalt der Blätter gegenüber unbehandelten Kontrollen. In allen 3 Jahren wurde der

höchste Gehalt bei der Sorte 'Kiewer Frühe 2' in den Varianten P, Mn und B und bei der Sorte 'Koralle 100' in den Varianten K, P und B gefunden. Zu Beginn der Vegetation führte die Blattdüngung zu höherem Zuckergehalt als in den Kontrollen, während die 2. Düngerausbringung zu einem niedrigeren Zuckergehalt als in den Kontrollen und zu verstärktem Abfluß der Photosyntheseprodukte aus den Blättern führte. Der Stärkegehalt in den Blättern verlief umgekehrt zum Zuckergehalt. Bei allen Behandlungsvarianten beider Sorten war in allen 3 Jahren der Beerenertrag höher als bei den Kontrollen und zwar bei der Sorte 'Kiewer Frühe 2' im Durchschnitt um 10···15 dt/ha und bei der Sorte 'Koralle 100' um 3···7 dt/ha. Während durch die Nährstoffgaben allgemein der Zuckergehalt der Beeren erhöht, der Säuregehalt dagegen etwas herabgesetzt wurde, war dies am ausgeprägtesten bei der Sorte 'Kiewer Frühe' bei den Varianten K, Mn, N und NPK und bei der Sorte 'Koralle 100' bei den Varianten Mn, B und P zu bemerken. G. Sandke/Pillnitz. 1260.

2-68/09-0732 Koblet, W. und Kobel, F.; Wädenswil, Schweiz, Eidg. Versuchsanst. für Obst-, Wein- und Gartenbau. **Der Einfluß von Umweltfaktoren und verschiedenen Frostschutzmaßnahmen auf die Knospentemperatur von Reben.** Wein-Wiss. **23** (1968) Nr. 2. S. 76–93. Beil zu: Dtsch. Weinbau — 12 Abb., 4 Tab., 11 Lit.
Beim Frostschutz der Rebe kommt dem Temperaturverlauf der Rebknospen eine bes. Bedeutung zu. Messungen in Versuchsanlagen haben ergeben, daß die Knospentemperatur stets tiefer lag als die Lufttemperatur. Bei der Prüfung verschiedener Heizverfahren zeigten über den Rebstöcken angebrachte Infrarotstrahler nur eine geringe Flächenwirkung. Der Heizeffekt von Öl- und Propangasöfen war etwas günstiger bei nur geringem Temperaturgewinn. Werden die Reben mit Stroh- oder Kunstmatten bedeckt, so verläuft die Knospentemperatur wie bei nicht gedeckten Reben. Laborversuche zeigten, daß trokkene Knospen tiefere Temperaturen ertragen als nasse. Der Frostschutz beruht also sowohl beim Decken als auch teilweise beim Heizen auf dem Trockenhalten der Knospen.
K. Thiele. 1270.

2-68/09-0733 Gaprindašvili, G. V. und Magradze, E. G. Morfologičeskie i anatomičeskie izmenenija v zone sraščivanija komponentov v svjazi s parafinirovaniem vinogradnych privivok. **(Morphologische und anatomische Veränderungen in der Verwachsungszone der Pfropfpartner im Zusammenhang mit der Paraffinierung von Pfropfreben.)** Sadovodstvo, vinogradarstvo i vinodelie Moldavii, Kišinev **22** (1967) Nr. 12. S. 38–41.
Die besten Reben wurden erhalten, wenn die Veredlungen nach vollständiger Kallusbildung kurz vor dem Verpflanzen in die Rebschule einmal paraffiniert wurden. Die zweimalige Paraffinierung vor und nach der Stratifikation und die einmalige Paraffinierung bei teilweiser Kallusbildung ergaben ungünstige Ergebnisse, da Gewebeschädigungen in der Verwachsungszone am alten Holz auftraten. K. Gliemeroth/Pillnitz. 1270.

2-68/09-0734 Shimomura, K. Effects of soil moisture on the growth and nutrient absorption of grapes. **(Einfluß der Bodenfeuchtigkeit auf das Wachstum und die Nährstoffaufnahme der Rebe.)** Acta agronom. Acad. Sci. hung. **16** (1967) Nr. 1/2. S. 209–216. — Aus: Ung. Agrar-Rdsch. **1967** Nr. 4.
Wachstum und Nährstoffaufnahme der Rebsorte 'Delaware' wurde bei hoher (83···72%), mittlerer (65···55%), geringer (55···50%) und sehr geringer (48···35%) WK untersucht. Mit abnehmender Bodenfeuchtigkeit nahmen Assimilation, Triebwachstum, Pflanzenmassezunahme, Blühintensität und Beerenentwicklung ebenfalls ab. Am Ende der Regenperiode, als die Lufttemperatur zunahm, verfärbten sich die unteren Blätter der Triebe und fielen bald ab. Je geringer die Bodenfeuchtigkeit war, desto stärker trat Laubfall auf. Diese Erscheinung zeigte sich bes. dort, wo im Juli eine sehr geringe Bodenfeuchtigkeit vorhanden war. Mit Verringerung derselben änderte sich vor allem der Mg-Gehalt der Blätter. In einigen Fällen zeigten sich Mg-Mangelerscheinungen. Der starke Laubfall bei zuerst hohe, dann sehr niedrige Feuchtigkeit enthaltenden Parzellen konnte von der raschen Änderung der Feuchtigkeitsverhältnisse und dem Mg-Mangel herrühren. Die Änderungen der Beerengröße am Tag und in der Nacht nahmen mit abnehmender Bodenfeuchtigkeit zu.
1270.

2-68/09-0735 Ordinova, R. P. Matematičeskoe vyraženie funkcional'noj zavisimosti urožajnosti vinogradnikov ot plotnosti nasaždenij. **(Mathematische Darstellung der funktionalen Abhängigkeit der Traubenerträge von der Dichte der Pflanzung.)** Sadovostvo, vinogradarstvo i vinodelie Moldavii, Kišinev **23** (1968) Nr. 1. S. 48–50. — 1 Abb., 2 Tab.

Die Abhängigkeit des Ertrages, dt/ha, von der Anzahl Pflanzen/ha läßt sich sehr gut mit Hilfe einer quadratischen Funktion beschreiben. Aufgrund 6jähr. Ergebnisse von Feldversuchen mit unterschiedlicher Pflanzdichte werden für verschiedene Sorten Schätzwerte der Parameter der Funktion angegeben. R. Schuricht/Pillnitz. 1270.

2-68/09-0736 Fostikov, V. A. K voprosu ob ustanovlenii optimal'noj dliny vinogradnogo kvartala na sklone. (**Zur Frage der optimalen Quartierlänge in Rebanlagen an Hängen.**) Sadovodstvo, vinogradarstvo i vinodelie Moldavii, Kišinev **23** (1968) Nr. 1. S. 16-19. — 1 Abb., 2 Tab.
Die optimale Reihenlänge muß bes. unter dem Gesichtspunkt der produktivsten Gestaltung der Traktorenarbeitsgänge bestimmt werden. Bei Pflanzenschutzarbeiten ist das Fassungsvermögen des Brühebehälters zu berücksichtigen. Als entsprechendes Maß der Produktivität wird der Koeffizient: Grundzeit:Grundzeit + Wendezeit vorgeschlagen. Für nicht terrasierte Hänge empfiehlt Vf. 600···1000 m und für terrassierte Hänge 250···300 m als optimale Länge eines Arbeitsweges. R. Schuricht/Pillnitz. 1270.

2-68/09-0737 Il'čenko, B. N., Bazanova, A. I., Motanov, V. A. und Anikina, L. M. Chranenie vinograda v poliėtilenovych i derevjannych jaščikach. (**Lagerung von Tafeltrauben in Steigen aus Polyäthylen und Holz.**) Vinodelie i vinogradarstvo SSSR, Moskva **28** (1968) Nr. 1. S. 51-53. — 1 Tab., 3 Lit.
Holzsteigen sind schwer, schlecht durchlüftet, binden Feuchtigkeit und stellen dann einen Nährboden für Mikroben dar. Im Vergleich zu ihnen wurden Steigen aus starrem Polyäthylen erprobt: 530 × 300 × 100 mm (mit dem Fuß an den Längsseiten 160 mm), Masse 0,9···1,0 kg, Wände und Boden mit 5-mm-Löchern, die 20% der Fläche einnehmen. Die Lagerung von 4 Sorten erfolgte bei 1···3 °C und 95% Luftfeuchte 5···5,5 Monate. In 3jähr. Versuchen bestanden keine Unterschiede in Qualität, Geschmack und Farbe der Trauben zwischen beiden Varianten, Polyäthylen senkte die Verluste (Vertrocknen und Fäule der Beeren). W. Schuricht. 1270.

2-68/09-0738 Dobray, Endré. Upakovka i chranenie stolovogo vinograda. Referativnyj obzor. (**Die Verpackung und Lagerung von Tafeltrauben. Fortschrittsbericht.**) Budapest: Mezögazdasági es Élelmezesügyi Min. Informaćiós Központja. 1967. (70 S.) 4°. (1968 B 31) 1270.

E. Zierpflanzenbau

2-68/09-0739 Storck, H. **Betriebsstruktur und Betriebsleiter im Blumeneinzelhandel.** Florist, Düsseldorf **21** (1968) Nr. 2. S. 46-48. 50-51. — 2 Abb., 5 Tab. 1301.

2-68/09-0740 Oehmichen, Friedrich. **Zierpflanzenkultur zwischen Lava und Vulkanen. Anthurium- und Vanda-Anbau auf Hawaii.** Erwerbsgärtner, Stuttgart **22** (1968) Nr. 10. S. 423-424. — 9 Abb. 1315.

2-68/09-0741 Anonym. **Geschichtliches vom Blumenschmuck. Weitere Entwicklungen der Blumenbinderei bis zur Gegenwart.** Florist, Düsseldorf **21** (1968) Nr. 1. S. 20-21. — 3 Abb. 1325.

2-68/09-0742 Werf, Rosa. **Überlegungen zur Dekoration einer Kunstausstellung.** Florist, Düsseldorf **21** (1968) Nr. 2. S. 61. 1325.

2-68/09-0743 Cinke, P. Použití CCC a jeho vliv na pěstování Azalea obtusa. (**Verwendung von CCC und sein Einfluß auf die Kultur von Rhododendron obtusum.**) Zahradnické Listy, Praha **61** (1968) Nr. 1. S. 20-21. — 3 Tab.
In Průhonice wurde der Einfluß von CCC auf Wachstum und Entwicklung neuer japanischer Azaleensorten untersucht, zwecks Erlangung regelmäßigerer Pflanzenform und Einschränkung der Bildung starker Kronentriebe. 'Ophelia' wurde mit 0,1··· bis 0,3- und 0,5%iger Konz. am 18. 7. gespritzt. Der Bestand war gesund, und bei allen Pflanzen bildeten sich neue Triebe. Es zeigte sich, daß man CCC nicht nur zur Unterdrückung des Wuchses starker Triebe und zur Formung der Krone, sondern auch zur Kultur marktgängiger blühender Pflanzen mit kürzerer Vegetationszeit verwenden kann. Die geeignetste Konz. war 0,3%. Es wurden die Anzahl angesetzter Knospen, entwickelter Blüten, Blütezeit, Höhe und Breite der Versuchspflanzen untersucht. Das Ziel war die Erhöhung der Knospenzahl und die Beurteilung des Blühtermins bei den Sorten 'Vesna' und 'Elektra'. Nach

der Spritzung waren die Unterschiede zwischen den Versuchsvarianten im Vergleich zur Kontrolle unausgeprägt. Die Anzahl der Knospen erhöhte sich. Das Spritzen verzögerte bes. bei stärkerer Konz. die Blüte. ČSSR/ÚVTI. 1335.

2-68/09-0744 Vogel, Hellmut. **Entwicklungstendenzen im Azaleenanbau.** Zierpflanzenbau 8 (1968) Nr. 4. S. 117. — 3 Abb.
Der Azaleenanbau und der Anteil am Gesamtumsatz blühender Topfpflanzen steigen in Westdtschl. von Jahr zu Jahr. Die jährliche Erzeugung wird auf nahezu 10 Mill. Stück geschätzt. Kulturtechnisch sind Kulturzeitverkürzungen und höhere Flächenintensität von Interesse. Der Weg vom Treibgehölz zur Topfpflanze hat sich schnell vollzogen. Im Bereich der „Azerca" werden rund 37% der Azaleen in Torf herangezogen und 37% ganzjährig unter Glas kultiviert. Der Anteil an Veredlungen ist auf 11% abgesunken. Ein höherer Glasflächenanteil flacht die Arbeitsspitzen ab. In bezug auf Kulturtechnik wären noch zu nennen: Bodenheizung bei Grundbeeten, in Anzuchthäusern Einbau von Tischen, Ausbau der Kurzkultur von Kleinpflanzen, B-Nine-Steuerung des Wachstums, Untersuchung der Reaktion auf Temperatur und Tageslänge als Voraussetzung für eine gesteuerte Kultur. Sicher wird auch die Frage der Sortimente davon beeinflußt werden.
U. Walter. 1335.

2-68/09-0745 Schellekens, A. F. C. M. Bewortelingsonderzoek bij anjers. **(Bewurzelungsuntersuchung bei Nelken.)** Meded. Directie Tuinbouw, 's-Gravenhage **30** (1967) Nr. 12. S. 497–503. — 3 Abb.
Die Beziehung zwischen Bewurzelung, Bodenstruktur und Wasserhaushalt wurden am Beispiel der Nelke untersucht. Durch jahrelangen Anbau ist das alte Bodenprofil allgemein nicht mehr erhalten. Beim Pflanzen soll die obere Schicht des Bodens in gutem Zustand sein, bes. verschlämmungsgefährdete Böden sollen durch org. Substanz verbessert werden. Gute Porosität und Struktur sind wichtig. In fast allen Fällen wurde in etwa 25 cm Tiefe eine Verdichtung mit einer Stärke von 10···20 cm gefunden. Dadurch werden Wasserabführung und Wurzelbildung gehemmt. Auch für den Untergrund sind gute Porosität und Struktur nötig, wenn die Wurzelbildung gefördert werden soll. Fließendes Grundwasser ist schädlich. Der Untergrund muß das Wasser gut abführen können, sonst muß ein geschlossenes Dränagesystem dafür sorgen. Bei hohem Grundwasser über einen längeren Zeitraum sterben die Wurzeln ab. E. Haenchen. 1340.

2-68/09-0746 Tanaka, T. Studies on the regulation of Chrysanthemum flowering with special reference to plant regulators. I. The inhibiting action of noninduced leaves on floral stimulus. **(Untersuchungen über die Regulierung des Blühens von Chrysanthemum unter besonderer Berücksichtigung von Wachstumsregulatoren. 1. Mitt. Die Hemmwirkung von nicht induzierten Blättern auf den Blühreiz.)** J. Jap. Soc. horticult. Sci. **36** (1967) Nr. 3. S. 339–347. — 6 Abb., 5 Tab., 12 Lit. Orig.: engl., Ausz.: jap.
Fast die gleichen Knospenreaktionen wie bei unversehrten, voll beblätterten Pflanzen wurden erreicht, wenn nur den oberen 5···7 entfalteten Blättern Kurztag gegeben wurde. Sogar ein einzelnes, gerade entfaltetes Blatt war ausreichend, eine makroskopisch sichtbare Knospe, wenn auch mit Verzögerung, hervorzubringen. Die lokalisierte photoperiodische Behandlung mit 2 Blättern der oberen Region zeigte, daß Langtagblätter die Wirkung der Kurztagblätter unterdrücken. Die Zunahme der Anzahl von Langtagblättern, die zwischen der Spitze und 8 Kurztagblättern liegen, verhindern zwar nicht die Knospenbildung, verzögern sie aber. Die Sproßverlängerung nahm mit der Zahl der Langtagblätter ab. Die Hemmwirkung der Langtagblätter kann der abnehmenden Aktivität des Blühreizes in der Spitze zugeschrieben werden. E. Haenchen. 1340.

2-68/09-0747 Görtz, H. **Chrysanthemen-Sommerkultur.** Zierpflanzenbau 8 (1968) Nr. 4. S. 122.
Einige Anbauer bevorzugen ein leichtes Kalken der Chrysanthemenhäuser zur Verminderung der Einstrahlung. Vorteilhaft ist ein Zusammenpflanzen der rosa Sorten, damit man sie beim Farbezeigen separat schattieren kann. Ventilatoren haben den Nachteil, die Luftfeuchtigkeit zu senken. Deshalb ist ein Besprühen der Pflanzen vorteilhaft, es beugt dem Befall mit Roter Spinne vor. Unter der Verdunkelung steigt die Temperatur oft enorm an, deshalb sollte in warmen Gegenden Tuchmaterial der Vorzug gegeben werden, weil es die Luftzirkulation gestattet. Regelmäßiges und rechtzeitiges Düngen in niedriger Konzentration ist wichtig. Die unterschiedliche Hitzeverträglichkeit der Sorten ist zu beachten.

Einige hitzeresistente Sorten werden aufgeführt. Während der erhöhten Assimilation verkürzen sich die Reaktionszeiten je nach Sorte, das ist bei der Planung zu beachten.
U. Walter. 1340.

2-68/09-0748 Kukułczanka, K. Wpływ elektromagnetycznego pola o wysokiej częstotliwości na zdolność kiełkowania nasion i łuskobulw Freesia hybrida. (**Der Einfluß des elektromagnetischen Hochfrequenzfeldes auf die Keimfähigkeit von Samen und den Austrieb von Knollen bei Freesienhybriden.**) Biul. Inst. Hodowli Aklimatyzacij Roślin **1967** Nr. 1/2. S. 63-65. — 1 Abb., 6 Lit.
Samen von 3 Sorten Superfreesien und Knollen von Fresienhybriden wurden dem Einfluß eines inhomogenen und homogenen Hochfrequenzfeldes unterworfen und dann im Gewächshaus in Kisten und Töpfen mit Erde ausgesät. Nach 16 d wurde in 5täg. Abständen die Anzahl gekeimter Samen festgestellt. Die Energie des Hochfrequenzfeldes wirkte stimulierend auf Samen und Knollen. Die Keimfähigkeit der Samen erhöhte sich um 4···26%, das Austreiben der Knollen um 8···35%. Die Anwendung elektromagnetischer Energie ist ökon. vertretbar.
PRL/CBR. 1340.

2-68/09-0749 Rehnstrøm, Finn und Clausen, Grethe. Sortsforsøg med frøfreesia 1964 bis 66. (**Sortenversuch mit Samenfreesien 1964 bis 1966.**) Tidsskr. Planteavl 71 (1967) Nr. 3. S. 374-384. — 1 Abb., 5 Tab., 4 Lit. Zus. in Engl.
51 Sorten wurden teils unter Glas, teils im Freiland ausgesät und im Sept. ins Haus genommen. Vorkultur waren Gurken. Die blühenden Pflanzen wurden durch jeweils 6 Richter mit Wertzahl versehen. 25 Sorten wurden anerkannt, darunter 4 gelbblühende ('Gloria', 'Yellow Record', 'Super Freesia' und 'Gul Festival'), die sich durch bes. kräftige Farben und große, rundgelappte Blüten auszeichnen, aber geringere Produktion bringen. Die anerkannten Sorten sind ausführlich beschrieben. Die Farben sind nach HCC genau angegeben.
W. Warwel. 1340.

2-68/09-0750 Berg, Bernhard. **Gerbera— Rasse Goosen stark beachtet.** Erwerbsgärtner, Stuttgart **22** (1968) Nr. 2. S. 48-49. — 5 Abb.
Die Firma Goosen, Aalsmeer, brachte eine Gerbera-Neuheit unter der Bezeichnung 'Sympathie' heraus. Auf den Zungenblütenring folgt ein geschlossener Ring erhabener Röhrenblüten. Die Blütenfarbe ist zartrosa, pastellfarben. Diese Neuheit ist die erste Farbsorte der Firma und soll nach Angaben äußerst resistent gegen das Gerberasterben sein. Sie erfüllt die Ansprüche, die der Kultivateur heute an die Gerbera stellt: Resistenz gegen Gerberakrankheit (hervorgerufen durch *Phytophthora*, *Fusarium* und *Verticillium*), ferner hohe Erträge, reiche Blüte im Winter, gute Haltbarkeit der Blüten, klare, leuchtende Farben. — Im Betrieb Goosen wird die Ganzjahreskultur durchgeführt.
U. Walter. 1340.

2-68/09-0751 Dänhardt, W. **Saintpaulien-Schnittsorten.** Dtsch. Gärtnerpost **20** (1968) Nr. 7. S. 3.
Aus den Sorten 'Enzett Magdeburger Blaue', 'Enzett Magdeburger Dom' und 'Enzett Pillnitzer Schloß' sind Typen ausgelesen worden, die sich unter Beibehaltung der sonstigen sortentypischen Eigenschaften bes. für den Schnitt eignen. Die Stiele sind 2···3 cm länger als bei den entsprechenden normalen Saintpaulien. Gewiß werden die Saintpaulien in erster Linie Topfpflanzen bleiben, aber auch als Schnittblumen fanden sie gute Aufnahme. Am besten verkauften sich die Sträußchen mit etwas *Adiantum*-Grün gebunden. Die Haltbarkeit geht über 3 d nicht hinaus. Wichtig ist, daß das Verpacken und der Transport mit Sorgfalt vorgenommen werden. Der Erzeugerpreis je Schnittstiel beträgt 0,10 M. Etwa ab April, wenn der Absatz geringer wird, läßt man die Pflanzen zur vollen Blüte kommen und verkauft sie als Topfpflanze. — Bei Bestellungen ist unbedingt darauf hinzuweisen, ob Schnittypen verlangt werden.
U. Walter. 1340.

2-68/09-0752 Sytsema, W. De houdbaarheid kan goed zijn! (**Die Haltbarkeit kann gut sein!**) Vakbl. Bloemisterij **23** (1968) Nr .4 S. 103. — 1 Tab.
Haltbarkeitsuntersuchungen an geschnittenen Fliederzweigen, die 20 h in Wasser oder Chrysallösung von 6 °C und anschließend entweder in Wasser oder in Chrysal von 20 °C eingestellt wurden und in einer weiteren Prüfung mit einer Anfangstemperatur von 13 °C und einer Folgetemperatur von 20 °C behandelt wurden, ergaben, daß eine Behandlung von Chrysal — Chrysal gegenüber Wasser — Wasser oder Wasser — Chrysal die Haltbarkeit des geschnittenen Flieders um das Dreifache erhöht, bes. bei Temperaturen von 13 °C gefolgt von 20 °C.
R. Peschel. 1340.

2-79/09-0753 Marani, Francesca. La coltura dei meristemi apicali nel risanamento del garofano dalle virosi. **(Die Meristemkultur der Nelke zur Sanierung der Kultur von Virosen.)** Italia agric. **105** (1968) Nr. 2. S. 167-172. — 9 Abb., 20 Lit. 1340.

2-68/09-0754 Chudoba, Z. und Cieńska, K. O laboratoryjnej ocenie zdolności kiełkowania nasion nasturcji (Tropaeolum spp. L.). **(Die Bewertung der Keimfähigkeit von Kapuzinerkressesamen [Tropaeolum spp. L.] im Labor.)** Biul. Inst. Hodowli Aklimatyzacji Roślin **1967** Nr. 1/2. S. 221-224. — 1 Tab., 13 Lit.
Die vorgeschriebene Zahl keimender Samen sollte durch geeignete Temperatur schon nach 14 d erreicht sein. Das Saatgut keimte in Sand bei 8 verschiedenen Temperaturen. Einen günstigen Einfluß auf das Keimen hatten 20 und 30 °C (schneller Wechsel nach 7 Std. von 30 auf 20 °C). Einen günstigen Einfluß hatten auch die Temperaturen von 12/30 °C bei schnellem Wechsel und 12 und 20/30 °C bei stufenweisem Wechsel. Eine beträchtliche Zahl gesunder, nicht keimender Samen bewies bei der Berechnung der Keimfähigkeit, daß keine der gewählten Temperaturkombinationen optimal war. PRL/CBR. 1342.

2-68/09-0755 Bajerová, J. und Bajer, J. I hledíku. **(Löwenmaul.)** Zahradnické Listy, Praha **61** (1968) Nr. 2. S. 35-38. — 4 Abb., 5 Tab.
1967 wurden 20 Sorten untersucht. Die Blüte, deren Zeitdauer in Abhängigkeit von klimatischen Einflüssen sowie die Keimfähigkeit des Pollens wurden geprüft.
ČSSR/ÚVTI. 1342.

2-68/09-0756 Steček, L. und Pavlíček, V. Pěestování Scindapsus aurea ve formomočovinové pryskyřici. **(Raphidophora-aurea-Kultur in Formaldehyd-Karbamidharz.)** Zahradnické Listy, Praha **61** (1968) Nr. 2. S. 42. — 1 Abb.
Möglichkeiten des Anbaus von *Raphidophora aurea* in Formaldehyd-Karbamidharz sowie die Verwendung von Farbstoffen zur Färbung des ursprünglich weißen Substrates wurden untersucht. Die Versuche mit dem Harz waren erfolgreich. Die Farbe des Harzes war ohne Einfluß auf Wachstum und Entwicklung der Pflanzen. Die aus Wurzelschnittlingen herangezogenen Pflanzen wuchsen im Vergleich zur Kontrolle in beiden Varianten normal. Eine geringe Abweichung im Vergleich zur Erdkultur zeigte das Wurzelsystem im Harz, es war stärker entwickelt, es waren weniger Faserwurzeln vorhanden. Die Versuche wurden auch mit *Monstera*, *Ficus* und *Sansevieria* durchgeführt. Die Methode ist vor allem geeignet, wenn wegen Infektionsgefahr die Erdkultur nicht möglich ist. ČSSR/ÚVTI. 1352.

2-68/09-0757 Brorson, J. W. und Görtz, H. **Poinsettienkultur — heute.** Erwerbsgärtner, Stuttgart **22** (1968) Nr. 2. S. 43-45. — 5 Abb.
Durch die Sorte 'Paul Mikkelsen' ist der schwächste Punkt der Poinsettienkultur, die geringe Haltbarkeit, überwunden. Eine starke Ausdehnung dieser Kultur ist allg. zu verzeichnen. Die kritische Tageslänge liegt bei etwa 12 h. Verdunkelung und Belichtung sind also je nach gewünschter Blütezeit nötig. Außerdem besteht wie bei der Chrysantheme eine Temperaturabhängigkeit. Zur Knospeninduktion sind 18···20 °C günstig, nach dem Topfen 20···24 °C, beim Sichtbarwerden der Knospen nachts 20 °C. Die Bodentemperatur sollte 20 °C nicht übersteigen. Zur vollen Ausfärbung sind 16 °C nötig. — An das Substrat werden hohe Ansprüche gestellt, es soll krankheitsfrei sein, hohen Luftaustausch und gute Dränage ermöglichen und frei von toxischen Stoffen sein. Über die flüssige Düngung gibt eine Tab. Aufschluß. — Platzbedarf bei eintriebiger Kultur 20···25 Stück/m², bei gestutzter Kultur 16···18 Stück/m². Letztere bedingt eine Kulturzeitverlängerung von 10···14 d. — Zur Wuchskontrolle hat sich nur CCC in 0,25%iger Konz. bewährt. Ein genaues Programm wird gegeben. Ebenso für das Gießen. Wie bei den Chrysanthemen können auch die Poinsettien in Reaktionsgruppen eingeteilt werden. Die Zeit von Beginn der Kurztagsbehandlung bis zur Blüte schwankt zwischen 9 und 11 Wochen. U. Walter. 1355.

2-68/09-0758 Schupp, Franz. **Poinsettien — das ganze Jahr.** Erwerbsgärtner, Stuttgart **22** (1968) Nr. 2. S. 45-48. — 10 Abb.
Im ersten Teil der Arbeit werden der Praxis Kulturmethoden empfohlen, um das ganze Jahr über blühende Poinsettien zu erzeugen. Man kann dies durch Steuerung von Licht und Wärme und gegebenenfalls CCC-Behandlung. In gedrängter Form werden Kulturanleitungen für 9 verschiedene Blühtermine gegeben. Im 2. Teil werden Kulturmethoden beschrieben, durch die eine Verzweigung der Poinsettien zu erreichen ist. Die Sorten 'Cardinalis' und 'Barbara Ecke' wurden wie folgt kultiviert: 1. Langtag bis zur gewünschten Pflanzenhöhe; 2. Kurztag mindestens 10 d; 3. Langtag mindestens 12 d; 4. Kurztag je

nach der Jahreszeit 30···40 d bis zur Blüte. Durch die Dauer des Langtages, der auf den Zwischenkurztag folgen muß, kann die Länge der Verzweigung bestimmt werden. Für die verschiedenen Sorten müssen noch optimale Richtzahlen der Kurztag-Langtag-Perioden erarbeitet werden. U. Walter. 1355.

2-68/09-0759 Carlson, W. H. und Sink, K. C. The effect of siol mixes on Poinsettia variety Paul Mikkelsen. (**Die Auswirkungen unterschiedlicher Erdmischungen bei der Poinsettiensorte 'Paul Mikkelsen'.**) Quart. Bull., Rep. Res. Michigan State Univ., agric. Exper. Stat. **50** (1967) Nr. 1. S. 20-24. — 4 Tab.
In ähnlicher Weise wie bei den Versuchen von White mit Geranien wurden die Auswirkungen von 20 verschiedenen Pflanzsubstratmischungen auf Wachstum, Blütenbildung und Nährstoffgehalt der Poinsettien untersucht. Die Zusammenstellung der einzelnen Substrate ist einer Tab. zu entnehmen. Düngung und Bewässerung erfolgten für alle Versuchsglieder in der gleichen Weise. In regelmäßigen Abständen wurden Erd- und Pflanzenproben auf ihren Nährstoffgehalt hin untersucht. Es ergab sich, daß der N- und Mg-Gehalt der verschiedenen Substrate sich nach der 2. Probenentnahme nicht mehr signifikant unterschied, daß es aber beim P-, K- und Ca-Gehalt sowie beim pH-Wert erhebliche Abweichungen gab. Die Pflanzenanalysen zeigten, daß sich die unterschiedlichen Substrate nicht auf den Gehalt von K, Na, Fe, Cu, Zn, Al und auswirken, wohl aber auf den Gehalt von N, Ca, und B. Die Unterschiede waren jedoch nicht so groß, daß sie die Größe oder Qualität der Pflanzen beeinflußten. In dieser Hinsicht waren keine Unterschiede zwischen den 20 Substraten festzustellen, so daß alle Erdmischungen für die Poinsettienkultur als brauchbar gelten können. R. Peschel. 1355.

2-68/09-0760 Levonen, Heikki J. **'Anette Hegg' — eine neue Poinsettiasorte mit neuen Eigenschaften.** Dtsch. Gärtnerbörse, Aachen **68** (1968) Nr. 12. S. 208. — nach Zus.
Möglichkeiten beim Anbau der Poinsettiasorte 'Anette Hegg': Mit einer frühen Vermehrung im Juni und ohne Entspitzen können große Pflanzen mit einem großen Stern auf dem Ende des Haupttriebes und mehreren kleineren Blumen auf den Seitentrieben produziert werden. Um eine gute Entwicklung der Seitensterne zu erhalten, sind Licht und Raum notwendig. Mit einer frühen Vermehrung im Juni und mit Entspitzen des Haupttriebes im Juli kann man eine große Pflanze mit 5···10 Zweigen und einer großen Blume auf jedem in gleicher Höhe erhalten. Mit einer späten Vermehrung können Pflanzen mit einem Stiel, so wie bei den normalen Sorten, produziert werden. Die Sorte verlangt eine niedrigere Temperatur als z. B. 'Paul Mikkelsen'. Wie die anderen Poinsettiasorten, so muß auch 'Anette Hegg' mit CCC behandelt werden. Sie verlangt eine etwas stärkere Lösung als die anderen Sorten. 1355.

2-68/09-0761 Grebehem, Jürgen. **Klopfgerät zum Pollensammeln.** Dtsch. Gärtnerpost **20** (1968) Nr. 7. S. 3. — 1 Abb.
Ein kleines Gerät, daß sehr beweglich ist und eine leichte Handhabung garantiert, wurde entwickelt. Es besteht aus einem Kunststoffgehäuse, worin sich Motor und Akkumulator befinden. Der Vibrator ist 11 cm lang. Da es rechts- und linkswendige Cyclamenblüten gibt, können 2 Kunststoffhalterungen in das Gerät eingesetzt werden, in deren Ösen das Gefäß zur Aufnahme des Pollens befestigt wird. Die Masse des Gerätes beträgt 330 g. Die Materialkosten für die Herstellung werden vom Neuerer mit 78,-M angegeben. Das beschriebene Gerät wird im VEG Saatzucht Zierpflanzen, Erfurt, mit Erfolg eingesetzt. Anfragen sind dahin zu richten. U. Walter. 1355.

2-68/09-0762 Bosse, Gerhard. **Das Hibiskussortiment. Versuch einer Sortenbereinigung.** Zierpflanzenbau **8** (1968) Nr. 4. S. 115-116. — 2 Abb.
Hibiskus als sommerblühende Topfpflanzen erfreuen sich steigender Beliebtheit. *Hibiscus rosa-sinensis* ist in seiner Heimat, den Tropen und Subtropen, ein unermüdlich blühender Strauch. Der Veröffentlichung der über 8 Jahre laufenden Sortenvergleiche in Friesdorf stand eine große Schwierigkeit im Wege: es gibt keine einwandfreien Sortenbezeichnungen. Es waren dänische Gärtner, die aus diesem Gehölz eine blühende Topfpflanze gemacht haben. Woher das Ausgangsmaterial stammt, ist nicht bekannt. Einige engl. Namenssorten sind überholt. Bestellt man Hibiskus, so bekommt man ein Gemisch aus einigen, wenn auch hochwertigen Sorten. Vf. hat sich nun in Zusammenarbeit mit einer dänischen Exportfirma bemüht, zu einer Sortenbereinigung und -benennung zu kommen. Er macht folgende Vorschläge: 1. 'Carl' die alte 'Rosa sinensis', leuchtendrot, einfach; 2. 'Mulle', bisher

ohne Namen, karminrot, gefüllt; 3. 'Dan', bisher ohne Namen, rosa gefüllt, Sport von 'Mulle'; 4. 'Annelie', Sport von 'Mulle', ziegelrot, identisch mit 'Odense'; 5. 'Hamburg', karminrot, Sport von 'Mulle', stärker gefüllt, dicke Knospe; 6. 'Cherie', champagnerfarben mit dunklem Farbfleck, Sport von 'Mulle'. U. Walter. 1355.

2-68/09-0763 Mücke, Karl-Heinz. **Verbesserung der Bougainvillea-Kultur.** Erwerbsgärtner, Stuttgart **22** (1968) Nr. 3. S. 82.
Für die Zimmerkultur sollen die weniger lichtbedürftigen, neuen amerik. Sorten besser geeignet sein: 'Poul Toni Special' rot, 'Magnifica' lila, 'Killie Campbell' orange. Durch geeignete Kulturmethoden, wie Trockenhalten unter genauer Berücksichtigung der Temperatur- und Lichtverhältnisse, der Salzkonzentration der Erde und entsprechender Düngung gelingt es, die Pflanzen bis Okt. zum Knospenansatz zu bringen. Der Fall der Hochblätter beim Verbraucher wird verhindert, wenn die Pflanzen in eine Pomoxon-Lösung (30 cm^3 je 100 l Wasser) getaucht werden (Mittel zur Verhinderung des vorzeitigen Fruchtfalls beim Apfel im Herbst). Man sollte hierbei jedoch beachten, daß ein zu frühes Tauchen zu einer Verformung der neuen Triebe führen kann. U. Walter. 1355.

2-68/09-0764 Anonym. **Kalanchoe in gesteuerter Kultur.** Zierpflanzenbau **8** (1968) Nr. 3. S. 85.
In tabellarischer Form sind die Termine für die Kulturarbeiten und die Blütezeit sowie Richtlinien für das Stutzen bei Ganzjahreskultur zusammengestellt.
U. Walter. 1355.

2-68/09-0765 Doerry, Uwe R. **Torfkultursubstrat und Haltbarkeit.** Erwerbsgärtner, Stuttgart **22** (1968) Nr. 1. S. 8.
Faktoren, die die Haltbarkeit von Pflanzen beim Kunden beeinflussen, wurden untersucht. Wichtigster Faktor ist eine sachgemäße und auf das Substrat bezogene Düngung. Vor allem K hat große Bedeutung. Es empfiehlt sich auch, die Pflanzen vor dem Verkauf noch zu düngen. Torfkultursubstrat wirkt sich nicht negativ auf die Haltbarkeit aus. Es wirkt sich im Gegenteil positiv aus durch die bekannten guten Eigenschaften, wie Förderung des Wurzel- und Sproßwachstums, Möglichkeit genauer Düngung, frei von Krankheiten und Schädlingen, dauerhafte Struktur, gute Pufferung. Um die Haltbarkeit zu erhöhen, sind zügige Kultur unter optimalen Bedingungen, geeignete Sortenwahl, vorbeugender Pflanzenschutz und Abhärtung Voraussetzung. U. Walter. 1355.

2-68/09-0766 Křivisky, K. Příspěvek k poznání růstu zahradních tulipánů v podmínkách ČSSR. (**Beitrag zum Erkennen des Wachstums der Tulpen unter den in der ČSSR bestehenden Bedingungen.**) Vědecké Práce výzkumného Ustavu okrasného Zahradnictví v Průhonicích **4** (1967) S. 25–44. — 4 Abb., 9 Tab., 9 Lit. Zus. in Russ., Engl., Dtsch.
Eine exakte Begrenzung der phänologischen Phasen und der Wachstumsperiode der Tulpen sollte ermittelt und das Wachstum untersucht werden. Während des Wachstums wurde der Zuwachs der einzelnen Organe und die Zunahme der Substanz beobachtet. Zu den Versuchen wurde die Sorte 'Rose Copland' verwendet. Aus den Durchschnittswerten wurden Wachstumskurven der ganzen Pflanze, der Mutterzwiebeln, der Tochterzwiebeln, der Blätter und des Stengels mit der Blüte angefertigt. Zur gleichen Zeit wurden alle Organe gemessen. Es wurden die Wachstumsveränderungen dieser Organe im Verlaufe der einzelnen phänologischen Phasen beschrieben. Diese Methode der Wachstumsanalyse wird zur exakten Kontrolle der Einwirkung von Umwelteinflüssen bei wiss. Forschungsarbeit empfohlen. ČSSR/ÚVTI. 1360.

2-68/09-0767 Sisa, M. und Higuchi, H. Studies on the shortening the juvenile phase of tulip under the controlled environment. II. On the thermoperiodicity of juvenile tulip. (**Untersuchungen über die Verkürzung der Jugendphase von Tulpen unter kontrollierten Bedingungen. 2. Mitt. Thermoperiodizität der jungen Tulpen.**) J. Jap. Soc. horticult. Sci. **36** (1967) Nr. 3. S. 315–323. — 7 Abb., 4 Tab., 31 Lit. Orig.: jap., Ausz.: engl.
Versuche mit einjähr. Tulpensämlingen unter kontrollierbaren Bedingungen eines Phytotrons brachten eine Verkürzung der Anzuchtdauer von 6 auf 3,2 Jahre. Für die Praxis werden aufgrund der Thermoperiodizität junger Tulpen 20 d bei 35 °C + 40 d bei 4 °C für einen gleichmäßigen und raschen Austrieb empfohlen, gefolgt von 120 d bei 13 °C für optimalen Zuwachs an Zwiebelmasse und schließlich 20 d bei 23 °C zur Induktion der Zwiebelruhe. Ähnlich verhalten sich 2jähr. Zwiebeln. R. Hartmann. 1360.

2-68/09-0768 Bing, Arthur. Tulip varieties for 41 °F storage. **(Tulpensorten zur 5 °C-Behandlung.)** New York State Flower Growers, Bull. **1967** Nr. 264. S. 1-3. 6. — 4 Tab.
Optimale Ergebnisse brachte eine 10wöchige Lagerung bei 41 °F (5 °C) sofort nach Ankunft der Zwiebeln. Die 5 °C-Tulpen werden spätestens eine Woche nach dieser Behandlung in mindestens 12 cm tiefe Bank-(früheste Blüte) oder Grundbeete (beste Qualität) sehr flach gepflanzt. Der (vorher sterilisierte) Boden sollte eine gute Feuchtigkeit aufweisen. Zur Erzeugung langer Stiele kann der Bestand während der ersten beiden Wochen mit schwarzem Stoff o. ä. bedeckt werden. Die Sortenversuche wurden bei 62 °F nachts/72 °F tags (17 °C/22 °C) durchgeführt. Tägl. Wassergaben. Unter Berücksichtigung von Blütenzahl, Durchschnittshöhe, Blütengröße, Treibdauer, Wurzelbeschaffenheit brachten beste Ergebnisse als Schnittulpen 'Appeldoorn', 'Aristokrat', 'Beauty of Dover', 'Dover', 'Franklin D. Roosevelt', 'Gander', 'Gudoshnik', 'Pres. Kennedy' (weiche Hälse bei hohen Temperaturen) ,'Jewel of Spring', 'London', 'Klaas Hommes', 'Merry Widow', 'Most Miles', 'Paul Richter'. Unbefriedigend waren 'Blizzard', 'Crater', 'High Society', 'Orange Kennedy', 'Orange Sun', 'Yellow Sun', 'Wildhof'. Als Topftulpen waren hinsichtlich Treibdauer, Einheitlichkeit; (geringer) Höhe 'Majorca', 'Merry Widow', 'Pax', 'Yellow Sun', 'Arabian Mistery', 'Best Seller', 'Christmas Marvel' vielversprechend. Ungünstig reagierten 'Aristocrat', 'Crater', Gander', 'Golden Springtime', 'High Society', 'Klaas Hommes', 'Orange Kennedy', 'Orange Wonder'. R. Hartmann. 1360.

2-68/09-0769 Raalte, D. van. **Neuzeitliche Blumenzwiebeltreiberei (III).** Süddtsch. Erwerbsgärtner **22** (1968) Nr. 7. S. 277-279. — 7 Abb.
Vf. gibt einen Überblick über neue Entwicklungen in der Blumenzwiebeltreiberei. Die sogenannten 5 °C-Tulpen eignen sich bes. für die intensive Rollhaustreiberei. Z. Z. sind für eine 5 °C -Behandlung folgende Sorten am besten geeignet: 'Apeldoorn', 'Apricot Beauty', 'Emmy Peek', 'Karel Doorman', 'Madame Curie', 'Mirjoran', 'Paul Richter', 'Pink Trophy', 'Snow Star', 'Sulphur Cloud', 'Tommy', 'White Sail', 'Orange Wonder', 'Oxford', 'Bing Crosby', 'Silver Glory'. Möglichst sofort pflanzen oder zumindest bei 5 °C lagern, Größe 11/12 verwenden, 200···250 Zwiebeln/m² in lockeren Boden pflanzen. Lufterhitzer und Bodenheizung wirken ungünstig. Temperatur 16 °C (Boden), 18 °C (Luft). Versuche mit neuen Substraten in der Kistentreiberei (Vermikulit, Perlite, Schaumerde (Polyurethane) verliefen bes. für letzteres erfolgreich. Frühere Untersuchungen über die notwendige Substrathöhe von 4 cm wurden bestätigt. Durch die Entwicklung neuer Lampen (Gro-Lux F40, TL33 u. a.) erhielt die Kunstlichttreiberei neuen Aufschwung. Bestgeeignete Sorten hierfür sind 'Apeldoorn', 'Bartigon', 'Dubonnet', 'Edith Eddy', 'Hibernia', 'Lustige Witwe', 'Paul Richter', 'Prominence', 'Van der Eerden'. An Hydrokulturversuchen wird gearbeitet. Vorgetriebene Hyazinthen werden neuerdings in Kunststofftöpfen verkauft. Einer Ganzjahreskultur von Tulpen eröffnen sich neue Möglichkeiten durch Tiefkühlen (— 2 °C) der Zwiebeln über mehrere Monate. Abschließend wird über verschiedene Verfahren zur Haltbarkeitsverlängerung berichtet. Darwinhybridtulpen brachten gute Ergebnisse durch eine Lagerung bei 0···5 °C in stark knospigem Zustand. R. Hartmann. 1360.

2-68/09-0770 Rasmussen, Erling. Stigende maengder kalksalpeter til tulipaner 1959/65. **(Steigende Mengen Kalksalpeter bei Tulpen 1959 bis 1965.)** Tidskr. Planteavl 71 (1967) Nr. 3. S. 338-344. — 1 Abb., 6 Tab., 4 Lit. Zus. in Engl.
Bei verschiedenen Tulpensorten wurden auf Sand- und Lehmboden 600, 900, 1200 und 1500 kg/ha Kalksalpeter in 3 Teilmengen im Herbst und während des Winters eingebracht. P und K wurden vor dem Legen zugeführt. Blattmasse und -farbe nahmen mit steigenden Mengen Kalksalpeter zu. Die Pflanzenanzahl und die Zahl kranker Zwiebeln wiesen nur geringe Unterschiede zwischen den Versuchsgruppen auf. Bodenart und Sorte beeinflußten das Versuchsergebnis nicht. Der Ertrag insges. sowie an Treib-, Lege- und Brutzwiebeln nahm in bezug auf Masse und Zahl mit steigender Kalksalpetermenge zu. Bei einigen Sorten gab es bei der höchsten Stufe (1500 kg) leichte Schäden und Ertragsminderung. Bei $>$ 600 kg stiegen die Erträge nur noch gering. Beim Treiben der Zwiebeln aus den verschiedenen Partien wurden keine Unterschiede gefunden. Empfohlen werden 900···1200 kg/ha Kalksalpeter. W. Warwel. 1360.

2-68/09-0771 The Daffodil and Tulip year book 1968. **(Narzissen- und Tulpen-Jahrbuch 1968.)** Daffodil & Tulip Year Book **33** (1968, hrsg. 1967) 219 S. — 48 Abb.
Mitarbeiter des Narzissen- und Tulpen-Jahrbuchs 1968 sind bekannte Züchter und Amateure. Neben Informationen über neuere Zuchtarbeiten an Narzissen der verschiedenen

Klassen und Ausstellungsberichten (USA, Neuseeland, Australien, Großbritannien) enthält das Jahrbuch einen Bestimmungsschlüssel für verwilderte und Wildnarzissen (A. Fernandes) und eine Geschichte der Narzisse in der Türkei (S. Ünver). Vermarktungsprobleme und einige Fragen der Kultur und des Pflanzenschutzes bei Narzissen werden besprochen. P. Furse berichtet von einer Exkursion („Tulpen in Iran und Afghanistan 1966") und W. J. M. Blom über neuere Tulpenhybriden für Gärten. Außerdem enthält das Jahrbuch einen Ausstellungsbericht der Nerine-Society, Sortenbeschreibungen von 1967 zugelassenen oder geprüften Tulpen- und Narzissensorten und eine Aufstellung neu (1966/67) registrierter Narzissensortennamen. R. Hartmann. 1360.

2-68/09-0772 Kyndl, J. Způsoby množení a inkubace cibulí hyacintů. (**Arten der Vermehrung und der Inkubation von Hyazinthenzwiebeln.**) Vědecké Práce výzkumného Ústavu okrasného Zahradnictví v Průhonicích 4 (1967) S. 43–64. — 8 Abb., 9 Tab., 11 Lit. Zus. in Russ., Engl., Dtsch.

In Průhonice wurden die niederl. Methoden der Vermehrung von Hyazinthenzwiebeln überprüft. Das Zerschneiden der Zwiebeln ist auf verschiedene Weise durchgeführt worden, durch Ausschneiden und Zerschneiden des Zwiebelbodens in 2, 3, 5, 6 und 8 Stücke. Die Inkubation der Zwiebeln erfolgte im geheizten Gewächshaus bei 24···30 °C, im Kasten bei 18···32 °C. Weitere Zwiebeln wurden in Kästen mit Holzrahmen bei 28 ± 1 °C, eine weitere Serie wurde im Gewächshaus in Spezialkammern mit regulierbarer Temperatur behandelt. Bei anderen Zwiebeln wurde das Heilen der Schnitte in Sand verfolgt und mit dem Heilungsverlauf an der Luft verglichen. Es wurde auch der Einfluß der Lagerungstemperatur festgestellt. Bewertet wurde nach der durchschnittl. Anzahl von Tochterzwiebeln und ihrer Größe. ČSSR/ÚVTI. 1360.

2-68/09-0773 Krag Nielsen, J. Helårskultur af iris. (**Ganzjahreskultur von Iris.**) Gartner Tid., København 84 (1968) Nr. 3. S. 41–44. — 3 Abb., 4 Tab.

Dänemark bezieht jährlich 10 Mill. vorbehandelte Iriszwiebeln aus den Niederlanden zum Treiben. Die unterschiedliche Vorbehandlung ermöglicht eine Verteilung der Blütezeit fast über das ganze Jahr. Die für Treiberei und Schnitt geeigneten Sorten nebst den Lege- und Blühterminen sind angegeben. Für präparierte Zwiebeln (Blüte Dez./März), gekühlte Zwiebeln(März/April), verzögerte Zwiebeln (Mai/Okt.) und OCNO Wedgwood (Okt./Nov.) sind Kulturanweisungen, erforderliche Knollengröße usw. genannt. — Wichtig ist, daß alle vorbehandelten Zwiebeln sofort nach Empfang zu legen und nicht mehr umzupflanzen sind. Iris brauchen viel Licht und ausreichend Wasser und Luftfeuchtigkeit. Die Temperatur soll möglichst gleichmäßig sein. Von den niederl. Anbauern wird empfohlen, 60 g Brassicol/m² 5 cm tief einzuarbeiten. Die Blüten sollen im Knospenstadium geschnitten werden. Sie dürfen höchstens 8···14 d bei 2···4 °C möglichst trocken (40% rel. Feuchtigkeit) gelagert werden. Man rechnet mit 80···85% blühenden Pflanzen. W. Warwel. 1360.

2-69/09-0774 Vaněk, V. Tulipány a ostatní cibulové květiny. (**Tulpen und andere Blumenzwiebelarten.**) Praha: SNZ. 1967. (442 S. m. 258 Abb., 8 Tab. u. 2.S Lit.)

Die umfangreiche Publikation behandelt alle Blumenzwiebelarten. Der größte Teil ist den Gartentulpen und den botanischen Tulpen gewidmet. Die Arbeit befaßt sich ferner mit Hyazinthen, Narzissen, Lilien u. a., bes. mit Arten für den Steingarten. Jeder Abschnitt ist in mehrere Teile gegliedert, welche die Züchtung, Vermehrung und das Treiben behandeln. Es folgt eine botan. Beschreibung sowie eine detaillierte Beschreibung der einzelnen Sorten. Den Abschluß des Buches bildet die Beschreibung der wichtigsten Krankheiten und deren Bekämpfung. ČSSR/UVTI. 1360.

2-68/09-0775 Reinhard, H. R. **Übersicht über die Bastarde schweizerischer Orchideen mit Berücksichtigung der möglichen Kombinationen.** Ber. schweiz. bot. Ges. 77 (1967) S. 103–127. — 16 Lit. 1360.

2-68/09-0776 Večeřa, L. Vliv různých podnoží na standardní odrudy rýchlených růží. (**Der Einfluß verschiedener Unterlagen auf die Standardrosensorten unter Glas.**) Vědecké Práce výzkumného Ústavu okrasného Zahradnictví Průhonicích 4 (1967) S. 65–77. — 3 Abb., 6 Tab., 10 Lit. Zus. in Russ., Engl., Dtsch.

Der Einfluß der Unterlagen auf Menge und Qualität von Schnittrosen wurde untersucht. Es ist festgestellt worden, daß einen entscheidenden Einfluß auf die Erträge vor allem die Sorten haben, auch wenn die Wahl der Unterlagen und eine geeignete Unterlagen-Sorten-

Kombination sehr wichtig sind. Von 4 geprüften Unterlagen brachte *Rosa coriifolia froebelii* die höchsten Erträge. Ferner haben sich die Unterlagen *Rosa canina inermis*, *R. c.* 'Pávův červený šípek' und in Verbindung mit der Sorte 'Message' auch die Unterlage *R. c.* 'Kokulinski' bewährt. Gegen Rosenmehltau war die Sorte 'Super Star' vollkommen resistent. Den höchsten Jahresertrag an Blüten je Fläche erreichte die Sorte 'Spartan'.
ČSSR/ÚVTI. 1380.

2-68/09-0777 Večeřa, L. Zhodnocení pokusůspodnožemi s růží při venkovním pěstování. (**Bewertung von Versuchen mit der Anzucht von Rosenunterlagen im Freien.**) Zahradnické Listy, Praha **61** (1968) Nr. 1. S. 22–24. — 8 Abb.
1960 bis 1965 wurde der Einfluß verschiedener Unterlagen auf Wachstum und Blütenzahl einiger Rosensorten untersucht. Die Unterlagen waren zahlreiche der z. Z. in Europa am häufigsten verwendeten. Die Versuche wurden auf verhältnismäßig schweren Lehmböden angelegt. Die Unterlagen wurden am Standort ausgepflanzt und an Ort und Stelle veredelt. An Pilzkrankheiten traten Mehltau und Schwarzfleckenkrankheit auf. Der Anwuchs betrug nie < 80%. Die besten Ergebnisse wurden mit den Unterlagen *R. canina* 'Kokulinski', *R. coriifolia froebelii* und *R. canina* 'Pávův červený šípek' erzielt.
ČSSR/ÚVTI. 1380.

2-68/09-0778 Noack, L. **Einige Erfahrungen bei der Winterveredlung von Rosen.** Dtsch. Gärtnerpost **20** (1968) Nr. 6. Neue dtsch. Obstbau **14** Nr. 2. S. 23–24.
Im Zusammenhang mit der Vermehrung von Rosen durch Winterveredlung werden Einzelheiten über die Voraussetzungen einer erfolgreichen Maschinenveredlung und ihre Methodik sowie Erfahrungen über die Behandlung der fertigen Veredlungen mitgeteilt.
J. Schmadlak/Pillnitz. 1380.

2-68/09-0779 Nikolova, M. Osobenosti pri semennoto razvŭždane na njakoi predstaviteli ot roda Magnolia (Predvaritelno sŭobštenie.) (**Besonderheiten bei der Vermehrung einiger Magnolienarten durch Samen. [Vorl. Mitt.].**) Naučni trudove. Visš lesotechničeski institut. Serija Ozelenjavane Sofija **15** (1967) S. 55–56. — 6 Abb., 5 Tab., 11 Lit. Zus. in Russ., Dtsch.
Nach der Stratifikation von einem Monat bei 15···20 °C und 3 Monaten bei 0···15 °C, nähern sich die Werte für das Aufgehen der Saat von *M. kobus* var. *stellata*, *M. kobus* und *M.-Suolangiana*-Hybriden nachweislich den Werten der Keimfähigkeit, die bei den ersten beiden Arten 90%, bei der 3. Art und bei *M. grandiflora* 70···80% betragen. NRB/CSNTI. 1380.

2-68/09-0780 Kaukovirta, Erkki. Eräiden puuvartisten koristekasvien talvehtimisesta Viikkissä, Jyväskylässä, Kauhajoella ja Rovaniemellä. (**Frosthärte einiger Ziergehölze in Viik, Jyväskyla, Kauhajoki und Rovaniemi.**) Maatalousticteellinen Aikakauskirja [J. sci. agric. Soc. Finland] **39** (1967) Nr. 4. S. 216–228. — 1 Abb., 7 Tab., 12 Lit.
Um zu vergleichbarem Untersuchungsmaterial zu gelangen, pflanzte Vf. 37 Ziergehölzarten, 12 Koniferenarten und 62 Staudenarten an den im Titel genannten Orten aus. Die Orte liegen zwischen 60° 10′ und 66° 15′ nördl. Breite. Es wird über die Frosthärte in den ersten Wintern nach der Pflanzung berichtet. Hierzu sind in zahlreichen Tab. Angaben über die Temperatur- und Schneeverhältnisse, wie auch Angaben über die untersuchten Arten, die durch den Frost abgestorbenen Pflanzen sowie über deren Wachstumsintensität enthalten. Allgemein wurde gefunden, daß meist gerade die Pflanzen, von denen eine große Frosthärte erwartet wurde, unter Ausfällen zu leiden hatten. Als Ursache wird in erster Linie die Länge der Frostperiode mit Temperaturen unter — 20 °C angesehen. Eine tiefe Schneedecke erhöhte die Widerstandskraft gegen den strengen Frost beträchtlich. Von den untersuchten 37 Ziergehölzarten setzten sich in Viik (Helsinki) 31 Arten, in Rovaniemi im hohen Norden noch 14 Arten durch. F. H. Pfützner. 1380.

2-68/09-0781 The Rhododendron and Camellia year book 1968. (**Das Rhododendron- und Kamelien-Jahrbuch 1968.**) Rhododendron Camellia Year Book **22** (1968, hrsg. 1967) 264 S.
Das vorliegende Jahrbuch enthält wieder eine Fülle interessanter Beiträge. In einer Reihe von Aufsätzen werden bemerkenswerte Gärten und Parks mit wertvollen *Rhododendron*-Beständen beschrieben. Weitere Artikel beschäftigen sich mit der 40jähr. Geschichte der Rhododendron-Schauen, der Tagung der amerik. Rhododendron-Gesellschaft, Bemerkungen zu *Camellia reticulata*, einer Übersicht über *Camellia* in Amerika, der Giftigkeit von *Rhododendron*, der wirkungsvollen Vermehrung von *Rhododendron* durch Stecklinge, *Rhododen-*

dron mucronatum, der Vermehrung von *Camellia reticulata* aus Samen, der Veredlung von *Camellia* in Amerika, den Blütezeiten von Kamelien unter Glas u. a. m. Insgesamt sind in dem Jahrbuch 42 Artikel oder Notizen enthalten. 54 Abb. machen das Jahrbuch anschaulicher. Das internationale Rhododendron-Register wird durch Ergänzungen aktualisiert. F. H. Pfützner. 1380.

2-68/09-0782 Greguss, P. **Detektivarbeit in der „Paläodendrologie".** Dtsch. Baumschule **20** (1968) Nr. 3. S. 58-65. — 14 Abb. 1380.

2-68/09-0783 Heit, C. E. Germination testing of tree and shrub seed. **(Keimtests bei Saatgut von Bäumen und Sträuchern.)** Farm Res. **33** (1967) Nr. 4. S. 4-5. — 7 Abb.
Unter optimalen Licht- und Temperaturbedingungen können Samen von Tannen, Kiefern, Zedern innerhalb von 10···30 d nach der Stratifikation getestet werden. Der Grad der Ruhe wird dadurch erkannt. Die Faktoren Licht, Temperatur und Feuchtigkeit wirken auf viele Samen unterschiedlich stimulierend. Durch zusätzliches Licht kann der Keimprozeß verkürzt werden. Abb. demonstrieren die Versuche und deren Ergebnisse. Daneben laufen Versuche mit Chemikalien. In New York werden jährl. viele Arten diesen Tests unterzogen. Händler und Kunden werden von den Ergebnissen in Kenntnis gesetzt, bevor das Saatgut in den Baumschulen zum Einsatz kommt. R. Beer. 1390.

X. PFLANZENZÜCHTUNG

B. Allgemeine Pflanzenzüchtung

2-68/09-0784 Smoček, J. Využití metod kvantitativní genetiky ve šlechtění. 2. Výběrové indexy. **(Ausnutzung der Methoden der quantitativen Genetik in der Pflanzenzüchtung. 2. Mitt. Auswahlindexe.)** Sborník ÚVTI, Praha, Genetika a Šlechtění **3** (1967) Nr. 4. S. 305-334. — 3 Tab., 37 Lit. Zus. in Russ., Engl., Dtsch.
Es wird die Theorie der Selektionsindexe vom Gesichtspunkt der Bedürfnisse der Pflanzenzüchtung erörtert. Die Bedeutung dieser Indexe beruht auf der Bestimmung der geeignetsten Struktur der Auswahlmerkmale, welche es ermöglicht, den durch Auswahl der besten Individuen einer Population in einer bestimmten Umwelt erzielten Vorteil abzuschätzen. ČSSR/ÚVTI. 1515.

2-68/09-0785 Kahlmeier, Manfred. **Die Wandlungen des Genbegriffes von der klassischen Genetik zur Molekulargenetik.** Dipl.-Arb. Jena, Landwirtsch. Fak. 1967. (40 S.) 4°. (Dipl. 1203) 1515.

2-68/09-0786 Kamienska, A. Zagadnienie determinacji płci u roślin. **(Die Frage der Determinierung des Geschlechts bei Pflanzen.)** Wiadomości bot. **11** (1967) Nr. 4. S. 269-280. — 2 Tab., 72 Lit.
Zahlreiche Merkmale bestimmen das Geschlecht der Pflanzen. Die Kurztagspflanzen und neutralen Pflanzen zeigen unter der Einwirkung des Kurztages eine Stimulation der Entwicklung des weiblichen und die Langtagspflanzen des männlichen Geschlechts. Die Anzahl der Auxine verringert sich bei beiden Gruppen . Der Determinierungsprozeß des Pflanzengeschlechts ist von der Wirkung der Hormone vom Typ der Auxine bzw. Gibberelline nicht unmittelbar abhängig. Er kann auch von der Interaktion zwischen diesen Substanzen und wahrscheinlich auch von dem Anteil der spez. antagonistischen Substanzen beeinflußt werden. Der Mechanismus der geschlechtlichen Determinierung ist bei den verschiedenen Pflanzenarten unterschiedlich. Die Kenntnis der geschlechtlichen Entwicklungsprozesse hat in der Praxis Bedeutung. Auf Grund der praktischen und theoretischen Aspekte sind weitere Untersuchungen auf diesem Gebiet notwendig. PRL/CBR. 1520.

2-68/09-0787 Singh, Dalmir und Joshi, B. C. Chromosome breakage induced by hydrolytic products of thalidomide in Vicia faba. **(Chromosomenbrüche, induziert durch Hydrolyseprodukte von Thalidomid bei Vicia faba.)** Current Sci., Bangalore **36** (1967) Nr. 20. S. 556 bis 557. — 1 Tab., 2 Lit.
Thalidomid, eine synthetische Substanz, wurde in Europa und Kanada als Beruhigungsmittel für schwangere Frauen benutzt und verursachte Mißbildungen bei Kindern. Aus früheren Untersuchungen ist bekannt geworden, daß die Hydrolyseprodukte dieser Substanz Chromosomenbrüche verursachen. Samen von *Vicia faba* wurden in Sand angekeimt und die Sekundärwurzeln für die Untersuchungen verwendet. Eine Suspension von Thalidomid (2 mg/ml) in 10^{-2} n HCl wurde 30 min bei 60 °C hydrolysiert und die entstehende Lösung

mit Natriumbikarbonat neutralisiert. Mit der Lösung wurden die Wurzelspitzen 5 h behandelt, in Alkohol-Eisessig fixiert, nach Feulgen gefärbt und gequetscht. Es konnten Zellen mit verstreuten Chromosomen, gaps und Brüche festgestell werden. 56% der Zellen zeigten Abnormitäten. Das Bild glich demjenigen, das durch Inhibitoren der DNS-Synthese, z.B. 5-Fluordeoxiuridin und Aminopterin, verursacht wird.
H. E. Fischer/Kleinwanzleben. 1530.

2-68/09-0788 Kwack, Beyoung Hwa und Kim, In-Hwan. An improved method for culturing Tradescantia pollen tubes for chromosomal analysis. **(Eine verbesserte Methode für die Kultur von Tradescantia-Pollenschläuchen für Chromosomenanalysen.)** Cytologia, Tokyo **32** (1967) Nr. 1. S. 1-5. — 2 Abb., 1 Tab., 10 Lit. Orig.: engl. 1530.

2-68/09-0789 Ščerbakov, V. K. Estestvennyj mutacionnyj process i ėvoljucija rastenij. **(Der natürliche Mutationsprozeß und die Evolution der Pflanzen.)** Citologija i genetika, Kiev **2** (1968) Nr. 1. S. 63-71. — 1 Tab., 79 Lit.
Der natürliche Mutationsprozeß ist die Basis der evolutionären Artenveränderung und wird hauptsächlich bei der Schaffung neuer Sorten in der Pflanzenzüchtung angewendet. Der Rolle der Chromosomen- und Genmutationen wird bei den Gattungen *Pisum*, *Vaccinium*, *Sansiviera*, *Clitoria*, *Triticum* u.a. nachgegangen. Eine neue, spez. genetische Rolle des Zytoplasmas bei der Artenevolution wurde bei der Analyse der genetischen Unterschiede der Gattungen *Pisum*, *Phaseolus*, *Fagus*, *Chrysanthemum* dargelegt. In diesen Gattungen unterscheiden sich die Arten von den von ihnen eng verwandten nur in den Allelen zweier Gene, welche die interspez. Unterschiede bestimmen. Die Manifestierung der interspez. Gene beruht auf dem für die betr. Arten spez. Zytoplasma. Das Zytoplasma dient außerdem als Barriere für den Genaustausch zwischen eng verwandten Arten. Die Befunde aus den letzten Jahren zeigen, daß Stoffwechselschädigungen, die zur Anhäufung mutagener Subst. führen, für die meisten Organismen der Hauptfaktor für die natürlichen Mutationen ist. Ein rel. einfaches Stoffwechselsystem, welches die natürlichen Mutationen kontrolliert, wurde in den Organismen gebildet, wenn ein und dieselbe Verbindung Mutationen unter optimalen Bedingungen verhindert und Mutationen induziert, wenn der Stoffwechsel unter dem Einfluß der Umweltbedingungen geändert wird. Die Analyse der natürlichen antimutagenen Systeme ist eine neue Richtung bei der Untersuchung des natürlichen Mutationsprozesses.
E.-M. Ardelt. 1540.

2-68/09-0790 Achund-zade, A. I. Sravnitel'noe izučenie povreždajuščego i mutagennogo dejstvija radiacii i alkilirujuščich soedinenij pri vozdejstvii na semena gorocha i jačmenja. **(Vergleichende Untersuchung der schädigenden und mutagenen Wirkung von Strahlen und alkylierenden Verbindungen auf Erbsen- und Gerstensamen.)** Izv. AN Azerb. SSR. Serija biologič. nauki **1966** Nr. 6. S. 40-48.
Der Einfluß unterschiedlicher ^{137}Cs-γ-Strahlendosen (3, 5, 7 kr), schneller Neutronen (50, 100, 200 rad) und chemischer Mutagene (Äthylenimin 0,02···0,06 Vol.-%, Äthylmetansulfonat (Ä) 0,1 und 0,2 Vol.-%, 12 h lang) auf die Häufigkeit der Chlorophyllmutationen in der 2. Generation sollten bei der Erbsensorte 'Pioner' und der Gerstensorte 'Moskovskij 121' festgestellt werden. Im Durchschnitt wurden in jeder Variante 300 Erbsen- und 400···500 Gerstenfamilien analysiert. Bei Gerste entsprach die Keimfähigkeit der bestrahlten Samen (86,6 bis 93,6%) fast der der Kontrolle; unter dem Einfluß chem. Mutagene sank sie erheblich.Die Pflanzenhöhe wurde ebenfalls beeinflußt. Zum Zeitpunkt der Reife glich sich die Pflanzenhöhe aus. Die durchschnittliche Ährenlänge vergrößerte sich nur unter der Einwirkung von Äthylenimin. Die Kornzahl war geringer. Die Zahl der Chlorophyllmutationen betrug je nach der Behandlungsart 1,33···4,75%, in der 0,02-%-Äthylenimin-Variante 19%. Die größte Schadwirkung war bei Gerste durch Äthylenimin, bei Erbsen durch Äthylenimin und γ-Strahlen zu beobachten; die höchste Chlorophyllmutationenhäufigkeit zeigte sich bei Gerste nach Äthylenimin und bei Erbsen nach Äthylmetansulfonat.
SSSR/VINTISCh. 1565.

C. Spezielle Pflanzenzüchtung

2-68/09-0791 Anonym. Dokument o semenovodstve. **(Dokument über die Saatzucht.)** Citologija i genetika, Kiev **1** (1967) Nr. 6. S. 5-9. — 7 Abb., 1 Tab.
Auf Grund der seit der Oktoberrevolution in der Ukraine erzielten Züchtungserfolge würdigt Vf. die wegweisende Bedeutung des Leninschen Dekrets: „Über die Saatzucht" vom 13. Juni 1921. Die Forderung des Dekrets: Organisation von Züchtung, Saatguterzeugung, Ver-

mehrung und Verbreitung reinen Saatgutes in der Republik führten in der Ukraine zu einer Verdreifachung der wiss. Einrichtungen mit Tausenden von wiss. Mitarbeitern. Trotz Verringerung der Anbauflächen für Getreide wegen Umstrukturierung stieg der Ertrag dieser Kulturen um 34%. Das Zuckerrübenaufkommen stieg auf das 5-fache bei Vergrößerung der Anbaufläche auf das 3-fache. Besonderes nach dem 2. Weltkrieg ist die Versorgung mit sortenreinem Saatgut von Weizen, Mais und Zuckerrüben auf praktisch 100% gestiegen. Monogermes Zuckerrübensaatgut wird zu 57% angebaut. Weizenhochzuchten wie 'Grannenlose 1' und 'Mironovskaja 808' mit Erträgen von mehr als 50 dt/ha nehmen 52% der Weizenanbaufläche ein. U. Bandlow/Kleinwanzleben. 1700.

2-68/09-0792 Poljakov, I. M., Diduś, V. I. und Manzjuk, V. T. 50 let selekcii zernovych kul'tur na Ukraine. **(50 Jahre Züchtung von Körnerkulturen in der Ukraine.)** Citologija i genetika, Kiev 1 (1967) Nr. 6. S. 10–24.
Die Arbeit bringt einen Überblick über die Entwicklung der ukrainischen Züchtungsforschung am Beispiel von Weizen, Wi.-Roggen, Gerste, Buchweizen und Erbsen. Die wichtigsten Zuchtstation vor und nach der Oktoberrevolution werden genannt, sowie die besten der aus ihnen hervorgegangenen Sorten und die angewandten Züchtungsmethoden. Vf. weist auf die Schwerpunkte der weiteren Arbeit hin: Winterfeste Sorten und vor allem Qualitätsverbesserung und empfiehlt engste Zusammenarbeit zwischen Züchtung, Vermehrung, Genetik, Zytologie, Physiologie, Biochemie, Biophysik und Technologie.
U. Bandlow/Kleinwanzleben. 1710.

2-68/09-0793 Knyš, A. I. Uskorennyj metod nachoždenija rastenij s citoplazmatičeskoj mužskoj steril'nost'ju u zernovych kolosovych kul'tur. **(Beschleunigte Methode zum Auffinden von Pflanzen mit zytoplasmatischer männlicher Sterilität bei Ährenkörnerkulturen.)** Selekcija i semenovodstvo, Kiev 7 (1967) S. 125-126. — 1 Abb., 1 Lit. 1710.

2-68/09-0794 Fedorova, T. N. Citologičeskoe izučenie gibridov, polučennych ot skreščivanija oktoploidnych pšenično-ržanych amfidiploidov s mjagkimi pšenicami i geksaploidnymi Triticale. **(Zytologische Untersuchung von Hybriden aus Kreuzungen von oktoploiden Weizen-Roggen Amphidiploiden mit Weichweizen und hexaploiden Triticale.)** Genetika, Moskva **1967** Nr. 12. S. 43-52. — 4 Abb., 5 Tab., 17 Lit. Zus. in Engl.
Die Meiose von Hybriden zwischen *Triticale* und *Triticum aestivum* verschiedener Ploidiestufen wurde untersucht. Gruppe 1: *Triticale* (2n = 56) × *T. aestivum* (2n = 42), 2. *Triticale* (2n = 56) × *Triticale* (2n = 42). Die F_1 der 1. Gruppe war heptaploid (2n = 28 + 21 = 49); 21 Bivalente vom Weizen und 7 Univalente des Roggengenoms traten auf. Letztere wurden in den Nachkommenschaften eliminiert. In Gruppe 2 traten in der F_1 21 Bivalente und 7 Univalente des Genoms D von Weichweizen auf. Wenn die Elternformen vom oktoploiden *Triticale* die Genome von 2 verschiedenen Roggenarten enthielten (*Secale cereale, S. montanum*), traten 7···14 Univalente auf infolge unvollständiger Konjugation der Roggengenome. Die F_1 zeigte dann starke Meiosestörungen und geringe Fertilität, doch spalteten bei Selbstbestäubung in der F_3 und F_4 ausreichend fertile Pflanzen heraus, die die Elternformen übertrafen. U. Bandlow/Kleinwanzleben. 1712.

2-68/09-0795 Kimber, G.; Cambridge, Plant Breeding Inst. The incorporation of the resistance of Aegilops ventricosa to Cercosporella herpotrichoides into Triticum aestivum. **(Die Einlagerung der Resistenz von Aegilops ventricosa gengenüber Cercosporella herpotrichoides in Triticum aestivum.)** J. agric. Sci. **68** (1967) Nr. 3. S. 373-376. — 2 Tab., 7 Lit.
Durch Kombination von *Triticum turgidum* (AABB) mit *Aegilops ventricosa* (DDM^VM^V) und Kolchizinierung der daraus hervorgegangen F_1 wurde eine wüchsige und voll fertile 56 — chromosomige amphiploide Form $AABBDDM^VM^V$ erzeugt. Als mütterlicher Elter wurde diese Form mit einer gegenüber *Cercosporella herpotrichoides* (C. h.) anfälligen Sorte von *T. aestivum* (AABBDD) gekreuzt, woraus die 49 — chromosomige Form $AABBDDM^V$ mit 21 Bivalenten und 7 Univalenten hervorging, die wieder mit *T. aestivum* gekreuzt wurde. Aus der Nachkommenschaft dieser Kombination konnten mit Hilfe eines von Macex (1966) entwickelten Keimpflanzentestes gegenüber C. h. resistente Formen mit 21 Bivalenten (AABBDD, konstant) sowie Formen mit 21 Bivalenten und 0···7 Univalenten selektiert werden. Der Resistenzgrad dieser Formen gegenüber C. h. übertrifft den der bisher widerstandsfähigsten Sorte 'Capelle-Desprez', erreicht jedoch nicht den von *Ae. ventricosa* und den der amphiploiden Form *T. turgidum* x *Ae. ventricosa.* — Die Ergebnisse lassen den

Schluß zu, daß die Resistenzfaktoren von *Ae. ventricosa* zumindest teilweise im D-Genom dieser Spezies lokalisiert sind, was ihre Einlagerung in *T. aestivum* wesentlich vereinfacht.
A. Meinel. 1712.

2-68/09-0796 Lewellen, R. T., Sharp, E. L. und Hehn, E. R. Major and minor genes in wheat for resistance to Puccinia striiformis and their responses to temperature changes. **(Haupt- und Nebengene beim Weizen für die Resistenz gegenüber Puccinia striiformis und ihr Verhalten bei Temperaturänderung.)** Canad. J. Bot. 45 (1967) Nr. 11. S. 2155–2172. — 8 Tab., 36 Lit.
Mit 3 Weizensorten, von denen 2 ein Hauptresistenzgen gegen *Puccinia striiformis* enthielten, wurden alle denkbaren Kombinationen einschl. Rückkreuzungen hergestellt und in F_2 und F_3 auf Resistenz untersucht. Die Testpflanzen kamen in Klimakammern bei 2 unterschiedlichen Temperaturbereichen zur Anzucht. Aus dem zahlreichen Material ergibt sich, daß eine unbestimmte Zahl von Nebengenen bei bestimmten Kreuzungssituationen die zu erwartende Reaktion der Hauptgene modifiziert. In Hinblick auf die Temperatureinflüsse ließ sich feststellen, daß die Hauptgene in ihrer Wirkung unbeeinflußt blieben, die Nebengene jedoch bei höheren Temperaturen eine bessere Resistenzeffektivität verursachten.
D. Ebert. 1712.

2-68/09-0797 Avanzi, Silvana, Corsi, Gabriella, Amato, F. d', Floris, C. und Meletti, P. The chromosome breaking effect of the irradiated endosperm in water-soaked seeds of durum wheat. **(Die Chromosomenbruch-Wirkung bei bestrahltem Endosperm von vorgequollenem Saatgut von Durum-Weizen.)** Mutation Res., Amsterdam 4 (1967) S. 704-707. Sep. — 2 Tab., 18 Lit.
Saatgut von *Triticum durum* wurde vorgequollen und teilweise mit 500, 1000, 2000 und 4000 r bestrahlt. Anschließend wurden die Embryonen von bestrahltem und unbestrahltem Saatgut herauspräpariert. Unbestrahlte Embryonen wurden nun auf bestrahltes und unbestrahltes Endosperm (Kontrolle) transplantiert. 14, 16, 18 und 20 h später wurden Wurzeln fixiert, nach Feulgen gefärbt und an Quetschpräparaten die Anzahl der Chromosomen- und und Chromatidenbrüche sowie der gestörten Anaphasen festgestellt. Nach 14- und 16- h Transplantation war die Zahl der gestörten Anaphasen und die Zahl der Chromatidenbrüche bei der 2000-r- und 4000-r-Serie gegenüber den Nichttransplantierten, der Kontrolle und den beiden Serien mit niedriger Strahlendosis deutlich erhöht. Das bestahlte Endosperm übte also eine Wirkung auf den transplantierten Embryo aus. Nach 18 h Transplantation traten die erhöhten Aberrationsraten merkwürdigerweise bei der 500-r- und 1000-r-Serie auf. Mit diesen Untersuchungen konnten ältere Beobachtungen bei Gerste bestätigt werden.
H. E. Fischer/Kleinwanzleben. 1712.

2-68/09-0798 Volodin, V. G. und Mušinskaja, L. G. Izučenie častoty vozniknovenija radiacionnych mutacij u pšenicy iz kollekcii Vsesojuznogo instituta rastenievodstva. **(Untersuchung der Häufigkeit der durch Strahlen hervorgerufenen Mutationen bei Weizen aus der Kollektion des Unionsinstituts für Pflanzenzucht.)** V kn.: Ėksperimental'nyj mutagenez, Minsk **1967** S. 50-56.
Die Mutabilität von 81 So.-Weizensortenmustern (5 Arten und 10 Varietäten) wurden nach Behandlung mit ^{60}Co γ-Strahlen bei 36 r/sek und der Dosis von 10 kr untersucht. Als Kontrolle dienten unbestrahlte Körner der gleichen Ähre. Die morphol. Veränderungen wurden erfaßt. Natürliche Variabilität zeigte sich bei 'Erythrospermum' (2,2%), 'Milturum' (0,65%), 'Lutescens' (0,25%), 'Ferrugineum' (0,17%). Nach der Bestrahlung erhöhte sich die Variabilität bei diesen Formen um ein Mehrfaches. Hohe Mutabilität (1,84 bzw. 3,90%) wiesen auch 'Grecum' und 'Alborubrum' auf, bei denen keine natürliche Variabilität vorhanden war. 'Albidum', 'Velutinum' und 'Rufinflatum' waren strahlenfest. Die höchste Mutabilität zeigten die Sorten 'Trimstein' (21,1%), 'Trübst-39' (15,8%), 'Analnac' (30%) und 'Ricco' (15,5%). Innerhalb der Herkünfte war die Mutabilität am höchsten bei den südamerikanischen (5,46%), indochinesischen (5,32%) und Herkünften von Sachalin (5%).
SSSR/VINTISCh. 1712.

2-68/09-0799 Goud, J. V. Handling irradiated material in segregating generations. **(Behandlung bestrahlten Materials in spaltenden Generationen.)** Current Sci., Bangalore 36 (1967) Nr. 20. S. 557-558. — 1 Tab., 6 Lit.
Die Mutationsfrequenz von Primär- und Sekundärähren ist nach γ-Bestrahlung (20 kr) von Samen der hexaploiden Weizenvarietät NP 870 geprüft worden. Dabei sind 1. die Hauptähre von M_1-Pflanzen mit dem Ramsch der restlichen Ähren und 2. die zuerst gebildeten

4 Ähren mit den restlichen Ähren der entsprechenden M_1-Pflanzen hinsichtlich der Häufigkeit von Chlorophyllmutationen und anderen lebensfähigen Mutanten verglichen worden. Im 1. Falle war die Mutationshäufigkeit der Hauptähre wesentlich niedriger als die der Nebentriebe, während im 2. Falle die ersten 4 Ähren eine größere Anzahl Mutationen als die Restähren zeigten. Da beim Weizen 5···6 Ähren im Embryo des Samens determiniert sind, erscheint für die Selektion die getrennte Prüfung dieser M_1-Ährennachkommenschaften lohnender als die von M_1-Pflanzen. W. Hentrich. 1712.

2-68/09-0800 Turbin, N. V. und Volodin, V. G. Castota vozniknovenija nasledstvenno-izmenennych form v svobodno-pereopylennom potomstve i pri incuchte pšenicy. (**Häufigkeit der Entstehung erblich veränderter Formen bei freiabgeblühten Nachkommen und nach Inzucht von Weizen.**) V kn.: Ėksperimental'nyj mutagenez, Minsk **1967** S. 43–49.

Es wird auf die Notwendigkeit hingewiesen, die Art der Blüte und Bestäubung bei der Beurteilung der Mutabilität bei Weizen zu berücksichtigen, da rezessive Mutationen sich bei Fremdbefruchtern nicht in M_2 zu zeigen brauchen. Bei den So.-Weizensorten 'Tulun 70' und 'Lutescens 62' wurde die Rolle des Bestäubungstyps sowie die der Selbstsbestäubungsdauer in der Mutationsvariabilität untersucht. Um strenge Selbstbestäubung zu erreichen, war ein Teil der Ähren isoliert worden, wobei andere Ähren von den gleichen Pflanzen sich frei bestäuben konnten. Die Behandlung trockener Samen mit ^{60}Co-γ-Strahlen erfolgte mit 368 und 1920 r/min bei einer Dosis von 10 kr. Die Mutabilität der I_3 übertraf die Mutabilität der aus freier Bestäubung gewonnenen Pflanzen um das 2···3fache und erreichte 17%, in der Kontrolle 4,41%. Sie erhöhte sich bei Verlängerung der Selbstbestäubungsdauer. So konnten in I_2 nach 5maliger Bestrahlung 2,12%, in I_3 19,06% veränderte Formen gewonnen werden; in M_2 betrug die Variabilität von I_2 nach 4maliger Bestrahlung 9,70%, bei I_3 12,90%. Somit erhöhen strenge Selbstbestäubung und folgerichtige Homozygotisation die Mutabilität des Weizens. SSSR/VINTISCh. 1712.

2-68/09-0801 Volodin, V. G. Charakter projavlenija radiacionnych izmenenij fenotipa jarovoj pšenicy v pervom pokolenii posle otbora. (**Art der durch Strahlen hervorgerufenen Veränderungen im Phänotyp von Sommerweizen in der 1. Generation nach der Auslese.**) V kn.: Ėksperimental'nyj mutagenez, Minsk **1967** S. 57–68.

Trockene So.-Weizensamen von 'Tulun 70' wurden in der γ-Anlage GUV mit 1932 r/min bestrahlt. In M_2 konnten 180 veränderte, in 15 Merkmalen unterschiedliche Formen selektiert werden. Die Körner der 1. M_2-Ähre wurden erneut bestrahlt (10 kr). Die Körner der 2. Ähre blieben unbestrahlt. In der 1. Generation nach der Selektion ließen sich 36,4···38,2% Familien feststellen, die die Merkmale verloren hatten, auf deren Grundlage die Selektion stattfand, 8,8···9,1% Familien besaßen den Ausgangsphänotyp und 52···54% waren spaltende Familien. Die letzteren dürften den mutierten Familien zugeordnet werden, da in den unbestrahlten Beständen keine Aufspaltung zu beobachten war. Bei der Bestimmung der Mutabilität auf Grund der Veränderungen in M_2 sind große Fehler möglich. Wiederholte Bestrahlung änderte nicht die Art der Aufspaltung. Unter den erektoiden Formen wurde die Höchstzahl an Familien festgestellt, die zum Ausgangstyp zurückgekehrt waren (59,1%), von den rotährigen bestockten waren es 50,0% von den bestockten 47,4% usw. Den geringsten Anteil an Familien mit Rückkehr zum Ausgangstyp (25···40%) hatten die bespelzten Formen, die rotährigen grannenlosen großährigen und die Formen mit spindelartiger Ähre. Die durchschnittliche Ausbeute an echten Mutationen erreichte 8,8%. Ein genaueres Bild der mutativen Variabilität wird durch die Bestimmung der Beziehung von Mutanten aufspaltender Pflanzen (Familien) der M_3 einerseits zur Zahl der analysierten Pflanzen oder Familien in M_2 andererseits gewonnen. Es konnten 4 Typen der Familienaufspaltung in M_3 festgestellt werden. SSSR/VINTISCh. 1712.

2-68/09-0802 Ukolov, A. A. und Maksimov, I. L. Cvetenie i opylenie tverdoj i mjagkoj ozimych pšenic. (**Blüte und Bestäubung von Winterhartweizen und -weichweizen.**) Izvestija Timirjazevskoj sel'skochozjajstvennoj akademii, Moskva **1967** Nr. 6. S. 71–84. — 10 Tab., 77 Lit. Zus. in Engl.

An 6 Wi.-Hartweizen und einem Weichweizen wurden Blühverlauf und Bestäubung untersucht. Der Anteil der offenen (chasmogamen) Blüten ist bei den Hartweizen der Tscha niedriger (52···79%) als beim Hartweizen 'Mičurinka' (73···91%) und dem Weichweizen 'Moskovskaja' 2453' (78···93%). Geschlossene (kleistogame) Blüten sind am häufigsten als 3. und 4. in der Ähre anzutreffen. Der offene Blühzustand dauert bei Hartweizen länger (18 bis 58 min.) als bei Weichweizen (9···15 min), der zur gleichen Zeit auch weniger offene Blüten zeigt. Das Öffnen der Blüten verläuft tags intensiver als nachts, ist aber auch am Tage unterschiedlich. Im allg. öffnen sich die Blüten erst nach erfolgter Bestäubung durch große Mengen von Pollenkörnern (mehr als 400/Blüte), die zu 60···90% bereits gekeimt sind. Bei Windbestäubung von kastrierten Blüten liegt die Pollenkornmenge/Blüte bei 1,14 bis 3,41. Beim Weichweizen sind Fruchtknoten und Pollenkörner größer, dafür ist die Anzahl/Blüte geringer. Die Pollenmenge in der Luft über dem Weizenfeld wird in starkem Maße vom Verlauf des offenen Abblühens bestimmt, und damit auch der Ansatz bei freier Bestäubung kastrierter Blüten. Das offene Abblühen von Wi.-Weizen ist als Kreuzungsmethode daher bei nichtsterilem Pollen kaum anwendbar.

U. Bandlow/Kleinwanzleben. 1712.

2-68/09-0803 Maštaler, S. G. Morfologičeskie i gistochimičeskie osobennosti pyl'cy tetraploidnoj i diploidnoj rži. (**Morphologische und histochemische Besonderheiten polyploiden und diploiden Roggenpollens.**) Citologija i genetika, Kiev 2 (1968) Nr. 1. S. 21-29. — 2 Abb. 4 Tab., 50 Lit.

Pollenkörner von polyploidem Roggen sind größer als diploide. Sie haben dickere Pollenschläuche mit langsamerem Wachstum. Die Pollenkeimung erfolgte in einem Medium auf 1% Agar und Saccharose. Optimale Konz. für die diploiden Pollenkörner waren 25···30%, für die tetraploiden 35%. Es wurden Feuchtigkeitskammern mit Luftaustausch verwendet. Histochem. Untersuchungen auf Dehydrogenase, Peroxydase, Zytochromoxydase, Sulfhydrylverbindungen, Heteroauxin, Proteine und Stärke ergaben keine Unterschiede zwischen di- und tetraploidem Pollen. Unterschiede in der Intensität der Reaktionen wurden dagegen zwischen verschiedenen Pollenkörnern beider Gruppen beobachtet. Sterile Pollenkörner enthielten keine der o. g. Substanzen. Die Reaktion auf die untersuchten Subst. war bei Pollen von Gewächshauspflanzen beträchtlich geringer. Entspr. geringer war auch der Samenansatz. Die starke Reaktion auf alle untersuchten Stoffe in den frischen Pollenkörnern wird schwächer bei Keimung auf dem Nährmedium. Die Konz. aller erwähnten Subst. ist im Pollenschlauch geringer als im Plasma des Pollenschlauches. Die Lokalisierung von Stärke und Zytochromoxydase stimmt überein mit den Granula. Andere Stoffe waren im Plasma des Pollenschlauches gleichmäßiger verteilt. Die Reaktionen auf die Sulfhydrylverbindungen und aus Heteroauxin waren am intensivsten in der Exine der Pollenkörner. Sie enthielt keine Stärke. Jedoch muß bei der Analysierung der Lokalisation der untersuchten Stoffe die Fähigkeit der Exine zur physik. Absorption von Farbstoffen in Betracht gezogen werden. In der Membran des Pollenschlauches wurden nur Spuren der genannten Stoffe nachgewiesen (außer Stärke, welche völlig fehlte).

E.-M. Ardelt. 1714.

2-68/09-0804 Chudjak, M. I.; Kiew, Bot. Inst. der Akad. der Wiss. der Ukr. SSR. Obrazovanie gibridnych zernovok pri skreščivanii tetraploidnoj rži s diploidnoj. (**Erzeugung von Hybridkaryopsen durch Kreuzung von tetraploiden und diploiden Roggen.**) Žurnal obščej biologii, Moskva 29 (1968) Nr. 1. S. 109-120. — 7 Abb., 1 Tab., 19 Lit. Zus. in Engl.

Bei der Kreuzung von tetraploiden und diploiden Roggen sind folgende Unregelmäßigkeiten zu beobachten: Abnormale mitotische Teilung der Endospermkerne, Fehlen von zellularem Endosperm, fehlende Embryodifferenzierung, Vorbildung einer chlorophyllbildenden Schicht. Die reziproken Kreuzungen ergaben die Bildung von zellularem Endosperm, welches frei von Protein und Reservestärke war. Der Embryo wurde nicht differenziert. Eine kleine Anzahl der Hybridkaryopsen entwickelte sich normal und kam morphol. der mütterlichen Form nahe, obgleich die Kornsubstanz des Embryos durch die Stärke repräsentiert wird. Es ist anzunehmen, daß die frühe Embroyentwicklung einschließlich des Differenzierungsstadiums, eher von den Beziehungen zum mütterlichen Organismus abhängen als von dem Endosperm-Status. Die Inkompatibilität der Kreuzungen wirkt nicht allein auf die Embryo- und Endospermentwicklung sondern auch auf den Status der somatischen Chloroplastbildungsgewebe, das um den Embryosack vorhanden ist. F. Beleites. 1714.

2-68/09-0805 Foster, A. E., Peterson, G. A. und Banasik, O. J.; Fargo, N. Dak., State Univ., Agric. Exper. Stat. Heritability of factors affecting malting quality of barley, Hordeum vulgare L., emend. Lam. (**Der Erblichkeitswert von Faktoren für Brauqualität bei Gerste, Hordeum vulgare L., emend. Lam.**) Crop Sci. 7 (1967) Nr. 6. S. 611-613. — 2 Tab., 14 Lit.

5 Gerstensorten — 'CI 4439' (aus der Mandschurei), 'N.D. B 112' und 'C 54-19-30-4-2' (Auslesen aus Nord Dakota), 'Iowa 5286' (Auslese aus Iowa) und 'U.M. 570' (eine kanadische Züchtung) — wurden diallel ohne Einschluß der Reziproken miteinander gekreuzt. Keine der Elternformen war für alle Qualitätsmerkmale gleich gut. Die Qualitätsuntersuchungen erfolgten in der F_2 und F_3 auf N-Gehalt, Extraktgehalt und diastatische Kraft in L°. Eine Voraussageprüfung auf der Basis der Erblichkeitsbestimmung und der Korrelationskoeffizienten an der F_2 hat für die Qualitätsmessungen in der F_3 nur ungenügende Aussagekraft. Die Erblichkeitsfeststellungen in der F_3 bei Ausnutzung der Varianzkomponenten war hoch und zeigte, daß ein Fortschritt bei Auslese auf N, Extrakt oder diastatische Kraft in dieser Generation möglich ist. Die Bestimmung der Korrelationskoeffizienten der 3 Merkmale ergab, daß Extrakt mit N und mit diastatischer Kraft negativ sowie N mit diastatischer Kraft positiv korreliert. Auf die Vorteile der Qualitätsbestimmung in der F_3 für den Züchter wird hingewiesen. F. Beleites. 1716.

2-68/09-0806 Rutger, J. N., Schaller, C. W. und Dickson, A. D. Variation and covariation in agronomic and malting quality characters in barley. II. Interrelationships of characters. (**Variation und Kovariation von pflanzenbaulichen und Brauqualitäts-Merkmalen bei Gerste. 2. Mitt. Korrelative Beziehungen zwischen den Merkmalen.**) Crop Sci. 7 (1967) Nr. 4. S. 325–326. — 1 Tab., 7 Lit.

An Hand von 102 F_4-Linien aus einer zwischensortlichen Kreuzung von Braugersten wurden die Korrelationen zwischen und innerhalb von 8 pflanzenbaulichen und 9 Brauqualitätsmerkmalen berechnet. Eine sehr enge Korrelation wurde zwischen Ährendichte und Standfestigkeit ermittelt ($r = 0,79$). Hoher Vollkornanteil korrelierte negativ mit der Farbe der Aleuronschicht, positiv mit der Extraktausbeute. β-Amylase und diastatische Kraft korrelierten ebenfalls positiv. α- und β-Amylasegehalt standen nicht zueinander in Beziehung, woraus der Schluß gezogen wird, daß beide Komponenten voneinander unabhängig vererbt werden. Der Kornertrag korrelierte in nur geringem Maße mit den einzelnen Qualitätsmerkmalen; es dürfte daher keine Schwierigkeiten bereiten, günstige Qualitätsmerkmale und hohes Ertragspotential miteinander zu kombinieren. H. D. Koch. 1716.

2-68/09-0807 Metcalfe, D. R., Helgason, S. B. und Hougen, F. W.; Winnipeg, Manitoba, Canada Dep. of Agric., Res. Stat.; Univ. of Manitoba, Dep. of Plant Sci. A genetic study of malting quality in barley varieties of different ancestral background. (**Eine genetische Untersuchung der Brauqualität bei Gerstensorten unterschiedlicher Abstammung.**) Canad. J. Genetics Cytol. 9 (1967) Nr. 3. S. 554–564. — 4 Abb., 3 Tab., 12 Lit.

Die Gerstensorten 'O.A.C. 21' (mandschurische Gerste in Kanada, Standard für Brauqualität); 'Montcalm' und 'Fort' (Sorten mit mandschurischer Abstammung); 'Anoidium' (aus Argentinien) wurden in Kreuzungen auf den Erbgang der Brauqualität untersucht. 'Parkland' (ebenfalls mit mandschurischer Abstammung) diente nur als Vergleichssorte. Die Untersuchungen erfolgten an den F_3-Nachkommenschaften. Das genetische Verhalten der einzelnen Brauqualitätsmerkmale: Extrakt-Ausbeute, Verzuckerungsaktivität, N-Gehalt, TKM sowie ihre Korrelationen wurden festgestellt. Die Qualitätsausprägung wurde durch nichtfestgelegte Varianten — Dominanz oder Epistasie-Wirkung oder beides — vermutlich mandschurischer Herkunft beeinflußt. Eine bleibende positive Verbindungsabhängigkeit trat zwischen Verzuckerungsaktivität, N und TKM auf; während zwischen Verzuckerungsaktivität und Extrakt eine negative Abhängigkeit vorhanden war. Die Korrelationen zwischen TKM und Extrakt sowie N und Extrakt waren wechselnd. Zwischen den verwendeten Sorten konnte keine größere genetische oder physiol. Schranke gefunden werden. Jedoch wird es notwendig sein, bei der Auslese auf Qualität nach der F_4 den Einfluß nichtfestgelegter Variation vorhergehender Generationen aufzuheben. Für diesen Fall wird auf die Bedeutung und Möglichkeit der Rückkreuzung hingewiesen. F. Beleites. 1716.

2-68/09-0808 Smith jun., D. H. Relationship of winter habit and malting quality in spring X winter barley crosses. (**Beziehungen zwischen dem Winter-Wuchstyp und den Vermälzungseigenschaften bei Sommer- × Wintergerstenkreuzungen.**) Crop Sci. 7 (1967) Nr. 4. S. 313–314. — 1 Abb., 4 Tab., 3 Lit.

Die Untersuchungen wurden durchgeführt, um festzustellen, ob es reale Kreuzungsbarrieren gibt, die die Schaffung von Wi.-Gersten mit den Vermälzungs- und Braueigenschaften des Sommertyps ausschließen. Für die in F_3 erfolgten Analysen der 12 So.- x Wi.-Gerstenkreuzungen wurden die Linien in 3 Kategorien (Wintertyp, intermediärer Wuchstyp und

Sommerform) eingeteilt. Die Aussaat der F_3-Familien erfolgte im zeitigen Frühjahr, um Jarowisation der Winterformen zu ermöglichen. Die Qualitätsuntersuchungen wurden an dem Erntegut vorgenommen. Ein Parallelanbau nach Aussaat im späten Frühjahr des gleichen Jahres diente zur Bestimmung des entwicklungsphysiol. Verhaltens. Nach den Ergebnissen der Untersuchungen über die Vermälzungseigenschaften kann der Schluß gezogen werden, daß mit dem Wintertyp keine Merkmale gekoppelt sind, die der Züchtung einer Wi.-Braugerste entgegenstehen. H. D. Koch. 1716.

2-68/09-0809 Hermelin, Thorsten. Effects of acute gamma irradiation in barley at different ontogenetic stages. (**Über die Wirkung akuter Gamma-Bestrahlung bei Gerste in verschiedenen Stadien der Ontogenese.**) Hereditas, Lund **57** (1967) Nr. 3. S. 297-302. — 4 Tab., 7 Lit.
Die in Mitscherlichgefäßen kultivierten Pflanzen der So.-Gerstensorte 'Bonus' wurden z. Z. des Schossesn, der Meiose, Anthese, des Ährenschiebens und z.Z. der Reife mit γ-Strahlen (^{137}Cs) verschiedener Intensität (16 h mit 200 und 800 rad) behandelt. Weitere Bestrahlungsversuche wurden mit der Sorte 'Foma' nach Anzucht auf Versuchsparzellen desselben γ-Feldes unternommen (24 h mit unterschiedlicher Entfernung von der Strahlenquelle). Untersucht wurde die Beeinflussung der Wuchslänge, der Fertilität sowie die Häufigkeit der Chlorophyllmutanten. 200 rad führten i. allg. nur zu geringen Depressionen der Wuchslänge (in γ_1); 800 rad hatten stärkere, in den einzelnen Stadien der Behandlung unterschiedliche Wuchslängenreduktionen zur Folge. Letztere waren nach der Bestrahlung im frühen Schoßstadium, während der Meiose und Anthese am deutlichsten ausgeprägt. Die Fertilität in γ_1 wurde bes. nach der Behandlung während der Meiose negativ beeinflußt (43,2% bei 'Bonus' und 40,8 bzw. 57,8% bei 'Foma' unter Berücksichtigung der Einwirkung von 800 rad). Die in γ_2-Ährennachkommenschaften untersuchte Mutationshäufigkeit war nach Behandlung in der Meiose am größten, verglichen mit früheren Stadien der Ontogenese. Die rel. hohen Mutationsraten nach der Bestrahlung der Embryonen (Zeitpunkt des Ährenschiebens) wird damit in Zusammenhang gebracht, daß eine gewisse Anzahl beobachteter Nachkommen einen höheren Anteil unabhängiger Mutationseinheiten umfaßte.
H. D. Koch. 1716.

2-68/09-0810 Walles, Solveig; Stockholm, Sweden, Univ., Inst. of Biochem. Studies on the uptake of ethyl methanesulfonate into embryos of barley. (**Untersuchungen zur Aufnahme von Äthyl-Methansulfonat in Embryonen von Gerste.**) Hereditas, Lund **58** (1967) Nr. 1/2. S. 95-102. — 2 Abb., 3 Tab., 16 Lit.
Körner der Gerstensorte 'Bonus' wurden nach 0, 2 und 15 h Vorquellen bei 18 °C mit Äthyl-Methansulfonat (ÄMS) behandelt, um das Eindringen von ÄMS in das Embryogewebe festzustellen. Die ÄMS-Aufnahme ist vom Grad der Quellung der Körner abhängig und dauert solange, wie der phys. Vorgang der Quellung anhält. Bei Keimungsbeginn wurde der ÄMS-Gehalt im Korn bestimmt. Nach dem Waschen ließen ÄMS-behandelte Körner weniger oder fast keine Wirkung auf die Mutationsrate mehr erkennen. Die Feldversuche brachten in dieser Richtung deutliche Ergebnisse. 4 h Waschen war noch gering in der Wirkung, während 12 h ein sehr starkes Ansteigen der Überlebensrate herbeiführte. Keine oder nur geringe Wirkung des Waschens der Körner trat ein, wenn diese ohne Zwischenlagerung unmittelbar ausgesät wurden. F. Beleites. 1716.

2-68/09-0811 Fick, Gerhardt N. und Rasmusson, Donald C. Heritability of Sr-89 and Ca-45 accumulation in barley seedlings. (**Heritabilität der ^{89}Sr- und ^{45}Ca-Akkumulation in Keimpflanzen der Gerste.**) Crop Sci. 7 (1967) Nr. 4. S. 315-317. — 2 Tab., 14 Lit.
Die Untersuchungen wurden bei 2 Gerste-Kreuzungen, deren Kreuzungspartner sich in der ^{89}Sr- und ^{45}Ca-Akkumulation rignifikant voneinander unterscheiden, vorgenommen. Die Analyse erstreckte sich auf Keimpflanzen der Elternsorten, der F_1, F_2 sowie auf F_3- und F_4-Familien. Die in F_2 im Vergleich zu den Eltern und der F_1 ermittelten Heritabilitätswerte lagen für die ^{89}Sr-Akkumulation bei 50 bzw. 41%, für die ^{45}Ca-Akkumulation bei 58 bzw. 36%; die an Hand der Korrelationen zwischen F_3- und F_4-Familien ermittelten korrespondierenden Werte betrugen 55 bzw. 50% und 49 bzw. 41%. Der tatsächlich eingetretene Selektionserfolg auf hohe bzw. niedrige Akkumulationsraten von ^{89}Sr und ^{45}Ca, gemessen an den Werten der F_4-Linien, stimmte mit den theoretisch berechneten Werten, bes. im Hinblick auf die Selektion niedriger Akkumulationsraten, weitgehend überein. Unterschiede zwischen den Linien im Verhältnis von $^{45}Sr/^{89}Ca$, in den F_3-Familien festgestellt, erwiesen sich als nicht erblich. H. D. Koch. 1716

2-68/09-0812 Androščuk, A. F. und Marecha, L. N. Inducirovannaja pestrolistnost' jačmenja v M_1, ee nasledovanie i mikrosporogenez. (**Induzierte Blattstreifung bei Gerste in der M_1, ihre Vererbung und die Mikrosporogenese.**) Citologija i genetika, Kiev 2 (1968) Nr. 1. S. 30–34. — 2 Abb., 2 Tab., 14 Lit.

Die Vererbung einer Chlorophyllmutation des Streifentyps, die in 3 Gerstensorten nach Behandlung der Samen mit Äthylenimin und N-Nitroso-äthylharnstoff gefunden wurde, wurde untersucht. Der Einfluß der Chlorophylldefekte in den Pflanzen der 1. Generation auf die Mikro- und die Gametogenese in der 2. Generation wurde untersucht. Es wurde gefunden, daß die chlorophyllfreien Streifen nicht auf die 2. Generation vererbt wurden. Die phänotypische Manifestierung der Streifung in der M_1 ist wahrscheinlich bedingt durch den Verlust der Fähigkeit, unter der Wirkung des Mutagens auf die Plastiden normales Chlorophyll zu bilden und ist nicht verbunden mit Mutationen im nuklearen Apparat. Keine essentiellen Abweichungen (außer seltenen Fällen der Abwesenheit von Zellen mit doppeltem Chromosomensatz oder mit Störungen bei der Bildung von Bivalenten) wurden bei den Nachkommen der Mutanten beobachtet, welche in der M_2 die chlorophyllfreien Streifen haben. In der Nachkommenschaft von Pflanzen mit Streifen sind Pollenabortion und Verschiedenheiten der Pollenkorngröße beträchtlich größer als in den Kontrollpflanzen.

E.-M. Ardelt. 1716.

2-68/09-0813 Rasmusson, D. C., Beard, B. H. und Johnson, F. K. Effect of natural selection on performance of a barley population. (**Die Wirkung natürlicher Selektion auf die Leistungsfähigkeit einer Gerstenpopulation.**) Crop Sci. 7 (1967) Nr. 5. S. 543. — 1 Abb., 1 Tab.

Wesentlicher Bestandteil des So.-Gersten-Züchtungsprogrammes in Minnesota ist die Schaffung von Sorten, die gegen eine verspätete Aussaat unempfindlich sind. Zur Untersuchung des natürlichen Selektionseffektes wurde eine Ausgangspopulation erzeugt, die sich aus 6.000 Neuzugängen der Weltkollektion (jeweils gleiche Anteile wurden gemischt) zusammensetzte. Diese Population wurde von 1958 bis 1964 unter den Bedingungen einer verspäteten Aussaat angebaut (jährlich ca. 40.000 Pflanzen). 1965 und 1966 wurde die Ertragsfähigkeit des Erntegutes jedes Anbaujahres vergleichend geprüft. Mit ansteigender Zahl der Selektionsjahre nahm die Ertragsleistung der Population ständig zu; verglichen mit der Ausgangspopulation betrug die jährliche Ertragssteigerung etwa 9,5% (lineare Regression). Es muß allerdings bemerkt werden, daß das Niveau des Ausgangsmaterials auf Grund der Tatsache, daß die Komponenten der Population an die spez. Umweltbedingungen nicht angepaßt waren, sehr niedrig war. H. D. Koch. 1716.

2-68/09-0814 Joshi, S. N. und Frey, K. J. Genetic variability in oats from recurrent and alternate treatment with physical and chemical mutagens. (**Genetische Variabilität bei Hafer durch wiederholte und abwechselnde Behandlung mit physikalischen und chemischen Mutagenen.**) Radiation Bot. 7 (1967) Nr. 6. S. 513–520. — 7 Tab., 8 Lit. Zus. in Franz., Dtsch.

Samen der Sorte 'Clintland 60' wurde in folgenden Varianten mit thermischen Neutronen (TN) und ÄMS behandelt: TN, ÄMS (einmalige Behandlung), TN-TN, ÄMS-ÄMS (zweimalige Behandlung), TN-ÄMS, ÄMS-TN (zweimalige Behandlung mit Mittelwechsel). In einem Feldversuch wurde die Wirksamkeit dieser Behandlungen bezüglich der Variabilität des Zeitpunktes des Ährenschiebens, der Pflanzenhöhe und der 100-Korn-Samenmasse untersucht. Die Variabilität war bei ÄMS höher als bei TN. Wirkungsvoller war auch zweimalige Behandlung mit gleichem oder wechselndem Mutagen gegenüber einmaliger Behandlung. Mutagenwechsel bei zweimaliger Behandlung führte zu höherer Variabilität als zweimalige Behandlung mit dem gleichen Agens. Genspezifische Wirkungen von TN und ÄMS deuteten sich an. M. Kummer. 1718.

2-68/09-0815 Simons, M. D. Crown rust resistance of the oat strain P. I. 174544. (**Kronenrostresistenz bei der Haferlinie P. I. 174544.**) Crop Sci. 7 (1967) Nr. 5. S. 475–477. — 2 Tab., 6 Lit.

Die Haferlinie P. I. 174544 wurde aus Frankreich eingeführt; sie erwies sich als feldresistent gegen die Rassengruppen 202, 264 und einige Rassen der Gruppe 290 des Kronenrostes. Die Resistenz wird durch ein dominantes Hauptgen kontrolliert. Nach entsprechenden genetischen Analysen, die an Hand von Kreuzungen mit empfindlichen Sorten durchgeführt wurden, werden weitere Nebengene, die zur Resistenz beitragen, angenommen. Bemerkenswert ist, daß die Resistenz dieser Haferlinie nicht allel mit anderen bekannten Quellen der Feldresistenz gegen Kronenrost ist. Daraus wird die Möglichkeit der Entwicklung von resistenten

Haferlinien abgeleitet, die die Ausgangslinie in der Resistenz noch übertreffen können. Die Frage, ob die Resistenzeigenschaften der Haferlinie P.I. 174544 auf die angepaßten Sorten des betreffenden Gebietes übertragen werden können, konnte nach Analyse von Kreuzungsnachkommenschaften (F_4- bis F_6-Linien) positiv beantwortet werden.
H. D. Koch. 1718.

2-68/09-0816 Underbrink, A. G., Ting, Y. C. und Sparrow, A. H.; Upton, N.Y., Brookhaven Nat. Labor. Biol. Dep. Note on the occurrence of a synaptinemal complex at meiotic prophase in Zea mays L. **(Bericht über das Vorkommen eines synaptischen Komplexes während der meiotischen Prophase bei Zea mays L.)** Canad. J. Genetics Cytol. **9** (1967) Nr. 3. S. 606-609. — 4 Abb., 7 Lit.

Elektronenmikroskopische Untersuchungen an Mais-Antheren im meiotischen Prophase-Stadium ließen Strukturen des synaptischen Komplexes in Verbindung mit den bivalenten Chromosomen während des Pachytäns der Meiose erkennen. Die Strukturen entsprachen denen bei anderen Arten bereits festgestellten; bei Mais war die Menge des kompakten fibrillären Chromatins abweichend von den anderen Beobachtungen. In Querschnitten konnten die lateralen Elemente als „wachsend" beobachtet werden. In einem Fall wurde eine scheinbare Verbindung von dem synaptischen Komplex und der Kernmembrane festgestellt. Der Bereich der Verbindung zwischen den nucleolar ausgerichteten Chromosomen und dem Nukleolus weist differenzierte Strukturen auf, deren Komponenten noch nicht geklärt sind. Ebenso ist die Beziehung dieser Strukturen zum synaptischen Komplex gegenwärtig noch unbekannt.
F. Beleites. 1720.

2-68/09-0817 Strel'čuk, S. I. und Byčkov, A. N. Vlijanie smesej gaploidnoj i poliploidnoj pyl'cy na plodovitost' tetraploidnoj kukuruzy. **(Einfluß von Gemischen aus di- und tretraploidem Pollen auf die Fruchtbarkeit von tetraploidem Mais.)** Citologija i genetika, Kiev **2** (1968) Nr. 1. S. 14-20. — 2 Tab., 10 Lit.

Die Konkurrenzfähigkeit von diploidem Pollen, erzeugt von tetraploiden Pflanzen der Maissorte 'TP-1', mit haploidem Pollen von diploiden Pflanzen der Sorte 'Reis 645' wurde untersucht. Nach den Ergebnissen sind diploide Pollenkörner, die normalerweise hinsichtlich ihrer Chromosomen und ihrer genetischen Zusammensetzung ausgeglichen sind, fähig, ebenso wie haploider Pollen zu befruchten. Wegen der Störung der Meiose, hervorgerufen durch Chromosomen-Multivalent-Konjugation wird der Pollen von polyploiden Maisformen gebildet. Dieser Pollen enthält einen hohen Anteil aneuploiden Pollens. Die aneuploiden Gameten, die an der Befruchtung teilnehmen, bilden eine große Anzahl nicht lebensfähiger Zygoten. Als Ergebnis zeigt sich, daß der diploide Pollen nur geringe Konkurrenzkraft hat.
E.-M. Ardelt. 1720.

2-68/09-0818 Andrianova, N. F. Sozdanie ischodnych form gibridov kukuruzy dlja severo-zapadnych rajonov Ukrainy. **(Die Schaffung von Ausgangsformen der Maishybriden für die nordwestlichen Bezirke der Ukraine.)** Selekcija i semenovodstvo, Kiev 7 (1967) S. 3 bis 12. — 1 Tab. 1720.

2-68/09-0819 Andrianova, N. F., Šampaj, A. F. und Krivošeja, L. K. Sozdanie gibridov kukuruzy v zapadnych oblastjach USSR. **(Die Schaffung von Maishybriden in den westlichen Gebieten der Ukrainischen SSR.)** Selekcija i semenovodstvo, Kiev **6** (1967) S. 60 bis 67. — 8 Tab. 1720.

2-68/09-0820 Litun, P. P. O metodike otbora prob dlja učeta urožaja zerna kukuruzy. **(Zur Methode der Auswahl von Proben für die Berechnung des Maisertrages.)** Selekcija i semenovodstvo, Kiev **6** (1967) S. 76-80. — 4 Tab. 1720.

2-68/09-0821 Brooks, James S.; Stillwater, Okla., Agric. Exper. Stat. Internode length in heigh mutants of the sorghum variety Wheatland. **(Internodienlänge bei hohen Mutanten der Sorghumsorte 'Wheatland'.)** Crop Sci. 7 (1967) Nr. 6. S. 676. — 1 Tab., 2 Lit.

Die Höhe von *Sorghum*-Pflanzen wird durch Gene, die a die Zahl der Internodien und b die Länge der Internodien beeinflussen, festgelegt. $dw_1 \cdots dw_4$ sind die Loci, wobei dw_3 häufig zu Dw_3 mutiert. 4 Linien der *Sorghum*-Sorte 'Wheatland' konnten als homozygot für die Mutation von dw_3 zu Dw_3 gefunden werden. Der Vergleich zu normalen 'Wheatland'-Pflanzen erbrachte, daß das Dw_3-Allel bes. Internodium 1 (ab Rispe gezählt) und 5 verändert, während Internodium 3 den geringsten Unterschied aufwies. Die Ergebnisse zeigen an, daß die verschiedenen Internodien durch das Dw_3-Allel in unterschiedlichen Grad beeinflußt werden;

aber für eine Verschiedenheit der einzelnen Mutanten-Allele in den 4 Linien konnte kein Beweis gefunden werden. F. Beleites. 1722.

2-68/09-0822 Snoad, Brian; John Innes Inst., Hert., England. The chromosomes and linkage groups of Pisum. **(Die Chromosomen und Kopplungsgruppen von Pisum.)** Genetica, 's-Gravenhage **37** (1966) Nr. 2. S. 247–254.

Auf Grund von Kreuzungsanalysen mit *Pisum*-Linien, die homozygot für eine Reihe von reziproken Translokationen waren, wurden die Untersuchungen von Lamprecht bestätigt, daß die Gattung *Pisum* über 7 Kopplungsgruppen verfügt. Daher sollte die Lamprechtsche Bezeichnungsweise für die Chromosomen von *Pisum* generell Anwendung finden. Die Schlußfolgerungen von Lamm, wonach nur 6 Koppelungsgruppen vorhanden sind, werden auf die unvollständige Kenntnis der Chromosomstruktur einiger Austauschlinien zurückgeführt. J. Schulze. 1732.

2-68/09-0823 Dimitrov, B. Investigating the metaphase configurations of the chromosomes at C-mitosis in Pisum sativum. **(Untersuchungen über die Anordnung der Chromosomen in der Metaphase während der C-Mitose von Pisum sativum.)** Doklady Bolgarskoj akademii nauk, Sofija **20** (1967) Nr. 10. S. 1085–1088. — 1 Abb., 9 Lit.

Primärwurzeln von 2,5 bis 3 mm Länge wurden bei einer Temperatur von 25°C mit 0,1; 0,01 und 0,003%igen Kolchizin-Lösungen behandelt. In den Quetschpräparaten wurden 3 Typen von C-Metaphasen ermittelt: scattered(a), clumped(b) und distributed c-mitosis. Bei der schwächsten Konzentration wurde nur a festgestellt, es handelt sich mithin um die Grenzkonzentration der Wirksamkeit. Bei den höheren Konzentrationen trat ebenfalls zunächst a auf, bei der Konzentration von 0,1% war nach 2 h Einwirkungszeit bereits vorwiegend b zu beobachten, nach 3 h jedoch hatte a wieder zugenommen. Bei der Konzentration von 0,01% zeigte b erst nach 6 h Einwirkungszeit den höchsten Anteil, nach 9 h dagegen hatte sich der Anteil von a wieder deutlich vergrößert. Vf. legt eine Hypothese dar, die das erneute stärkere Auftreten von a und den rel. Rückgang von b nach längerer Einwirkungszeit von Kolchizin erklären könnte. H. E. Fischer/Kleinwanzleben. 1732.

2-68/09-0824 Akopjan, Ė. M. Vlijanie različnych tipov ionizirujuščich izlučenij na vozniknovenie chromosomnych aberracij u gorocha. Soobščenie IV. Otnositel'naja biologičeskaja ėffektivnost' (OBĖ) bystrych nejtronov i gamma-lučej Co^{60}. **(Der Einfluß verschiedener Typen ionisierender Strahlen auf das Entstehen von Chromosomenaberration bei Erbse. 4. Mitt. Relativer biologischer Effekt [RBE] von schnellen Neutronen und Gammastrahlen vom ^{60}Co.)** Genetika, Moskva **1967** Nr. 12. S. 58–60. — 1 Abb. Zus. in Engl.

Lufttrockene Samen der Erbsensorte 'Kapital' wurden mit Neutronen (0,9 MeV) in Dosen von 0,75, 1,5, 3, 5, 10, 20 und 40 krad bei 330 rad/min. behandelt, zum Vergleich mit γ-Strahlen vom ^{60}Co in der gleichen Dosierung bei 4200, 700 und 40 rad/min. Die Untersuchung auf Fragmente, Brücken und Anteil der Zellen mit Chromosomenaberrationen (jeweils an 50 Anaphasen) erfolgte zu Beginn der 1. mitotischen Teilung nach der Bestrahlung. Für den Dosiseffekt wurden Kurven aufgestellt, die für Fragmente und Brücken mit wachsender Strahlendosis linear anstiegen. Der rel. biologische Effekt von schnellen Neutronen (gegenüber dem Standard γ-Strahlen) hängt von der Dosis ab und beträgt für Fragmente und Brücken 6,4…11 und 18 bei den jeweiligen Dosen von 4200–700–70 rad/min. Für den Anteil der Zellen mit Chromosomenaberrationen beträgt er in gleicher Reihenfolge 9…11 und 14,5. U. Bandlow/Kleinwanzleben. 1732.

2-68/09-0825 Murfet, I. C.; Hobart, Australia, Univ. of Tasmania, Bot. Dep. Yellow pollen — a new gene in Pisum. **(Gelber Pollen — ein neues Gen bei Pisum.)** Heredity **22** (1967) Nr. 4. S. 602–607. — 4 Tab., 5 Lit.

Bei der Erbsensorte 'Vinco' traten Pflanzen mit gelben Pollen auf. Kreuzungen dieser Pflanzen mit mehreren normalen Linien und Analysen in der F_2 ergaben, daß normaler orangefarbener Pollen sich unifaktoriell unterscheidet und vollständig dominant ist. Für das rezessive Allel für gelbe Pollenfarbe wird vom Vf. das Symbol: yp (yellow pollen) vorgeschlagen. Aus Kreuzungen mit Markierern konnte der yp-Locus in der Kopplungsgruppe III in der Nähe von b gefunden werden, aber die Reihenfolge von b, yp und st sowie der Abstand b — yp waren mit dem vorliegenden Material noch nicht zu bestimmen. Gelber Pollen kann in einigen Fällen als Markierer für das Gen b verwendet werden, welches bei Fehlen von A der Basis für die Anthozyanbildung, nicht bestimmt werden kann. Weitere Untersuchungen in der F_3 sowie weiterer F_2-Pflanzen aus der Kreuzung 'Nr. 67' sind vorgesehen. F. Beleites. 1732.

2-68/09-0826 Petrik, M. I. Formy gorocha s neparnoperistymi list'jami. **(Erbsenformen mit unpaarig gefiederten Blättern.)** Genetika, Moskva **1967** Nr. 12. S. 53-57. — 4 Abb., 1 Tab., 5 Lit. Zus. in Engl.
Aus Kreuzungen der Erbsensorten 'Ramonskij 77', 'A-10', 'Nevskij 7', 'Kazanskij 216', 'Viktoria Mandorfskaja', 'A-4', 'Italer' (genotypisch mit langen Internodien, Blattranken, Blattscheide und runden Samen) und der Sorte 'Akacia' (kurze Internodien, unpaarig gefiederte Blätter ohne Ranken, Blattscheide, runzelige Samen) sind Formen entstanden, die die unpaaring gefiederte Blattform mit der runden Samenform kombinierten. Diese wahrscheinlich durch crossing-over entstandenen Pflanzen besitzen nach vorläufigen Prüfungen eine Reihe wertvoller Merkmale wie gute Beblätterung, kurzen verdichteten Stengel, hohen Ertrag und paarige Hülsenanlage. U. Bandlow/Kleinwanzleben. 1732.

2-68/09-0827 West, Neal B. und Garber, E. D.; Chicago, Ill., Univ., Dep. of Bot. Genetic studies of variant enzymes. I. An electrophoretic survey of esterases and leucine aminopeptidases in the genus Phaseolus. **(Genetische Untersuchungen verschiedener Enzyme. 1. Mitt. Eine elektrophoretische Bestimmung der Esterasen und Leuzin-Aminopeptidasen bei Phaseolus-Arten.)** Canad. J. Genetics Cytol. **9** (1967) Nr. 3. S. 640-645. — 1 Abb., 2 Tab., 10 Lit.
Von den *Phaseolus*-Arten: ***P. vulgaris, P. aureus, P. coccineus, P. lunatus, P. acontifolius, P. acutifolius, P. angularis, P. bracteatus, P. calcaratus, P. dumosus, P. erythroloma, P. mungo, P. pilosus, P. radiatus*** und ***P. trilobus*** wurde aus jeweils einem Kotyledo keimender Samen Rohpreßsaft gewonnen und elektrophoretisch untersucht. Die Zymogramme für die Esterasen (EST) (5 anodische + 5 kathodische Banden) und Leuzin-Aminopeptidasen (LAP) (5 anodische Banden) ergaben, daß sich die Arten mit ihrer Hilfe unterscheiden lassen, wenn gleichzeitig EST und LAP herangezogen wurden, da nicht alle EST bzw. LAP bei den einzelnen Arten auftreten. Auch innerhalb der Arten sind unterschiedliche Banden von EST und LAP beobachtet worden. F. Beleites. 1734.

2-68/09-0828 West, Neal B. und Garber, E. D.; Chicago, Ill., Univ., Dep. of Bot. Genetic studies of variant enzymes. II. The inheritance of esterases and leucine aminopeptidases in Phaseolus vulgaris X P. coccineus. **(Genetische Untersuchungen verschiedener Enzyme. 2. Mitt. Die Vererbung von Esterasen und Leuzin-Aminopeptidasen in der Kreuzung Phaseolus vulgaris X P. coccineus.)** Canad. J. Genetics Cytol. **9** (1967) Nr. 3. S. 646-655. — 2 Abb., 6 Tab., 20 Lit. 1. Mitt. vgl. vorst. Ref.
Zymogramme von ***Phaseolus vulgaris, P. coccineus***, den zwischenartlichen Hybriden, ihren Nachkommen sowie von Rückkreuzungen mit den elterlichen Arten wurden zur Feststellung des Erbganges von Esterasen (EST-V, EST-C) und von Leuzin-Aminopeptidasen (LAP-V, LAP-C) miteinander verglichen. Die genetischen Befunde sprechen für eine monogene Vererbung von EST und LAP. EST-V ist dominant, LAP-V und LAP-C ergaben Codominanz. Die EST- und LAP-Zymogramme verdeutlichen für 2 Amphidiploide alle Möglichkeiten der EST- und LAP-Aktivität, die bei den Ausgangselternarten beobachtet wurde. Zymogramme dürften somit geeignete Hilfsmittel bei der Untersuchung von Amphidiploiden zur Feststellung der Abstammung sowie bei zwischenartlichen Hybriden sein. F. Beleites. 1734.

2-68/09-0829 Coyne, Dermot P.; Lincoln, Univ. of Nebraska, Dep. of Horticult. and Forestry. The genetics of photoperiodism and the effect of temperature on the photoperiodic response for time of flowering in Phaseolus vulgaris L. varieties. **(Die Genetik des Photoperiodismus und die Wirkung der Temperatur auf die photoperiodische Reaktion für den Blütezeitpunkt bei Phaseolus-vulgaris-L.-Sorten.)** Proc. Amer. Soc. horticult. Sci. **89** (1966) S. 350-360. — 3 Abb., 4 Tab., 19 Lit.
Vf. untersuchte 5 Sorten bei Temperaturen von 80 °F (Tag) und 75 °F (Nacht), bzw. 76 °F und 66 °F oder bei Tag und Nacht konstanter Temperatur von 71 °F. Die Pflanzen verhielten sich in Bezug auf ihre Photoperiode bei den verschiedenen Temperaturen verschieden. Die verschiedenen Temperaturbehandlungen bewirkten teilweise eine und teilweise keine photoperiodische Empfindlichkeit. Die Vererbung des Einflusses der Photoperiode auf den Zeitpunkt des Blühens erfolgt quantitativ. Bei einer Kreuzung traten qualitativ modifizierende Gene auf. W. Hiller. 1734.

2-68/09-0830 Hanelt, Peter und Tschiersch, Bruno. **Blausäureglykosid-Untersuchungen am Gaterslebener Wickensortiment.** Kulturpflanze **15** (1967) S. 85-96. — 2 Abb., 3 Tab., 10 Lit. Zus. in Russ., Engl. — nach Zus.

Alle Blausäurepflanzen der Gattung *Vicia* L. gehören zu einer durch das Vorkommen der nichtproteinogenen Aminosäuren β-Cyanoalanin gekennzeichneten biochem., auch in taxonomischer Hinsicht zusammengehörigen Artengruppen (*V. sativa* und Verwandte). Diese Aminosäure und das Blausäureglykosid Vicianin sind als Glieder der Abbauprozesse des Phenylalanins biosynthetisch miteinander gekoppelt. Dabei haben nur die innerhalb der Gruppe taxonomisch als rel. abgeleitet geltenden Sippen die Fähigkeit zur Akkumulation des Vicianins zu nachweisbaren Mengen. Das quantitative Vorkommen dieser Verbindung bei den verschiedenen Arten wird eingehend besprochen und auf praktische Bedeutung dieses cyanogenen Glykosids bei *V. sativa* hingewiesen; die vicianinfreien Herkünfte dieser Art werden im einzelnen aufgeführt. 1736.

2-68/09-0831 Proskura, I. P. und Michajlec, V. I. Mestnye sorta ozimoj viki — cennyj material dlja selekcii. **(Die örtlichen Winterwicke-Sorten sind wertvolles Züchtungsmaterial.)** Selekcija i semenovodstvo, Kiev 7 (1967) S. 34-36. — 3 Tab. 1736.

2-68/09-0832 Hackbarth, J. **Versuche mit Colchicinbehandlung bei Lupinen und die Auffindung einer tetraploiden Form von Lupinus angustifolius.** Z. Pflanzenzücht. 54 (1965) Nr. 3. S. 259-271.
Ausgehend von dem Ziel, Artkreuzungen zwischen den Altweltarten *Lupinus luteus, L. angustifolius* und *L. albus* zu ermöglichen, wurde die Kolchizinbehandlung mit der Tauch-, der Spalt- und der Dochtmethode durchgeführt. Während bei *L. luteus* und *L. angustifolius* nur die Tauch- und Dochtmethode befriedigende Zahlen überlebender Pflanzen ergaben, vertrug *L. albus* infolge des dickeren Stengels auch die Spaltmethode relativ gut. Auch die 3 benutzten Konzentrationen zeigten die abfallende Empfindlichkeit von *L. luteus* über *L. angustifolius* zu *L. albus*. Die Konzentration von 0,02% Kolchizin erwies sich wirksam und gewährleistete das Überleben und Fruchten einer genügend großen Zahl von Pflanzen. Unter 259 behandelten Einzelpflanzen-Nachkommenschaften mit 1227 Körnern wurde eine aus 5 Pflanzen bestehende Nachkommenschaft aus der 0,01%igen Behandlung im 6-h-Tauchverfahren mit 4 morphol. veränderten Pflanzen gefunden. Die Veränderungen erstreckten sich auf Pflanzenhöhe, Stengeldicke, Blatt-, Hülsen- und Körnereigenschaften. Der Kornbesatz/Hülse, der bei 2n-Formen bei 5 liegt, ging bei den veränderten auf 1,2···2,4 zurück. Der Flächeninhalt der Blätter und Fiederblättchen war bei den als polyploid-zytologisch nachgewiesenen 4 Pflanzen des Stammes 3854 gut — sehr gut signifikant größer als bei den Kontrollpflanzen des Stammes 411. Die Chromosomenzahlen schwankten zwischen 68 bis 82, so daß mit Sicherheit eine Verdopplung gefunden wurde. H. J. Troll. 1740.

2-68/09-0833 Hackbarth, J. **Züchtung auf Resistenz gegen Blattschütte bei Lupinus angustifolius.** Z. Pflanzenzücht. 57 (1967) S. 371-381.
Die Blattschütte, die *Lupinus angustifolius* in feuchten Jahren stark schädigt, wurde von Richter 1938 dem Befall mit dem Pilz *Macrosporium sarcinaeforme* zugeschrieben. 1956 beschrieb Wells in Florida dieselben Symptome und stellte als Erreger *Stemphylium botyrosum* fest. Da Mühle 1953 die Hauptfruchtform von *M. sarcinaeforme* als *Pleospora herbarum* feststellte, wie dies 1961 auch bei *Stemphylium* bot. durch Wells geschah, ist eine Identität oder sehr enge systematische Verwandtschaft der Erreger nachgewiesen und erlaubt es, heute von *Pleospora*-Erkrankung zu sprechen. Der Einfluß höherer Niederschläge in der Hauptvegetationsperiode wird nachweislich mit der Befallstärke in Beziehung gesetzt. Ausgangsmaterial für die Resistenzzüchtung waren Wildformen aus Palästina, Italien, Spanien und Portugal, sowie 1 Pflanze, die nach Röntgenbestrahlung ausgelesen wurde. Ferner erwies sich 1 aus Südafrika stammende bittere Kultursorte als resistent. Auf das in den USA erarbeitete resistente Material wird verwiesen. Als Selektionsmerkmal wurde zunächst die Feldbonitierung und dann der Schrumpfungsgrad der Körner benutzt. Der Anteil der Kümmerkörner am Einzelpflanzenertrag erwies sich als brauchbares Kennzeichen für die Befallstärke, mit der 2 resistente Stämme gefunden wurden. Die amerikanischen Arbeiten ergaben 2 rezessive Gene gl_1 und gl_2 für die Resistenz. Kontrollkreuzungen mit dem resistenten Stamm 1673 aus Kreuzungen mit der palästinensischen Wildform ergaben bei Vf. eine resistente F_1, so daß dasselbe Gen sowohl in einer Wildform als auch in der amerikanischen Kulturform aufgetreten sein muß. H. J. Troll. 1740.

2-68/09-0834 Szigat, G. **Untersuchungen an Lypinus angustifolius über eine Wahlbefruchtung und ihre Auswirkung auf die Vitalität der F_1. I. Untersuchungen zur Wahlbefruchtung.** Z. Pflanzenzücht. 55 (1966) S. 276-303.

Bei *Lupinus angustifolius* wurde mit einem Pollengemisch 1:1 von 2 genetisch verschiedenen Vaterformen der Anteil der zur Befruchtung gekommenen Pollensorten an 8283 F_1-Pflanzen von 1730 Kreuzungen untersucht. Die Keimprüfung des Pollens in vitro ergab nur geringe Unterschiede. Die Auskeimdauer auf der Narbe war in einigen Fällen unterschiedlich und wurde dadurch geprüft, daß nach verschiedenen Stundenzahlen die Narben abgeschnitten wurden. Bei einigen Kombinationen wurde eine Pollenschlauchkonkurrenz festgestellt, da das erwartete 1:1-Verhältnis in der Nachkommenschaft gestört war. Die Bestäubung von Griffelstümpfen ist bei *L. angustifolius* möglich. Nur in einem Fall, in dem eine Bestäubung innerhalb der Sorte 'Rote Gülzower' mit der von einer portugiesischen Wildform P 117.53 verglichen wurde, konnte eine selektive Befruchtung wahrscheinlich gemacht werden.
H. J. Troll. 1740.

2-68/09-0835 Harding, James und Mankinen, C. B. Genetics of Lupinus. I. Variations in flower color from natural populations of Lupinus nanus. **(Genetik der Lupinen. 1. Mitt. Blütenfarbvarianten in natürlichen Populationen von Lupinus nanus.)** Canad. J. Bot. **45** (1967) Nr. 10. S. 1831–1836.
Die vorliegende Untersuchung ist Teil eines Vorhabens, das bestimmt ist, die Beziehungen zu untersuchen, die zwischen der Aufrechterhaltung der genetischen Variabilität und reproduktiven Systemen in der Evolution von natürlichen Populationen bestehen. Es werden 6 Blütenfarbvarianten aus 5 Populationen beschrieben, die sich von der normal blaublühenden, meist selbstbefruchtenden Wildform unterscheiden. Es sind dies: weiß, weißgewellt, blaßblau, hellblau-gestreift, blaßrot und lavendelfarbig. Jeder einzelne Farbton wurde rezessiv gegenüber dem Wildtyp befunden. Von den 15 möglichen Kombinationen untereinander wurden 11, diese auch reziprok, durchgeführt und in allen Fällen die Wildform erhalten, so daß der Beweis dafür erbracht ist, daß jedes Farbgen einen selbständigen Genort hat. Die Spaltungen wurden mit der χ^2-Methode getestet und ergaben keine signifikante Differenz zu der erwarteten 3:1-Spaltung. Auffallend ist die z. T. hohe Mortalität (bis 28,3%) bei den im Gewächshaus durchschnittlich 90 Tage angezogenen Pflanzen.
H. J. Troll. 1740.

2-68/09-0836 Zdráhoalová, B. Některé metody identifikace polyploidů u druhu Brassica oleracea L. **(Einige Methoden der Identifizierung von Polyploiden bei der Art Brassica oleracea.)** Sborník ÚVTI, Praha, Genetika a Šlechtění **3** (1967) Nr. 4. S. 297–304. — 10 Abb., 1 Tab., 19 Lit. Zus. in Russ., Engl.
Ziel der Arbeit war die Überprüfung einiger Methoden zur Erkennung von Polyploiden bei *Brassica oleracea* L. Während der ganzen Vegetationsperiode kann man bei Blättern die Polyploiden auf Grund der Größe der Spaltöffnungen bestimmen. Blühende Pflanzen kann man auf Grund der Größe und morphol. Variabilität des Pollens leicht identifizieren. Bei Samen läßt sich die Selektion der polyploiden Pflanzen mit Hilfe von Abdrücken der Epidermiszellen der Samenschale durchführen. Zytologisch konnte die Chromosomenzahl in der Mitose und Meiose bestimmt werden. ČSSR/ÚVTI. 1752.

2-68/09-0837 Gupta, A. K. und Swaminathan, M. S.; New Delhi, Indian Agric. Res. Inst.; Nuclear Res. Labor. Induced variability and selection advance for branching in autotetraploids of Brassica campestris var. toria. **(Induzierte Variabilität und Selektionserfolge bei der Verzweigung von Autotetraploiden von Brassica campestris var. toria.)** Radiation Bot. 7 (1967) Nr. 6. S. 521–527. — 1 Abb., 3 Tab., 23 Lit. Zus. in Franz., Dtsch.
Toria (*Brassica campestris* var. toria, $2\,n = 20$) nimmt in Indien etwa 25% der Ölfruchtfläche ein. 1941 wurden im Stamm T 22 durch Kolchizinbehandlung Polyploide erzeugt. Die Rohpolyploiden ($4n = 40$) hatten eine geringe Fertilität, die durch Massenauslesen auf den Stand der Diploiden gebracht wurde. Trotzdem lag der Flächenertrag wegen der geringen Verzweigung unter dem der Diploiden. Deshalb wurden die Autotetraploiden der C_{19} mit Röntgenstrahlen (96 und 128 kr) behandelt. In der X_2 und X_3 blieb zwar die Verzweigung im Mittel gegenüber der Kontrolle gleich, die Streuung dieses Merkmals war deutlich vergrößert. Ab X_4 wurden Pflanzen mit mindestens 20 Zweigen selektiert. Dadurch konnte in der X_5 und X_6 die Zahl der Primär- und Sekundärzweige stetig vergrößert werden.
J. Schulze. 1752.

2-68/09-0838 Efremov, A. E. Morfologičeskie i citoėmbriologičeskie osobennosti tetraploidnogo nodsolnečnika. **(Morphologische und zytoembryologische Besonderheiten der tetraploiden Sonnenblume.)** Genetika, Moskva **1967** Nr. 11. S. 31–36. — 2 Abb., 3 Tab., 3 Lit. Zus. in Engl.

Kolchizininduzierte tetraploide Sonnenblumenpflanzen (C_5) der Sorte 'Peredovik' wurden morphol. und zytoembryologisch mit der morphol. ähnlichen diploiden Sorte 'VNIIMK 8931' verglichen. Die Tetraploiden zeigten wesentlich schwächeren Aufgang und Wachstumsverzögerung während der ganzen Vegetationsperiode. In keinem Fall wurde der häufig auftretende Gigaswuchs beobachtet. In Stengelhöhe, Blattanzahl und -fläche und Körbchendurchmesser waren sie den Diploiden unterlegen. Die Fertilität des Pollens war auf etwa die Hälfte, der Samenansatz auf 3% der Diploiden gesunken. Die Ursachen sind tiefgreifende Störungen in der Meiose (Univalente und Kettenbildung, Chromatinverklumpungen) beim Pollen und Degeneration des Embryosacks. Die breite Variationsamplitude schließt auch die Auslese einiger tetraploider Pflanzen mit wirtschaft. wertvollen Merkmalen für die Hybridisierung nicht aus. U. Bandlow/Kleinwanzleben. 1758.

2-68/09-0839 Marčenko, I. I. Topinambur-podsolnečnikovye gibridy i ich citologičeskoe issledovanie. **(Hybriden zwischen Topinambur und Sonnenblume und ihre zytologische Untersuchung.)** Citologija i genetika, Kiev 2 (1968) Nr. 1. S. 41–48. — 4 Abb., 1 Tab., 13 Lit.

Vf. erzeugte Hybriden zwischen Topinambur und Sonnenblume, die als leistungsfähige Futterpflanzen vielversprechend sind, und zwar zur Doppelnutzung (Knollen und Grünfutter) und außerdem in der Zuckerindustrie zur Gewinnung von Fruktose und Fruktosesirup dienen können. Je nach den ausgewählten Partnern waren die Hybriden unterschiedlich fruchtbar. 3 Gruppen Hybriden wurden zytologisch untersucht: hoch und mäßig fertile sowie sterile. Die Chromosomenauszählung in somatischen Zellen der Hybriden ergab 68, was mit der theoretischen Erwartung übereinstimmt (51 von Topinambur, 17 von Sonnenblume). In der Metaphase I wurden bei der fertilen Gruppe *Helianthus annuus* × *H. macrophyllus* 34 Chromosomen und völliges Fehlen von Univalenten beobachtet. Daraus ergibt sich, daß in den F_1-Hybriden vollständige Autosyndese der Chromosomen von *H. macrophyllus* stattfindet. In der teilweise fertilen Gruppe aus der Kreuzung von *H. subcanescans* × *H. annuus* war die Meiose etwas gestört. In der Diakinese wurden 3 Univalente beobachtet, die die Hypothese von Geißler stützen, wonach die Gattung *Helianthus* L. von einer 16chromosomigen Stammform abstammt. In den sterilen Gruppen der F_1- und F_2-Hybriden ist die Meiose stark gestört. Als Folge der fehlenden Zytokinese kommt es zur Bildung von Gigas-Pollenzellen, und später wurden Gigas-Pollenkörner beobachtet. E.-M. Ardelt. 1758.

2-68/09-0840 D'jakov, A. B. Zavisimost' meždu količestvom i kačestvom urožaja semjan v svjazi s selekciej podsolnečnika. **(Die Abhängigkeit der Quantität und Qualität des Baumwollsamenertrages von der Züchtung der Baumwolle.)** Vsesojuznyj ordena Trudovogo Krasnogo Znameni naučno-issledovatel'skij institut masličnych kul'tur. Sbornik naučnych trudov, Majkop 2 (1967) S. 215–221. — 4 Lit. 1758.

2-68/09-0841 Pustovojt, G. V. Selekcija podsolnečnika na ustojčivost' k sklerotinii. **(Züchtung der Sonnenblume auf Resistenz gegen Sklerotina.)** Sel'skochozjajstvennaja biologija, Moskva 3 (1968) Nr. 1. S. 91–96. — 3 Tab., 4 Lit. Zus. in Engl. 1758.

2-68/69-0842 Cytologische und histologische Untersuchungen zum Polyploidieproblem bei Kartoffeln und Futterpflanzen. Groß-Lüsewitz, Inst. für Pflanzenzücht. der Dtsch. Akad. der Landwirtsch.-Wiss. zu Berlin Plan-Nr.: 170105 h 3-31/2. Abschlußber. (7/2. 1968).

Die mitotischen Metaphasechromosomen von *Vicia pannonica*, *Lolium multiflorum* (Einjähriges Weidelgras) und *Festuca pratensis* (Wiesenschwingel) wurden gemäß ihrer Länge und morphol. Struktur in einem Karyogramm geordnet und symbolisiert nach den Vorschlägen der internationalen Vereinbarung über Symbolisierung und Nomenklatur (Löve, 1955). Mit Hilfe der Chloroplastenmethode können bei Futterkohl und 2 x und 4x-Pflanzen voneinander getrennt werden, während eine Trennung der 3x-Pflanzen von 2x- und 4x-Pflanzen nicht möglich ist. Verschiedene Selektionsverfahren für die Auslese dihaploider Kartoffelsämlinge aus entsprechenden Sämlingspopulationen (*Solanum tuberosum* × *S. phureja*) wurden geprüft. Bei beiden *Brassica*-Arten, Wi.-Raps und Wi.-Rübsen, kann das Verhältnis zwischen Anzahl Aleuronzellen zu Anzahl Palisadenzellen in der Samenschale in Verbindung mit den bereits bekannten Artunterschieden am Samen, wie Lumenweite, Netzung Palisadengröße, für kurzfristige Echtheitsbestimmungen verwendet werden. Sowohl bei Wi.-Raps als auch bei Wi.-Rübsen konnten durch das gegebene Verhältnis Schalendicke zu Gesamtdurchmesser/Korn signifikante Sortenunterschiede gefunden werden. Anatomische Untersuchungen an schmal-und breitblättrigem Futterroggen gaben darüber Aufschluß, welche anatomisch-morphol. Merkmale das Ausmaß der Blattbreite bestimmen. Nach den bisherigen Ergebnissen wird die Blattbreite der „breitblättrigen" eindeutig durch die Zahl der Interkostalfelder bestimmt. Auf Grund anatomischer Untersuchungen an Blättern mit Strichelnekrosen konnten Symptome, die durch Y-Virus bedingt werden, eindeutig gegen solche viröser Natur abgegrenzt werden. 1772.

2-68/09-0843 Erhaltung und laufende Prüfung des Kulturkartoffelsortimentes zwecks Ausnutzung für züchterische Zwecke. Groß-Lüsewitz, Inst. für Pflanzenzücht. der Dtsch. Akad. der Landwirtsch.-Wiss. zu Berlin Plan-Nr.: 36 80 61-5-28/2. Abschlußber. (7/2. 1968).
Maßnahmen zur Gesunderhaltung des Sortiments wurden durch Vorkeimen, Krautabtötung, diagnostische Labormethoden zur Ermittlung des Gesundheitszustandes und bestimmter Resistenzeigenschaften sowie durch getrennten Anbau im Freiland erweitert. Unbedeutende Sorten wurden im Einvernehmen mit den Kartoffelzüchtern aus dem Sortiment entfernt, zumal es sich ausschließlich um schwervirusverseuchte Sorten handelte. Eine größere Anzahl neu zugelassener Sorten aus dem Ausland wurde aufgenommen. Direkte Leistungsvergleiche zwischen ausländischen und DDR-Standardsorten wurden im Auftrage der Zentralstelle für Sortenwesen durchgeführt, der auch die Auswertung der Ergebnisse obliegt. Stärkegehaltsbestimmungen, die bei den meisten Sorten während der letzten 5 Jahre durchgeführt wurden, geben einen Überblick über die Variationsbreite dieses Merkmals. Es wurden Ermittlungen über den Knollenertrag der verschiedenen Sorten dieser Sammlung eingeleitet, um daraus eine Methode zur Leistungsermittlung innerhalb großer Sortimente zu entwickeln. Mit dem Aufbau einer Weltsortimentskartei wurde begonnen. 1772.

2-68/09-0844 Brücher, Heinz; Caracas, Univ. Central de Venezuela, Fac. de Cienc. Rootknot-eelworm resistance in some South American tuber-forming solanum species. **(Resistenz gegen den Wurzelgallnematoden in einigen südamerikanischen knollenbildenden Solanum-Arten.)** Amer. Potato J. 44 (1967) Nr. 10. S. 370-375. — 2 Tab., 18 Lit.
Es wurde eine Kollektion von 560 Wild- und Kultur- *Solanum*-Species aus Chile, Argentinien und Bolivien auf ihre Resistenz gegen *Meloidogyne*-Rassen (*hapla, javanica, incognita, thamesii*) untersucht, neben einigen kultivierten Species, die gegen *M. javanica* und *M. hapla*, resistent waren, konnte bei den Wildkartoffeln Resistenz bei *S. hijugum*, *S. commersonii S. chacoense* und *S. tascalense* sowie bei einer bisher unbeschriebenen Species 'Fraile Pintato-Chailican' festgestellt werden. Es wird darauf hingewiesen, daß die Situation hinsichtlich der *Meloidogyne*-Resistenz grundsätzlich von der der Resistenz gegen *Hederodera rostochiensis* verschieden ist. Es ist jedoch durchaus möglich, Formen zu finden, die beide Resistenzen in sich vereinen. D. Rothacker/Groß-Lüsewitz. 1772.

2-68/09-0845 Gaur, P. C. und Khanna, M. L.; Simla, Central Potato Res. Inst. Sources of resistance to frost in S. tuberosum. **(Ausgangsmaterial für Resistenz gegen Frost bei S. tuberosum.)** Current Sci., Bangalore **36** (1967) Nr. 18. S. 497. — 3 Lit.
Da Trockenresistenz und Frostresistenz miteinander korrelliert sein sollen, wurden Nachkommen aus Kreuzungen von Handelssorten mit trockenresistenten Hybriden ('Kufri Red' × H B 829; 'Up-to-date' × H C 303) unter Freilandbedingungen auf Frostresistenz geprüft. Eine Anzahl Nachkommen aus beiden Kreuzungen besaßen eine beachtliche Frostresistenz des Krautes. Ch. Pfeffer/Groß-Lüsewitz. 1772.

2-68/09-0846 Laptev, Ju. P. und Dvorjankina, R. S. Identifikacija inducirovannych poliploidnych form kartofelja. **(Identifizierung induzierter polyploider Formen der Kartoffel.)** Genetika, Moskva **1967** Nr. 12. S. 32-38.
Für die praktische Züchtung werden 3 Etappen empfohlen. 1. Die Polyploiden vom Typ CI und CI-II werden nach der Chloroplastenzahl der Schließzellen der unteren Epidermis selektiert. 2. Als Selektionsmerkmal dient die Größe der gequollenen Staubkörner bzw. die Form der Keimwurzeln (bei kolchizinierten Samen). 3. Zählung der Chromosomen.
H. Grieß/Groß-Lüsewitz. 1772.

2-68/09-0847 Zadina, J. Intenzita kvetení odrůd světového sortimentu brambor. **(Intensität des Blühens bei Kartoffelsorten des Weltsortiments.)** Sborník ÚVTI, Praha, Genetika a Šlechtění **3** (1967) Nr. 4. S. 289-296. — 5 Tab., 4 Lit. Zus. in Russ., Engl.
Es wird über die Intensität des Blühens von 706 Kartoffelsorten des Weltsortimentes aus der Kollektion in Havlíčkův Brod nach den Feststellungen in den Jahren 1960-1962 und

1964 berichtet. Ein großer Teil der Kartoffelsorten blüht überhaupt nicht (5,6%), einige blühen nur vereinzelt (8,8%) andere schwach (25,9%). Das Blühen wird in bedeutendem Maße von den klimatischen Bedingungen des Jahres beeinflußt. Frühreife Sorten weisen einen geringen Ansatz von Blüten gegenüber spätreifen auf. Die Kreuzung frühreifer Kartoffelsorten erfordert verschiedene Eingriffe, welche einen erhöhten Ansatz von Blüten und Beeren gewährleisten. ČSSR/ÚVTI. 1772.

2-68/09-0848 Zuchtstammprüfung bei Kartoffeln. Groß-Lüsewitz, Inst. für Pflanzenzücht. der Dtsch. Akad. der Landwirtsch.-Wiss. zu Berlin Plan-Nr.: 368061-5-07/3. Abschlußber. (7/2. 1968).

Es wurde untersucht, welche Parzellengröße und -form bei Kartoffelversuchen unter Berücksichtigung der Besonderheiten der versuchstechnischen Möglichkeiten zur Mechanisierung und Automatisierung zweckmäßig sind. In 2jähr. Versuchen mit 14 Sorten wurde nachgewiesen, daß sich die Mittelwerte bei ansteigender Parzellengröße von 10 auf 100 Stauden kaum verändern, während die Standardabweichung bei Parzellenvergrößerung auf 20 Stauden sehr stark, zwischen 20 und 50 Stauden schwächer und darüber hinaus nur noch sehr gering fällt. An Hand von methodischen Versuchen und Zuchtstammprüfungen können für so stark wechselnde Böden wie in Groß-Lüsewitz bei 4facher Wiederholung folgende minimale Parzellengrößen empfohlen werden (Trennschärfe im Einzelversuch: GD 5%): 15% — 10 Stauden/Parzelle 12% — 20 Stauden/Parzelle 10% — 30 Stauden/Parzelle 9% — 50 Stauden/Parzelle 5% — besser über erhöhte Wiederholungszahl zu erreichen. Die Untersuchungen über reale Möglichkeiten zur Reduzierung der Parzellengröße durch Verfeinerung der Versuchsbedingungen ergeben, daß alle Maßnahmen, die zu einer höheren Ausschöpfung der Ertragsfähigkeit einer Sorte führen, auch den Variabilitätskoeffizienten senken. Es wurde nachgewiesen, daß die Einflüsse des Pflanzgutes auf die individuelle Variabilität erheblich sind. Als wirksamstes Mittel ist eine enge Größenfraktionierung (Toleranz 5 mm) anzusehen. In starken *Rhizoctonia*-Jahren erwies sich die Beizung des Pflanzgutes als zweckmäßig. Es wurde festgestellt, daß auch innerhalb einer Reifegruppe in spez. Versuchen Nachbarwirkungen zwischen den Sorten in gewissem Umfang sicher erfaßt werden können. In normalen Blockversuchen braucht man die Gefahr einer Nachbarwirkung wegen der rel. geringen Häufigkeit, ihrer in der Regel ziemlich niedrigen Höhe und dem Zusammenwirken mehrerer Partner (in den Wiederholungen) nicht zu überschätzen. Trotzdem sollte man beachten, daß stark wüchsige Partner nicht neben ausgesprochenen schwachwüchsigen stehen. Es wird empfohlen, innerhalb der Reifegruppe die Versuchsglieder nach Wuchstypen zu gruppieren und in Einzelfällen die Versuchsglieder zu vergrößeren. Starke Nachbarwirkung konnte bei NS-Richtung der Reihen nachgewiesen werden. In der Regel ist die Stirnendwirkung größer als die Randwirkung, diese wieder größer als die Nachbarwirkung. Es ist deshalb erforderlich, die Stirnendstauden mit Ausnahme bei Frührodungen vor der Parzellenernte zu entfernen. Es werden Ausführungen zur Technologie der Ernte, des Transportes und der Aufbereitung gemacht. 1772.

2-68/09-0849 Anonym. Hodowla ziemniaka. (**Die Kartoffelzüchtung.**) 2. Aufl. Warszawa: PWRiL. 1966. (508 S. m. zahlr. Abb., Tab. u. Lit.)

Besprochen werden die wirtschaftl. Bedeutung der Kartoffel, die Systematik und Geschichte der Züchtung, die Physiologie und Morphologie; allg. Züchtungsmethodik, Regelmäßigkeiten in der Vererbung, biologische Grundlagen der Kreuzung und die wichtigsten Zuchtmethoden, das Problem der Sterilität und ihre Überwindung, haploide Kartoffeln. Züchtungs- und Organisationstechnik, Kreuzungs- und Samengewinnungsverfahren, Züchtung hinsichtlich der einzelnen Wirtschaftsmerkmale. Züchtung hinsichtlich der Ertragshöhe, des Stärkegehalts und der Frühreife. Resistenzzüchtung gegen Nematoden, Virus-, Pilz- und Bakterienkrankheiten und die Erhaltungszüchtung. Planung der erforderlichen Menge des Züchtungsmaterials. Vermehrung und Organisation der Pflanzgutgewinnung. Standortgerechte Verteilung und Lokalisierung der Züchtung und die Produktion anerkannter Pflanzkartoffeln sowie die Agrotechnik der Pflanzkartoffelproduktion einschl. der Pflanzgutkontrolle und ausländische Methoden der Pflanzkartoffelvermehrung. Ein Verzeichnis der in- und ausländischen Sorten und ihre Verwendung als Kreuzungskomponenten beschließen das Buch. PRL/CBR. 1772.

2-68/09-0850 Širjaeva, Ė. I. und Zajkovskaja, N. Ė. K biochemičeskomu izučeniju ėmbriogeneza diploidnoj i tetraploidnoj Belocerkovskoj odnosemjannoj sacharnoj svekly.

(Biochemische Untersuchung der Embroygenese diploider und tetraploider Formen der monokarpen Zuckerrübensorte ‚Belocerkovskaja'.) Poliploidija i citoplazmatičeskaja mužskaja steril'nost' sacharnoj svekly **1967** S. 141–146.
Bei vergleichenden Untersuchungen des Pollens, der Stempel und einiger Stadien der Embryonalentwicklung diploider und tetraploider Rübenformen erfolgte eine Auszählung der Pollenkörner des Staubbeutels, der ganzen Blütenknospen in der Fuchs-Rosental-Kammer. Im Vergleich zu den Diploiden besaßen die Tetraploiden fast die doppelte Pollenmenge in den Staubbeuteln, auch war bei ihnen die Variabilität der Pollenkorngröße stärker. Die Feststellung der Lebensfähigkeit durch Färbung ergab, daß mittelgroße Pollenkörner intensiv rot, große schwach und kleine gar nicht gefärbt sind. Die Zahl der Sulfhydrylgruppen ist in den Stempeln der diploiden Formen größer, im Pollen sind sie nicht nachgewiesen worden. Die Stempel von 2 Formen enthalten etwa die gleiche Menge Heteroauxin; im Pollen der tetraploiden Formen ist mehr Heteroauxin als in dem Pollen der diploiden Pflanzen vorhanden. Während der Embryonalentwicklung besaßen die Diploiden, bes. in den Blüten- und Samenknospen, einen höheren Aminosäurengehalt (fast das Doppelte). Die reifen Samenknospen der Tetraploiden enthielten etwas mehr freie Aminosäuren (28 mg/g Rohsubstanz im Vergleich zu 24 mg/g Rohsubstanz diploider Pflanzen).
SSSR/VINTISCh. 1774.

2-68/09-0851 Zachariev, A., Popov, I. und Stančev, S. Dosegašni rezultati ot izsledvanijata po mŭžkata sterilnost pri zacharnoto cveklo. **(Die bisherigen Ergebnisse der Untersuchungen über die männliche Sterilität bei der Zuckerrübe.)** Izvestija na Naučnoizsledovatelskija institut po zacharno cveklo „Prof. I. Ivanov", Šumen **1967** S. 15–23. — 7 Tab., 5 Lit. Zus. in Russ., Engl.
1961 wurden männlich sterile Zuckerrüben entdeckt, die in 5 morphol. Typen eingeteilt wurden. Die weiteren Untersuchungen wurden mit dem 1. Typ der Sterilität fortgesetzt. Der höchste Anteil steriler Pflanzen wurde in der diploiden Komponente der dänischen Sorte 'Maribo PA_1' und 'Maribo resista poly' festgestellt. Sterile wurden aus folgenden Sorten ausgelesen: 'Beta C 242/53', 'OE', 'CLR', 'Udyč', 'Janašč', 'Jaltuškovskaja einsamige', 'Belecerkovskaja einsamige', 'Chelesxeg 2 E III', 'Maribo PA_1 2n'. Es wird die Schlußfolgerung gezogen, daß kein Zusammenhang zwischen Analogen, die die Sterilität in der betreffenden Sorte festigen und dem Vorhandensein von Pflanzen männlicher Sterilität, besteht. NRB/CSNTI. 1774.

2-68/09-0852 Tiščenko, A. V. Produktivnost' gibridov sacharnoj svekly, polučennych na osnove citoplazmatičeskoj mužskoj steril'nosti. **(Die Leistung von Zuckerrübenhybriden, die auf der Grundlage der zytoplasmatischen männlichen Sterilität gewonnen wurden.)** Poliploidija i citoplazmatičeskaja mužskaja steril'nost' sacharnoj svekly **1967** S. 125–127.
Es wurden die zytoplasmatische männliche Sterilität von Zuckerrüben bei den Sorten 'Janaš 1' und 'VI-591' untersucht. Als Bestäuber dienten fertile Pflanzen der Nr. OPI. Vor dem Beginn des Blühens wurden die Pflanzen auf ihre Sterilität mikroskopisch untersucht. Alle fertilen und halbfertilen Pflanzen wurden entfernt. Die Samen der Hybriden (von der freien Bestäubung mit der Nr. OPI) wurden zur Klasse 1 gezählt. Nachgewiesen wurde der hohe Entwicklungsgrad der Heterosis bei den Hybriden — die Mehrerträge betrugen 27···28 dt/ha und im Zuckergehalt 5,8···9,1%. Die Hybriden von 'Janaš 1 MS (87)' und 'VI-561 MS (15)' übertrafen im Zuckergehalt den Standard um 0,4···0,5% und den Polleneltern um 0,3···0,4%. Betont wird die Notwendigkeit, die Paare sorgfältig auszuwählen, um einen hohen Heterosiseffekt unter Ausnutzung der zytoplasmatischen männlichen Sterilität bei Zuckerrüben zu erzielen. SSSR/VINTISCh. 1774.

2-68/09-0853 Turbin, N. V. und Bormotov, V. E. Nekotorye rezul'taty issledovanij po izučeniju geterozisa u poliploidnych form i gibridov sacharnoj svekly. **(Einige Ergebnisse bei der Untersuchung der Heterosis bei polyploiden Formen und Hybriden der Zuckerrübe.)** Poliploidija i citoplazmatičeskaja mužskaja steril'nost' sacharnoj svekly **1967** S. 29 bis 40.
Es wird über die Gewinnung triploider Zuckerrübenhybriden und die Prüfung ihrer Leistungen berichtet. Stabile Tetraploide erhielt man bei den meisten rayonisierten Sorten, die als Ausgangsmaterial verwendet wurden. Triploide Hybriden von 36 Kreuzungskombinationen wurden an 9 Orten untersucht. Auf der Station Ganusow übertrafen von 20 untersuchten Hybriden 18 die Kontrollen 'R06' und 'U752' im Zuckerertrag um 2···20%. In der Versuchsanstalt des Institutes übertrafen 19 von 34 Hybriden im Zuckerertrag den

Standard (die besten um 12%). 1965 wurden an 5 Orten Hybriden von 78 Kreuzungskombinationen untersucht. Die Eigenschaften der besten Kombinationen werden angegeben. In den durchgeführten 313 Sortenversuchen wiesen 77% eine höhere Leistungsfähigkeit als der Standard auf, wobei 48% der Sorten 'R06' um 10% und mehr übertrafen. Ausgelesen wurden 20 Hybridkombinationen, die für die BSSR aussichtsreich sind. Betont wird die Notwendigkeit, Elternformen mit hoher Kombinationseignung zu verwenden und daß es vorteilhaft ist, das Material mit vielen Inst. auszutauschen und gemeinsam zu prüfen. SSSR/VINTISCh. 1774.

2-68/09-0854 Vržešč, E. S. Selekcija novych sortov gibridov s ispol'zovaniem poliploidnych i steril'nych po pyl'ce form sacharnoj svekly na Bijskoj opytnoj selekcionnoj stancii. (**Züchtung neuer Hybridsorten unter Einsatz polyploider, pollensteriler Zuckerrübenformen auf den Versuchs- und Züchtungsstation Bisk.**) Poliploidija i citoplazmatičeskaja mužskaja steril'nost' sacharnoj svekly **1967** S. 87–97.

Von 1958—1960 konnten unter den ausländischen Zuchtsorten und aus den mit ihnen gewonnenen Hybriden sterile und semisterile Formen gefunden werden. In der Hybridnachkommenschaft der 1958 ausgelesenen Pflanzen gab es nur 13,1% sterile und 3,6% semisterile Pflanzen, während in der Nachkommenschaft der Auslese 1959 37,3% der Pflanzen steril waren. In der Nachkommenschaft der semisterilen Pflanzen betrug der Anteil der sterilen 15,2% und der der semisterilen 45,8%. Z. Z. werden Linien mit hoher Pollensterilität zur Kreuzung mit tetraploiden oder diploiden Formen verwendet. Aus solchen Kreuzungen gingen Hybriden hervor, die die Standardsorte 'RO6' um 3,8···11,8% im Rübenertrag und um 3,1···13,2% im Zuckerertrag übertrafen. Bei der Kreuzung tetraploider und diploider Formen entstanden unter den örtlichen Bedingungen nicht sehr leistungsfähige Triploide, während die Triploiden aus anderen Gegenden bedeutend besser waren als die Standardsorten 'RO6' und 'B 032'. Die geringe Leistung der örtlichen Triploiden erklärt Vf. aus der unzureichenden Koinzidenz der Entwicklungsphasen bei den Kreuzungskomponenten. Auf die Notwendigkeit, Ausgangsmaterial mit biologischen Besonderheiten zu züchten, das dem Charakter der örtlichen Bedingungen entspricht, wird hingewiesen. SSSR/VINTISCh. 1774.

2-68/09-0855 Dubinin, P. A. und Gavriljuk, L. A. Rezul'taty selekcionnych rabot po sacharnoj svekle s citoplazmatičeskoj mužskoj steril'nost'ju. (**Ergebnisse der Züchtung bei Zuckerrüben mit zytoplasmatischer Pollensterilität.**) Poliploidija i citoplazmatičeskaja mužskaja steril'nost' sacharnoj svekly **1967** S. 110–118.

Untersuchungen an sterilen Zuckerrübenformen aus einem Samenrübenbestande der Sorteneliten von 'Janaš 1' und 'M2E' zeigten, daß die sterilen Formen der Sorten 'M2E' und 'Janaš 1' in vielen Fällen höhere Erträge bzw. höhere Zuckergehalte hatten. Im Vergleich zur Standardsorte 'RO6' betrug der Rübenertrag bei 'M2E' 104···108%, der Zuckergehalt 95 bis 98% und bei 'Janaš 1' entsprechend 91···93% und 105···106%. Mehrfache Kreuzungen mit den besten Sorten und Linien der üblichen polykarpen Zuckerrüben führten dazu, daß die Leistungen der Hybriden im Rübenertrag um 3,1% und im Zuckerertrag um 5,3% anstiegen. Von 21 Sortenlinien- und Zwischenlinienhybriden übertrafen auf steriler Basis die meisten Stämme (77%) die Ausgangsformen im Zuckerertrag um 7,4%, die übrigen (23%) befanden sich in gleicher Höhe bzw. lagen etwas unter der Ausgangsform. Bei 380 Testkreuzungen gelang es 6,6% sterilitätsfestigende Pollenspender vom Typ 1 zu finden. Die erhöhte Fähigkeit zur Sterilitätsfestigung bei dem 'M2E'-Material mit zytoplasmatischer Pollensterilität zeigte sich bei der Sorte 'U752' und bei ausgelesenen Pflanzen der Sorte 'RO6'. Eine Reihe zytoplasmatisch pollensteriler Eliteformen der monokarpen Zuckerrüben, die den Standard ('Jaltuškovskaja odnosemjannaja') im Zuckerertrag um 3···8% übertreffen, wurden gefunden. SSSR/VINTISCh. 1774.

2-68/09-0856 Taranjuk, M. I. und Semenenko, N. M. Gibribizacija različnych form sacharnoj svekly. (**Hybridisation verschiedener Zuckerrübenformen.**) Poliploidija i citoplazmatičeskaja mužskaja steril'nost' sacharnoj svekly **1967** S. 128–130.

Zur Züchtung *Cercospora*-resistenter Zuckerrübenformen waren monokarpe, tetraploide und pollensterile Formen verwendet worden. Bei der Kreuzung tetraploider Formen mit dem gegen die Blattfleckenkrankheit resistenten Material (im Verhältnis 1:1, 2:1, 3:1) ergaben sich einige Hybriden, die die Standardsorte 'RO6' im Zuckergehalt um 2,4···13,7%, im Zuckerertrag um 5,6···10%, und im Rübenertrag in 2 Fällen um 1,9···3,3% übertrafen, in den übrigen Fällen jedoch um 3···7% unter ihr lagen. 2 Hybriden 'Pervomajskij gibrid' (monokarp, ertragreich und gegen die Blattfleckenkrankheit resistent) und 'Kubanskij poligibrid 9', die der Sorte 'RO9' im Rübenertrag um 45 dt/ha, im Zuckergehalt um 0,4% und im Zuckerertrag um 9% überlegen sind, wurden 1964 in der Region Krasnodar zugelassen. Bei der Kreuzung zytoplasmatisch pollensteriler Formen mit polykarpen, monokarpen, diploiden und mit polykarpen, tetraploiden Zuckerrüben (1:1) lagen auf beiden Standorten fast alle Hybriden im Zuckergehalt und im Zuckerertrag/ha, die Hälfte von ihnen in allen 3 Eigenschaften über der Sorte 'RO6'. Auf die Notwendigkeit der sorgfältigen Auswahl der Kreuzungskomponenten wird hingewiesen. SSSR/VINTISCh. 1774.

2-68/09-0857 Petrušina, M. P. K metodike citoanaliza poliploidnych form svekly Beta vulgaris L. (**Zur Methode der Zytoanalyse polyploider Rübenformen bei Beta vulgaris L.**) Poliploidija i citoplazmatičeskaja mužskaja steril'nost' sacharnoj svekly **1967** S. 88–95.
Einige Methoden der zytologischen Kontrolle der Chromosomenzahl bei polyploiden Rüben (Sorte 'V 038') wurden verglichen. Verglichen wurden die Tjio- und Levan-Methoden, die A.-Vargi-Methode und eine Methode, bei der vor dem Fixieren keine chemischen Reagenzien benutzt werden. Geprüft wurde die gesamte mitotische Aktivität im Meristem, der Metaphaseindex und der Veränderungsgrad der Chromosomen bei jeder einzelnen Methode. Bei der Anwendung der 3. Methode (vor dem Fixieren 1 d mit Temperaturen von +3···4 °C behandelt, beobachtete man die größte Zahl der für die Berechnung geeigneten Metaphasen, so daß bei 68,7% der Präparate die Chromosomenzahl zuverlässiger bestimmt werden konnte. Bei Verlängerung der Einwirkungsdauer auf 48 h verringerte sich die Anzahl dieser Präparate auf 54,7%; bei Verwendung von Äskulin nach der Vargi-Methode auf 51,8%; bei der Einwirkung von 8-Oxychinolin nach der 1. Methode auf 28%. Der Metaphaseindex betrug bei der Kontrollle 0,05, bei der 3. Methode 0,11, bei der 2. 0,09 und bei 8-Oxychinolin 0,014. Nach Einwirkung niedriger Temperaturen sind die Chromosomen stärker spiralisiert, bei Äskulin ist die Spiralisation noch stärker ausgeprägt, aber die Chromosomenstruktur verändert sich nicht. Durch Oxychinolin wurden die Chromosomen maximal spiralisiert und ihre Morphologie veränderte sich. Es wird vorgeschlagen, die Vargi-Methode und die Methode anzuwenden, bei der man 1 Tag lang niedrige Temperatur einwirken läßt, da diese Methoden am zuverlässigsten und einfachsten zu handhaben sind.
SSSR/VINTISCh. 1774.

2-68/09-0858 Bordonos, M. R. Rezul'taty i napravlenija genetičeskich issledovanij citoplazmatičeskoj mužskoj steril'nosti sacharnoj svekly. (**Ergebnisse und Richtungen in den genetischen Untersuchung der zytoplasmatischen männlichen Sterilität bei Zuckerrüben.**) Poliploidija i citoplazmatičeskaja mužskaja steril'nost' sacharnoj svekly **1967** S. 67–72.
Es wurden die Veränderlichkeit der zytoplasmatischen männlichen Sterilität während der Ontogenese und bei den Hybridnachkommen aus der Kreuzung steriler mit fertilen oder halbsterilen Zuckerrüben untersucht. Die Anzahl der halbsterilen Formen bei den untersuchten Hybriden variierte in der Generation von 0···21,5% im 1. Fall und zwischen 3,3 und 28,8% im 2. Fall. Die Anzahl der fertilen Formen lag dementsprechend zwischen 10 und 42,9% und zwischen 0 und 62,5%. Bei allen Hybriden betrug die durchschnittliche Zahl der halbsterilen Formen 15,1% und der fertilen Formen 20,9%. Nachgewiesen wurde die größere Rolle des Genotyps der Mutterform als Sterilitätskennzeichen bei den Nachkommen. Im wesentlichen weisen Nachkommen steriler Typen die größte Anzahl von Pflanzen des Muttertyps auf. 'VI 591 MS' (Typ I) × 'monogerm Belocerkovskaja' ergab 44,4% Hybriden mit Sterilitätstyp I, 22,2% Typ II, 11,2% Typ III und 22,2% waren steril. Bei derselben Kreuzungskombination, aber mit Sterilitätstyp II der Mutterform hatten von den Nachkommen 16,6% Typ III, und 16,6% waren fertil. Es wird vorgeschlagen, Sterilitätsrestorer bei F_1-Hybriden auszulesen, die vorher auf Sterilität geprüft wurden.
SSSR/VINTISCh. 1774.

2-68/09-0859 Majsurjan, N. A. und Firsov, I. P. Polučenie semjan svekly, obladajuščich geterozisom. (**Heterosis-Samengewinnung bei Rüben.**) Poliploidija i citoplazmatičeskaja mužskaja steril'nost' sacharnoj svekly **1967** S. 17–25.
Bei der Gewinnung tetraploider Zuckerrüben wurde eine bessere Bestäubung der tetraploiden Farmen mit dem Blütenstaub diploider Formen festgestellt (80···98% Hybriden); 50 bis 78% der Hybriden wurden durch Bestäubung mit Blütenstaub der diploiden Formen gewonnen. Nachgewiesen wurde eine bessere Selektivität des Pollens diploider Zuckerrüben bei diploiden Futterrüben (um 16···44%) gegenüber Pollen von tetraploiden Zuckerrüben (12···20%). Praktisch der gleiche Anteil triploider Hybriden wurde bei einem Verhältnis von tetraploiden zu diploiden Formen auf den Hybridisationsparzellen von 2:1 und 1:1 gewon-

nen. Beim Verhältnis von 3:1 und 4:1 sank die Anzahl der triploiden Hybriden stark ab. Bei einer Reihe von Pflanzen wurden pollensterile Formen gefunden. Bei den triploiden Hybriden beobachtete man die stärkste Heterosis, wenn die Mutterform rel. hohen Tr.-Subst.-Gehalt besaß und die Vaterform höchsten Frischmasse-Ertrag und niedrigeren, Tr.-Subst.-Gehalt aufwies. Der Zucker-Futterrübenhybrid 'Janaš 1' (4 P.) × 'Gelbe Eckendorfer' (2P.) erbrachte 558,9 dt/ha, der Zuckergehalt betrug 18,72%, der Zuckerertrag 105,1 dt pro ha, der Ertrag an wasserlöslichen Subst. 112,0 dt/ha. Am besten war der Hybrid 'V 038' (4 P.) × 'Gelbe Eckendorfer', der die besten diploiden Zuckerrüben im Ertrag an wasserlöslichen Tr.-Subst. um 13···18% übertraf. SSSR/VINTISCh. 1774.

2-68/09-0860 Kučera, J. Šlechtění jednoklíčkové cukrovky. I. a II. část. **(Züchtung monogermer Zuckerrüben. 1. u. 2. Mitt.)** Studijní Inform., Genetika **1967** Nr. 4/5. S. 5-155; Nr. 6. S. 159-208. — 3 Abb., 19 Tab., 271 Lit. Zus. in Russ., Engl., Dtsch.

Die genetisch monogerme Zuckerrübe ermöglicht eine maximale Einsparung von Handarbeit bis zu ihrer vollen Einsparung beim Anbau. Die vorliegende Übersicht befaßt sich mit der Vererbung der Einsamigkeit und mit genetischen Fragen, welche mit den Selektionsmethoden und den in verschiedenen Ländern, insbesondere in der UdSSR, den USA, der DDR, PVR, W.-D. und in Großbritannien, benützten Materialien zusammenhängen. Verschiedene Methoden werden verglichen, bewertet und vorgeschlagen, sie in der ČSSR unter Berücksichtigung der Produktionsverhältnisse und des hervorragenden einheimischen Multigermsaatgutes, insbesondere der besten tschechoslowakischen Sorte 'Dobrovická A', welche bisher noch von keiner anderen Sorte übertroffen wurde, anzuwenden. Vf. behandelt außerdem die Pollensterilität und ihre Ausnützung bei der Züchtung und Produktion von Hybridsaatgut monogermer Zuckerrüben. Ferner diskutiert Vf. die Bedeutung der Polyploidiezüchtung, wobei er sich mit weniger bekannten Fragen und Ansichten über die Vorteile und Mängel derselben befaßt. Unter Vergleich der Eigenschaften des technisch vorbereiteten und genetisch monogermen Saatgutes berücksichtigt Vf. mit der Problematik zusammenhängende ökonomische Fragen. Aus technischen Gründen wurde die Arbeit in 2 Teile eingeteilt. Der 2. Teil wird als 6. Nummer der Reihe Genetika erscheinen und Kapitel über die Selektion von Monogerm-Zuckerrüben in W.-D., der DDR, in Polen, Ungarn und in Großbritannien enthalten. ČSSR/ÚVTI. 1774.

2-68/09-0861 Kravcov, Ju. F. Itogi raboty po citoplazmatičeskoj steril'nosti sacharnoj svekly na L'govskoj stancii. **(Ergebnisse der Arbeit an der zytoplasmatischen Sterilität von Zuckerrüben in der Station Lgow.)** Poliploidnaja i citoplazmatičeskaja mužskaja steril'nost' sacharnoj svekly **1967** S. 119-124.

Im Jahre 1962 wurden 16 Pflanzen mit sterilem Pollen Typ I und 42 halbsterile Pflanzen unter Zuckerrübensämlingen der Sorte L 925 gefunden. Untersucht wurden die Vererbung, die Sterilitätseigenschaften und die Kombinationseignung der einzelnen Pflanzen mit zytoplasmatischer männlicher Sterilität. Nachgewiesen wurde, daß bei den Nachkommen der durch freie Bestäubung entstandenen Hybriden die Anzahl der sterilen Pflanzen von 4,8 bis 80,6% variierte, und daß bei den durch Zwangsbestäubung entstandenen Hybriden die Anzahl der sterilen Pflanzen 22,4 bis 100% betrug. Die Mehrzahl der aus der Sorte L 925 ausgewählten Bestäuber verfügt über Sterilitätsfestigungseigenschaften in der Nachkommenschaft. So wurden von 24 Hybriden mit Beteiligung von L 925 bei 21 über 60% sterile Pflanzen festgestellt, davon betrug bei 5 die Sterilität 93···100%. Die Sterilitätseigenschaft entwickelt sich in verschiedenen Jahren nicht gleichartig, d.h. die Züchtungsverhältnisse beeinflussen auch die Aufspaltungen der Nachkommen steriler Pflanzen. Gearbeitet wird an der Gewinnung einsamiger Zuckerrüben auf steriler Grundlage. Die Prüfung der Leistungsfähigkeit steriler Hybriden ergab, daß der Standard RO6 im Zuckerertrag um 0,2···26,5% übertroffen wurde; die Hälfte der untersuchten Nummern überstieg auch in der Leistungsfähigkeit den Standard. SSSR/VINTISCh. 1774.

2-68/09-0862 Kulunev, D. Proučvane vŭrchu efekta na otbora po načalna energija na rastež v letni posevi na visokozacharni sortove zacharno cveklo. **(Untersuchungen über die Wirkung der Auslese nach der Anfangswachstumsenergie in Sommerbeständen von Zuckerrübensorten mit hohem Zuckergehalt.)** Izvestija na Naučnoizsledovatelskija institut po zacharno cveklo „Prof. I. Ivanov" Šumen **1967** S. 41—48. — 5 Tab., 4 Lit. Zus. in Russ., Engl.

Saatgut der Sorte 'Udycz A × A. Janasz 1' wurde in Sommeraussaaten 1958, 1959 und 1960 verwendet. Die Auslese erfolgte nach der Schnelligkeit der Primär-Wurzelbildung bei Vorhandensein von 4···6 Blättern. 1959 und 1960 erfolgte die wiederholte Auslese nach dem gleichen Merkmal. 1961 erfolgte die individuelle Auslese auf Zuckergehalt in der Auslesegeneration von 1958. Die Auslese nach Anfangsenergie des Wachstums in Sommeraussaaten hochzuckerhaltiger Rübensorten ist wirkungsvoll in Bezug auf die Erhöhung der Rübenerträge, jedoch ist eine solche Erhöhung häufig von einer gewissen Verringerung des Zuckergehaltes begleitet. Die individuelle Auslese auf Zuckergehalt und anfängliche Wachstumsenergie erhöht in der Sommeraussaat in allen Fällen den Zuckergehalt und ermöglichst es, die ertragreichsten Formen auszulesen. NRB/CSNTI. 1774.

2-68/09-0863 Peltner, Barbara. **Probleme der Entwicklung, Systematik, Physiologie und Genetik, Methoden und Ziele der Züchtung monokarper Zuckerrüben.** Dipl.-Arb. Jena, Landwirtsch. Fak. 1967. (93 S.) 4°. (Dipl. 1216) 1774.

2-68/09-0864 Rod, J. Perspektivy jednoduché syntézy klonů při šlechtění výběžkaté vojtěšky. **(Perspektiven der einfachen Klonsynthese bei der Züchtung von ausläuferbildender Luzerne.)** Sborník ÚVTI, Praha, Genetika a Šlechtění 3 (1967) Nr. 4. S. 269–280. — 11 Abb. 2 Tab., 15 Lit. Zus. in Russ., Engl., Dtsch.

Es wird die Möglichkeit der Züchtung eines Weidetyps der Luzerne geprüft, welche durch Ausläuferbildung und Resistenz gegen ungünstige Umweltbedingungen gekennzeichnet sein soll. Die genetische Struktur des eigentlichen Zuchtmateriales läßt die unmittelbare Auslese als auch die Kombinationskreuzung zu. Es wird angenommen, daß die Gewinnung einer Sorte dieses Typs aussichtsreich ist, wenn man auch z. Z. noch nicht von einer Sorte sprechen kann, sondern nur von dem Beginn der Züchtung. Der methodische Teil der Aufgabe, welche in einer Überprüfung der Eignung des Zuchtverfahrens besteht, kann vorläufig noch nicht abgeschlossen werden. Man kann aber feststellen, daß ein bestimmter Fortschritt erreicht wurde und daß der gewählte Weg vom technischen und arbeitstechnischen Gesichtspunkt real ist. ČSSR/ÚVTI. 1780.

2-68/09-0865 Edye, L. A. und Haydock, K. P.; Townsville, C.S.I.R.O., Pastoral Res. Labor.; Brisbane, Cunningham Labor. Breeding creeping-rooted lucerne for the subtropics. **(Züchtung ausläufertreibender Luzerne für die Subtropen.)** Austral. J. agric. Res. 18 (1967) Nr. 6. S. 891–901. — 5 Tab., 13 Lit.

Als Ausgangsmaterial dienten Populationen aus Kreuzungen von Stämmen folgender Sorten: 'Heinrichs Canadian', 'Hunter River', 'Indian', 'Saladina', 'Hairy Peruvian' und 'Pampa'. Vor Beginn der Selektionen wurde die Vererbung der Eigenschaften Sommer- und Winterertrag sowie die Fähigkeit der Bildung von Adventivsprossen aus den Wurzeln in der F_2 und F_3 bestimmt. Die genetische Varianz der genannten Eigenschaften war in der F_2 überwiegend additiv und die Korrelationskoeffizienten negativ, in der F_3 aber schwach positiv. In der F_3 erfolgte dann eine Massenauslese auf Sommer- und Winterertrag sowie Ausläuferbildung. Die Untersuchungen auf Kombinationseignung wurde in der F_4 durchgeführt. Es zeigte sich, daß die Mehrzahl der Familien hinsichtlich Ertrag nicht signifikant von 'Hunter River' differierten. Hinsichtlich Samenleistung lagen von 10 F_4-Familien 8 signifikant unter 'Hunter River'. Varianzanalytische Untersuchungen ergaben, daß Samenertrag und Zahl der gebildeten Sprosse negativ korrelieren. Veränderungen in der Ausläuferbildung nahmen mit der Generationsfolge zu. Ausläufertreibende Pflanzen zeigten eine erhöhte Ausdauer. J. Schieblich. 1780.

2-68/09-0866 Simon, J. P. und Millington, A. J.; Nedlands, Univ., Inst. of Agric.; Ithaca, N.Y., Dep. of Entomol. The inheritance of marker genes in Medicago truncatula Gaertn. II. Their suitability for use in a plant-breeding programme. **(Die Vererbung von Markierungsgenen bei Medicago truncatula Gaertn. 2. Mitt. Ihre Eignung zur Verwendung in einem Pflanzenzüchtungsprogramm.)** Austral. J. agric. Res. 18 (1967) Nr. 6. S. 887–890. — 1 Abb., 2 Tab., 4 Lit.

In der F_2 von Kreuzungen selektierter Stämme von *Medicago truncatula* wurde eine unabhängige Spaltung der Gene für folgende Signalfaktoren festgestellt: Rotes Blatt, glatte Hülse und Windung der Hülsen im Uhrzeiger-/Gegenuhrzeigersinn. Der Signalfaktor 'erect type' ist rezessiv und nicht mit Rotblättrigkeit gekoppelt. Es wird darauf verwiesen, daß das Fehlen von Kopplungen den Wert der Signalfaktoren für die Züchtung wesentlich erhöht. J. Schieblich. 1780.

2-68/09-0867 Vágnerová, V. Studium kombinační schopnosti srhy řizačky (Dactylis glomerata L.). (**Untersuchungen der Kombinationseignung von Knaulgras [Dactylis glomerata L.].**) Sborník ÚVTI, Praha, Genetika a Šlechtění **3** (1967) Nr. 4. S. 261-268. — 7 Tab., 10 Lit. Zus. in Russ., Engl.
Es wurde die Wirksamkeit und Sicherheit der einmaligen Auslese von Knaulgrasklonen verfolgt, bei welcher durch Massenkreuzung die allg. Kombinationseignung geprüft wurde. Es wurden 25 Klone mit den ertragreichsten Nachkommen und 16 Klone mit den am wenigsten ertragreichen Nachkommen ausgewählt. Als Kontrolle diente die Sorte 'Rožnovská'. Die Ergebnisse zeigten hochsignifikante Unterschiede im Grünmasse- und Tr.-Subst.-Ertrag. Dadurch wurde die Zweckmäßigkeit der einmaligen Auswahl der Klone vom Gesichtspunkt der Kombinationseignung nachgewiesen. Die signifikante Erhöhung der Erträge bei den im Vergleich zur Sorte 'Rožnosvká' bestätigte die Eignung der Massenkreuzung bei der Knaulgraszüchtung. Ein Einfluß der verschiedenen Verteilung der Klone im Zuchtgarten und unterschiedlicher Bestäubungsmöglichkeiten der Mutterklone wurde nicht nachgewiesen. Das zeugt davon, daß auf die Ertragsfähigkeit der nachfolgenden Generation vor allem die gute Kombinationseignung der Mutterpflanzen Einfluß hat. ČSSR/ÚVTI. 1780.

2-68/09-0868 Maluša, K. V. und Leonova, M. S. Ischodnyj material dlja selekcii kormovych bobov. (**Ausgangsmaterial für die Züchtung von Futterleguminosen.**) Selekcija i semenovodstvo, Kiev 7 (1967) S. 26-33. — 3 Tab. 1780.

2-68/09-0869 Pavlik, Z. Ju. K ocenke dikorastuščich form, mestnych i selekcionnych sortov rajgrasa pastbiščnogo. (**Zur Bewertung wildwachsender Formen, örtlicher und selektierter Sorten von englischem Raygras.**) Selekcija i semenovodstvo, Kiev 7 (1967) S. 37-43. — 7 Tab., 13 Lit. 1780.

2-68/09-0870 Gill, K. S. und Yermanos, D. M.; Riverside, Univ. of California, Dep. of Agron. Cytogenetic studies on the genus Linum. I. Hybrids among taxa with 15 as the haploid chromosome number. (**Zytogenetische Untersuchungen bei der Gattung Linum. 1. Mitt. Hybriden zwischen Taxa mit 15 als haploide Chromosomenzahl.**) Crop Sci. 7 (1967) Nr. 6. S. 623-637. — 10 Abb., 2 Tab., 14 Lit.
Den Begriff „Taxa" verwenden Vff., da nicht geklärt ist, ob alle verwendeten Formen Arten von *Linum* oder nur Varietäten einer Art sind. 9 *Linum*-Taxa: *L. usitatissimum* L., *L. angustifolium* Huds., *L. africanum* L., *L. corymbiferum* Desf., *L. decumbens* Desf., *L. hispanicum* Mill., *L. humile* Mill., *L. nervosum* Waldst., *L. pallescens* Ledeb. — wurden zu Kreuzungen herangezogen und zusammen mit 13 Hybriden untersucht. Die Meiose zeigte bei allen Elternarten einen normalen Verlauf. Der Hybridsamenansatz schwankte von 31 bis 85%. Die Meiose bei den Hybriden war durch hohe Häufigkeit von Univalenten sowie Bildung von Vielfachbindungen der Chromosomen in der Metaphase I gekennzeichnet. Im einzelnen werden die Kreuzungs-Kompatibilität, die zytologischen Verhältnisse und die Fertilität der Hybriden dargelegt. *L. usitatissimum* unterscheidet sich von *L. angustifolium*, *L. africanum* und *L. decumbens* durch 1 Translokation; *L. angustifolium* unterscheidet sich von *L. africanum*, *L. corymbiferum* und *L. decumbens* durch 2 Translokationen. Sonst wurde bei allen Taxa Homologie der Chromosomen festgestellt. Auf Grund der Ergebnisse wird eine chromosomale Reorganisation bei der n=15 Gruppen angenommen, die Ursache der Spezifizierung der einzelnen Taxa ist. F. Beleites. 1792.

2-68/09-0871 Gill, K. S. und Yermanos, D. M.; Riverside, Univ. of California, Dep. of Agron. Cytogenetic studies on the genus Linum. II. Hybrids among taxa with nine as the haploid chromosome number. (**Zytogenetische Untersuchungen bei der Gattung Linum. 2. Mitt. Hybriden zwischen Taxa mit 9 als haploide Chromosomenzahl.**) Crop Sci. 7 (1967) Nr. 6. S. 627-631. — 15 Abb., 1 Tab., 10 Lit. 1. Mitt. vgl. vorst. Ref.
An sechs 18chromosomigen *Linum*-Taxa — *L. alpinum* Jacq., *L. altaicum* Ledeb., *L. austriacum* L., *L. julicum* Hayek., *L. narbonense* L., *L. perenne* L. und neun Hybriden daraus wurden die Kreuzungs-Kompatibilität, Morphologie, zytologischen Verhältnisse und Fertilität geprüft. Bei den Elternpflanzen war die Meiose in allen Fällen regelmäßig. Bei den Kreuzungspflanzen war die Meiose durch das Auftreten von Univalenten und multiplen Chromosomen gekennzeichnet. Die Chromosomenpaarung ergab, daß sich *L.altaicum* von *L.alpinum*, *L. austriacum*, *L. julicum*, *L. narbonense* und *L. perenne* durch 1 reziproke Translokation unterscheidet. *L. austriacum* und *L. narbonense* sowie *L. julicum* und *L. narbonense* unterscheiden sich offenbar jeweils auch durch 1 Translokation, während *L. perenne* und *L. nar-*

bonense sich durch 2 Translokationen unterscheiden. Die Chromosomen, die nicht in die Translokationen einbezogen sind, bilden normale Bivalente und deuten damit darauf hin, daß sie i. allg. homolog sind. Die Evolution von diesen Taxa verläuft parallel zur Artbildung durch chromosomale Reorganisation, die eine häufige Weise der pflanzlichen Artbildung ist. Morphol. ähnliche Taxa unterscheiden sich stärker im Chromosomensatz, die nur durch Untersuchung im Meioseverhalten der Chromosomen mit zwischen-„artlichen" Hybriden festgestellt und danach getrennt werden können. F. Beleites. 1792.

2-68/09-0872 Koelle, G. **Matrokline Vererbung beim Nikotingehalt des Tabaks und ihr Vergleich mit genbedingten Nikotindifferenzen.** Biol. Zbl. **86** (1967) Nr. 6. S. 745-752. — 5 Tab., 19 Lit. Zus. in Engl. — nach Zus.

An Nachkommen von Einzelpflanzen sowie an reziproken Bastarden ließen sich mütterliche Nachwirkungen auf den Nikotingehalt beim Tabak nachweisen. Sie werden als Übertragung von Nikotin mit Startereigenschaften in den Embryonen erklärt. Trotz dieser mütterlichen Nachwirkung scheint es unmöglich, durch entsprechende Selektion den Nikotingehalt unbegrenzt erhöhen oder erniedrigen zu können, da frühere Untersuchungen einen Regulationsmechanismus erkennen ließen, der den Extremen entgegenwirkt. Plasmatisch und genetisch übertragene Nikotinunterschiede werden diskutiert: Die plasmatisch vererbten Nikotindifferenzen werden im Embryonalstadium festgelegt und bleiben — unabhängig von Abbaugenen oder Nikotinproduktion — als anhaltender Zustand zwischen den Pflanzen bestehen. Sie sind proportional der Differenz zwischen den Mutterpflanzen. Die genbedingten Unterschiede dagegen werden erst in späteren Entwicklungsstadien deutlich. Sie sind proportional der Gendosis, abhängig von der jeweiligen Nikotinproduktion und verkörpern damit dynamische Reaktionen. 1800.

2-68/09-0873 Gopinath, D. M. und Krishnamurthy, K. V.; Rajahmundry, India, Central Tobacco Res. Inst. 'Leaf tip hooding' — an induced mutation in N. tabacum, var. Delcrest. (**„Haubenbildung der Blattspitze" — eine induzierte Mutation bei N. tabacum** cv. **'Delcrest'.**) Genetica, 's-Gravenhage **37** (1966) Nr. 1. S. 93-96. — 1 Abb., 1 Tab., 6 Lit.

Durch Neutronenbestrahlung von Samen der Sorte 'Delcrest' konnte eine Mutation erzeugt werden, die sich durch Haubenbildung der Blattspitzen, Gigaswuchs, längere Blätter, engere Internodien und verzögerte Blüte auszeichnete. Prüfungen von 4 Generationen und Rückkreuzungen ergaben, daß die Eigenschaften der Mutanten monogen-rezessiv vererbt werden, wobei pleiotrope Wirkung des Gens angenommen wird.
A. Egerer. 1800.

2-68/09-0874 Škula, K. Príspevok k štúdiu heterózy tabáku. (**Beitrag zur Untersuchung der Heterosis bei Tabak.**) Sborník ÚVTI, Praha, Genetika a Šlechtĕní 3 (1967) Nr. 4. S. 253-260. — 1 Abb., 5 Tab., 16 Lit. Zus. in Russ., Engl.

Die Tabak-Heterosissorte 'H-Burley N 29' wird mit den Elternsorten 'Burley N L5', 'NS Nr. 16' und der Standardsorte 'Golden Virginia' verglichen. Es wurde festgestellt, daß die Leistung der Heterosissorte die des besseren Elternteiles erreicht, wobei sie aber frühreifer als beide Elternformen ist und in den übrigen Eigenschaften vorwiegend intermediär ist. Diese Sorte wird in allen Tabakanbaugebieten angebaut, aber trockene und warme Lagen mit langer Vegetationszeit setzen ihre Leistungsfähigkeit herab. Die Hybridisation äußert sich auch positiv bei den Zigarettentypen durch Feinheit des Blattgewebes und in der Blattgröße. Die Heterosissorten ermöglichen eine schnelle Lösung der Schwierigkeiten im Anbau z.B. beim Auftreten von *Peronospora*. ČSSR/ÚVTI. 1800.

2-68/09-0875 Rubcov, M. I. und Ermilova, A. A. Biologičeskie metody povyšenija kačestva semjan ovoščnych rastenij. (**Biologische Methoden zur Verbesserung der Qualität des Gemüsesaatgutes.**) Doklady sovetskich učenych k XVII Meždunarodnomu kongressu po sadovodstvu **1966** S. 477-483.

Es wurden die für das Gebiet geeignetsten Heterosis-Hybriden bei Gemüsekulturen ausgelesen: Melonen: 'Kolchoznica 749' × 'Kommunarka 18'; Tomaten: 'Peremoga 165' × 'Mičurinskij rannij 337'; Gurken: 'Vjaznikovskij 37' × 'Nežinskij 12' und 'Nežinskij 12' × 'Moskovskij zasoločnyj'; Kohl: 'Sloava 1305' × 'Posopskaja mestnaja'; Mohrrüben: 'Chantenay 2461' × 'Nantaise 14'; Zwiebeln: 'Mjatčkovskij' × 'Arzamasskij', 'Paprika' (Pfeffer): 'Otbornyj severnyj' × 'Mitčurinskij 41', Gurken für den Anbau unter Glas: 'Klinskij' × 'Ańšanovskij', Tomaten für den Anbau unter Glas: 'Majak 12/20-04' × 'Gruntovyj gribovskij' 1180'. Bei Tomaten wurde der größte Heterosiseffekt bei Kreuzung von

Elternformen geographisch entfernter Herkünfte erzielt: der mütterlichen — aus Samen der örtlichen Produktion, der väterlichen — aus Samen, die aus der Belorussischen SSR und der Region Krasnodar stammten. Die Keimfähigkeit und die Keimenergie der Hybridsamen waren erheblich größer als die der Elternsorten. Ihre Ertragsfähigkeit stieg hauptsächlich durch Vergrößerung der Zahl der Früchte. Bei einer Kreuzung innerhalb der Sorte betrug der Mehrertrag 17,4 bis 45,2%. Bei den Kreuzungen von Gurken innerhalb der Sorte aus Samen, die in verschiedenen Jahren und in verschiedenen Klimazonen gezogen worden waren, betrug der Mehrertrag 7 bis 24%; der Tr.-Subst.-Gehalt der Früchte stieg um 0,3 bis 0,5%, auch die Eigenschaften der gesalzenen Früchte wurden besser. Die Kreuzungen innerhalb der Sorte 'Nantaise 14', die im Spätherbst, Frühjahr und Sommer ausgesät worden waren, führten zu einer Steigerung des Samenertrages um 18,9 bis 41,3%, der Keimfähigkeit um 6 bis 18% und der Keimenergie um 9 bis 24%; der Ertrag an Wurzelfrüchten stieg um 10 bis 21,2%, die Wareneigenschaften und die Lagerfähigkeit im Winter wurden besser. SSSR/VINTISCh. 1810.

2-68/09-0876 Gornickaja, I. P. Spontannyj mutant ogurcov sorta Nežinskij 12. (**Eine spontane Gurkenmutante der Sorte 'Nežinskij 12'.**) Genetika, Moskva **1967** Nr. 11. S. 169. — Zus. in Engl.
In einem 10 ha großen Gurkenfeld der Sorte 'Nežinskij 12' wurden 47 Pflanzen gefunden, die runde, herzförmige Blätter hatten. In der F_1 dieser spontanen Mutanten spaltete dieses Merkmal im Verhältnis 1:2 (Mutante zu Ausgangsform) auf. Sämtliche F_1-Pflanzen waren durch 2 d verspäteten Aufgang (der in der weiteren Entwicklung wieder ausgeglichen wurde) und höheren Zuckergehalt (3,6% gegenüber 2,5) gekennzeichnet. Vf. hält die natürliche Radioaktivität, Temperatur und andere Umweltfaktoren für das mutationsauslösende Agens. U. Bandlow/Kleinwanzleben. 1810.

2-68/09-0877 Gornickaja, I. P. Metod incuchta v selekcii ogurcov. (**Die Methode der Inzucht in der Gurkenzüchtung.**) Citologija i genetika, Kiev **2** (1968) Nr. 1. S. 35-40. — 4 Tab., 18 Lit.
Die Anwendung der Inzucht (bis zur 4. Generation) bei Gurkensorten, wie 'Rustem 96-1', 'Plodovityj 147', 'Izobilnyj 131', 'Gibrid 36', 'Nežinskij 12', 'Doneckij' zasoločnyj 11/2-1', führte zur Schaffung einer Anzahl Linien, die von Interesse für die Züchtung sind. Es ist bekannt, daß sie isolierend wirkt. Dies wird durch die vorliegenden Befunde unterbaut. Mittels Inzucht wurden rezessive, praktisch wertvolle Formen isoliert: hoch ertragreiche, frühreifende, temperaturresistente sowie in der Qualität der Früchte und der reproduktiven Organe unterschiedliche Formen. Bei einigen Inzuchtlinien wurde kein depressiver Effekt oder ausgeprägte Depression beobachtet. E.-M. Ardelt. 1810.

2-68/09-0878 Betlach, J. Některé výsledky heterózního šlechtění zeleninové papriky (Capsicum annum L.). (**Einige Ergebnisse der Heterosis-Züchtung bei Gemüsepaprika.**) Sborník ÚVTI, Praha, Genetika a Šlechtění **3** (1967) Nr. 4. S. 239-252. — 3 Abb., 7 Tab., 3 Lit. Zus. in Russ., Engl.
Durch Prüfung der F_1-Hybridkombinationen von Gemüsepaprika wurde festgestellt, daß sich die Heterosis in der Früh- und Gesamternte der Früchte vorwiegend durch eine höhere Anzahl von Früchten/Pflanze und demzufolge erhöhtes Gewicht der Früchte äußert. Ungefähr 50% der F_1-Hybriden zeigten im Verlaufe von 3 Jahren eine Transgression im Gesamtertrag und zu 80% in der Früherente. Im L-Askorbinsäuregehalt bestanden zwischen der F_1 und den Eltern keine wesentlichen Unterschiede. In einigen Fällen wurde bei den F_1-Hybriden ein Abfall unter das Niveau des schlechtereren Elternteiles festgestellt. Auch im Tr.-Subst.- und Gesamtzuckergehalt konnte zwischen den F_1-Hybriden und den Eltern keine größeren Differenzen festgestellt werden. Ungefähr bei der Hälfte der Ausgangsformen wurde eine gute Kombinationsfähigkeit festgestellt und man kann sie zur weiteren Heterosiszüchtung empfehlen. ČSSR/ÚVTI. 1810.

2-68/09-0879 Pejkić, Borivoje und Đokić, Aleksandar. Mikrosporogeneza jabuke kolačare. (**Mikrosporogenese der Apfelsorte 'Kolaćara'.**) Zbornik radova Poljoprivrednog fakulteta, Beograd 14 (1966) Nr. 418. 10 S. — 6 Abb., 4 Tab., 10 Lit. Zus. in Franz. — nach franz. Zus.
Ziel der Untersuchungen war, die Anzahl der Chromosomen und die Merkmale der Meiose zu bestimmen und anhand dieser Untersuchungen die verschiedenen Ansichten über die Pollengröße sowie die geringe Keimung des Pollens der Apfelsorte 'Kolačara' zu erklären.

Es werden folgende Schlußfolgerungen gezogen: 1. Die Sorte 'Kolačara' gehört zu den triploiden Sorten. 2. Die Meiose zeigte große Anomalien u. a. Bildung von Univalenten, Trivalenten, Quadrivalenten und sogar Oktavalenten. 3. Die Anomalien während der Prophase und der Metaphase äußerten sich durch die unregelmäßige Chromosomentrennung und wenn sich anstelle normaler Tetraden sehr viele Diaden (1,7%), Triaden (24,60) und Pentaden (4,0%) bildeten. 4. Die Ungleichheit hinsichtlich der Größe der Pollenkörner sowie der geringen Keimung des Pollens (12,8%) können auch als Beweis dafür dienen, daß die Sorte 'Kolačara' zu den triploiden Apfelsorten gehört. Große Unterschiede zeigten sich auch in der Länge der Pollenkörner (von 28,98…57,96 μ). 1820.

2-68/09-0880 Visser, T.; Wageningen, Inst. of Horticult. Plant Breeding. Juvenile period and precocity of apple and pear seedlings. **(Jugendperiode und Frühreife bei Apfel- und Birnensämlingen.)** Euphytica, Wageningen **16** (1967) Nr. 3. S. 319–320. — 1 Tab., 3 Lit. Zus. in Niederl.

Auf Grund des Bestehens von Beziehungen zwischen der Frühreife der Eltern und der Länge der Jugendperiode wurde bei ihren Nachkommenschaften überprüft, inwieweit Zusammenhänge zwischen Jugendperiode und Frühreife bei den Nachkommen bestehen. Apfel- und Birnensämlinge wurden nach Beendigung ihrer Jugendperiode auf dieUnterlagen EM IX bzw. Quitte A mit und ohne Zwischenveredelung okuliert. Bereits nach 2 Jahren blühten die ersten Apfelklone und im 3. Jahr die ersten Birnenklone. Es wurde festgestellt, daß ein hoher Anteil der Veredlungen im 2. und 3. Jahr blühten, in denen die Sämlinge nur eine kurze Jugendperiode hatten. Diese Beziehungen zwischen kurzer Jugendperiode der Sämlinge und der Frühreife dieser, auf schwachwachsender Unterlage veredelt, sind sehr eng. K. Kluge. 1820.

2-68/09-0881 Way, Roger D.; Geneva, Dep. of Pomol. An expanded apple breeding program at Geneva. **(Ein ausgedehntes Apfelzüchtungsprogramm in Geneva.)** Farm Res. **33** (1967) Nr. 4. S. 8–9. — 5 Abb., 4 Tab.

Seit 1890 wird in Geneva die Apfelzüchtung betrieben. Das Zuchtprogramm sieht 3 Richtungen vor: 1. Rote Sorten, die Anfang Aug. reifen; 2. Herbst- und Wintersorten für den Frischmarkt mit gutem Geschmack; 3. Herbst- und Wintersorten, die ertragreich und leicht zu pflegen sind. Weiterhin wird an der Züchtung resistenter Sorten, neuer Unterlagen und der Polyploidie gearbeitet. Nach der ersten Selektion im Zuchtgarten werden die Zuchtklone auf die Unterlagen MM 106 und Sämling veredelt. Es sind dies ca. 1,4% der gepflanzten Sämlinge im Durchschnitt der Jahre. Die Zahl der Kreuzungskombinationen und der gewonnenen Sämlinge ist laufend gestiegen. Jährlich werden bis zu 8000 Sämlinge herangezogen, und in den letzten 10 Jahren kamen ca. 21000 Sämlinge erstmalig in Blüte. Bis 1967 sind 49 neue Sorten entstanden, u. a. 'Cortland', 'Lodi' und 'Macoun'. K. Kluge. 1820.

2-68/09-0882 Samorodova-Bianki, G. B. Biochimičeskie različija ustojčivych i poražennych apočkovym kleščom form černoj smorodiny. **(Biochemische Unterschiede bei den resistenten und den durch die Johannisbeergallmilbe befallenen Formen der Schwarzen Johannisbeere.)** Biologičeskie nauki **1967** Nr. 5. S. 124–127.

Vergleichende Untersuchungen der chem. Zusammensetzung von Blättern bei 5 Formen der Schwarzen Johannisbeere, die gegen die Gallmilbe widerstandsfähig sind oder von ihr befallen waren, fanden statt. Die Formen 1, 2 und 3 gehören zu der sibirischen Unterart von *Ribes nigrum* L. Die Form 1 zeigte starken Befall, die Formen 2 und 3 waren immun. Die Formen 4 und 5 werden der europäischen Unterart von *R. nigrum* L. zugeordnet. Die Form 4 war stark befallen, die Form 5 völlig immun. Untersucht wurden das 4. und 5. Blatt eines Triebes, gerechnet von der Spitze des im laufenden Jahr entstandenen Zuwachses. Die widerstandsfähigen und die von der Gallmilbe befallenen Formen der Schwarzen Johannisbeere unterschieden sich in der chem. Zusammensetzung. Die Blätter der widerstandsfähigen Formen enthielten mehr Zucker, verschiedene org. Säuren, Asche, wasserlösliche Polyphenole und Karotin, jedoch weniger Askorbinsäure und Glutathion. Die Aktivität der Askorbinsäureoxydase war geringer und die der Polyphenyloxydase größer. SSSR/VINTISCh. 1820.

2-68/09-0883 Staudt, G. **Die Genetik und Evolution der Heterözie in der Gattung Fragaria. I. Untersuchungen an Fragaria orientalis.** Z. Pflanzenzücht. **58** (1967) Nr. 3. S. 245–277. — 2 Abb., 15 Tab., 63 Lit. Zus. in Engl.

Die tetraploide Art *Fragaria orientalis* ist triözisch und dadurch günstig für eine Analyse der Geschlechtsvererbung. Die Geschlechtsausbildung wird durch multiple Allele des Faktors Su kontrolliert. Die Dominanzverhältnisse werden dargestellt. Die Aufspaltungen stimmen mit den Erwartungen überein, die 4 Genome mit je 7 Chromosomen sind also homolog. Das Allel Su^F verhindert die Ausbildung funktionsfähiger ♀-Organe. Außer $Su^FSu^FSu^FSu^F$♂ konnten alle Genotypen analysiert werden. *F. orientalis* ist ♀-heterogametisch und ♂-hetero- und homogametisch. Geringe Abweichungen von der nachgewiesenen monofaktoriellen tetrasomen Geschlechtsvererbung werden diskutiert. Die an 2 geographisch weit voneinander entfernten Herkünften durchgeführten Untersuchungen gestatten die Annahme, daß der gefundene Mechanismus der Geschlechtsvererbung für die ganze Art gilt. Dadurch wird die von Correns (1907, 1928) aufgestellte Hypothese der monofaktoriellen Geschlechtsbestimmung bei diözischen Blütenpflanzen bestätigt. S. Kramer. 1820.

2-68/09-0884 Mittelstaedt, Horst. **Frostresistenzzüchtung an Obstgehölzen.** Bericht über die vom 16. bis 30. 10. 1967 durchgeführte Studienreise in die UdSSR. Reisebericht. 1967. (10 S.) (G 442) 1820.

2-68/09-0885 Buiatti, M., Molino, M. und Tesi, R. Prove di miglioramento genetico mediante radiazioni ionizzanti in una pianta da fiore a propagazione vegetativa (Gladiolo). (**Untersuchung zur genetischen Verbesserung vegetativ vermehrter Blütenpflanzen durch ionisierende Strahlen [Gladiolen].**) Riv. Ortoflorofrutticolt. ital. **51** (92) (1967) Nr. 6. S. 616–627. — 8 Abb., 2 Tab., 36 Lit. Zus. in Engl. — nach engl. Zus.

An verschiedenen Gladiolensorten, den triploiden 'Oscar', 'Mansoer', 'Johann Strauß' und 'Aristocrate' und der tetraploiden 'S. Souci' wurde die Wirkung von unterschiedlich hohen Dosen von ^{60}Co-Strahlen auf die Mutationsauslösung untersucht. Eine erfolgreiche Anwendung dieser Methode ist möglich, wenn die Dosis entsprechend gewählt wird, so daß die physiol. Wirkung gering ist und wenn die auftretenden Mutationen stabilisiert werden können. Bei den 5 Sorten wurden 15 Mutationen gefunden, die in unterschiedlicher Häufigkeit auftraten. E. Haenchen. 1830.

2-68/09-0886 Love, J. E. Oak Ridge, Univ. of Tennessee, Agric. Res. Labor. Some effects of fast neutron irradiation on the somatic tissues of poinsettia. (**Einige Wirkungen der Bestrahlung mit schnellen Neutronen auf somatisches Gewebe bei Poinsettia.**) Proc. Amer. Soc. horticult. Sci. **89** (1966) S. 672–676. — 1 Abb., 2 Tab., 12 Lit.

Poinsettien wurden mit schnellen Neutronen mit einer Dosis von 0, 100, 200, 300 und 400 rad bestrahlt. Die meisten Mutationen traten bei der Sorte 'Ecke Pink' bei Bestrahlung mit Dosen über 200 rad auf. Am meisten traten hier weiße und rote Sektoren auf. Bei der Sorte 'Eckes White' traten bevorzugt grüne Sektoren auf und bei 'Indianapolis red' wurden keine Sektoren beobachtet. W. Hiller. 1830.

2-68/09-0887 Mericle, L. W. und Mericle, R. P. Genetic nature of somatic mutations for flower color in Tradescantia, clone 02. (**Genetische Natur von somatischen Blütenfarbmutationen beim Klon 02 von Tradescantia.**) Radiation Bot. **7** (1967) Nr. 6. S. 449–464. — 5 Tab., 51 Lit. Zus. in Franz., Dtsch.

Untersuchungen über die genetische Basis des sektoralen Auftretens somatischer Mutationen von blauer zu roter Farbe der Petalen und Staubblatthaare bei *Tradescantia* zeigen, daß der Hybrid Klon 02 keine Chimäre ist. Er ist in der Blütenfarbe heterozygot und die Nachkommen mendeln nach Selbstung im Verhältnis 3 (blau): 1(rot). Die Fähigkeit zur Sektorenbildung wird vererbt, wobei die Heterozygotie eine Voraussetzung dafür ist. Von den Mechanismen der Sektorenbildung kommen Chromosomenbrüche (Deletion), Genmutationen, Chromosomen-Non-Disjunction und mitotisches Crossing-over in Betracht. Die genetische Steuerung der Sektorierungshäufigkeit wird vermutlich durch Modulation des Grades somatischer Assoziation zwischen homologen Chromosomen erreicht.
W. Hentrich. 1830.

2-68/09-0888 Laws, H. M. Cytology of induced polyploids in Oenothera, subgenus Raimannia. (**Zytologie von induzierten Polyploiden bei Oenothera, Subgattung Raimannia.**) Cytologia, Tokyo **32** (1967) Nr. 1. S. 125–141. — 29 Abb., 5 Tab., 34 Lit. Orig.: engl.
1830.

2-68/09-0889 Linnert, Gertrud. **Suppressorgene bei Antirrhinum majus.** Ber. dtsch. bot. Ges. **80** (1967) Nr. 8. S. 559. 1830.

2-68/09-0890 Singh, Karn-Deo; Schmalenbeck, Inst. für Forstgenetik und Forstpflanzenzücht.; Reinbeck, Bundesforsch.-Anst. für Forst- und Holzwirtsch. **Vollständige Varianzen und Kovarianzen in Pflanzenbeständen. III. Monte-Carlo-Versuche über den Einfluß der Konkurrenz zwischen Genotypen auf die Voraussage des Ausleseerfolgs.** Z. Pflanzenzücht. 57 (1967) S. 189–253. — 5 Abb., 36 Tab., 132 Lit. Zus. in Engl.

In der Auslesezüchtung mit Forstpflanzen stehen spez. Fragen der Plusbaumauslese und der Nachkommenschaftsprüfung unter Verwendung der ausgelesenen Bäume im Vordergrund. Mittels Modellversuchen erarbeitete Vf. die Beziehungen zwischen Verwandten unter Einschluß der aus Konkurrenz zwischen Genotypen entstehenden Varianzen und Kovarianzen. Bei diesen mit Hilfe von Monte-Carlo-Versuchen überprüften Populationen ist in allen Fällen nur ein einziger spaltender Locus angenommen worden, dessen beide Allele pleiotropisch den „genotypischen" Wert und den „Konkurrenzwert" ihrer Träger beeinflußten. Die Art der Genwirkung wurde zwischen rein intermediärer Vererbung und Überdominanz variiert. Die bisher gebräuchliche Formel für phänotypische Varianz in einer zufallspaarenden, gleichaltrigen Population mit regelmäßigen Pflanzenabstand auf einheitlichen Standort ist für Konkurrenzeinflüsse verallgemeinert worden. Für die in der Forstpflanzenzüchtung wichtigsten Kovarianzen zwischen Halbgeschwistern, Vollgeschwistern und Klongeschwistern, sowie für diejenige zwischen Eltern und Nachkommen werden die bei Konkurrenz anzuwendenden Formeln mitgeteilt, wobei die Kompliziertheit der Formeln in Mehrbaumparzellen zunimmt. Die Monte-Carlo-Versuche lassen erkennen, daß bei Nachkommenschaftsprüfungen die Varianzkompenenten „innerhalb" und „zwischen Parzellen" und die Heritabilität stark durch Konkurrenz verfälscht werden, wobei in den verschiedenen Parzellengrößen und -formen Widersprüche auftreten. Für Plusbaumauslese werden die Bedingungen aufgezeigt, unter denen sie „richtige" und „falsche" Ergebnisse bringt. Die Nachkommenschaftsprüfung mit Monte-Carlo-Versuchen zeigt auch, daß die Konkurrenz Einfluß auf die Heritabilität hat. Die gefundenen Beziehungen ermöglichen es, aus Versuchen mit verschiedenen Familientypen (Halbgeschwister-, Vollgeschwister- und Klongeschwisterfamilien) und verschiedenen Parzellenformen die genetischen Varianzen und Konkurrenzvarianten getrennt zu schätzen. F. Beleites. 1850.

2-68/09-0891 Kumar, Sushil, Bansal, H. C., Singh, Dalmir und Natarajan, A. T. Consistency of karyotypes and classification and identification of chromosomes in the Genus Pinus. (**Übereinstimmung der Karyotypen und Klassifizierung und Identifizierung der Chromosomen im Genus Pinus.**) Indian J. Genetics Plant Breeding **26** (1966) Nr. 3. S. 311–316. — 3 Abb., 2 Tab., 13 Lit.

Keimwurzeln der Arten *Pinus roxburghii* und *P. insularis* wurden nach der abgewandelten Methode von Upadhya behandelt. Beide Arten besitzen haploid 24 Chromosomen. Durch Feststellung (1) der relativen Länge jedes Chromosoms, transformiert in Winkelwerte, und (2) des rel. Verhältnisses des längeren zum kürzeren Chromosomenarm, logarithmisch transformiert konnten die Chromosomen in 5 sich nicht überschneidende Klassen eingeteilt werden. 2 Satelliten-Chromosomenpaare wurden festgestellt. Es wird angenommen, daß die untersuchten Arten natürliche Tetraploide sind. O. Schröck. 1850.

XI. PHYTOPATHOLOGIE UND PFLANZENSCHUTZ

A. Allgemeine Literatur, Berichte, Statistiken u. a.

2-68/09-0892 Rădulescu, E. und Docca, E. Fitopatologie. (**Phytopathologie.**) Bucureşti: Ed. Didactică şi pedagogică. 1966. (799 S.) 8°. (1967 A 1731) 1901.

B. Krankheiten und ihre Ursachen

2-68/09-0893 Ozereckovskaja, O. L., Vasjukova, N. I. und Metlickij, L. V. Izučenie antibiotičeskich veščestv kartofelja, obrazujuščichsja v chode nekrotičeskoj reakcii. (**Untersuchungen über antibiotisch wirksame Stoffe der Kartoffel zur Klärung des Auftretens von nekrotischen Reaktionen.**) Doklady Akademii nauk SSSR, Moskva **178** (1968) Nr. 1. S. 244–247. — 2 Abb., 2 Tab., 7 Lit.

Verschiedene Extrakte aus Beeren (Methanol, Chloroform) der gegen *Phytophthora infestans* widerstandsfähigen Sorte 'Ljubinec' untersuchten Vff. auf ihre fungitoxischen Eigenschaften gegen pflanzenpathol. Mikroorganismen. Dabei hat man das Auftreten von Nekrosen als stofflichen Abwehrmechanismus gewertet. Die Bildung dieser Stoffe wurde chromatographisch bewiesen. Dabei ergab sich, daß in verletztem Periderm, und in noch größerem Umfang in nekrotischem Gewebe, Lipide eine große natürliche, antibiotisch wirksame Beschaffenheit besitzen. Auch neue Verbindungen können auftreten. Ein Mangel an diesen Stoffen herrscht in gesundem und unverletztem Gewebe. Alle Extrakte von nekrotischem Gewebe besaßen hohe fungizide Eigenschaften. R. Bech. 1911.

2-68/09-0894 Pejml, K. und Petrlík, Z. Typizace charakteristického počasí pro šíření peronospory chmelová (Pseudoperonospora humuli [Miyabe-Takahashi] Wilson). **(Verlauf des für die Verbreitung des Falschen Hopfenmehltaues [Pseudoperonospora humuli (Miyabe-Takahasi) Wilson] kennzeichnenden Wetters.)** Sborník ÚVTI, Praha, Ochrana Rostlin 3 (1967) Nr. 2. S. 109-116. — 2 Abb., 3 Tab., 4 Lit. Zus. in Russ., Engl., Dtsch.
Vorkommen und Verbreitung des Falschen Hopfenmehltaues stehen in enger Beziehung zum Wetter. Auf Grund von Untersuchungen der Gradation der Krankheit in den einzelnen Jahren arbeiteten Vff. das sog. *Pseudoperonospora-humuli*-Wettermodell aus. Für die Festlegung der Spritzungen hat sich in der ČSSR die sog. Siebentageregel bewährt. Länger als 7 d andauerndes trockenes Wetter hemmt *P. humuli* wesentlich (Juni bis Aug.). Je nach Einwirkung auf das Auftreten und die Entwicklung des Falschen Hopfenmehltaues bestimmten Vff. 3 Wetterzonen. ČSSR/ÚVTI. 1915.

2-68/09-0895 Masurat, Günter. **Vergleichende Untersuchungen über Beziehungen zwischen dem jährlichen Erstauftreten von Schadinsekten und Faktoren der Umwelt.** Arch. Pflanzenschutz 4 (1968) Nr. 1. S. 3-29. — nach Zus.
Auf der Grundlage von Untersuchungen zur Phänologie von *Meligethes aeneus* F. und *Pegomyia betae* Curt. der Jahre 1956-60 versuchte Vf., großräumig den Zeitpunkt des Flugbeginns bzw. der Eiablage mit Witterungs- und Klimafaktoren zu vergleichen und Kausalzusammenhänge darzustellen. Für *Meligethes aeneus* ließ sich die Abhängigkeit der Aktivität von der Bodentemperatur (8 °C) und der Lufttemperatur (12 °C) auch großräumig bestätigen. Für *Pegomyia betae* erwies sich die Temperatursummenregel von Blunck auch großräumig insofern als zutreffend, als das Erscheinen der Imagines bzw. die Eiablage in allen Fällen später erfolgte als das Erreichen der Temperatursumme. Die zeitliche Differenz zwischen beiden Terminen ist von Ort zu Ort und Jahr zu Jahr unterschiedlich und hängt vom Eintritt günstiger Witterungsbedingungen ab (Temperaturmaxima über 20 °C, Temperaturmittel über 15 °C, Sonnenscheindauer etwa über $^2/_3$ des astronomisch Möglichen, Niederschlagsfreiheit). Mit Hilfe von Witterungsdaten lassen sich sichere Aussagen über das phänol. Verhalten von Schadinsekten treffen, sofern nicht nur ein Witterungselement herangezogen wird, sondern eine möglichst komplexe Erfassung des Witterungsgeschehens erfolgt. Klimatologisch ergaben sich Übereinstimmungen zwischen den phänol. Früh- und Spätgebieten der bearbeiteten Schadinsekten mit charakteristischen Klimaanlagen (Temperatur, Niederschlag und Bewölkung). 1915.

2-68/09-0896 Bilous, Z. P.; Unions-Forsch.-Inst. für Pflanzenbau. Charakter fiziologičeskich rasstrojstv tomatov, svjazannych s usychaniem list'ev i veršinnoj gnil'ju plodov. **(Das Wesen physiologischer Abnormitäten der Tomate, die mit Vertrocknen der Blätter und Fruchtfäule verbunden sind.)** Doklady Vsesojuznoj ordena Lenina akademii sel'skochozjajstvennych nauk imeni V. I. Lenina, Moskva **1968** Nr. 1. S. 14-17. — 2 Abb., 3 Tab., 14 Lit.
Vf. untersuchte den Einfluß des Wasserhaushaltes der Pflanze auf die Entwicklung der Krankheitssymptome. Als wesentliche Krankheitsursache gilt Wassermangel, der auch den Assimilattransport aus den Blättern hemmte. Desgleichen war der Kationen-Stoffwechsel, bes. hinsichtlich K, gestört. Durch optimale Versorgung mit Wasser ließen sich die Schäden vermeiden. H. Lehmann. 1930.

2-68/09-0897 Leh, H.-O. **Zur Ätiologie der Napfbildung bei Knollensellerie (Apium graveolens var. rapaceum [Miller] D. C.). III. Mitt. Der Einfluß von Pflanzenschutzmaßnahmen auf Knollenentwicklung und Napfbildung.** Z. Pflanzenkrankh. (Pflanzenpathol.) Pflanzenschutz 75 (1968) Nr. 1. S. 23-29. — 5 Tab., 4 Lit. Zus. in Engl.
Entspr. der 1. und 2. Mitt. ist die Neigung zur Napfbildung genetisch bedingt und durch die innere Knollenstruktur begründet. Phänotypische Veränderungen des Knollenwachstums in Abhängigkeit von ökol. Faktoren ziehen Unterschiede im Ausmaß der Napfbildung nach sich. In Freilandparzellenversuchen prüfte Vf. nun die Beeinflussung von Knollenwachstum und Napfbildung durch die Anwendung von Spritzmitteln gegen die *Septoria*-Blattfleckenkrankheit und gegen saugende Insekten. Spritzungen mit Fentinazet-Maneb (0,1%) waren

gut, solche mit Kupferoxychlorid (0,5%) ± Maneb (0,02%) nur unbefriedigend wirksam gegen die Blattfleckenkrankheit. Sowohl durch wirksame Fungizidanwendung bei starkem *Septoria*-Befall als auch durch effektive Insektenbekämpfung (0,05% Parathion; 0,1% Demethon-methyl; 0,15% Trichlorphon bzw. 0,1% DDT + 0,1% Diazinon) ließ sich die Knollenentwicklung wesentlich verbessern. Paralllel zur Größenzunahme der Knollen erhöhte sich der Anteil mit Napfbildung. Bei nur geringfügigem *Septoria*-Befall hatten die Bekämpfungsmaßnahmen keinen Einfluß auf das Knollenwachstum. Demgemäß traten Unterschiede in der Napfbildung nicht auf. Die Untersuchungen bewiesen erneut, daß eine modifikatorische Verbesserung des Knollenwachstums eine Zunahme der Napfbildung zur Folge hat. G. Sembdner. 1930.

2-68/09-0898 Laganière, Jacques und Sackston, W. E.; Quebec, McGill Univ., Macdonald Coll., Dep. of Plant Pathol. Effects on flax of various levels of boron and calcium. **(Wirkungen verschiedener Bor- und Kalziummengen auf Leinpflanzen.)** Phytoprotection, Québec 48 (1967) Nr. 1. S. 4–13. — 8 Abb., 1 Tab., 4 Lit. Zus. in Franz.

Zur Leinsorte 'Marine' wurden in belüfteten Nährlösungen (21 °C, 15 h Photoperiode) in allen Kombinationen hohe, normale und Mangelgaben an B (2,5 und 0,5 ppm, ohne B) und Ca (480, 220 und 40 ppm) gegeben. Bei Borüberschuß traten nach 12···15 d toxische Symptome auf, während sich Mangelsymptome nach 20 d zeigten. 40 ppm Ca bewirkten nach 42 d nur dann Mangelerscheinungen, wenn gleichzeitig B-Mangel bestand. Wurden Leinpflanzen nach 30···40 d Kultivierung in B-Mangellösung mit einer vollständigen Nährlösung versorgt, so zeigten sie ein normales Wachstum, jedoch waren einige Stengel und Blüten verbändert. Erfolgte der Übergang aus einer Ca-Mangellösung, so war ebenfalls ein normales Wachstum zu verzeichnen, aber einige Schößlinge zeigten Ca-Mangelsymptome („withertop"). Unter Zusatz von 2,5 oder 0,5 ppm B und 480 ppm Ca angezogene Leinpflanzen brachten mehr Samenkapseln hervor, die früher ausreiften und einen höheren Prozentsatz vollausgebildeter Samen enthielten. W. Franzke. 1930.

2-68/09-0899 Laganière, Jacques und Sackston, W. E.; Quebec, McGill Univ., Macdonald Coll., Dep. of Plant Pathol. Some effects of boron and calcium deficiencies on anatomy and water utilization of flax plants. **(Einige Wirkungen von Bor- und Kalziummangel auf die Anatomie und Wasserausnutzung von Leinpflanzen.)** Phytoprotection, Québec 48 (1967) Nr. 1. S. 14–22. — 8 Abb., 1 Tab., 5 Lit. Zus. in Franz.

Das apikale Meristem in Längsschnitten der Stengel von B-Mangelpflanzen war ungeordnet, die Blattprimordien waren nekrotisch. Die primären Wurzelspitzen waren ebenfalls nekrotisch, das Meristem auch beeinträchtigt. Es bildeten sich nahe der Wurzelspitze viele sekundäre Wurzelprimordien, die bald Nekroseerscheinungen zeigten. Wenn man die Pflanzen nach B-Mangel mit vollständiger Nährlösung versorgte, so bildeten sich 2···3 d danach gesunde Wurzelprimordien aus. Längsschnitte der Vegetationskegel gebänderter Leinstengel wiesen eine abnorm große Zahl von Blattprimordien auf. Querschnitte gebänderter Stengel erschienen normal ausgebildet. Längsschnitte der Stengelspitzen von Ca-Mangelpflanzen zeigten primäre und sekundäre Schößlingsprimordien. Die Wasseraufnahme der Pflanzen aus B-Mangellösung war gegenüber der Kontrolle verringert. Steigende Ca-Gaben verminderten die Wirkung des B-Mangels auf die Wasseraufnahme. W. Franzke. 1930.

2-68/09-0900 Dässler, Hans-Günter, Grumbach, Hans und Börtitz, Siegfried. **Rauchschäden in der Landwirtschaft.** Nachr.-Bl. dtsch. Pflanzenschutzdienst, Berlin [N.F.] 22(48) (1968) Nr. 3. S. 41–43. — nach Zus.

Abgase aus Kraftwerken, Chemie- und Hüttenbetrieben enthalten eine Reihe phytotoxischer Substanzen, die neben den bekannten Schädigungen in der Forstwirtschaft auch Ertrags- und Qualitätsbeeinträchtigungen auf landwirtsch. und durch Obstbau genutzten Flächen verursachen können. Im Gegensatz zu forstl. Schadgebieten sind Rauchschäden an landwirtsch. Erzeugnissen bisher nur wenig bearbeitet worden. Zur Steigerung der landwirtsch. Produktion in der DDR, bes. in industrienahen Bereichen, sind jedoch Kenntnisse über Art der Schadstoffe und deren Wirkungsweise auf die einzelnen Kulturen dringend nötig. Zur Erfassung und Beurteilung vermuteter Rauchschäden ist eine unverzügliche Meldung über die zuständige Pflanzenschutzstelle erforderlich, um Schadquelle und -ausmaß ermitteln zu können. Prophylaktische Maßnahmen zur Minderung von Ertragseinbußen durch Industrieabgase sind durch Anpassung der landwirtsch. Produktion an die Luftverunreinigungssituation (z.B. durch Umstellung auf weniger rauchempfindliche Pflanzenarten) in gewissem Umfang durchaus möglich und weitestgehend auszunutzen. 1930.

2-68/09-0901 Bojko, O. I. Antagonističeskaja aktivnost' grammotricatel'nych bakterij po otnošeniju k nekotorym fitopatogennym bakterijam i gribam. (**Antagonistische Aktivität gramnegativer Bakterien gegen einige pflanzenpathogene Bakterien und Pilze.**) Vsesojuznyj simpozium po bakterial'nym zabolevaniam rastenij **1966** S. 80.
Die antagonistischen Eigenschaften verschiedener gramnegativer Bodenbakterien prüfte Vf. gegenüber 14 Stämmen pflanzenpathogener Bodenbakterien und -pilze (*Bacterium herbicola, Bact. tumefaciens, Xanthomonas vesicatoria, X. phaseoli, X. malvacearum, Pseudomonas lachrymans, P. tabaci, P. holci, Erwinia carotovora, E. aroideae, Corynebacterium michiganense, Penicillium rugulosum, Verticillium dahliae, Fusarium avenaceum*). Einige Arten der untersuchten Bakterien erwiesen sich als unwirksam, andere verfügten über ein breites Wirkungsspektrum gegen pflanzenpathogene Mikroorganismen. Die antibiotische Aktivität der Mehrzahl der geprüften Kulturen entwickelte sich auf Nährboden Nr.2 nach Gause, mit Ausnahme von *X. acernea* (nur auf Fleischpeptonagar aktiv). *P. fluorescens* und dessen Varietäten *P. melochlora, P. viridiflava* und *P. aurantiaca* zeigten antagonistische Wirkung auf die untersuchten Kulturen. Bes. widerstandsfähig gegen die Wirkung der Antagonisten war die Kultur von *E. carotovora*, etwas schwächer waren *E. aroidae* und *P. holci*. Antagonisten der Pilze sind selten anzutreffen. SSSR/VINTISCh. 1950.

2-68/09-0902 Kolesova, É. A. Antagonističeskoe dejstvie sporonosnych bakterij na nekotorye vidy fitopatogennych bakterij. (**Antagonistische Wirkung sporenbildender Bakterien auf einige Arten pflanzenpathogener Bakterien.**) Vsesojuznyj simpozium po bakterial' nym zabolevanijam rastenij **1966** S. 81.
Die antagonistische Wirkung von Stämmen verschiedener aerober sporenbildender Bakterienarten ermittelte Vf. gegenüber 13 Bakterien- und Pilzarten (*Xanthomonas vesicatoria, X. phaseoli, X. malvacearum, Erwinia carotovora, E. aroideae, Pseudomonas holci, P. tabaci, P. lachrymans, Bacterium herbicola, B. tumefaciens, Corynebacterium michiganense, Verticillium dahliae* und *Fusarium avenaceum*. Die Mehrzahl der geprüften Stämme wirkte antagonistisch. Bakterien-Antagonisten mit breitem Wirkungsspektrum waren *Bacillus mesentericus, B. subtilis*, und *B.polymyxa*, die einen wachstumshemmenden Einfluß auf die meisten pflanzenpathogenen Bakterien ausüben. Ein schmales Wirkungsspektrum besaßen *B. mycoides* und *B. megatherium*. Bes. widerstandsfähig gegen den Einfluß der untersuchten Mikroben-Antagonisten waren die pflanzenpathogenen Bakterien der Gattung *Erwinia* und die Pilze, obwohl auch für diese Antagonisten festzustellen waren.
SSSR/VINTISCh. 1950.

2-68/09-0903 Bojko, O. I., Kiprianova, E. A. und Mil'čenko, K. P. Ispol'zovanie nekotorych novych metodov dlja opredelenija prinadležnosti bakterij k rodu Pseudomonas. (**Einsatz einiger neuer Methoden, die Zugehörigkeit der Bakterien zur Gattung Pseudomonas zu bestimmen.**) Vsesojuznyj simpozium po bakterial'nym zabolevanijam rastenij **1966** S. 18–19.
Es wurden aus Erde isolierte gramnegative nicht sporenbildende Bakterien untersucht, von denen eine große Zahl zur Gattung *Pseudomonas* gehörte. Parallel dazu prüften Vff. Stammkulturen. Die Bestimmung der artenmäßigen Zusammensetzung der bezeichneten Stämme wurde anhand ihrer Fähigkeit geprüft, sich unter anaeroben Bedingungen und auf Nährboden mit einer hohen Konz. von Argininnitrofurantoin schnell zu teilen sowie Dimethylparaphenylendiamin zu oxydieren. Die überwiegende Mehrzahl der untersuchten *Pseudomonas*-Stämme verfügte über Arginase- und oxydierende Aktivität sowie Resistenz gegen Nitrofurantoin. Keine Form der großen Zahl der Stämme und Arten der Gattung *Xanthomonas* besaß eine derartige Aktivität sowie Widerstandsfähigkeit gegenüber Nitrofurantoin. Außerdem waren einzelne *Pseudomonas*-Arten und alle untersuchten Stämme der pflanzenpathogenenArten *P. lachrymans, P. tabaci* und *P. holci* nicht im Besitz von Oxydase, waren empfindlich gegenüber Nitrofurantoin und nicht fähig, Ariginin zu spalten.
SSSR/VINTISCh. 1950.

2-68/09-0904 Kaganskaja, M. B. und Gvozdjak, R. I. Izučenie chimičeskogo sostava i antigennych svojstv, polisacharidov i kletočnych stenok Pseudomonas tabaci. (**Untersuchung der chemischen Zusammensetzung und antigenen Eigenschaften, der Polysaccharide und der Zellwände bei Pseudomonas tabaci.**) Vsesojuznyj simpozium po bakterial'nym zabolevanijam rastenij **1966** S. 13.
Als Untersuchungsobjekt dienten die Stämme 223 und 229 des Wildfeuererregers des Tabaks, *Pseudomonas tabaci*, die sich hinsichtlich ihrer Pathogenität unterscheiden (Stamm

223 wirkt stärker pathogen). Die beiden Stämme besitzen einen unterschiedlichen Antigen-Gehalt. An Polysacchariden ist in den Zellwänden bei Stamm 229 Mannose enthalten, außerdem sind Arabinose und Xylose vorhanden. Bei Stamm 223 sind diese Zucker nicht anzutreffen. Die Untersuchung der antigenen Eigenschaften dieser Stämme zeigte, daß sie zu verschiedenen serol. Gruppen gehören. SSSR/VINTISCh. 1950.

2-68/09-0905 Galindo A., Jorge und Zentmyer, George A. Genetics and cytology of Phytophthora. **(Genetik und Zytologie von Phytophthora.)** Nature, London **214** (1967) Nr. 5095. S. 1356. — 3 Lit.
Zur Typisierung von *Phytophthora*-Spezies benutzten Vff. Isolate von kranken Paprikapflanzen aus Mexiko. Bei den Untersuchungsmethoden dienten als Kriterien genetische Merkmale, wie Fortpflanzungstyp, Selbstunverträglichkeit, Selbststimulation, die Art der Myzelverzweigung und die Fähigkeit, auf Pepton-Rinderbouillon braunen Farbstoff zu bilden. Zytologische Beobachtungen ergaben Unterschiede bei der Zellkernteilung in den Gametangien und dem Myzel. E. Vesper. 1950.

2-68/09-0906 Mixon, A. C. und Curl, E. A.; Auburn, Univ. of Alabama, Dep. of Bot. and Plant Pathol., Crops Res. Div. Influence of plant residues on Sclerotium rolfsii and inhibitory soil microorganisms. **(Der Einfluß von Pflanzenrückständen auf Sclerotium rolfsii und auf hemmende Bodenmikroorganismen.)** Crop Sci. **7** (1967) Nr. 6. S. 641-644. — 4 Abb., 3 Tab., 22 Lit.
Vff. untersuchten den Einfluß von Rückständen von Hafer, Klee, Erdnüssen, Wicken sowie Mais auf Wachstum und Sklerotienbildung bzw. Sporulation von *Sclerotium rolfsii* und *Trichoderma* sp., einem Antagonisten des Krankheitserregers. Haferrückstände hemmten bei beiden Pilzen das Myzelwachstum am stärksten. Dabei wuchs *Trichoderma* jedoch in allen Fällen wesentlich schneller als *S. rolfsii.* Die Sklerotienbildung bei *S. rolfsii* und Sporenbildung bei *Trichoderma* wurden durch Haferrückstände gefördert. Setzte man Haferrückstände natürlichem Boden zu, so war deren Wirkung im Hinblick auf eine biol. Bekämpfung von *S. rolfsii* durch *Trichoderma* spp. und nicht näher bezeichnete Bodenbakterien noch wesentlich günstiger als bei Zugabe zu sterilisiertem Boden. In diesem Fall waren eine Zerstörung des Myzels von *S. rolfsii* durch *Trichoderma* und Bakterien sowie eine fungistatische Wirkung dieser Mikroorganismen auf die Sklerotien des Krankheitserregers zu verzeichnen. K. Frauenstein. 1950.

2-68/09-0907 Garrett, S. D. Effect of nitrogen level on survioal of Ophiobolus graminis in pure culture on cellulose. **(Die Wirkung der Stickstoffmenge auf das Überleben von Ophiobolus graminis in Reinkultur auf Zellulose.)** Trans. Brit. mycol. Soc. **50** (1967) Nr. 4. S. 519 bis 524. — 3 Tab., 4 Lit.
Nach Merkmalen der Zellulolyse wählte Vf. eines von 5 *Ophiobolus-graminis*-Isolaten für die Untersuchungen aus. In Flaschen wurde auf 150 g ausgewaschenen Sand ein Rundfilter gelegt, 30 ml Nährlösung zugegeben, ein Wassergehalt von 90% eingestellt, die Gefäße autoklaviert und mit 11 mm dicken Impfstücken geimpft. Der Standard-N-Gehalt (S) der Nährlösung betrug 0,33 g/l. Unter Beibehaltung der Konz. aller anderen Nährstoffe staffelte Vf. den N-Gehalt auf Werte von S/4, S/2, 2S und 4S. Das Überleben von *O. graminis* wurde im Infektionstest an Weizenwurzeln ermittelt. Innerhalb von 10 Wochen entwickelte sich ein maximales Infektionspotential. Die Variante S/4 wies mit 80% den geringsten Wert auf. Nach 23½ Wochen trat der maximale Prozentsatz infizierter Wurzeln in der Variante S (0,234 g N/100 g lufttrockenen Filtrierpapiers) auf. S/4 ergab nur 16% und 4S 73%. Die in Reinkulturen erzielten Ergebnisse stimmen gut mit früheren Untersuchungen des Vf. mit Weizenstroh im Boden überein. G. Otto/Pillnitz. 1950.

2-68/09-0908 Old, K. M.; Dundee, Univ., Dep. of Bot. Effects of natural soil on survival of Cochliobolus sativus. **(Wirkungen des natürlichen Bodens auf das Überleben von Cochliobolus sativus.)** Trans. Brit. mycol. Soc. **50** (1967) Nr. 4. S. 615-624. — 6 Abb., 4 Tab., 7 Lit.
In Laborversuchen prüfte Vf. bei *Cochliobolus sativus* (*Helminthosporium sativus*) die Konidienkeimung und das Wachstum von Hyphenfragmenten in 6 verschiedenen Böden. Die Böden wurden in Petrischalen gefüllt und die Konidien-Hyphensuspension hinzugefügt. Die Inkubationsdauer bei Zimmertemperatur betrug bis zu 50, im Freiland 160 d. Die Keimung der Konidien und das Wachstum der Hyphenfragmente auf der Bodenoberfläche hat Vf. durch Abdruck mit Zellglasklebestreifen und anschließender mikroskopischer

Untersuchung geprüft. Zur Feststellung der Lebensfähigkeit der Konidien wurde der Abdruck auf Wasseragar durchgeführt und die Keimung nach einer Inkubationszeit von 6 h bei 25 °C untersucht. Weiterhin diente ein modifiziertes Flotationsverfahren. Hierbei mischt man 8 ml der Emulsion mit Kartoffel-Dextrose-Agar, taucht Objektträger ein und inkubiert diese 18 h bei 25°. Anschließend werden sie mit Laktophenol-Baumwollblau gefärbt und untersucht. Die Lebensfähigkeit der Hyphen vermindert sich schnell. Dagegen überleben Konidien bei Raumtemperatur in gedämpftem Boden. In natürlichem Boden stirbt jedoch die Mehrzahl der Konidien ab (bes. bei hoher Temperatur). Den Tod der Konidien verursachen Bakterien und Aktinomyzeten. D. Amelung. 1950.

2-68/09-0909 Zogg, H. **Über die Sporenkeimung von Tilletia olida (Riess ap. Rab.) Schröter und Tilletia brachypodii-ramosi n. sp.** Ber. schweiz. bot. Ges. 77 (1967) S. 49-56. — 11 Abb., 14 Lit. Zus. in Engl. — nach Zus.

Anhand von Sporenkeimungsversuchen konnte man feststellen, daß die Sporen von *Tilletia olida* (Riess ap. Rab.) Schröter (Streifenbrand von *Brachipodium pinnatum* [L]. Pal.) auf Erde bei 9···10 °C unter Dauerlicht bei 3···5 Wochen eindeutig nach dem *Tilletia*-Typ auskeimen. Der Streifenbrand auf *Brachypodium ramosum* (L.) R. et S. wird wegen der deutlich höheren Netzleisten als neue Art, *Tilletia brachypodii-ramosi* n. sp., beschrieben; die Sporenkeimung erfolgt ebenfalls nach dem *Tilletia*-Typ. 1950.

2-68/09-0910 Leach, Charles M.; Corvallis, Oregon State Univ., Dep. of Bot. and Plant Pathol. Interaction of near-ultraviolet light and temperature on sporulation of the fungi Alternaria, Cercosporella, Fusarium, Helminthosporium, and Stemphylium. **(Wechselwirkung von langwelligem UV-Licht und Temperatur auf die Sporulation der Pilze Alternaria, Cercosporella, Fusarium, Helminthosporium und Stemphylium.)** Canad. J. Bot. **45** (1967) Nr. 11. S. 1999-2016. — 9 Abb., 28 Lit.

Alternaria dauci (I) *A. tomato* (II), *Cercosporella herpotrichoides* (III), *Fusarium nivale* (IV) *Helminthosporium catenarium* (V) und *Stemphylium botryosum* (VI) wuchsen in Kunststoff-Petrischalen auf einer Temperatur-Gradient-Platte (5···40 °C) bei zeitlich unterschiedlicher UV-Bestrahlung (320···420 nm) und bei Dunkelheit. Als Nährböden dienten Czapek-Dox-(I), V-8-(II), Kartoffel-Dextrose (III, IV, V) und Malzextrakt-Agar (VI). In Dunkelheit war eine normale Sporulation nicht zu beobachten. Die Wechselwirkung war signifikant für alle 6 Pilze. Danach lassen sich diese in 2 Gruppen einteilen: Die „Tages-Sporenbildner" (I, II, VI) entwickeln Konidienträger bei hoher Temperatur und UV-Bestrahlung. UV-Bestrahlung hemmt die Konidienbildung, niedrige Temp. begünstigt sie. Die „Konstant-Temperatur-Sporenbildner" (IV, V, III) haben ein geringes Temperaturoptimum. Sporen werden reichlich unter UV-Dauerlicht gebildet. I und II bilden bei hohen Temp. nur sterile Konidienträger. D. Amelung. 1950.

2-68/09-0911 Knaphus, George; Ames, Iowa Agric. and Home Econ. Exper. Stat. Inhibition of mycelial growth of Pythium graminicolum by soil fungi. **(Hemmung des Myzelwachstums von Pythium graminicolum durch Bodenpilze.)** Proc. Iowa Acad. Sci. **72** (1965, hrsg. 1967) S. 47-51. — 2 Tab., 7 Lit.

Mit Hilfe eines Agarscheibentestes ermittelte Vf. das radiale Wachstum von *Pythium graminicolum* bei Gegenwart von 25 verschiedenen Bodenpilzen auf 2%igem Wasseragar. Bei Anwesenheit aller Bodenpilze war eine Verminderung des *Pythium*-Wachstums festzustellen, Hemmzonen bildeten sich jedoch nur in den mit *Emericellopsis humicola* und *Talaromyces spiculosporus* geimpften Platten. Diese Pilze sowie *Trichoderma lignorum* erwiesen sich auch als Antagonisten von *P. graminicolum*, wenn sie mit Agarscheiben, die von Dialysemembranen umgeben waren, auf die Testplatten aufgesetzt wurden. War *Rhizoctonia solani* vorhanden, so bildete *P. graminicolum* verstärkt Sporangien.

K. Naumann. 1950.

2-68/09-0912 Maraite, H. und Meyer, J. A.; Heverlee, Belgique, Univ. de Louvain, Fac. des Sci. Agron., Labor. de Phytopat. Influence de la température sur la flétrissure fusarienne du pois. A. Effet de la température sur la croissance du Fusarium oxysporum f. pisi et sa production d'exoenzymes. **(Der Einfluß der Temperatur auf das Auftreten der Erbsenfusariose. A. Der Einfluß der Temperatur auf das Wachstum von Fusarium oxysporum f. pisi und dessen Bildung von Exoenzymen.)** Parasitica, Gembloux **23** (1967) Nr. 3. S. 90-97. — 2 Abb., 17 Lit.

Da die Untersuchungen über den Einfluß der Bodentemperaturen auf das Auftreten der Erbsenfusariose zu recht unterschiedlichen Ergebnissen geführt haben, prüften Vff. den Einfluß der Temperatur auf den Erreger in künstlicher Kultur nach. In Agarkulturen wuchs *Fusarium oxysporum* f. *pisi* Rasse 1 bei 7…36 °C. Bei 23°…28 °C verlief das Wachstum etwa gleichartig, bei 26…28 °C war ein schwaches Optimum zu erkennen. Im Bereich von 23…30 °C verlief die Bildung von Myzelmasse und pektolytischen Enzymen (Pektinmethylesterase und Pektindepolymerase) um so schneller, je höher die Temperaturen lagen. Die größte abs. Menge war bei 23 °C zu verzeichnen. Die Enzymbildung ist abhängig von der Myzelbildung. Sie ist um so größer, je schneller das Myzel wächst, und endet innerhalb kurzer Zeit, wenn das Wachstumstempo des Myzels nachläßt.

K. Frauenstein. 1950.

2-68/09-0913 Gorlenko, M. V. Proischoždenie i ėvoljucija fitopatogennych bakterij i nekotorye spornye voprosy učenija o bakteriozach rastenij. **(Herkunft und Evolution pflanzenpathogener Bakterien und einige strittige Probleme der Lehre über Pflanzenbakteriosen.)** Vsesojuznyj simpozium po bakterial'nym zabolevanijam rastenij **1966** S. 6–8.

SSSR/VINTISCh. 1950.

2-68/09-0914 Voronkevič, I. V. O vyživaemosti fitopatogennych bakterij v prirode. **(Die Überlebensfähigkeit pflanzenpathogener Bakterien in der Natur.)** Vsesojuznyj simpozium po bakterial'nym zabolevanijam rastenij **1966** S. 11–12.

SSSR/VINTISCh. 1950.

2-68/09-0915 Milton, J. M. und Isaac, Ivor. Studies on a biotin requiring strain of Verticillium dahliae. **(Untersuchungen über einen Stamm von Verticillium dahliae, der Biotin benötigt.)** Trans. Brit. mycol. Soc. **50** (1967) Nr. 4. S. 539–547. — 4 Abb., 14 Lit.

1950.

2-68/09-0916 Berducou, Jeanne und Phipps, Jenny. Croissance et activité de la laccase de Nectria galligena Bres. cultivé en présence de diverses doses d'auxine. **(Laccase-Wachstum und -Aktivität von Nectria galligena Bres., in Gegenwart verschiedener Auxindosen kultiviert.)** C. R. Acad. Sci., Paris, Sér. D **264** (1967) Nr. 20. S. 2371–2374. — 2 Abb., 1 Tab., 3 Lit. 1950.

2-68/09-0917 Toussoun, T. A. und Weinhold, A. R. Light requirement and light inhibition of sexual reproduction in Fusarium (Hypomyces) solani f. sp. cucurbitae race 2. **(Lichtbedarf und hemmender Einfluß des Lichtes auf die geschlechtliche Vermehrung bei Fusarium [Hypomyces] solani f. sp. cucurbitae, Rasse 2.)** Canad. J. Bot. **45** (1967) Nr. 6. S. 951–954. — 1 Abb., 2 Tab., 6 Lit. 1950.

2-68/09-0918 Fisher, J. M. Effect of temperature and host on Paratylenchus neoamblycephalus and effect of the nematode on the host. **(Der Einfluß von Temperatur und Wirt auf Paratylenchus neoamblycephalus sowie die Beziehung dieses Nematoden zum Wirt.)** Austral. J. agric. Res. **18** (1967) Nr. 6. S. 921–929. — 5 Abb., 4 Tab., 5 Lit.

P. neoamblycephalus Geraert, 1965, ist in Südaustralien bes. zahlreich im Wurzelbereich von Apfel- und Kirschbäumen sowie gelegentlich an Weinrebe, Aprikosen- und Pfirsichbäumen zu finden. Vf. untersuchte im Gefäßversuch an Apfel- und Aprikosensämlingen das Wirt-Parasit-Verhältnis dieses Nematoden sowie den Einfluß der Temperatur auf die Populationsdynamik. Die Sämlinge pflanzte man in Gefäße mit 500 g autoklaviertem Boden und verseuchte diesen anschließend mit *P. neoamblycephalus.* Bei Versuchsabschluß erfolgte neben der Auswertung der Trockenmasse der ober- und unterirdischen Pflanzenteile die Ermittlung der Nematodenzahl/500 g Boden. Untersuchungen zur Pathogenität nahm man unter nichtsterilen Bedingungen in Glasgefäßen vor, die mit Apfel- und Aprikosensämlingen bepflanzt wurden. Die Optimaltemperatur für die Populationsentwicklung von *P. neoamblycephalus* an Apfelsämlingen lag bei 20 °C (geprüft 15, 20, 25, 30 °C). Obwohl sich an Aprikosen höhere Nematodenzahlen entwickelten als an Apfel, traten an letzterem stärkere Wachstumsdepressionen auf. Histol. Untersuchungen von Apfelwurzeln ließen indessen keine pathol. Veränderungen an den befallenen Zellen erkennen. Änderungen der Höhe der Nematodenpopulation sind offenbar durch Schwankungen in der Zahl der Weibchen bedingt. So betrug das Verhältnis Männchen: Weibchen z. Z. der höchsten Population etwa 1:1, während es sich mit Abnahme derselben zugunsten der Männchen veränderte.

A. Dowe. 1960.

2-68/09-0919 Fischer, Ruth. **Untersuchungen über das Auftreten von Pratylenchus neglectus Rensch (1924) in Getreidebeständen des Bezirkes Halle.** Nachr.-Bl. dtsch. Pflanzenschutzdienst, Berlin [N. F.] **22**(48) (1968) Nr. 3. S. 44–48. — nach Zus.

Die endoparasitische Nematodenart *Pratylenchus neglectus* Rensch (1924) ist in den Böden der Bezirke Halle und Leipzig allg. verbreitet. Untersuchungen in Getreidemonokulturen und Fruchtfolgen mit hohem Getreideanteil aus Versuchen sowie auf Flächen landwirtsch. Betriebe zeigten, daß die Art vorwiegend durch Getreide vermehrt wird und bei häufiger Getreidefolge zu beachtlichen Schäden führen kann. Es werden alle bei uns angebauten Getreidearten einschließlich Mais befallen; am empfindlichsten verhält sich Wi.-Gerste. Zu den Wirtspflanzen gehören ferner verschiedene Gräser sowie eine Reihe 2-keimblättriger Pflanzen. — Verseuchte Getreidebestände zeigen nesterweise deutliche Wachstumsstockungen, Vergilbungen und Wurzelläsionen. Für das Ausmaß der Schädigung sind die Witterungsbedingungen mit entscheidend. Feuchte Witterung bietet den Nematoden gute Wanderbedingungen und führt zu einer starken Vermehrung. Trockenperioden nach erfolgtem Befall verstärken die Schadwirkung. Als sicherste Vorbeugungs- und Bekämpfungsmaßnahme gilt eine geregelte Fruchtfolge. Der Getreideanteil in der Fruchtfolge sollte, solange wir über keine anderen Bekämpfungsmöglichkeiten verfügen, 60% nicht überschreiten. Dabei ist eine mehr als 3jähr. Folge von *Gramineae* nach Möglichkeit zu vermeiden. Als befallsmindernde Kulturpflanzen gelten u. a. *Beta*-Rüben. Eine chem. Bekämpfung ist möglich, ihre Anwendung im großen jedoch noch unwirtschaftlich. 1960.

2-68/09-0920 Tjepkema, James P., Knierim, John A. und Knobloch, Natalie. The plant-parasitic nematodes associated with cultivated blueberries in Michigan. (**Die an kultivierten Blaubeeren in Michigan vorkommenden pflanzenparasitischen Nematoden.**) Quart. Bull., Rep. Res. Michigan State Univ., agric. Exper. Stat. **50** (1967) Nr. 1. S. 37–45. — 3 Tab., 14 Lit.

In jeweils 10 Farmen der 3 wichtigsten Anbauregionen Michigans wurden Untersuchungen über die Zusammensetzung der Nematodenfauna, ihre vertikale Verteilung und Populationsschwankungen im Jahresablauf sowie Beziehungen zum Auftreten von Virosen (Nekrotisches Ringfleckenvirus und Schmalblättrigkeitsvirus [= shoestring virus]) durchgeführt. Vertreter aus 12 Gattungen waren in den Blaubeerfeldern anzutreffen, von denen jedoch nur *Pratylenchus crenatus* und *Trichodorus christiei* häufig auftraten, und zwar in den 3 Anbauregionen und an allen 3 untersuchten Sorten. Die Anzahl der Parasiten in der oberen Bodenschicht war stets größer als in der darunter liegenden Schicht. Die Populationsdichte von *T. christiei* und in geringerem Maße von *P. crenatus* und *X. americanum* war am geringsten im Sommer. *X. americanum* wurde häufig an Pflanzen gefunden, die Symptome des Nekrotischen Ringfleckenvirus aufwiesen. Dagegen war eine Beziehung des Nematodenauftretens zur Schmalblättrigkeit nicht festzustellen. Trotzdem vermuten Vff. daß *T. christiei* als Vektor dienen könnte. In Gewächshausversuchen vermehrten sich *T. christiei* und *Tetylenchus joctus* an Blaubeeren, während die Zahlen von *P. crenatus*, *P. penetrans*, *X. americanum*, *Tylenchorhynchus* sp. und *Helicotylenchus* sp. nicht anstiegen.
H. Decker. 1960.

2-68/09-0921 Triantaphyllou, A. C. und Hirschmann, Hedwig. Cytology and reproduction of Helicotylenchus dihystera and H. erythrinae. (**Zytologie und Vermehrung von Helicotylenchus dihystera und H. erythrinae.**) Nematologica, Leiden **13** (1967) Nr. 4. S. 575 bis 580. — 16 Abb., 6 Lit. Zus. in Dtsch.

Mehrere Populationen der monosexuellen Art *Helicotylenchus dihystera* sowie der bisexuellen Art *H. erythrinae* untersuchten Vff. hinsichtlich ihrer Chromosomenzahl und Fortpflanzungsweise. Die somatische Chromosomenzahl betrug bei 2 Populationen von *H. dihystera* aus Nordkarolina 2 n = 38 (mit einer möglichen Variation von 38 ·· 40), bei einer anderen Population aus Nordkarolina 2 n = 34 und bei 2 Populationen aus Wisconsin 2 n = 30. Die Eifurchung setzte ohne vorhergehende Befruchtung ein. Hieraus ist zu folgern, daß die Fortpflanzung durch mitotische Parthenogenese erfolgt. Digonischer Hermaphroditismus war nicht nachweisbar. Bei *H. erythrinae* beträgt die somatische Chromosomenzahl 2 n = 10. Der haploide Chromosomensatz enthält n = 5 Chromosomen, die sich nach der Befruchtung wieder verdoppeln. Da sich in der Größe und Form der Chromosomen bei beiden *Helicotylenchus*-Arten keine Unterschiede ergaben, vermuten Vff. daß bei *H. dihystera* Polyploidie vorliegt. H. Decker. 1960.

2-68/09-0922 Chak, M. M. Vlijanie nekotorych agrotechničeskich faktorov na obščuju čislennost' i formirovanie ėkologičeskich grupp fitonematod na kartofele. (**Der Einfluß einiger agrotechnischer Faktoren auf die Anzahl und Bildung ökologischer Gruppen von Pflanzennematoden auf der Kartoffel.**) Izvestija Timirjazevskoj sel'skochozjajstvennoj akademii, Moskva **1967** Nr. 6. S. 147–152.

In den Jahren 1964–65 wurden aus einem Dauerdüngungsversuch vom Schlag des ständigen Kartoffelbaues und von einem Fruchtwechselschlag der Varianten ungedüngt, NPK, NPK + Stalldung, Stalldung oder Kalk Proben aus dem Boden, von den Wurzeln, Knollen, Stengeln und Blättern genommen. 1965 wurden 2,5mal mehr Nematoden gezählt als 1964. Die Ausgangsverseuchung war auf dem Fruchtwechselschlag höher. Allerdings entwickelten sich die Nematoden schneller in der Monokultur. Auf den Fruchtfolgeschlägen und bei Volldüngung sank der Anteil schädlicher Nematoden.

H. Grieß/Groß-Lüsewitz. 1960.

2-68/09-0923 Šepšelev, Z. G. Rol' sel'skochozjajstvennych kul'tur v sochranenii steblevoj nematody kartofelja v počve. (**Die Rolle landwirtschaftlicher Kulturen für die Erhaltung des Stengelälchens an Kartoffeln im Boden.**) Nematodnye bolezni sel'skochozjajstvennych rastenij **1967** S. 149–152.

Nach 2jähr. Kleegras-Nutzung (Rotklee/Schwingel) erhöhte sich der prozentuale Anteil mit Stengelälchen infizierter Kartoffeln. Nach 2jähr. Anbau von Futterlupinen, Wicken-Hafer-Gemenge oder Zuckerrüben waren mit Stengelälchen infizierte Kartoffeln nicht mehr vorhanden.

SSSR/VINTISCh. 1960.

2-68/09-0924 Andersen, Kirsten und Andersen, Sigurd. Inheritance of resistance to Heterodera avenae in barley. (**Die Vererbung der Resistenz gegen Heterodera avenae bei Gerste.**) Nematologica, Leiden **14** (1968) Nr. 1. S. 128–130. — 1 Tab., 2 Lit. Zus. in Dtsch. — nach Zus.

Prüfungen von F_2-Populationen zeigten, daß die Resistenzgene gegen Rasse 1 von *Heterodera avenae* und die Gene für die Resistenz gegen Rasse 1 und 2 auf verschiedenen Loci liegen.

1960.

2-68/09-0925 Ellenby, C. und Smith, L.; Newcastle upon Tyne, Univ., Dep. of Zool. Stimulation of hatching of the potato-root eelworm Heterodera rostochiensis by ion exchange resins. (**Schlupfreiz auf den Kartoffelnematoden, Heterodera rostochiensis, durch Ionen-Austauscherharze.**) Nature, London **215** (1967) Nr. 5101. S. 666. — 3 Lit.

Vff. mischten 100 ml glasdest. Wassers gründlich mit 10 g des Ionenaustauschers „Amberlite IRA 400". Nach 24 h wurde die überstehende Lösung abgegossen. Die Schlüpfwirkung prüften sie an je 25 Einzelzysten in einer Verdünnungsreihe (1, $^1/_2$, $^1/_4$, $^1/_8$, $^1/_{16}$ und $^1/_{50}$). Der durchschnittl. Schlupf je Zyste lag bei 263; 111; 209; 250; 262 und 102 Larven, in Leitungswasser bei 8 und in einem Schlüpfstoff bekannter Aktivität vei 150 Larven je Zyste. In späteren Versuchen lagen die Werte für entionisiertes Wasser und den Schlüpfstoff bei 97 bzw. 160 Larven je Zyste. Die wirksamen Subst. im entionisierten Wasser sind nicht bekannt.

H. Stelter/Groß-Lüsewitz. 1960.

2-68/09-0926 Guile, C. T. On cyst colour changes, bionomics and distribution of potato cyst-eelworm (Heterodera rostochiensis Woll.) pathotypes in the East Midlands. (**Über Farbveränderungen, Bionomie und Verteilung von Pathotypen des Kartoffelnematoden [Heterodera rostochiensis Woll.] in den East Midlands.**) Ann. appl. Biol. **60** (1967) Nr. 3. S. 411–419. — 4 Abb., 2 Tab., 7 Lit.

Zysten vom Typ A sind eine längere Periode vor der Reife goldgelb gefärbt, während Zysten der Typen B und C ein langes weißes Stadium, gefolgt von einer kurzen Zeit mit blaßgelber Färbung, durchlaufen. In Schlüpfversuchen mit Zysten, die am 20. Juni (goldgelb [A] oder weiß [B und C], 6 Juli (neue braune Zysten) und 14. Juli (braune Zysten 8 d alt) von Wurzeln getopfter Pflanzen abgesammelt wurden, wies Vf. nach: 1. Larven schlüpfen nur aus braunen Zysten. Von den am 20. Juni gewonnenen Zysten schlüpften die ersten Larven (4. Juli), als 75% der Zysten gebräunt waren und 2. der Schlupf aus Zysten vom Typ A lag ausnahmslos höher als aus Zysten vom Typ B und C. Die Schlüpfruhe betrug für die am 6. Juli und 14. Juli gewonnenen Zysten vom Typ A 6 bzw. 3 d, für Typ B und C etwa 3 Wochen. Im Versuch entwickelte sich von allen Typen eine zweite Generation. Im Freiland ist eine zweite Generation nicht zu erwarten. In den East Midlands nimmt man folgendes Spektrum an: 7% überwiegend Typ A, 82% überwiegend Typ B und C sowie 11% Mischpopulationen. H. Stelter/Groß-Lüsewitz. 1960.

2-68/09-0927 Trudgill, D. L., Webster, J. M. und Parrott, D. M.; Harpenden, Herts., Rothamsted Exper. Stat. The effect of resistant solanaceous plants on the sex ratio of Heterodera rostochiensis and the use of the sex ratio to assess the frequency and genetic constitution of pathotypes. **(Der Einfluß resistenter Pflanzen aus der Familie der Solanaceae auf das Geschlechtsverhältnis von Heterodera rostochiensis und die Verwendung des Geschlechtsverhältnisses zur Abschätzung der Häufigkeit und genetischen Konstitution von Pathotypen.)** Ann. appl. Biol. **60** (1967) Nr. 3. S. 421–428. — 7 Tab., 6 Lit.

Vff. stellen die Hypothese auf, daß das Geschlechtsverhältnis für die Beurteilung resistenter *andigenum*- und *multidissectum*-Hybriden eine bessere Bezugsgröße ist als die Anzahl neugebildeter Zysten. Das Geschlechtsverhältnis von 2 Nematodenpopulationen wurde an 15 verschiedenen Nachtschattengewächsen verglichen. Geschlechtstiere entwickelten sich nicht an *Atropa belladonna, Datura stramonium* und *Nicotiana tabacum*. An den übrigen 13 Arten war das Geschlechtsverhältnis, dem Resistenzgrad entsprechend, enger oder weiter. Von 2 Nematodenpopulationen entwickelten sich an resistenten *andigenum*-Hybriden zunehmend mehr Weibchen, je häufiger resistente Pflanzen kultiviert wurden. An Pflanzen mit 2 Resistenzgenen (*andigenum* × *multidissectum* bzw. *andigenum* × *sanctaerosae*) entwickelten sich immer weniger Geschlechtstiere als an Pflanzen mit nur einem Resistenzgen.
H. Stelter/Groß-Lüsewitz. 1960.

2-68/09-0928 Stojanov, D. Rezultati ot izsledvanija za ustonovjavane na cistoobrazuvaštite nematodi v Bŭlgarija I. Cveklova nematoda (Heterodera schachtii Schmidt, 1871). **(Untersuchungsergebnisse über zystenbildende Nematoden in Bulgarien. 1. Mitt. Rübennematode [Heterodera schachtii Schmidt, 1871].)** Rastenievŭdni nauki, Sofija 4 (1967) Nr. 10. S. 111–118. — 7 Abb., 2 Tab., 10 Lit. Zus. in Russ., Engl.

In den Jahren 1961–65 konnte man *Heterodera schachtii* Schmidt, 1871; *H. avenae* Wollenweber, 1924; *H. cruciferae* Franklin, 1945 und *H. schachtii* var. *trifolii* Goffart, 1932, an folgenden Kultur- und wildwachsenden Pflanzen feststellen: *Beta vulgaris* L. var. *altissima, B. vulgaris* ssp. *alba, B. vulgaris* ssp. *esculenta* L., *Brassica oleracea* L. convar. *capitata*, var. *gongylodes*, var. *botrytis, B. juncea* L., *Raphanus sativus* var. *major* (L.) D. Voss., *R. sativus* var. *sativus* Pers., *Chenopodium bonus-henricus* L., *Atriplex* sp., *Amaranthus* sp. und *Sinapis arvensis* L. Eine neue Wirtspflanze für den Rübennematoden ist *Raphanus sativus* var. *sativus*. NRB/CSNTI. 1960.

2-68/09-0929 Richter, Elfriede; Gießen, Justus-von-Liebig-Univ., Inst. für Phytopathol. **Untersuchungen über den Einfluß der Fruchtfolge auf die Populationsdichte freilebender Nematoden im Zusammenhang mit der Kringerigheid-Pfropfenbildung der Kartoffel. I. Populationsdichte der Nematoden.** Z. Pflanzenkrankh. (Pflanzenpathol.) Pflanzenschutz **75** (1968) Nr. 1. S. 9-23. — 9 Abb., 1 Tab., 18 Lit. Zus. in Engl.

Die Untersuchungen erfolgten von 1963–64 auf Freilandparzellen eines schwach humosen Sandbodens. Die Bodenproben wurden von Apr. bis Okt. entweder monatlich (1963) oder im Abstand von 8 Wochen (1964, 1965) entnommen. Berücksichtigung fanden die Arten *Trichodorus pachydermus* und *T. viruliferus* sowie *Pratylenchus*-Arten (vornehmlich *P. neglectus*) und *Tylenchorhynchus*-Arten (vornehmlich *T. dubius*). — Die extreme Trockenheit i. J. 1964 hatte bei allen Arten einen starken Populationsrückgang, der bes. im Juli auffiel, zur Folge. — Für *Trichodorus*-Arten war der geringste Besatz unter Möhren, der höchste unter Gerste festzustellen. Der Höhepunkt hatte sich in allen Jahren im Aug. entwickelt. Für *Pratylenchus*-Arten wurde der geringste Besatz ebenfalls unter Möhren, für *Tylenchorhynchus*-Arten unter Möhren und Kartoffeln beobachtet. Die Höhe der *Trichodorus*-Population wird nicht so sehr von einer Gesamtfruchfolge bestimmt, sondern von der gerade kultivierten Pflanzenart. Lediglich Gerste scheint die Population über den Jahreseinfluß hinaus zu fördern. Auf *Pratylenchus*-Arten wirkt sich die geringe Wirtseignung der Möhren noch nach einem Jahr, wenn schon wieder andere Fruchtarten auf der Fläche stehen, in einer geringeren Populationsdichte aus. Auch für *Tylenchorhynchus*-Arten ist eine Wirkung einzelner Fruchtarten über den Jahreseinfluß hinaus nicht feststellbar.
H. Stelter/Groß-Lüsewitz. 1960.

2-68/09-0930 Kannan, S.; Madurai, India, Thiagarajar Coll. Enzyme studies in nematode infected root-knots of the tomato plant. **(Enzymuntersuchung an von Nematoden verursachten Wurzelgallen bei Tomate.)** Current Sci., Bangalore **36** (1967) Nr. 21. S. 585–586. — 2 Tab., 9 Lit.

In Fortsetzung früherer Arbeiten am gleichen Objekt wird die Aktivität von Glukosedehydrogenase (I) sowie von endogenen Reduktasen (II) der Wurzelgallen im Vergleich zu gesundem Wurzelgewebe bestimmt. — Die Enzymaktivität wurde durch kolorimetrische Bestimmung des aus zugesetzten Triphenyltetrazoliumchlorid gebildetem roten Formazon in Gegenwart von Glukose (I) sowie ohne Substratzusatz (II) ermittelt. Wurzelgallen weisen signifikant höhere Fermentaktivitäten als nichtinfiziertes Gewebe auf. Eine Steigerung der Aktivität dieser an energieliefernden Prozessen beteiligten Fermente deutet Vf. insofern als Abwehrmechanismus der Wirtspflanze, daß auf diese Weise der für die Abwehr gesteigerte Energiebedarf gedeckt werden kann. H. Stelter/Groß-Lüsewitz. 1960.

2-68/09-0931 Proeseler, Gerhard. **Gallmilben verursachen virusähnliche Schadbilder.** Nachr.-Bl. dtsch. Pflanzenschutzdienst, Berlin [N. F.] **22(48)** (1968) Nr. 3. S. 48–52. — nach Zus.

Gallmilben verursachen durch ihre Nahrungsaufnahme virusverdächtige Schadbilder an verschiedenen Pflanzen. So waren zu beobachten *Phytocoptes hystrix* Nal. an *Lolium*-Arten, *Vasates fockeui* Nal. an *Prunus*-Arten, *Cecidophyopsis ribis* Nal. an *Ribes nigrum* L., *Eriophyes gracilis* Nal. an *Rubus idaeus* L., *Aceria ononidis* Can. an *Ononis repens* L. und *O. spinosa*. Die 3 erstgenannten Arten übertragen darüber hinaus pflanzenpathogene Viren. Um die Unterscheidung zwischen Gallmilbenschäden und Virussymptomen zu erleichtern, beschreibt Vf. die durch Gallmilben direkt verursachten Schäden. Für ihre Entstehung sind oft mikroklimatische Verhältnisse von entscheidender Bedeutung. 1960.

2-68/09-0932 Ol'chovskaja-Burkova, A. K. Ocenka sortov jabloni na ustojčivost'k listovertkam. **(Einschätzung von Apfelsorten bezüglich ihrer Widerstandsfähigkeit gegenüber Wicklerarten.)** Sadovodstvo, Kiev **6** (1967) S. 40–45. — 5 Tab., 4 Lit.

Verschiedene Wicklerarten besitzen hinsichtlich ihrer Nahrung ein charakteristisches Wahlvermögen. Sie bevorzugen Apfel vor Kirsche. Immune Apfelsorten sind nicht bekannt. Die Sorten lassen sich in 3 Gruppen von stark anfällig bis rel. widerstandsfähig einteilen. Die Gruppe der rel. widerstandsfähigen Apfelsorten hat folgende Merkmale: Gut durchlüftete Kronen mit wenig dichten Ästen, wenige oder kleine Blätter mit starker Epidermis, eine harte Fruchtschale und Früchte mit geringem Zuckergehalt.
P. Lux/Pillnitz. 1960.

2-68/09-0933 Traynier, R. M. M. Effect of host plant odour on the behaviour of the adult cabbage root fly, Erioischia brassicae. **(Die Wirkung von Wirtspflanzenduft auf das Verhalten erwachsener Kohlfliegen, Erioischia brassicae.)** Entomol. exper. appl., Amsterdam **10** (1967) Nr. 3/4. S. 321–328. — 3 Abb., 1 Tab., 9 Lit. Zus. in Dtsch.

In Laborversuchen wurde nachgewiesen, daß der Blattduft der Wirtspflanzen bei trächtigen Weibchen von *Erioischia brassicae* die Aktivität erheblich steigert, während Fremdlaub nur eine geringe Wirkung hervorruft. Männchen und junge Weibchen reagierten dagegen nicht spezifisch. Eine Orientierung nach der Duftquelle ließ sich nicht nachweisen. Vf. hält eine unorientierte Aktivitätssteigerung für möglich. K. Geißler. 1960.

2-68/09-0934 Leiber, E.; Hannover, TH, Inst. für Pflanzenkrankh. und Pflanzenschutz; Frankfurt/M., Pflanzenschutzamt. **Beiträge zur Biologie und Ökologie der Nelkenfliege Phorbia brunnescens Zett. (Diptera, Anthomyiidae).** Z. angew. Zool. **54** (1967) Nr. 4. S. 527 bis 552. — 6 Abb., 7 Tab., 16 Lit. Zus. in Engl.

In den Jahren 1954–59 verursachte die Braune Nelkenfliege, *Phorbia brunnescens* Zett., in Hessen-Nassau an *Dianthus barbatus* L. und *D. caryophyllus* L. starke Schäden (10…40 % Pflanzenverluste im Herbst). Das gab Anlaß zu Käfiguntersuchungen und Freilandbeobachtungen in Frankfurt a. M. Aus den in Blattachseln oder im Boden in Stengelnähe Ende Aug.–Mitte Okt. abgelegten Eiern schlüpfen nach 8…10 d Larven, die bei *D. caryophyllus* in Blättern und Stengeln, bei *D. barbatus* ausschließl. in den Blättern minieren. Nach 6…8 d findet die 1., nach weiteren 8…10 d die 2. Larvenhäutung statt. Die reifen

Maden wandern Ende Nov.-Anfang Jan. in den Boden ab und verpuppen sich dort Ende März-Anfang Apr. Mitte Mai-Mitte Juni erscheinen die Imagines. Die Lebensdauer der Männchen beträgt 6...8 Wochen, die der Weibchen 3...4 Mon. bei Fütterung mit Blüten, Honig u. a. Im Freiland zerstreuen sich die Tiere nach dem Schlüpfen, nur die Weibchen finden sich Ende Aug. zur Eiablage wieder bei Nelken ein. *P. brunnescens* ist univoltin. Im Gegensatz dazu bringt *P. echinata* Seguy 2 Generationen im Jahr. Ihr Schadbild ist ähnlich, tritt aber Ende Mai-Anfang Juni und Mitte Juli-Mitte Aug. auf.

M. L. Dahl. 1960.

2-68/09-0935 Traynier, R. M. M. Stimulation of oviposition by the cabbage root fly Erioischia brassicae. **(Stimulation der Eiablage bei der Kohlfliege Erioischia brassicae.)** Entomol. exper. appl., Amsterdam **10** (1967) Nr. 3/4. S. 401–412. — 4 Abb., 5 Tab., 17 Lit. Zus. in Dtsch.

In Laboruntersuchungen veranlaßte chem. Kontakt mit dem Wirtspflanzenmaterial trächtige Weibchen von *Erioischia brassicae*, Vertiefungen mit dem Ovipositor abzutasten und dann die Eier darin abzulegen. Wäßrige Konz. von CS_2-Lösungen stellten einen Anreiz zur Eiablage dar, jedoch erreichten sie nicht den Stimulationsgrad wie der Saft der Wirtspflanze, *Brassica napus* L. var. *napobrassica* (L.) Rchb. Der für die Eiablage bevorzugte Boden hatte eine Korngröße von etwa 1 mm. K. Geißler. 1960.

2-68/09-0936 Hsiao, Ting H. und Fraenkel, G. The influence of nutrient chemicals on the feeding behavior of the Colorado potato beetle, Leptinotarsa decemlineata (Coleoptera: Chrysomelidae). **(Der Einfluß von Nährstoff-Chemikalien auf das Fraßverhalten des Kartoffelkäfers, Leptinotarsa decemlineata [Coleoptera: Chrysomelidae].)** Ann. entomol. Soc. America **61** (1968) Nr. 1. S. 44–54. — 5 Abb., 4 Tab., 37 Lit.

In Einzelversuchen prüften Vff. das Biß- und Fraßverhalten von je 20 hungernden L4 gegenüber Agarscheibchen, in denen etwa 100 verschiedene Nährstoff-Chemikalien, meist gesondert in 2 Konz., dann z.T. auch in Kombinationen, geboten wurden. Während eine bißauslösende Wirkung bei vielen Stoffen zu beobachten war, erwies sich unter den 26 untersuchten Zuckern nur Saccharose als fraßauslösend. Etwas geringere Fraßreaktionen bewirkten einige der 27 verwendeten Aminosäuren (L-Alanin, γ-Aminobuttersäure, L-Serin u. a.) sowie 3 Phospholipide (Lezithin, Phosphatidyl-Inositol, Phosphatidyl-1-Serin), während alle weiteren Subst. praktisch unwirksam blieben. Ausnahme bildete der Fall, daß sie wie z.B. einige anorganische Salze (KCl, $KH_2PO/$, NaCl) bei gemeinsamer Verabfolgung mit gewissen Fraßstimulantien steigernd wirkten. Alle genannten Stoffe kommen als für den Kartoffelkäfer spez. wirksame Stimulantien nicht in Frage. Abschließend weisen Vff., vorwiegend nach Literaturerfahrungen, darauf hin, daß Stoffkombinationen als Fraßstimulantien additiv, synergistisch oder antagonistisch wirken können. H. Buhr. 1960.

2-68/09-0937 Novák, I. und Sychrová, E. Žír a zrání ovárií maločlence čárkovitého (Atomaria linearis Steph.) na kulturách hub, původců spály řepy cukrové. **(Der Fraß und das Reifen von Ovarien beim Moosknopfkäfer [Atomaria linearis Steph.] auf Kulturen des Rübenwurzelbranderregers.)** Sborník ÚVTI, Praha, Ochrana Rostlin **3** (1967) Nr. 2. S. 101 bis 108. — 3 Abb., 1 Tab., 5 Lit. Zus. in Russ., Dtsch.

Den Moosknopfkäfer hielten Vff. 103 d auf Kulturen von *Phoma betae*, *Botrytis cinerea*, *Fusarium avenaceum* und *P. herbarum* var. *medicaginis*. Sie beobachteten ein Reifen der Ovarien bis zur Entwicklung legefähiger Eier. ČSSR/ÚVTI. 1960.

2-68/09-0938 Harris, K. M. Pests of rhododendron. **(Rhododendron-Schädlinge.)** Rhododendron & Camellia Year Book **22** (1968, hrsg. 1967) S. 146–155. — 4 Abb.

In Großbritannien kommen auf *Rhododendron* sowohl einheimische als auch eingeschleppte Schädlinge vor. Als einheimische Schädlinge sind die Märzmotte (*Alsophila aescularia*), die Wintermotte (*Operophthera brumata*), der Eichenblattwickler (*Tortrix viridana*) u.a. m. bekannt. Insgesamt weiß man von einigen 20 einheimischen Schädlingen. Unter den eingeschleppten Schädlingen sind zu nennen die Weiße Fliege (*Dialeurodes chittendeni*), die *Rhododendron*-Wanze (*Stephanitis rhododendri*), der *Rhododendron*-Blatthüpfer (*Graphocephala coccinea*). Auf den Eigelegen des Blatthüpfers siedelt sich der Pilz *Pycnostysanus azalea* an, der zum Knospenbrand und damit zum Absterben der Knospen führt. Zur Bekämpfung der Schädlinge eignen sich DDT-Mittel oder Malathion. Bevorzugte Wirtspflanzen sind angeführt.

F. H. Pfützner. 1960.

2-68/09-0939 Strong, Frank E.; Davis, Univ. of California, Dep. of Entomol. Aggregation behavior of pea aphids, Acyrthosiphon pisum. (**Aggregationsverhalten bei Erbsenblattläusen, Acyrthosiphon pisum.**) Entomol. exper. appl., Amsterdam **10** (1967) Nr. 3/4. S. 463 bis 475. — 3 Abb., 2 Tab., 13 Lit.
Die benutzten Auswahlkammern aus Plexiglas hatten 10 cm Dmr. Ihr schwarzer Deckel enthielt 5 Löcher, die mit je 2 Parafilm-Membranen, zwischen denen sich 20%ige Rohrzuckerlösung befand, bedeckt waren. Die Kammern erhielten einen Besatz mit je 60 Larven des I. und II. Stadiums von *Acyrthosiphon pisum* Harris und von oben gelbes Licht. Nach 2 h hatten sich 40% oder mehr der seßhaft gewordenen Aphiden auf einer der 5 Saugstellen angesiedelt, während mindestens 2 der übrigen Futterplätze zusammen weniger als 10% der saugenden Läuse aufwiesen. Ein Häufigkeitsdiagramm zeigte eine negative bionomische Verteilung der Aphiden. Das Zustandekommen dieser Ansammlung beruht offenbar auf einem Mitteilungsvermögen der Blattläuse. Visuelle Auslösung spielt für dieses Aggregationsverhalten keine oder nur eine untergeordnete Rolle. Denn die gleichen Ansammlungen kamen zustande, wenn jeder Futterplatz mit einem 5 mm hohen Schirm umgeben war und, in geringerem Ausmaß, wenn in der Auswahlkammer völlige Dunkelheit herrschte. Vorhergegangene Besiedlung der Futterplätze sowie Unterschiede in Temperatur und Feuchtigkeit zeigten keine Beziehungen zu den Ansammlungen. Bisher ist noch ungewiß, worauf das zweifellos vorhandene Mitteilungsvermögen beruht; vermutlich sind von den Aphiden ausgehende chem. Reize ausschlaggebend. F. P. Müller. 1960.

2-68/09-0940 Lowe, H. J. B.; Cardiff, Wales, Univ., Dep. of Zool. Interspecific differences in the biology of aphids (Homoptera: Aphididae) on leaves of Vicia faba. I. Feeding behaviour. (**Zwischenartliche Unterschiede in der Biologie von Blattläusen [Homoptera: Aphididae] an Blättern von Vicia faba. 1. Mitt. Saugverhalten.**) Entomol. exper. appl., Amsterdam **10** (1967) Nr. 3/4. S. 347-357. — 6 Tab., 13 Lit.
Von 6 untersuchten Blattlausarten saugten Adulte und große Larven von *Megoura viciae* Buckton und *Aphis fabae* Scop. ausschließl. an den Adern, *Myzus ornatus* Laing dagegen zu 65% am Schwammparenchym der Randzone der *Vicia-faba*-Blätter. Die 3 übrigen Aphiden nahmen in der Reihung *Acyrthosiphon pisum* Harris, *Aulacorthum solani* Kalt. und *Myzus persicae* Sulz. Mittelstellungen ein. Sie können offenbar das Schwammparenchym als Nahrungsquelle ausnutzen. Es war jedoch nur in wenigen Fällen ein Anstechen von Schwammparenchymzellen nachweisbar. Junge Larven von den 6 untersuchten Arten siedelten sich in größerem Ausmaß als Alttiere auf dem Parenchym abseits der Adern an. Bei *A. fabae* sind die jungen Larven auch zum Saugen am Schwammparenchym befähigt.
F. P. Müller. 1960.

2-68/09-0941 Lowe, H. J. B.; Cardiff, Wales, Univ., Dep. of Zool. Interspecific differences in the biology of aphids (Homoptera: Aphididae) on leaves of Vicia faba. II. Growth and excretion. (**Zwischenartliche Unterschiede in der Biologie von Blattläusen [Homoptera: Aphididae] an Blättern von Vicia faba. 2. Mitt. Wachstum und Exkretion.**) Entomol. exper. appl., Amsterdam **10** (1967) Nr. 3/4. S. 413-420. — 2 Abb., 1 Tab., 4 Lit. 1. Mitt. vgl. vorst. Ref.
Aphis fabae Scop., *Aulacorthum solani* Kalt. und *Myzus ornatus* Laing mußten vom I. Larvenstadium ab in kleinen Klammerkäfigen an einer der folgenden Positionen an *Vicia-faba*-Blättern saugen: I. Basis mit starken Adern, II. seitliche Blattfläche mit schwachen Adern, III. Randzone. Kontrolltiere, die frei an *V. faba* saugen konnten, erreichten bei allen 3 Arten eine höhere Masse als die eingekäfigten Aphiden. Von diesen zeigte *A. fabae* in II, *M. ornatus* in III die größte Ansiedlungsquote und gleichzeitig die höchste Masse. Die Zunahme an Masse wird demnach außer von physiol. auch von verhaltensmäßigen Reaktionen der Aphiden beeinflußt. Bei *A. solani* war der Ansiedlungserfolg in allen 3 Positionen maximal gut, jedoch die Zunahme an Masse in III am größten. Honigtau, den man von den Positionen I und III sammelte, war bei III reicher an Amino-N. F. P. Müller. 1960.

2-68/09-0942 Parry, W. H. und Ford, J. B.; Bangor, North Wales, Univ. Coll., Dep. of Agric. and Forest Zool. The artificial feeding of phosphamidon to Myzus persicae. I. Intraspecific differences exhibited by this aphid on feeding through a parafilm membrane. (**Die künstliche Aufnahme von Phosphamidon in Myzus persicae. 1. Mitt. Intraspezifische Unterschiede, die diese Blattlaus bei der Nahrungsaufnahme durch eine Parafilm-Membran zeigte.**) Entomol. exper. appl., Amsterdam **10** (1967) Nr. 3/4. S. 437-452. — 4 Abb., 7 Tab., 29 Lit.

Drei Stämme von *Myzus persicae* Sulz., ein ziemlich dunkelgrüner, ein hellgelblicher und ein gelblichgrüner, wurden verglichen. Bei der Flüssigkeitsaufnahme durch die Parafilm-Membran bevorzugten die Aphiden die Konz.-Stufen mit 10···20% Rohrzuckergehalt. Die Läuse des gelblichgrünen Stammes saugten nur wenig durch die Parafilm-Membran, so daß beim Hinzufügen von Phosphamidon mit oder ohne Neutralrot nur geringe Sterblichkeit zustande kam. Die Läuse der beiden übrigen Stämme saugten bereitwillig durch die Membran. Aber die Aphiden des dunklen Stammes nahmen bei Anwesenheit von Neutralrot oder Phosphamidon weniger Flüssigkeit auf und erzeugten dabei, wie das Auszählen der Speichelscheiden und -klümpchen ergab, weniger Einstiche. Der dunkle Stamm erwies sich beim Saugen durch die Parafilm-Membran als doppelt so tolerant gegenüber Phosphamidon als der helle Stamm. Die bei dem dunklen Stamm erhaltenen höheren LC_{50}-Werte lassen sich z.T. auf die geringere Saugintensität zurückführen. F. P. Müller. 1960.

2-68/09-0943 Born, Manfred. **Beiträge zur Bionomie von Phorodon humuli (Schrank, 1801).** Arch. Pflanzenschutz 4 (1968) Nr. 1. S. 37–52. — nach Zus.
Phorodon humuli ist ein Hauptschädling im Hopfenanbaugebiet der DDR. Blattlausbefall führt zu Ernteverlusten und zu einer Minderung der Hopfenqualität. Aus der Gattung *Prunus* kommen *P. domestica*, *P. spinosa*, *P. serotina*, *P. cerasifera*, *P. pissardii* und *P. persica* als Winterwirte in Frage. Hinsichtlich der Sommerwirte ist *Phorodon humuli* weitgehend monophag und nur an Pflanzen der Gattung *Humulus* L. zur Nahrungsaufnahme befähigt. *P. humuli* ist zu den fakultativ wirtswechselnden Blattlausarten zu rechnen, da eine Besiedlung der Winterwirte bis zum Sommer möglich ist. Die Dauer der verlängerten Primärbesiedlung ist von den Umwelteinflüssen abhängig (Besiedlungsdichte, Jahreswitterung). Der Überflug beginnt im Mai. Mittels der Gelbschalenmethode erhält man einen Überblick über das Flugverhalten der geflügelten Fundatrigenien. Sie bevorzugen während des Befallsfluges die bodennahen Luftschichten. Auf dem Sommerwirt bilden sich keine geflügelten Exsules. Die ersten Herbstgeflügelten treten in der letzten Augusthälfte auf. Die ersten oviparen Weibchen entwickeln sich in der zweiten Sept.-Hälfte und legen die Wintereier bevorzugt an die Knospen. Bei Beachtung der vorliegenden Erkenntnisse kann der Praktiker termingerechte Maßnahmen zur Bekämpfung dieses Schädlings festlegen. 1960.

2-68/09-0944 Yuen, Pick-Hoong. Electron microscopical studies on Ditylenchus dipsaci (Kühn). I. Stomatal region. **(Elektronenmikroskopische Untersuchungen an Ditylenchus dipsaci [Kühn]. 1. Mitt. Stomata-Region.)** Canad. J. Zool. 45 (1967) Nr. 6. S. 1019–1033. — 19 Abb., 18 Lit. 1960.

2-68/09-0945 Mulvey, R. H. The Mononchidae: a family of predaceous nematodes. VI. Genus Mononchus (Nematoda: Mononchidae). **(Mononchidae: Eine Familie räuberischer Nematoden. 6. Mitt. Die Gattung Mononchus [Nematoda: Mononchidae].)** Canad. J. Zool. 45 (1967) Nr. 6. S. 915–940. — 26 Abb., 4 Tab., 23 Lit. 1960.

2-68/09-0946 Mulvey, R. H. The Mononchidae: a family of predaceous nematodes. VII. Genus Prionchulus (Nematoda: Mononchidae). **(Mononchidae: Eine Familie räuberischer Nematoden. 7. Mitt. Die Gattung Prionchulus [Nematoda: Mononchidae].)** Canad. J. Zool. 45 (1967) Nr. 6. S. 941–953. — 20 Abb., 3 Tab., 12 Lit. 6. Mitt. vgl. vorst. Titel. 1960.

2-68/09-0947 Abu-Yaman, I. K. und Jardes, S. J. Insects of fruit trees in N. W. Iraq. **(Insektenschädlinge auf Obstbäumen im nordwestlichen Irak.)** Beitr. trop. subtrop. Landwirtsch. Tropenveterinärmed. 5 (1967) Nr. 2. S. 113–118. — 9 Lit. Zus. in Franz., Span., Dtsch. 1960.

2-68/09-0948 Hanna, A. D. The importance of population ecology studies in approaching insect control problems. **(Die Bedeutung von Untersuchungen über die Populationsökologie zur Erläuterung der sich bei der Bekämpfung von Insekten ergebenden Probleme.)** Pest Articles & News Summaries, Sect. A 13 (1967) Nr. 3. S. 214–234. — 1 Abb., 3 Tab., 61 Lit. 1960.

2-68/09-0949 Ušatinskaja, R. S. Mnogoobrazie form fiziologičeskogo pokoja u koloradskogo žuka (Leptinotarsa decemlineata Say) kak odna iz pričin rasširenija ego areala. **(Die Vielfalt physiologischer Ruheformen des Kartoffelkäfers [Leptinotarsa decemlineata Say] als eine der Ursachen für die Verbreiterung seines Areals.)** Ėkologija i fiziologija diapauzy koloradskogo žuka **1966** S. 5–22. SSSR/VINTISCh. 1960.

2-68/09-0950 Minder, I. F. und Petrova, D. V. Ėkologičeskie i fiziologičeskie osobennosti letnego pokoja koloradskogo žuka (Leptinotarsa decemlineata Say). **(Die ökologischen und physiologischen Besonderheiten der Sommerruhe des Kartoffelkäfers, Leptinotarsa decemlineata Say.)** Ėkologija i fiziologija diapauzy koloradskogo žuka **1966** S. 187-202. SSSR/VINTISCh. 1960.

2-68/09-0951 Fauna i ėkologija gryzunov. **(Die Fauna und die Ökologie der Nagetiere.)** Moskva: Izd. Moskovskogo univ. 1967. (267 S.) 8° = Moskovskoe obščestvo ispytatelej prirody. Materialy k poznaniju fauny i flory SSSR. Novaja ser. Otdel zoologičeskij Nr. 41. (SR 841, 41/56) 1960.

2-68/09-0952 Seth, M. L. und Raychaudhuri, S. P. Further studies in mosaic disease of maize (Zea mays L.). **(Weitere Untersuchungen über die Mosaikkrankheit des Maises.)** Biol. Plantarum, Praha **9** (1967) Nr. 5. S. 372-376. — 1 Abb., 8 Lit. Zus. in Russ., Tschech. *Schizaphis graminum* Rondani ließ sich als ein weiterer Überträger des Maismosaiks nachweisen. Das Virus verliert seine Infektiosität bei pH 4,4···9,0, während pH 5,6···7,2 für die Infektiosität des Virus im Pflanzensaft optimal ist. Kreuzteste mit dem Maismosaik und dem Zuckerrohrmosaikvirus ergaben positive Ergebnisse. Die ähnlichen physikal. Eigenschaften, die Toleranz gegen einige Chemikalien, der Umkreis der Wirtspflanzen, die Symptomatologie, die Überträger (Blattläuse) und die positiven immunol. Teste lassen darauf schließen, daß beide Viren verwandt sind. ČSSR/ÚVTI. 1970.

2-68/09-0953 MacKinnon, J. P. und Davies, H. T. Leaf roll virus found in symptomless potato seedlings. **(Blattrollvirus, gefunden in symptomlosen Kartoffelsämlingen.)** Amer. Potato J. **44** (1967) Nr. 11. S. 409-410.
Klone der Sämlinge F 4896 ('Soethesk' × 'Katahdin') und F 3411 ('Katahdin' — Selbstung) blieben auch nach 4jähr. Anbau im Freiland unter starken Infektionsbedingungen visuell symptomlos, obgleich alle anderen Vergleichssorten von 65···100% eindeutig an Blattrollviris erkrankt waren. Rückteste mit *Myzus persicae* als Vektor und *Physalis floridana* als Testpflanze ergaben, daß die meisten Knollen nach 4 Jahren, obgleich symptomlos, doch an Blattrollvirus erkrankt waren. Vff. weisen auf Grund der Ergebnisse auf die Gefahr hin, die eintreten kann, wenn nur die viruselle Beurteilung zur Resistenzeinstufung Verwendung findet. K. Neitzel/Groß-Lüsewitz. 1970.

2-68/09-0954 Budagjan, E. G. und Gol'din, M. I. Ispytanie dejstvija NRV na virus mozaiki tabaka i X virus kartofelja. **(Die Wirkung des Erdölwuchsstoffes auf das Tabakmosaikvirus und das Kartoffel-X-Virus.)** Biologičeskij žurnal Armenii, Erevan **20** (1967) Nr. 10. S. 92-97. — Orig.: russ.
Erdölwuchsstoff (E) wurde 0,01%ig im Verhältnis 1:1 mit mosaikvirusverseuchtem Zellsaft gemischt und mit *Nicotiana glutinosa* getestet. In einem weiteren Versuch wurden Tabakpflanzen 14 d tägl. mit E besprüht und anschließend mit Mosaikvirus infiziert. In einem dritten Versuch wurden die Achselknospen auch nach der Infektion tägl. in E getaucht. In einem Feldversuch hat man E zur Blüte in den Boden eingebracht. Ähnliche Versuche liefen mit X-Virus bei Kartoffeln und mit *Gomphrena globosa* als Testpflanze. In allen Versuchen zeigte E keinerlei Einfluß auf die Viren. H. Grieß/Groß-Lüsewitz. 1970.

2-68/09-0955 Jermoljev, E. und Bečková, E. Stanoveni inhibiční schopnosti vůči viru X u štávy z listů bramboru odrůd světového sortimentu sérologickou metodou. **(Bestimmung der Hemmfähigkeit gegenüber dem X-Virus aus dem Saft der Kartoffelblätter von Sorten des Weltsortimentes mit Hilfe der serologischen Methode.)** Vědecké Práce ústředního výzkumného Ústavu Rostlinné) Výroby v Praze-Ruzyni **11** (1967) S. 207-212. — 3 Tab., 10 Lit. Zus. in Russ., Engl., Dtsch.
Eine große Hemmfähigkeit wiesen 24 Sorten (17,4%) auf. Diese Sorten sind unter Feldbedingungen gegen das X-Virus sehr widerstandsfähig. Durch Kreuzung von Sorten mit hoher Hemmfähigkeit gegenüber dem X-Virus kann man gegen dieses Virus resistente Sorten auslesen. ČSSR/ÚVTI. 1970.

2-68/09-0956 Schmelzer, K. **Wirte des Kartoffel-Y- und des Tabakätzmosaik-Virus außerhalb der Solanaceen.** Phytopathol. Z. **60** (1967) Nr. 4. S. 301-315. — 2 Abb., 4 Tab., 23 Lit. Das oligophage Y-Virus der Kartoffel (KYV) sowie in einigen Fällen das Tabakätzmosaikvirus (TÄV), das Bilsenkrautmosaikvirus (BMV) und das Kartoffel-A-Virus (KAV) wurden auf zahlreiche Pflanzenarten (außer Nachtschattengewächse) verimpft. Alle Arten der

Gattung *Trigonella* und größtenteils *Melilotus* erwiesen sich als systemisch erkrankte Wirte des KYV und des TÄV. Das KAV infizierte in vergleichenden Untersuchungen jeweils nur 1 und das BMV keine Art der beiden Leguminosengattungen. Von 25 TÄV-Wirtspflanzen erkrankten 15 durch das KYV. Offensichtlich können lediglich gegen den starken Stamm des TÄV anfällige Pflanzenarten durch das KYV infiziert werden. In den Gattungen *Dimorphotheca*, *Lobelia*, *Phacelia* und *Senecio* ließen sich neue Wirtspflanzen des KYV auffinden. Unter mitteleur. Verhältnissen dürfte diesen nur eine geringe epidemiol. Bedeutung zukommen. H. E. Schmidt. 1970.

2-68/09-0957 Stasjavičjus, Z. B. Vlijanie morščinistoj mozaiki na prorastanie klubnej kartofelja. (**Der Einfluß des Rollmosaiks auf das Keimen der Kartoffelknollen.**) Kratkie itogi naučnych issledovanij po zaščite rastenij v Pribaltijskoj zone SSSR **1967** S. 73–74. Im Jahre 1964 wurden im Bot. Inst. der Akad. der Litauischen SSR unterschiedlich mit Rollmosaik befallene Kartoffelknollen der Sorten 'Detskosel'skaja (frühe Sorte), 'Vilija' (mittelfrühe) und 'Ruta' (späte Sorte) gesammelt. Die Knollen wurden im zeitigen Frühjahr in einem gut belichteten Raum bei 10···12 °C für 1 Mon. untergebracht. Mit zunehmendem Befallsgrad verzögerte sich das Keimen. Bei der Sorte 'Detskosel skij' betrug bei Befall 1. Grades die durchschnittl. Anzahl der Triebe am oberen Teil 5,1 mit 4,6 mm Länge, am mittleren 3,2 und 3,4 mm, am Nabelende 1,9 und 1,8 mm; bei Befall 3. Grades entspr. 5,0 und 2,0 mm; 2,3 und 8,9 mm sowie 1,0 und 1,2 mm. SSSR/VINTISCh. 1970.

2-68/09-0958 Chandra, Naresh und Hildebrandt, A. C. Differentiation of plants from tobacco mosaic virus inclusion-bearing and inclusion-free single tobacco cells. (**Differenzierung von Pflanzen aus einzelnen, Tabakmosaikvirus-Einschlüsse enthaltenden und Einschlußfreien Tabakzellen.**) Virology **31** (1967) Nr. 3. S. 414–421. — 16 Abb., 1 Tab., 19 Lit. Tabakmosaikvirus-(TMV-)infizierte Kalluszellen der Tabaksorte 'Havana 38' wurden im Phasenkontrastmikroskop untersucht. Sie enthielten häufig hexagonale Kristalle parakristalline Nadeln unterschiedlicher Beschaffenheit und isometrische Körper, in denen gelegentlich hexagonale Plättchen zu finden waren. Nach mehreren Passagen über Nährböden verringerte sich allmählich die Anzahl Einschlußkörper enthaltender Zellen. Bei 2 Isolaten lagen solche noch nach 16 Passagen vor. In den betr. Zellen war die Viruskonz. größer als in Zellen ohne Einschlußkörper. Zellen mit nadelartigen Einschlußkörpern hatten ein höheres Infektiositätspotential als Zellen mit isometrischen bzw. als Zellen ohne Einschlußkörper. Infizierte und virusfreie Klone einzelner Zellen ließen sich durch Kultivierung im Nährboden nach Murashige und Skoog, der Kinetin und Indolylessigsäure enthielt, unterscheiden. Durch Übertragung der Kalluskulturen in ein Nährmedium nach White konnte man gesunde und virusinfizierte Tabakpflanzen aus einzelnen, ursprünglich erkrankten Zellen erhalten. H. E. Schmidt. 1970.

2-68/09-0959 Shaw, John G. In vivo removal of protein from tobacco mosaic virus after inoculation of tobacco leaves. (**Entfernung des Tabakmosaikvirus-Proteins in vivo nach der Impfung von Tabakblättern.**) Virology **31** (1967) Nr. 4. S. 665–675. — 6 Abb., 36 Lit. *Nicotiana-tabacum*-Blätter (Sorte 'Samsun') wurden mit rekonstituiertem TMV geimpft, dessen Proteinteil mit ^{14}C markiert war. In verschiedenen Zeitabständen nach der Infektion stellte Vf. Blattextrakte her und zentrifugierte im Dichtegradienten. Nach 7···8 min ließen sich etwa 25% des Virusproteins in einer oberen Zone ermitteln, die deutlich von der Hauptzone verschieden war, in der das Virus angereichert vorlag. Die Menge des markierten Proteins erhöhte sich mit verlängerter Inkubationszeit. Nach 5···9 h waren bereits mehr als 50% des ^{14}C vom Virus entfernt. Kontrollanalysen der Extrakte aus Tabakblättern, die mit nativem, markiertem Virus infiziert worden waren, lieferten gleichsinnige Ergebnisse. Die Befunde gestatten die Schlußfolgerung, daß die meisten Viruspartikeln zum gewählten Untersuchungszeitpunkt teilweise ohne Proteinhülle auftraten.
H. E. Schmidt. 1970.

2-68/09-0960 Atkinson, P. H. und Matthews, R. E. F. Distribution of tobacco mosaic virus in systemically infected tobacco leaves. (**Verteilung des Tabakmosaikvirus in systemisch infizierten Tabakblättern.**) Virology **32** (1967) Nr. 1. S. 171–173. — 8 Lit. Im biol. Test der Preßsäfte bzw. angereicherter Viruspräparate sowie serol. ließ sich nachweisen, daß in dunkelgrünen Gewebepartien Tabakmosaikvirus-infizierter *Nicotiana-tabacum*-Blätter eine geringere Viruskonz. als in den gelblich verfärbten Bezirken zu verzeichnen war. Letztere enthielten in den Haarzellen Viruseinschlußkörper, die in den Haarzellen der dunkelgrünen Blatteile fehlten. Die Konz. der Ribosomen beider Gewebevarianten wurde durch Zentrifugation im Zucker-Dichtegradienten bestimmt. Die Konz. der 83-S- und 68-S-Ribosomen in dem gelblichenGewebe betrug 69...88% bzw.27...82% derRibosomenkonz. dunkelgrünen Gewebes. Ähnliche Verhältnisse dürften bei anderen Mosaikviren vorliegen. H. E. Schmidt. 1970.

2-68/09-0961 Wolstenholme, David R. und Bockstahler, Larry E.; Tübingen, Max-Planck-Inst. für Biol.; Berlin-Dahlem, Max-Planck-Inst. für Molekulare Genetik; Tübingen, Max-Planck-Inst. für Biol. Electron microscopy of double-stranded RNA induced by turnip yellow mosaic virus and tobacco mosaic virus. **(Elektronenmikroskopie von durch das Wasserrübengelbmosaikvirus und das Tabakmosaikvirus induzierter Doppelstrang-RNS.)** Molecular & gen. Genetics, Berlin-Heidelberg-New York **100** (1967) Nr. 4. S. 349–bis 357. — 11 Abb., 1 Tab., 13 Lit.

Doppelstrang-RNS war mittels Phenolextraktion aus mit dem Wasserrübengelbmosaikvirus (WRGMV) infizierten Chinakohl-Blättern (*Brassica chinensis*, Sorte 'Pe-tsai') oder mit dem Tabakmosaikvirus (TMV) infizierten Tabakblättern (*Nicotiana tabacum*, Sorte 'Samsun') gewonnen worden. Sie wurde nach dem Rotationsverfahren bedampft und im Elektronenmikroskop untersucht. WRGMV- und TMV-Moleküle besaßen ein ähnliches Aussehen und gleiche Dicke. Sie zeigten eine lineare Konfiguration, ähnlich derjenigen, wie man sie für doppelstrangige RNS- und doppelstrangige DNS-Moleküle bereits beschrieben hat. Mehr als 99,5% aller Moleküle jedes der beiden Viren fiel in den Längenbereich zwischen 0,1 und 2,2 μm (Durchschnittslänge des WRGMV 0,24, des TMV 0,42 μm). In beiden Fällen herrschten kleinere Moleküle vor. Die Durchschnittslänge der größerenWRGMV-Moleküle betrug 1,92, diejenige der größeren TMV-Moleküle 1,8 μm. Diese Größen liegen im Bereich der aus biophysikal. Daten errechneten Erwartungswerte. Sowohl in Präparaten von WRGMV als auch in solchen von TMV-Doppelstrang-RNS ließen sich augenscheinlich verzweigte Moleküle nachweisen. Allerdings ging die Anzahl solcher Verzweigungen je Längeneinheit der Doppelstrang-RNS mit der Abnahme der Dichte dieser Moleküle in den untersuchten Bereichen zurück. H. H. Schimanski. 1970.

2-68/09-0962 Langenberg, Willem G. und Schlegel, David E. Autoradiography with ^{125}J-labeled antibodies as a means of localizing TMV antigen in plant cells. **(Autoradiographie mit ^{125}J-markierten Antikörpern, ein Weg der Lokalisierung von TMV-Antigen in Pflanzenzellen.)** Virology **32** (1967) Nr. 1. S. 167–171. — 2 Abb., 13 Lit.

Antikörper bilden die Grundlage für die bisher bes. empfindlichen und spezifischen Verfahren der zytoplasmatischen Untersuchung virusinfizierter Gewebe. Vff. beschreiben eine Methode der Antikörpermarkierung mittels ^{125}J und geben ein Anwendungsbeispiel für die autoradiographische Lokalisierung des TMV in Pflanzenzellen (*Nicotiana tabacum*, Sorte 'Xanthi'). Antiserum wurde mit gereinigtem TMV präzipitiert und anschließend 3mal in neutralem Phosphatpuffer gewaschen. Danach ist ^{125}J entspr. der Methode von McConahey und Dixon eingebaut worden. Das Gammaglobulin ließ sich vom Virus durch Behandlung des Präzipitates mit 0,1 mol. Lösung Glycin (pH 2,5) und durch hochtourige Zentrifugation sowie durch Dialyse trennen. Nach der Fixierung TMV-infizierter Gewebestücke wirkte das markierte Gammaglobulin 24 h auf Parenchym-Dünnschnitte ein. Im Bereich der Viruseinschlußkörper ließ sich eine Lokalisierung des Antikörpers nachweisen. Untersuchungen zur Anwendung der Methode im Frühstadium der Infektion sind eingeleitet.
H. E. Schmidt. 1970.

2-68/09-0963 Hirai, Atsushi und Wildman, S. G. Similarity in symptoms produced in tobacco plants by actinomycin D and TMV. **(Ähnlichkeit der durch Actinomycin D und TMV erzeugten Symptome an Tabakpflanzen.)** Virology **31** (1967) Nr. 4. S. 721–722. — 1 Lit.

Im Zeitraum von 6 h wurden 0,2 ml AD (Actinomycin D, 100 g/ml) auf 3 cm lange Blätter von *Nicotiana tabacum* aufgebracht. An diesen entstanden schwere toxische Schäden. Ein Teil des Antibiotikums wurde verlagert und rief an den Folgeblättern Adernaufhellungen und Fleckungen hervor. Die Symptome der jüngsten Blätter AD-behandelter Pflanzen glichen völlig denen des TMV-Stammes *vulgare*. Vff. besprechen die Befunde im Hinblick auf mögliche Interferenzen des AD bzw. des TMV mit der normalen Synthese der Messenger-RNS. H. E. Schmidt. 1970.

2-68/09-0964 Fulton, Robert W. Purification and some properties of tobacco streak and tulare apple mosaic viruses. **(Reinigung und einige Eigenschaften des Tabakstrichel- und des Tulare-Apfelmosaikvirus.)** Virology **32** (1967) Nr. 1. S. 153–162. — 6 Abb., 3 Tab., 18 Lit.

Das Tabakstrichelvirus ließ sich in Blattextrakten infizierter *Nicotiana-tabacum*-Pflanzen mit 2-Mercaptoäthanol stabilisieren und nach Klärung der Extrakte mittels hydratisiertem Kalziumphosphat durch hochtourige Zentrifugation anreichern. Zu derartigen Präparaten wurden HCl, H_3PO_4 bzw. Zitronensäure bis zur Erreichung des pH-Wertes 5,2 sowie *Nicotiana-tabacum*-Antiserum zur Entfernung restlicher wirtsspezifischer Proteine hinzugefügt. Es folgten 2 hochtourige ($4 \cdot 10^4$ U/min) und ein niedertouriger (1×10^3 U/min) Zentrifugenläufe. Die Partikeln des Tabakstrichelvirus besaßen 28 nm Dmr. Durch Zentrifugation im Zucker-Dichtegradienten entstanden 2 eng beieinanderliegende Banden, von denen sich die untere als infektiös erwies. Nach dem gleichen Verfahren konnte man das Tulare-Apfelmosaikvirus reinigen. Der Partikeldmr. lag zwischen 32 und 34 nm.

H. E. Schmidt. 1970.

2-68/09-0965 Roland, G.; Gembloux, Stat. de Phytopathol. Recherches sur le virus du „tobacco rattle virus". (**Untersuchungen über das Tabakrattlevirus.**) Parasitica, Gembloux **23** (1967) Nr. 4. S. 120–127. — 4 Abb., 4 Lit.

In einem Tabakanbaugebiet Belgiens konnte man eine starke Verseuchung der Tabaksorte 'White Burley' mit dem Tabakrattlevirus feststellen. Im Boden fand sich der Vektor *Trichodorus primitivus* in größererZahl. Die Symptome auf 21 verschiedenen Testpflanzenarten und -sorten werden beschrieben. Elektronenoptisch ließen sich die stäbchenförmigen Partikeln darstellen. Die Identität wurde serol. geprüft. Vf. ermittelte die physikal. Eigenschaften. Als Überhälter kommen *Stellaria media* und *Solanum nigrum* in Frage.

R. Fritzsche. 1970.

2-68/09-0966 Hitchborn, J. H. und Hills, G. J. Tubular structures associated with turnip yellow mosaic virus in vivo. (**Tubulare Strukturen verbunden mit dem Wasserrübengelbmosaikvirus.**) Science, Washington **157** (1967) Nr. 3789. S. 705–706. — 2 Abb., 8 Lit.

Zylinderförmige Partikeln waren elektronenmikroskopisch in pflanzlichem Gewebe erkennbar, das durch einen nekrotischen Stamm des Wasserrübengelbmosaikvirus infiziert worden war. Ihr Dmr. betrug 80 nm, die Länge 3 μm. Protein, das sich chem. und serol. als mit dem Virusprotein verwandt erwies, bildete die Hauptsubst. der vermutlich schraubenartig aufgebauten Partikeln. Hexagonale Untereinheiten ließen sich nachweisen, die an die hexameren Proteinuntereinheiten der Viruspartikeln erinnerten. H. E. Schmidt. 1970.

2-68/09-0967 Joshi, H. U. und Carr, A. J. H. Effect of clover phyllody virus on nodulation of white clover (Trifolium repens) by Rhizobium trifolii in soil. (**Wirkung des Virus der Blütenvergrünung des Klees auf die Knöllchenbildung des Weißklees [Trifolium repens] durch Rhizobium trifolii im Boden.**) J. gen. Microbiol. **49** (1967) Nr. 3. S. 385–392. — 3 Abb., 8 Lit.

An den Wurzeln mit dem Virus der Blütenvergrünung des Klees infizierter Weißkleepflanzen bildeten sich nur kleine, weiße Knöllchen, wenn sie mit einem aggressiven *Rhizobium*-Stamm geimpft wurden. Dieser Stamm erzeugte an gesundem Klee große, pigmentierte Knöllchen. Nach der Entfernung virusinfizierter Pflanzen aus dem Boden bildeten sich an den Pflanzen von Kleeneusaaten ebenfalls nur kleine, unterentwickelte Wurzelknöllchen. Die *Rhizobium*-Population war durch die Virusinfektion dahingehend verändert, daß die weniger aggressiven Stämme vorherrschten. Mithin minderte dieses Virus den Ertrag nicht nur durch die Beeinträchtigung des Wachstums der Weißkleepflanzen, sondern auch durch eine ungünstige selektive Beeinflussung der *Rhizobium*-Population im Boden.

H. E. Schmidt. 1970.

2-68/09-0968 Thottappilly, G. und Schmutterer, H.; Gießen, Univ., Tropeninst. **Zur Kenntnis eines mechanisch, samen-, pilz- und insektenübertragbaren neuen Virus der Erbse.** Z. Pflanzenkrankh. (Pflanzenpathol.) Pflanzenschutz **75** (1968) Nr. 1. S. 1–8. — 3 Abb., 1 Tab., 13 Lit. Zus. in Engl.

Vff. beobachteten im Winter 1964/65 bei Gewächshausversuchen verschiedene Erbsenpflanzen (Sorte 'Joversa'), die abwärts gerollte Blätter mit chlorotischen Flecken und Adernnekrosen aufwiesen. Im Gegensatz zum Echten Blattrollvirus der Ackerbohne bzw. Erbse war der Krankheitserreger nicht durch *Acyrthosiphon pisum* übertragbar. Als Vektor trat *Myzus persicae* auf. Weiterhin war die mechanische Übertragung sowie die durch Samen möglich. Vff. vermuten, daß die Zoosporen von *Pythium* sp. als Vektor fungieren, da auch eine Übertragung im Boden möglich ist. Dieses neue Virus, das die Bezeichnung „Falsches Blattrollvirus der Erbse" erhielt, besitzt folgende physikal. Eigenschaften: VEP 1:1000, TIP bei 75···80 °C, BIV bei Zimmertemperatur 72 h. G. Proeseler. 1970.

2-68/09-0969 Nault, L. R.; Wooster, Ohio Agric. Res. Center, Dep. of Zool. and Entomol. Inoculation of pea enation mosaic virus by the green peach, potato, and foxglove aphids. (**Übertragung des Erbsenenationenmosaikvirus durch die Blattlausarten Macrosiphum euphorbiae, Myzus persicae und Acyrthosiphon solani.**) J. econ. Entomol. **60** (1967) Nr. 6. S. 1586–1587. — 2 Tab., 2 Lit.
Für Übertragungsversuche mit dem Erbsenenationenmosaikvirus verwendete Vf. die Aphiden *Myzus persicae*, *Macrosiphum euphorbiae* sowie die bisher als Nichtvektor angegebene Art *Acyrthosiphon solani*. Die Blattläuse wurden im ersten Larvenstadium auf infizierte Pflanzen gesetzt und verblieben hier zur Virusaufnahme 7 d. Danach konnten sie kürzere oder längere Saugstiche auf Testpflanzen ausführen. Für die beiden erstgenannten Arten reichten Inokulationssaugzeiten von 15 s oder weniger aus. Durch *A. solani* gelangen dagegen keine Übertragungen durch kurze Saugzeiten bis zu 60 s. Ein Aufenthalt von 48 h auf den Testpflanzen ergab in 6 von 50 Fällen eine Infektion. Histol. Untersuchungen des pflanzlichen Gewebes zeigten, daß die Stechborsten der Blattläuse in der ersten Minute vorwiegend interzellular in die Epidermis und das Parenchym vordringen. Die Inokulation des Virus muß demnach bei Saugzeiten von 15 s in die Epidermis erfolgen.
G. Proeseler. 1970.

2-68/09-0970 Lister, R. M. A symptomatological difference between some unstable and stable variants of pea early browning virus. (**Ein symptomatologischer Unterschied zwischen einigen labilen und stabilen Varianten des Virus der Frühen Verbräunung der Erbse.**) Virology **31** (1967) Nr. 4. S. 739–742. — 1 Abb., 1 Tab., 9 Lit.
Bei Infektionen durch das Frühe Verbräunungsvirus der Erbse waren an *Phaseolus vulgaris* ähnliche symptomatologische Unterschiede wie bei Varianten des Tabakrattlevirus festzustellen. 15 Sorten der genannten Art reagierten mit z. T. ringartigen, nekrotischen Lokalläsionen. Aus einzelnen, am stärksten ausgeprägten Läsionen der Sorte 'Prince' wurden Preßsäfte hergestellt und auf *Nicotiana clevelandii* Gray verimpft. Nach dem Rücktest auf 'Prince' konnten wider Erwarten 2 unterschiedliche Läsionstypen ermittelt werden. Es handelte sich um typisch ringförmige Läsionen des Frühen Verbräunungsvirus sowie um punktartige Läsionen, die denen des Tabakrattlevirus glichen. Die Infektiosität der letzteren, rel. labilen Form ließ sich durch Phenolextraktion verbessern. Sie enthielt keine Viruspartikeln. Die unterschiedlichen Symptome wurden unter verschiedenen Umweltbedingungen unverändert induziert. Vf. bespricht die Befunde unter molekularbiol. Gesichtspunkten.
H. E. Schmidt. 1970.

2-68/09-0971 Kammen, A. van. Purification and properties of the components of cowpea mosaic virus. (**Reinigung und Eigenschaften der Komponenten des Kundebohnenmosaikvirus.**) Virology **31** (1967) Nr. 4. S. 633–642. — 6 Abb., 2 Tab., 19 Lit.
Gereinigte Präparate des Kundebohnenmosaikvirus (KBMV) bestanden aus 3 Komponenten mit den Sedimentationskoeffizienten 58 S, 95 S und 115 S, die als obere, mittlere und als Bodenkomponente bezeichnet worden sind. Bei der Reinigung des KBMW nach der Butanol-Chloroform-Methode entstand ein nennenswerter Infektiositätsverlust, und die obere Komponente wurde z. T. zerstört. Die Präzipitation des Virus mit 4%igem Polyäthylen-glykol und 0,2 mol. Kochsalzlösung gewährleistete eine hohe Virusausbeute. Nach der Trennung der Viruskomponenten durch Zentrifugation im Zucker-Dichtegradienten erwies sich lediglich die Bodenkomponente als infektiös. Sie besaß 32% RNS, die gleiche Mengen Adenyl- und Uridylsäure enthielt, und deren Sedimentationskoeffizient 28 S betrug. Die mittlere Komponente hatte einen 23%igen RNS-Anteil mit dem Sedimentationskoeffizienten 22 S. Ihre RNS-Basenzusammensetzung war nicht identisch mit der bei der Bodenkomponente ermittelten, da sie mehr Uridyl- und weniger Guanylsäure enthielt. H. E. Schmidt. 1970.

2-68/09-0972 Ghabrial, S. A., Shepherd, R. J. und Grogan, R. G. Chemical properties of three strains of Southern bean mosaic virus. (**Chemische Eigenschaften von 3 Stämmen des Südlichen Bohnenmosaikvirus.**) Virology **33** (1967) Nr. 1. S. 17–25. — 3 Abb., 5 Tab., 24 Lit.
Es wurden einige Eigenschaften gereinigter Viruspräparate bzw. des isolierten Proteins der Ribonukleinsäure (RNS) des Südlichen Bohnenmosaikvirus untersucht. Sie unterschieden sich nicht in ihrem Gehalt an RNS, die in allen Fällen eine gleiche Hypochromität aufwies. Ein Kundenbohnenstamm des Virus enthielt etwas weniger Adenylsäure und mehr Zitidylsäure als der Normalstamm oder ein mexikanischer Stamm, die sich hinsichtlich des Basenaufbaues weitgehend glichen. Die Proteine der 3 Virusstämme hatten eine unterschiedliche

Aminosäurezusammensetzung. Bei der Analyse der Aminosäuren und der Bestimmung der tryptischen Peptide konnten Vff. die Befunde von Tremaine bestätigen. Durch Hydrazinabbau des Proteins ergab sich, daß alle 3 Stämme das Serin als C-terminale Aminosäure enthielten. H. E. Schmidt. 1970.

2-68/09-0973 Novák, J. B. Příspěvek k identifikaci a ekologii některých viróz ovocných stromů. **(Beitrag zur Identifizierung und Ökologie einiger Viruskrankheiten der Obstbäume.)** Rostlinná Výroba **13**(40) (1967) Nr. 10. S. 1095–1103. — 9 Abb., 21 Lit. Zus. in Russ., Engl.

Im Jahre 1964 ließ sich in der ČSSR die Chlorotische Blattfleckigkeit des Apfels identifizieren. Es gelangen mechanische und Saftübertragung auf *Chenopodium amaranticolor* und *C. quinoa*. Als Indikatorpflanze eignet sich *C. amaranticolor*. Weitere empfängliche Pflanzen sind angeführt. Pollenübertragung ist möglich. ČSSR/ÚVTI. 1970.

2-68/09-0974 Meer, Franciscus A. van der. Sap-transmissible viruses of apple and pear. **(Saftübertragbare Viren von Äpfeln und Birnen.)** Dtsch. Akad. Landwirtsch.-Wiss. Berlin, Tag.-Ber. **1968** Nr. 97. — 4 Abb., 1 Tab., 6 Lit. Zus. in Russ., Dtsch. — nach Zus.

In den Niederlanden sind fast alleApfelbäume mit dem Chlorotischen Blattfleckungsvirus des Apfels infiziert. Auch das von Cropley beschriebene "E 36-Virus" ist in Äpfeln sehr verbreitet, bes. in der Sorte 'Schöner von Boskoop'. Ein drittes Virus, vorläufig als GE 36-Virus bezeichnet, ließ sich häufig von Äpfeln und Birnen isolieren. Um Differentialwerte zu finden, wurden alle Viren auf eine Reihe von krautigen Pflanzenarten inokuliert. Die Versuche über die Eigenschaften der Viren in vitro sowie Prämunitätsversuche auf *Celosia plumosa* zeigten, daß die genannten Viren nicht miteinander verwandt sind. 1970.

2-68/09-0975 Trifonov, D. Projavi na proliferacijata, mozajkata i njakoi latentni virusi na jabulkata vŭrchu indikatorni rastenija. **(Das Auftreten von virösem Besenwuchs, Mosaik und einigen latenten Viren des Apfels auf Indikatorpflanzen.)** Gradinarska i lozarska nauka, Sofija 4 (1967) Nr. 7. S. 23–31. — 3 Abb., 3 Tab., 27 Lit. Zus. in Russ., Engl.

Auf jungen Indikatorpflanzen (*Malus platycarpa* 'R 12740' und 'Spy 227') sind die Merkmale des virösen Besenwuchses nicht feststellbar. Dagegen ist der Indikator des Stammnarbenvirus gleichzeitig auch ein guter Indikator für den virösen Besenwuchs. Bei manchen Sorten treten die Mosaikmerkmale nicht im 1. Jahr auf, in manchen Fällen verschwinden sie bereits am Ende der 1. Vegetationsperiode. Das Stammnarbenvirus ließ sich in Bulgarien experimentell nachweisen. NRB/CSNTI. 1970.

2-68/09-0976 Proeseler, Gerhard; Aschersleben, Inst. für Phytopathol. der Dtsch. Akad. der Landwirtsch.-Wiss. zu Berlin. **Übertragung eines latenten Prunus-Virus durch die Gallmilbe Vasates fockeui Nal.** Dtsch. Akad. Landwirtsch.-Wiss. Berlin, Tag.-Ber. **1968** Nr. 97. — 2 Abb., 7 Lit. Zus. in Russ., Engl. — nach Zus.

Die freilebende Gallmilbe *Vasates fockeui* Nal. überträgt ein latentes *Prunus*-Virus auf *Chenopodium foetidum* Schrad. Bereits 7…10 d nach dem Ansetzen der Milben zeigen die Testpflanzen Lokalläsionen. Zur Übertragung auf *C. foetidum* genügen 5 Milben, die mindestens 15 min auf dem Blatt verbleiben müssen. Das Virus kommt im Raum von Aschersleben in 13 Pflaumensorten und 8 weiteren *Prunus*-Arten vor. Eine Isolierung des Virus aus Sämlingen von *P. avium* L. und *P. persica* (L.) Batsch. ist bisher nicht gelungen. Nach mechanischer Inokulation treten auch auf *C. quinoa* Willd. Lokalläsionen auf. — Physikal. Eigenschaften: TIP 50…55 °C, VEP zwischen 10^{-1} und 10^{-2} und BIV bei Zimmertemperaturen zwischen 30 und 60 min. 1970.

2-68/09-0977 **Untersuchungen zur Diagnose von Viruskrankheiten der Pflaume.** Halle, Abt. Virusserol. des Inst. für Phytopathol. der Martin-Luther-Univ. Plan-Nr.: 4503-11/7–27/5. 16 S. Abschlußber. (13/3. 1968).

Die Isolierungen von 198 Herkünften des Scharkavirus der Pflaume (SAV) in den Bezirken Erfurt, Gera, Halle und Magdeburg beweisen erneut, daß die Scharkakrankheit in diesem Gebiet verbreitet ist. *Nicotiana clevelandii* Gray diente zur Vermehrung des Virus. Das partiell gereinigte Virus ergab nach intramuskularer Injektion spez. Antiseren, die mit Blattsäften von SAV infizierten *N. clevelandii* und *Prunus domestica* L. sowie Früchten der Pflaume reagierten. Unter den geprüften serol. Nachweismethoden erwies sich der Präzipitationstest im Tropfen als geeignet für routinemäßige Untersuchungen mit *N. clevelandii* und *P. domestica*. 1970.

2-68/09-0978 Săvulescu, Alice und Macovei, Alexander. Comparative experimental data concerning plum pox and plum line pattern virus in Romania. (**Vergleichende Versuchsangaben über das Scharka- und das Bandmosaikvirus an Pflaumen in Rumänien.**) Dtsch. Akad. Landwirtsch.-Wiss. Berlin, Tag.-Ber. **1968** Nr. 97. — 3 Abb., 18 Lit. Zus. in Russ., Dtsch. — nach Zus.
In vergleichenden Untersuchungen über das Scharka- und das Bandmosaikvirus arbeiteten Vff. mit 3 Virusherkünften, die Bandmosaiksymptome aufwiesen. Man hatte sie von Zierpfirsich, Myrobalane sowie der Pflaumensorte 'Timpuriu de Aiud' isoliert. Ferner verwendeten sie eine getestete Scharkaherkunft aus der Pflaumensorte 'Rosioare romănesti', die ebenfalls Bandmosaiksymptome zeigte. Die 4 Herkünfte prüften sie mit Gehölzindikatoren und krautigen Testpflanzen. Dadurch wiesen Vff. nach, daß zwei Bandmosaikvirus-Stämme in Rumänien sporadisch auftreten. Das Ringfleckenvirus kommt gleichzeitig vor. Bei der Scharkaherkunft liegt ein Komplex aus Scharka-, Bandmosaik- und Ringfleckenviren vor. Einheimische und im Ausland beschriebene Bandmosaikvirus-Stämme ähneln sich. Es ist nach Ansicht der Vff. notwendig, die Symptome von Scharka- und Bandmosaikvirus durch Teste zu unterscheiden. 1970.

2-68/09-0979 Tiits, Alfred. Further investigations on the virus causing plum pox-like disease. (**Weitere Untersuchungen über das die Scharkakrankheit verursachende Virus.**) Dtsch. Akad. Landwirtsch.-Wiss. Berlin, Tag.-Ber. **1968** Nr. 97. — 3 Abb., 5 Lit. Zus. in Russ., Dtsch. — nach Zus.
Auf der Grundlage weiterer Untersuchungen gibt es Anhaltspunkte dafür, daß die Ursache der genannten Krankheit ein Stamm des Scharkavirus ist. Als Indikator für das Virus ist *Cerasus tomentosa* bes. geeignet. Diese Art hat man nach Infektion mit dem Virus als Virusquelle für andere virol. Untersuchungen verwendet. 1970.

2-68/09-0980 Basak, Wladysław und Millikan, Daniel F. Ringspot disease of Prunus effusa 'Krasa Severa'. (**Ringfleckenkrankheit bei Prunus effusa, Sorte 'Krassa Severa'.**) Dtsch. Akad. Landwirtsch.-Wiss. Berlin, Tag.-Ber. **1968** Nr. 97. — 4 Abb. Zus. in Russ., Dtsch. — nach Zus.
Ein von *Prunus effusa*, Sorte 'Krassa Severa', isoliertes Virus verursachte nekrotische Ringfleckensymptome an der Sauerkirschensorte 'Montmorency', an der Süßkirschensorte 'Bing', an dem Vogelkirschenklon 'F 12/1' und an *Prunus pennsylvanica*. Steinweichsel sowie Pfirsich entwickelten chlorotische Ringfleckensymptome und 'Shirofugen' Rinden- sowie Holznekrosen. 'Italienische Zwetsche', die Aprikosensorte 'Moorpark' und Myrobalane zeigten keine Symptome. Das Virus ließ sich nicht von ihnen rückübertragen. Das Virus war mechanisch auf *Chenopodium amaranticolor* und *C. quinoa* übertragbar. TIP: 50 °C VEP → 1:500…1:1000, BIV 15…21 h. 1970.

2-68/09-0981 Corte, Aldo. Soil borne viruses associated with a peach disease occurring in Northern Italy. (**Bodenbürtige Viren in Verbindung mit einer in Nortitalien auftretenden Pfirsichkrankheit.**) Dtsch. Akad. Landwirtsch.-Wiss. Berlin, Tag.-Ber. **1968** Nr. 97. — 4 Abb., 10 Lit. Zus. in Russ., Dtsch. — nach Zus.
Die in der Plantage und im Gewächshaus erfolgten Versuche führten zum Nachweis der Bodenübertragbarkeit der „rosettenartigen Weidenblättrigkeit", einer in Ligurien vorkommenden Pfirsichvirose. Ein zu *Xiphinema diversicaudatum* gehörender Nematode ist bei der Übertragung (wenigstens einer Komponente) dieser Krankheit beteiligt. Bei Verwendung von Blattsaft aus natürlich oder experimentell infizierten Pfirsichbäumen ließ sich regelmäßig ein mit dem latenten Erdbeerringfleckenvirus nahe verwandtes Virus auf krautige Pflanzen übertragen. In einigen Fällen kam dieses Virus gemeinsam mit einem weiteren, noch zu untersuchenden Virus vor. Eine Besprechung der Ergebnisse schließt sich an. 1970.

2-68/09-0982 Morvan, Guy. Graft and mechanical transmission of virus from apricot trees. (**Pfropf- und mechanische Übertragung eines Virus von Aprikosenbäumen.**) Dtsch. Akad. Landwirtsch.-Wiss. Berlin, Tag.-Ber. **1968** Nr. 97. — Zus. in Russ., Dtsch. — nach Zus.
Durch Inokulation mit Blattextrakten aus einigen Aprikosen- und Japanischen Pflaumenbäumen entstanden an *Vigna sinensis* schwarze nekrotische Lokalläsionen. Dieses Virus verursacht schwarze Lokalläsionen an *Phaseolus aureus* und *Vicia faba* sowie weiße Lokalläsionen an *Cucumis sativus* und *Gomphrena globosa*. Bei diesen Wirten wird das Virus nicht

systemisch. Viele andere Pflanzen erzeugen nach der Inokulation keine Symptome. Bei den meisten von ihnen gelang die Rückübertragung des Virus auf *V. sinensis* aus den inokulierten Blättern, nicht jedoch aus den nichtinokulierten. 1970.

2-68/09-0983 Polák, Z. Impatiens parviflora DC. — a natural host of cabbage black ringpot and cucumber mosaic virus. (**Impatiens parviflora DC. – eine natürliche Wirtspflanze des Virus der Schwarzringfleckigkeit des Kohls und des Gurkenmosaikvirus.**) Biol. Plantarum, Praha **9** (1967) Nr. 5. S. 354–359. — 5 Abb., 2 Tab., 15 Lit. Zus. in Russ., Tschech.

Auf den Blättern von Springkraut zeigte sich eine Erkrankung, die in Erscheinung trat a) als chlorotische und nekrotische Flecke, die später ausfallen und zur Durchlöcherung führen und b) als leichte gelbgrüne Fleckigkeit auf den Blättern. Die erste Form der Erkrankung ließ sich eindeutig auf das Virus der Schwarzringfleckigkeit des Kohls, die zweite auf das Gurkenmosaikvirus zurückführen. ČSSR/ÚVTI. 1970.

2-68/09-0984 Daškeeva, K. N., Spatarenko, S. S. und Vetrova, F. M. O roli sornjakov v sochranenii i rasprostranenii virusa ogurečnoj mozaiki. (**Die Rolle der Unkräuter bei der Erhaltung und Verbreitung des Gurkenmosaikvirus.**) Infekcionnye zabolevanija kul'turnych rastenij Moldavii, Kišinev **1966** Nr. 6. S. 22–27.

3jähr. Untersuchungen über die wildwachsenden Pflanzen und ihre Rolle bei der Verbreitung des Gurkenmosaikvirus (GMV) nahm man in der Moldauischen SSR vor. Mit dem Inokulat von mosaikkranken Blättern hat man Keimblätter von Gurke, *Chenopodium quinoa* und *Vigna sinensis* infiziert. Die geprüften wildwachsenden mehrjähr. Pflanzen (aus Gemüsekulturen) waren gegenüber dem GMV anfällig. SSSR/VINTISCh. 1970.

2-68/09-0985 Södergren, Wolmar. Pelargonviroser — Symptom, diagnostik och bekämpning. (**Pelargonium-Virosen — Symptome, Diagnostik, Bekämpfung.**) Statens Växtskyddsanst., Växtskyddsnotiser **31** (1967) Nr. 3/4. S. 51–63. — 16 Abb., 1 Tab., 26 Lit.

In Schweden sind Kräuselkrankheit, Ringfleckenkrankheit und Mosaikkrankheit häufig. Die Symptome dieser Virosen lassen sich nicht immer genau abgrenzen. Oft ist die Infektion nicht erkennbar. Indikatorpflanzen (*Chenopodium*, *Amaranthus*, *Nicotiana* u.a.) zeigen bei Saftinokulation oder Aufpfropfen von Teilen der zu prüfenden *Pelargonium*-Pflanzen schnell die Symptome der betr. Virose. Dadurch ist die Auslese virusfreien Materials möglich. Selektion aus infizierten Beständen senkte den Befall von 16 auf 6,3%. Die bei Nelken und *Chrysanthemum* angewendete Wärmetherapie (37···38 °C) scheitert an der Wärmeempfindlichkeit von *Pelargonium*. Meristemkulturen gehen fast restlos zugrunde. Sämlinge sind zwar virusfrei, haben aber qualitätsmäßig zu großen Abstand von Stecklingspflanzen. W. Warwel. 1970.

2-68/09-0986 Hakkaart, F. A. Effect of aluminium strips on the spread of two aphidborne chrysanthemum viruses. (**Die Wirkung von Aluminiumstreifen auf die Ausbreitung zweier blattlausübertragbarer Chrysanthemenviren.**) Netherl. J. Plant Pathol. **73** (1967) Nr. 5/6. S. 181–185. — 2 Tab., 8 Lit.

Quer zu den Pflanzenreihen angeordnete Aluminiumfolie-Streifen verminderten bei Chrysanthemen das Auftreten des Aspermie-Virus der Tomate auf etwa $^1/_3$ im Vergleich zur ungeschützten Kontrollparzelle. Die Ausbreitung des Chrysanthemenvirus B war indessen nicht nennenswert beeinflußt. Im Repellent-Bereich der Folienstreifen waren Blattlausfänge in Gelbschalen gering. Vermutlich beruhte die differenzierte Infektionsquote beider Viren auf der unterschiedlichen Flughöhe virusübertragender Blattläuse. Hinsichtlich der Senkung des Virusbesatzes in Chrysanthemen-Mutterbeständen kommt der genannten Methode keine praktische Bedeutung zu. H. E. Schmidt. 1970.

2-68/09-0987 Conti, Maurizio. Indagini sulla trasmissione del virus del nanismo ruvido del mais (MRDV) per mezzo di Laodelphax striatellus Fallén. (**Untersuchung über die Übertragung des Virus der Rauhverzwergung des Maises [MRVV] durch Laodelphax striatellus Fallén.**) Ann. Fac. Sci. Agrar. Univ. Studi Torino **3** (1964/1966) S. 337–348. — 1 Abb., 3 Tab., 21 Lit. Zus. in Engl. 1970.

2-68/09-0988 Duranton, Henri, Hirth, Léon und Meyer, Jean. Acide aminés libres des feuilles de Brassica chinensis sain, infecté par le virus de la mosaique jaune du navet. (**Freie Aminosäuren in Blättern von gesundemBrassica chinensis, de rmit demKohlrübengelbmosaikvirus infiziert wurde.**) Bull. Soc. franç. Physiol. végétale **12** (1966) Nr. 4. S. 325–333. — 2 Abb., 2 Tab., 16 Lit. 1970.

2-68/09-0989 Schmelzer, K. und Skiebe, K. **Die wichtigsten Viruskrankheiten des Spinats und die Möglichkeiten ihrer Ausschaltung.** Dtsch. Gartenbau **15** (1968) Nr. 3. S. 75 bis 78. — 7 Abb. 1970.

2-68/09-0990 Beemster, A. B. R. und Dijkstra, Jeanne, Ed. Viruses of plants. Their isolation, purification and characterization; the mechanism of plant virus infection, synthesis of viral protein and viral nucleic acid, and plant reactions evoked by viruses. **(Pflanzenviren. Ihre Isolierung, Reinigung und Kennzeichen. Der Mechanismus der Virusinfektion bei Pflanzen, Synthese des Virusproteins und der Virus-Nukleinsäure, und Reaktionen der Pflanze auf Viren.)** Amsterdam: North-Holland Publ. Comp. 1966. (VIII, 342 S.) 8° = Proc. internat. Conf. in Plant Viruses, Wageningen, July, 1965. (1967 A 1503) 1970.

C. Krankheiten und Wirtspflanzen

2-68/09-0991 Garofalo, F.; Torino, Osserv. Malattie delle Piante. Osservazioni sui complessi associativi nematodi — funghi in rapporto al deperimento delle colture floro-orticole e mezzi di lotta. **(Beobachtungen über Nematoden-Pilzkomplexe an Zier- und Gemüsepflanzen und Maßnahmen zur Bekämpfung.)** Notiziario Malattie Piante [III. S.] **3/4** (1967) Nr. 76/77. S. 187-216. — 16 Tab., 55 Lit. Zus. in Engl.
Nematoden-Pilzkomplexe bestehen bei Sellerie (*Ditylenchus dipsaci/Rhizoctonia solani*), Tomate (*Heterodera marioni Fusarium lycopersici*), Salat (*D. dipsaci Sclerotinia minor*), Erdbeere (*Aphelenchoides ritzema-bosi/Rhizoctonia solani*), Chrysantheme (*A. ritzema-bosi/Fusarium oxysporum*), *Hydrangea*: *D. dipsaci/Sclerotinia sclerotiorum*), Dahlie (*A. ritzema-bosi/Verticillium dahliae*) und *Cyclamen* (*H. marioni/Rhizoctonia solani*). Es wurde nach Möglichkeiten der Bekämpfung im stehenden Bestand gesucht. Dabei erwiesen sich Mischungen aus Nemagon oder Nemafos mit PCNB als wirksam gegen den Nematoden-*Rhizoctonia*-Komplex sowie den Nematoden-*Sclerotinia*-Komplex. Mischungen aus Nemagon oder Nemafos mitHg-Verbindungen (Ceresan) waren gegen dieNematoden-*Fusarium*- sowieNematoden-*Verticillium*-Komplexe wirksam. In den angegebenen Aufwandmengen sowie -verfahren war Phytotoxizität nicht festzustellen. R. Fritzsche. 2000.

2-68/09-0992 Malone, J. P. und Muskett, A. E. A review of the development of seed pathology. **(Ein Überblick über die Entwicklung der Saatgut-Pathologie.)** Pest Articles & News Summaries, Sect. B **13** (1967) Nr. 3. S. 266-275. — 60 Lit. 2000.

2-68/09-0993 Sommereyns, Ghislaine und Parmentier, Georges; Gembloux, Belgique, Stat. de Phytopathol. de l'État. Recherches sur une différenciation biochimique de deux formes physiologiques d'Erysiphe graminis DC. **(Untersuchungen zur biochemischen Differenzierung von zwei formae speciales von Erysiphe graminis DC.)** Parasitica, Gembloux **23** (1967) Nr. 3. S. 79-89. — 3 Abb., 11 Lit. Zus. in Engl.
In vorausgegangenen Untersuchungen hatte bereits Parmentier festgestellt, daß sich die Konidien verschiedener physiol. Formen einer Pilzart in ihren biochem. Eigenschaften unterscheiden können, die wiederum eine große Stabilität unter verschiedenenUmweltbedingungen besitzen. Vff. konnten mit Hilfe der 2dimensionalen Papierchromatographie nun in den Konidien von *Erysiphe graminis* f. sp. *hordei* eine freie Aminosäure nachweisen, die mit Ninhydrin in gleicher Weise wie Prolin reagiert und in Erscheinung tritt. Weder in den vergleichsweise untersuchten Konidien von *E. graminis* f. sp. *tritici* noch in der Wirtspflanze ließ sich diese Aminosäure nachweisen. Bei der Überprüfung des Gehaltes der Konidien an org. Säuren und Zuckern waren keine Unterschiede zwischen beiden formae speciales festzustellen. Die Verwendung aus Feldbeständen gesammelten Sporenmaterials hat sich im Vergleich zu dem im Gewächshaus herangezogenen Sporenmaterial als günstiger erwiesen, da im letzteren Fall die Gefahr der Vermischung zu groß war. Vff. zeigen somit einen Weg, physiol. Formen genauer zu kennzeichnen und außer in ihrem Verhalten gegenüber bestimmten Wirtspflanzen auch in ihren biochem. Eigenschaften zu unterscheiden.
K. Frauenstein. 2020.

2-68/09-0994 Nemlienko, F. E. und Sidenko, I. E.; Unions-Inst. für Maisforsch. Ontogenetičeskaja ustojčivost' kukuruzy k puzyrčatoj golovne. **(Ontogenetische Widerstandsfähigkeit des Maises gegen den Beulenbrand.)** Doklady Vsesojuznoj ordena Lenina akademii sel'skochozjajstvennych nauk imeni V. I. Lenina, Moskva **1967** Nr. 12. S. 7-9. — 4 Tab.

Vff. konnten zunächst experimentell bestätigen, daß die Infektion der Maispflanzen nur dann positiv verläuft, wenn sie am Vegetationskegel, an Knospen oder rudimentären Knospen in den Blattachseln erfolgt. Dabei muß in jedem Fall meristematisches Gewebe vorhanden sein. Je nach der Zellpartie, die von der Infektion betroffen wird, entstehen die Brandbeulen später an den verschiedenen Organen. Infektionen unterhalb des Vegetationskegels führten nicht zur Beulenbildung. Ebenso wie in ihrer gesamten Entwicklungsdauer unterscheiden sich die einzelnen Maissorten und -hybriden auch im Zeitpunkt ihrer höchsten Anfälligkeit sowie in der Dauer der Anfälligkeit. So betrug für die sehr frühe Sorte 'Woronesh 76' die Dauer der Entwicklung 118 d, die höchste Anfälligkeit ist z.Z. des 6- bis 8-Blattstadiums vorhanden und umfaßt 11 d. 'VIR 42' (Gesamtentwicklung 125 d) ist im 8- bis 10-Blattstadium über einen Zeitraum von 21 d anfällig, 'Dneprovskij 90' (140 d) im 12- bis 14-Blattstadium für 28 d und 'Kartuli 1' (150 d) im 14- bis 16-Blattstadium für 31 d. Außerhalb der angegebenen Zeiträume ließen sich auf künstlichem Wege nur selten positiv verlaufende Infektionen erzielen. K. Frauenstein. 2020.

2-68/09-0995 Voronkov, L. A. Soderžanie geteroauksina v tkanjach list'ev kukuruzy, zaražennoj puzyrčatoj golovnej. (**Heteroauxingehalt in den Blattgeweben des Maises, der mit Beulenbrand infiziert war.**) Biologičeskie nauki **1967** Nr. 2. S. 99–102.
Die Infektion erfolgte im 6- und 7-Blattstadium mit einer 2%igen Chlamydosporensuspension des Beulenbranderregers. An den so infizierten Blättern der Maissorte 'Moskowskaja 3' ließen sich 3 Gewebepartien unterscheiden. Nach der Infektion vergrößerte sich der Heteroauxingehalt (IES). Die Infektion verstärkte die Oxydase-Aktivität des Heteroauxins. In den infizierten Maisblättern verringerte sich der Gehalt an Hemmstoffen der Heteroauxin-Oxydase, bis diese schließlich verschwanden. SSSR/VINTISCh. 2020.

2-68/09-0996 Rohringer, R., Fuchs, A., Lunderstädt, J. und Samborski, D. J. Metabolism of aromatic compounds in healthy and rust-infected primary leaves of wheat. I. Studies with $^{14}CO_2$, quinate-U-^{14}C, and shikimate-U-^{14}C as precursors. (**Abbau aromatischer Verbindungen in gesunden und rostinfizierten Primärblättern von Weizen. 1. Mitt. Untersuchung mit $^{14}CO_2$, Chinat-U-^{14}C und Shikimat-U-^{14}C als Vorstufen.**) Canad. J. Bot. 45 (1967) Nr. 6. S. 863–889. — 1 Abb., 8 Tab., 51 Lit. 2020.

2-68/09-0997 Kapustin, M. N. Bakterial'nye (mokrye) gnili kartofelja pri chranenii i mery bor'by s nimi. (**Bakterielle Kartoffelfäulen [Naßfäulen] bei der Lagerung und ihre Bekämpfung.**) Vsesojuznyj simpozium po bakterial'nym zabolevanijam rastenij **1966** S. 59 bis 60.
In den Gebieten Moskau, Wladimir, Lipezk, Uljanowsk und Leningrad hat man während der Lagerung 170 Proben befallener Knollen entnommen. Es ließen sich 720 Bakterienstämme isolieren. Am häufigsten war der Befall auf *Pectobacterium phytophthorum* (Erreger der Knollennaßfäule), ferner auf *P. carotovorum* und *P. aroideae* zurückzuführen. Behandlung des Pflanzgutes mit TMTD und Phosphatmehl hemmte teilweise die Entwicklung der Naßfäule. *Pseudomonas fluorescens*, *Bacillus mesentericus vulgatus* u. a. Bodenbakterien waren weitere Fäulniserreger. SSSR/VINTISCh. 2030.

2-68/09-0998 Sokolova, V. E., Zvjaginceva, Ju. V., Kazanceva, G. N. und Metlickij, L. V. Izmenenie soderžanija kofejnoj i chlorogenovoj kislot v period chranenija v periferijnom sloe klubnej kartofelja u sortov, različajuščichsja po ustojčivosti k Phytophtora infestans. (**Veränderungen des Koffein- und Chlorogensäuregehaltes in der peripheren Schicht der Kartoffelknollen während der Lagerung bei Sorten unterschiedlicher Phytophthora-Resistenz.**) Doklady Akademii nauk SSSR, Moskva **177** (1967) Nr. 3. S. 724–727.
Die Knollen von *Phytophthora*-anfälligen (I), mittel anfälligen (II) und resistenten (III) Sorten untersuchten Vff. chromatographisch vom 28.10.–21.6. auf den Gehalt an Koffeinsäure (a) und Chlorogensäure (b). Während der Knollenruhe enthielten III a = 2 b, I Co = 50…90% b. Im Laufe der Lagerung verwischten sich die Unterschiede weitgehend.
H. Grieß/Groß-Lüsewitz. 2030.

2-68/09-0999 Sulaiman, M. und Jadhav, J. S. Three strains of Alternaria tenuis Nees causing early blight of potato in Maharashtra State, India. (**Drei Rassen von Alternaria tenuis Nees, die in Maharashtra State, Indien, die Dörrfleckenkrankheit der Kartoffel verursachen.**) Beitr. trop. subtrop. Landwirtsch. Tropenveterinärmed. 5 (1967) Nr. 2. S. 89 bis 99. — 10 Lit. Zus. in Franz., Span., Dtsch. — nach Zus.

Die von 3 verschiedenen Kartoffelsorten ('Up-to-date', 'Khufrikuber' und 'Local') gewonnenen und auf künstlichem Medium kultivierten Krankheitserreger konnten Vff. als *Alternaria tenius* Nees identifizieren. Physiol. Studien auf verschiedenen Nährböden sowie Untersuchungen der Pathogenität der Erreger ergaben unterschiedliche Werte entspr. der Herkunft des Materials. Das veranlaßte Vff., Kultur 1 (gewonnen von 'Up-to-date'), Kultur 2 (von 'Khufrikuber') und Kultur 3 (von 'Local') als 3 verschiedene Rassen von *A. tenuis* aufzufassen und zu benennen. 2030.

2-68/09-1000 Wijngaarden, Tj. P. und Ellen, J.; Wageningen, Landbouwhogeschool. De invloed van enkele milieufactoren op de vatbaarheid van erwten voor Botrytis cinerea. **(Einfluß einiger Umweltfaktoren auf die Anfälligkeit der Erbse gegenüber Botrytis cinerea.)** Netherl. J. Plant Pathol. 74 (1968) Nr. 1. S. 8-11. — 2 Tab., 5 Lit.
Gemessen an dem prozentualen Anteil an sog. Kalkerbsen zeigte die Erbsensorte 'Rondo' unter Gewächshausbedingungen bei 20 °C am Tag und 15 °C in der Nacht eine höhere Anfälligkeit gegenüber *Botrytis cinerea* als bei darüber oder darunter liegenden Temperaturen. Fehlen von K in der Nährlösung 2 Wochen vor Blühbeginn bis zur Reife erhöhte ebenfalls die Anfälligkeit. Mangel an Ca und Mg blieb ohne Einfluß.
K. Wiesner/Kleinwanzleben. 2040.

2-68/09-1001 Utikar, P. G. und Sulaiman, M. The relation of soil temperature and water-holding capacity of the soil to the incidence of pea wilt. **(Die Beziehung zwischen der Bodentemperatur sowie der Kapazität des Wasserhaushaltes des Bodens und dem Auftreten der Erbsenwelke.)** Beitr. trop. subtrop. Landwirtsch. Tropenveterinärmed. 5 (1967) Nr. 2. S. 101-106. — 1 Abb., 1 Tab., 3 Lit. Zus. in Franz., Span., Dtsch. — nach Zus.
Der Erreger der Erbsenwelke, *Fusarium oxysporum* f. *pisi*, ist in Maharashtra State, Indien, weit verbreitet und befällt etwa 50% der Erbsenbestände. Bodentemperaturen von 21 bis 26 °C und eine Sättigung der Boden-WK von 70% stellen für die Krankheit kritische Werte dar, während diese Bedingungen günstig für die Erbsenpflanze sind. Bodentemp. von 21…22 °C und eine WK von 71…74% wirken sich fördernd auf die Entwicklung der Krankheit aus, während sie für das Wachstum der Pflanze günstig sind. Optimale Bedingungen findet der Krankheitserreger bei Bodentemp. zwischen 22 und 24,3 °C sowie einer WK von 74%. Vff. empfehlen Bodenbehandlungen mit Chemikalien. Eine Möglichkeit, einem Befall auszuweichen, bietet eine Verlegung des Aussaattermines auf Anfang Okt. 2040.

2-68/09-1002 Ujevič, I., Krátká, K. und Uroševič, B. Botrytis cinerea Pers. a Fusarium graminearum Schwabe, paraziti vikve ozimé a vliv některých abiotických činitelů na napadení rostlin. **(Botrytis cinerea Pers. und Fusarium graminearum Schwabe als Parasiten der Winterwicke und der Einfluß einiger abiotischer Faktoren auf den Befall der Pflanzen.)** Sborník ÚVTI, Praha, Ochrana Rostlin 3 (1967) Nr. 4. S. 293-302. — 5 Abb., 3 Tab., 12 Lit. Zus. in Russ., Engl.
Von *Vicia villosa* ließen sich *Botrytis cinerea* und *Fusarium graminearum* isolieren. Unter Labor- und Gewächshausbedingungen ermittelten Vff. die Pathogenität beider Erreger und den Einfluß von Temperatur, Feuchtigkeit und Licht auf den Befall der Pflanzen (in sterilem und nichtsterilem Boden). Niedrige Temperatur und hohe rel. Luftfeuchtigkeit hemmten die Parasiten. Bei gleichbleibender Temperatur (22 °C) und 96% rel. Luftfeuchtigkeit war die Befallsintensität mit *F. graminearum* in sterilem Boden höher als in nichtsterilem.
ČSSR/ÚVTI. 2050.

2-68/09-1003 Darunday, Zenaida D. und Hanson, E. W. Some factors affecting the development of Northern anthracnose of red clover. **(Einige Faktoren, die die Entwicklung von nördlicher Anthraknose des Rotklees beeinflussen.)** Crop Sci. 7 (1967) Nr. 6. S. 613-616. — 3 Abb., 2 Tab., 8 Lit.
Für ihre Teste verwendeten Vff. 18 Isolate von *Kabatiella caulivora*. Bei einer Konz. von 2000 Sporen /ml Impfstoff wurden empfängliche und weniger empfängliche Klone der Rotkleepflanze kaum infiziert. 442000 Sporen/ml erhöhten den Befall auf den empfänglicheren Klonen, 1250000 Sporen/ml auch auf den weniger empfänglichen. Der optimale Temperaturbereich für die Ansteckung lag zwischen 20 und 24 °C, während sich bei 28 °C keine Symptome entwickelten. Die Reaktion der Klone den einzelnen Isolaten gegenüber war sehr unterschiedlich. Immunität gegen alle Isolate war nicht zu beobachten, aber ein Klon war immun gegen 7 von 18 Isolaten und resistent gegen die anderen 11. Geringe Lichtintensität, bes. in den ersten 4 d nach der Impfung, begünstigte die Entwicklung der Krankheit.
Th. Hoffmann. 2050.

2-68/09-1004 **Untersuchungen über das Auftreten, die Biologie, Schadwirkung und Bekämpfung tierischer Schädlinge im Grassamenbau als Voraussetzung zur Steigerung der Grassamenerzeugung in den LPG und VEG.** Leipzig, Inst. für Phytopathol. der Karl-Marx-Univ. Plan-Nr.: 4502015/7027. 350 S. Abschlußber. (13/3. 1968).
Die Untersuchungsergebnisse über das Artenspektrum, die Abundanz, Schadwirkung und Bekämpfung von Weichhautmilben (*Tarsonemini*), Blasenfüßen (*Thysanoptera*), Wanzen (*Heteroptera*), Fliegen (*Brachycera*) und anderen wichtigen Schädlingsgruppen an nahezu allen bedeutsamen zur Samengewinnung angebauten Futtergräsern sind im Abschlußbericht niedergelegt. Es gelang, die tierparasitär bedingten, ertragsmindernden Einflüsse im Samenbau zu ermitteln und Vorschläge zur Einschränkung der Ausfälle zu unterbreiten. In allen mehrjähr. Grassamenkulturen empfiehlt sich eine Bekämpfung der Taubährigkeitserreger (*Thysanoptera, Heteroptera*) und bei bestimmten Grasspezies (*Festuca ovina, F. rubra*) außerdem die Bekämpfung der Weißährigkeitserreger (*Tarsonemini*). Im Rahmen der Versuche an *F. ovina* waren Mehrerträge von 23···56% erzielbar. Gleichzeitig ließ sich eine Erhöhung der Keimfähigkeit des Saatgutes um 50···120% herbeiführen. 2050.

2-68/09-1005 Lavallée, E. Observations sur la résistance à la gale Cladosporium cucumerinum Ell. et Art. de quelques variétés de concombre de table. **(Beobachtungen zur Resistenz einiger Gurkensorten gegen den Erreger der Gurkenkrätze Cladosporium cucumerinum Ell. et Art.)** Phytoprotection, Québec **48** (1967) Nr. 1. S. 1-3. — 2 Tab., 2 Lit. Zus. in Engl.
Die Gurkenkrätze führt zu erheblichen wirtschaftlichen Verlusten und gehört zu den wichtigsten Problemen im Gurkenanbau. Durch Spritzungen mit Fungiziden, wie z.B. Maneb und Captan, läßt sich zwar eine Eindämmung des Befalls erzielen, jedoch ein schwacher Befall der Früchte, die dadurch sehr stark in ihrem Wert gemindert werden, nicht verhindern. Deshalb empfiehlt Vf. eine starke Beachtung der Resistenz. Von 7 geprüften Sorten erwiesen sich die Sorten 'Windermoor' und 'Fletcher' mit einem Befallsdurchschnitt von etwa 4% als signifikant widerstandsfähiger als die Sorten 'Saticoy' und 'Palomar' mit einem Befall von etwa 18%. Die Sorten 'Ashley', 'Marketeer' und 'Polaris' nahmen eine Zwischenstellung ein. Die Versuche wurden im Lateinischen Quadrat mit 4···5facher Wiederholung und jeweils 10···20 Pflanzen je Parzelle durchgeführt. Die Infektion erfolgte über das Saatgut. K. Frauenstein. 2070.

2-68/09-1006 Lužný, J. Provokační pokusy s odrůdami cibule kuchyňské na plíseň cibulovou [Peronospora destructor Berk.] **(Testversuche mit Zwiebelsorten in bezug auf den Falschen Mehltau [Peronospora destructor Berk.].)** Sborník Vysoké Školy zemědělské v Brně, Řada A **14** (1966) Nr. 3. S. 321-329. — 3 Abb., 5 Tab., 10 Lit. Zus. in Russ., Engl., Dtsch.
In der Gemüseforsch.-Anst. Olomouc prüfte man ein großes Zwiebelsortiment auf Resistenz gegen Falschen Mehltau. Samenträger bewährten sich bes. zum Nachweis des Befalls. Der 1. Teil der Testversuche verlief unter normalen Anbaubedingungen. Für den 2. Teil hatte man bes. geeignete Infektionsbedingungen geschaffen (geschützte Lage, entspr. Mikroklima u.a.) Vf. ermittelte Infektionsunterschiede innerhalb der einzelnen Sorten und zwischen den Einzelpflanzen. Er bewertete nach 4 Gruppen (gesund, < 50, > 50 und 100% Befall). ČSSR/ÚVTI. 2070.

2-68/09-1007 Williams, Paul H. und Seidel, Dieter. **Zum Vorkommen von Plasmodiophora brassicae-Rassen in der Deutschen Demokratischen Republik.** Arch. Pflanzenschutz 4 (1968) Nr. 1. S. 31-36. — nach Zus.
Zur Bestimmung von *Plasmodiophora-brassicae*-Rassen in der DDR diente ein Testsortiment aus 4 Differentialwirten (*Brassica oleracea* var. *capitata* (Sorten Jersey Queen und Badger Shipper; *B. napus* var. *napobrassica* ('Laurentian' und 'Wilhelmsburger'). 17 Herkünfte ließen sich in 6 Rassen (1, 3, 4, 6, 7 und 9) einteilen. Früher in der DDR beschriebene Rassen wurden in dieses neue System eingeordnet. Zur Standardisierung der Rassenprüfung von *P. brassicae* empfehlen Vff. dieses von Williams (1966) entwickelte Testsortiment. 2070.

2-68/09-1008 Molnár, J. Múčnata jabloňová. **(Der Echte Apfelmehltau.)** Studijní Inform., Ochrana Rostlin **1967** Nr. 8. 78 S. — 2 Abb., 143 Lit. Zus. in Russ., Engl., Dtsch.
Vorliegender Fortschrittsbericht bietet eine Übersicht über Ursprung, Ursachen der Verbreitung, Schädlichkeit, Biologie und Ökologie des Apfelmehltaues, über die Resistenz des Apfelbaumes und den Schutz gegen diesen Erreger. ČSSR/ÚVTI. 2080.

2-68/09-1009 Vidnov, Bojan. Izsledvanija vŭrchu čuvstvitelnostta na krušovi sortove na strupjasvane (Venturia pirina Aderh. syn. F. pirinum Lib. [Fuckel]), rŭžda (Gymnosporangium sabinae [Dicks.] Winter) i kafjavi petna (Fabrea maculata [Léveillé] Atkinson). Prinos II. **(Untersuchung über die Anfälligkeit der Birnensorten gegenüber Birnenschorf [Venturia pirina Aderh. syn. Fusicladium pirinum (Lib.)Fuck.], Birnengitterrost [Gymnosporangium sabinae (Dicks.) Wint.] und Blattbräune [Fabrea maculata (Léveillé) Atkinson]. 2. Mitt.)** Gradinarska i lozarska nauka, Sofija 4 (1967) Nr. 4. S. 29–39.
Im Gebiet von Kjustendil ermittelte Vf. die Anfälligkeit von Birnensorten gegenüber den o.a. Erregern (I, II und III). 'Jenisejka', 'Winterdechantsbirne' und 'Katzenkopf' waren gegen I immun. Mehrere Butterbirnen, 'Klapps Liebling' und 'Hardenponts Winterbutterbirne' waren auch im Gebiet von Sofia resistent gegen I. Unter den geprüften Sorten gab es keine gegen Gitterrost immunen und keine stark anfälligen Sorten. Die schwache Entwicklung des Gitterrostes (II) ist darauf zurückzuführen, daß der Zwischenwirt (*Juniperus* sp.) nur in größerer Entfernung vorhanden ist. 1961 trat II stärker auf infolge günstiger meteorol. Verhältnisse. Der Erreger III ist um Kjustendil wenig verbreitet. Nur einige Lokalsorten sind stark anfällig gegenüber III. Vf. stellte die Entwicklung von Gruppenresistenz fest. NRB/CSNTI. 2080.

2-68/09-1010 Walter, T. E. Russeting and cracking in apples: a review of world literature. **(Braunwerden und Rissigkeit bei Äpfeln: Eine Übersicht der Weltliteratur.)** Annu. Rep., East Malling Res. Stat., Near Maidstone, Kent 54 (1966, hrsg. 1967) S. 83-95. — 75 Lit. 2080.

2-68/09-1011 Bondoux, P. Les maladies cryptogamiques des poires et des pommes au cours de l'entreposage. I. Généralités. **(Die Pilzkrankheiten von Birnen und Äpfeln während der Einlagerung. 1. Mitt. Allgemeines.)** Ann. Épiphyties **18** (1967) Nr. 4. S. 509-550. — 4 Abb., 6 Tab., 34 Lit. Zus. in Engl. 2080.

2-68/09-1012 Zacharov, I. Fitoncidnaja aktivnost' raznych sortov, gibridov i vidov vinograda kak faktor immuniteta k mil'doju. **(Antibiotische Aktivität verschiedener Rebsorten, -hybriden und -arten als Immunitätsfaktor gegen Mehltau.)** Sbornik studenčeskich naučnych rabot **1966** Nr. 14. S. 163–166. SSSR/VINTISCh. 2090.

2-68/09-1013 Ezruch, Ė. N. Vzaimootnošenija vozbuditelej verticilleznogo uvjadanija s aktinomicetami. **(Wechselbeziehungen zwischen Erregern der Vertizilliose und Aktinomyzeten.)** Mikologija i fitopatologija **1** (1967) Nr. 2. S. 164–169.
Vf. untersuchte 48 Bodenproben aus 10 Baumwollanbaugebieten Mittelasiens. Die Anzahl der Aktinomyzeten in der Rhizosphäre von gesundem und mit dem Erreger der *Verticillium*-Welke der Baumwolle infiziertem Boden schwankte stark. Für die Untersuchungen der Wechselbeziehungen des Welkeerregers zu den Aktinomyzeten dienten die Stämme *Verticillium albo-atrum* und *V. dahliae* (aus dem Zentralbüro für Pilzkulturen in Gaage/Holland) und 2 Stämme von *V. dahliae*, die man aus der Baumwollsorte '108-F' (Samarkander-Gebiet) isolierte. Von 2229 isolierten Aktinomyzeten-Stämmen hat man etwa 40 bestimmt, die 9 Arten angehörten. Die antibiotische Aktivität der Aktinomyzeten wurde nach der Methode der Agar-Agar-Blöcke auf Czapek-Dox-Agar untersucht. Man stellte antagonistische und spezifische symbiotische Verhältnisse unter den Bedingungen der Entwicklung beider Organismen in einer Kolonie fest. In der Zone fehlenden Wachstums des Pilzes beobachtete Vf. fungistatische und gleichzeitig fungizide Wirkungen der Aktinomyzeten auf die Pilze. Am stärksten antagonistisch waren 9 Aktinomyzeten-Arten.
SSSR/VINTISCh. 2200.

2-68/09-1014 Greene, George L. und Morales, Carlos; Turrialba, Costa Rica, Inter-Amer. Inst. of Agric. Sci., Training and Res. Center. Tannins as the cause of latency in anthracnose infections of tropical fruits. **(Tannine als Latenzursache bei Anthraknose-Infektionen tropischer Früchte.)** Turrialba, Costa Rica **17** (1967) Nr. 4. S. 447–449. — 3 Abb., 11 Lit.
An zahlreichen, noch in unreifem Zustand befindlichen tropischen Früchten (z.B. Banane und Mangofrucht) kann man im Anschluß an eine Anthraknose-Infektion eine eigentümliche Latenzphase beobachten. Um die Hypothese, diese Latenz gehe auf eine von den Milchsafttanninen hervorgerufene Blockierung der Exoenzyme des Parasiten zurück, nachzuprüfen, untersuchten Vff. die Einwirkung von Tanninen auf die β-Amylase-Aktivität von *Gloeosporium musarum*. Aus der Tatsache, daß die in der Nährlösung enthaltene C-Quelle ohne großen Einfluß auf die β-Amylase-Aktivität war, schließen Vff. auf den konstitutiven

Charakter dieses Enzyms. 1 ml der wäßrigen Faktoren des Bananenmilchsaftes in seiner β-Amylase-Hemmaktivität entspricht der Wirkung von 1600···1800 mg Gerbsäure. Diese hohe Hemmwirkung des Bananenmilchsaftes auf die β-Amylase von *G. musarum* sehen Vff. als eine Erklärung für das Latenzphänomen an. K. Naumann. 2200.

D. Maßnahmen des Pflanzenschutzes

2-68/09-1015 Hey, Alfred; Kleinmachnow, Biol. Zentralanst. der Dtsch. Akad. der Landwirtsch.-Wiss. zu Berlin. **Probleme des chemischen Pflanzenschutzes bei der industriemäßigen Produktion in der Feldwirtschaft.** Sitz.-Ber. dtsch. Akad. Landwirtsch.-Wiss. Berlin **16** (1967) Nr. 5. — 7 Abb., 3 Tab., 37 Lit. Zus. in Russ., Engl. — nach Zus.

Die Verluste am Ernteertrag der Kulturpflanzen durch Schaderreger sind auch in Ländern mit einem erheblichen Einsatz an Pflanzenschutzmitteln noch verhältnismäßig hoch. Trotzdem sind die Erträge in der DDR durch die sozialistische Umgestaltung und Maßnahmen der Intensivierung seit dem Ende des 2. Weltkrieges ständig angestiegen. Zur Sicherung der Wirksamkeit aller stoffbildenden Faktoren und der Maßnahmen zur Steigerung der Bodenfruchtbarkeit bedarf es auch einer erheblichen Intensivierung des Pflanzenschutzes, die vor allem in einer höheren Qualität der Maßnahmen in der Pflanzenhygiene, biol. und chem. Bekämpfung zur Wirkung kommen muß. Dabei müssen die inzwischen bekannt gewordenen unerwünschten Nebenwirkungen verschiedener chem. Wirkstoffe systematisch abgebaut werden. In der DDR wird sich die chem. zu behandelnde LN in den nächsten Jahren annähernd verdoppeln. Dabei werden bes. Fungizide und Herbizide im Einsatz zunehmen. Aus Rationalisierungsgründen werden große zwischengenossenschaftliche Einrichtungen die technische Ausbringung der Pflanzenschutzmittel mit Großmaschinen und Flugzeugen betreiben. Durch die Konzentration der Technik und qualifizierte Leitung ihres Einsatzes werden auch die biol. Termine für Bekämpfungsmaßnahmen besser einzuhalten sein. Die zunehmende Spezialisierung der Feldwirtschaft, viele Maßnahmen der Intensivierung und Mechanisierung und der Übergang zur industriemäßigen Produktion in der Feldwirtschaft geben dem Pflanzenschutz aber auch viele neue Aufgaben zur Lösung auf, die die Forsch.-Inst. sehr aufmerksam bearbeiten sollten. 2400.

2-68/09-1016 Diercks, R. und Obst, A.; München, Bayerr. Landesanst. für Bodenkultur, Pflanzenbau und Pflanzenschutz. **Zur Problematik der Schadensschwellen im praktischen Pflanzenschutz.** Gesunde Pflanzen **20** (1968) Nr. 1. S. 8–15. — 2 Tab., 37 Lit.

Ungezielte, kalendermäßig ausgerichtete Spritzungen erhöhen die Gefahr der Resistenzbildung und der biozönotischen Störung. Die chem. Bekämpfung muß von der Kenntnis der kritischen Populationsgrenzen und wirtschaftlichen Schadensschwellen abhängig gemacht werden. Aus der Literatur bekannte Schwellenwerte sind in 2 Tab. zusammengestellt. Bei der praktischen Anwendung entstehen folgende Probleme: Jedes Ökosystem ist streng standortbezogen; die Schadensschwellen sind unterschiedlich. Das Risiko bei Unterlassung der Bekämpfung ist schwer abzuwägen. Populationsuntersuchungen sind nur vom Fachmann durchzuführen. Es müssen auch minderwirksame Präparate zur Verfügung stehen, die eine zu duldende Restpopulation sichern. — Die bisherigen Ergebnisse auf diesem Gebiet sind erfolgversprechend. J. Hollnagel. 2400.

2-68/09-1017 Eichler, Wd. Modern trends in insect control with regard to avoiding insecticides. (**Moderne Richtungen der Insektenbekämpfung [ohne Anwendung von Insektiziden].**) Beitr. trop. subtrop. Landwirtsch. Tropenveterinärmed. **5** (1967) Nr. 2. S. 107 bis 111. — 10 Lit. Zus. in Franz., Span., Dtsch. — nach Zus.

Durch die Erfolge mit den modernen synthetischen Insektiziden hat man andere als chem. Methoden in den letzten Jahrzehnten vernachlässigt. Durch die in den letzten Jahren gewonnenen Erkenntnisse von manchen negativen Eigenschaften der chem. Schädlingsbekämpfungsmittel und unerwünschten Begleiterscheinungen bei ihrer Anwendung sind wir gezwungen, uns wieder der nichtchem. Möglichkeiten zur Insektenbekämpfung zu erinnern. In diesem Zusammenhang wird auf bakteriol. und verschiedene biol. Methoden hingewiesen (Raubfische fressen Mückenlarven, Ventilator vertreibt Fliegen im Stall). Ferner werden die Tendenzen insektizidsparender Mittelausbringungen und mit Entwicklung selektiver Stoffe in der modernen Insektizidforschung besprochen. Es folgen Beispiele über die Entwicklung neuester (z. T. mindertoxischer) Mittel, die die Verfahrensweisen grundlegend verändern. Schließlich weist Vf. noch auf einige Möglichkeiten der

Insektenbekämpfung mittels Zacher-Effekt, Kohlendioxid, Männchensterilisierung, Chemosterilants, Abschreck- und Anlockmittel hin. 2400.

2-68/09-1018 Kovács, Georg. Den biologiske metodes anvendelse til påvisning af fungicider på saedekorn. Nyere erfaringer. **(Die Anwendung der biologischen Methode zum Nachweis von Fungiziden auf Saatgetreide. Neuere Erfahrungen.)** Tidsskr. Planteavl 71 (1967) Nr. 3. S. 392–395. — 1 Abb., 4 Lit.
Vf. gibt die Anwendungsgebiete der Methode an. Die neueren flachen Plast-Petrischalen lassen sich besser ausnutzen (16 statt 10 Samen), die Samen brauchen nicht in Kreisen gelegt zu werden. Die Agarkonz. beträgt am zweckmäßigsten 1,5%. Das Kleinerwerden der Hemmungszone (Jørgensen) nach 2 d kann auf Verunreinigungen oder Mutanten beruhen. Man sollte die Stammkultur erneuern und bereits nach 1 d ablesen. Die Genauigkeit der Methode liegt bei 1 mm, wenn man den Zonendiameter nicht mit einem Mikrofilmableseapparat (Pasteur-Inst. Paris) auf 0,5 mm genau messen kann. Jørgensen fand, daß die Unterschiede zwischen den Zonendurchmessern von 9 Hg-Mitteln nicht auf die Hg-Menge zurückzuführen waren. Vf. erklärt die Unterschiede mit der von einander abweichenden Molekülgröße verschiedener Hg-Verbindungen. Er beschreibt abgewandelte Methoden, um ältere Proben, die schon Hg-Verluste durch Verdampfen erlitten, zu untersuchen. Die Methode ist an etwa 10000 Körnern erprobt und zum Nachweis von gebeizten Partien in Brot- und Futtergetreide zuverlässig. W. Warwel. 2420.

2-68/09-1019 Petrlík, J. und Štys, Z. Dvě nové metody pro laboratorní testování fungicidů proti peronospoře chmelové (Peronoplasmopara humuli Miy. et Tak.). **(Zwei neue Labor-Testmethoden für Fungizide gegen den Falschen Mehltau des Hopfens [Peronoplasmopara humuli Miy. et Tak.].)** Sborník ÚVTI, Praha, Ochrana Rostlin 3 (1967) Nr. 4. S. 273 bis 280. — 5 Abb., 5 Tab., 12 Lit. Zus. in Russ., Engl.
Bisher prüfte man die Eignung von Fungiziden gegen den Falschen Mehltau des Hopfens vorwiegend in Feldversuchen. Die Tropfen-Deckglasmethode nach Průšová haben Vff. abgewandelt und Schnitte von Hopfenfechsern benutzt. Labor-Pilzkulturen ermöglichten Serienteste mit den zu prüfenden Fungiziden, unabhängig vom Auftreten der Krankheit in den Hopfenanlagen. Abschließend teilen Vff. Ergebnisse der Fungizidteste mit. ČSSR/ÚVTI. 2420.

2-68/09-1020 Kacsó, A. und B. Balázs, K. A talajfertözés gépesitett vizsgálatának elemzése. **(Analyse der mechanisierten Untersuchung der Bodenverseuchung.)** Növényvédelem [Pflanzenschutz] **3** (1967) Nr. 3. S. 113–122. — Aus: Ung. Agrar-Rdsch. **1968** Nr. 1.
Für die Untersuchung der Böden von Stoppelfeldern oder verunkrauteten Schlägen auf Bodenschädlinge im Herbst oder im Frühjahr ist die Quadratmethode mit Probegruben geeignet. Vff. ermittelten den Kostenaufwand bei der herkömmlichen Quadrat-(Probegruben)-Methode und dem durch Z. Toth und J. Berko entwickelten Apparat für die Entnahme von Bodenproben. Mit dem Apparat erzielte man eine 2,26 mal höhere Leistung (bei wesentlich niedrigeren Selbstkosten) als bei der Aushebung von Gruben durch 2 Arbeiter, eine 1,82mal höhere als bei Gruben, die 3 Arbeiter ausheben. 2420.

2-68/09-1021 Říha, P. Kvantitativní metody výzkumu hmyzích biocenóz. **(Quantitative Methoden zur Erforschung der Insektenbiozönosen.)** Studijní Inform., Základní a Pomocné Vědy v Zemědělství **1967** Nr. 5. 48 S. — 27 Abb., 24 Lit. Zus. in Russ., Engl., Dtsch.
Der 1. Teil des Fortschrittsberichtes befaßt sich mit der Methode der quantitativen Sammlung fliegender und auf Pflanzen seßhafter Insektenarten. Der 2. Teil behandelt Methoden zur Erforschung der Bodenfauna, während der 3. sich den Insektenarten der stehenden und fließenden Gewässer widmet. Die einzelnen Kapitel enthalten Methoden, die das Auffinden der Insekten aus Proben erleichtern. Die aus dem ausländ. Schrifttum zusammengestellten neueren Methoden haben Bedeutung für Untersuchungen über Insektenbiozönosen und Populationsdynamik land- und forstwirtsch. Schädlinge. ČSSR/ÚVTI. 2420.

2-68/09-1022 Wiegand, Hermann. **Die Prüfung von Pflanzenschutzmitteln im Bioassay.** Arch. Pflanzenschutz 4 (1968) Nr. 1. S. 53–74. — nach Zus.
Der Bioassay für Insektizide führt zu einem Blockschema der Ergebnisse, wenn sie nach Dosis, Zeit und Mortalitätsanteilen geordnet werden. Dieser Übersicht entsprechen am besten doppeltlogarithmische Dosis-Zeit-Wirkungsgeraden, die den Regressionen zweiter Art angenähert sind und die man für alle Mortalitätsstufen aufstellen kann. Die vorbereitenden Ausgleichsrechnungen nach Zeit- und Dosiseffekt sind mit Hilfe der Winkeltransformation

zu vereinfachen und auch zu präzisieren, wenn man die Auswertung rechnerisch erst nach Ablauf der Inkubationszeit beginnen läßt, den gleitenden Übergang von Normalverteilung zweiter zu erster Art berücksichtigt und den Fehler durch die natürliche Sterblichkeit nach einer Differenzformel ausschaltet. Die rel. Wirksamkeit von Testpräparat zu Standard ist für 75% Effekt mit günstigeren Vertrauensgrenzen als für 50% Effekt zu berechnen. 50% — Güte — Indizes sind keine proportionalen Maßstäbe für den vollen Erfolg. Das Modell der Regressionssebene, das Finney verwendet, ist durch eine windschiefe Regressionsfläche zu ersetzen. In einem Vergleichsversuch über 6 Präparate wurden schlechtere Wirkungsgesetze nachgewiesen, wenn das Endotoxin aus nicht ausgereiften Kulturen stammte. Das traf für Handelspräparate zu. 2420.

2-68/09-1023 Briggs, C. J. und Challen, S. B.; Winnipeg, Canada, Univ. of Manitoba, School of Pharmac. Thin-layer chromatographic determination of polybutene residues in plants. **(Dünnschichtchromatographische Bestimmung von Polybuten-Rückständen in Pflanzen.)** J. Sci. Food Agric. **18** (1967) Nr. 12. S. 602–605. — 1 Abb., 2 Tab., 12 Lit.
Polybutene (I) sind Butylenpolymere, die zu 85…98% aus Monoolefinen hohen Mol.-Gew. bestehen. Reste von I verbleiben nach Behandlung durch Besprühen auf der Blattoberfläche. Nach dem beschriebenen Extraktions- und Analysenverfahren werden I mit n-Hexan aus dem Pflanzenmaterial extrahiert und durch quantitative Dünnschichtchromatographie bestimmt. Durch Kopplung eines photoelektrischen Densitometers mit einem integrierenden logarithmischen Registriergerät versuchten Vff., nach Lokalisierung der I-Flecke auf dem Chromatogramm quantitative Werte zu erhalten. Es ließ sich eine lineare Beziehung zwischen dem Logarithmus der I-Menge und der Quadratwurzel der Densitometerwerte im Bereich von 5…50 μg ermitteln. In diesem Bereich beträgt der experimentelle Fehler 4%. Die Methode hat vor der gravimetrischen Bestimmungstechnik eine Reihe von Vorteilen.
I. Schröder. 2420.

2-68/09-1024 Costa, C. L. und Lewis, T.; Harpenden, Herts., Rothamsted Exper. Stat. The relationship between the size of yellow water traps and catches of aphids. **(Die Beziehung zwischen der Größe von gelben Wasserfallen und Blattlaus-Fängen.)** Entomol. exper. appl., Amsterdam **10** (1967) Nr. 3/4. S. 485–487. — 1 Abb., 2 Tab., 1 Lit.
Durch Aufstellen von rechteckigen 29×21,5 cm großen Gelbschalen einzeln, im Verband 2×2 und 3×3 erzielte man Fangflächen von 625, 2500 und 5700 cm². Die Anzahl der gefangenen Aphiden je 100 cm² war bei der kleinsten Fangfläche doppelt so hoch wie bei der größten. Auch die Artenzusammensetzung war verschieden. Die kleinste Fangfläche lieferte 13mal so viel, die größte aber nur 7mal so viel *Aphis fabae* Scop. wie *Myzus persicae* Sulz. Um vergleichbare Werte zu erhalten, müssen die Gelbschalen standardisiert werden.
F. P. Müller. 2420.

2-68/09-1025 Schade, Christiane; Halle/S., Martin-Luther-Univ. Halle-Wittenberg, Inst. für Phytopathol. **Der Nachweis von Viren in Pflaumenbäumen zu verschiedenen Jahreszeiten.** Dtsch. Akad. Landwirtsch.-Wiss. Berlin, Tag.-Ber. **1968** Nr. 97. — 6 Lit. Zus. in Russ., Engl. — nach Zus.
Serol. Konz.-Messungen des Nekrotischen Ringfleckenvirus (NRV) wurden in Blattsäften von *Prunus domestica* L. ('Hauszwetsche') im Agargel-Diffusionstest durchgeführt, um den günstigsten Zeitpunkt für den Virusnachweis zu ermitteln. Die Prüfungen erfolgten monatlich, ab Aug. bis Febr. an Winterknospen, deren Ruheperiode durch Behandlung mit 1,2-Dichloräthan aufgehoben wurde, im März/Apr. mit natürlich vorgetriebenen Reisern. Die geringste durchschnittl. Viruskonz. ergab sich im Sept., die höchste im Apr. Die Virustiter lagen im Durchschnitt zwischen 1:4 und 1:6. Infolge der ziemlich konstanten Konz. des NRV im Saft der Winterknospen ist der serol. Routinetest bei Pflaumenbäumen auch in den Wintermonaten durchführbar. Gleichzeitig hat man Pflaumenbäume aus der Umgebung von Jena, die deutliche Blatt- und Fruchtsymptome des Scharka-Virus zeigten, im Pflanzentest mit *Chenopodium foetidum* Schrad. geprüft. Die meisten Läsionen bildeten sich im Mai und außerdem im Aug., nach Abreibung der Blattsäfte von begasten treibenden Winterknospen. Von der Zeit des Laubfalles an bis Anfang Apr. war das Virus nicht oder in sehr geringer Konz. in den jungen Blättern nachweisbar. Die Virusherkünfte wurden von Pflaume auch auf *Nicotiana clevelandii* Gray übertragen und serol. identifiziert. Das gegen ein bulgarisches Isolat des Scharka-Virus hergestellte Serum reagierte mit zentrifugierten Blattsäften von *N. clevelandii* und mit partiell gereinigten Präparaten der dtsch. Herkünfte des Virus. Das bulg. und die dtsch. Isolate des Scharka-Virus sind serol. sehr ähnlich, vielleicht identisch. Sym-

ptomatologisch unterscheiden sich bulg., dtsch. und jugoslaw. Isolate des Scharka-Virus sehr deutlich, bes. auf *N. clevelandii*. Es erscheint Vf. notwendig, vermeintliche Scharka-Virus-Isolate serol. zu identifizieren. 2420.

2-68/09-1026 Tubertini, Raffaele. Controllo sanitario dei tuberi-seme di patata. **(Gesundheitskontrolle an Pflanzkartoffelknollen.)** Sementi Elette, Milano **14** (1968) Nr. 1. S. 44-47. — 1 Abb., 2 Tab. Zus. in Engl., Dtsch. 2420.

2-68/09-1027 Hausz, M. A málna gyürüsvirus kimutatására alkalmas antiszérum elöállitása. **(Die Herstellung eines Antiserums, das sich für den Nachweis der Ringfleckenkrankheit der Himbeere eignet.)** Növényvédelem [Pflanzenschutz] **2** (1966) Nr. 5. S. 217-224. — Aus: Ung. Agrar-Rdsch. **1968** Nr. 1. 2420.

2-68/09-1028 Radioisotopes in the detection of pesticide residues. Proceedings of a panel on the uses of radioisotopes in the detection of pesticide residues, held in Vienna 12—15 April, 1965. **(Radioisotope zur Bestimmung von Schädlingsbekämpfungsmittel-Rückständen. Vorträge eines Ausschusses für die Anwendung von Radioisotopen bei der Bestimmung von Schädlingsbekämpfungsmittel-Rückständen, gehalten in Wien vom 12.—15. April 1965.)** Vienna: Internat. Atomic Energy Agency; München: Oldenbourg in Komm. 1966. (118 S. m. Abb.) 8° = Panel Proc. Ser. (1968 A 303) 2420.

2-68/09-1029 Beemster, A. B. R.; Wageningen, Inst. of Phytopathol. Res. Effects of removal of leaves and tops on translocation of potato virus X and potato virus Y^N in potato plants. **(Die Wirkungen der Entfernung der Blätter und Pflanzenspitzen auf die Ausbreitung des Kartoffel-X-Virus und des Kartoffel-Y-Virus in Kartoffelpflanzen.)** Netherl. J. Plant Pathol. **73** (1967) Nr. 5/6. S. 139-146.

Die Entfernung von Blättern und Pflanzenspitzen unmittelbar nach der Inokulation führt nicht zu einer Minderung der Knolleninfektion, sondern diese ist gegenüber den von Pflanzen mit nichtentfernten Blättern und Pflanzenspitzen z. T. erheblich stärker, sowohl beim X- als auch beim Y-Virus. Vf. führt dies darauf zurück, daß die Pflanze bestrebt ist, den ihr genommenen Teil des Assimilationsapparates wieder zu ersetzen. Durch die Bildung neuer Sprosse und durch den verstärkten Einsatz des Stengels als Assimilationsorgan erfolgt an diesen Stellen eine bes. starke Vermehrung des Virus, das dann in verstärktem Umfang in die Knollen abgeleitet wird. Danach können, gleich starke Infektionen zur gleichen Zeit vorausgesetzt, die Knollen von Pflanzen mit nicht vollständig vernichtetem Kraut zu einem höheren Prozentsatz infiziert sein als die, bei denen das Kraut nicht vernichtet wurde. Vf. weist deshalb auf die bes. Bedeutung der vollständigen Krautvernichtung in der Praxis der Pflanzkartoffelerzeugung hin. K. Neitzel/Groß-Lüsewitz. 2450.

2-68/09-1030 Ramaraje Urs, N. V., Govindu, H. C. und Shivashankara Shastry, K. S.; Bangalore, India, Agric. Res. Inst., Dep. of Plant Pathol. The effect of certain insecticides on the entomogenous fungi Beauveria bassiana and Metarrhizium anisopliae. **(Die Wirkung bestimmter Insektizide auf die insektenparasitären Pilze Beauveria bassiana und Metarrhizium anisopliae.)** J. invertebrate Pathol. **9** (1967) Nr. 3. S. 398-403. — 2 Abb., 13 Lit.

Die beiden insektenparasitären Pilze *Beauveria bassiana* und *Metarrhizium anisopliae* spielen bei der biol. Bekämpfung schädlicher Insekten eine wichtige Rolle. In Laborversuchen prüften Vff. die Wirkung von Insektiziden bei Normaldosierung und Überdosierung auf Kulturen der genannten insektenparasitären Pilze. Die Behandlungen mit den Insektiziden wurden auf flüssigen und festen Pilzkulturen vorgenommen. Dabei verhinderte ein BHC 50% WP in beiden Medien die Entwicklung beider Pilze bei allen Konz. Dimecron erwies sich in allen Fällen als harmlos. DDT 50% WP war nur bei stärkster Konz. (0,1%) schädlich. Bei Endrin 20%, Folidol E 605 46,7% und Malathion waren die Wachstumshemmungen der beiden Pilze bei den einzelnen Konz. in beiden Medien recht unterschiedlich. Diese Tatsache ist bei der Anwendung von Insektiziden bei Aktionen im Rahmen der integrierten Schädlingsbekämpfung im Freiland zu beachten. H. A. Schmidt. 2470.

2-68/09-1031 Říha, P. Bionomie, ekologie a využití slunéček v boji se škůdci. **(Bionomie, Ökologie und Einsatz der Marienkäfer im Kampf gegen Pflanzenschädlinge.)** Studijní Inform., Základní a Pomocné Vědy v Zemědělství **1967** Nr. 6. 39 S. — 121 Lit. Zus. in Engl., Dtsch. ČSSR/ÚVTI. 2470.

2-68/09-1032 Lecadet, Marguerite M. und Dedonder, Raymond. Enzymatic hydrolysis of the crystals of Bacillus thuringiensis by the proteases of Pieris brassicae. I. Preparation and fractionation of the lysates. **(Enzymatische Hydrolyse von Kristallen von Bacillus thuringiensis durch Proteasen von Pieris brassicae. 1. Mitt. Herstellung und Fraktionierung der Lysate.)** J. invertebrate Pathol. **9** (1967) Nr. 3. S. 310-321. — 3 Abb., 9 Tab., 22 Lit. 2470.

2-68/09-1033 Lecadet, Marguertie M. und Martouret, Daniel. Enzymatic hydrolysis of the crystals of Bacillus thuringiensis by the proteases of Pieris brassicae. II. Toxicity of the different fractions of the hydrolysate for larvae of Pieris brassicae. **(Enzymatische Hydrolyse von Kristallen von Bacillus thuringiensis durch Proteasen von Pieris brassicae. 2. Mitt. Toxizität verschiedener Fraktionen auf das Hydrolysat für Larven von Pieris brassicae.)** J. invertebrate Pathol. **9** (1967) Nr. 3. S. 322-330. — 4 Tab., 18 Lit. 1. Mitt. vgl. vorst. Titel. 2470.

2-68/09-1034 Nøhr Rasmussen, A. Afsvampning af bederoefrø. **(Beizung von Rübensaatgut.)** Tidsskr. Planteavl **71** (1967) Nr. 3. S. 345-354. — 12 Tab., 3 Lit. Zus. in Engl.
In den Jahren 1955—61 führten die staatlichen Versuchsstationen 40 Versuche mit Beizmitteln als Ertragsversuche durch. Verglichen wurden Quecksilber, Thiuram, ihre Kombinationen mit Lindan und Benquinox. Hg und Thiuram erhöhten die Zahl der Keimpflanzen um 52 bzw. 60%. Wurzelbrand trat bei beiden Mitteln nur noch bei 13 statt 20% der Pflanzen auf. Die Beizung verringerte die Zahl der Fehlstellen in den Saatreihen und bewirkte eine Erhöhung der Rübenanzahl auf 4000/ha (etwa 7%). Der Ertrag an Tr.-Masse stieg nicht erheblich, bei Anwendung von Hg um 3,5 dt/ha (2,7%), dei Thiuram um 1,8 dt (1,4%). Die Bodenart hatte keinen Einfluß auf die Ergebnisse. Steigender pH-Wert erhöhte die Zahl der Keimpflanzen. Der Ertrag veränderte sich nicht. Lindan wirkte insektizid. Captan hatte schwächere Wirkung als Hg: Keimverbesserung 34%, Tr.-Masse-Mehrertrag 2,7 dt/ha (2,2%). Benquinox verbesserte die Keimung wie Hg, brachte aber nur 1,0 dt/ha Mehrertrag an Tr.-Masse. W. Warwel. 2500.

2-68/09-1035 Olsson, Karin. Varmvattenbehandlingsförsök mot Gloeosporium på äpple än en gång. **(Nochmals Warmwasserbehandlungsversuch gegen Gloeosporium auf Äpfeln.)** Statens Växtskyddsanst., Växtskyddsnotiser **31** (1967) Nr. 1. S. 3-8.— 3 Abb., 1 Tab.
Versuche i. J. 1964 (vgl. Stateus Växtskyddsanst., Växtskyddsnotiser **29** [1965] Nr. 4.) waren gegen *Gloeosporium* erfolgreich, jedoch hatten die Behandlungen z. T. den Äpfeln schweren Schaden zugefügt. Weitere Versuche sollten die zu starke Erwärmung der Früchte durch nachfolgende Kühlung mit Kaltwasser oder Ventilator vermeiden. Vf. benutzte Früchte gleicher Herkunft wie beim ersten Versuch und infizierte z. T. durch Besprühen mit *Gloeosporium*. Die Sorte 'Ingrid Marie' war wegen ihrer sorteneigenen Rissigkeit unerwünscht heftig befallen und mußte schon vor der Behandlung zu 55% aus dem Versuch gezogen werden. Warmwasser behandlung, 5 oder 10 min. bei 45 oder 48 °C, war wenig wirksam. Behandlungsschäden an den Früchten traten in diesem Versuch auch bei Nichtkühlung kaum auf, so daß Vf. vermutet, die Schäden des 1. Versuchs hätten mit der Warmwasserbehandlung nichts zu tun. Eine Schutzwirkung der Kühlung ließ sich also nicht ermitteln. Bei 'Ingrid Marie' beeinträchtigte die Behandlung etwas das Aussehen der Früchte, bei 'Cox's Orange' nicht. W. Warwel. 2500.

2-68/09-1036 Matta, A. und Palenzona, M. Azione endoterapeutica del difolatan su due tracheomicosi del garofano. **(Endotherapeutische Wirkung von Difolatan gegen zwei Tracheomykosen der Nelke.)** Notiziario Malatti Piante [III. S.] **3/4** (1967) Nr. 76/77. S. 141 bis 145. — 1 Lit. Zus. in Engl.
Difolatan [N-(1,1,2,2-Tetrachloräthylthio)-4-zyklohexen-1,2-dikarboximid) wirkte als innertherapeutisches Fungizid gegen die echten Welkekrankheiten der Nelken, verursacht durch *Fusarium oxysporum* f. *dianthi* (Prill. et Del.) Snyder et Hansen und *Phialophora cinerescens* (Wr.) v. Beyma. Dieses Ergebnis erzielte man mit künstlich über Wurzel oder Stamm infizierten Pflanzen, die kurz nach oder einige Tage vor der Wurzelbehandlung inokuliert worden waren. Herta Schmidt. 2500.

2-68/09-1037 Kapitonenko, S. K obosnovaniju mer borby so steblevoj nematodoj kartofelja. **(Zur Begründung der Bekämpfungsmaßnahmen gegen das Stengelälchen an Kartoffeln.)** Nematodnye bolezni sel'skochozjajstvennych rastenij **1967** S. 131-137.

Abmähen des Kartoffelkrautes vor Beginn der Knollenbildung schränkte den Nematodenbefall nicht ein. In Versuchen 1965 zeigte die Sorte 'Voran' bei Abmähen und bei Nichtabmähen des Kartoffelkrautes keinen Befallsunterschied. Der Befall der Knollen betrug 20%. In der Kontrolle (Pflanzung und Ernte zu üblichen Terminen) lag der Ertrag bei 237,9 dt/ha. Bei Krautabmähen in der Periode der Knospenbildung und Ernte bei grünem Kraut erreichte der Ertrag 156,3, bei Ernte bei abgestorbenem Kraut 192,8 dt/ha. Das Einbringen von Karbathion sicherte nicht völlige Bodenentseuchung von Stengelälchen. Karbathion 1 t/ha erhöhte den Ertrag von 158 auf 200 dt/ha, 1,5 t auf 227 dt/ha. 100 und 200 kg/ha Nemagon vernichteten den Nematoden restlos. SSSR/VINTISCh. 2500.

2-68/09-1038 Mancini, G., Viglierchio, D. R. und Maggenti, A. R. Prove preliminari di reazione del "Ditylenchus dipsaci" al trattamento con alcune sostanze sterilizzanti di comune impiego in fitopatologia. **(Vorläufige Untersuchungen über das Verhalten von Ditylenchus dipsaci auf Behandlung mit verschiedenen herkömmlichen Sterilisationssubstanzen der Phytopathologie.)** Riv. Ortoflorofrutticolt. ital. **51 (92)** (1967) Nr. 6. S. 586–594.
Mit Nematoden befallene Brutzwiebeln des Knoblauchs wurden mit einigen Subst. verschiedener Konz. und Dauer behandelt. Der Erfolg wurde an der Anzahl ausgetriebener Zwiebeln und ihrem Wachstum beurteilt. Der Namatodenbefall wurde mit der Trichtertechnik nach Baermann ermittelt. Am wirksamsten war die Heißwasserbehandlung (47 bis 50 °C). Einige chem. Subst. sind auch erfolgversprechend. Allg. Empfehlungen sind noch nicht möglich. S. Kramer. 2500.

2-68/09-1039 Scognamiglio, A. und Viglierchio, D. R. Prove preliminari di lotta chimica eseguita su bulbilli di aglio in fase di presemina infestati da "Ditylenchus dipsaci". **(Vorläufige Untersuchungen über die chemische Bekämpfung von Ditylenchus dipsaci an befallenen Knoblauchzwiebeln vor dem Stecken.)** Riv. Ortoflorofrutticolt. ital. **51 (92)** (1967) Nr. 6. S. 595–608. — 2 Tab., 15 Lit. Zus. in Engl.
Systemisch wirkende org. Phosphorsäureverbindungen, Insektizide, Nematizide und Räuchermittel kamen als Handelspräparate mit unterschiedlicher Konz. und Behandlungsdauer zum Einsatz. Der Erfolg war sehr unterschiedlich. Er läßt noch keine Empfehlungen zu. Einige Subst. sind für weitere Versuche erfolgverprechend. S. Kramer. 2500.

2-68/09-1040 Vinduška, L. Účinek herbicidů na líhnutí larev háďátka řepného Heterodera schachtii (Schmidt). **(Wirkung von Herbiziden auf den Larvenschlupf des Rübennematoden [Heterodera schachtii Schmidt].)** Listy Cukrovarnické **83** (1967) Nr. 12. S. 265 bis 267. — 2 Abb., 5 Tab., 6 Lit. Zus. in Russ., Engl., Dtsch.
In Laborversuchen verzögerten die für Zuckerrüben gebräuchlichen selektiven Herbizide Pyramin, Murbetol und Burex den Larvenschlupf von *Heterodera schachtii*. Alipur wirkte stimulierend. Alle geprüften Präparate wirkten nematizid. Mit dem Alter der Lösungen oder Suspensionen verringerte sich ihre Wirkung. ČSSR/ÚVTI. 2500.

2-68/09-1041 Išmaev, A. M. und Tichonova, L. V. Vlijanie GChCG, fentiuram-molibdata i mineral'nych udobrenij na ovsjanuju nematodu. **(Der Einfluß von HCH, Phenthiuram-molybdat und Mineraldünger auf den Hafernematoden.)** Chimija v sel'skom chozjajstve, Moskva 5 (1967) Nr. 12. S. 28–30. —, 1 Abb. 1 Tab.
Ammoniaksalpeter und Superphosphat stimulieren das Schlüpfen der Nematodenlarven aus den Zysten im Boden. HCH tötete die geschlüpften Larven schnell ab. In Versuchen mit Wi.-Weizen sank bei Anwendung von 6 kg/ha HCH und 15 kg/ha Ammoniaksalpeter die Anzahl der Zysten im Vergleich zur unbehandelten Kontrolle um 39,2 bei 20 kg/ha Ammoniaksalpeter um 46,6%. Bei Verwendung von 7…8 kg/ha HCH war die Ertragssteigerung bei Weizen geringer. Superphosphat (250 kg/ha), vor der Aussaat des Weizen ausgebracht, und nachfolgende örtliche Anwendung von HCH (6 kg/ha), brachte schlechtere Ergebnisse als das gemeinsame Ausbringen von 25 kg/ha Superphosphat + HCH in Reihen nach dem Drillen. Die besten Ergebnisse erhielt man nach gemeinsamer Anwendung von 6 kg/ha HCH + 25 kg/ha Superphosphat + 45 kg/ha Phosphormehl. Die Bodeninfektion sank in dieser Variante im Vergleich zur Kontrolle um 57%. Die Ertragssteigerung bei Weizen betrug 4,51 dt/ha. Die Anwendung von Ammoniaksalpeter oder Superphosphat allein verminderte die Zystenzahl des Bodens um 9…10 bzw. 13,1%. Die größte Zystenverminderung im Boden ergab eine Anwendung von Phenthiuram (4 kg/ha) + Superphosphat (25 kg/ha.) Vff. vermuten, daß die in diesem Präparat enthaltene γ-Isomere des HCH die günstige Wirkung verursacht. Saatgutpuderung mit 12%igem HCH-Staub und nachfolgender Anwendung

von Superphosphat verminderte die Anzahl der Zysten im Boden um 20,5%. Fehlte Mineraldünger, so sank die Zahl der Zysten im Boden nur um 6,1%. R. Bech. 2500.

2-68/09-1042 Ol'chovskaja-Burkova, A. K., Suša, V. L. und Lopatin, L. V. Rezul'taty ispytanija polisul'fida ammonija v Corbe s burym plodovym i gruševym gallovym kleščami. **(Versuchsergebnisse mit Ammonium-Polysulfid zur Bekämpfung von Spinnmilben und Birnenblattpockenmilben.)** Sadovodstvo, Kiev **6** (1967) S. 97-106. — 10 Tab., 3 Lit.
Die biol. Wirkung von Ammonium-Polysulfid (I) gegen *Bryobia redicorzevi* Rech. und *Eryophyes pyri* Pagst. entspricht etwa der der Schwefelkalkbrühe, doch ist die ovizide Wirkung bei einer Abtötung von 5% nur gering. Gegen überwinternde Spinnmilben ist eine Spritzung von 1% DNOK oder eine Mischbrühe von 0,5% DNOK + 4% Karbolineum zu empfehlen. I (1,5%ig) wirkt nicht phytotoxisch und vernichtet bei Vor- und Nachblütespritzungen die Milben ausreichend. Bei mehr als 3 Generationen sind noch Sommerspritzungen erforderlich. P. Lux/Pillnitz. 2500.

2-68/09-1043 Gireau, R. und Riffiod, G. La pyrale du mais. **(Der Maiszünsler.)** Phytoma, Paris **19** (1967) Nr. 188. S. 22-28. — 12 Abb. Aus: Dok.-Dienst WTZ Pflanzenschutz- u. Schädlingsbekämpfungsmittel.
Bei der Bekämpfung erweisen sich als wirksam: DDT, Heptachlor, Toxaphen, Dieldrin und Parathion. Sie kommen als Staub, Emulsionen und Granulate zum Einsatz. Vorteile der Granulate allg. und für Mais im besonderen werden beschrieben. DDT- und Heptachlor-Granulat, je 5% a.S.; 30 kg/ha. Als Zeitpunkt der Bekämpfung werden genannt: I — einmalige Behandlung 10 d nach Schlupfbeginn der Schmetterlinge. II — einmalige Behandlung; III — zweimalige Behandlung 10 d nach Erscheinen der Schmetterlinge. II ist am wirksamsten, 10···12 dt/ha Mehrertrag. Boden- und Flugzeugbehandlung ohne Unterschied im Ertrag. Die Zweckmäßigkeit der Behandlung wird analysiert. Gradmesser ist die Larvenzahl/Pflanze. Da diese aber schwer vorauszubestimmen, sollte man eine vorbeugende Bekämpfung in den bekannten Befallsgebieten durchführen. Nach amer. Ergebnissen ist die Bekämpfung rentabel, wenn 50 Eier auf 100 Pflanzen vorhanden sind. 2500.

2-68/09-1044 Raun, Earle S., Lewis, L. C., Picken jun., J. C. und Hotchkiss, D. K. Gamma irradiation of European corn borer larvae. **(γ-Bestrahlung der Larven des Maiszünslers.)** J. econ. Entomol. **60** (1967) Nr. 6. S. 1724-1730. — 4 Abb., 7 Tab., 8 Lit.
Die Bestrahlung von *Ostrinia nubilalis* Hübner mit 2000···20000 rad einer ^{60}Co-Quelle verursachte bei wachsenden Larven im 3., 4. und 5. Stadium schwere Schäden, nicht jedoch bei Larven in Diapause. Bei ihnen waren nach Bestrahlung mit 5000 rad Verpuppung, Schlüpfen der Imagines und Kopulation fast unverändert. Anzahl und Schlüpffähigkeit der Eier, die Weibchen abgelegt hatten, die als Larven bestrahlt worden waren oder mit Männchen kopuliert hatten, die als Larven bestrahlt wurden, waren stark vermindert. Für eine Beeinflussung der Schlüpffähigkeit der Eier war bei den Individuen, die nach der Bestrahlung lange Zeit bis zur Verpuppung brauchten, eine höhere Strahlendosis erforderlich als bei den Tieren, die sich rasch verpuppt hatten. W. Lehmann. 2500.

2-68/09-1045 Shorey, H. H. und Hale, R. L. Evaluation of systemic insecticides incorporated in the soil for control of lepidopterous larvae on cole crops in Southern California. **(Die Bewertung von systemischen Insektiziden, in den Boden eingebracht zur Bekämpfung von Schmetterlingslarven an Kohl in Südkalifornien.)** J. econ. Entomol. **60** (1967) Nr. 6. S. 1567-1570. — 3 Tab., 5 Lit.
Vff. prüften 8 systemische Insektizide, die sie als Granulate in den Boden einbrachten oder auf die Blätter spritzten, in ihrer Wirkung auf die Larven von *Trichoplusia ni* Hübner, *Pieris rapae* L. und *Plutella maculipennis* Curtis an Kohl, Blumenkohl und Spargelkohl. NIA 10242 und Amer. Cyanamid 47031 waren nach beiden Anwendungsarten im Erfolg mit der Standard-Spritzung (DDT + Toxaphen) vergleichbar. Die Wirkungsdauer betrug nach Bodenbehandlung mehrere Wochen; NIA-10242 wirkte auf *T. ni* aber nur 1···2 Wochen, Amer. Cyanamid 47031 auf *P. rapae* nur unzureichend. W. Lehmann. 2500.

2-68/09-1046 Scherney, Ferdinand und Haisch, Albert. **Über Massenzucht und Sterilisation der Mittelmeerfruchtfliege Ceratitis capitata Wied (Ein Beitrag zur Autozitmethode.)** Bayer. landwirtsch. Jb. **44** (1967) Nr. 6. S. 748-756. — 8 Abb.
Zur Massenzucht von *Ceratitis capitata* Wied. verwendeten Vff. ein Gemisch aus 50% Zuckerrübensirup, 10% Zucker-Hydrolysat und 40% Wasser unter Zusatz verschiedener Vitamin- u.a. Nährstoffquellen. Die Eiablage war bis zum 15. Tag am größten. Danach

wurden nur wenige entwicklungsfähige Eier abgelegt. Die Larven ernährte man mit einem spez. Substrat. Bei optimalen Bedingungen dauert der gesamte Entwicklungsszyklus 18 bis 23 d. Zur maximalen Sterilisation der Männchen reicht i. allg. eine Strahlendosis zwischen 3,7 und 9,5 kR aus. Um eine Weiterverbreitung des Schädlings im Freiland zu verhindern, wählte man jedoch 12 kR. Markierungsversuche ergaben, daß die mittlere Flugweite 15 m/d beträgt. K. Geißler. 2500.

2-68/09-1047 Anonym. Bekæmpelse af løgfluen (Hylemyia antiqua Meig.) med diazinon. **(Bekämpfung der Zwiebelfliege [Hylemyia antiqua Meig.] mit Diazinon.)** Tidsskr. Planteavl **71** (1967) Nr. 3. S. 417–419. — 1 Abb., 4 Tab.
Aldrin darf man in Dänemark wegen der langen Wirkungszeit (Restmengen!) nicht mehr anwenden. Man erprobte Diazinon als 10%iges Granulat, mit der Saat oder den Steckzwiebeln in die Furche bzw. als 20% ige Emulsion, vorher gespritzt und eingeharkt. Nach 8 Wochen ließ die Wirkung bereits stark nach, nach 3 Mon. war sie nicht mehr spürbar, neue Angriffe der Fliege wurden zu 44% festgestellt. Es empfiehlt sich, bei Zwiebelsaat 10···20 kg/ha Diazinon-Granulat (10%ig) mit der gleichen Drillmaschine („Ureakasten") in die Furche zu bringen oder mit einer üblichen Drillmaschine vor der Zwiebelaussaat einzudrillen; bei Steckzwiebeln oder Schalotten 10···20 kg Diazinon-Granulat/ha in geringer Tiefe einzudrillen und danach die Zwiebeln in die Furche zu setzen. Bei zeitigen Zwiebeln genügt die untere Dosis. Größere Mengen sind nicht zugelassen (Gefahrenklasse II). Handschuhe beim Zwiebelstecken sind nötig. W. Warwel. 2500.

2-68/09-1048 Hofmaster, R. N., Waterfield, R. L. und Boyd, J. C. Insecticides applied to the soil for control of eight species of insects on Irish potatoes in Virginia. **(Bodeninsektizide für die Bekämpfung von acht Insektenarten an Kartoffeln in Virginia.)** J. econ. Entomol. **60** (1967) Nr. 5. S. 1311–1318. — 1 Abb., 6 Tab., 21 Lit.
Phorate, NIA 10242 (2,3-Dihydro-2,2-dimethyl-7-benzofuranyl-methylkarbamat), Disulfoton, Temik (10% Granulat-Formulierung von 2-Methyl-2-(methylthio)-propionaldehyd 0-[Methylkarbamoyl]oxim) und Dasanit (0,0-Diäthyl-0-[p-(methylsulfinyl)phenyl] phosphorthioat in Granulatform ergaben unter 25 geprüften Insektiziden die besten Bekämpfungserfolge gegen den Kartoffelkäfer (70···90 d), ferner gegen *Epitrix cucumeris* Harris, *E. hirtipennis* Melsheimer und gegen *Empoasca fabae* Harris. Vollständig unwirksam waren alle gegen *Trichoplusia ni* Hübner. *Ostrinia nubilalis* Hübner wurde nur durch Dasanit und NIA 10242 wirksam bekämpft. Letztere waren zusammen mit Phorate auch gegen *Phthorimea* opercullela (Zeller) wirksam. Keines der Bodeninsektizide ergab einen befriedigenden Bekämpfungserfolg bei *Agrotis ypsilon* Hufnagel. Sie waren weniger wirksam als Blattbehandlungen mit DDT, Azinophosmethyl oder Karbaryl.
K. Neitzel/Groß-Lüsewitz. 2500.

2-68/09-1049 Ispol'zovanie polichlorpinena v bor'be s listogryzuščimi vrediteljami (risovyj pilil'ščik, kapustnaja mol', beljnki) gorčicy. **(Die Verwendung von Polychlorpinen zur Bekämpfung blattnagender Schädlinge des Senfes [Reisblattwespe, Kohlschabe, Weißlinge].)** Pasport zakončennogo naučnogo issledovanija, rekomendovannogo dlja vnedrenija v proizvodstvo, SIF, VINTISCh **1966** Nr. 687.
Unter den Bedingungen Westsibiriens sollte man das Stäuben der Senfbestände mit DDT und HCH gegen die Kohlschabe, die Reisblattwespe u.a. Schädlinge durch eine Behandlung mit Polychlorpinen (2···2,5 kg/ha) ersetzen. Die Anwendung von Polychlorpinen gestattet es, die Dauer der toxischen Wirkung des Giftes auf die Insekten zu verlängern und den Senfertrag zu steigern. Auf 50000 ha betrug die Einsparung an Mitteln 37500 Rbl. jährlich.
SSSR/VINTISCh. 2500.

2-68/09-1050 Taran, N. A. Ėffektivnost' obrabotok vschodov svekly preparatami DDT, polichlorpinena i ich smesjami. **(Wirksamkeit der Bearbeitung aufgelaufener Rüben mit den Präparaten DDT, Polychlorpinen und ihren Kombinationen.)** Char'kovskij ordena Trudovogo Krasnogo Znameni sel'skochozjajstvennyj institut imeni V. V. Dokučaeva. Trudy, Kiev **55(92)** (1966) S. 79–85. — 5 Tab., 13 Lit.
Die Kombination von DDT (I) mit Polychlorpinen (II) war gegen den Rübenderbrüßler und andere Schädlinge wirkungsvoller als I und II allein. Die Kombination war außerdem gegenüber den Rübenpflänzchen verträglicher als die Einzelkomponenten. Die verbesserte Wirkung beruht auf einem synergistischen Effekt, einer besseren Stabilität gegenüber un-

günstigen Witterungsfaktoren und einer gleichmäßigeren Verteilung auf der behandelten Blattoberfläche. H. Lehmann. 2500.

2-68/09-1051 Kec, Vl. Preparace osiv proti savým a žravým škůdcům. (**Behandlung des Saatgutes gegen saugende und fressende Schadinsekten.**) Studijní Inform., Ochrana Rostlin **1967** Nr. 6/7. 156 S. — 12 Abb., 75 Tab., 99 Lit. Zus. in Russ., Engl., Dtsch.
Die Arbeit vermittelt den derzeitigen Stand der Forschung über Insektizide, die sich als Saatgutbehandlungsmittel bei Getreide, Zuckerrüben, Gemüse u. a. Feldfrüchten gegen Schadinsekten eignen. Vf. führt Erfahrungen aus Großbritannien, der DDR, der BRD und den USA an. Einige neue Beizapparate sind beschrieben und abgebildet.
ČSSR/ÚVTI. 2500.

2-68/09-1052 Murbach, R.; Lausanne, Domaine Changins-sur-Nyon, Stat. Fédérale Essais Agric. Effet en plein champ de fongicides à base de fentin-acétate, de manèbe et d'oxychlorure de cuivre sur la densité de population du doryphore de la pomme de terre (Leptinotarsa decemlineata Say). (**Wirkung von Fungiziden auf der Basis von Fentin-azetat, Maneb und Kupferoxychlorid im Freiland auf die Populationsdichte des Kartoffelkäfers [Leptinotarsa decemlineata Say].**) Schweiz. landwirtsch. Forsch. **6** (1967) Nr. 3/4. S. 345 bis 357. — 5 Abb., 2 Tab., 11 Lit. Zus. in Engl., Dtsch.
Vorgekeimte Knollen der Sorte 'Bintje' wurden, von andern Kartoffelfeldern entfernt, in 18 konzentrischen Kreisen ausgepflanzt. Die äußeren 10 Reihen hat man in je 4 der 16 Sektoren mit Kupferoxychlorid (a) [0,6%ig], mit Fentinazetat = Triphenyl-Zinnazetat (b) [0,2%ig] oder mit Maneb (c) [0,3%ig] gespritzt (1000…1200 l/ha). 3 d nach den Spritzungen — auch die inneren Kreise waren mit a behandelt worden, um die Käfer zum Abwandern zu veranlassen — wurde hier jede Pflanze mit einem Pärchen Kartoffelkäfer besetzt (23. Juni). Am 10. Juli war die Zahl der Imagines in allen Parzellen höher als bei a. Die Anzahl der Gelege, die Zahl der stark mit Larven besetzten Pflanzen und die Schäden an den Pflanzen waren bei a und b wesentlich geringer als bei unbehandelten Parzellen oder bei c. Während somit a eine abweisende Wirkung auf die Imagines ausübte, hemmte b die Nahrungsaufnahme der Imagines und auch der Larven, die zugleich eine hohe Sterblichkeit aufwiesen. Dabei bleiben die Fragen offen, inwieweit b einen Sterilisierungseffekt auf die Imagines ausübt und ob die Larven vor Hunger oder auf Grund einer Giftwirkung von b sterben. Aus den Ergebnissen schließt Vf., daß sich bei Anwendung von a und b, nicht aber bei Anwendung von c gegen *Phytophthora* eine Kartoffelkäferbekämpfung erübrigt.
W. Junges/Groß-Lüsewitz. 2500.

2-68/09-1053 Dočkova, V. Rezultati ot izpitvane dejstvieto na njakoi chimičeski sredstva za borba s cveklovite chobotnici. (**Ergebnisse der Prüfung der Wirksamkeit einiger chemischer Mittel für die Bekämpfung der Rübenrüsselkäfer.**) Izvestija na Naučnoizsledovatelskija institut po zacharno cveklo "Prof. I. Ivanov", Šumen **1967** S. 161–170. — 6 Tab., 9 Lit. Zus. in Russ., Engl.
Gute Ergebnisse erzielte man durch aviochem. und Spritzbehandlung gegen *Bothynoderes punctiventris*, *Tanymecus dilaticollis*, *T. palliatus* und *Psalidium maxillosum*. Gegen *B. punctiventris* bewährte sich Spritzung mit Dieldrin 50 (2 kg/ha), Dieldrin 75 (1,5 kg/ha), Nitophon (Äthylparathion) 40 kg/ha bei einem Flüssigkeitsaufwand von 180 l/ha. Mit dem Spritzgerät GAN wurde Dieldrin (1,5 kg/ha) in 100 l Wasser/ha erfolgreich ausgebracht. Vom Flugzeug aus war die Kombination Dieldrin 75 (bis 750 g/ha) + Lindan 75 (bis 750 g/ha) in 100 l Flüssigkeit gut wirksam. Unbefriedigend blieben Chlorter und Hexachloran.
NRB/CSNTI. 2500.

2-68/09-1054 Johansen, Carl und Eves, Jack. Systemic insecticides as lygus bug controls compatible with bee pollination on alfalfa. (**Eine mit der Bienenbestäubung der Luzerne verträgliche Bekämpfung von Lygus-Wanzen mit systemischen Insektiziden.**) J. econ. Entomol. **60** (1967) Nr. 6. S. 1690–1696. — 6 Tab., 4 Lit.
Die Bekämpfung von *Lygus hesperus* Knight und *L. elisus* Van Duzee mit DDT und Toxaphen in Luzernesamenbeständen schädigte die wichtigsten Blütenbestäuber, die Bienen *Megachile rotundata* F. und *Nomia melanderi* Cockerell. Dimethoat, mit der Beregnungsanlage ausgebracht, war für die Bienen nicht schädlich, wenn die Behandlung nach dem 1. Schnitt und vor der zur Samengewinnung bestimmten Blüte erfolgte. Granulate von Temik, Baygon und NIA-10242 wirkten 7 Wochen bis 3 Monate auf die *Lygus*-Arten und auf *Acyrthosiphon pisum* Harris, allerdings erst nach Bewässerung. Trichlorfon ist für die Bienen

nur schwach giftig. Wegen der geringen Dauerwirkung muß man es aber 2mal, im Abstand von etwa 10 d, anwenden. W. Lehmann. 2500.

2-68/09-1055 Borisova, Z. P. Različnye metody primenenija jadochimikatov v bor̆be so zlakovymi tljami. **(Verschiedene Methoden der Anwendung von Giftstoffen zur Bekämpfung von Getreideblattläusen.)** Char̆kovskij ordena Trudovogo Krasnogo Znameni sel'skochozjajstvennyj institut imeni V. V. Dokučaeva. Trudy, Kiev **55**(92) (1966) S. 22-27. — 5 Tab.

Vf. führte vor der Aussaat Saatgutpuderung mit DDT und HCH sowie Behandlung mit 65%iger Heptachloremulsion, Rogor und Methylmercaptophos durch. Während bei Gerste HCH ertragssteigernd wirkte, senkte Rogor den Ertrag. Behandlung von Gerste, So.- und Wi.-Weizen z. Z. starken Blattlausbefalls mit 0,15% Rogor (40% Wirkstoff), 0,1% Thiophos (40%), 0,2% Chlorophos (65%) und 0,2% Sevin hatte einen starken Befallsrückgang und Ertragsanstieg zur Folge. Am besten wirkte Rogor, dann folgten Sevin, Thiophos und Chlorophos. Erfolgreich war auch eine Randbehandlung des Feldes. Dabei bewährte sich Rogor ebenfalls. Unter Verwendung von Fekama-Nebelmittel im Aerosolverfahren ließen sich die Blattläuse nur teilweise vernichten, dafür aber auch andere Schädlinge erfassen. H. Lehmann. 2500.

2-68/09-1056 Smrž, J. Repelentní účinek hliníkových fólií na migrující mšice. **(Abschreckwirkung von Aluminiumfolien auf wandernde Blattläuse.)** Sborník ÚVTI, Praha, Ochrana Rostlin **3** (1967) Nr. 4. S. 281-284. — 2 Tab., 4 Lit. Zus. in Russ., Engl.

Die in *Vicia-vulgaris*-Bestände gebrachten Aluminiumfolien hatten eine starke signifikante Abschreckwirkung auf Blattläuse. Die Wirkungszone reichte bis 20 m weit von der Folie. ČSSR/ÚVTI. 2500.

2-68/09-1057 Houten, J. G. ten, Quak, F. und Meer, F. A. van der. Heat treatment and meristem culture for the production of virus-free plant material. **(Wärmebehandlung und Meristemkultur für die Erzeugung virusfreien Pflanzenmaterials.)** Netherl. J. Plant Pathol. **74** (1968) Nr. 1. S. 17-24. — 2 Abb., 35 Lit.

Vff. vermitteln eine Literaturübersicht über Methoden zur Erzeugung virusfreien Pflanzenmaterials ausgehend von total verseuchten Arten und Kultursorten. Auf Grund der bisher nur in wenigen Ausnahmefällen anwendbaren Chemotherapie eignen sich die Wärmebehandlung und die Kultur von Spitzenmeristemen zur Inaktivierung bzw. Ausschaltung der Viren. Letztere Methode wendet man bevorzugt bei den Viren an, die sich durch Wärmewirkung nicht inaktivieren lassen. Schwierigkeiten bereitet häufig die Herstellung geeigneter Nährböden, die eine ausreichende Triebentwicklung und Wurzelbildung gewährleisten. Die besten Ergebnisse sind durch Wärmebehandlung der Spitzenmeristemkultur erzielbar. Anhand vieler Beispiele, bes. aus Holland, weisen Vff. auf die bisherigen Erfolge bei der Heilung virusinfizierter Pflanzen hin. H. E. Schmidt. 2500.

2-68/09-1058 Bolay, A. und Schüepp, H. Possibilités actuelles de lutte chimique contre la pourriture grise des raisins. **(Möglichkeiten der chemischen Bekämpfung der Graufäule an Weinreben.)** Agric. romande, Lausanne **6** (1967) Nr. 6. S. 75-77. — 1 Abb., 17 Lit. 2500.

2-68/09-1059 Šály, A. Vplyv ošetrenia pôdy lindanom a heptachlórom na úmrtnost' drôtovcov na ozimej pšenici. **(Einfluß der Bodenbehandlung mit Lindan und Heptachlor auf die Sterblichkeit der Drahtwürmer an Winterweizen.)** Sborník ÚVTI, Praha, Ochrana Rostlin **3** (1967) Nr. 4. S. 253-256. — 1 Tab., 5 Lit. Zus. in Russ., Engl. ČSSR/ÚVTI. 2500.

2-68/09-1060 Horváth, J. Data on the possibilities of controlling potato virus. II. Experiments with the German method an the improved German method. **(Angaben über Möglichkeiten der Bekämpfung des Kartoffelvirus. 2. Mitt. Versuche mit der deutschen Methode und der verbesserten deutschen Methode.)** Acta agronom. Acad. Sci. hung. **15** (1966) Nr. 3/4. S. 381-393. — Aus: Ung. Agrar-Rdsch. **1967** Nr. 2. 2500.

2-68/09-1061 Horváth, J. Data on the possibilities of controlling potato virus. III. Examinations with the Dutch method. **(Angaben über Möglichkeiten der Bekämpfung des Kartoffelvirus. 3. Mitt. Prüfungen mit der holländischen Methode.)** Acta agronom. Acad. Sci. hung. **16** (1967) Nr. 1/2. S. 75-86. — Aus: Ung. Agrar-Rdsch. **1967** Nr. 4. 2. Mitt. vgl. vorst. Titel. 2500.

2-68/09-1062 Krasil'nikov, N. A. Mikroby i jadochimikaty v bořbe s vrediteljami rastenij. (**Mikroben und Pflanzenschutzmittel.**) Sel'skochozjastvennaja biologija, Moskva 2 (1967) Nr. 6. S. 857-865. — 2 Tab., 10 Lit.

Vf. zeigt die Wirksamkeit der Anwendung von Chemikalien und biol. Methoden für die Bekämpfung von Krankheiten und Schädlingen. Jedoch sind chem. und biol. Methoden nicht immer wirksam. Chemikalien wirken manchmal sogar nachteilig, weil sich die Schaderreger nach der Behandlung schnell zu vermehren beginnen. Fehler bei der Anwendung biol. Methoden können der Tatsache zugeschrieben werden, daß ihre Spezifität und ihr Wirkungsmechanismus ebenso wie die Bedingungen, welche die Wirkung verschiedener Agentien beeinflussen, wenig untersucht wurden. Dies trifft bes. zu für antibiotisch wirkende Präparate. E.-M. Ardelt. 2505.

2-68/09-1063 Alešin, S. N. und Overčuk, V. I. Zakonomernosti v poverchnostnom natjaženii vodnych rastvorov nekotorych jadochimikatov i gerbicidov. (**Die Gesetzmäßigkeiten in der Oberflächenspannung wäßriger Lösungen einiger Giftchemikalien und Herbizide.**) Doklady TSChA. Moskovskaja ordena Lenina sel'skochozjajstvennaja akademija imeni K. A. Timirjazeva **1967** Nr. 124. S. 331-336. — 3 Abb., 1 Tab. 2505.

2-68/09-1064 **Amtliches Pflanzenschutzmittelverzeichnis und Pflanzenschutzgeräteverzeichnis 1968 der Bundesanstalt für Pflanzenschutz, Wien.** Pflanzenarzt, Wien **21** (1968) Sonder-Nr. 1. 46 S. 2505.

2-68/09-1065 Zusammengest. von Petty, B. K. A guide to the use pesticides for the control of agricultural pests. (**Ein Leitfaden für den Gebrauch von Schädlingsbekämpfungsmitteln zur Bekämpfung landwirtschaftlicher Schädlinge.**) Pretoria: Dep. of South Africa by the Government Printer. 1967. (79 S.) 8°. (1968 A 166) 2505.

2-68/09-1066 Adam. **Untersuchung von Schädlingsbekämpfungsmitteln. Biologische Schädlingsbekämpfung.** Bericht über die Studienreise in die VR Ungarn, 26. Sept. bis 2. Okt. 1967. Reisebericht. 1967. (7 S.) 4°. (G 445) 2505.

2-68/09-1067 Hamilton, G. A. und Ruthven, A. D.; Edinburgh, East Craigs, Agric. Sci. Serv., Dep. of Agric. and Fisheries for Scotland. Residual mercury content of seed-potatoes treated with organo-mercury disinfectant solutions. (**Der Quecksilber-Rückstand von Kartoffelknollen, die mit organischen Quecksilberlösungen desinfiziert wurden.**) J. Sci. Food Agric. **18** (1967) Nr. 12. S. 558-563. — 1 Abb., 8 Tab., 9 Lit.

Die aus Schottland exportierten Kartoffeln werden z. T. mit org. Hg-Lösungen behandelt. Um festzustellen, ob Hg-Rückstände bei evtl. Verfütterung die Toxizitätsgrenze erreichen, wurden sowohl von gekochten als auch von ungekochten ganzen Kartoffeln und von der Kartoffelschale Analysen durchgeführt. Die nachgewiesenen Hg-Gehalte gestatten keine Verfütterung. Die von behandelten Knollen gezogenen Kartoffeln wiesen jedoch Hg-Gehalte ohne toxikol. Bedeutung auf. I. Schröder. 2510.

2-68/09-1068 Škrobal, M., Šťota, Z. und Demečko, J. Príspevok k poznaniu účinnosti alkyl a arylmerkuri zlúčenín. (**Beitrag zur Kenntnis der Wirkung von Alkyl- und Arylmercuri-Verbindungen.**) Sborník ÚVTI, Praha, Ochrana Rostlin **3** (1967) Nr. 4. S. 285-292. — 9 Abb., 2 Tab., 13 Lit. Zus. in Russ., Engl.

Bei der mit *Tilletia-foetida*-Sporen infizierten Weizensorte 'Židlochovická osinatka' beobachteten Vff. die Wirkung von Hg-Beizmitteln in Form von Alkyl- und Arylmercuri- Verbindungen. Es dienten N-Methylmercuri-di-/p-toluolsulfimid und Phenylmeruriazetat sowie ihre Gemische. Die erste Verbindung hat eine fast doppelt so starke Wirkung wie Phenylmercuriazetat. ČSSR/ÚVTI. 2510.

2-68/09-1069 Cremlyn, R. J. W. Antifungal properties of trichloromethylthio compounds. (**Fungizide Eigenschaften der Trichlormethylthio-Verbindungen.**) Pest Articles & News Summaries, Sect. B **13** (1967) Nr. 3. S. 255-265. — 59 Lit.

Vf. untersuchte den möglichen Wirkungsmechanismus der Trichlormethylthio-Verbindungen sowie die Beziehungen zwischen chem. Struktur und fungizider Wirkung. Die -$SCCl_2X$-Gruppe kann man als fungizid wirksamen Bestandteil der Trichlormethylthio-Verbindungen ansehen (X steht für ein Halogenatom). Captan u. a. Trichlormethylthio-Fungizide stören durch Blockierung notwendiger Dekarboxylierungsprozesse den pilzlichen Stoffwechsel. Dabei sind Unterschiede in der Wirkungsweise gegen verschiedene Pilze nachweisbar. Anhand der Literatur werden verschiedene Möglichkeiten der Enzymhemmung besprochen und die Inaktivierung des CO-A durch Captan hervorgehoben. Bei der Anwendung von Captan weist Vf. bes. auf die systemfungizide Wirkung im Falle der Bekämpfung von *Botrytis fabae* an Bohnen und von *Diplocarpon rosae* an Rosen hin. U. Burth. 2510.

2-68/09-1070 Miller, Paul. Evaluation of tetrachloroisophthalonitrile. (**Einschätzung der Tetrachlorisophthalonitrile.**) Agric. Chemicals **22** (1967) Nr. 6. S. 79–80. — 3 Lit.

Tetrachlorisophthalonitrile (Daconil 2787, DAC 2787) waren Maneb in der Wirkung gegen *Alternaria solani* nur gering unterlegen. In Laborversuchen stimulierten folgende Fungizide den Schlupf von Larven des Tabakzystenälchens, *Heterodera tabacum*, aus den Zysten: 3,3,4,4-Tetrachlortetrahydrothiophen-1,1-dioxid (DAC 649); Phenyl-Hg-triäthanol-ammonium-laktat (PAS); Bis (3,4-dichlor-2-(5)-furanonyl-äther; 1,2-Dichlor-1-(methylsulfonyl)-äthylen, Nabam, Maneb und Diammonium-äthylen- bis (dithiokarbamat). Verbindungen, die den Schlupf der Larven aus den Zysten stimulieren, können als Zusätze zu Nematiziden u. U. deren Wirkung verbessern. In Gewächshausversuchen zog man verschiedene chem. Verbindungen und org. Subst. zur Bekämpfung des Erregers der Wurzelfäule der Erbsen, *Aphanomyces euteiches*, heran. Dabei zeigten Methyl-enthaltende Aminosäuren, Natrium-(dimethylamino)-benzoldiazosulfonat und org. Rückstände von Kreuzblütlern gute Wirksamkeit. Kaliumchlorid war in der Wirkung unbefriedigend. Bemerkenswert für die praktische Anwendung erscheint die gute Wirkung von Kreuzblütlerrückständen gegen *A. euteiches*. U. Burth. 2510.

2-68/09-1071 Bugiani, A., Pietà, S. della und Brandazza, R. Le diazinon contre les ravageurs terricoles. (**Diazinon gegen Bodenschädlinge.**) Notiziario Malattie Piante [III. S.] **3/4** (1967) Nr. 76/77. S. 217–252. — 57 Lit.

In mehrjähr. Untersuchungen kam Diazinon als Bekämpfungsmittel gegen Bodenschädlinge als Granulat, Spritzmittel und Spritzpulver sowie als Emulsion zur Saatgutbehandlung, zur Behandlung oberirdischer Pflanzenteile und als Bodenbehandlungsmittel zur Anwendung. Die Versuche richteten sich gegen Dipterenlarven, Käferlarven und -imagines, Lepidopterenlarven, Orthopteren, Myriapoden und Nematoden. Phytotoxizität war nur bei Salat zu beobachten. Tab. enthalten Empfehlungen für günstigste Aufwandmengen und -termine in Abhängigkeit von Pflanzenart und Schädling. R. Fritzsche. 2515.

2-68/09-1072 Konrad, J. G., Armstrong, D. E. und Chesters, G.; Madison, Univ. of Wisconsin, Soils Dep. Soil degradation of diazinon, a phosphorothioate insecticide. (**Abbau des Thiophosphat-Insektizids Diazinon im Boden.**) Agronomy J. **59** (1967) Nr. 6. S. 591 bis 594. — 3 Abb., 3 Tab., 10 Lit.

Der Abbau von ^{14}C-Diazinon [0,0-Diäthyl-0-(2-isopropyl-4-methyl-6-pyrimidyl)-thiophosphat] (I) wurde in 3 Böden mit stark unterschiedlicher Zusammensetzung verfolgt. Nach Zugabe von I erfolgt zunächst eine starke Adsorption an den Boden. Die Extraktion des intakten I erfolgte mit Benzol. Die Abbauprodukte wurden in der wäßrigen bzw. n-Butanolphase bestimmt. Die Bestimmung von I nahm man gaschromatographisch und anhand der ^{14}C-Aktivität vor, die der Hydrolyseprodukte durch die ^{14}C-Aktivität. Der Abbau wird als partielle chem. Hydrolyse angesehen unter Bildung von 2-Isopropyl-4-methyl-6-hydroxypyrimidin und Diäthylthiophosphorsäure. Aus der Abbaugeschwindigkeit (6···11%/d) schließen Vff. auf eine Abhängigkeit des Abbaues vom pH-Wert und Gehalt des Bodens an org. Subst. H. Ackermann. 2515.

2-68/09-1073 Awad, Toson M., Bradleigh Vinson, S. und Brazzel, J. R.; State College, Mississippi Agric. Exper. Stat. Effect of environmental and biological factors on persistence of malathion applied as ultra-low-volume or emulsifiable concentrate to cotton plants. (**Einfluß der Umwelt und biologischer Faktoren auf die Persistenz von Malathion nach Ausbringung im Feinsprühverfahren bzw. als Emulsionskonzentrat auf Baumwollpflanzen.**) J. agric. Food Chem. **15** (1967) Nr. 6. S. 1009–1013. — 2 Abb., 3 Tab., 21 Lit.

Malathion im Feinsprühverfahren (FSV) auf Baumwollpflanzen aufgebracht, wies eine höhere Persistenz (Halbwertszeit 4,6 d) auf als in Form eines Emulsionskonzentrates (EK) (Halbwertszeit 2 d). Das gleiche Verhalten war bei der Prüfung der FSV- und EK-Rückstände auf Temperaturbeständigkeit oder Einwirkung von UV-Licht nach Aufbringung auf Glasplatten zu beobachten. Das Eindringungsvermögen in die Pflanze ist bei EK höher. In den Oberflächenbelägen wurden geringe Mengen der Monokarboxylsäure, im Pflanzeninne-

ren demgegenüber der Dikarbonsäuremetabolit als Hauptabbauprodukt festgestellt. Zwischen FSV und EK bestanden hinsichtlich des Abbaues keine Unterschiede.
H. Ackermann. 2515.

2-68/09-1074 Gaher, S., Drábek, J. und Sirota, T. Nový zálievkový insekticíd pre chmel. (**Neues Bewässerungsinsektizid für Hopfen.**) Agrochémia, Bratislava 7 (1967) Nr. 12. S. 362-368. — 3 Abb., 10 Tab., 18 Lit. Zus. in Engl. ČSSR/ÚVTI. 2515.

2-68/09-1075 Volodkovič, S. D. und Čekalina, V. I. Chimičeskie sredstva bor'by s nematodami. (**Chemische Nematodenbekämpfung.**) Nematodnye bolezni sel'skochozjajstvennych rastenij **1967** S. 200-208.
Zur Nematodenbekämpfung empfehlen Vff. 40%ige Karbathionlösung, Nemagon, DD und Thiazon (85%ig). Kosten der Präparate und erzielte Mehreinnahmen nach ihrem Einsatz werden besprochen. SSSR/VINTISCh. 2520.

2-68/09-1076 Sadykov, D. M. Novye nematocidy dlja bor'by s gallovoj nematodoj v polivnych uslovijach Azerbajdžana. (**Neue Nematizide zur Bekämpfung des Wurzelgallennematoden bei Bewässerung in Aserbaidshan.**) Itogi 6-go Vsesojuznogo soveščanija po fitonematodam **1967** S. 71-74. —
In den Jahren 1961—63 wurden die Präparate Karbathion, DDB (Gemisch aus 1,2-Dichlorisobutan und Dichlorisobutylen), Nemagon und Thiazon (3,5-Dimethyltetrahydro-1,3,5-2H-thiadiazin-2-thion) gegen *Meloidogyne arenaria* bei Tomaten angewendet. Karbathion und DDB führten bei der Ernte zu beachtlichen Mehreinnahmen.

Präparat	Einbringungsmethode	Dosis (t/ha)	Preis 1 t	Aufwendungen für 1 t	Zusätzliche Einnahmen je ha
Karbathion	mit Hydrobohrern (Hand-)	2,4	650	1732	3353
Nemagon	mit Sand	0,42	800	498	1528
DDB	gekörnt	4,4	55	434	2806
Thiazon	mit Sand	2,0	700	1581	382

Bei der Einbringung von Nematoziden steigt der Tomatenertrag um das 8- bis 10fache.
SSSR/VINTISCh. 2520.

2-68/09-1077 Formigoni, A. Caratteristiche d'impiego del fumigante Di-Trapex, funghicida e nematocida. (**Kennzeichen der Verwendung des Begasungsmittels Di-Trapex, einem Fungizid und Nematizid.**) Notiziario Malattie Piante [III. S.] 3/4 (1967) Nr. 76/77. S. 177 bis 186. — 16 Lit. Zus. in Franz., Dtsch. — nach Zus.
Vf. veranschaulicht die biol. Eigenschaften vom Di-Trapex, Bodenentseuchungsmittel auf Basis von 20%-Methylisothiozyanat und 80% Dichlorpropen-dichlorpropan, entwickelt von der Schering AG Berlin nach jahrelanger Versuchstätigkeit. Die in Italien am meisten interessierenden Kulturen für dieses Bodenbegasungsmittel sind Nelke und Frühtomate unter Glas, für die gleichzeitige Bekämpfung von *Verticillium*, *Fusarium* und Nematoden. Bei anderen Zierpflanzen (z. B. Anemonen, Chrysanthemen) und Gemüsekulturen (z.B. Aubergine, Paprikaschoten) hat man ausgezeichnete Ergebnisse bei der Bekämpfung gegen schädliche Bodenpilze und Nematoden. Auch Erdbeeren, Tabak, Baumschulen erlauben eine wirtschaftliche Anwendung des neuen Bodenbegasungsmittels. 2520.

2-68/09-1078 Welle, Hendricus Bernardus Antonius. Physostigmine and structural analogues as direct and systemic nematicides. (**Physostigmine und strukturelle Analoga als direkte und systemische Nematizide.**) Diss. Rijksuniv. Utrecht, Fak. voor Wiskunde en Natuurwetenschappen. 1964. (187 S.) 8°. (Diss. 12410) 2520.

2-68/09-1079 Kulikovskaja, M. D. Izučenie ustojčivosti Pseudomonas tabaci k analogu psevdoallicina 152, fitobakteriomicinu i streptomicinu v opytach in vitro. (**Untersuchung der Resistenz von Pseudomonas tabaci gegen das Analogon von Pseudoallizin 152, gegen Phytobakteriomyzin und Streptomyzin in Versuchen in vitro.**) Vsesojuznyj simpozium po bakterial'nym zabolevanijam rastenij **1966** S. 71-72.

Das Analogon von Pseudoallizin 152, Phytobakteriomyzin und Streptomyzin besitzen eine hohe antibiotische Wirksamkeit gegenüber dem Wildfeuererreger des Tabaks, *Pseudomonas tabaci*. Die Entwicklung der Widerstandsfähigkeit von *P. tabaci* gegenüber diesen Präparaten untersuchte Vf. durch Passage von 2 Stämmen des Erregers auf flüssigen und festen Nährböden mit steigenden Konz. der Antibiotika. Nach 25 Passagen war die Widerstandsfähigkeit von *P. tabaci* gegenüber dem Präparat 152 (sic!) auf das 6,2···16,6fache, gegenüber Phytobakteriomyzin auf das 100···2000fache und gegenüber Streptomyzin auf das 7500 bis 15000fache gestiegen (in Abhängigkeit von Stamm und Nährboden). Die Varianten, die gegenüber dem Präparat 152 widerstandsfähig waren, zeigten sich sehr empfindlich gegen Phytobakteriomyzin und Streptomyzin. Die gegen Phytobakteriomyzin widerstandsfähigen Varianten waren gegen Präparat 152 empfindlich und widerstandsfähig gegen Streptomyzin. Die Varianten, die widerstandsfähig gegenüber Streptomyzin waren, zeigten gleichfalls Empfindlichkeit gegenüber Präparat 152. Jedoch erwiesen sich einige als widerstandsfähig gegenüber Phytobakteriomyzin. Die Anpassung von *P. tabaci* an die genannten Antibiotika förderte die Veränderung einiger Eigenschaften des Erregers. Das kam in der Morphologie der Kolonien und Zellen sowie in den biochem. und pathogenen Eigenschaften zum Ausdruck. SSSR/VINTISCh. 2535.

2-68/09-1080 Požar, Z. A. Dejstvie kul'tur aktinomicetov-antagonistov na vozbuditelej korneeda sacharnoj svekly. (**Wirkung der Aktinomyzetenkulturen, der Antagonisten der Wurzelbranderreger bei Zuckerrüben.**) Vsesojuznyj simpozium po bakterial'nym zabolevanijam rastenij **1966** S. 78–79.

Zuckerrübensaatgut benetzte man mit Kulturflüssigkeiten verschiedener Bodenaktinomyzeten-Stämme. Von 47 geprüften Stämmen übten 37 eine antagonistische Wirkung auf die Mikroflora des Zuckerrübensaatgutes aus. Die Stämme *Actinomyces netropsis*, *A. fumanus* Nr. 798 und *A. antibioticus* Nr. 3729 hatten stark unterdrückende Wirkung. Die Kulturflüssigkeit von *A. netropsis* Nr. 777 prüfte man unter Freilandbedingungen. Im Vergleich zu unbehandelten lag der Prozentsatz durch Wurzelbrand geschädigter Triebe niedriger. Noch aktiver gegen den Wurzelbranderreger war die gemeinsame Ausbringung von TMTD und der Kulturflüssigkeit des Stammes Nr. 777. Die Wirkung dieser letztgenannten Kulturflüssigkeit ähnelt der von Granosan und TMTD; sie übertraf in einem Versuch sogar die Wirkung dieser Präparate. SSSR/VINTISCh. 2535.

XII. UNKRAUTBEKÄMPFUNG

B. Herbizide

2-68/09-1081 Starosel'skij, Ja. Ju. Opyt ustanovlenija radiusa dejstvija gerbicidnych granul i soderžanija v nich aktivnogo načala. (**Versuch zur Feststellung des Wirkungsradius herbizider Granulate.**) Agrochimija, Moskva **1968** Nr. 1. S. 90–98. — 7 Abb., 5 Tab.

Vf. prüfte in Vegetationsgefäßversuchen die Wirkung von 41 granulierten Herbiziden. Die Granulate waren so formuliert, daß die erforderliche Herbizidaufwandmenge/ha einer Anzahl von 10^6 Granulatpartikeln (G) entsprach. Die Granulate kamen 0,5 cm tief in den Boden; in 1···9 cm Entfernung erfolgte die Aussaat der Testpflanzen (Senf und Gerste). Bei den meisten Herbiziden war die Wirkung in 3···5 cm Entfernung, bei einigen noch bis 7 cm zu beobachten. Der Wirkungsradius betrug 3 cm bei DNOC, Solan, Trichlorpropionat, Stam, Diuron, Neburon, Simazin, Propazin u.a.; er betrug 5 cm bei Dalapon, Dinoben, Amiben, Tordon, Aresin u.a. sowie gegenüber Senf bei 2,4-D, MCPA, Monuron, Linuron, Pyramin, Atrazin, Prometryn u. a. und gegenüber Gerste bei Diphenylamid, IPC, Avadex u.a. Einen bes. großen Wirkungsradius ergab Atraton. Als Granulate erscheinen nur solche mit einem Wirkungsradius von $\geqq$ 5cm erfolgversprechend. Die gleichen Präparate prüfte Vf. im Feldversuch mit Leguminosen-Gras-Gemischen. Dabei ergaben Kambilen und 18—15 einen Wirkungsradius von 7···8 cm, Diphenylamid, Amiben, Kasoron, 2,4-D, MCPA, Pyramin u.a einen von 5···6 cm, etwa 30% der Herbizide besaßen nur einen von 1···2 cm. Dosis-Wirkungs-Kurven ergaben für den Einsatz von CIPC einen Aufwand von 3,5 $\times$ 10^6 G/ha (4 kg/ha aktive Substanz), von 2,4-D 2···3 $\times$ 10^6 G/ha (1) und von Atrazin 3 $\times$ 10^6 G/ha (1···1,5). H. Lehmann. 2710.

2-68/09-1082 Orth, Hans; Fischenich/Rhein, Inst. für Gemüsekrankheiten und Unkrautforsch. **Prüfung der Phytotoxizität von Pre-emergence-Herbiziden durch Wurzeltest.** Nachr.

Bl. dtsch. Pflanzenschutzdienstes, Braunschweig **19** (1967) Nr. 12. S. 177–181. — 7 Abb., 2 Tab., 9 Lit.

Bei dem hier beschriebenen Test wurden die Pflanzen im Gewächshaus angezogen, für 1 h in Herbizidlösungen oder -suspensionen getaucht. Die Konzentrationen entsprachen der normalen Aufwandmenge und 1/10 der normalen. Danach wurden die Pflanzen in Komposterde weiter kultiviert. Die Symptome an den Kulturpflanzen wurden nach der Viererskala beurteilt, bei der 1 = normal, 4 = total abgestorben bedeutet. Anhand von Beispielen bei Buschbohnen, Erdbeeren, Spargel, Steckzwiebeln und Tulpen wurde die Brauchbarkeit des Testes zur Bestimmung der unterschiedlichen Empfindlichkeit einer Kulturpflanze gegenüber verschiedenen Herbiziden und zur Feststellung der Sortenempfindlichkeit gegenüber einem Herbizid nachgewiesen. G. Feyerabend. 2710.

2-68/09-1083 Corbin, F. T. und Upchurch, R. P.; St. Louis, North Carolina State Univ., Dep. of Crop Sci., Agric. Div. Mosanto Co. Influence of pH on detoxication of herbicides in soil. (**Der Einfluß des pH-Wertes auf den Abbau von Herbiziden im Boden.**) Weeds **15** (1967) Nr. 4. S. 370–377. — 8 Abb., 1 Tab., 26 Lit.

Der Einfluß des pH-Wertes und der Inkubationszeit auf denAbbau von 11 Herbiziden wurde in Böden mit hohem Gehalt an org. Masse untersucht. 5 Herbizide wurden bei unterschiedlichen pH-Werten in verschiedenen Raten abgebaut. Der optimale pH-Wert für den Abbau von Dicamba und 2,4-D betrug 5,3 für Dalapon und Amitrol 6,5 und für Vernolat 7,5. Bei Diuron und Amiben wurde die geringe Abbaugeschwindigkeit durch Variieren des pH-Wertes nicht beeinflußt. Kein nachweisbarer Abbau wurde bei Picloram, Trifluralin, Isocil und Prometon festgestellt. G. Feyerabend. 2710.

2-68/09-1084 Dickens, Ray und Hiltbold, A. E.; Auburn, Alabama Univ., Dep. of Agron. Movement and persistence of methanearsonates in soil. (**Bewegung und Persistenz von Methanarsonaten im Boden.**) Weeds **15** (1967) Nr. 4. S. 299–304. — 4 Abb., 4 Tab., 14 Lit.

Es wurdenVersuche zur Bestimmung der Adsorption von Dinatrium-methanarsonat (DSMA) in Böden, in Bodenschichten und Tonmineralen durchgeführt. Der Einfluß des Bodentyps und des pH-Wertes auf die Einwaschung oberflächich ausgebrachten DSMA sowie die Einwirkung des Bodentyps und zugefügter org. Masse auf die Oxydation von Methylkohlenstoff aus dem Methanarsonat wurden untersucht. Die Adsorption des DSMA nahm in allen Böden mit ihrem Tongehalt zu. Die Einwaschung hängt von der Bodenart und der Wassermenge ab. Die Oxydation des Methylkohlenstoffs des Methanarsonats war mit einer Oxydation der org. Masse in jedem Boden verbunden. G. Feyerabend. 2710.

2-68/09-1085 Frank, Richard; Guelph, Ontario Dep. of Agric. and Food. Studies on pyrazon under controlled environmental conditions. (**Untersuchungen an Pyrazon unter kontrollierten Umweltbedingungen.**) Weeds **15** (1967) Nr. 4. S. 355–358. — 5 Tab., 7 Lit.

Das Herbizid Pyrazon erwies sich als selektiv für Zuckerrüben. In Vorauflaufversuchen tolerierten Zuckerrüben bis zu 6 lb./acre Pyrazon, aber bei dieser Aufwandmenge starben einige Keimpflanzen ab. Einige Unkrautarten starben bereits bei 2 lb./acre. Zwischen dem Auflauf- und dem Keimblattstadium waren Rüben und Unkräuter gleich empfindlich. Die Phytotoxizität des Pyrazon erhöhte sich bei steigender Temperatur. Im späten Keimblattstadium waren die Rüben gegenüber Pyrazon in wäßriger Suspension resistent, aber teilweise empfindlich gegenüber einer Öl-Wasser-Suspension dieses Wirkstoffs. Rüben im 2- bis 4-Blattstadium tolerierten eine Öl-Wasser-Herbizidkombination, während *Chenopodium album* und *Amaranthus retroflexus* bis zum 6- bis 8-Blattstadium empfindlich blieben. *Brassica napus* L. hatte eine mittlere Empfindlichkeit. G. Feyerabend. 2710.

2-68/09-1086 Eastin, E. F. und Davis, D. E.; Auburn, Ala., Univ., Dep. of Bot. Effects of atrazine and hydroxyatrazine on nitrogen metabolism of selected species. (**Wirkung von Atrazin und Hydroxyatrazin auf den Stickstoffhaushalt ausgewählter Pflanzen.**) Weeds **15** (1967) Nr. 4. S. 306–309. — 4 Tab., 14 Lit.

In Feld-, Erdkultur- und Nährlösungsversuchen erhöhte Atrazin den prozentualen Gesamt-N-Gehalt aller untersuchten Pflanzen, die gegenüber einer Aufwendmenge von 1 lb./acre dieses Wirkstoffes widerstandsfähig, mäßig empfindlich oder empfindlich waren. Dabei wurde der N-Gehalt je Pflanze durch die Atrazinbehandlung entweder nicht beeinflußt oder verringert. 1 lb./acre Atrazin erhöhte den Protein- und Nitrat-Stickstoff in den meisten der untersuchten Arten. Die Empfindlichkeit einer Art gegenüber Atrazin hängt mit dem Effekt dieses Herbizids auf den Nichtproteinstickstoff und das Ammonium zusammen. 1 lb./acre Atrazin beeinflußt den Prozentgehalt einer widerstandsfähigen Pflanze von Nichtproteinstickstoff nicht und vermindert deren prozentualen Ammoniumgehalt, aber bei mäßig empfindlichen und empfindlichen Arten erhöht es beide Fraktionen. 1 lb./acre Hydroxyatrazin, ein Abbauprodukt des Atrazins, beeinflußt keine der untersuchten N-Fraktionen.

G. Feyerabend. 2710.

2-68/09-1087 Evans, E. und Pfeiffer, R. K.; Safron Walden, Chesterford Park Res. Stat. Selective phytotoxicity of 2,4-dichloro 6, (o-chloroanilino)-s-triazine ('Dyrene') to Cirsium arvense. (**Selektive Phytotoxizität 2,4-Dichlor-6-[o-chloranilin]-s-triazin [„Dyrene"] gegenüber Cirsium arvense.**) Nature, London **215** (1967) Nr. 5102. S. 782–783. — 1 Tab., 1 Lit.

Bei der Bekämpfung des Erdbeergrauschimmels (*Botrytis cinerea*) mit Dyrene beobachteten Vff. starke phytotoxische Effekte an im Bestand wachsenden, 15 cm hohen Ackerkratzdisteln. Innerhalb von 2…3 d starben etwa 50% der Disteln. Dagegen wiesen weder die Erdbeeren noch die anderen Unkräuter Schäden auf. Daraufhin an verschiedenen Versuchsorten in England und Kanada durchgeführte Gewächshaus- und Feldversuche mit Dyrene (2,24 kg/ha aktive Substanz) ergaben, daß neben empfindlichen auch resistente Disteln vorkamen. Morphologische Unterschiede waren nicht feststellbar. Die Samen resistenter und empfindlicher Disteln waren gleichermaßen lebensfähig. Zwei auf Dyrene unterschiedlich reagierende Klone wurden isoliert. H. Lehmann. 2710.

2-68/09-1088 Bowen, John E.; Hilo, Haw., C. Brewer and Co. Ltd. Influence of environmental factors on the efficacy of preemergence diuron applications. (**Einfluß von Umweltfaktoren auf die Wirkung von Diuron bei Vorauflaufanwendung.**) Weeds **15** (1967) Nr. 4. S. 317–322. — 4 Abb., 3 Tab., 25 Lit.

Umwelt- und physikalische Faktoren, welche die Wirkung von 4 lb./acre Diuron bei Vorauflaufanwendung beeinflussen, wurden in 10 Zuckerrohrplantagen auf Hawaii untersucht. Niederschläge, pH-Wert des Bodens, Gehalt an org. Masse, die Zeit zwischen Ernte und Herbizideinsatz und die Maximumtemperaturen haben einen deutlichen Einfluß auf die Wirkungszeit des Diuron. Die Daten von 295 Feldversuchen aus 10 Jahren wurden in einer multiplen Regressionsanalyse ausgewertet. Die aus dieser Analyse abgeleiteten Empfehlungen für die Diuronanwendung in den einzelnen Zuckerrohranbaugebieten von Hawaii erwiesen sich als brauchbar. Der Zeitraum zwischen Zuckerrohrernte und dem Diuroneinsatz war der Faktor, der die herbizide Wirksamkeit des Diuron am meisten beeinflußt. Dieser Faktor kann durch die Anwender unter Kontrolle gebracht werden.

G. Feyerabend. 2710.

2-68/09-1089 Fang, S. C., Fallin, Elizabeth und Khanna, Suchitra; Corvallis, Oregon State Univ., Dep. of Agric. Chem. The metabolism of labeled amitrole in plants. (**Der Metabolismus markierten Amitrols in Pflanzen.**) Weeds **15** (1967) Nr. 4. S. 343–346. — 4 Abb., 5 Tab., 11 Lit.

Der Metabolismus des mit ^{14}C oder ^{3}H markierten Amitrol wurde in Blättern von *Phaseolus*, Mais und Zuckerrüben untersucht. Nicht signifikante Mengen des ^{14}C wurden in dem bei der Respiration abgegebenen CO_2 gefunden. Der Abbau des Amitrol in Blättern verlief exponentiell. Es kann in einer ersten Ordnung ausgedrückt werden. Die Halbwertzeit für Amitrol in Zuckerrübenblättern betrug 18,7 h, in denen von Mais 28 und in denen von *Phaseolus* 23,2 h. Radioaktives 5-^{14}C-Amitrol wurde in Extrakten oder Nukleinsäuren, Proteinen und andern Inhaltsstoffen gefunden. Die höchste Radioaktivität wurde bei alkohollöslichen Metaboliten gemessen. Versuche mit Amitrol-^{3}H und Amitrol-5-^{14}C machten die Position der Hydrogensubstitution in jedem alkohollöslichen Metaboliten deutlich.

G. Feyerabend. 2710.

2-68/09-1090 Kacperska-Palacz, A. E. Chlorophyll content in tomato leaves as a measure of amitrol uptake by different root zones. (**Chlorophyllgehalt der Tomatenblätter als Maßstab der Amitrolaufnahme durch verschiedene Wurzelzonen.**) Photosynthetica, Praha 1 (1967) Nr. 3/4. S. 193–198. — 3 Abb., 2 Tab., 7 Lit. Zus. in Russ.

Tomatenpflanzen wurden in klimatisierten Räumen in Nährlösung herangezogen. Nach Entwicklung des 8. Blattes wurde der Lösung Amitrol in Konz. von $5 \cdot 10^{-5}$, $1 \cdot 10^{-4}$ oder $2 \cdot 10^{-4}$ Mol/l zugegeben. Amitrol wirkte auf die Wurzeln nach 3, 6 oder 12 h. Bei Konz., die bereits Chlorose verursachten, aber das Wurzelwachstum noch nicht hemmten, war p (Amitrolkonz. × Wirkungsdauer × Chlorophyllgehalt) gleichbleibend. Der Chlorophyllgehalt der Blätter ist demnach ein Maßstab der Amitrolaufnahme durch die Wurzeln. Amitrol nehmen vor allem die jüngsten, 1…2 cm langen Wurzeln auf, unabhängig von der Transpiration. Die älteren Wurzeln nehmen weniger Amitrol auf und nur bei intensiver Transpiration. ČSSR/ÚVTI. 2710.

2-68/09-1091 Ėjdel'nant, N. M. und Trublaevič, Ž. N.; Taschkent, Mittelasiat. Forsch.-Inst. für Phytopathol. K voprosu o putjach detoksikacii 2,4-dichlorfenoksiuksusnoj kisloty v tkanjach rastenij. **(Zur Frage des Vorgangs der Detoxikation von 2,4-Dichlorphenoxyessigsäure in pflanzlichen Geweben.)** Agrochimija, Moskva **1968** Nr. 1. S. 99–105. — 7 Tab., 13 Lit.

Vff. wiesen einen direkten Zusammenhang zwischen der Geschwindigkeit der Dekarboxylierung der 2,4-D und der Widerstandsfähigkeit verschiedener Pflanzen, wie Flieder, Nachtschatten, Eibisch und Baumwolle, nach. In den gegenüber 2,4-D relativ widerstandsfähigen Petunien- und Tabakpflanzen war 2,4-D bes. in Wurzeln und Stengeln konzentriert. Vff. stellten einen Zerfall des Phenolrings des 2,4-D-Moleküls in den Geweben der untersuchten Pflanzen fest. H. Lehmann. 2710.

2-68/09-1092 Berezovskij, M. Ja., Kiselev, A. N. und Sinjukov, V. P. Toksičeskoe dejstvie ėmul'girovannoj 2,4-dichlorfenoksiuksusnoj i 2-metoksi-3,6-dichlorbenzojnoj kisloty na chvošč polevoj (Equisetum arvense L.). **(Die toxische Wirkung der 2,4-Dichlorphenoxyessigsäure und 2-Methoxy-3,6-Dichlorbenzoesäure auf Ackerschachtelhalm [Equisetum arvense L.].)** Doklady TSChA. Moskovskaja ordena Lenina sel'skochozjajstvennaja akademija imeni K. A. Timirjazeva **1967** Nr. 131. S. 265–271. — 2 Abb., 2 Tab., 4 Lit. — nach Zus.

Von den Derivaten der Phenoxyessigsäure und Chlorbenzoesäure sind die emulgierte 2,4-D und 2-Methoxy-3,6-Dichlorbenzoesäure am erfolgreichsten in der Bekämpfung des Ackerschachtelhalms. Beide Herbizide bewirken nach 10…12 d das Absterben des oberirdischen Teils und nach 1…1,5 Monaten das Eingehen der unterirdischen Organe 40…50 cm auf. Die Herbizide zerstören die anatomische Struktur des Wurzelstockes, was in erster Linie in einer anomalen Vergrößerung der Karinalhöhlen durch Zerstörung des Phloems und im allmählichen Absterben der Zellen des Parenchymgewebes des Zentralzylinders in Erscheinung tritt. Die Herbizide verhindern das Nachwachsen des Ackerschachtelhalms infolge der toxischen Wirkung auf die generativen Knospen und teilweise auf die Triebknospen, wobei die ersteren empfindlicher gegen Herbizide sind. 2710.

2-68/09-1093 Berezovskij, M. Ja. und Raskin, M. S. Ob istočnikach postuplenija gerbicidov — proizvodnych chlorbenzojnych kislot — v korni gorčaka polzučego (rozovogo). **(Das Eindringen von Herbiziden [Derivate der Chlorbenzoesäuren] in die Wurzeln von Acroptilon picris.)** Doklady TSChA. Moskovskaja ordena Lenina sel'skochozjajstvennaja akademija imeni K. A. Timirjazeva **1967** Nr. 131. S. 257–263. — 3 Abb., 2 Tab., 7 Lit. nach Zus.

Die Vernichtung von *Acroptilon picris* durch Derivate der Chlorbenzoesäuren erreicht man bei oberirdischer Anwendung und durch Eindringen in den Boden. Beim Anwendung auf die Pflanzen ist die Wirkung auf das Wurzelsystem stärker als beim Spritzen der Bodenoberfläche. Bei Anwendung des Herbizids auf die oberirdischen Organe sondert sich ein Teil des in die Wurzeln verlagerten Herbizids von lebenden und abgestorbenen Wurzeln in den Boden ab, von dort wird es von den Saugwurzeln absorbiert. 2710.

2-68/09-1094 Schwenk, P. und Barth, A.; Bernburg, Hochschule für Landwirtsch., Inst. für Naturwiss. **Über Aminosäure-(phenylazo-)-phenyl-Derivate; Wechselwirkung von herbiziden Wirkstoffen mit Enzym-Proteinen. 3. Beeinflussung der proteolytischen Aktivität verschiedener Arten der Familie Leguminosae durch Propham- und Proximpham-Wirkstoffe.** Z. Chem., Leipzig 7 (1967) Nr. 9. S. 348–349. — 9 Lit. Aus: Dok.-Dienst WTZ Pflanzenschutz- u. Schädlingsbekämpfungsmittel.

Anhand der Hemmung der Spaltung einer Reihe von Aminosäure-4-(phenylazo)-phenylamiden durch 0-Isopropyl-N-phenyl-karbamat (Propham) und 0-(N-Phenylkarbamoyl)-propanonoxim (Proximpham) und deren halogensubstituierter Derivate wurde der Substituenteneinfluß auf die Wechselwirkung der Wirkstoffe mit den Amidasesystemen einiger *Leguminosae* untersucht. Die Ergebnisse deuten darauf hin, daß für die Stärke der Hemmung der proteolytischen Enzyme, d.h. für die Intensität der Wechselwirkung der Herbizidwirkstoffe mit den Proteasen, die Beeinflussung der Elektronenverteilung im Herbizidmolekül durch die Halogensubstituenten verantwortlich ist. Durch Erhöhung der Polarität der Karbonamidgruppe soll die Stabilität der Wasserstoffbrückenbindung zu dem biogenen Protein zunehmen und die Hemmung der Wirksamkeit der Enzyme ebenfalls erhöht werden. 2710.

2-68/09-1095 Žirmunskaja, N. M. **Die physikalischen und chemischen Faktoren des Wahlvermögens von Herbizidlösungen.** Aus: Sel'skoe chozjajstvo za rubežom **1966** Nr. 7. S. 13. (Übers. aus d. Russ.) (TO 1526) 2710.

C. Unkraut und Unkrautbekämpfung

2-68/09-1096 Hammerton, John L.; Aberystwyth, Univ. Coll. of Wales, Dep. of Agric. Environmental factors and susceptibility to herbicides. **(Umweltfaktoren und Empfindlichkeit gegenüber Herbiziden.)** Weeds **15** (1967) Nr. 4. S. 330–336. — 71 Lit.

In dieser Übersichtsarbeit werden direkte und indirekte Einflüsse der Umwelt auf die Empfindlichkeit von Pflanzen gegenüber Herbiziden dargelegt. Dabei wird die mögliche Rolle der Kulturpflanze bei der Modifizierung der Umwelt für die Unkräuter herausgestellt. Große Feuchtigkeit und hohe Temperaturen erhöhen i.allg. die Empfindlichkeit gegenüber Herbiziden. Die Temperatur bewirkt genauso morphogentische Effekte. Geringe Lichtintensität nach der Spritzung erhöht ebenfalls die Empfindlichkeit. Licht kann auch morphogenetische Veränderungen an den Blättern hervorrufen. Von den Bodenfaktoren erhöhen hauptsächlich Herbizidrückstände die Empfindlichkeit. Die Konkurrenzkraft der Kulturpflanze trägt ebenfalls zur Sterblichkeit der Unkräuter bei. Die Beziehungen zwischen Wuchsstadium beim Spritztermin und der Empfindlichkeit der Unkräuter werden diskutiert. G. Feyerabend. 2720.

2-68/09-1097 Bingham, S. W.; Blacksburg, Va., Dep. of Plant Pathol. and Physiol.; Virginia Polytechn. Inst. Influence of herbicides on root development of Bermudagrass. **(Der Einfluß von Herbiziden auf die Wurzelentwicklung von Cynodon dactylon L.)** Weeds **15** (1967) Nr. 4. S. 363-365. — 5 Tab., 12 Lit.

Bei Anwendung von Herbiziden auf die Bodenfläche gegen *Digitaria*-Arten wurde die Ausbildung von Wurzeln aus den Stolonen verhindert. Die Wurzelausbildung wurde auf der Fläche verhindert, auf der die Stolonen in direkten Kontakt mit Dimethyl-2,3,5,6-tetrachlorterephthalat (DCPA) gelangten. Einbringung der Herbizide in verschiedene Bodentiefen reduzierte die Zahl der Wurzeln, die sich unter der behandelten Schicht entwickelten. Jedoch wuchsen die Wurzeln oberhalb der behandelten Schicht normal. Unter Freilandbedingungen verzögerten verschiedene gegen *Digitaria* spp. eingesetzte Herbizide die Wurzelausbildung aus den Stolonen bei *C. dactylon* für 12 Wochen. Ausgebildete Wurzelsysteme wurden durch die Herbizidanwendung nicht wesentlich verändert. G. Feyerabend. 2720.

2-68/09-1098 Bowden, B. A. und Friesen, G.; Winnipeg, Canada, Univ. of Manitoba, Plant Sci. Dep. Competition of wild oats (Avena fatua L.) in wheat and flax. **(Konkurrenz zwischen Flughafer [Avena fatua L.] und Weizen sowie Flachs.)** Weed Res. **7** (1967) Nr. 4. S. 349–359. — 2 Abb., 7 Tab., 5 Lit.

10…40 Flughaferpflanzen/0,84 m² minderten den Ertrag von So.-Weizen, der auf Brache oder Schälfurche (Ammoniumphosphatzugabe) folgte. Einen signifikanten Ertragsrückgang verursachten 70…100 Flughaferpflanzen/0,84 m², sofern Weizen auf Schälfurche ohne Mineraldüngung folgte. Flughafer hemmte die Bestockung des Weizens. Bei großer Flughaferdichte beginnt die Konkurrenz schon vor dem Auflaufen des Weizens. Im Jahre 1964 war vor dem 2- bis 3-Blattstadium des Flughafers, 1965 und 1966 erst nach diesem eine starke Konkurrenzwirkung zu erkennen. Vff. empfehlen, in Manitoba Flachs Ende Mai oder in der ersten Juniwoche zu drillen. Spätere Aussaat gefährdet den Ertrag infolge der Konkurrenz durch Flughafer. W. Wolde. 2720.

2-68/09-1099 Roberts, H. A. und Dawkins, Patricia A. Effect of cultivation on the numbers of viable weed seeds in soil. **(Die Wirkung der Bearbeitung auf die Anzahl lebensfähiger Unkrautsamen im Boden.)** Weed Res. **7** (1967) Nr. 4. S. 290–301. — 3 Abb., 6 Tab., 17 Lit. Zus. in Franz., Dtsch.

Auf einem natürlich verunkrauteten Feld wurde in 6jähr. Versuchen eine Abnahme der lebensfähigen Unkrautsamen durch Bearbeitung der oberen 23-cm-Bodenschicht festgestellt.

Nach einer bes. Expotentialfunktion betrug die jährl. Abnahme der Unkrautsamenzahl 30% bei 2maliger und 36% bei 4maliger Bearbeitung gegenüber 22%iger Abnahme im unbehandelten Boden. Die Zahl der jährl. keimenden Samen betrug 7% aller lebensfähigen Samen in der 23-cm-Schicht bei 2maliger Bearbeitung, bei 4maliger Bearbeitung 9%. Im unbearbeiteten Boden kam es zur raschen Abnahme des Anteils von keimenden Samen. Er betrug im 4. Jahr nur noch 0,3% aller lebensfähigen Samen der 23-cm-Schicht. Es traten u.a. folgende Unkrautarten auf: *Chenopodium album, Poa annua, Stellaria media, Polygonum aviculare, Urtica urens, Senecio vulgaris, Rumex crispus, Plantago major.*
P. Britz. 2735.

2-68/09-1100 Feyerabend, G. **Einfluß der Herbizide auf die Pflege der Kulturen.** Feldwirtschaft 9 (1968) Nr. 3. S. 123–126. — 17 Lit. — nach Zus.
Anhand der Literatur und eigener Untersuchungen wird der Einfluß der Herbizide auf die Pflege bei Mais, Kartoffeln und Rüben besprochen. Es wird nachgewiesen, daß die Nachauflaufpflege des Maises nach Einsatz eines Boden- oder Bodenblattherbizides gänzlich wegfallen oder zumindest stark eingeschränkt werden kann. Nach dieser Agrotechnik wird der Mais in vielen Ländern angebaut. Auch für die Pflege der Kartoffeln ergeben sich nach Anwendung von Boden- oder Boden-Blattherbiziden Möglichkeiten, auf die Pflege der Kartoffeln nach dem Auflaufen zu verzichten. In vielen Ländern Europas geht man heute zu dieser neuen Anbaumethode der Kartoffeln über. Neuerdings wird auch bei Rüben untersucht, wieweit das Hacken nach Einsatz der Boden- bzw. Boden-Blattherbizide eingespart werden kann. Obwohl einige positive Ergebnisse bereits vorliegen, müssen dazu noch weitere Untersuchungen durchgeführt werden. Die heute im Rübenanbau verwendeten Herbizide vernichten unter günstigen Bedingungen nur etwa 80% der Unkräuter, zur Beseitigung der übrigen sind weitere Arbeitsgänge nötig. 2740.

2-68/09-1101 Rakitin, Ju. V. und Michajlova, T. P. K voprosu o primenenii gerbicida 2,4-D na posevach jarovoj pšenicy. **(Zur Frage der Anwendung des Herbizids 2,4-D zu Aussaaten von Sommerweizen.)** Fiziologia rastenij, Moskva **15** (1968) Nr. 1. S. 171–176. — 4 Tab., 9 Lit.
Die Wirkung von 2,4-D (Na-Salz, 1,5 kg/ha) auf So.-Weizen ('Strela'), angebaut auf Rasenpodsol im westlichen Ural, wurde untersucht. Das Herbizid wurde zu 3 verschiedenen Terminen angewendet. Es wurde kurz vor der Aussaat ausgebracht oder kurz nach der Aussaat, oder die Pflanzen wurden z.Z. der Bestockung mit 2,4-D-Lösung besprüht. Im letzten Fall tötete das Herbizid das Unkraut nur schwach und senkte im Vergleich zur Handhacke die Wachstumsgeschwindigkeit und den Ertrag etwas. Behandlung vor der Saat beseitigte die Unkräuter wirksam, senkte aber ebenfalls die Wachstumsrate und den Ertrag, und zwar stärker als beim Sprühen z.Z. der Bestockung. Wenn 2···3 d nach der Saat nicht starker Regen folgt, ist die Anwendung des 2,4-D am günstigsten kurz nach der Saat. In diesem Fall werden die Unkräuter gut beseitigt, die Wachstumshemmung ist für den Weizen nur von kurzer Dauer. Das Wachstum wird danach sogar gefördert, und der Ertrag ist sogar höher als bei Handhacke. Starke Feuchtigkeit fördert die toxische Wirkung auf den Weizen. Wenn starker Regen vorhersehbar ist, sollte die Behandlung nach dem Bestockungsstadium des Weizens vorgezogen werden. E.-M. Ardelt. 2740.

2-68/09-1102 Lalova, M. und Berova, S. Opiti za borba s ustojvivite na 2,4-D pleveli v zimnata pšenica. **(Versuche zur Bekämpfung gegen 2,4-D resistenter Unkräuter in Winterweizen.)** Rastenievŭdni nauki, Sofija 4 (1967) Nr. 9. S. 85–92. — 5 Abb., 5 Tab., 7 Lit. Zus. in Russ., Engl.
Weizen im 3-Blattstadium wurde mit 1, 2 und 3 kg/ha Gesagard 50 und Gesaran 25 behandelt. Die einjähr. Unkräuter, einschl. der gegen 2,4-D resistenten *Bifora radians* M. B., Kamille, *Galium spurium* u.a. wurden vernichtet. 2 kg/ha Gesagard 50 schädigten den Wi.-Weizen, verringerten die Erträge und beeinträchtigten die Backeigenschaften des Mehls. Gesaran 25 kann mit 3 kg/ha zur Bekämpfung der gegen 2,4-D resistenten Unkräuter in Wi.-Weizen mit Erfolg angewendet werden. NRB/CSNTI. 2740.

2-68/09-1103 Möhl, S. **Erfahrungen bei der Unkrautbekämpfung mit 2,4-D, MCPA, MCPB, 2,4-DB, CMPP und 2,4-DP in Getreide, Leguminosen und Kartoffeln.** VEB Synthesewerk Schwarzheide, Vortr., wiss. Erfahr.-Austausch über Unkrautbekämpf. **1966** (hrsg. 1967) S. 25–32. Sonderdr. — 5 Abb., 5 Tab., 5 Lit. Aus: Dok.-Dienst WTZ Pflanzenschutz- u. Schädlingsbekämpfungsmittel.

In Feldversuchen des Inst. für Saatgut und Ackerbau, Bad Lauchstädt, wurde der Einfluß verschiedener Wuchsstoffherbizide an mehreren Standorten auf Ertrag und Qualität des Saatgutes von So.-Gerste, Wi.-Weizen, Hafer, Luzerne, Rotklee, Futtererbsen und Kartoffeln überprüft. MCPA hatte in Getreide keinen negativen Einfluß auf den Kornertrag. CMPP wirkte im Wi.-Weizen und So.-Gerste nicht ertragsmindernd. 2,4-D reduzierte den Haferertrag um 15% und den Weizenertrag um 4%, 2,4-DP den Haferertrag um 14, den Weizenertrag um 3%. CMPP wirkte im Hafer auch ertragsmindernd. Auf leichten Böden war die negative Wirkung auf den Getreideertrag durch CMPP und 2,4-DP größer als auf Lößböden. Bei der Behandlung der Kartoffeln kurz vor dem Reihenschließen reduzierte MCPA den Ertrag um 5%, 2,4-D um 6% und MCPB um 7%. 2740.

2-68/09-1104 Saghir, A. R. und Choudhary, A. H.; Beirut, Lebanon, American Univ. of Beirut, Fac. of Agric. Sci., Div. of Crop Product. and Protection. Triazine herbicides on maize and their residual effects on following crops. **(Wirkung von Triazin-Herbiziden auf Mais und ihre Residualwirkungen auf Nachfrüchte.)** Weed Res. 7 (1967) Nr. 4. S. 272–280. — 5 Tab., 13 Lit.
Verschiedene Triazine kamen mit 2,5; 5,0 und 12,5 kg aktiver Substanz (a. S.) im Vor- und Nachauflaufverfahren zum Einsatz. Am besten wirkten Atrazin (a) und Simazin (b) mit 2,5 kg a. S. in Mais nach Vorauflaufbehandlung auf dikotyle Unkrautarten (*Amaranthus retroflexus, Anchusa italica, Carthamus flavescens, Chenopodium opolifolium, Cirsium arvense, Convolvulus arvensis, Sinapis arvensis* u.a.). Prometryn, Methoprometryn sowie Chlor- und Methylthiotriazine wirkten dagegen toxisch auf Mais. Nachfolgende Zuckerrüben erlitten durch a und b Schädigungen, während Weizen, Hafer, Wicke, Zwiebel und Sojabohne unbeeinflußt von a und b blieben. — Als Nachlauflaufmittel führten a und b zu geringeren Erträgen. Lediglich die Kombination Atrazin+Ametryn (2,5 kg a. S.) erhöhte den Kornertrag. Weizen, Hafer, Wicke und Zuckerrübe zeigten als Nachfrucht Schäden auf Triazine, die als Nachauflaufmittel eingesetzt worden waren. Die Kombination Atrazin + Prometryn war auf die Nachfrucht weniger toxisch als Atrazin + Ametryn. Zwiebel und Sojabohne waren weniger empfindlich. Sie reagierten nachteilig nur auf höhere Simazin- oder Atrazingaben, ferner auf die Kombinationen a + Prometryn sowie a + Ametryn. W. Wolde. 2740.

2-68/09-1105 Ljubenov, Ja. Opiti za chimičeska borba s plevelite pri leštata i nachuta. **(Versuche zur chemischen Unkrautbekämpfung bei Linsen und Kichererbse.)** Rastenievŭdni nauki, Sofija 4 (1967) Nr. 10. S. 119–130. — 5 Abb., 6 Tab., 5 Lit. Zus. in Russ., Engl.
In Linsen- und Kichererbsenbeständen können folgende Herbizide angewendet werden; 2…4 kg/ha Gesagard 50, 1,5…2,0 kg/ha Kamparol 1803, 3…5 kg/ha Gesaran 25, 4…5 kg/ha Afalon, 1,5…2 kg/ha Aresin und 2…3 kg/ha Patoran. Bei Linsen wurden eine phytotoxische Wirkung bei Patoran und Aretit festgestellt. Bei der Kichererbse (*Cicer*) hatte Patoran eine gering toxische Wirkung. Eine stark toxische Wirkung zeigten 23 kg/ha Amiben-Granulat. Alipur wurde von den Kulturen gut vertragen, war jedoch weniger wirksamer. Bei der Bekämpfung einjähr. Gräser hat sich Nemrod als wirksam erwiesen. Es wird eine umfassendere Prüfung dieses Präparats in Kombination mit Triazin- und Harnstoffherbiziden empfohlen. Die Behandlung wird spätestens am 3.…4. Tag nach der Aussaat empfohlen. Aretit ist in 10 bis 12 cm hohen Kichererbsenbeständen anzuwenden. NRB/CSNTI. 2740.

2-68/09-1106 Canode, C. L. und Robocker, W. C.; Pullman, Wash., U. S. Dep. of Agric., A.R.S. Chemical control of red sorrel in Kentucky bluegrass seed fields. **(Chemische Bekämpfung von Rumex acetosella L. auf Vermehrungsflächen von Poa pratensis L.)** Weeds 15 (1967) Nr. 4. S. 351–353. — 3 Tab.
Selektive Bekämpfung von *Rumex acetosella* L. auf Vermehrungsflächen von *Poa pratensis* war mit Dicamba, Endothal, Amiben, Fenac und 2,3,6-TBA möglich. Die Samenerträge und die Keimung von *P. pratensis* wurden auch durch Herbstanwendung höherer Aufwandmengen dieser Herbizide, als sie zur Bekämpfung von *Rumex* notwendig waren, nicht verringert. Nur wenn Dicamba im Frühjahr mit mehr als 0,5 lb./acre angewendet wurde, senkte es die Samenerträge von *P. pratensis* und die Keimung. Endothal reduzierte bei Frühjahrsanwendung in Aufwandmengen von $>$ 4 lb./acre die Samenerträge.
G. Feyerabend. 2740.

2-68/09-1107 Schröder, G. **Unkrautbekämpfung im Drillsaat-Futterkohl mit Herbiziden.** Inform. sozialist. Landwirtsch. Bez. Schwerin 5 (1967) Nr. 7. S. 299–303. — 10 Abb., 4 Tab., 4 Lit.

Der mit 66 AKh/ha hohe Gesamtaufwand im Drillsaatverfahren bei Futterkohl kann hauptsächlich durch arbeitssparende Maßnahmen in der Pflege gesenkt werden. Zur Erzielung stabiler Erträge mit hoher Futterqualität ist eine Bekämpfung des Unkrauts im Futterkohl unerläßlich. Die Anwendung von Herbiziden bildet auch hier die günstigste Lösung. Während der Einsatz des Mittels A 893 (Semeron) recht problematisch war, wurden mit dem im Jahre 1966 amtlich zugelassenen Mittel Topusyn recht gute Erfolge erzielt. Die Anwendung von 1 kg/ha auf leichten Böden bis 1,5 kg/ha auf besseren Böden im Nachauflaufverfahren brachte die besten Ergebnisse. Das Unkraut wurde zu 80% geschädigt. Nichtbekämpfbar sind u.a. Quecke, Huflattich, Ackerschachtelhalm, Ackerwinde. Die Kosten einschl. Ausbringung belaufen sich auf 43 M/ha. W. Schäfer. 2740.

2-68/09-1108 Löttge, W. **Hinweise für die Unkrautbekämpfung in Markstammkohl mit Topusyn.** Feldwirtschaft 9 (1968) Nr. 3. S. 126–128. — 1 Abb., 5 Tab., 2 Lit. — nach Zus. Markstammkohl kann durch einen sorgfältigen und rechtzeitigen Einsatz von Topusyn unkrautfrei gehalten werden. Damit werden die Erträge gesichert und ein qualitativ hochwertiges Futter gewonnen. Die Anwendung ist jedoch nicht so einfach wie bei W 6658 oder Wonuk im Mais. Die Problematik liegt bei der Wahl des günstigsten Anwendungstermins. Wird dieser nicht optimal getroffen, so gibt es entweder Wirkungsverluste oder Schädigungen am Kohl, die sofort in Erscheinung treten. Es werden Hinweise und Erläuterungen für den möglichst optimalen Einsatz von Topusyn gegeben. 2740.

2-68/09-1109 Anonym. Kemisk bekaempelse af uønsket vegetation i læhegn. **(Chemische Bekämpfung unerwünschter Vegetation in Schutzhecken.)** Tidsskr. Planteavl 71 (1967) Nr. 3. S. 404–406.
In neugepflanzten Hecken ist dichtes Gras schädlich. Man kann es $^1/_2$···1 Jahr vorher mit TCA, Amitrol, Dalapon oder MCPA vernichten. Dikotyle (Distel, Beifuß, Feuerkraut) können bei Wind den jungen Heckenpflanzen schaden. Nach dem Pflanzen muß der Boden festgeworden sein, damit die Herbizide nicht an die Wurzeln der Heckenpflanzen kommen. Buche, Esche, Pappel, Erle und Erbsenstrauch sind bes. empfindlich gegen Atrazin und Simazin. Auch Dalapon und Amitrol schädigen die junge Hecke. In älteren Hecken können, um Verschleppung von Unkräutern in umliegendes Kulturland zu verhindern, im Febr./März Atrazin, im April/Mai Dalapon und Amitrol angewendet werden. Im Sommer können Gräser und Dikotyle mit Paraquat und Diquat bekämpft werden. Weide und Pappel sind in Hecken zu empfindlich. Dort soll nicht gespritzt werden. W. Warwel. 2740.

2-68/09-1110 Amme, M. **Was ist bei der chemischen Unkrautbekämpfung im Pflanzkartoffelbau zu beachten?** Saat- u. Pflanzgut 9 (1968) Nr. 3. S. 67–68. 2740.

2-68/09-1111 Kurth, H. **Vernichtung schwer bekämpfbarer Unkräuter in Getreide und auf dem Grünland mit SYS 67 PROP und SYS 67 MPROP.** Feldwirtschaft 9 (1968) Nr. 3. S. 128–129. — 2 Lit. 2740.

2-68/09-1112 Feyerabend, G. und Hamann, W. **Hinweise für den Herbizideinsatz bei Beta-Rüben.** Feldwirtschaft 9 (1968) Nr. 3. S. 118–121. — 5 Abb., 2 Tab., 3 Lit. 2740.

2-68/09-1113 Walkowiak, H. **Die chemische Unkrautbekämpfung auf dem Grünland — eine Möglichkeit zur Steigerung der Grünlanderträge.** VEB Synthesewerk Schwarzheide, Vortr., wiss. Erfahr.-Austausch über Unkrautbekämpf. **1966** (hrsg. 1967) S. 43–51. — Sonderdr. — 3 Abb., 1 Tab., 4 Lit. Aus: Dok.-Dienst WTZ Pflanzenschutz- u. Schädlingsbekämpfungsmittel.
In der DDR werden mit 1,3 Mill. ha 20% der LN als Grünland genutzt. 15% der Fläche werden von Unkräutern eingenommen. Der Ertragsausfall beträgt etwa 340000 t Stärkewerte. Vf. gibt Hinweise für die chem. Bekämpfung der Großen Brennessel, der großblättrigen Ampferarten *Rumex crispus*, *R. obtusifolius* und *R. patientia* und des Wiesenkerbels (*Anthriscus silvestris*). Die Große Brennessel ist gut bekämpfbar mit CMPP, 2,4-DP oder 2,4-D +2,4,5-T. Zur Bekämpfung von *Rumex* spp. sind Herbizide auf der Basis von CMPP oder 2,4-DP bes. wirksam. *A. silvestris* im Stadium der kleinen Rosette wurde mit CMPP und 2,4-DP (6 l/ha) sehr gut erfaßt. Picloram vernichtete Kerbel sicher. 2750.

2-68/09-1114 Walkowiak, H. **Untersuchungen über die Eignung von Aminotriazol, Na-DCP und Paraquat zur chemischen Grünlanderneuerung sowie Betrachtungen zu den mit diesem Verfahren auftretenden Problemen und Besonderheiten.** VEB Synthesewerk Schwarz-

heide, Vortr., wiss. Erfahr.-Austausch über Unkrautbekämpf. **1966** (hrsg. 1967) S. 53–59. Sonderdr. — 4 Abb., 1 Tab., 1 Lit. Aus: Dok.-Dienst WTZ Pflanzenschutz- u. Schädlingsbekämpfungsmittel.
In einem Log-Sprayer-Versuch wurden 1965 Aminotriazol, Dalapon und Paraquat hinsichtlich ihrer Eignung für die umbruchlose Grünlandneuansaat nach chem. Vernichtung der Unkräuter verglichen. Die Bewertung erfolgte in Abständen von 2 d, 1 Woche, 5 und 8 Wochen nach der Behandlung. Paraquat (1···2 l/ha aktive Substanz) erwies sich als bes. geeignet. Es ist dem Aminotriazol und Na-DCP wegen der kürzeren Wartezeit bis zur Neuansaat und wegen der niedrigeren Herbizidkosten überlegen. Ungenügend ist jedoch die Wirkung gegen *Agropyron repens* u.a. Rhizomgräser, gegen krautige Pflanzen mit holziger Sproßachse sowie gegen *Taraxacum officinale*, *Sonchus* ssp., *Plantago* ssp. Die Besonderheiten bei der Durchführung der umbruchlosen Grünlandneuansaat zum traditionellen Vollumbruch werden herausgestellt. 2750.

2-68/09-1115 Kramer, D. **Über die Einsatzmöglichkeit von Na-DCP für die Arbeitsverfahren der chemischen Entkrautung.** VEB Synthesewerk Schwarzheide, Vortr., wiss. Erfahr.-Austausch über Unkrautbekämpf. **1966** (hrsg. 1967) S. 61–73. Sonderdr. — 4 Abb., 7 Tab., 30 Lit. Aus: Dok.-Dienst WTZ Pflanzenschutz- u. Schädlingsbekämpfungsmittel. .
Vf. macht grundsätzliche Ausführungen zum Problem des Einsatzes von Na-DCP (Dalapon) zur chem. Entkrautung. Im Verlauf 10jähr. Versuche (Sohlenbehandlung) zeigte sich, daß Na-DCP zu den besten Herbiziden gehört, wie die Prüfungen mit 42 Herbiziden (28 Wirkstoffe) zeigten. Die Optimaldosierung ist 35 kg/ha Wirkstoff. Stetigkeit und Breite der Na-DCP Wirkung erfahren durch Kombinationen mit MCPA, Mecaprop, Amitrol eine zuverlässige Erhöhung. Die Vernichtung dikotyler Unkräuter auf Böschungen erfolgt durch Wuchsstoffherbizide (2,4,5-T-Ester, Mecoprop, 2,4-DP). Die Versuchsergebnisse (Sohlenbehandlung und Böschungspflege) mit den verschiedenen Herbiziden und deren Kombinationen werden beschrieben, ebenso die Kosten. 2750.

2-68/09-1116 Anonym. Ukrudtsbekaempelse i gulerødder. **(Unkrautbekämpfung in Möhren.)** Tidsskr. Planteavl **71** (1967) Nr. 3. S. 406–408. — 3 Tab.
Verschiedene neuere Herbizide wurden mit Petroleumdestillat verglichen: CIPC, HS 55 (Alipur), Propazin, Linuron und Prometryn. Die beiden ersten Mittel wirkten schwächer als Petroleum. Propazin war im Freiland nicht besser als Alipur, aber im Kasten kam es Petroleum gleich. Linuron und Prometryn wirkten besser als Petroleum. Linuron kann auch noch nach dem Aufgehen der Möhren mit Erfolg gespritzt werden, verursacht aber einen geringen Ertragsrückgang. Im übrigen gab es im Ertrag keine wesentlichen Unterschiede nach der Behandlung mit Petroleum oder den neueren Herbiziden. Petroleum bekämpft das nachträglich aufkommende Unkraut nicht und schädigt etwa 8 d lang die Möhren. Es wird empfohlen, im Freiland 2 kg Linuron in 400···500 l Wasser je ha entweder sofort nach der Aussaat oder nach Erscheinen des 2. Laubblattes, aber nicht später als 3 Wochen nach dem Keimen der Möhren anzuwenden. Mehr als 2 kg können nachfolgende Kulturen schädigen.
W. Warwel. 2760.

2-68/09-1117 Marlow, H. **Erfahrungen mit MCPB bei der Bekämpfung von Unkräutern, insbesondere von Disteln in Erbsen und Puffbohnen.** VEB Synthesewerk Schwarzheide, Vortr., wiss. Erfahr.-Austausch über Unkrautbekämpf. **1966** (hrsg. 1967) S. 33–42. Sonderdr. — 3 Abb., 6 Tab., 7 Lit. Aus: Dok.-Dienst WTZ Pflanzenschutz- u. Schädlingsbekämpfungsmittel.
Es wird über Ergebnisse mehrjähr. Feldversuche mit MCPB zur Unkrautbekämpfung in Erbsen und Puffbohnen bei alleiniger und kombinierter Anwendung mit anderen Herbiziden berichtet. Es ging um die Klärung der sorten- und umweltbedingten unterschiedlichen MCPB-Verträglichkeit dieser Kulturpflanzen. 1965 und 1966 wurde das gesamte Sortiment an Mark-, Schal-, Zuckerbrech- und Trockenspeiseerbsen sowie Puffbohnen, insgesamt 31 Sorten, auf die Reaktion zu drei Spritzterminen (3, 4···5 und 6 Wochen nach Aufgang der Erbsen) untersucht. Alle Sorten waren in der Zeit intensiven Wachstums am empfindlichsten. Der Höhepunkt der MCPB-Empfindlichkeit wird etwa mit dem Knospenstadium erreicht. Langstrohige, frühblühende Sorten waren zum üblichen Spritztermin bei 10···20 cm Höhe und normaler Witterung stärker empfindlich. Zur Bekämpfung der Distelarten werden 1,5···1,9 kg MCPB empfohlen. 2760.

2-68/09-1118 Quagliotti, Luciana. Ricerche bibliografiche e sperimentali sul diserbo chimico del gladiolo. **(Literaturübersicht und experimentelle Untersuchungen zur chemischen Unkrautbekämpfung bei Gladiolen.)** Ann. Fac. Sci. Agrar. Univ. Studi Torino **3** (1964/66) S. 371–392. — 2 Abb., 9 Tab., 61 Lit. Zus. in Engl., Franz. — nach engl. Zus.
In Gewächshaus- und Freilandversuchen zu Gladiolen für die Schnittblumenproduktion (Sorte 'Mansoer') wurde die Wirkung von 5 Herbiziden vergichen: 2 kg/ha Karmex (Diuron) 4 kg/ha Alipur (OMU + BiPC), 40 kg/ha Amiben, 4 kg/ha Gesaprim (Atrazin), 10 kg/ha Gesagard (Prometryn). Neben der Unkrautbekämpfung von Hand und ohne Unkrautbekämpfung wurde unterschiedliche Bewässerung verglichen. Beobachtungen über Wachstum und Ertrag der Gladiolen (Zeit des Austriebs, Blütezeit, Schnittblumenertrag, Zahl der Einzelblüten, Länge des Blütenschaftes, Anzahl der Blätter pro Pflanze, Höhe der Pflanze, Produktion von Knollen, Vermehrungsrate u.a.) wurden durchgeführt. Der Unkrautwuchs wurden ebenfalls registriert. Von den Herbiziden erwies sich Karmex als am besten geeignet. Es erzielte eine gute herbizide Wirkung, ohne die Kultur zu schädigen, deren Wachstum und Blütenproduktion sich in den beiden Varianten (Behandlung mit Karmex und Bekämpfung von Hand) nicht voneinander unterschieden. Alipur, Amiben und Gesaprim verringerten Wachstum und Ertrag der Gladiolen geringfügig. Gesaprim, das sehr wirksam gegen Unkräuter ist, war nicht ausreichend selektiv: während des Versuches im Gewächshaus erlitt die Kultur starken Schaden. Zwischen den Arten der Unkrautbekämpfung und den Wassermengen wurde keine signifikante Korrelation festgestellt. 2760.

Redaktionsschluß: 27.5. 68

NAMENVERZEICHNIS

2—68/09—0001—1118

Ab Jahrgang 1964 beziehen sich die hinter dem Autorennamen angegebenen Zahlen auf die Signatur des Dokumentationsmaterials

Signatur in [Klammern] bedeutet Bibliographie, mit Stern * bedeutet Buchbesprechung

---

Herausgeber: Deutsche Demokratische Republik · Deutsche Akademie der Landwirtschaftswissenschaften zu Berlin, Institut für Landwirtschaftliche Information und Dokumentation, 108 Berlin, Krausenstraße 38/39; Chefredakteur: Dr. Werner Kleeberg, 108 Berlin, Krausenstraße 38/39; Fernsprecher: 22 51 61. Verantwortliche Redaktion der Abteilung II – Pflanzliche Produktion: Phytopathologie und Pflanzenschutz: Prof. Dr. Alfred Hey, Berlin, und Prof. Dr. Maximilian Klinkowski, Aschersleben; Pflanzenbau: Prof. Dr. Gustav Könnecke, Halle; Pflanzenzüchtung: Prof. Dr. Rudolf Schick, Groß-Lüsewitz, Kreis Rostock. Hauptredakteur: Dr. Wilfried Stenz, 108 Berlin, Krausenstraße 38/39; Fernsprecher: 22 51 61. Verlag: Akademie-Verlag GmbH, 108 Berlin, Leipziger Straße 3–4; Fernsprecher: 22 04 41, Telex-Nr. 11 20 20, Postscheckkonto Berlin 350 21. Bestellnummer dieses Heftes: 1030 II – XIII/9. Das Landwirtschaftliche Zentralblatt, Abt. Pflanzliche Produktion, erscheint monatlich. Einzelheft 25,– M; einseitig bedruckte Ausgabe 29,– M. Jahresbezugspreis 300,– M; einseitig bedruckte Ausgabe 348,– M; Sonderpreise für die DDR: Einzelheft 20,– M; einseitig bedruckte Ausgabe 24,– M. Jahresbezugspreis 240,– M; einseitig bedruckte Ausgabe 288,– M. Preise einschl. Register, zuzüglich Porto- und Versandkosten. Gesamtherstellung: VEB Druckerei „Thomas Müntzer", 582 Bad Langensalza. Veröffentlicht unter der Lizenznummer 1291 des Presseamtes beim Vorsitzenden des Ministerrates der Deutschen Demokratischen Republik.

INHALTSVERZEICHNIS

Anmerkung:

Die System-Nr. ist rechts unten am Schluß jeder Informationseinheit, die Signatur links oben angegeben.

32403

Umrechnung
von ausländischen Einheiten in metrische Einheiten

(Stand 1. 1. 1966)

Länge

1 in.	25,4	mm
1 ft.	30,5	cm
1 yd.	91,4	cm
1 mile (stat.)	1609,3	m

Geschwindigkeit

1 ft.p.m.	0,051	cm/s
1 m.p.h.	4,47	cm/s
	1,609	km/h

Fläche

1 sq. in.	6,452	cm^2
1 sq. ft.	929,03	cm^2
1 sq. yd.	0,836	m^2
1 acre	0,405	ha
1 sq. mile	2,59	km^2
1 feddan (Ägypten, Sudan)	0,42	ha
1 Katastraljoch (VR Ungarn)	0,575	ha

Raum und Volumen

1 cu. in.	16,39	cm^3
1 cu. ft.	28,32	l
1 cu. yd.	764,6	dm^3
1 acrefoot	1233,48	m^3
1 reg. ton	2,83	m^3
1 gal. (Brit.)	4,546	l
1 gal. (USA)	3,785	l
1 bu. (Brit.)	36,368	l
1 bu. (USA)	35,242	l
1 qt. (Brit.)	1,36	l
1 qt. dry (USA)	1,102	l
1 qt. liquid (USA)	0,946	l
1 pt. (Brit.)	0,568	l
1 pt. dry (USA)	0,551	l
1 pt. liquid (USA)	0,473	l

Masse

1 oz. (Brit.) (USA)	28,35	g
1 lb. (Brit.) (USA)	0,4536	kg
1 cwt. (Brit.)	50,80	kg
(USA)	45,36	kg
1 long ton (USA)	1,016	t
1 ton (Brit.)	1,016	t
1 short ton (USA)	0,907	t
1 bag (Süd-Afrika) = 150 lb.	68,04	kg

Menge/Fläche

1 lb./acre	1,12	kg/ha

Kraft

1 lb. force (Brit.) (USA)	0,4536	kp
1 long ton force (USA)	1,016	Mp
1 ton force (Brit.)	1,016	Mp
1 short ton force (USA)	0,907	Mp

Druck

1 lb.force/sq.in.	$7{,}031 \cdot 10^{-2}$	at
	51,715	Torr
1 lb.force/sq.ft.	$4{,}883 \cdot 10^{-4}$	at
	0,3591	Torr
1 lb.force/sq.yd	$0{,}543 \cdot 10^{-4}$	at
	$3{,}990 \cdot 10^{-2}$	Torr

Dichte

1 lb./cu.in.	27,68	g/cm^3
1 lb./cu.ft.	16,019	kg/m^3
1 lb./cu.yd.	0,593	kg/m^3
1 lb./gal.(Brit.)	0,0998	kg/dm^3
1 lb./gal.(USA)	0,1198	kg/dm^3
1 cwt./gal.(Brit.)	0,1766	kg/dm^3

Leistung

1 ft. lb./s	0,1382	kpm/s
1 h.p.	76,04	kpm/s
	1,014	PS
	745,7	W

Arbeit, Energie

1 lb. in.	$1{,}15 \cdot 10^{-2}$	kpm
1 lb. ft.	0,1383	kpm
1 h. p. h.	1,0139	PSh
	0,74548	kW
	641,10	kcal
	$2{,}7375 \cdot 10^{5}$	kpm

Temperatur

1 °F = 5/9 °C oder °K

Temp. °F = 5/9 (Temp. °F − 32) °C

Temp. °F = 5/9 (Temp. °F − 32) + 273 °K

Wärmemenge

1 BTU	0,2522	kcal
1 BTU/sq.in.	390,8	$kcal/m^2$
1 BTU/sq.ft.	2,713	$kcal/m^2$

Wärmeleitzahl

1 BTU/in. hr. °F	20,77	W/m grd
	17,858	kcal/m h grd
1 BTU/ft. hr. °F	1,731	W/m grd
	1,488	kcal/m h grd

Wärmeübergangs- und Wärmedurchgangszahl

1 BTU/sq. ft. hr. °F	5,681	W/m^2 grd
	4,886	$kcal/m^2$ h grd

Beleuchtungsstärke

1 foot candle (Brit.)	10,76	lx

Vorsätze zur Bildung von Vielfachen und Teilen von metrischen Einheiten

(Vorsätze, die in Klammern stehen, sind in der DDR nicht gebräuchlich)

Vorsatz	Kurzzeichen	Bedeutung
Tera	T	10^{12}
Giga	G	10^{9}
Mega	M	10^{6}
(Myria	ma	10^{4})
Kilo	k	10^{3}
Hekto	h	10^{2}
Deka	da	10^{1}
Dezi	d	10^{-1}
Zenti	c	10^{-2}
Milli	m	10^{-3}
(Dimi	dm	10^{-4})
Mikro	µ	10^{-6}
Nano	n	10^{-9}
Piko	p	10^{-12}
(Femto	f	10^{-15})
(Atto	a	10^{-18})

FSC
www.fsc.org
MIX
Papier | Fördert
gute Waldnutzung
FSC® C083411

Zeitfracht Medien GmbH
Ferdinand-Jühlke-Straße 7
99095 Erfurt, Deutschland
produktsicherheit@kolibri360.de